非常规能源系列——致密油气丛书

致密气储层地质

[美]查尔斯·W. 斯宾塞（Charles W. Spencer）
[美]理查德·F. 马斯特（Richard F. Mast） 编

刘晓鹏 杨兴利 胡晓新 费文宗 译

石油工业出版社

内 容 提 要

本书共收录了14篇关于致密天然气藏学术论文,内容包括含气页岩储层特征描述、致密储层对比、砂岩次生孔隙的演化、低渗透砂岩概述、煤层气和致密含气砂岩的关系、裂缝成因及与油气聚集状态的关系、致密气藏勘探开发等。

本书适合地质勘探人员及大专院校相关专业师生参考使用。

图书在版编目(CIP)数据

致密气储层地质 /(美)查尔斯·W.斯宾塞(Charles W. Spencer),(美)理查德·F.马斯特(Richard F. Mast)编;刘晓鹏等译.—北京:石油工业出版社,2020.6

ISBN 978-7-5183-3670-8

Ⅰ.①致… Ⅱ.①查… ②理… ③刘… Ⅲ.①致密砂岩-砂岩储集层-石油天然气地质 Ⅳ.①P618.130.2

中国版本图书馆CIP数据核字(2019)第229117号

Translation from the English language edition: "Geology of Tight Gas Reservoirs (AAPG Studies in Geology #24)" edited by Charles W. Spencer and Richard F. Mast, ISBN: 0-89181-030-7
Copyright © 1986
By the American Association of Petroleum Geologists
All Rights Reserved

本书经美国石油地质学家协会授权石油工业出版社有限公司翻译出版。版权所有,侵权必究。
北京市版权局著作权合同登记号:01-2013-4211

出版发行:石油工业出版社
(北京安定门外安华里2区1号 100011)
网　　址:www.petropub.com
编辑部:(010)64523736
图书营销中心:(010)64523633
经　销:全国新华书店
印　刷:北京中石油彩色印刷有限责任公司

2020年6月第1版　2020年6月第1次印刷
787×1092毫米　开本:1/16　印张:22.75
字数:568千字

定价:200.00元
(如发现印装质量问题,我社图书营销中心负责调换)
版权所有,翻印必究

译者序

近年来随着国民经济的快速发展，我国石油和天然气消费量逐年攀升，油气自主供应能力严重不足，对外依存度呈逐年增长的态势，已从 2000 年的 27.98% 快速升至 2018 年的 69.8%。预计到 2035 年，在一次性能源消费中，天然气人均消费量要比 2018 年增加 160%，天然气需求的急剧升高迫切需要我国的"非常规革命"，开创属于我国的非常规油气时代。

以美国最具代表的一些西方发达国家在非常规油气勘探开发方面起步较早。得益于相关配套政策的激励措施，美国率先于 20 世纪 80 年代在非常规油气领域取得重大突破。历经半个多世纪的持续发展，依托不断成熟的非常规油气藏地质描述和开采工艺技术，美国油气对外依存度由 2007 年的 67% 快速下降至 2018 年的 22%，预计到 2023 年美国将彻底实现油气自给。

我国致密气勘探开发工作起步较晚，这些年尽管在水平井钻井、储层改造及规模建产等方面取得一些成效，但整体仍处于勘探开发起步阶段，致密气成藏地质理论、油气层定量识别、大规模体积压裂增产等关键技术尚存在诸多亟待解决的瓶颈问题。翻译本书的目的正是为了契合我国现阶段致密气勘探开发的实际生产需要，借鉴美国致密气成熟的勘探开发经验，为助力并提升我国致密气勘探开发进程略尽绵薄之力。

作为首部汇总了美国主要产气盆地和不同地质条件致密气藏的著作，本书系统总结归纳了涉及美国 7 个州、10 个油气盆地内，以致密砂岩、泥盆系页岩、白垩岩等岩性为主，不同类型致密气藏的地质特征及其开发状况。基于广泛的地面露头观察、大量的钻井、测井、录井资料、丰富的实验室样品分析及完整的生产动态资料，借助地质小层对比、沉积微相划分、测井处理解释、储层特征研究、成藏模式及油气富集规律等综合研究成果，深入研究了美国阿巴拉契亚等主要致密气盆地的构造特征、沉积环境、储层特征、资源潜力，以及已投入开发的不同种类致密气藏的地质油藏特征、完钻井措施、增产工艺及开发效果，指出不同类型的致密气储层受其构造演化史、热演化史、沉积成岩作用等地质综合因素的影响不尽相同，明确提出有利沉积相带、烃源岩数量质量及赋存状态、储层空隙空间（孔隙和裂缝）数量及结构为探索致密气藏长期稳产的主攻方向。

本书涉及油气领域专业较多，翻译过程中，译者查阅了大量外国文献，力求与原著表述接近，同时为满足读者需求，参考了大量相关专业书籍。张荫本和赵良孝两位专家对本书的翻译工作提出了大量宝贵的修改意见，在此表示感谢。

由于笔者水平有限，书中存在的不足和问题，敬请广大读者批评指正。

前　　言

在全世界所有产气盆地中，低渗透含气层均不同程度发育致密气藏。本书是第一部归纳各类盆地和不同地质条件致密气藏资料的书籍。尽管研究对象是美国重要致密气区，但其成果对于其他国家和地区的致密气区同样具有借鉴意义。一般而言，美国致密储层包括致密气砂岩和东部泥盆系页岩。泥盆系页岩层以海相页岩为主，粉砂岩和砂岩为辅。除泥盆系砂岩外，美国还广泛发育以河流相、海相砂岩和粉砂岩为主的致密气砂岩。此外，低渗透海相碳酸盐岩储层也产气。

人们普遍认同尽管美国致密储层天然气资源量巨大，但最终可采资源量受诸多不确定因素制约。在1985年，美国国会技术评价办公室（OTA）评估了全美致密气储量，认为致密砂岩层和泥盆系页岩的可采资源量分别为 $100\times10^{12}\sim400\times10^{12}\mathrm{ft}^3$ 和 $20\times10^{12}\sim100\times10^{12}\mathrm{ft}^3$。相信这仅是保守估计，最终可采资源量可能远大于上述估计值。不管可采天然气量有多少，作为重要的天然气来源，致密气藏将会在一定程度上满足日益增长的天然气需求。

过去100多年里，美国泥盆系页岩气藏经历了不同程度的开发。美国西部致密气砂岩和白垩岩真正意义上的研究，始于水力压裂技术的发展和应用。近年来美国能源部（DOE）开展了针对泥盆系页岩和西部透镜状致密砂岩气藏的研究，旨在描述致密气藏特征，发展先进的天然气开采技术。美国天然气研究所（GRI）一如既往地支持针对席状砂岩、煤层和泥盆系页岩开展平行和互补性研究。

本书未谈及位于美国 Great Plain 盆地北部和加拿大 Alberta Deep 盆地的两个重要致密气资源区。Rice、Claypool（1981）和 Rice、Shurr（1980）曾详细研究了 Great Plain 盆地北部的地质条件、天然气成因和天然气资源量。而本书编辑伊始，Alberta Deep 盆地的巨大产气潜力已得到公认，J A Masters 已完成了关于 Alberta Deep 盆地致密气层的 AAPG 专题报告。尽管本书概括了 Alberta Deep 盆地的资料，但对 Alberta Deep 盆地的深入认识，推荐读者阅读 Master（1984）的著作。Alberta Deep 盆地的地质特征及天然气分布规律适用于部分美国深水盆地，反之亦然。本书涉及范围广，描述了致密储层的各类主要气藏。Wallace de Witt 在《阿巴拉契亚盆地泥盆系含气页岩储层特征及资源潜力评价》一文中追溯了含气页岩开发史，描述了含气页岩特征，定性评价了阿巴拉契亚盆地19个远景区的生产潜力。含气页岩面积约为 $170000\mathrm{mi}^2$（$440300\mathrm{km}^2$），已产气 $3\times10^{12}\mathrm{ft}^3$，而目前还仅是对少量资源进行了开发。

Laughrey 和 Harper 对比分析了美国宾夕法尼亚州泥盆系和志留系致密储层。他们在《宾夕法尼亚州上泥盆统和下志留统致密层对比——地质和工程特征》一文中，指出不同时期的致密气藏存在相似性，成岩作用对砂岩储层的形成有正负两方面的影响，多数孔隙为次生孔隙。他们与本书其他作者一致认为天然裂缝是提高单井和气田天然气最终采收率的关键因素。

Anadarko 盆地位于美国俄克拉荷马州、堪萨斯州和得克萨斯州，占地面积 $35000\mathrm{mi}^2$（$90650\mathrm{km}^2$）。该盆地宾夕法尼亚系常规和致密砂岩的天然气产量极大。

Al-Shaieb 和 Walker 依据大量岩心资料，广泛研究并描述了 Morrowan 组砂岩的储层特征、岩石学特征和气藏演化。在《俄克拉荷马州 Anadarko 盆地宾夕法尼亚纪 Morrow 组砂岩次生孔隙演化》一文中，他们提及多数孔隙为次生孔隙，孔隙度为 2%~25%。他们强调二氧化碳、碳酸和硫化氢控制地层水的氢离子浓度；孔隙发育程度与不同成岩阶段的氢离子浓度息息相关；借助这些资料可模拟和预测相似盆地致密气藏的孔隙度。

Finley 在《得克萨斯州层状低渗透气砂岩综述》一文中，针对拥有大量有效地质和工程资料的层状型致密储层，给出了很好的综合描述。他指出这些储层的年代为侏罗纪—白垩纪，主要沉积于河流三角洲和海洋陆棚环境，与美国其他地区的同类储层相似。

任何以煤层中致密砂岩为目标的勘探程序，都应充分考虑开采相关煤层中天然气的经济潜力。而作业者们过去往往仅关注砂岩中的天然气。Rightmire 和 Choate 深入分析了煤层气和相关的致密气砂岩，在《煤层气与致密气砂岩的相互关系》一文中指出煤是烃源岩、储层的组合，而产气层是与之互层的致密砂岩。在美国 13 个盆地均是如此，并以科罗拉多州 Piceance 盆地和新墨西哥州、科罗拉多州 San Juan 盆地为例，说明了煤层气资源的重要性。

Rose 等论述了美国科罗拉多州 Raton 盆地砂岩、煤层和页岩互层的含气潜力。他们在《科罗拉多州 Raton 盆地白垩系 Trinidad 砂岩的潜在盆地中心气藏研究》一文中阐述了热成熟烃源岩、盆地中心含气储层和盆地边缘含水砂岩间的关系。尽管 Raton 盆地处于勘探早期，但其与落基山脉主要产气盆地表现出直接的相关性。

Pollastro 和 Scholle 描述了落基山脉和平原区（Plains）东部白垩岩的一种唯一但重要的储层类型。这些储层位于晚白垩世时沉积于美国西部内陆（Western Interior）海道浅层的白垩岩中。在《低渗透白垩岩的油气勘探和开发——以落基山区上白垩统 Niobrara 组为例》一文中，他们描述了高孔、低渗透白垩岩储层中天然气赋存状态。生物成因的天然气聚集在浅层低起伏穹隆或背斜鼻中。其岩石孔隙度预计随埋深增加而降低。泡沫压裂法被公认为目前最有效的增产措施。

Wattenberg 气田是科罗拉多州 Denver 盆地的主要产气区。Weimer 等在《科罗拉多州 Denver 盆地 Wattenberg 气田储层研究》一文中，详细阐述了致密气、常规气和凝析气藏的储层特征、天然气赋存状态、增产措施和开发效果。油气主要聚集于早—晚白垩世海相和边缘海相岩石的地层圈闭中，而不整合和古构造在一定程度上影响气藏形成。

Johnson 和 Nuccio 在《科罗拉多州西部 Piceance Creek 盆地构造发育史、热演化史与 Mesaverde 群油气分布》一文中，论述了决定落基山脉主要产气盆地低渗透砂岩储层中天然气富集和分布规律的条件。Mesaverde 群是一套厚层的非海相透镜状砂岩、碳质页岩和粉砂岩序列，向下依次渐变为含煤岩层和边缘海相砂岩。结合美国能源部在 Piceance 盆地南部多井实验（MWX）场的资料，他们分析了 Piceance 盆地的构造演化史、沉积史和热演化史。热演化史资料有助于预测盆地烃类分布。

Brown 等分析了科罗拉多州 Piceance 盆地南部晚白垩世陆缘海相致密砂岩的地质和工程特征。在《Piceance 盆地南部模型——Cozzette 段、Corcoran 段和 Rollins 段砂岩》一文中，他们描述了一个动态气流沿上倾方向溢出盆地的盆地中心气圈闭，模拟了原生气沿物性较好的滨线方向砂岩运移，推断还有多数尚未发现的陆缘海相砂岩存在于当前勘探和开发区下倾方向中。

Pitman 和 Sprunt 在《科罗拉多州 Piceance 盆地古近—新近系下段和上白垩统岩石裂缝

成因、分布及与油气聚集状态的关系》一文中，对天然裂缝的形成提出了独特的见解。尽管本书中许多作者也认识到了天然裂缝的重要性，但 Pitman 和 Sprunt 围绕给定盆地内裂缝形成条件，重点关注了裂缝填充胶结物的细节特征。他们研究岩心中储集岩的裂缝，发现裂缝切割碎屑颗粒、粒间自生矿物胶结物和次生孔隙，这表明裂缝形成于储层成岩作用晚期。根据同位素和其他资料，他们认为这些胶结物在条件非常相似的不同时期或同一时期内，由广泛垂直裂缝系统连通的地下水通过厚层状岩层而形成的。

在《犹他州 Uinta 盆地东部非海相上白垩统和古近系岩石的油气潜力》一文中，Pitman 等探讨了 Uinta 盆地的储层品质、储层性质、有机质丰度、热成熟度和油气圈闭特征，研究强调在致密油气藏中地层特征和成岩作用对于油气生成和圈闭的重要性。他们描述了以岩屑长石砂岩和长石岩屑砂岩为主的上白垩统和古近系下段储层的复杂成岩史，指出孔隙大多为碎屑颗粒和胶结物溶解形成的孤立次生孔。该文中首次公布了 Uinta 盆地白垩系烃源岩的地球化学和热成熟度数据。

Law 等围绕 Greater Green River 盆地致密气藏，开展了广泛的地质研究。就单个盆地致密砂岩气资源量而言，Greater Green River 盆地为全美最大。他们发表了题为《怀俄明州、科罗拉多州和犹他州 Greater Green River 盆地低渗透气藏地质特征》的论文，指出多数含气储层为晚白垩世河流相砂岩且超压，超压与热成熟岩层活跃生气有关，主要圈闭形成机制是地层和成岩变化。

美国怀俄明州 Greater Green River 盆地上白垩统 Frontier 组是落基山脉主要产气层之一。在局部区域砂岩为常规储层，但多数 Frontier 组储层的气相渗透率小于 0.1mD。Moslow 和 Tillman 发表了题为《怀俄明州西南 Frontier 组砂岩沉积相和储层特征》的论文，描述了该储层特征。怀俄明州西南 Frontier 组砂岩为向东进积的边缘海相层序，分流河道储层物性最好。他们相信下一步最好的勘探新区位于 Moxa 穹隆东部。

未来致密气资源开发速度受诸多因素控制，其中部分因素是：(1) 建立识别优质储层区的地质模型和概念；(2) 改进天然裂缝系统分布预测技术；(3) 开发无伤害井增产技术。此外三维地质模型也需要用于支撑技术工作，尤其是有效地应用水力压裂和其他增产措施，以提高产能、实现商业性开发。最终，常规和非常规天然气可采量和国内外市场的天然气价格将在一定程度上影响对致密储层天然气的需求。

目 录

阿巴拉契亚盆地泥盆系含气页岩储层特征及资源潜力评价
    Wallace de Witt, Jr ……………………………………………………（1）

宾夕法尼亚州上泥盆统与下志留统致密层对比——地质和工程特征
    Christopher D. Laughrey, John A. Harper ……………………………（12）

俄克拉荷马州 Anadarko 盆地宾夕法尼亚纪 Morrow 组砂岩次生孔隙演化
    Zuhair Al-Shaieb, Patty Walker ………………………………………（55）

得克萨斯州层状低渗透气砂岩综述
    Robert J. Finley ………………………………………………………（79）

煤层气与致密气砂岩的相互关系
    Craig T. Rightmire, Raoul Choate ……………………………………（105）

科罗拉多州 Raton 盆地白垩系 Trinidad 砂岩的潜在盆地中心气藏研究
    Peter R. Rose, John R. Everett, Ira S. Merin …………………………（132）

低渗透白垩岩的油气勘探和开发——以落基山区上白垩统 Niobrara 组为例
    Richard M. Pollastro, Peter A. Scholle ………………………………（151）

科罗拉多州 Denver 盆地 Wattenberg 气田储层研究
    Robert J. Weimer, Stephen A. Sonnenberg, Genevieve B. C. Young …（166）

科罗拉多州西部 Piceance Creek 盆地构造发育史、热演化史与 Mesaverde 群油气分布
    Ronald C. Johnson, Vito F. Nuccio ……………………………………（196）

Piceance 盆地南部模型——Cozzette 段、Corcoran 段和 Rollins 段砂岩
    Charles A. Brown, Thomas M. Smagala, Gary R. Haefele ……………（238）

科罗拉多州 Piceance 盆地古近—新近系下段和上白垩统岩石裂缝成因、分布及与
  油气聚集状态的关系
    Janet K. Pitman, Eve S. Sprunt ………………………………………（255）

犹他州 Uinta 盆地东部非海相上白垩统和古近系岩石的油气潜力
    J. K. Pitman, D. E. Anders, T. D. Fouch, D. J. Nichols ………………（272）

怀俄明州、科罗拉多州和犹他州 Greater Green River 盆地低渗透气藏地质特征
    Ben E. Law, Richard M. Pollastro, C. W. Keighin ……………………（298）

怀俄明州西南 Frontier 组砂岩沉积相和储层特性
    Thomas F. Moslow, Roderick W. Tillman ……………………………（324）

阿巴拉契亚盆地泥盆系含气页岩储层特征及资源潜力评价

Wallace de Witt, Jr

摘要 阿巴拉契亚盆地泥盆系页岩，由一系列深灰褐色—黑色层状岩石构成，其有机质含量为 0.5%~20%，为主要页岩气气源。含气页岩面积约 170000mi^2（440300km^2），主要处于阿巴拉契亚高原之下。它们的总体积超过 12600mi^3（52517km^3），其有机质含量超过 3.3×10^{12}t。阿巴拉契亚盆地泥盆系页岩属典型低孔、低渗岩层，孔隙度和渗透率分别为 1%~3% 和 0.1~10μD。页岩气主产区为肯塔基州东部、毗邻西弗吉尼亚州的 Big Sandy 区，产量在 3×10^{12}ft^3（850×10^{8}m^3）以上，而地层吸附气含量大，预测达到 200×10^{12}~1860×10^{12}ft^3（5.66×10^{12}~52.70×10^{12}m^3）。靠近盆地西侧露头，含气页岩产出低成熟气，其中大部分为生物成因气。在海平面以下 8000~11000ft（2438~3352km）的盆地深层，页岩产出高成熟的干气，已接近生气的上限。

由于泥盆系页岩渗透性差，使大部分生成的气体吸附于有机质上，所以岩层广泛发育的天然裂缝系统是页岩气具备商业开发价值的前提条件。Erie（伊利）湖附近浅气井在近大气压力条件下，单井日产量达到 5×10^3~100×10^{3}ft^3（142~2832m^3），而 Big Sandy 气田深层井在正常地层压力条件下，单井日产量高达 5×10^{6}ft^3（14.16×10^{4}m^3）。达到稳定开采速率前，高产气井产量通常降至初期产量的 20%。但其后数十年的缓慢下降则要归因于近稳态流动气体由页岩基质经裂缝系统进入井筒。裂缝系统的尺寸和形态是影响气井产能的决定性因素。

1 区域地质特征

阿巴拉契盆地泥盆系含气页岩由一系列灰黑色、黑褐色和黑色层状页岩构成，富含有机残渣，发育于泥盆系中、上统三角洲的远端部分。中—晚泥盆世时，盆地沉积模式主要受大 Catskill（卡茨基尔）三角洲复合体控制，该三角洲向西进积，从高物源区向东延伸，进入覆盖北美内陆大部分区域和淹没大部分克拉通的浅陆表海。含气页岩沉积在主三角洲以西仅堆积细粒碎屑的海洋中，细舌状黑色、棕色页岩与向东加厚的 Catskill 三角洲较粗粒岩石形成互层。盆地西部邻近 Cincinnati（辛辛那提）背斜的区域中，含气页岩层厚度最薄、有机质含量最高。Cincinnati 背斜为一低滩，局部分隔阿巴拉契亚盆地和西部其他盆地。靠近三角洲前缘，岩层最厚，其暗色页岩由于石英粉砂含量增加，与三角洲远端浊积岩呈指状交错或横向上渐变为浅灰色页岩、泥岩和粉砂岩（图1）。从田纳西州中部到俄亥俄州中北部，泥盆系页岩位于中泥盆统 Columbus 灰岩或者较老碳酸盐岩之下、下密西西比统 Berea 砂岩之上，灰黑色、褐黑色或黑色页岩含量达 80%；厚度变化大，在田纳西州南部厚度仅为数英寸，而至 Erie 湖附近则超过 400ft（122m）。这些岩石是典型的泥盆系页岩。相反，宾夕法尼亚州东北部多数含气页岩经厚度减薄和相变，逐渐变为 Catskill 三角洲的粗粒碎屑岩，尽管这一同期含气页岩层厚度超过 10000ft（3046m），但黑色页岩仅占 1%。

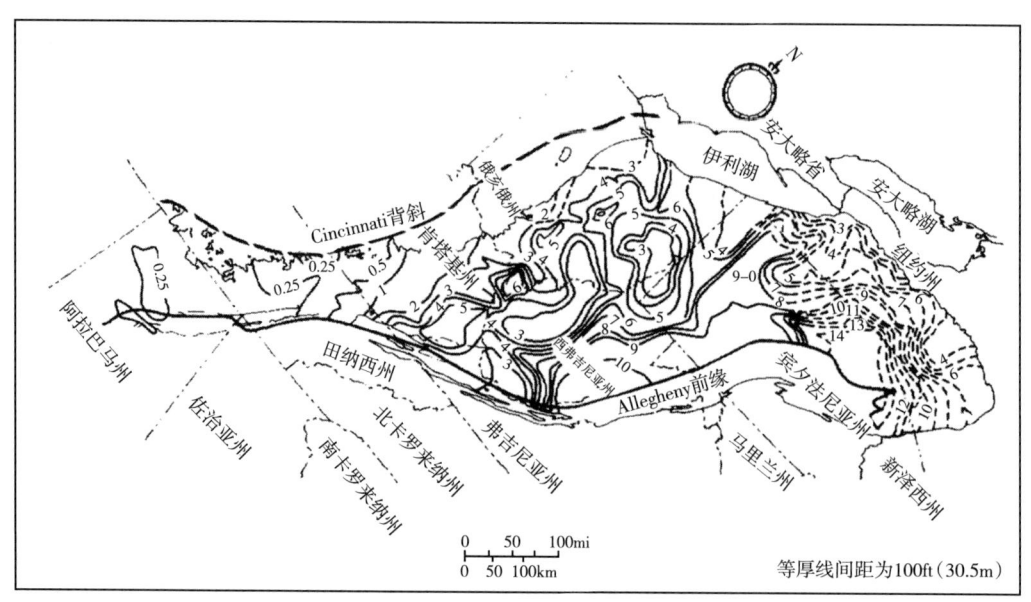

图1 阿巴拉契亚盆地高原区黑色泥盆系含气页岩总厚度图
（据 Wallace、de Witt、Perry 和 Wallace，1975）

黑色含气页岩不是单一的广泛层状沉积，而是由许多分散的透镜状页岩层堆积而成，其最大沉积中心往往与地势不一致，黑色含气页岩总厚度图显示存在数个被较薄页岩区分割、黑色页岩总厚度超过500ft（152m）的区域（Harris、de Witt 和 Colton，1978）。在盆地西半部，含气页岩层内发育一个较大规模的区域不整合，使得岩层厚度变化复杂化。沿该不整合，数个含气页岩单元减薄直至消失。

在阿巴拉契亚盆地的许多地区，黑色泥盆系含气页岩是天然气的烃源岩和储集岩。从纽约州北部到田纳西州中南部的广阔背斜区，盆地西北翼和西翼的黑色泥盆系含气页岩出露地表。纽约州西部和中部可识别出6个独立的含气页岩单元，而在田纳西州中部岩层减薄，仅剩余一个经济价值不大的页岩单元。在弗吉尼亚州东部和宾夕法尼亚州中、东部的部分地区，向南和向东的区域性倾斜使得阿巴拉契亚高原下的含气页岩海拔深度达到 $-11000 \sim -6000$ ft（$-3352 \sim -1829$ m）。从纽约州东南部到阿拉巴马州的中部许多地区，岭谷区的逆冲断裂将黑色含气页岩带至地表。在部分规模较大、埋藏较深的向斜内，如宾夕法尼亚州中部 Broadtop 盆地和弗吉尼亚州西南部的 Greendale 向斜，泥盆系含气页岩海拔深度为 $-10000 \sim -4000$ ft（$-3050 \sim -1220$ m）。

阿巴拉契亚盆地面积约 170000mi^2（440300km^2），其中高原区和岭谷区分别占 150000mi^2（380500km^2）和 20000mi^2（51800km^2），其下发育含气页岩。根据钻井岩屑研究（de Witt、Perry 和 Wallace，1975），阿巴拉契亚高原下方的灰黑色、褐黑色和黑色含气页岩总体积超过 12600mi^3（52517km^3）。尽管目前尚无法获知岭谷区含气页岩的总体积；但因黑色页岩向东横向递变为浅灰色粗粒岩石，据此推断岭谷区含气页岩体积规模小于高原区。

到目前为止，阿巴拉契亚盆地泥盆系含气页岩层的对比关系仍不明确，泥盆系各单元的地层命名由一系列局部地表地质研究演变而来。直到20世纪初，盆地所属各州均有一套或多套含气页岩地层命名方案，围绕含气页岩的州际关系和地层对比争议不断。缺失标志性生物、缺少阿巴拉契亚高原冰川段关键区的露头、所有含气页岩单元岩性相似、缺乏足够井下资料控制、不了解岭谷区的复杂构造，增加了综合研究泥盆系含气页岩区域地层特征的难度。基于 Conant 及 Swanson（1961）对田纳西州 Chattanooga（查塔努加）页岩，Pepper 及 de Witt（1950，1951），Pepper、de Witt 及 Colton（1956），Colton 及 de Witt（1958），de Witt 及 Colton（1959）对纽约州泥盆系页岩层的详细地层研究，结合 Hass（1956）对黑色含气页岩牙形石动物群的研究，建立阿巴拉契亚盆地西部表层地层的区域性格架。

通常含气页岩层内各单层横向连续性很好，为建立区域性地层层序提供了很大的帮助。从密西西比州北缘 Cincinnati 背斜 Nashville 穹隆段，经田纳西州至肯塔基州中南部 Cumberland（坎伯兰）河露头区，Conant 和 Swanson（1961）均追踪到 Chattanooga 页岩 Gassaway 段地层。在纽约州西部泥盆系含气页岩层出露处，de Witt 和 Colton（1981）从 Canandaigua 湖以西 85mi（138km）到沿 Erie 湖露头区，追踪到单层厚度小于 6ft（15cm）的黑色页岩（图 2）。

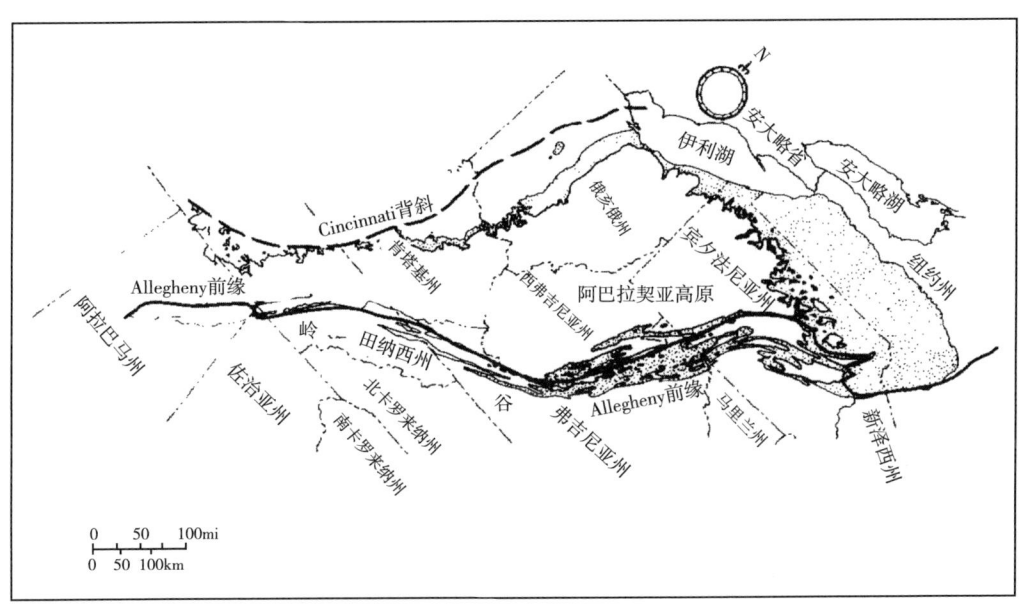

图 2 泥盆系含气页岩层露头及其延伸范围

20 世纪 50 年代末，电缆伽马测井在阿巴拉契亚盆地投入使用，丰富了研究含气页岩的技术手段。黑色含气页岩中有机质具有很强的亲铀性，所以黑色含气页岩含铀量高于常规灰色页岩，根据高伽马特征易于确定黑色含气页岩层段。地质学家们通过对比分析出露已命名黑色含气页岩附近井的高伽马特征，已识别、对比和追踪了地下广泛分布的已命名地表地层单元。例如，纽约州西部 Java 组黑色 Pipe Creek 段具有明显高伽马、低密度特征，除了其典型发育区纽约州 Erie 郡外，往西南方向，从纽约州、宾夕法尼亚州、西弗吉尼亚州和弗吉尼亚州地下，直至 500mi（805km）之外的弗吉尼亚州西南 Greendale 向斜的一口井中都识别出该层段（Roen 等，1978）。在这一范围内，Pipe Creek 段厚度极少超过 25ft（7.6m）。

美国能源部摩根城（Morgantown）能源技术中心利用 6 个州的地质调查，与美国地质调查局（USGS）一同开展了地表和地下研究，建立了阿巴拉契亚盆地大部分地区泥盆系含气页岩的区域地层格架，解决了部分岭谷区因逆冲断裂产生的构造复杂性问题，有利于明确对比黑色含气页岩。

2 成分与特征

深灰色、褐黑色和黑色含气页岩由30%~60%黏土矿物，15%~25%粉砂级或较小颗粒的碎屑石英，4%~20%干酪根（降解有机残渣），少量黄铁矿、长石、方解石、白云石及其他矿物构成。其中伊利石含量最高，绿泥石和混层黏土矿物含量较低；年代较新的页岩层局部可见高岭石；蒙皂石仅存在于火山灰薄层或夹层中。黄铁矿普遍存在，局部含量高达10%，以小自形结晶体、微球粒、不规则块体和交代化石形式存在于分散纹层或层段和直径近6ft（15.2cm）的盘状或分支状结核中。磷酸钙常见于石化的牙齿、鱼尾、鱼骨和牙形石中，局部可见于盘状—椭圆形结核中。

石灰岩也常见于直径1in（2.54cm）到6ft（1.8m）的结核和固结团块中。黑色页岩层内部分较大龟甲状结核的矿脉充填中可见少量铁白云石、重晶石、天青石、白云石和菱铁矿。局部区域内，部分年代较老的黑色页岩层方解石含量高达40%。

由于多数暗色含气页岩向东递变为浅灰色粉砂质页岩与浅灰色粉砂浊积岩互层，使得含气页岩的碎屑石英粉砂含量随着往东向粗粒岩石碎屑物源的靠近而增加。

含气页岩仅是构成Catskill三角洲复合体远端的海相页岩、泥岩和粉砂岩厚层的一部分。含气页岩与相邻灰色页岩的主要差别在于有机残渣含量高，使得含气页岩颜色更暗且不易被侵蚀。它们的特点是呈层状；黏土和有机质的暗色纹层互层于粉砂级石英颗粒、部分黏土、少量黄铁矿和其他副矿物构成的浅灰色地层中。这些纹层仅数毫米厚，横向延伸较远，除了软沉积物坍塌或生物扰动破坏处，在未风化含气岩石中通常不甚明显，而在岩心样品的X射线衍射照片上清晰可见。未风化含气页岩是致密块状岩石，风化作用凸显其纹理特征。在露头上，含气页岩的页理特征相当明显，出露页岩破碎为厚度0.1~0.3in（0.245~0.735cm）、直径0.5~2.5in（1.27~6.35cm）的不规则圆盘状尖锐薄片。这些页岩薄片往往包裹一层由黄铁矿风化产生的暗红—棕色氧化铁薄膜。局部含气页岩陡壁被黄铁矿风化产生的白色、橙色或黄绿色明矾和水绿矾所包覆。

较之与泥盆系页岩层伴生的灰色页岩和泥岩，深色含气页岩更不易被风化。因此在盆地西部，从纽约州到田纳西州，许多峡谷峭壁上可见其出露。这些出露的峭壁表面通常呈现出平行于层理的肋—沟状。这种肋状排列是由于凸起为脊的黑色页岩与风化为沟的褐色较软页岩间的抗蚀性差异所形成。因黑色页岩有机质含量略高，在凸起处易遭受风化。在一个沉积旋回中形成一个肋—沟偶对，厚度为1~4ft（0.3~1.2m）。黑色页岩底界清晰，而向上渐变为层偶的上覆暗褐色部分。与含气页岩层的薄层相似，肋—沟层偶横向连续性强，沿Erie湖峭壁露头，纽约州中西部峡谷，长路堑和肯塔基州东中部knob村和得克萨斯州、俄亥俄州临近区域的峭壁，均能较长距离追踪。

3 页岩的天然气特征

纽约州 Chautauqua 郡 Fredonia 地区的 Canadaway Creek 附近，从泥盆系页岩节理中逸出的天然气引发了钻探以天然气为目标的第一口井（1820 年）和天然气工业的建立。钻探第一口气井所使用的工具相当简陋，由阿巴拉契亚盆地盐井钻工发明（Ley，1935）。该井产出天然气在当地用作燃料和照明，产量远远超过前期 Canadaway Creek 地层渗漏点所获得的天然气量。该井代表了过去 160 年里沿 Erie 湖南岸钻至泥盆系含气页岩层的众多低压、低—中产井的生产状况，年产量约 $3\times10^6 ft^3$（$8.5\times10^4 m^3$），1885 年废弃关井时总产量达 $195\times10^6 ft^3$（$5.52\times10^6 m^3$）。

低压页岩气钻探自纽约州西部，沿 Erie 湖南岸向西扩展，1860 年前已至宾夕法尼亚州 Erie 郡附近，其后进一步向西，于 1880 年发展到俄亥俄州北部 Cleveland-Lorain 地区。这些页岩气井深度一般小于 1500ft（457m），通常不实施爆炸增产，在较大气压略高几磅的生产压力下保持低—中等气产量，日产气 $5\times10^3 \sim 100\times10^3 ft^3$（$142\sim2832 m^3$）。部分页岩气井的初始敞喷产量为数百万立方英尺，随后很快降至初始产量的十分之一。这些井往往以相对稳定的日产量生产数十年，一般而言可满足数个家庭或小型工厂的需求。但许多低压页岩气井在长时间低产后被废弃只是为了方便，而不是因为广泛使用高压天然气集输管网时页岩气供给不足。例如 Ley（1935）指出 Fredonia 地区的第一口页岩气井经 65 年开采后报废，此时年产气 $3\times10^6 ft^3$（$8.5\times10^4 m^3$）仍接近于初始产量。

20 世纪 20 年代初，纽约州 Fredonia 地区成功钻探第一口页岩气井的 100 年之后，以测试下伏 Corniferous 灰岩油气前景为目标的钻探过程中，幸运地在肯塔基州东南部 Big Sandy 区黑色含气页岩中发现了具有商业价值的泥盆系页岩气。部分井在正常地层压力状态下，埋深 2000～3000ft（609～914m）的黑色页岩中日产气 $1\times10^6 ft^3$（$2.8\times10^4 m^3$）。石油地质人员因这些意外发现而欣喜不止，同时也很困惑，因为相邻井在同一地层段却无天然气产出，天然气分布似乎不受该区低幅度褶皱控制，高产井周围往往存在干井。高产井可能在向斜中，而位于前期认为的构造有利部位——相邻背斜脊部的井可能为干井。随着肯塔基州东部和相邻西弗吉尼亚州勘探工作的开展，地质人员也发现钻穿 400～800ft（122～244m）厚含气页岩层时无可检出气的干井，在引爆置于含气页岩层的大量高性能炸药后，可转化为商业性气井。Big Sandy 区无工业价值井的现场增产措施是钻一个 7～8in（17.8～20.3cm）大小的孔洞穿透含气页岩层，充填数吨硝化甘油，在水或砾石填塞之下引爆炸药。如此大量的炸药爆炸通常能使日产量由数十万立方英尺提升到数百万立方英尺，但井眼中垮塌了大量页岩碎石，往往会增加后续清除工作。Ray（1976）指出在 20 世纪 50 年代水力压裂技术投入应用前，Big Sandy 气田 90% 的井使用爆炸增产。实施了爆炸增产作业后，仍有 11% 的井无产能（Hunter，1964），可能因为未能在含气页岩层建立连接井筒和气充填天然裂缝的可渗透通道。

与沿 Erie 湖岸的低压页岩气井相似，Big Sandy 气田页岩气井在达到经济极限产量前，往往可生产 30～70 年。页岩气井报废前，平均产量为 $400\times10^6 \sim 450\times10^6 ft^3$（$11.3\times10^6 \sim 12.7\times10^6 m^3$）（Avilla，1976），个别井在 35 年生产期内产量达 $7000\times10^6 ft^3$（$1.98\times10^8 m^3$）。

根据不采用增产措施则无产能井的生产记录和递减曲线，借助爆炸增产措施建立沟通井筒与广泛天然裂缝系统间的渗透通道，有助于气体从页岩基质中排出。气井产量很大程度上受裂缝系统的尺寸、发育程度和空间结构控制。高产、稳产气井往往多钻遇大量裂缝，而干井则未钻遇裂缝。

20世纪五六十年代，随着伽马和其他地球物理测井、水力压裂增产技术陆续在阿巴拉契亚盆地投入使用，多个主要产气区逐步在含气页岩中实施水力压裂改造。综合伽马、补偿密度、温度、井径和噪声测井资料，可准确识别页岩内气层和优选实施增产的层位。以水作压裂液时，黏土遇水膨胀问题是一个技术难题。相似构造位置的井实施水力压裂比爆炸增产，产量提高70%~100%（Ray，1976）。近期以泡沫和液化气为压裂液的增产技术在提高气体采收率、减少压裂液返排时间，防止裂缝水堵等方面效果显著，同时可设计较详细的工作流程在单井中同时增产多个层段。

岩石有机质含量是泥盆系页岩层生气的最重要因素。页岩的地球化学和古植物学分析显示阿巴拉契亚盆地不同区域的陆相和海相干酪根（降解有机残渣）含量各异。经生物降解和热演化，陆相干酪根以生干气为主，而海相干酪根经热演化生油、生气。泥盆系含气页岩中陆相干酪根的主要成分是被浸渍化解的植物，源自Catskill三角洲复合体裸露部分及东部毗连高地，被溪流和河水携带向西，沉积于环三角洲的浅陆表海。洋流，特别是浊流带来浸透水的植物，并使其广泛分布在盆地西部分层缺氧水域的海底。大量海藻和浮游生物在泥盆纪海的上部繁殖，其营养物质来自流经扩张Catskill三角洲复合体的河流。多数海相、陆相干酪根和细粒岩石碎屑沉积于盆地较平静部分的缺氧环境中，并固化成黑色含气页岩。在盆地中西部的大部分区域，以海相干酪根为主的页岩因含大量Tasmanite海藻的孢子囊而呈暗红褐色。钻井作业人员发现这些岩层的钻屑类似"咖啡渣或肉桂粉"，因而将含气页岩层中部分暗色页岩命名为"咖啡页岩"或"肉桂页岩"。

阿巴拉契亚盆地西部泥盆系含气页岩中干酪根埋藏较东部同期地层浅。因此页岩热成熟度低，主要生成生物气和早期退化阶段成因气，其^{13}C和^{12}C同位素比值（$\delta^{13}C$）为$-90‰~-55‰$（Claypool等，1978）。同位素值处于这一范围的天然气反映热成熟处于生油前的早期阶段。在盆地中西部，从肯塔基州东南部到纽约州西部这一广阔区域内，含气页岩产出含大量重烃分子的湿气。到目前为止，仍有石油从俄亥俄州东南部和相邻西弗吉尼亚州的裂缝性含气页岩中产出。位于肯塔基州东南部的Big Sandy气田中，页岩气富含重烃，集输处理过程中产生大量凝析油。这部分含气页岩和伴生低渗浊积岩储层中，天然气的$\delta^{13}C$为$-55‰~-50‰$，表明热成熟温度为167~274°F（75~140℃），在此温度范围内海相干酪根生成油气。

从纽约州中部到弗吉尼亚州西南部，阿巴拉契亚高原东半部的泥盆系含气页岩向东埋深加大。这一区域内，含气页岩以生干气为主，天然气$\delta^{13}C$为$-50‰~-35‰$。这一高成熟阶段的干酪根越过生油窗，仅生气。向东热成熟度持续增加（Epstein和Harris，1977），岭谷区南部的部分含气页岩可能生干气。宾夕法尼亚州东部岭谷区的含气页岩成熟度太高而生干气。因此整个盆地范围内泥盆系含气页岩展现出种类齐全的生烃模式，在Cincinnati背斜附近埋藏较浅，以低成熟气为主，在阿巴拉契亚高原东部及毗邻的岭谷区埋藏较深，以高成熟干气为主。

阿巴拉契亚盆地西部含气页岩含有机质约$3.3×10^{12}t$（Schmoker，1980），具有巨大生气潜力。盆地内泥盆系含气页岩层的天然气地质储量估计为$200×10^{12}ft^3$（$5.66×10^{12}m^3$）（Smith，1978）~$1860×10^{12}ft^3$（$52.7×10^{12}m^3$）（Bookout等，1980）。而目前累计产量约为$3×10^{12}ft^3$（$850×10^8m^3$），表明过去160年仅采出了相当少的天然气。

含气页岩生成的天然气多数被页岩的有机组分所吸附，不易从烃源岩中逸出。因为含气页岩渗透性差，渗透率仅为 0.1~10μD，加之多数气体被吸附滞留在页岩中，如果黑色页岩层缺少广泛的天然裂缝系统，借助现有钻井和增产技术很难获取页岩气。在裂缝系统和广泛渗透通道发育的区域，含气页岩能持续数十年产出具有商业价值的天然气。

4 裂缝性页岩储层

虽然泥盆系含气页岩的天然气开采已经超过 160 年，但研究含气页岩储层特性的资料却相对缺乏。经过 Big Sandy 气田 30 多年的勘探和开发，地质学家们才认识到作为渗透通道的开启裂缝和张开节理是该区重要储层要素之一（Hunter 和 Young, 1953）。无广泛发育的裂缝系统则很难保证天然气从页岩基质流入井筒以满足商业开采的需求。研究表明 Big Sandy 气田及其位于西弗吉尼亚州中部的东部延伸沿东部内陆坳拉槽的 Rome 地槽段分布（Harris, 1978），该构造被宾夕法尼亚州中部至密苏里州东部的正断层所包围。在古生代或其后，沿地槽的垂直断裂重复性作用于含气页岩层，产生一系列广泛的交错节理和裂缝，充当泥盆系页岩气的储层和渗透通道。

Alleghenian（阿勒格尼）造山运动期，阿巴拉契亚高原东半部和岭谷区发生逆冲断裂，形成泥盆系页岩层的裂缝孔隙广泛发育带，同时滑脱作用使得下伏志留系岩层上部伴生八字形断层。沿阿巴拉契亚高原东部的数个主要背斜，脆性层状储集岩（Oriskany 砂岩和 Huntersville 燧石）逆冲到泥盆系含气页岩的基本单元——较新的黑色 Marcellus 页岩之上，在天然气运移的最佳时间实现了邻近裂缝性烃源岩和储集岩的时空搭配。

阿巴拉契亚高原面积超过 50000mi^2（129500km^2）的东逆冲带高原段受 Alleghenian 逆掩作用影响，在页岩层中形成裂缝孔隙区带。通常裂缝带与背斜褶皱的断裂有关，但有时也发育于滑脱上方破碎带中（Harris 和 Milici, 1977）。

Erie 湖南岸的含气页岩层中，黑色含气页岩分布于脆性浊积粉砂岩和极细粒砂岩间及其下方。更新世时，一层厚度 1mi 以上的冰川使得该地区略有沉降。由于冰川后退，这一应力释放使得该地区持续反弹抬升，使岩层上部 1500ft（457m）处的节理和裂缝开启。页岩气运移至裂缝系统和高孔—高渗脆性层状储层中。因为裂缝和节理在地表张开度最大，随着埋深增加，张开度减小、数目减少，但裂缝系统并未闭合。该区许多地方可见天然气逸出地表，溪水和 Erie 湖局部水域有气泡冒出。Hall（1843）指出距 Portland 港（现今纽约州 Barcellona）以东数英里远有天然气从 Erie 湖浅滩逸出。在纽约州 Silver Creek 和俄亥俄州 Cleveland 间约 140mi（225km）的范围内，明显有天然气从这种沿湖岸的节理和裂缝系统中逸出。因天然气顺着封闭性差的垂向裂缝向地表渗漏，沿湖岸少数低压浅气井的关井地层压力等于正常静水压头。

泥盆系黑色含气页岩岩性致密，渗透率为 0.1~10μD，孔隙度为 1%~3%。页岩中多数天然气被有机质吸附，随着地层压力降低而缓慢解吸。在类似 Big Sandy 气田的区域中，裂缝性含气页岩既是烃源岩又是储集岩，部分气体滞留在裂缝中，与相邻围岩基质中的吸附气达到动态平衡。一旦正钻井钻遇含气裂缝或借助增产措施连通裂缝，天然气可快速通过裂缝向井筒运移。在初期产量递减阶段，裂缝性含气页岩的反应类似于常规孔隙性储层。随着地层压力下降，基质气开始解吸并进入裂缝。但天然气沿低渗基质运移缓慢，数年后进入裂缝的基质气体积才等于由裂缝流入井筒的气体体积。在实现这一稳态流动之前，产量递减曲线陡降（图 3）。达到基质—裂缝—井筒的稳态流动后，产量递减曲线很快趋于平稳，其后数十年间仅略有降低。标志页岩气井稳态流动的拐点往往出现在第二年至第十年之间，此时产量降至初期产量的 1/5～1/3。页岩气井生产周期较长要归功于基质气的解吸和经基质向储层裂缝和井筒的缓慢运移。显而易见，影响含气页岩商业开采价值的因素众多，阿巴拉契亚盆地某个地区的有利经济因素可能并不适合其他区域。

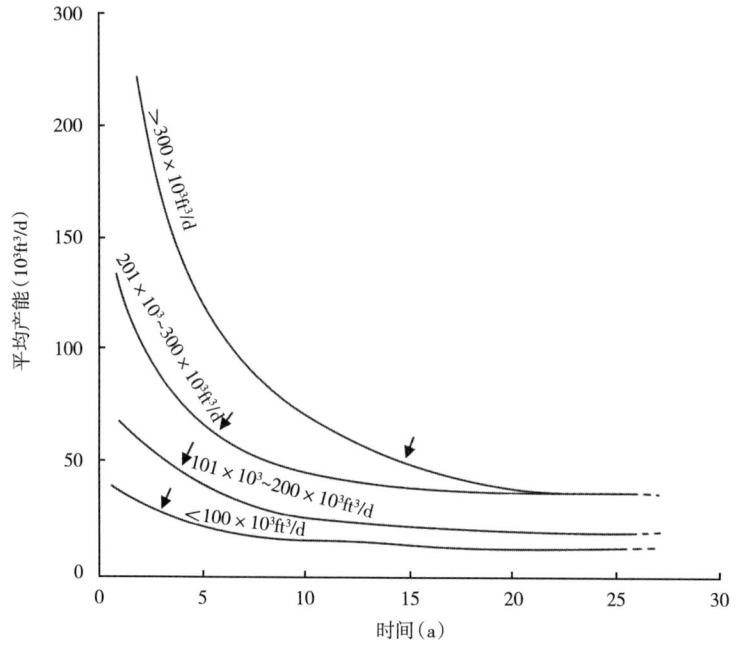

图 3　西弗吉尼亚州 Big Sandy 气田部分页岩气井的平均产能递减曲线（据 Bagnall 和 Ryan，1976，有修改）
箭头指示基质气和井筒间动态稳态流动的近似转换点

5　勘探潜力

阿巴拉契亚盆地泥盆系致密气页岩的成功勘探开发需要深入评价控制页岩中天然气储集的各类地质因素。这些因素包括但不局限于：(1) 静水环境中堆积富有机质细粒沉积物的沉积环境和沉积过程；(2) 成岩和热演化过程中沉积物有机组分的蚀变和甲烷及重烃分子的同时形成；(3) 含气页岩层产气单元的范围、厚度和空间分布形态；(4) 页岩基质的相对低孔和异常低渗；(5) 页岩有机质的吸附气量；(6) 含气页岩和可能部分捕获游离气的脆性层状储集岩中天然裂缝系统的发育程度和范围；(7) 含气页岩与滑脱、八字形断层和相应地层破碎带有关的盆地局部区域的构造复杂性；(8) 与含气页岩层互层或毗邻的脆性层状储集岩的发育或缺失。诸多工程和经济因素也制约了区块的成功勘探开发。

这些因素包括钻井井深，裂缝性页岩段的井壁稳定性，含气页岩的增产效果，经济合理的井距，集输管道的位置，与销售端的距离，和非常规页岩气与盆地内常规天然气、其他能源之间的价格差异。

Charpentier 等（1982）评估了阿巴拉契亚盆地泥盆系含气页岩的天然气地质储量，将盆地划分成 19 个区块或"远景区"。各远景区具有基本一致的地质参数使得彼此间可区分，在后续章节中将会谈及这些参数。作为研究的一部分，Charpentier 团队根据整个盆地的远景评价，定性评估了各远景区的开采潜力（图 4）。19 个远景区中，迄今最高产的泥盆系页岩气远景区为位于 Western Rome 地槽的 8 号区，它涵盖了 Big Sandy 气田的大部分地区，具有良好页岩气潜力区所需的组合因素。

对于页岩气井井位优选而言，图 4 的远景区定义显得过于简单。但研究人员可适当补充局部地质资料，确定地质主控因素，深入评估远景区评价所涉及的诸多因素，突出有利区。补充和评价经济极限产量将进一步有助于寻找有利区块和指导井位部署。

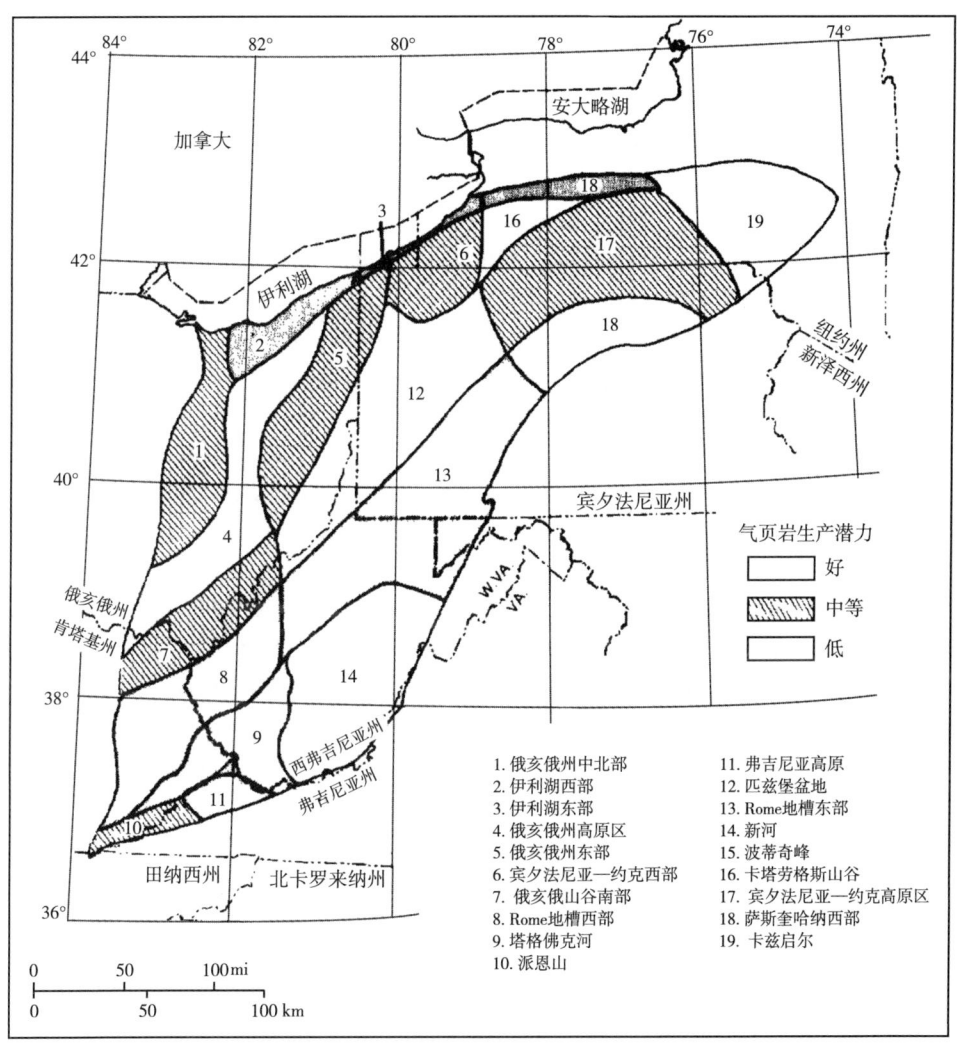

图 4 阿巴拉契亚盆地 19 个远景区泥盆系含气页岩天然气生产潜力的定性评价
（据 Charpentier 等，1982）

6　结论

阿巴拉契亚盆地大部分地区发育对天然气经济开采有利的泥盆系含气黑色厚层页岩。这些暗色页岩的热成熟度有利于生气和局部生油。地质研究和 160 年生产历史数据表明泥盆系含气页岩层的天然气资源量可达数万亿立方英尺，尽管至今仅采出了 $3\times10^{12}\mathrm{ft}^3$（$850\times10^8\mathrm{m}^3$）天然气。寻求可行性技术、在合理的时段内获利开采可观的天然气资源是该区亟待解决的难题。

参 考 文 献

[1] AVILA, J., 1976, Devonian shale as a source of gas, in Natural gas from unconventional geologic sources: Washington, D. C., National Academy of Sciences, p. 73-85.

[2] BAGNALL, W. D., and W. M. RYAN, 1976, The geology, reserves, and production characteristics of the Devonian shale in southwestern West Virginia, in Devonian shale production and potential: Morgantown, WV, U. S. Energy Research and Development Administration, Morgantown Energy Research Center, Proceedings, MERC/SP-76/2, p. 41-53.

[3] BOOKOUT, J. F., et al., 1980, Devonian shale, unconventional gas sources: Washington, D. C., National Petroleum Council, 87 p. and appendices.

[4] CHARPENTIER, R. R., et al., 1982, Estimates of unconventional natural-gas resources of the Devonian shale of the Appalachian basin: USGS Open-File Report 82-474, 43 p.

[5] CLAYPOOL, G. E., C. N. THRELKELD, and N. H. BOSTICK, 1978, Natural gas occurrence related to regional thermal rank of organic matter (maturity) in Devonian rocks of the Appalachian basin: Morgantown, WV, Second Eastern Gas Shales Symposium, U. S. Department of Energy, Morgantown Energy Technology Center, Preprints: METC/SP-78/6, v. I, p. 54-65.

[6] COLTON, G. W., and W. DE WITT, JR., 1958, Stratigraphy of the Sonyea Formation of Late Devonian age in western and west-central New York: USGS Oil and Gas Investigations Chart OC-54.

[7] CONANT, L. C., and V. E. SWANSON, 1961, Chattanooga Shale and related rocks of central Tennessee and nearby areas: USGS Professional Paper 357, 91 p.

[8] DE WITT, W., JR., and G. W. COLTON, 1959, Revised correlations of lower Upper Devonian rocks in western and central New York: AAPG Bulletin, v. 43, no. 12, p. 2810-2828.

[9] DE WITT, W., JR., and G. W. COLTON, 1981, Physical stratigraphy of the Genesee Formation (Devonian) in western and central New York: USGS Professional Paper 1032-A, 22 p.

[10] DE WITT, W., JR., J. W. PERRY, JR., and L. G. WALLACE, 1975, Oil and gas data from Devonian and Silurian rocks in the Appalachian basin, USGS Miscellaneous Investigations Series Map I-917-B.

[11] EPSTEIN, A. G., J. B. EPSTEIN, and L. D. HARRIS, 1977, Conodont color alteration—an index to organic maturation: USGS Professional Paper 995, 27 p.

[12] HALL, J., 1843, Geology of New York; Part IV, comprising the survey of the fourth geological district: New York Geological Survey, 683 p.

[13] HARRIS, L. D., 1978, The Eastern Interior aulacogen and its relation to Devonian shale-gas production: Morgantown, WV, Second Eastern Gas Shales Symposium, U. S. Department of Energy, Morgantown Energy Technology Center, Preprints METC/SP-78/6, vol. II, p. 55-72.

[14] HARRIS, L. D., W. DE WITT, JR., and G. W. COLTON, 1978, What are possible stratigraphic controls for gas fields in eastern black shales?: Oil & Gas Journal, v. 76, no. 14, p. 162-165.

[15] HARRIS, L. D., and R. C. MILICI, 1977, Characteristics of thin-skinned style of deformation in the southern Appalachians, and potential hydrocarbon traps: USGS Professional Paper 1018, 40 p.

[16] HASS, W. H., 1956, Age and correlation of the Chattanooga Shale and the Maury Formation: USGS Professional Paper 286, 47 p.

[17] HUNTER, C. D., 1964, Gas development, production, and estimated ultimate recovery of Devonian shale

in eastern Kentucky: Kentucky Geological Survey, Series 10, Special Publication 8, p. 21-29.

[18] HUNTER, C. D., and D. M. YOUNG, 1953, Relationship of natural gas occurrence and production in eastern Kentucky (Big Sandy gas field) to joints and fractures in Devonian bituminous shale, in Symposium on fractured reservoirs: AAPG Bulletin, v. 37, no. 2, p. 292-299.

[19] LEY, H. A., 1935, Geology of natural gas: Tulsa, OK, AAPG, 1227 p.

[20] PEPPER, J. F., and W. DE WITT, JR., 1950, Stratigraphy of the Upper Devonian Wiscoy Sandstone and equivalent Hanover Shale in western and central New York: USGS Oil and Gas Investigations Preliminary Chart 37.

[21] PEPPER, J. F., 1951, Stratigraphy of the Late Devonian Perrysburg Formation in western and west-central New York: USGS Oil and Gas Investigations Chart OC-45.

[22] PEPPER, J. F., and G. W. COLTON, 1956, Stratigraphy of the West Falls Formation of Late Devonian age in western and west-central New York: USGS Oil and Gas Investigations Chart OC-55.

[23] RAY, E. O., 1976, Devonian shale development in eastern Kentucky: in Natural gas, from unconventional geologic sources: Washington, D. C., National Academy of Science, p. 100-111.

[24] ROEN, J. B., et al., 1978, Some preliminary results of regional stratigraphic studies of the Devonian black shales in the Appalachian basin: Morgantown, WV, First Eastern Gas Shales Symposium, U. S. Department of Energy, Morgantown Energy Research Center, MERC/SP-77/5, 783 p.

[25] SCHMOKER, J. W., 1980, Organic content of Devonian shale in western Appalachian basin: AAPG Bulletin, v. 64, no. 12, p. 2156-2165.

[26] SCHWIETERING, J. F., 1970, Devonian shales of Ohio and their eastern equivalents: Columbus, OH, Ohio State University Doctoral dissertation, 79 p.

[27] SCHWIETERING, J. F., 1979, Devonian shales of Ohio and their eastern and southern equivalents: Morgantown, WV, U. S. Department of Energy, Morgantown Energy Technology Center, MERC/CR-79/2, 68 p.

[28] SMITH, E. C., 1978, A practical approach to evaluating shale hydrocarbon potential: Morgantown, WV, Second Eastern Gas Shales Symposium, U. S. Department of Energy, Morgantown Energy Technology Center, Preprints, METC/SP-78/6, vol. II, 454 p.

宾夕法尼亚州上泥盆统与下志留统致密层对比——地质和工程特征

Christopher D. Laughrey, John A. Harper

摘要 宾夕法尼亚州上泥盆统和下志留统储层大多形成地层圈闭（地层尖灭、孔隙度变化等），但流体运移和沉积物成岩作用可能受到遍及西宾夕法尼亚的广泛断层和裂缝带影响。储层包含各种石英、岩屑和长石砂岩，成岩作用以自生黏土矿物形成、胶结、白云岩化、胶结物及颗粒溶解（产生次生孔隙）和再胶结为主，孔隙度（次生孔隙为主）和渗透率往往较低。

1 简介

一直以来，宾夕法尼亚州都被视为现代油气工业的发源地。1859年，Drake（德雷克）井的成功钻探开启了油气勘探开发的快速发展，同时也激发了认识油气产层地质和工程特征的兴趣。但涉及该区的研究大多围绕上泥盆统和石炭系油藏。过去一百多年里，Carll（1880）、Fettke（1938）、Dickey（1943）和Kelley（1967）等著名学者发表了许多研究产油砂岩及相邻岩层的优秀著作。然而宾夕法尼亚州的气藏研究则表现不佳，除上泥盆统Ridgeley组（多数钻井目的层为Oriskany砂岩）外，几乎很少出版甚至公开气藏综合研究资料。许多有用资料尚需从行业信息中查找。多数宾夕法尼亚气藏的研究几乎完全根据地层性质，集中在上泥盆统（Bayles，1949；Wolfe，1963；Kelley和Wagner，1970；Piotrowski和Harper，1979）和下志留统Medina群（Kelley和McGlade，1969；Piotrowski，1981）；最近的是Laughrey（1984）在Crawford郡进行的Medina群岩石学和岩石物理学研究。

阿巴拉契盆地多数产气储层为低渗透砂岩，气井产量低。现代水力压裂工艺投入应用之前，即便是宾夕法尼亚州西部的高产气田，单井无阻流量普遍也仅有$50×10^3 \sim 500×10^3$ ft^3/d（Shaffner，1946）。从《宾夕法尼亚州地质调查》的单井井史记录看，产量普遍偏低，因而预测产量也较低。现代增产技术极大提高了单井无阻流量。目前在Indiana郡，平均单井试油产量$700×10^3 \sim 1000×10^3$ ft^3/d。但实际单井日产量则呈现另一种情况，投产第一年平均单井产量约为$150×10^3$ ft^3/d，前五年为$75×10^3 \sim 80×10^3$ ft^3/d。尽管难以确定总储量，但通常若估算单井可采气量不低于$200×10^6$ ft^3，则认为该井具有经济效益。宾夕法尼亚州已投产油气田中，仅少数区域具有高产井孔渗特征（"甜点"）。除个别区域外，该类区域很快转换为天然气储存区（Lytle，1963）。

2 区域地层

自然伽马测井是阿巴拉契盆地地层对比的主要工具。套管井和裸眼井的伽马曲线特征总体一致，能测量盆地富钾泥岩的天然放射性，因而适用于精确划分岩石的地层界面。中子和密度测井常用于识别典型低孔、低渗砂岩的高孔带。但就地层划分而言，这两种测井方法的最大优势在于确定伽马响应特征相似的砂岩和碳酸盐岩层的分界面。本文所使用地层术语取自利用自然伽马曲线（较少考虑中子和密度曲线）进行地层对比的研究。因为岩心描述和测井曲线所示实际岩性并非此类研究的必要组成部分，后续谈及的层（formation）通常表述为"样式（format）"（Forgotson，1957），而不是真实岩性地层。但这些"样式"相当精确地代表了区域尺度的岩性地层单元。因而对于当前研究，地层命名作为记录保留。

图 1 展示了主要含油沉积岩（和重要标志层）层位，在宾夕法尼亚州西部三分之二的区域均有发育，涵盖整个古生界。Lytle 等（1971）预测阿巴拉契亚高原区的古生界平均

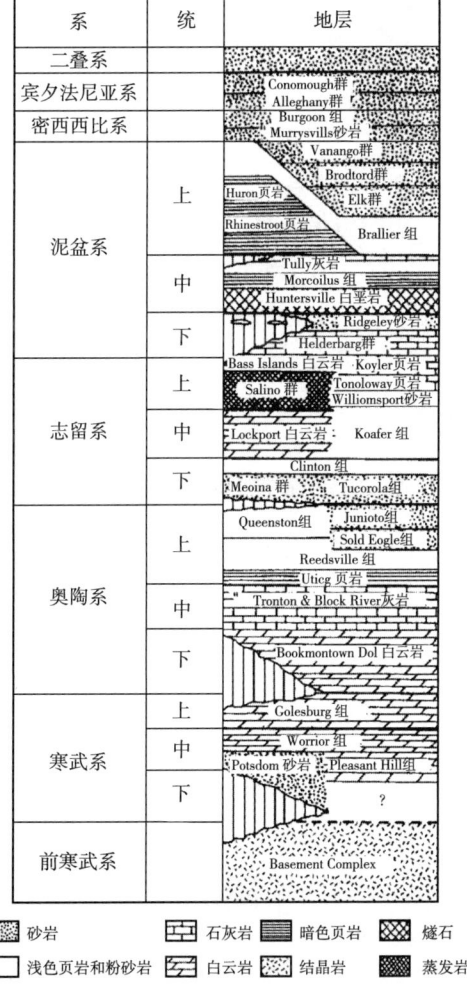

图 1 宾夕法尼亚州西部地层综合柱状图

厚度约为12000ft（3660m）。地层剖面上部以碎屑岩为主，而下部以碳酸盐岩和部分碎屑岩为主。自1859年Edwin Drake发现石油后，上泥盆统砂岩段Venango群、Bradford群和Elk群（图2和表1）已经成为宾夕法尼亚州的油气主力产层。在宾夕法尼亚州西北部，下志留统Medina群（图1）从1947年起就开始天然气商业性开采。而在Erie郡、Crawford郡、Medina群也产油。

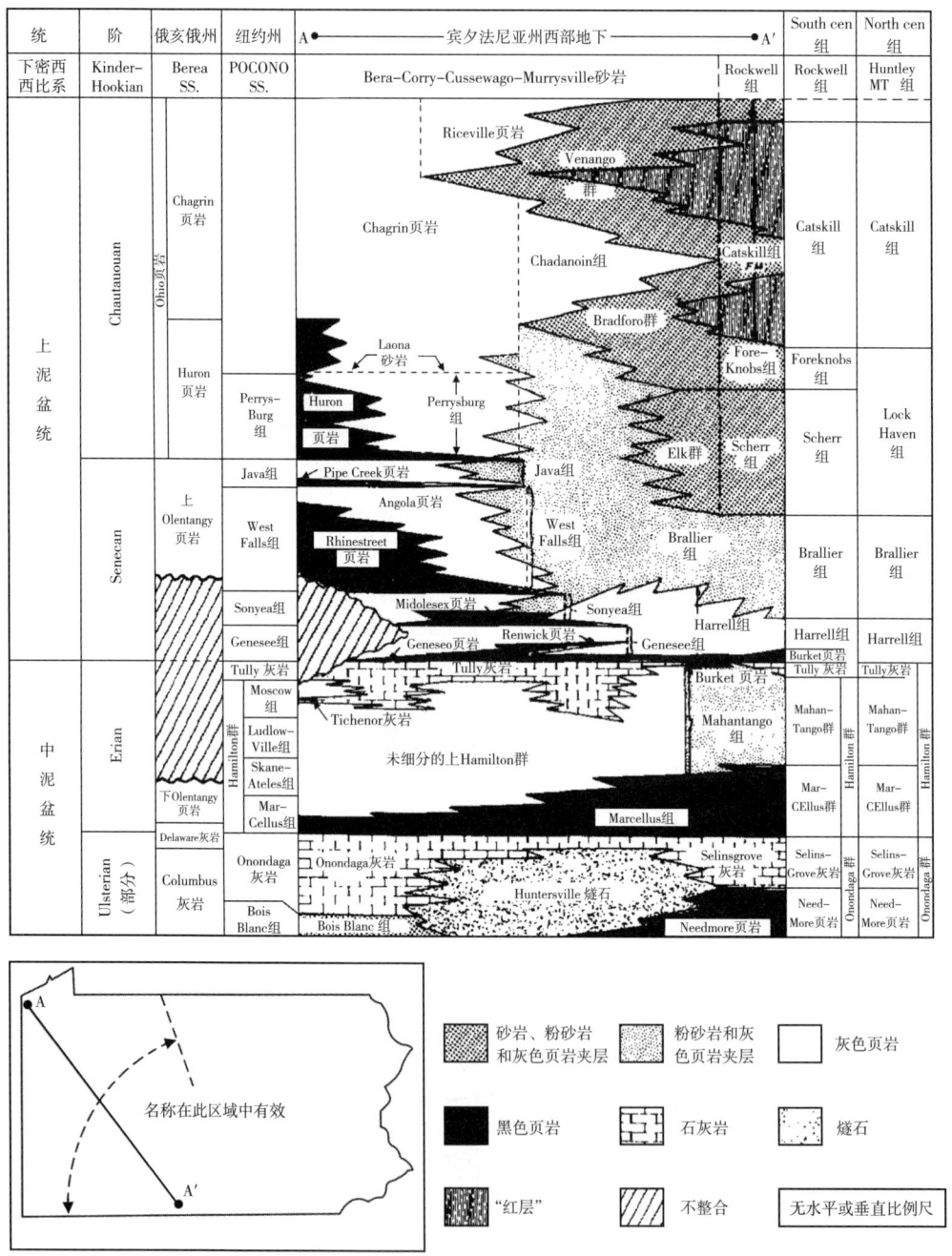

图2　宾夕法尼亚州西部中—上泥盆统的地层对比（据Harper，1979，有修改）

表1　宾夕法尼亚州产气区内岩石地层命名与现场人员常用砂岩命名对比表
（据 Piotrowski 和 Harper，1979，有修改）

系	组或群	现场人员命名法
密西西比系	Burgoon 组	Big Injun, Mountain, Seventy-Foot
	Shenango 组	Squaw, Papoose
	Cuyahoga 组	Second Gas, Bitter Rock
	（未命名）	Berea / Cussewago } Murrysville
泥盆系	Riceville 组	
	Venango 群	Gantz / Fifty-Foot } Hundred-Foot Thirty-Foot, Upper Nineveh Snee, Lower Nineveh Gordon Stray, Boulder Gordon, Third Fourth Fifth Fifth Stray Bayard Bayard Stray Elizabeth
	Chadadoin 组	Pink Rock
	Bradford 群	First Warren Second Warren Third Warren Speechley Stray, Upper Speechley Speechley Tiona First Balltown Second Balltown Sheffield, Third Balltown First Bradford Second Bradford Third Bradford Kane
	Elk 群	Haskill, Riley, Elk Benson, Humphrey Alexander

2.1　上泥盆统

在北美地区泥盆系标准剖面的晚塞内卡世（Senecan）和整个肖托夸世（Chautauquan）全球年代地层的上弗拉阶（Frasnian）及整个法门阶（Famennian），宾夕法尼亚州西部主要产油气砂岩沉积于阿巴拉契亚盆地。图 2 将宾夕法尼亚州西部地下上泥盆统的地层术语，与俄亥俄州、纽约州的区域性地层术语及宾夕法尼亚州中部露头剖面的地层术语进行对比。

油井作业人员首先认识到地下岩石，尤其油层可进行区域地层对比。不幸的是，他们一开始对比的岩石相距太远或给同一砂岩赋予了多个名称。井场归属地主人姓名、砂岩纹理或颜色、原油颜色、有无卤水或砂岩是否具有产能等都可能成为命名砂岩的依据（表 1）。这导致他们定义的砂岩名称过多，在美国不同地区砂岩名称被随意使用，而完全未考虑砂岩地层间如何或是否相关。为了澄清现场人员定义的砂岩名称并制订一套切实可行的地层划分方案，Kelley 和 Wagner（1970）放弃了常用的纽约州"群组"名（图 2），转而依据地下上泥盆统的非正式分层方案。Piotrowski 和 Harper（1979）修订了 Kelley 和 Wagner 的方案，但仍继续使用非正式分层方案。Harper 和 Laughrey（1980）重新使用 Carll（1880，1890）和 Ashburner（1880）的油层砂岩组命名原则，该命名方案得到了 Venango 群、McKean 群和 Elk 群早期现场人员的认可。Venango 群、Bradford 群和 Elk 群的名称从最早期至今仅略有调整，现为宾夕法尼亚州西部上泥盆统油气田的标准地层名称（Harper 等，1982）。

因阿巴拉契亚盆地几何形状呈楔形，上泥盆统在宾夕法尼亚州西北部较中南部薄。伽马曲线对比显示，Erie 郡和 Somerset 郡之间的上泥盆统砂岩段厚度为 0～5000ft（0～1525m）（Piotrowski 和 Harper，1979）。但根据伽马曲线的 50% 净砂层标准，同一地区上泥盆统砂岩有效厚度为 0～700ft（0～215m）（图 3）。部分区域（如沿 Allegheny 构造前缘）受断裂、褶皱和倾斜影响，地层明显加厚，因而砂岩加厚。

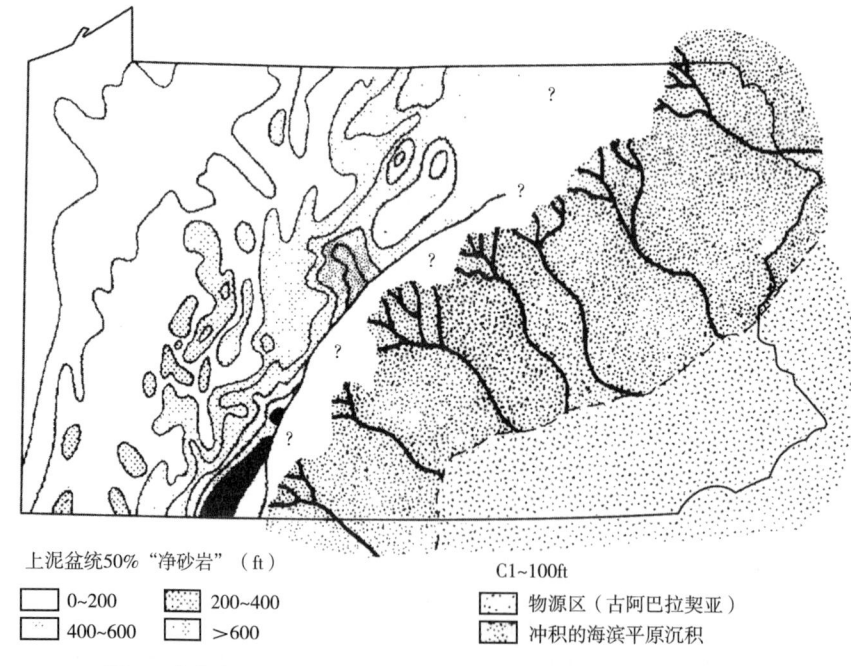

图 3 宾夕法尼亚州地图（据 Piotrowski 和 Harper，1979，有修改）
图中展示上泥盆统砂岩厚度及分布（以伽马曲线计算 50% 净砂岩为截止值）和 Catskill 三角洲体系的广义沉积格架。对比该沉积格架与 Sevon 和 Woodrow 所定义的输入中心（1981）

Venango 群、Bradford 群和 Elk 群由砾岩、砂岩和含少许碳酸盐岩的泥岩互层构成。多数岩石为滨外海相到海陆过渡相沉积，整个层段零星可见非海相红层，尤以 Venango 群居多。这些红层是 Catskill 组复合体向西延伸的舌状体，Catskill 组复合体以一系列红色的砂岩和泥岩为主，由多个物源注入多变沉积环境而形成（Sevon 和 Woodrow，1981；Thompson 和 Sevon，1982）。

因为 Venango 群在美国西北部广泛出露，在宾夕法尼亚州西南零星出露，宾夕法尼亚州西部上泥盆统的这一地层较其他地层单元更为人熟知。三个含砂岩单元中，Venango 群向西延伸最远，含有大量粗粒碎屑。例如，Crawford 郡可见的 Panama 砾岩与 Oil City（石油城）区 Venango 群第三砂层组可对比（与含气带内 Gordon 砂岩近似为同期地层，表1）。Erie 郡出露的细粒浅灰色砂岩与这一地层（地表新破碎处散发原油气味）可对比。宾夕法尼亚州中西部产气带的 Venango 群可非正式地划分为上、下海相砂岩段和中部含红层的非海相—海陆过渡页岩段（Harper 和 Laughrey，待出版）。上砂岩段（Upper Sandy）含 Hundred-Foot 砂层和 Thirty-Foot 砂层（表1），是50年前宾夕法尼亚州西部的主力产气层。下砂岩段（Lower Sandy）含 Fifth 砂层、Bayard 砂层和 Elizabeth 砂层（表1），是现今 Venango 群的主力产气层。这些 Venango 群砂岩通常为灰绿色、灰色和红褐色细粒—极细粒砂岩、粉砂岩和页岩，但也常见扁球状厚层砾岩。

Venango 群和 Bradford 群之间发育 Chadakoin 组海相泥岩，厚50ft 到几百英尺，呈灰色和粉红—棕红色，含化石，现场人员称其为"粉色岩石"（图2和表1）。Chadakoin 组零星发育无产能砂岩。该地层整体不具备工业油气价值，仅充当地层标志层。

Bradford 群的信息仅仅来源于已钻井资料，主要源自北部油田［例如 Ashburner (1880) 和 Fettke (1938) 的研究］。到目前为止，仅可借助岩心描述和伽马曲线研究 Bradford 群产气层（如 McCandless，1981）。宾夕法尼亚州西部新采集的多段 Bradford 群砂岩岩心为认识该地层提供了新线索。在三次上泥盆统致密层资料整理的数据采集阶段，初步研究了其中七段岩心，进行实验分析、照相和取样；目前宾夕法尼亚地质调查所（Laughrey 和 Harper）和匹兹堡大学（如 Glohi，1984）已经或正在对这些资料进行深入研究。对比上述资料与油田岩心、岩屑和测井曲线，为确定 Bradford 群砂岩沉积的综合地层和沉积框架及其成岩史、烃源岩史打下了基础。

比之 Bradford 群，Elk 群更是一个谜。该地层单元的薄砂岩透镜体散布于页岩和粉砂岩厚层内，共同占据了该群组的95%。Elk 群的"优质"砂岩（伽马曲线显示50%净砂岩）仅分布于西宾夕法尼亚州东部三分之一的范围内（Piotrowski 和 Harper，1979），Harper 和 Laughrey 所提及的 Brallier 组极细粒砂岩和粉砂岩往西至 Greene 郡和 Washington 郡也有发育。近期发现它们具有一定产能（Laughrey，1985）。Piotrowski 和 Harper（1979）认为大部分 Elk 群为浊流沉积，从 Greene 郡 Brallier 砂岩（与 Elk 群同期）岩心中观察到的沉积特征也佐证了这一解释。Laughrey（1985）从岩心中辨识出 Bouma 岩层的三个地层单元：含波状纹理的极细粒砂岩及粗粉砂岩（c）、含平行纹理的粉砂岩（d）和页岩（e）。这些单元在整个取心段重复出现，其中 c 和 e 稳定，d 偶有缺失。这些特征似乎反映了从低流态下部到深海沉积环境的不同沉积，是典型远端浊积岩的特点。因为 Elk 群历来很少发育有产能砂岩储层（除 McKean 郡、Elk 群和 Jefferson 郡北部 Elk 群个别砂岩为油层外），含气带区域的作业人员对它的兴趣不大。

靠近 Allegheny 前缘，上泥盆统产气层包括 Lock Haven 组（宾夕法尼亚州中北部）和

Foreknobs—Scherr 组（宾夕法尼亚中南部）（图 2）。Lock Haven 组和 Foreknobs-Scherr 组为同期地层，是 Catskill 三角洲两个主要分支系统的沉积产物。由于这些地层基本上由 Bradford 群下段和 Elk 群向东延展而成，对其了解仅局限于宾夕法尼亚州、马里兰州和西弗吉尼亚州 Allegheny 前缘的露头资料，测井资料获取信息较少，因此这里不做详述。宾夕法尼亚州中南部仅六七口井从 Foreknobs 组产气，而在 Clearfield 郡、Clinton 郡和 Centre 郡数十口井从 Lock Haven 组产气。

宾夕法尼亚西部上泥盆统岩石的组合是 Catskill 三角洲体系中一系列大、中、小不同规模沉积韵律或旋回的产物。整个中—晚泥盆世时，Catskill 三角洲在阿巴拉契亚盆地北部的沉积史中起到了重要作用（Sevon 和 Woodrow，1981）。全球海平面变化（Vail 等，1977；Johnson 等，1985）与盆地变化（沉积物加载，区域地质构造，区域性气候变化等）的交互作用产生了沉积的旋回性。

全球海平面变化分成几个数量级。Vail 及其他学者（1977）确认整个晚古生代曾经发生一次大规模整体海退（一级旋回），同时在中—上泥盆统界面发生二级"超旋回"海退。除此之外，在晚塞内卡世和肖托夸世，也发生数次大规模（三级）和多次相对小规模（四级和五级）的海侵和海退（岸进）旋回。Dickey 等（1943，35 页，图 4）提供了明显证据，证实 Venango 群产油砂岩存在较小规模的五级沉积事件，记录了从 Venango 群第三砂层组到 Venango 群第一砂层组（大致等同于 Hundred-Foot 砂层至 Gordon 组，见表 1）的海侵—海退沉积旋回。滨外坝、水下沙丘、潮水道和滩地（随海平面持续上升而来回变动）的重复序列明显形成产油砂岩透镜体，散布于其间的东向陆源物质注入大幅度增加。相对这些小规模沉积事件，图 2 中以大尺度楔形砂岩为主的岩石展示了上泥盆统砂岩组的三级海侵—海退旋回（Venango 群、Bradford 群和 Elk 群）。Catskill 三角洲在晚泥盆世时以稳定速率缓慢向西推进，不定期被三级或四级海退（或岸进）中断，使得底部和西部的黑色海相页岩（Geneseo、Middlesex、Rhinestreet 和 Huron）沿垂向和横向相变为顶部和东部的较粗碎屑（Harrell 群、Brallier 群和 Elk 群）。在中肖托夸阶下段，被四级海侵中断的两次陆源沉积快速注入形成了 Bradford 群沉积。随后发生另一次较大规模海侵，形成 Chadakoin 组沉积。Dennison 及 Head（1975）和 Lundegard 等（1980，图 3）未能辨识出这几次海侵。但 Dennison 和 Head 承认纽约州在这一时期存在"微小"波动。在晚肖托夸世早期，物源区海平面的大幅度下降或大规模侵蚀事件引发大量陆源沉积的二次快速注入。Venango 群是这一事件的产物，代表了泥盆系较粗粒 Catskill 碎屑物的最西端地层。另一次海侵发生于泥盆纪末期（Caster，1934；Dennison 和 Head，1975），同时 Riceville 组海相页岩、薄层粉砂岩和砂岩陆续沉积于 Venango 群砂岩之上（图 2）。

古水流研究（Leeper，1963）表明：上泥盆统沉积物搬运方向以南东—北西向为主。这与区域地层研究（Piotrowski 和 Harper，1979）和其他岩石的古流向研究（Pelletier，1958）结论一致。所产生的沉积体系包含河道（分流河道、进潮口和三角洲前缘河道等）和沙坝（滨外沙坝、近岸沙坝和滩地等），它们甚至会出现在大规模区域性研究（Piotrowski 和 Harper，1979）中。详细研究表明北东—南西向砂岩走向主要代表滨外沙坝（Wolfe，1963；McCandless，1981），北西—南东向走向可能代表分流河口坝（McCandless，1981）、潮汐三角洲河道和三角洲前缘河道充填（Wigal，1982）。

上泥盆统和下密西西比系的接触面一般被认为是 Murrysville 砂层底界（图 2），但宾夕法尼亚州西部多数地区 Riceville 组相对减薄，所以很难识别这一接触面。Murrysville 砂

图 4 Medina 群区域地层对比（据 Piotrowski，1981）

层和 Venango 群顶部 Hundred-Foot 砂层特征相似，当两套砂层均发育良好时，二者很难区分。Hundred-Foot 砂层的沉积有时会持续不减，其间仅混入少量 Riceville 组的海相页岩。在这些地区，Hundred-Foot 砂层和 Murrysville 砂层由一套巨厚砂岩构成。

2.2 Medina 群

Medina 群下志留统均属于兰多维利期（Llandovery），可代表兰多维利期的大部分时段（Berry 和 Boucot，1970）。Piotrowski（1981）详细描述了宾夕法尼亚州西北部 Medina 群与宾夕法尼亚州中部及东北部、纽约州西部、俄亥俄州和安大略省同期地层之间的区域地层关系，简述如图 4 所示。Medina 群向下与上奥陶统 Queenston 组红层不整合接触，向上与中志留统 Clinton 群海相泥岩和泥质白云岩整合接触。Medina 群由砂岩和含微量碳酸盐的泥岩互层组成。在中部 Warren 郡、Forest 郡、Clarion 郡、Armstrong 郡、Butler 郡和 Beaver 郡厚度最大接近 200ft（60m），向西北方向逐渐减薄，沿 Erie 湖岸线厚度为 140~160ft（42~48m）。在 Erie 湖中部，整个地层单元厚度小于 120ft（37m）。

依据伽马曲线对比，Medina 群可识别出 4 个主要地层单元（图 4 和图 5），从上往下依次为 Grimsby 组（砂岩、粉砂岩和页岩互层）、Cabot Head 页岩、Manitoulin 白云岩、Whirlpool 砂岩。图 5 阐述了在宾夕法尼亚州西北部地下这些小层间的区域地层关系，以及与东部、南部 Tuscarora 砂岩的关系。在宾夕法尼亚州西北部，Medina 群表现出"泥质砂岩"的伽马曲线特征。该层段渐变为 Tuscarora 组最顶部之前，向东和东南方向，泥质含量减小。Grimsby 组上部与 Tuscarora 组泥质 Castanea 段似乎可对比，而 Grimsby 组下部并入 Tuscarora 组的主要砂岩单元。一般认为 Cabot Head 页岩和 Whirlpool 砂岩在东南方向被不整合削截，

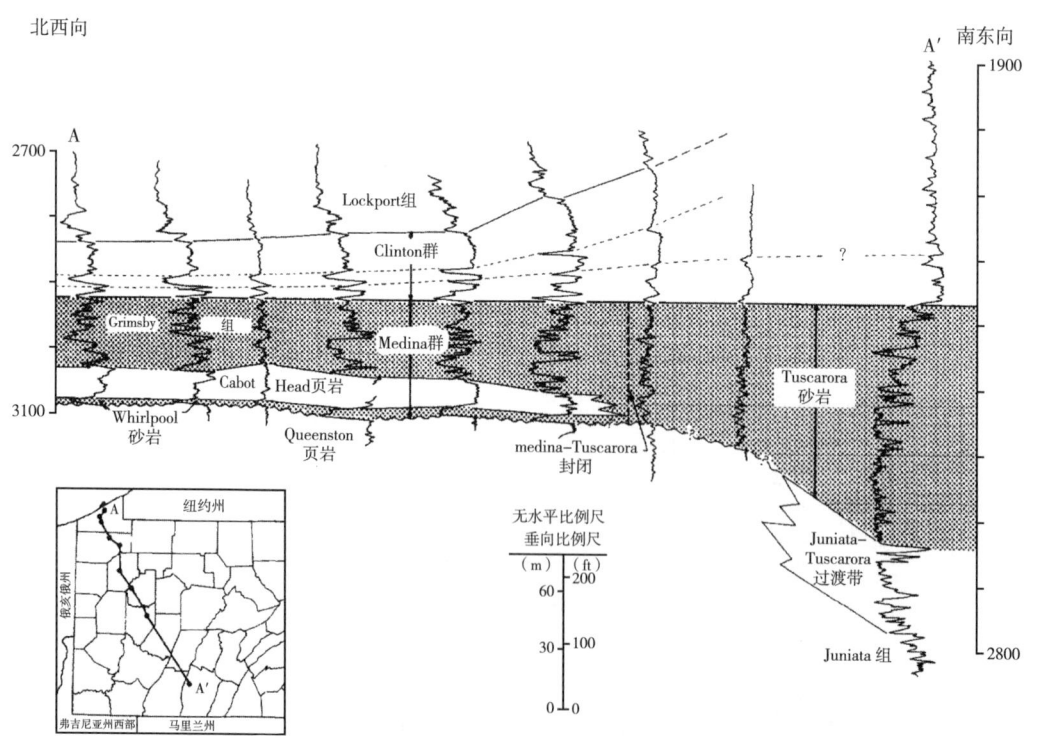

图 5　宾夕法尼亚州西部 Medina 群和 Tuscarora 组区域横剖面（据 Piotrowski，1981，有修改）

但该不整合尚未确定。Piotrowski（1981）则提出这一削截作用沿 Medina 群厚度最大的方向，其走向为 Medina 群沉积时的古海岸线方向。作为宾夕法尼亚州 Medina 群的次级单元，Manitoulin 白云石仅发育于该州最西北角的 Erie 湖区。

Median 群的交错层方向指示沉积物搬运方向为已知的北西向和北东—南西向。这与 Yeakel（1969）和 Cotter（1982）研究东南部横向同期碎屑物（Tuscarora 砂岩）所得结论一致。Ziegler 等（1977）、Johnson（1980）和 Cotter（1982）均认为早志留世时宾夕法尼亚州大致位于赤道以南 25°~30°。这使得该区域受到潮湿冬季西南风和干燥夏季东风交替影响。Cotter（1982）假设宾夕法尼亚州早志留世的气候条件与现今墨西哥太平洋海岸类似，每年初冬为雨季，其余时间相对干燥。

在塔康（Taconic）造山运动的最后一次活动期，下志留统碎屑物进入阿巴拉契亚沉积盆地（Cotter，1982）。石英含量较高的砂从前陆褶皱带高地剥落后，直接进入相邻前陆盆地（Dickinson 和 Suczek，1979）。高地避免了盆地受到岩浆弧和缝合带—烃源岩影响，因而下志留统砂岩最初来源于再循环的早期沉积序列（Martini，1971），或者可能来自克拉通的上升区（Knight，1969）。早志留世末期，物源盖层最终被剥离，产生来源于岛弧造山期深成岩浆岩的碎屑组分（Folk，1960）。

Martini（1971）根据纽约州西部和安大略省南部露头，进行了详细的 Medina 群沉积学分析。他证实 Medina 群来源于陆棚/滨岸沙坝/潮坪/三角洲复合体（Martini，图 3 和图 4）。Laughrey（1984）根据全直径岩心的岩石学研究，描述了宾夕法尼亚州西北部地下 Medina 群的相带。观测相序明显与 Martini 的模型一致。例如，从宾夕法尼亚州 Crawford 郡东部 Athens 气田 Median 群砂岩采集的岩心，其垂向层序与纽约州西部 Niagara 峡谷和安大略省 Niagara 河谷 Medina 群层段一致。Crawford 郡东南部 Geneva 气田已钻井岩心与 Martini（1971）描述的安大略省 Stoney 溪西侧层段相序类似。

没有一种现代层序模拟能详尽展现在宾夕法尼亚州西北部 Medina 群中观测到的地层序列。但是数个古代和现代沉积模型的组合与影响 Medina 群沉积体系的作用和环境有相似之处。图 6 为宾夕法尼亚州西北部分地区的 Medina 群砂岩区域分布图，图件编制依据地球物理测井解释的净砂岩和砂页岩比。整体分布的相解释（Laughrey，1984）表明：Whirlpool 砂岩为底部海侵砂岩，沉积于 Queenston 组较老的三角洲海岸平原沉积物顶部。Whirlpool 组滨外沙坝和沿岸沙坝使得临滨带沿海侵方向朝东南迁移。从 Warren 郡中部到 Beaver 郡中部，一条稳定滨线沿 Medina 群最厚带分布。Cabot Head 页岩最下部陆棚泥沉积于 Whirlpool 组远端砂质陆棚沉积物之上。滨线进积导致沉积 Cabot Head 组上段过渡性粉砂和下临滨砂。这些地层单元依次被 Grimsby 组最下部的中、上临滨砂和近滨砂所覆盖。Grimsby 组最上部红绿杂色泥质砂岩形成于进积海岸砂泥复合体内，一般沉积在海岸砂之上。客观地说，整个垂向序列与 Curray 等（1969）所描述的墨西哥 Nayarit 海岸退积和进积相的垂向层序类似。相似序列也见于新墨西哥州白垩系 Gallup 砂岩的进积砂质滨线层序中（Harms 等，1982）。这一序列同样适用于 Martini（1971）的分流河道间区（图 3）和图 6 中浅色区域。

层状河流沉积的狭长带垂直滨线发育，间歇性中断上述垂向序列。从平面图上看，这些地层单元为扁平、舌状延伸的砂岩（图 6 点画区）。在滨线相对稳定期，这些砂岩切入下伏的滨海和滨岸沉积，使得河口处发育小型三角洲。从下往上，三角洲单元包含分流河口坝、潮坪、近岸和潮汐平原沉积。该序列与现今马来西亚巴生（Klang）河三角洲的上

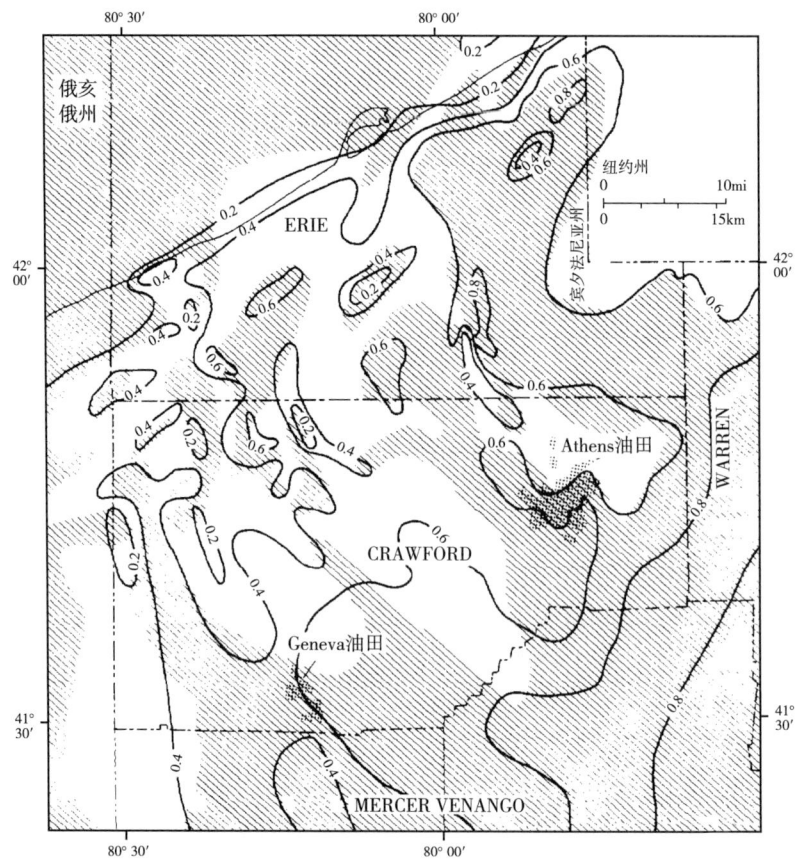

图 6　宾夕法尼亚州西北部 Medina 群碎屑物分布图（据 Laughrey, 1984）
图中点画区表示以伽马测井曲线计算 50% "净" 砂岩的分布区域，等值线为砂岩—页岩比

部地层相似（Coleman, 1976）。而一个较恰当的类比则是 Johnso（1982）描述的澳大利亚西部 Gascoyne 三角洲，它属于半干旱气候，Gascoyne 河间歇性流入 Shark 湾。Gascoyne 三角洲层序本身包含心滩、三角洲湾和海滨平原席状沉积，形成切入底部滨海沉积的陆源海退楔形体。Gascoyne 三角洲的地表岩层为"河道砂和堤状粉砂的狭长中轴带，两侧广泛发育红褐色泥岩"（Johnson, 1982）。Laughrey 和 Donahue（1982）认为含赤铁矿黏土披盖的河流相 Medina 群的平面交错层具有明显平直河道的方向性和优势性，并将其与埃及西南部 Nubia 砂岩的相带特征进行了对比。

白云质页岩突然转变为含化石和含泥质的白云岩，通常标志 Medina 群上段和上覆 Clinton 群的分界。Cliton 群 Marine 组沉积是上兰多维列统（上 Landovery 统）海平面抬升和古滨线北移的产物（Brett, 1982）。

3　构造

宾夕法尼亚州位于阿巴拉契亚造山带的近中央位置，展现了多数主要阿巴拉契亚构造的构造样式特征。截至目前，仅在两类构造形态中发现油气：岭谷区褶皱和断裂带（基本等同于通常认为的东部逆冲断裂带）及宾夕法尼亚西部 Allegheny（阿勒格尼）高原。除三个气田外，其他宾夕法尼亚气田均处于高原区，这也是本文主要研究区。

从钻穿中泥盆统 Onondaga 群的井中获取测井曲线、岩样和岩心资料，得到大量与宾夕法尼亚州西部沉积相、区域地层及深层构造有关的信息。地震勘查有助于确定深层褶皱和断裂，以及少井或无井控制区的构造形态。不幸的是，地震资料浅层分辨率低，因而地震勘查对于直接研究浅层砂岩（宾夕法尼亚州多数储层）用处有限。但通过对比裂缝增强成果与相邻区域观测到的深层构造，可用地震资料推断次浅层构造。其他证据也支持上述推论（Laughrey，1982）。

3.1 褶皱构造

在 Allegheny 高原，地表发育平缓褶皱和小断裂，岩层平伏但偶尔被 Chestnut 岭、Laurel 山和 Negro 山背斜等大型构造扰乱。尽管深层普遍发育褶皱和断裂，但剧烈和复杂程度远不及岭谷区。目前一般认可宾夕法尼亚州西部的大多数褶皱构造起源于与上志留统 Salina 群有关的盐丘构造运动。Frey（1973）证实 Salina 群的滑脱作用形成褶皱，尤其是发育于纽约州和宾夕法尼亚州北部的褶皱。

宾夕法尼亚州和阿巴拉契亚盆地的其他区域首次成功钻探油气井后不久，White（1885，1892）重新关注 T. Sterry Hunt 于 1861 年提出的"油气聚集在背斜顶部或其附近"的理论。尽管对于这一理论的价值有很大争议，但作为早期勘探的理论依据，其改进版本仍在世界范围内广泛使用。

多数宾夕法尼亚州油气田平行于构造走向，尤其该州西南部（Harper 等，1982）的油气田，因此立刻给人留下印象：早期钻探大都如此。尽管在宾夕法尼亚州部分地区，背斜仍然是有效的勘探目标（尤其在下泥盆统 Ridgeley 组中；Ridgeley 组背斜轴位置见图 7），但多数现场人员已基本完全无视背斜构造。因为发育与砂岩透镜状尖灭、气水界面、孔隙度变化和其他成岩现象有关的地层圈闭，上泥盆统油气田广泛分布于宾夕法尼亚州西部的大部分地区（Harper 等，1982）。一般 Medina 群油气藏也同样如此（Laughrey，1984）。复查主产区气井敞喷和地层压力数据时，这个看似较重要的因素尤其明显；不管是否存在背斜趋势，整个 Indiana 郡作为美国主要天然气产区，平均初始产量（实施增产措施后）达到 $700×10^3 \sim 1000×10^3 ft^3/d$。事实上，Laughrey（1982）承认 Indiana 郡东部 Kane 砂岩（下 Bradford 群）的无阻流量异常大（自然产能为 $1000×10^3 \sim 15000×10^3 ft^3/d$，实施增产措施后达到 $35000×10^3 ft^3/d$），与平缓 Brush 谷向斜的构造轴关系密切。在宾夕法尼亚州西北的 Medina 群产气区，地表或地下构造发育，但文献中少有谈及。多数构造倾角小于 1°，可能与 Salina 群的地层变化有关（如造成塌陷的盐溶，参见 Kelley 及 McGlade，1969；Harper，1982）。这些浅层构造不会影响较深层 Medina 群砂岩透镜体。影响 Medina 群的褶皱一般较为平缓，可能更确切的是视为地层异常体。

3.2 断层构造和裂缝走向

自 1960 年起，大量地质和地球物理证据显示宾夕法尼亚及邻州可能发育重要的基底构造和（或）下古生界构造。有学者推测自初始变形起，沿这些构造的周期性运动影响了整个地质时期的沉积、褶皱、断裂和矿产资源侵位（Root，1978a，1978b；Harper 和 Piotrowski，1978；Piotrowski 和 Harper，1979；Parrish 和 Lavin，1982；Lavin 等，1982；Rodgers 和 Anderson，1984）。多数深层构造影响岩相分布、地表水系模式、油气田分布、地表和地下构造轴的偏移、地球物理测量模式（航磁和重力）和基性侵入体的分布，因而可从地下和地表探测这些构造。深层构造基本可分为两类：平行或垂直区域地层走向（近似 N35°E）。图 7 展示了已知的深层构造模式。

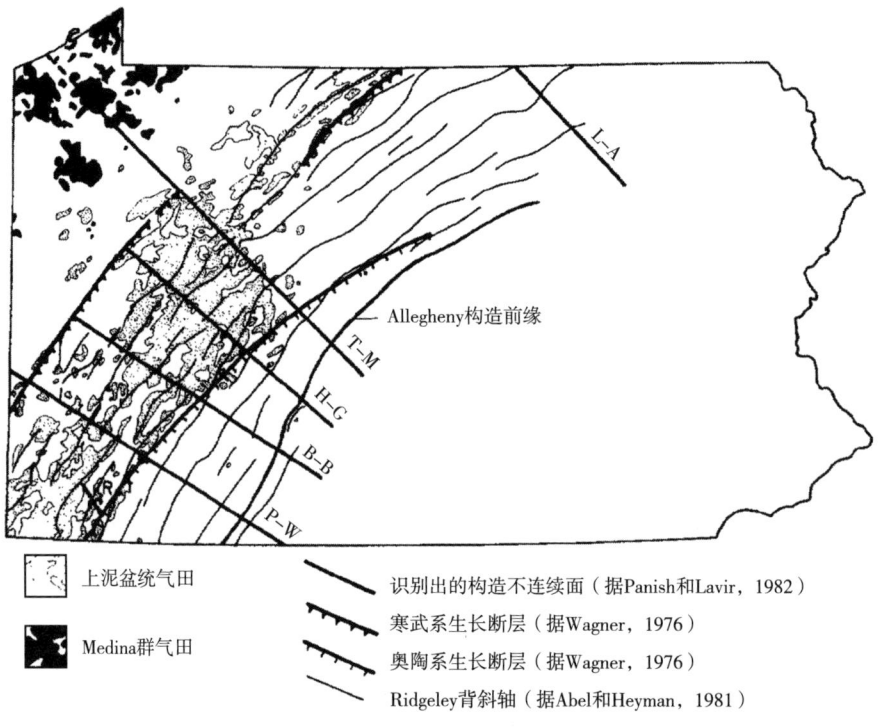

图 7　宾夕法尼亚州上泥盆统和 Medina 群油气田分布图

图中叠加下泥盆统 Ridgeley 砂岩背斜轴及部分明显深层断层和（或）裂缝痕迹（参见文字部分）
L-A—Lawrenceville-Attica 垂直走向构造不连续面；T-M—Tyrone-Mt. Union 垂直走向构造不连续面；
H-G—Home-Gallitzen 垂直走向构造不连续面；B-B—Blairsville-Broadtop 垂直走向构造不连续面；
P-W—Pittsburg-Washington 垂直走向构造不连续面

疑似平行地层走向的基底断层，被认为是肯塔基州和西弗吉尼亚州最初所编制 Rome 地槽断裂系统的北延段（图 8）（Root，1978a；Harris，1978）。断层多数受早奥陶世 Iapetus（亚皮特斯）海扩张的影响，为向东下降的正断层（Rankin，1976）。Wagner（1976）绘制了宾夕法尼亚州西部晚寒武世和早奥陶世碳酸盐岩的同生断层（图 7），该断层圈定了一个与 Rome 地槽同时期的晚寒武世沉积盆地。Wagner 的同生断层和 Rome 地槽的外延，与许多古生代地质特征大致吻合。这些地质特征包括早志留世 Medina 群至 Tuscarora 组的相变（Piotrowski，1981）；晚志留世 Salina 群盐层的堆积最厚（Fergusson 和 Prather，1968）；泥盆纪 Ridgeley 砂岩和 Onondaga 群的减薄和相变（Jones 和 Cate，1957；Cate，1962；Abel 和 Heyman，1981）；中—晚泥盆世黑色页岩和晚泥盆世储层砂岩组的相变（Piotrowski 和 Harper，1979）；宾夕法尼亚纪碳酸盐和高铝黏土（Williams 和 Bragonier，1974）的发育；中生代金伯利岩的侵入（Root，1978a；Parrish 和 Lavin，1982）；以及联邦航磁、重力模式分布图的异常显示（Beck 和 Mattick，1964；Wagner，1976；Lavin 等，1982）。这些例子展示了宾夕法尼亚州西部沿 Rome 地槽走向的一次重复或周期性地质运动。

根据剖面研究、地球物理及地球化学研究、地表水系模式、地层及构造成图，解释出

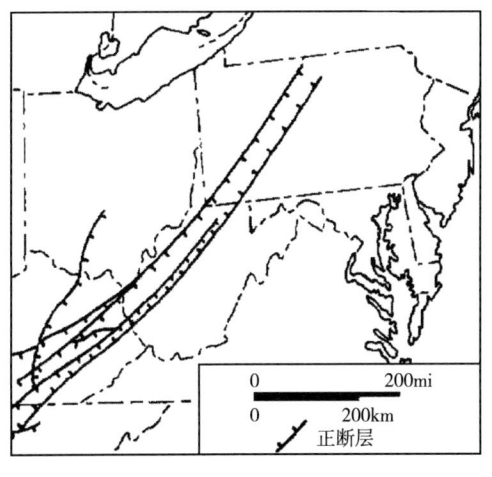
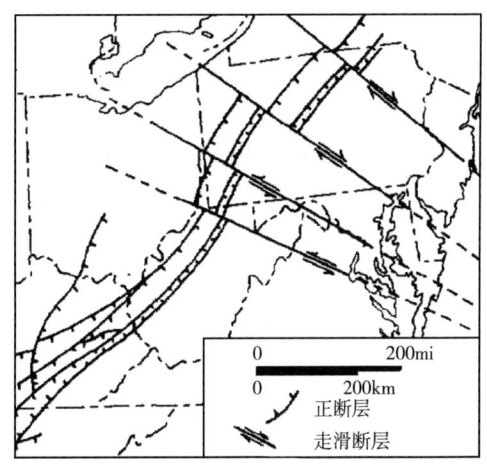

(a) 典型结构，源自Harris（1978）和Root（1980a）　　(b) 修改后结构，基于Wagner（1976）的同生断层和 Parrish及Lavin（1982）等人的主要构造剖面

图 8　阿巴拉契亚盆地中部和东部内陆盆地的 Rome 地槽和其他基底裂缝系统

垂直走向的构造或垂直走向的构造不连续（CSD）。地球物理和地球化学研究解释了宾夕法尼亚州西部两个主要垂直走向的构造不连续（图 7 和图 8）：Tyrone-Mt. Union 垂直走向构造不连续面（Gold 等，1973；Canich 和 Gold，1977；Rodgers 和 Anderson，1984）和 Pittsburgh-Washington 垂直走向构造不连续面（Wagner 和 Lytle，1976；Lavin 等，1982）。而解释的其他垂直走向的构造不连续（Gwinn，1964；Roen，1968；Parrish 和 Lavin，1982）延伸度和重要性远不及上述两个。垂直走向构造的确切性质目前尚不明晰，但有学者推测主要构造不连续至少展示了基底断层，而这些断层可能是分隔巨大地块的古转换断层（Thomas，1977；Lavin 等，1982）。

尽管形成平行走向和垂直走向构造的真实原因尚未证实，但学者们均各有猜测。多数学者一致认为阿巴拉契亚盆地中这些构造的发育与深层构造，尤其是基底断裂有关。Rome 地槽被普遍认为是一系列近垂直正断层，后期受逆断层活动影响，呈现地堑形态。主要构造不连续，如 Tyrone-Mt. Union 和 Pittsburgh-Washington 垂直走向构造不连续面，可能是地质时期内活化的古转换断层（Thomas，1977）。Lavin 等（1982）指出这两个构造不连续面是早在古生界就远距离移动的相邻地块的分界。Canich 和 Gold（1977）实地踏勘了宾夕法尼亚州中部的 Tyrone-Mt. Union 垂直走向构造不连续面，认为有充分证据表明该构造是一个受基底运动控制的裂缝带，充当了北部和南部滑脱活动的分界线。Rodgers 和 Anderson（1984）利用宾夕法尼亚州西部的井下资料验证了上述结论。小规模构造不连续面可能是埋藏相对较浅的走滑断层，主要形成于易受滑脱逆冲影响的不稳定岩层（如盐层或页岩）而不是硬岩层。这些走滑断层界定了沿滑脱断层面、以不同速度移动的相邻平移沉积岩块之间的软弱带。泥盆系 Ridgeley 组和 Huntersville 组气田分布于东部和北部高原区，证明存在至少沿部分垂直走向的构造不连续的差异性横向运动（Harper 等，1982）。

3.3 与油气开采的关系

近期对宾夕法尼亚州深层构造与油气形成、运移、聚集和生产的关系，进行了粗浅的调查。关于构造的特点、成因和有效性仍存在诸多推测。

Wagner 和 Lytle（1976）将 Pittsburgh 区油气田的成藏和展布与构造相关联。与此相反，Famy（1979）通过统计方法判断出垂直走向构造和油气藏轴部的相关性较差。但他也意识到过去投产的多数油气田沿背斜走向（平行地层走向）分布，所以上述结论可能是采样点产生的假象（Famy，1979）。Root（1978b）将沿平行走向基底构造的垂向运动与适合油气成藏的沉积、构造特性联系在一起（如 McKean 郡 Bradford 油田）。Rodgers 和 Anderson（1984）指出 Tyrone–Mt. Union 垂直走向构造不连续面与 Crawford 郡气产量有直接关系。

分析油气藏与平行走向和垂直走向构造的关系，发现在宾夕法尼亚州西部重复构造运动与油气产量明显相关。深层构造对宾夕法尼亚州油气工业的重要意义体现在沉积岩发育与烃类有关的裂缝。平行走向和垂直走向断裂的组合可能建立了一个同时影响地表和地下岩石的正交断裂模式（图9）。这一断裂可能延伸至基底（Rodgers 和 Anderson，1984），沟通烃源岩和储集岩。即便在相对塑性的页岩中，这样一个系统也能促进流体（油、气和封存水）的运移。流体运移至储集岩，发生岩石成岩变化，导致部分矿物溶解（生成次生孔隙）和其他矿物沉淀（产生微圈闭）。沿初期开启裂缝的矿物沉淀继续支撑这些裂缝开启，提高裂缝性储集层的孔隙性和渗透性，形成流体进一步运移的有效通道。而闭合裂缝保持为软弱面，实施人工水力压裂时，流体压力将沿闭合裂缝发挥作用。

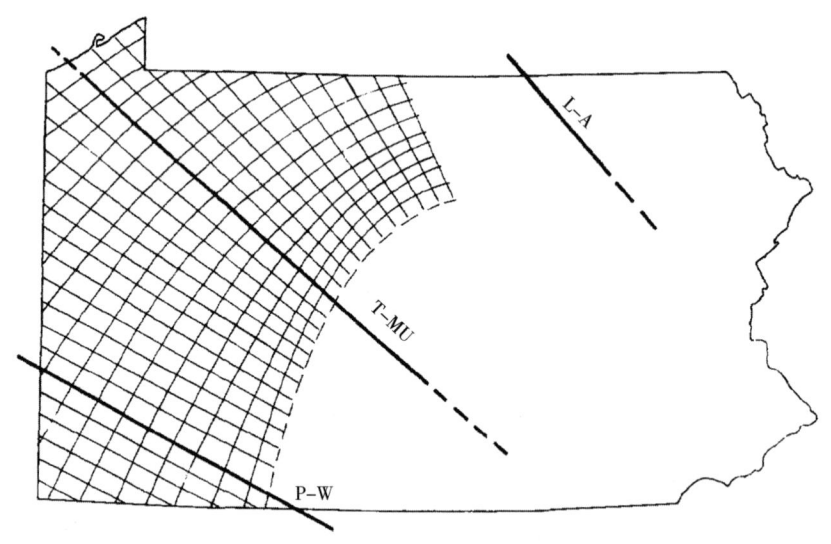

图9 宾夕法尼亚州西部沉积岩系的广义正交断裂模式

L-A—Lawrenceville-Attica 垂直走向构造不连续面；T-MU—Tyrone-Mt. Union 垂直走向构造不连续面；
P-W—Pittsburgh-Washington 垂直走向构造不连续面

但不好的一面是，上述天然裂缝会导致流体向地表渗漏而不利于烃类聚集。从潜力储层延伸到地表的断裂系统构成烃类从高压区逸出的通道。这就解释了为什么部分似乎储集条件良好的岩石中反而没有流体。

4 岩相特征

尽管在阿巴拉契亚盆地中部，砂岩仅占整个古生界沉积物组合的 23%（Colton，1970），但却是宾夕法尼亚州和相邻州部分区域内目前已投入开发的全部油气产层（Lytle 等，1971）。Pettijohn 等（1973）简要描述了阿巴拉契亚盆地中部的古生界砂岩岩相，认为砂岩成分与沉积环境有关。这些学者认为冲积砂岩主要为岩屑砂屑岩，浊积岩主要为杂砂岩，滨海—陆棚砂岩主要为石英砂屑岩。

后续岩相概述说明宾夕法尼亚州西部 Venango 群、Bradford 群（及其东部同期地层）和 Medina 群储集岩包含结构未成熟—过成熟的极细粒—粗粒砂岩。产层砂岩为硅质—白云质和钙质亚长石砂岩、亚岩屑砂岩和石英砂岩。部分石英杂砂岩和岩屑杂砂岩也具有商业开采价值。砂岩的成分类型随沉积相不同而变化，是极好的沉积环境指示物，尤其在缺少诸如沉积构造和化石等特征时非常有用（Davies 和 Ethridge，1975）。

宾夕法尼亚州上泥盆统和下志留统储集砂岩的原生粒间孔隙性和渗透性因成岩过程而变差。储层孔隙多为次生孔隙，其发育与盆地该区油气生成和运移的主要阶段密切相关。目前识别出七类孔隙，分别为残余原生孔、次生粒间孔、组构选择性层间孔、铸模孔、组分内孔隙、微孔隙和裂缝孔隙（Schmidt 和 McDonald，1979）。这些孔隙类型的不同组合构成了宾夕法尼亚州上泥盆统和下志留统储集砂岩的孔隙系统。最终混合孔隙形成孔喉比大、孔隙连通性差和各向异性强的网络。Wardlaw 和 Cassan（1978）认为从孔隙结构如此复杂的储层中开采油气，采收率极低（仅 15% 到 25%）。这类储层需天然或诱导缝才能确保经济有效的开采。

基于 Wigal（1982）、Glohi（1984）、Laughrey（1984）和 Laughrey 及 Harper 的数据，随后的岩相概述说明上泥盆统和下志留统致密气砂岩包含多种自生矿物，增加了测井解释、完井作业和增产改造的难度。这些自生矿物包括富铁绿泥石、赤铁矿、伊利石、混层黏土和硫酸盐。

4.1 上泥盆统

目前宾夕法尼亚地质调查所（Laughrey 和 Harper）和匹兹堡大学（如 Glohi，1984）正在开展宾夕法尼亚州上泥盆统含气砂岩的岩相和成岩史调查。根据 Wigal（1982）的总结，下文仅提供了上泥盆统储层砂岩的岩相分析，简要介绍了岩相特征；其后是 Glohi（1984）对宾夕法尼亚州中西部一口典型上泥盆统气井多个产层的详细岩石评价概述；最后详细描述了少量上泥盆统储层砂岩岩样的岩相，尤其强调其孔隙演化和成岩序列。

Wigal（1982）利用标准偏光显微技术和扫描电镜（SEM）技术，观察了随机选择渗透率柱塞样残屑磨制的 94 个薄片。薄片来自 Louden 矿业公司钻探和取心的 5 口井，代表了 Venango 群和 Bradford 群中 8 个由现场人员命名的砂层单元（Fifth、Fifth Stray、Bayard、Warren、Speechley、Balltown、Sheffield 和 Bradford），见表 1。这 5 口井依次为 Armstrong 郡 Stewart-3 井（ARM-22349），Westmoreland 郡 Mcshane-1 井（WES-21642），Westmoreland 郡 Shirer-1 井（WES-21640），Westmoreland 郡 Lloydsville-Sportsmen-Association-1 井（WES-21237）和 Indiana 郡 Good-Lahr-Kaufman-1 井（IND-25084）。

采样砂岩粒径为 0.031~0.125mm（粗粒粉砂岩—极细粒砂岩），其中以极细粒砂岩最为常见。大部分砂岩由棱角状—尖棱角状石英和长石颗粒构成，它们受硅质和（或）碳酸盐胶结，含不等量黏土（从颗粒薄包膜到支撑单个颗粒的大量杂基）。表2总结了所有薄片鉴定项目的平均值。

表2 宾夕法尼亚州Armstrong郡、Indiana郡、Westmoreland郡5口井上泥盆统砂岩薄片鉴定所得粒径、孔隙度和粒数的平均值及范围（据Wigal，1982）

参数或成分	平均	范围
粒径（mm）	0.09	0.06~0.11
视孔隙度（%）	1.67	0~2.94
岩心孔隙度（%）	4.94	3.12~7.39
石英/长石（%）	71.29	68.39~76.39
碳酸盐（%）	5.10	2.22~7.18
黏土/云母/不透明物（%）	1.04	11.47~26.82

上泥盆统砂层的观测孔隙是明显与溶蚀有关的粒间孔和少量裂缝孔隙。多数情况下，薄片观测孔隙度小于岩心实验孔隙度。Wigal（1982）认为这一偏差源于薄片中不能观测到微孔隙。除Wigal的观察结果外，目前确定砂岩至少还发育另外两类次生孔隙。Bradford群砂岩可见大量的扩大粒间孔和粒模孔。这些孔隙结构来自自生方解石胶结物和化石壳碎屑（尤其是苔藓动物碎片和海百合骨板）的溶解。

Glohi（1984）完成了Indiana郡Good-Lahr-Kaufman-1井6段储层砂岩的详细岩相研究（图10）。其中一段砂岩被现场人员命名为Fifth Stray砂岩，位于Venango群最下段（Harper和Laughrey谈及的下砂带，待出版）。其他5段砂岩——Warren、Speechley、Balltown、Sheffield和First Bradford砂层——来自Bradford群（表1）。Glohi发现砂岩成分成熟度低，以颗粒支撑为主。形成骨架的碎屑颗粒主要为石英、岩屑、长石和云母，为棱角状、次棱角状和次圆状。砂岩存在向上变细和向上变粗两种旋回。杂基由充填粒间空隙的粉砂级和泥级矿物构成。胶结物为钙质和硅质。孔隙度和渗透率低，孔隙度为0.5%~12%，渗透率为0.01~2mD。Glohi的研究成果（图10）展示了砂岩矿物成分特征与储层孔隙度、渗透率趋势的关系。尽管孔隙度似乎在一定程度上受颗粒大小、充填、组构和分选影响，但成岩改造是影响孔隙度的最重要因素。如图10所示，胶结物（方解石为主）和杂基含量改变，孔隙度变化幅度最大。

上泥盆统砂岩成分特征和相应储层性质的明显非均质性是整个西宾夕法尼亚州中东部Venango群和Bradford群的典型特点。如Glohi（1984）所定义的胶结物、杂基和孔隙变化，均明显存在于该区其他岩心和这类岩石的个别露头中。Westmoreland郡Lloydsville-Sportsmen-Association-1井第15砂层取心段的描述（图11）展示了上泥盆统致密储层砂岩的典型非均质性。需指出的是，不同沉积组构间成岩改造发生系统性变化。

该井1887~1890ft段发育薄层状海相沙坝（或沙坝边缘）砂岩和坝间泥岩。浅棕灰色（5YR6/1）—极浅灰色（N8）、成熟中粒硅质—白云质石英砂屑岩中夹杂含潜穴和生物扰动的墨绿色（5GY2/1）泥岩［图12（a）］。砂岩似乎为块状，但薄片明显可见均匀的非平行纹理。砂岩层顶部上凸，底部富集泥岩内屑。不同胶结作用导致砂岩颜色各异：暗色部分以硅质胶结为主，浅色部分以白云质胶结为主。泥岩段内砂岩的极薄层和纹层展现不规则扭曲层理（滑塌构造）。这些沉积构造反映沉积层在重力作用下运移。砂岩—泥质砂岩接触面可见遗迹化石。

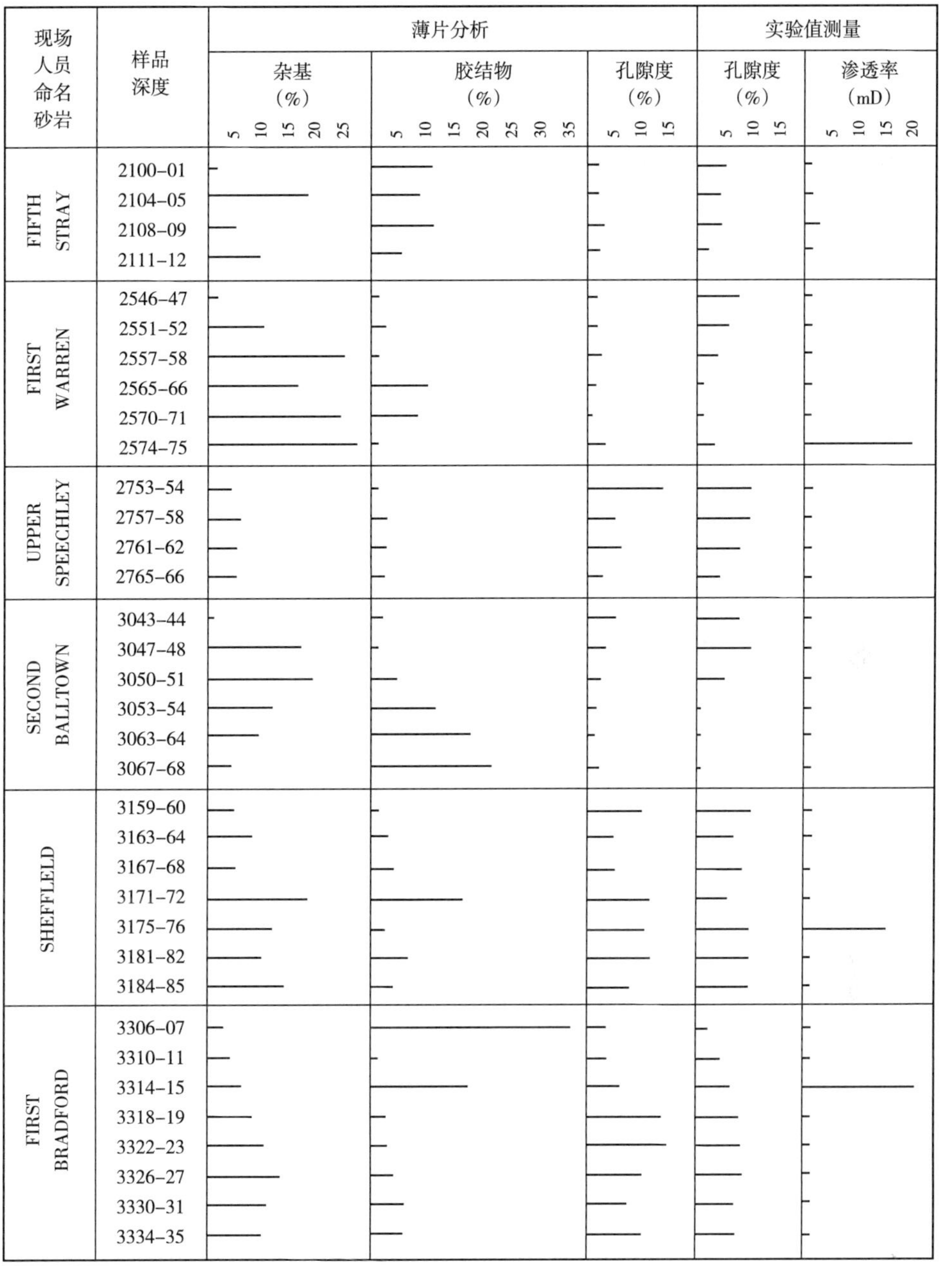

现场人员命名砂岩	样品深度	薄片分析			实验值测量	
		杂基(%) 5 10 15 20 25	胶结物(%) 5 10 15 20 25 30 35	孔隙度(%) 5 10 15	孔隙度(%) 5 10 15	渗透率(mD) 5 10 15 20
FIFTH STRAY	2100-01					
	2104-05					
	2108-09					
	2111-12					
FIRST WARREN	2546-47					
	2551-52					
	2557-58					
	2565-66					
	2570-71					
	2574-75					
UPPER SPEECHLEY	2753-54					
	2757-58					
	2761-62					
	2765-66					
SECOND BALLTOWN	3043-44					
	3047-48					
	3050-51					
	3053-54					
	3063-64					
	3067-68					
SHEFFLELD	3159-60					
	3163-64					
	3167-68					
	3171-72					
	3175-76					
	3181-82					
	3184-85					
FIRST BRADFORD	3306-07					
	3310-11					
	3314-15					
	3318-19					
	3322-23					
	3326-27					
	3330-31					
	3334-35					

图10 宾夕法尼亚州Indiana郡Louden公司Good-Lahr-Kaufman-1井（IND-25064）上泥盆统砂岩的成分特征和影响孔渗性能的主要因素（据Glohi，1984，有修改）

图12（b）至图12（c）为深度1887ft和1889ft处石英碎屑岩薄片的显微照片和扫描电镜照片。岩石为中粒，分选良好。原生粒间孔隙因压实作用和方解石、白云石胶结作用而大幅度减少。石英颗粒大多尺度相等，颗粒间呈面接触、凹凸接触和相对较少的缝合接触，反映中等压溶作用。硅质胶结物以石英次生加大形式存在。图12（b）至图12（c）隐约可见碎屑颗粒核和次生加大胶结的分界。因晶体发育时颗粒间的压溶作用和次生加大边的互相干扰，相邻颗粒和加大边的接触面形成不规则协合边界。随后白云石胶结导致颗

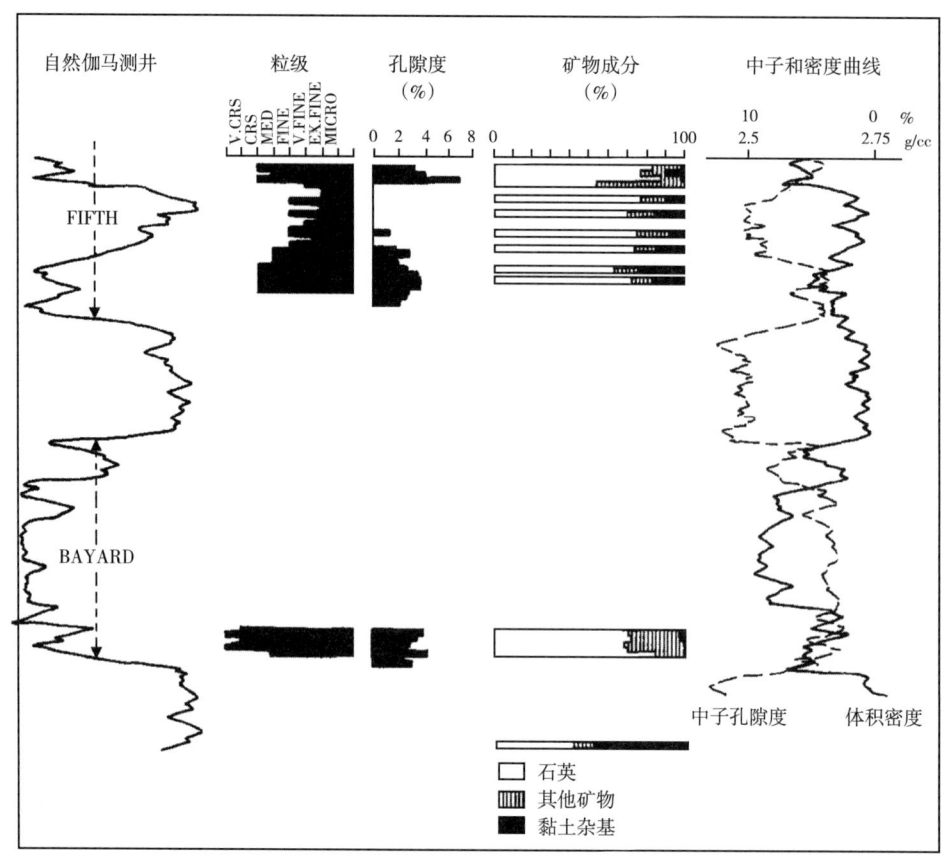

图11 Westmoreland 郡 Louden 公司 Lloydsville Sportsmen Association −1 井 Fifth 砂层
（Venango 群）测井曲线特征与岩相、岩石物理特征对比

粒支撑骨架被部分破坏，这主要借助微小体积膨胀、骨架颗粒部分差异溶解及白云石交代形成。绿泥石颗粒包膜局部抑制硅质胶结时，缩小的原生孔隙得以保存［图12（e）］，它们是深度1887ft 井岩样的唯一空隙空间。因碎屑颗粒和硅质胶结物的溶解，深度1889ft 岩样发育次生孔隙，使得岩石储集能力提高。白云石胶结仅部分充填次生空隙空间。图12（g）显示了深度1888.1ft 处含干酪根的石英质坝间泥岩。

在1902~1912ft 井段，第15砂层由充填河口湾的砂岩和泥岩沉积构成。1902~1902.75ft，岩石是黄灰色（5Y8/1）分选良好的极细粒亚岩屑砂岩与橄榄灰色（5Y4/1）泥岩互层［图13（a）］。这一砂岩层下段呈平底块状，上段发育均匀、平行、近水平状的交错层理。砂岩向上过渡为含明显生物扰动的条带状和透镜状粉砂岩和泥岩。如图13（a）所示岩心段属于潮道点坝底部（1902~1902.5ft），叠置于河口充填沉积的其他垂向序列顶部（1902.75~1912ft）。后者为浅橄榄灰色（5Y6/1）、极细粒、分选较差的石英杂砂岩，发育波状层理和含沉积再作用面的交错纹理。交错纹理可能表示潮间沟加积岸沉积。这些岩石下方的缓斜层理向下延伸至1905.5ft 处，可能表示泥质潮汐点坝迁移期的加积岸沉积。深度1903ft 石英杂砂岩的薄片显微照片［图13（b）（c）（d）］中，多数杂基由伊—蒙混层构成，夹部分压碎变形的黑云母、碎屑白云母、碎屑绿泥石和自生伊利石。同一样品的扫描电镜照片［图13（e）］则展现了变形黑云母、孔隙桥接自生伊利石和碎屑绿泥

(a) Westmoreland郡Louden公司Lloydsville Sportsmen Association-1井上泥盆统储层砂岩的岩石特征（Venango群Fifth砂层）。取心段为海相沙坝或沙坝边缘砂岩和含潜穴及生物扰动的坝间泥岩，深度1887~1890ft。砂岩暗色部分以硅质胶结为主，砂岩浅色部分以白云质胶结为主。但在整个砂岩内两种胶结均存在。注意滑塌构造（sl）、遗迹化石、管枝迹（Ch）与平管迹（Pl）和泥岩段广泛发育的生物扰动

(b) Westmoreland郡Louden公司Lloydsville Sportsmen Association#1井的上泥盆系储层砂岩的岩石特征（Venango群Fifth砂层）。薄片显微照片显示埋深1887 ft石英砂屑岩。可见石英组分的面接触和凹凸接触、石英次生加大（o）和交代石英和长石的白云石胶结物

(c)埋深1887 ft石英砂屑岩显微照片。可见缝合线接触、凹凸接触及面接触和石英次生加大(o)

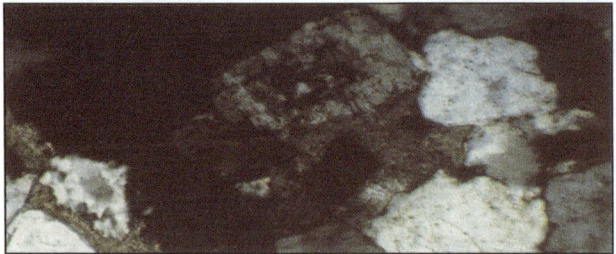

(d)埋深1889 ft石英砂屑岩薄片显微照片,可见白云石交代石英和长石

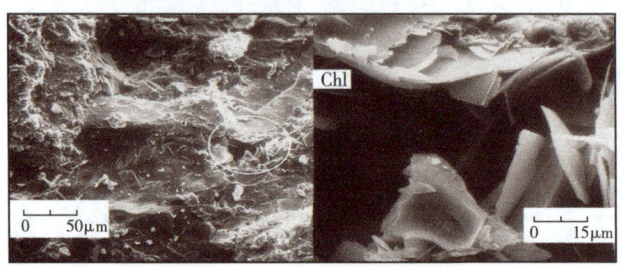

(e)绿泥石颗粒包膜的扫描电镜照片。绿泥石包膜局部抑制硅质胶结,使得埋深1889 ft石英砂屑岩的原生孔隙得以保存。左图为低倍镜下砂岩,圆圈标示保存的原生孔隙。右图为较高放大倍率下绿泥石包膜和孔隙衬里

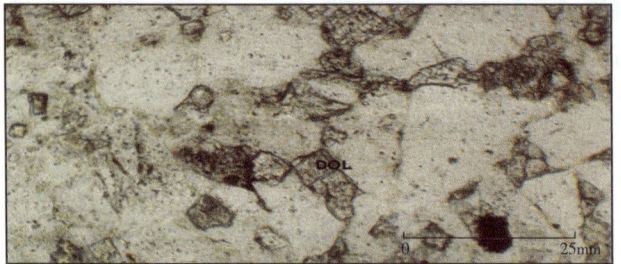

(f)砂岩中部分充填孔隙的白云石(DOL),埋深1889 ft

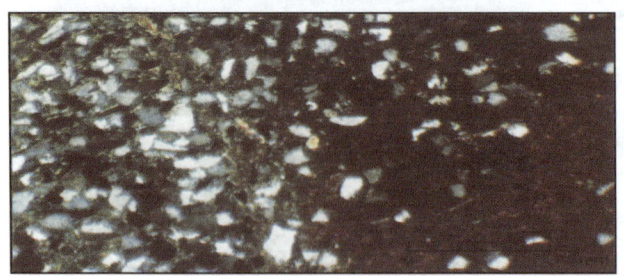

(g)含干酪根的石英质坝间沉积泥岩,埋深1888.1 ft

图12 薄层状海相沙坝砂岩和坝间泥岩

（a）Westmoreland郡Louden公司Lloydsville Sportsmen Association-1井中上泥盆统储层砂岩（Venango群Fifth砂层）的岩石特征。1902~1903 ft取心段为河口湾充填沉积

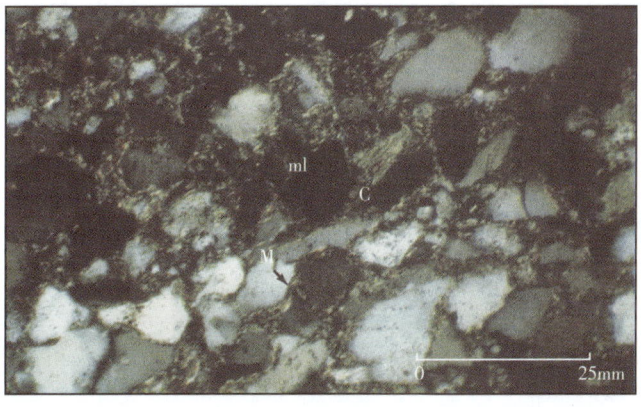

（b）石英杂砂岩的薄片显微照片，埋深1903 ft，展示了碎屑伊—蒙混层杂基（mL）、变形碎屑白云母和碎屑绿泥石（C）

(c)石英杂砂岩的薄片显微照片,埋深1903ft,展示了破碎变形的白云母和黑云母

(d)图(13c)的全貌图

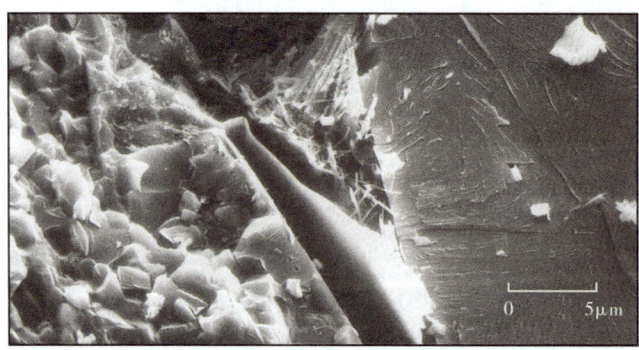

(e)石英杂砂岩的扫描电镜照片,埋深1903ft

(f)含生物扰动的石英杂砂岩岩样,埋深1910ft。此岩性发育于河口湾充填层序底部

(g)石英杂砂岩的薄片显微照片,埋深1910ft,杂基为伊—蒙混层

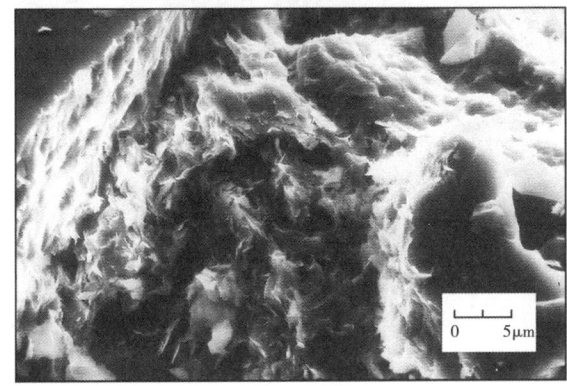

(h)石英杂砂岩的扫描电镜照片,埋深1910ft,可见伊—蒙混层黏土黏合物支撑的碎屑石英颗粒(上图)。
较大放大倍数下(下图)可见伊—蒙混层黏合物外形为细圆齿状和鳞片状—丝发状

图 13 Westmoreland 郡 Louden 公司 Lloydsville Sportsmen Association-1 井中上泥盆统储层砂岩
(Venango 群 Fifth 砂层)的岩石特征

石。图 13(e)中绿泥石纹层优选组构明显,因为它是整个砂岩的杂基支撑组构。图 13(e)提供了基质纹层的倾斜角度俯视图,可见绿泥石黏土颗粒的不规则轮廓。

1910ft 岩样为浅橄榄灰色(5Y5/2)和暗黄褐色(10YR4/2)、细粒、分选差、含强生物扰动的石英杂砂岩,有杂乱灰泥屑—层内滞留 [图 13(f)]。泥质潮汐点坝侧向迁移产生垂向序列,河道底部沉积构成其底部。薄片中可见岩石杂基主要为伊—蒙混层 [图 13(g)]。碎屑石英、长石和伊利石颗粒"悬浮"在黏土杂基中或受黏土杂基支撑,表明混层黏土为碎屑成因。但一些长石已部分蚀变为黏土而形成杂基。扫描电镜照片展示了受黏土黏合物支撑的碎屑颗粒 [图 13(h)]。

天然裂缝偶尔会改善上泥盆统致密气砂岩的储层性质,在某些情况下是砂岩产气的主要原因(Laughrey,1982)。图 14 展示了 Good-Lahr-Kaufman 井第 15 砂层的一个岩心样品(图 10)。该砂岩是与河口湾充填序列(与图 13 所示类似)有关的石英杂砂岩,发育增加储层孔隙度的天然裂缝。样品基质孔隙度为 7.4%,大多为粒间孔和微孔隙。紧邻裂缝处,实测孔隙度为 14.2%。但是裂缝不能较大地改善渗透性,无裂缝时基质渗透率为 0.01mD,裂缝渗透率加基质渗透率也仅为 0.07mD。大量微石英衬垫和堵塞裂缝空间,导致裂缝孔隙的连通性较差(图 14)。与裂缝期次有关的碎屑石英和硅质胶结物的剪切效应,可能生成样品中的微石英。深度 1887~1890ft 取心段为海相沙坝或边缘沙坝砂岩和含潜穴、生物扰动的坝间泥岩。砂岩暗色部分以硅质胶结为主,浅色部分以白云石胶结为主,但两种胶结均存在于整个砂岩中。注意滑塌构造（sl）、痕迹化石、管枝迹（Ch）、平管迹（Pl）和泥岩段广泛发育的生物扰动。

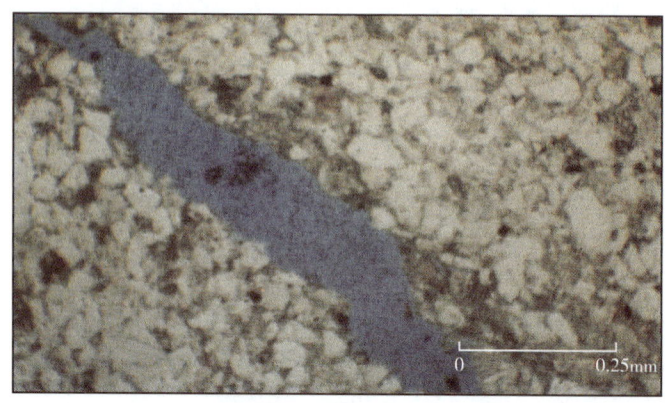

图 14　宾夕法尼亚州印第安纳郡 Louden 公司 Good-Lahr-Kaufman-1 井第 15 砂层（Venango 群）裂缝孔隙（蓝色）显微照片

4.2　Medina 群

本节围绕 Medina 群的两段全直径岩心展开讨论。利用 Crawford 郡 Athens 油田 Wainoco 油气公司 Creacraft-1 井（CRA-20665）岩心恢复整个 Median 群。利用 Crawford 郡 Geneva 油田 Kebert 开发公司 Fee-1 井（CRA-20482）岩心恢复部分 Grimsby 组和 Whirlpool 砂岩段。从这些岩心中选样制作了 85 个薄片，利用每一薄片中 300 个颗粒的点计数法确定结构和成分参数。在次级和低角度后向散射模式下，选择样品进行扫描电镜鉴定，同时辅以能散 X 射线分析和全 X 射线分析，表 3 为所有观察报告的简述。这些岩石的完整岩相研究参见 Laughrey（1984）的著作。

表 3　压力恢复实验所得 Medina 群渗透率值

郡	井数	最大渗透率（mD）	最小渗透率（mD）	平均（mD）		
				算术	几何	调和
Crawford	19	0.159	0.009	0.059	0.041	0.029
Erie	2	0.076	0.044	0.060	0.058	0.056
总计	21	0.159	0.009	0.059	0.043	0.031

4.2.1　结构

平均粒度为极细粒（$M\phi = 3.1$）—中粒（$M\phi = 1.0$）。尽管部分 Grimsby 组非储层砂岩上段和 Cabot Head 组上段边际经济砂岩分选差，但标准偏差计算值显示多数砂岩为分选略好（$\sigma = 0.68$）—分选极好（$\sigma = 0.32$）。石英颗粒在砂屑岩中为次圆状—极圆状，而在富杂基砂岩中为次棱角状。碎屑颗粒球度随粒径变化，粒径减小而球度增大。砂屑岩组构以颗粒支撑为主，中粒砂岩内颗粒主要呈点接触、线接触和凹凸接触；而较细粒层内缝合线接触更明显。富杂基砂岩为杂基支撑。

4.2.2 碎屑成分

Medina 群砂岩为亚长石砂岩、亚岩屑砂岩、石英砂屑岩和石英杂砂岩。略呈波状消光的单晶石英占砂屑岩碎屑成分的 81.0%~95.0%，占杂砂岩碎屑成分的 75.0%~80.0%。碎屑中也可见少量多晶石英（<0.5%~3.0%），呈现极强波状消光，其细长颗粒间边界为缝合线—细褶皱状。燧石含量低（<1.0%）。岩屑和内碎屑通常多为页岩碎屑或泥岩撕裂屑、粉砂岩岩屑和赤铁矿黏土结核，占碎屑成分的 20% 以上。泥岩撕裂屑和黏土结核发育和最可能局部衍生的层段中，它们的成分与夹层一致。向上变细序列中，亚岩屑砂岩的岩屑通常聚集为底部滞留沉积。单个砂层底部成分一般为亚岩屑质，向上则变为亚长石砂岩质或者石英质。砂岩的碎屑骨架中长石占 2.0%~21.0%，大部分为微斜长石和非双晶钾长石，其次为条纹长石和钠长石。砂岩中多数长石严重退变，只能根据解理、突起、破裂、次生气液包体和详细扫描电镜观察识别（图15 和图16）。钾长石一般显现蚀变特征；而斜长石颗粒新鲜、磨圆好。次要颗粒包括绿帘石、锆石、电气石、黑云母、榍石、白钛石和不透明的铁氧化物。部分砂岩富含海绿石，而 Grimsby 组顶部石英杂砂岩中可见若干白云母。碎屑杂基主要为伊利石，Grimsby 组泥质部分（尤其 Creacraft 井中）含赤铁矿黏土。这些杂基多存在于生物扰动极强的层段内，碎屑黏土与骨架颗粒机械混合。Kebert 井中杂基含量一般小于总成分的 2.0%。Grimsby 组最下段和 Cabot Head 组上段的石英杂砂岩展现出水平和垂直加积组合作用所产生的砂岩原生沉积结构和组构。

4.2.3 自生胶结物

砂岩中存在各种自生胶结矿物，包含新生的绿泥石及伊利石、石英、方解石、白云石、菱铁矿、赤铁矿、硬石膏和石膏。自生绿泥石以等轴晶体形式存在于 Grimsby 组中，形成垂直颗粒面和晶面排列的玫瑰花形集合体（图15 和图16），为孔隙衬边和孔隙充填型胶结物。绿泥石集合体的直径一般为 $3\sim5\mu m$，个别可达 $15\mu m$。EDAX 分析显示绿泥石富含铁。伊利石片以颗粒包膜黏土形式存在于下 Grimsby 组和 Whirlpool 砂岩中，形态极不规则，其长条形板状晶体伸入孔隙空间达 $20\mu m$（图15 和图16），这些板状晶体是连通孔隙空间的桥梁。砂岩中自生石英呈现早期石英次生加大和极发育石英次生加大形式，是由单个亚单元次生加大的重叠、融合和多个较早期次生加大被自形外层包封而形成。早期次生加大以小双锥形晶体形式存在，在能抑制碎屑颗粒广泛硅质晶核形成的自生绿泥石晶体间最易观察到，但这些颗粒可能被从其他位置伸出的硅质次生加大所吞没。Creacraft 井的硅质胶结比 Kebert 井更发育。

碳酸盐胶结物和硫酸盐胶结物数量和类型的差异使得两段岩心的岩相特征明显不同。Creacraft 井砂岩中，少量方解石为孔隙充填胶结物，以嵌晶胶结物的不规则和分散斑块形式出现。在某些地方，方解石侵蚀和围绕碎屑石英颗粒，或部分白云石化。方解石和白云石胶结物含量小于砂岩总矿物成分的 1.0%。在少数分散斑块内，菱铁矿为孔隙充填胶结物，占部分样品总矿物成分的 0.1%~1.0%。同时，赤铁矿占部分砂岩总矿物成分的 9% 以上。赤铁矿以孔隙充填胶结物和早期自生绿泥石晶体包膜形式出现。X 射线衍射数据显示赤铁矿结晶极好。硬石膏作为嵌晶胶结物存在，为直径数毫米的大晶体，包含许多碎屑颗粒。砂岩总矿物中硬石膏平均含量仅为 2.0%，但个别样品达 15.0%。所有鉴定样品的硬石膏胶结物均呈不规则片状分布。

碳酸盐和硫酸盐是 Kebert 井 Medina 群砂岩的主要胶结矿物。方解石和菱铁矿重要性最低，平均含量为总成分的 3.0%，以斑块状嵌晶胶结物形式出现。但 Whirlpool 砂岩样品

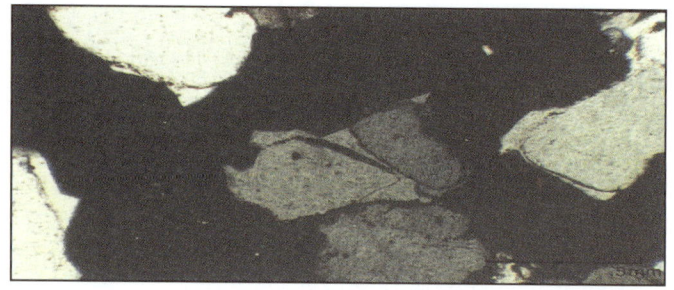

(a)中粒石英砂岩被绿泥石、石英次生加大、赤铁矿和硬石膏紧密胶结

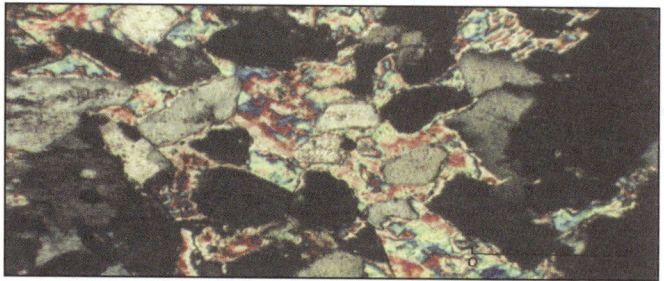

(b)中粒石英砂岩被绿泥石、石英次生加大和硬石膏紧密胶结,正交偏光

(c)细粒石英杂砂岩,正交偏光

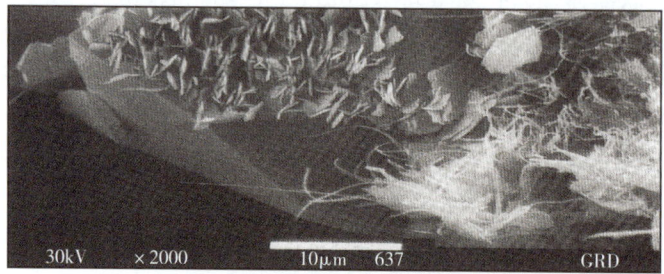

(d)自形石英次生加大,伴生垂直晶面排列的富铁绿泥石。前景为自生伊利石板晶

(e)显现长石蚀变的亚长石砂岩。左下角暗色颗粒是大部分蚀变为绿泥石—伊利石混层的长石碎屑,中央的长石主要被方解石交代,单偏光

(f)后向散射扫描电镜检测复杂蚀变的长石碎屑颗粒。颗粒底部四分之一蚀变为伊利石—绿泥石混层。蚀变颗粒的压实引起复杂离子交换,导致自生绿泥间蛭石(颗粒上部3/4)成为最终交代产物

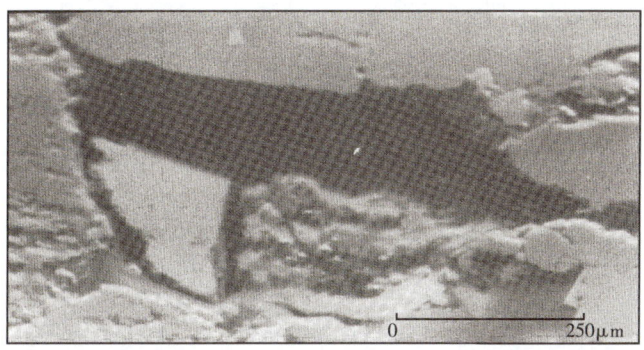

(g)方解石(cal)交代长石,随后碳酸盐溶解,生成粒模孔

(h)Grimsby组砂岩的复杂非均质孔隙网络

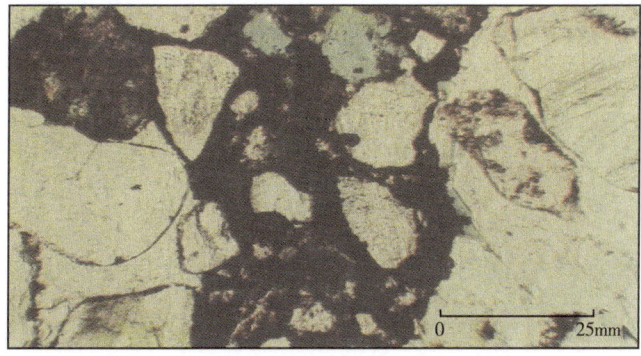

(i)Grimsby组砂岩中裂缝孔隙(蓝色)大部分被赤铁矿充填,单偏光

图15 Crawford郡Wainoco油气公司Creacraft-1井Medina群储层砂岩的薄片和扫描电镜显微照片

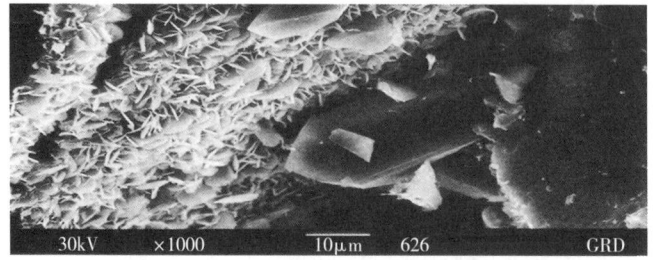

(a) 自生绿泥石集合体形成碎屑石英的衬边。绿泥石集合体间发育双锥形早期石英晶体。
相邻颗粒的自形石英次生加大开始吞没黏土包裹的颗粒

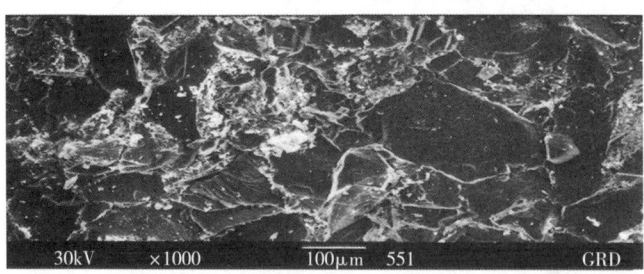

(b) Grimsby 砂岩的紧密胶结部分。留意残余原生孔隙

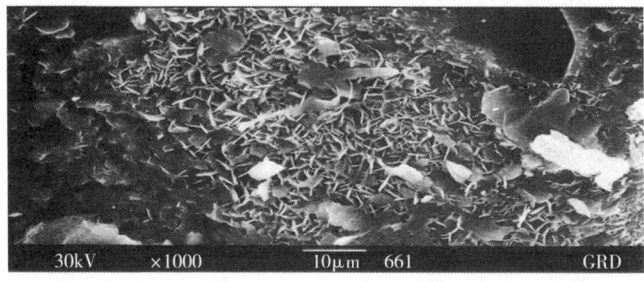

(c) 包裹碎屑石英的自生伊利石

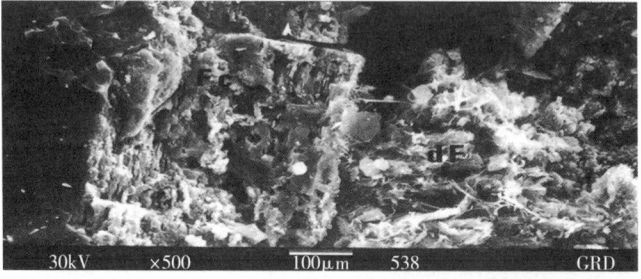

(d) 复杂长石蚀变（比例尺，100μm），碎屑长石核（dF）蚀变为伊利石，而长石胶结物（Fc）
被部分溶蚀。这一过程生成黏土衬边的次生孔隙，如图16(e)所示

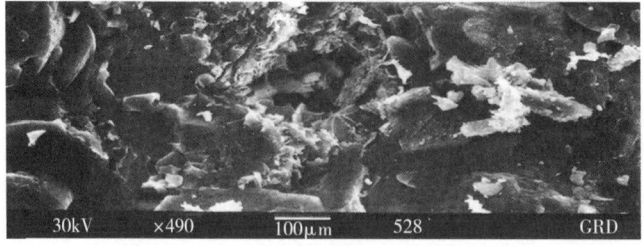

(e) 黏土衬边的次生孔隙

图 16　Crawford 郡 Wainoco 油气公司 Creacraft-1 井中 Medina 群砂岩的扫描电镜照片

中方解石平均含量高达 18.0%。白云石为直径 0.15~0.17mm 的等轴菱面体，充填孔隙并在很大程度上交代早期胶结物和碎屑颗粒。Whirlpool 砂岩的硬石膏和石膏胶结物含量仅为 1.0%~2.0%，而 Grimsby 组砂岩中则高达 31.0%。硬石膏占优势并能交代多数早期胶结物和许多碎屑，类似 Whirlpool 砂岩中白云石。

4.2.4 交代矿物

自生黏土（伊利石、绿泥石、伊利石—绿泥石混层和绿泥间蛭石）和方解石主要交代了许多原生长石颗粒。图 15 和图 16 展示了砂岩的不同交代结构。

4.2.5 孔隙

如前所述，目前观测孔隙多为次生孔隙。因胶结作用，原生孔隙大部分被堵塞，仅作为残余孔隙保留。次生孔隙得益于不稳定颗粒的溶解作用。长石和粉砂岩岩屑的菱铁矿杂基遭受直接溶解；交代长石并填充部分原生孔隙的方解石也遭受溶解，从而形成次生孔隙。白云石晶体间发育晶间次生孔，被认为形成于早期方解石胶结物的白云石化过程中。碎屑角闪石、榍石和黑云母的层内溶解作用形成少量溶蚀孔隙。许多次生孔隙随后被晚期胶结物（尤其赤铁矿）充填。

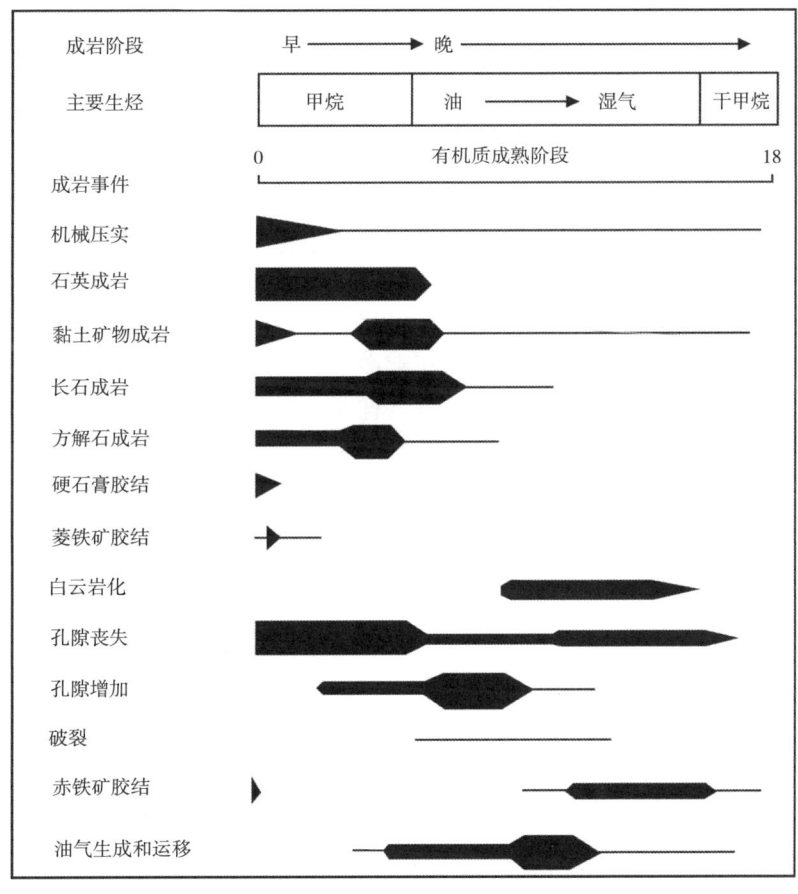

图 17　宾夕法尼亚州 Crawford 郡 Medina 群砂岩中后沉积事件的共生历史（据 Laughrey, 1984）

4.2.6 成岩序列

Medina 群储层砂岩的成岩史极为复杂，包含多期次的矿物沉淀和交代（图17）。总成岩序列包含 8 个成岩事件：（1）长石次生加大的沉淀，（2）瘤状硬石膏、方解石和菱铁矿胶结作用，（3）黏土矿物的自生作用，（4）硅质胶结作用，（5）钛矿物的自生作用，（6）压实和压溶作用，（7）白云岩化，（8）赤铁矿胶结作用。成岩阶段可划分为广义早成岩阶段和晚成岩阶段，它们各自具有特殊岩相和特定蚀变模式。沉积后很快发生早期成岩作用，当埋深小于 1000ft（305m）时一直持续。早期成岩反应受碎屑—矿物成分、沉积相、大气降水及同生孔隙水成分控制。下方较新的古生代沉积物埋深逐渐加大、中生代后续抬升之际，发生晚期成岩作用。晚期成岩反应受控于不断增加的埋藏温度、压力和沿构造诱导缝垂向运移的大气降水和同生孔隙水的成分。

5 油藏工程特征

本节数据源于常规和特殊岩心分析、地球物理测井分析和不稳定试井，与宾夕法尼亚州上泥盆统和下志留统储层的孔隙度、渗透率、有效孔隙度、流体饱和度和流体分布有关。

上泥盆统砂岩和 Medina 群的孔隙度变化较大（小于 2% 到接近 12%）。Medina 群含气孔隙度通常为 5%，而上泥盆统砂岩为 8.5%（Kimmel 和 Fulton，1983）。对宾夕法尼亚西部 20 口上泥盆统气井和 6 口 Medina 群气井实施不稳定试井，发现地层有效渗透率低，除少量特例外，大多小于 0.1mD（表3）（Kimmel 和 Fulton，1983）。岩心分析渗透率的变化趋势与不稳定试井结果一致。从 7 段上泥盆统岩心中选样，测量样品的 Klinkenberg 渗透率，发现 Venango 群砂岩平均原始地层渗透率为 0.0025mD，而 Bradford 群砂岩平均地层原始渗透率为 0.0031mD。

根据岩心分析渗透率，尽管 Medina 气田存在渗透率高于正常水平的区域"甜点"，但 Medina 群砂岩的渗透率一般小于 0.1mD。柱塞样测量渗透率为小于 0.1~0.6mD。观测到的裂缝渗透率高达 117.0mD，这些水平裂缝为张性缝，平行于缝合面发育，是取心后平行最大应力方向上岩石压力释放的响应（Nelson，1981）。

上泥盆统和 Medina 群储层砂岩中，孔隙度和渗透率之间无明显关系。例如，图18展示了 Venango 群和 Bradford 群各孔隙度范围内渗透率大于 0.1mD 的岩样频率，可见孔隙度 3%~4% 的砂岩与孔隙度 6%~8% 的砂岩渗透性相同。这一趋势是宾夕法尼亚州中西部上泥盆统岩样的主要特征。图19展示了 Medina 群中各孔隙度范围内岩心渗透率大于等于 0.1mD 的岩样频率，多数样品孔隙度为 3%~6%，而它们的渗透率差异也不大。需要指出的是图18中上泥盆统砂岩的有效（连通）孔隙度下限为 1.0%，图19中 Medina 群有效孔隙度下限为 2.0%。

Kimmel（1984）对 Louden 公司 Lloydsville Sportsmen Association-1 井岩心的上泥盆统砂岩进行了岩石物理研究。他利用特殊岩心分析获取测井曲线计算含水饱和度所需的 Archie 公式常数：m（胶结指数）、n（饱和度指数）和 a（与岩石结构有关的常数）。通过测量地层因素 F（$F=a/\phi^m$），求得 a 为 1.50，m 为 1.91。而 n 的测量值接近于标准值 2。但因实验范围有限（含水饱和度范围 80%~100%），Kimmel 觉得上述测量值仍有待进一步验证。他总结出测量值 $m=1.91$ 和 $a=1.50$ 与通常的假定值 $m=2.0$ 或 2.15，以及 $a=0.02$

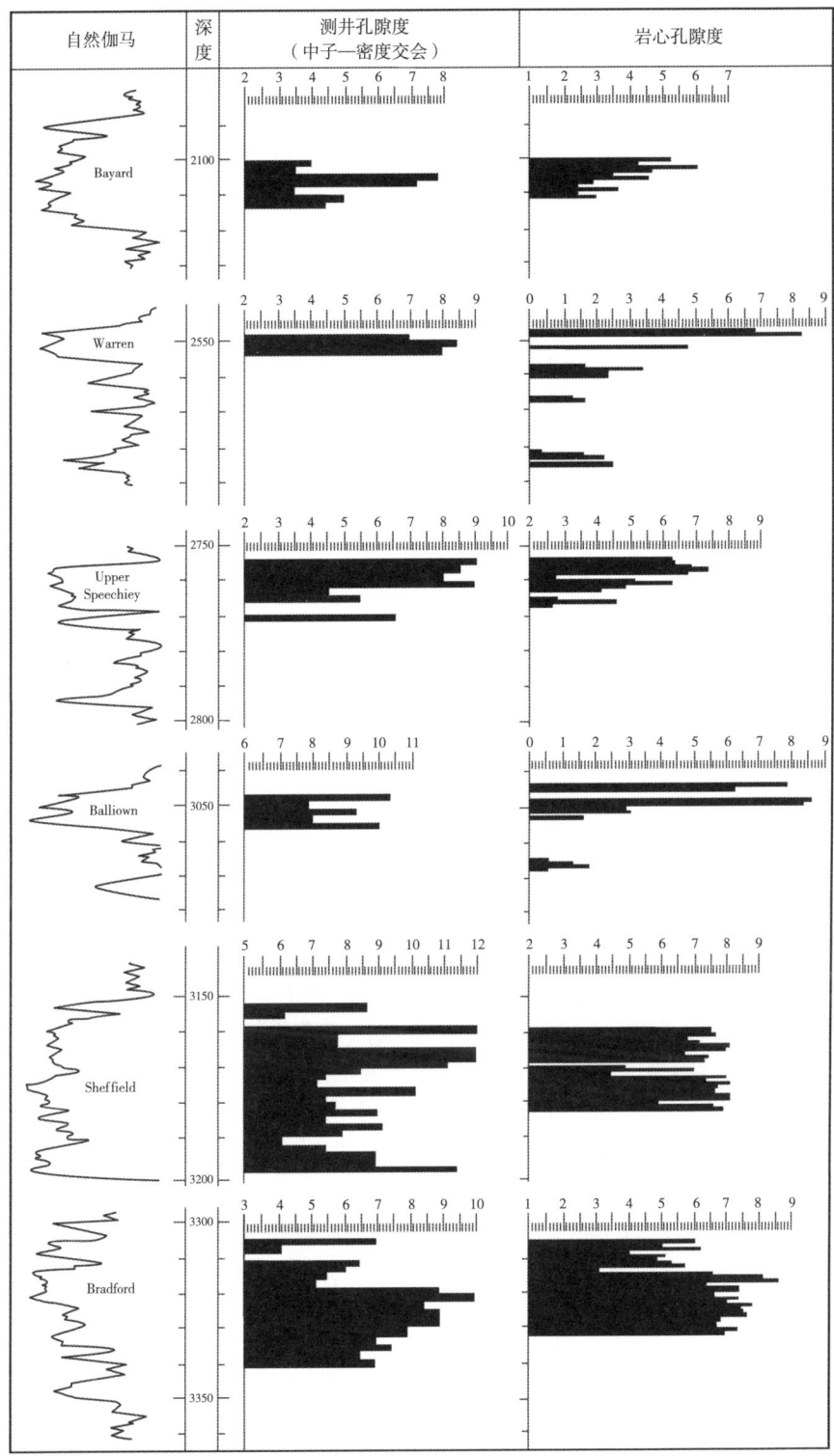

图18　6段上泥盆统储层砂岩的岩心分析和测井解释孔隙度比较
宾夕法尼亚州 Indiana 郡 Louden 公司 Good-Lahr-Kaufman-1 井（IND-25084）
（现场人员命名砂岩对应的准确地层位置见表1）

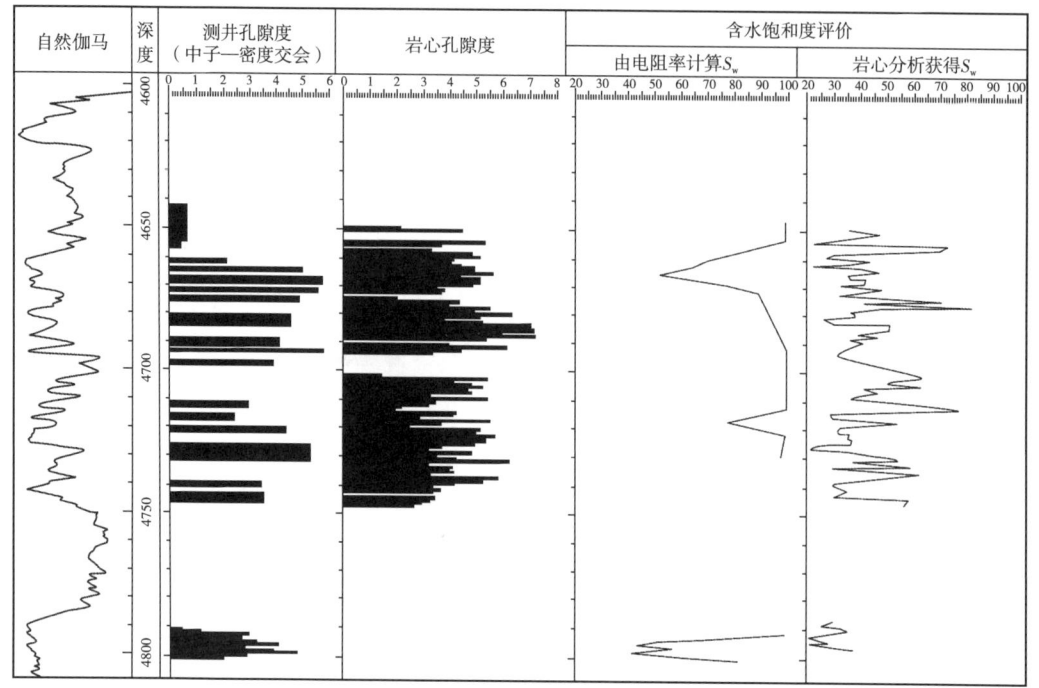

图19 Medina 群的岩心分析和测井解释孔隙度与含水饱和度比较，宾夕法尼亚州 Crawford 郡 Wainoco 油气公司 Creacraft-1 井（CRA-20665）

或 1.0 差异不大。

针对 Lloydsville Sportsmen Association 井上泥盆统储层砂岩，Kimmel（1984）对比了测井数据和岩心数据。他发现几乎所有测井解释饱和度均高于岩心测量饱和度。Kimmel 觉得二者差异较大，以 m、n 和 a 相对较小的差异无法解释，反而认为充填孔隙、包裹颗粒的黏土影响测井解释值，岩性描述也支持这一论点。黏土矿物影响储集岩的物理化学和电化学特性。黏土矿物的赋存形式和结晶习性导致比表面积较大。Almon（1979）证实表面积大、阳离子交换能力强的黏土附近形成黏土表面的双电层，被称为 Goury 层或 Stern 层。边界层电性与地层水电性不同，因而储层测井电阻率减小。

Medina 群砂岩的 m、n 和 a 测量值与常用数值差别较大（表4）。在 Dresser Atlas 测井解释研讨会（Pittsburgh，1982）上，与会者认可宾夕法尼亚州西部 Medina 群岩心分析所得参数：$m=1.46$，$n=1.82$ 和 $a=4.13$。对比 Medina 群岩心分析和测井解释含水饱和度（图19），发现了利用常规测井资料分析确定准确含水饱和度的不足。黏土矿物面导率对影响测井曲线形态再次起到关键性作用。

表4 宾夕法尼亚州电缆测井所用计算值与 Wainoco 油气公司 Creacraft-1 井（CRA-20665）岩心数据计算值的比较

值	砂岩	低孔砂岩	Medina 群砂岩（CRA-20665）
a	0.62	0.81	4.13
m	2.15		1.46
n	2.00	1.80~2.00	1.82

注：a—经验常数，m—胶结因子，n—饱和度指数。

Kukal 等（1983）建议测井分析人员利用致密气砂岩（如上泥盆统和 Medina 群储层）的侵入特征。如果储层完全未侵入，则密度/中子确定的"侵入带"饱和度（S_{xo}）实际是含水饱和度（S_w）。常规饱和度公式中，可利用这个与地层电阻率 R_t 无关的含水饱和度结合 R_t 和孔隙度计算地层水电阻率 R_w。阿巴拉契亚盆地致密储层评价方法如此新颖，其实用性有待于将来的实验证实。

6 天然气开采

图 20 和图 21 分别为上泥盆统和 Medina 群气井的递减曲线。宾夕法尼亚州的现场人员通常将同一群组数个砂岩单元的气产量合计为上泥盆统产量，也常常将 Venango 群和 Bradford 群天然气产量合计在一起。有关 Medina 群的开发记录涵盖整个气田和气藏的生产数据，记录于《宾夕法尼亚州地质调查》年志中。

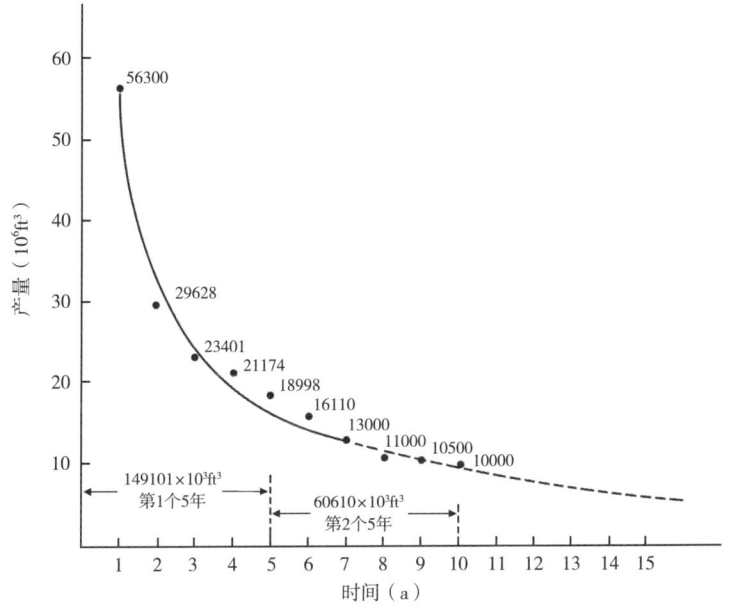

图 20　宾夕法尼亚州 Indiana 郡一口典型上泥盆统（Venango 群和 Bradford 群）合采井的递减曲线

如上所述，宾夕法尼亚州的作业人员通常认为：根据测井计算，如果单井可采储量不低于 $200×10^6 ft^3$，则该井具有经济效益。多数井以相对较低的年产量生产 15~20 年。针对 Medina 群产气区，许多作业人员将大量精力放在钻井和市场营销上，要求快速完钻 100 口（或更多）井❶，并与具有大容量集输能力的管道公司签订长期合同。

宾夕法尼亚州上泥盆统和下志留统储层的天然气组分见表 5 和表 6。砂岩中天然气含有甲烷、乙烷、丙烷、正丁烷、异丁烷、正戊烷、异戊烷、环戊烷、细己烷、氮、氧、二氧化碳、硫化合物、氢气和一些稀有气体。其中甲烷所占比例最大，而不同气藏的甲烷含

---

❶ 在 1981—1982 年的钻探繁荣期，多数服务公司保持长时间预约，每天实施多次测井、固井或者增产作业。

表 5 宾夕法尼亚州西部上泥盆统储层的代表性气体分析

郡	镇	油田	群（砂层）	组分(%)													Btu*值	资料来源
				甲烷	乙烷	丙烷	正丁烷	异丁烷	正戊烯	异戊烯	环戊烷	己烷加	氮	氧	氩	氦	氢	硫化氢	二氧化碳		
华盛顿	Amwell	Amith	Venango (Grantz)	83.8	7.5	32	0.9	0.8	0.3	0.2	0.1	0.4	2.5	0.1	0.0	tr	0.0	0.1	0.12	1,169	A
华盛顿	Somerset	Vanceville	Venango (50Foot)	91.5	4.3	1.3	0.4	0.2	0.1	0.2	0.1	0.4	1.3	0.0	tr	0.0	0.0	0.1	0.09	1,095	A
阿勒格尼	Collier	Rennerdale	Venango (Gordon)	80.1	10.9	3.9	1.3	1.0	0.8	0.1	0.1	0.8	0.8	0.0	tr	0.0	0.0	0.1	0.10	1,269	B
格林	Cumberland	Fordyce	Venango (Bayard)	91.9	5.2	1.1	0.2	0.2	0.1	tr	tr	0.1	1.0	0.0	tr	0.0	0.0	0.1	0.09	1,076	A
格林	Waynesbury	Jefferson	Venango (Elizabeth)	90.2	5.2	1.5	0.6	0.4	0.1	0.2	tr	0.3	1.2	0.0	tr	0.1	0.0	0.1	0.10	1,108	B
威斯特摩兰	Allegheny	Bagdad	Bradford (Speechley)	92.3	4.9	1.2	0.3	0.1	0.1	0.1	tr	0.1	0.8	0.0	tr	tr	0.0	0.1	0.11	1,081	A
阿姆斯特朗	Cowanshannock	Plumville	Bradford (Tiond)	94.9	3.4	0.9	0.3	0.0	0.0	0.0	0.0	0.0	0.5	0.0	tr	tr	0.0	0.0	tr	1,056	B
印第安纳	Burrell	Blairsville	Bradford (Balltown)	92.5	4.1	1.2	0.3	0.5	0.0	0.1	tr	0.1	0.7	0.0	0.0	0.1	0.1	0.0	0.10	1,083	C
艾克	Millstone	Halltown	Bradford (Shelfield)	78.2	13.1	4.8	1.1	1.0	0.2	0.2	tr	0.1	1.1	0.0	0.0	0.1	0.0	0.1	0.06	1,244	A
威斯特摩兰	Loyahamna	Saltsbur	Bradford (Bradford)	95.5	2.4	0.2	0.5	0.3	0.0	0.0	0.0	0.1	1.5	0.3	tr	0.0	0.0	tr	0.09	1,016	A
杰弗逊	Heath	sigel	Bradford (Kane)	89.6	9.3	2.4	0.1	tr	tr	0.2	tr	0.1	1.2	0.0	tr	0.1	0.0	0.1	0.06	1,141	A
艾克	Horton	Boone Mountain	Elk(Elk)	95.4	3.0	0.5	0.5	0.1	0.1	0.0	tr	0.1	0.4	0.0	0.0	0.0	0.0	0.3	0.09	1,042	B
杰弗逊	Heath	Millstone	Elk (Haskill)	88.9	6.1	1.5	0.5	0.1	0.1	0.1	0.0	0.1	2.3	0.0	0.0	0.1	0.0	0.1	0.10	1,083	A

* 计算于69°F和30°Hg。 A—Moore and Shrewsbury, 1966; B—Moore and Shrewsbury, 1967; C—Miler and Norrell, 1964。

表6 宾夕法尼亚州西北部下志留统Medina群储层的代表性气体分析

郡	镇	油田	甲烷	乙烷	丙烷	正丁烷	异丁烷	正戊烷	异戊烷	环戊烷	己烷加	氮	氧	氩	氦	氢	硫化氢	二氧化碳	Btu*值	资料来源
克劳福德	Summerthill	Conneaut (indian Springs)	87.9	4.7	1.3	0.3	0.3	0.1	0.1	tr	0.1	4.9	0.0	tr	0.0	0.0	0.1	0.16	1,042	A
克劳福德	Conneaut	Conneaut (Indian Springs)	87.6	4.1	1.1	0.3	0.2	tr	0.1	tr	tr	6.3	tr	tr	0.0	0.0	tr	0.16	1,011	A
伊利	Conneaut	Conneaut (pierce)	90.7	3.8	0.9	0.3	0.1	0.1	0.0	tr	0.1	3.9	0.1	tr	0.0	0.0	0.0	0.17	1,033	B
伊利	Elk Creek	Conneaut (Lundys Lane)	91.0	4.0	0.7	0.2	0.2	tr	0.1	tr	0.1	3.5	0.0	tr	0.0	0.0	tr	0.12	1.035	A
伊利	Conneaut	Conneaut (Bushnell-Lexington)	89.9	4.0	0.8	0.3	0.1	tr	0.2	tr	0.2	4.2	0.0	tr	0.0	0.0	0.1	0.10	1,035	A
伊利	Conneaut	Conneaut (Bushnell-Lexington)	91.0	4.0	0.8	0.2	0.2	tr	0.1	tr	tr	3.5	0.0	0.0	0.0	0.0	tr	0.10	1,032	A
克劳福德	Greenwood	Geneva (Greenwood)	87.4	5.6	1.6	0.5	0.4	0.2	0.2	0.0	0.0	4.1	0.1	–	–	–	–	–	–	1.067	C
克劳福德	Athens	Athens (Rome)	95.5	3.5	0.6	0.1	0.1	0.2	0.4	–	0.1	–	–	–	0.1	0.5	–	–	–	D
克劳福德	Athens	Athens (Potash Fun)	94.6	4.3	0.7	0.2	0.1	0.0	0.1	–	0.1	–	–	–	0.1	0.8	–	–	–	D
克劳福德	Athens	Athens (Brimstone)	95.1	3.5	0.5	0.1	0.7	0.0	0.0	–	0.2	–	–	–	0.1	0.2	–	–	–	D

* 计算于69°F和30°Hg。 A—Moore和Shrewsbury, 1966; B—Moore和Shrewsbury, 1967; C—Courtesy Cabol石油和天然气公司; D—Rodgers, 1981。

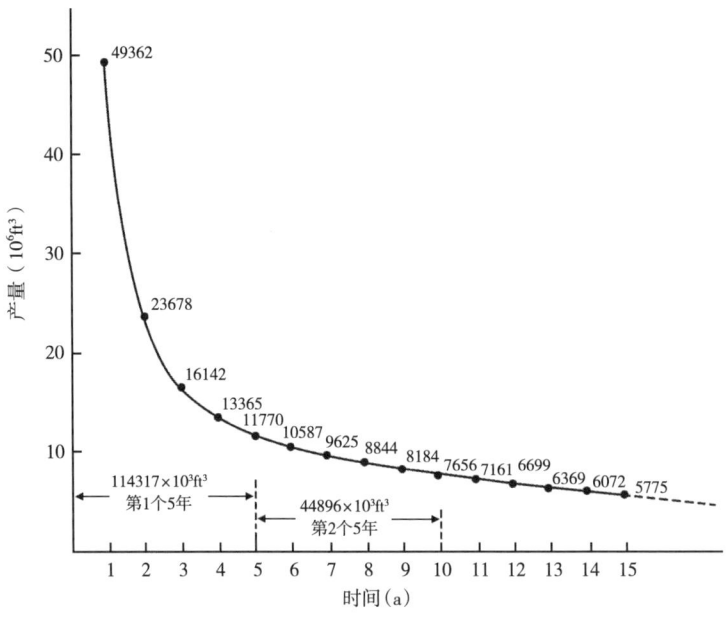

图 21　宾夕法尼亚州西北部一口典型 Medina 群气井的递减曲线
依据初始无阻流量和测井计算

量变化较大，在主要油气富集区或其相邻区，超过70%；而在深层油气田、最东部及东南部的多数油气田，接近于100%。甲烷含量下降时，乙烷及高沸点烃类含量增加。在高碳烷烃比例增加的区域，天然气热值往往较高。然而，随着气藏内氮气及其他非烃类气体含量变化，这种趋势会有所不同。

Roth（1968）详细描述了阿巴拉契盆地 N_2、CO_2、O_2、H_2S 及 He 的性质及分布。向西，盆地天然气的 N_2 含量增加。CO_2 大多与盆地成熟区的湿气及油伴生，而 H_2S 则往往与深层热解干气伴生。Hunt（1979）曾对比了阿巴拉契盆地与加拿大西部盆地的烃类及非烃类气体的分布，他以有机相与埋深和热状态有关的观点，观察和解释了两个盆地中烃类和非烃类气体的分布情况。储层中 He 被认为来自基岩。Rodgers（1981）指出 Medina 群储层的富集氦气是自前寒武系变质岩沿裂缝垂向运移而来。

7　概述和结论

比较上泥盆统含气储层和 Medina 群砂岩，发现这些时间不同的岩石间具有以下相似性：

（1）从侵蚀东部造山带、经大规模三角洲体系的沉积物输入快速增加，形成下志留统和上泥盆统储层砂岩。从分流河口坝或河道，经潮坪、海滩和滨外坝，到较细粒砂岩和粉砂岩间的远端浊积岩等环境中均能沉积发育良好砂岩带。

（2）下志留统和上泥盆统储集岩大部分形成地层圈闭，由砂岩尖灭、孔隙度变化和其他成岩圈闭构成。尽管背斜构造是宾夕法尼亚州早期勘探的主要依据，但目前对多数上泥盆统气产量影响较小，而对 Medina 群产量影响微弱甚至毫无影响。裂缝走向和断层对下志留统和上泥盆统储层生产影响较大，但具体程度尚不明确。

（3）下志留统和上泥盆统储层砂岩类型多样，包括石英砂岩、亚长石砂岩、亚岩屑砂岩和各种杂砂岩。几乎所有砂岩粒度范围均为粉砂—至少中粒砂，含有大量碎屑和自生矿物，增加了测井解释、完井作业和增产改造难度。多数孔隙为次生孔隙，包含粒间孔（与胶结物和不稳定颗粒溶解有关）、微孔隙、铸模孔、裂缝孔隙和白云石菱面体间的晶间孔。上泥盆统的成岩序列尚不确定，而 Medina 群的成岩序列包含黏土和胶结物的形成，方解石胶结物的白云石化，次生孔隙发育，以及赤铁矿和蒸发盐的再胶结。

（4）下志留统和上泥盆统储层砂岩中，岩心分析和测井解释的孔隙度、渗透率和含水饱和度值往往差异较大。这要通常归因于岩石发育大量自生和碎屑黏土矿物组合，尤其是富含伊利石—蒙皂石组合。多数高孔隙度和高渗透率是裂缝作用的产物。

在宾夕法尼亚州，上泥盆统和 Medina 群砂岩储层已生产了大量天然气。这些地层中有待确定和开发的天然气潜在资源量可能很大。当前大规模水力压裂技术的有效使用和高气价的经济刺激使得有经济价值储层的孔隙度和渗透率截止值被重新定义，以至于宾夕法尼亚州的油气作业公司目前正在开发数年前认为不具备经济开采价值的油气藏。未来的发现依赖于对地下沉积、构造和成岩趋势的综合分析，油气藏的成功开发将因地质和工程的合作而得以保证。未来一段时间内，Medina 群和上泥盆统储层将继续作为远景勘探目标。

致谢

诚挚感谢对露头中宾夕法尼亚州上泥盆统和下志留统储层砂岩及其类似单元，给予有益见解的人们：Doran 联合公司 Sherwood Lutz，Summit 能源公司 Timothy Murin，Adobe 油气公司 James Wigal，Angerman 联合公司 Samuel Kimmel，Cabot 油气公司 Michael Price 及 Michael Canich，巴克内尔大学 Edward Cotter，匹兹堡大学 Gary Cooke、Jack Donahue 及 Harold Rollins，顾问 William McGlade，Kepco 公司 David Carson，顾问 Robert Chapman，Marathon 石油公司 Robert Piotrowski，宾夕法尼亚州天然气联合公司。感谢亚利桑那州立大学 David Krinsley 允许大量使用其开创性的扫描电镜低角度后向散射技术。

感谢宾夕法尼亚地质调查所 Cheryl Cozart 及 Robert Fenton，宾夕法尼亚州加利福尼亚大学 Tom Kovalchuk 准备部分图表；宾夕法尼亚州环境资源部油气管理局 Paul Kucsma 审查原始手稿；宾夕法尼亚地质调查所认可本文发表。

参 考 文 献

[1] ABEL, K. D., and L. HEYMAN, 1981, The Oriskany Sandstone in the subsurface of Pennsylvania: Pennsylvania Geological Survey, 4th series, Mineral Resource Report 81, 9 p.

[2] ALMON, W. R., 1979, A geologic appreciation of shaly sands: Society of Professional Well Log Analysts, Twentieth Annual Logging Symposium, Transactions, p. WW1-14.

[3] ASHBURNER, C. A., 1880, The geology of McKean County, and its connection with that of Cameron, Elk and Forest: Second Geological Survey of Pennsylvania, v. R, 371 p.

[4] BAYLES, R. E., 1949, Subsurface Upper Devonian sections in southwestern Pennsylvania: AAPG Bulletin, v. 33, p. 1682-1703.

[5] BECK, M. E., and R. E. MATTICK 1964, Interpretation of an aeromagnetic survey in western Pennsylvania and parts of eastern Ohio, northern West Virginia, and western Maryland: Pennsylvania Geological Survey, 4th series, Information Circular 52, 10 p.

[6] BERRY, W. B. N., and A. J. BOUCOT, 1970, Correlation of the North American Silurian rocks: GSA Spe-

cial Paper 102, 289 p.

[7] BOUMA, A. H., 1962, Sedimentology of some flysch deposits: Amsterdam, Elsevier Publishing Co., 168 p.

[8] BRETT, C. E., 1982, Stratigraphy and facies relationships of Silurian (Wenlockian) Rochester Shale: layer-cake geology reinterpreted (abs.): AAPG Bulletin, v. 66, p. 1165.

[9] CANICH, M. R., and D. P. GOLD, 1977, A study of the Tyrone–Mt. Union lineament by remote sensing techniques and field methods: Pennsylvania State University, ORSER Technical Report 12-77, 59 p.

[10] CARDWELL, L. E., and L. F. BENTON, 1970, Analyses of natural gases, 1969: U. S. Bureau of Mines, Information Circular 8475, 134 p.

[11] CARLL, J. F., 1880, The geology of the oil regions of Warren, Venango, Clarion, and Butler counties, including surveys of the Garland and Panama conglomerates in Warren and Crawford, and in Chatauqua Co., N. Y., descriptions of oil well rig and tools, and a discussion of the preglacial and postglacial drainage of the Lake Erie country: Second Geological Survey of Pennsylvania, v. III, 482 p.

[12] CARLL, J. F., 1890, Seventh report on the oil and gas fields of western Pennsylvania for 1887, 1888: Second Geological Survey of Pennsylvania, v. V, 356 p.

[13] CASTER, K. E., 1934, The stratigraphy and paleontology of northwestern Pennsylvania, part I: stratigraphy: Bulletins of American Paleontology, v. 21, no. 71, 185 p. 7

[14] CATE, A. S., 1962, Subsurface structure of the plateau region of north-central and western Pennsylvania on top of the Oriskany Formation: Pennsylvania Geological Survey, 4th series, Map #9.

[15] COLEMAN, J. M., 1976, Deltas: processes of deposition and models for exploration: Champaign, IL, Continuing Education Publishing Co., Inc., 102 p.

[16] COLTON, G. W., 1970, The Appalachian basin–its depositional sequences and their geologic relationships, in G. W. Fisher, F. J. Pettijohn, J. C. Reed, Jr., and K. N. Weaver, eds., Studies in Appalachian geology—central and southern: New York, Interscience Publishing Co., p. 5-48.

[17] COTTER, E., 1982, Tuscarora Formation of Pennsylvania: SEPM Eastern Section 1982 fieldtrip guidebook, 105 p.

[18] CURRAY, J. R., F. J. EMMEL, and P. J. S. CRAMPTON, 1969, Holocene history of a strand-plain, lagoonal coast, Nayarit, Mexico, in A. A. Castanares and F. B. F. Phleger, eds., Coastal lagoons, a symposium, UNAM-UNESCO, Mexico, D. F., 1967: Universidad Nacionales Autonoma Mexico, p. 63-100.

[19] DAVIES, D. K., and F. G. ETHRIDGE, 1975, Sandstone composition and depositional environment: AAPG Bulletin, v. 59, p. 239-265.

[20] DENNISON, J. M., and J. W. HEAD, 1975, Sealevel variations interpreted from the Appalachian basin Silurian and Devonian: American Journal of Science, v. 275, p. 1089-1120.

[21] DICKEY, P. A., R. E. SHERRILL, and L. S. MATTESON, 1943, Oil and gas geology of the Oil City quadrangle, Pennsylvania: Pennsylvania Geological Survey, 4th series, Mineral Resource Report 25, 201 p.

[22] DICKINSON, W. R., and C. A. SUCZEK, 1979, Plate tectonics and sandstone compositions: AAPG Bulletin, v. 63, p. 2164-2182.

[23] FAMY, S. M., 1979, Relationship between cross-strike lineaments and the distribution of oil and gas fields in northwestern Pennsylvania: Pennsylvania State University, unpublished master's thesis, 137 p.

[24] FERGUSSON, W. B., and B. A. PRATHER, 1968, Salt deposits in the Salina Group in Pennsylvania: Pennsylvania Geological Survey, 4th series, Mineral Resource Report 58, 41 p.

[25] FETTKE, C. R., 1938, Bradford oil field, Pennsylvania and New York: Pennsylvania and New York: Pennsylvania Geological Survey, 4th series, Mineral Resource Report 21, 454 p.

[26] FOLK, R. L., 1960, Petrography and origin of the Tuscarora, Rose Hill, and Keefer formations, Lower and Middle Silurian of eastern West Virginia: Journal of Sedimentary Petrology, v. 30, p. 1-58.

[27] FORGOTSON, J. M., Jr., 1957, Nature, usage, and definition of market-defined vertically segregated rock units: AAPG Bulletin, v. 41, p. 2108-2113.

[28] FREY, M. G., 1973, Influence of Salina salt on structure in New York-Pennsylvania part of Appalachian plateau: AAPG Bulletin, v. 57, p. 1027-1037.

[29] GLOHI, B. V., 1984, Petrography of Upper Devonian gas bearing sandstones in the Indiana 7 1/2-minute quadrangle, well #1 1237 Ind25084, Indiana County, Pennsylvania: University of Pittsburgh, unpublished Master's thesis, 143 p.

[30] GOLD, D. P., R. R. PARIZEK, and S. S. ALEXANDER, 1973, Analysis and applications of ERTS-1 satellite data for regional geologic mapping, in Symposium on significant results obtained from the Earth Resources Technology Satellite-1, v. I, Technical Presentations, Section A: U. S. National Aeronautics and Space Administration Special Publication 327, p. 231-245.

[31] GRUNAU, J. C., 1962, NW Pennsylvania, SW New York promise success to drillers: Oil & Gas Journal, v. 60, no. 14, p. 204-208.

[32] GWINN, V. E., 1964, Thin-skinned tectonics in the plateau and northwestern valley and ridge provinces of the central Appalachians: GSA Bulletin, v. 75, p. 863-900.

[33] HARMS, J. C., J. B. SOUTHARD and R. G. WALKER, 1982, Structures and sequence in clastic rocks: Society of Economic Paleontologists and Mineralogists Short Course Notes 9, 249 p.

[34] HARPER, J. A., 1979, Subsurface rock correlation diagram, Allegheny Plateau, Pennsylvania: Pennsylvania Geological Survey Open-File Report 7, Pittsburgh office.

[35] HARPER, J. A., 1982, " Oriskany" Sandstone oil potential, northwestern Pennsylvania: Pennsylvania Geology, v. 13, no. 2, p. 2-7.

[36] HARPER, J. A., and C. D. LAUGHREY, 1980, Pennsylvania oil and gas fields project, in R. G. Piotrowski, ed., Oil and gas developments in Pennsylvania in 1979: Pennsylvania Geological Survey, 4th series, Progress Report 193, p. 35-38.

[37] HARPER, J. A., and C. D. LAUGHREY, in press, Geology of the oil and gas fields of southwestern Pennsylvania: Pennsylvania Geological Survey, 4th series, Mineral Resource Report.

[38] HARPER, J. A., C. D. LAUGHREY and W. S. LYTLE, 1982, Oil and gas fields of Pennsylvania: Pennsylvania Geological Survey, 4th series, Map #3.

[39] HARPER, J. A., and R. G. PIOTROWSKI, 1978, Stratigraphy, extent, gas production, and future gas potential of the Devonian organic-rich shales in Pennsylvania: 2nd 40. Eastern Gas Shales Symposium, Morgantown, WV, Preprints, METC/SP-78/6, v. I, p. 310-329.

[40] Eastern Gas shales Symposium, Morgantow, WV, Preprints, METC/SP-78/6, V. I, p 310-329.

[41] HARPER, J. A., and R. G. PIOTROWSKI, 1979, Stratigraphic correlation of surface and subsurface Middle and Upper Devonian, southwestern Pennsylvania, in J. M. Dennison et al., Devonian shales in south-central Pennsylvania and Maryland: 44th Annual Field Conference of Pennsylvania Geologists, Bedford, PA, Fieldtrip Guidebook, p. 18-37.

[42] HARRIS, L. D., 1978, The eastern interior aulacogen and its relation to Devonian shale gas production: 2nd Eastern Gas Shales Symposium, Morgantown, WV, Preprints, METC/SP-78/6, v. II, p. 55-72.

[43] HUNT, J. M., 1979, Petroleum geochemistry and geology: San Francisco, W. H. Freeman and Co., 617 p.

[44] JOHNSON, D. P., 1982, Sedimentary facies of an arid zone delta: Gascoyne Delta, western Australia: Journal of Sedimentary Petrology, v. 52, p. 547-565.

[45] JOHNSON, J. G., G. KLAPPER, and C. A. SANDBERG, 1985, Devonian eustatic fluctuations in Euramerica: GSA Bulletin, v. 96, p. 567-587.

[46] JOHNSON, M. E., 1980, Paleoecological structure in Early Silurian platform seas of the North American

midcontinent: Palaeogeography, Palaeoclimatology, Palaeoecology, v. 30, p. 191–216.

[47] JONES, T. H. , and A. S. CATE, 1957, Preliminary report on a regional stratigraphic study of Devonian rocks of Pennsylvania: Pennsylvania Geological Survey, 4th series, Special Bulletin 8, 5 p.

[48] KELLEY, D. R. , 1967, Geology of the Red Valley sandstone in Forest and Venango counties, Pennsylvania: Pennsylvania Geological Survey, 4th series, Mineral Resource Report 57, 49 p.

[49] KELLEY, D. R. , and W. G. MCGLADE, 1969, Medina and Oriskany production along the shore of Lake Erie, Pierce field, Erie County, Pennsylvania: Pennsylvania Geological Survey, 4th series, Mineral Resource Report 60, 38 p.

[50] KELLEY, D. R. , and W. R. WAGNER, 1970, Surface to Middle Devonian (Onondaga) stratigraphy (STOMDES): Pennsylvania Geological Survey Open-File Report 1, Pittsburgh office, 15 p.

[51] KIMMEL, S. L. , 1984, Petrophysical analysis and some applications based upon Louden Properties Co. Lloydsville Sportsmen Association well no. 414-1 cores: Addendum to application for recommendation that certain portions of the Venango geologic formation be designated as a tight formation pursuant to the regulations of the Federal Energy Regulatory Commission, Exhibit 6, 7 p.

[52] KIMMEL, S. L. , and P. F. FULTON, 1983, Results of pressure transient well testing in Appalachian gas reservoirs: Society of Petroleum Engineers Eastern Region Meeting, 1983, Champion, Pennsylvania, p. 59–70.

[53] KNIGHT, W. V. , 1969, Historical and economic geology of Lower Silurian Clinton sandstone of northeastern Ohio: AAPG Bulletin, v. 53, p. 1421–1452.

[54] KUKAL, G. C. , et al. , 1983, Critical problems hindering accurate log interpretation of tight gas sand reservoirs, in Proceedings of the SPE/DOE Joint Symposium on Low Permeability Gas Reservoirs, Denver, p. 181–190.

[55] LAUGHREY, C. D. , 1982, High-potential gas production and fracture-controlled porosity in Upper Devonian Kane " sand," central-western Pennsylvania: AAPG Bulletin, v. 66, p. 477–482.

[56] LAUGHREY, C. D. , 1984, Petrology and reservoir characteristics of the Lower Silurian Medina Group reservoir sandstones, Athens and Geneva fields, northwestern Pennsylvania: Pennsylvania Geological Survey, 4th series, Mineral Resource Report 85, 126 p.

[57] LAUGHREY, C. D. , 1985, Petrology and reservoir characteristics of the Upper Devonian Brallier Formation in southwestern Pennsylvania (abs.): 16th Annual Appalachian Petroleum Geology Symposium, Morgantown, WV, p. 15–16.

[58] LAUGHREY, C. D. , and J. DONAHUE, 1982, Diagenetic trends within the Tuscarora-Medina sequence in the northern Appalachians: Proceedings, Appalachian basin Industrial Association, Fall 1982, Blacksburg, VA, 13 p.

[59] LAUGHREY, C. D. , and R. M. HARPER, in preparation, Oil and gas reservoir rocks of Pennsylvania: Pennsylvania Geological Survey, 4th series, Mineral Resource Report.

[60] LAVIN, P. M. , D. L. CHAFFIN, and W. F. DAVIS, 1982, Major lineaments and the Lake Erie-Maryland crustal block: Tectonics v. 1, p. 431–440.

[61] LEEPER, W. S. , 1963, Interpretations of primary bedding structures in Mississippian and Upper Devonian rocks of southeastern Somerset County, Pennsylvania: Pennsylvania Geological Survey, 4th series, General Geology Report 39, p. 165–181.

[62] LYTLE, W. S. , 1963, Underground gas storage in Pennsylvania: Pennsylvania Geological Survey, 4th series, Mineral Resource Report 46, 31 p.

[63] LYTLE, W. S. , L. HEYMAN, D. R. KELLEY, and W. R. WAGNER, 1971, Future petroleum potential of western and central Pennsylvania, in I. H. Cram, ed. , Future petroleum provinces of the United States— their geology and potential: AAPG Memoir 15, v. 2, p. 1232–1242.

[64] MARTINI, I. P., 1971, Regional analysis of sedimentology of Medina Formation (Silurian), Ontario and New York: AAPG Bulletin, v. 55, p. 1249-1261.

[65] MCCANDLESS, S. L., 1981, Subsurface interpretation of the Bradford sand zones in the Punxsutawney 15-minute quadrangle, Pennsylvania: Indiana University of Pennsylvania, unpublished Master's thesis, 54 p.

[66] MILLER, R. D., and G. P. NORRELL, 1964, Analyses of natural gases of the United States, 1962: U. S. Bureau of Mines Information Circular 8239, 120 p.

[67] MOORE, B. J., and R. D. SHREWSBURY, 1966, Analyses of natural gases of the United States, 1965: U. S. Bureau of Mines Information Circular 8316, 181 p.

[68] MOORE, B. J., and R. D. SHREWSBURY, 1967, Analyses of natural gases, 1966: U. S. Bureau of Mines Information Circular 8356, 130 p.

[69] NELSON, R. A., 1981, Significance of fracture sets associated with stylolite zones: AAPG Bulletin, v. 65, p. 2417-2425.

[70] PARRISH, J. B., and P. M. LAVIN, 1982, Tectonic model for kimberlite emplacement in the Appalachian plateau of Pennsylvania: Geology, v. 10, p. 344-347.

[71] PELLETIER, B. R., 1958, Pocono paleocurrents in Pennsylvania and Maryland: GSA Bulletin, v. 69, p. 1033-1064.

[72] PETTIJOHN, F. J., P. E. POTTER, and P. SIEVER, 1973, Sand and sandstones: York, Springer-Verlag Publishing Co., 618 p.

[73] PIOTROWSKI, R. G., 1981, Geology and natural gas production of the Lower Silurian Medina Group and equivalent rock units in Pennsylvania: Pennsylvania Geological Survey, 4th series, Mineral Resource Report 82, 21 p.

[74] PIOTROWSKI, R. G., and J. A. HARPER, 1979, Black shale and sandstone facies of the Devonian "Catskill" clastic wedge in the subsurface of western Pennsylvania: Morgantown, WV, U. S. Department of Energy, Morgantown Energy Technology Center, EGSP Series no. 13, 40 p.

[75] RANKIN, D. W., 1976, Appalachian salients and recesses: Late Precambrian continental breakup and the opening of the Iapetus Ocean: Journal of Geophysical Research, v. 81, p. 5605-5619.

[76] RODGERS, M. R., 1981, Geological and geochemical investigations along the northwestern extension of the Tyrone-Mt. Union lineament in the plateau province of northwestern Pennsylvania: University of Pittsburgh, unpublished Master's thesis, 178 p.

[77] RODGERS, M. R., and T. H. ANDERSON, 1984, Tyrone-Mt. Union cross-strike lineament of Pennsylvania: a major Paleozoic basement fracture and uplift boundary: AAPG Bulletin, v. 68, p. 92-105.

[78] ROEN, J. B., 1968, A transcurrent structure in Fayette and Greene counties, Pennsylvania: USGS Professional Paper 600-C, p. C149-C152.

[79] ROOT, S. I., 1978a, Possible recurrent basement faulting, Pennsylvania: part 1, geologic framework: Pennsylvania Geological Survey Open-File Report, Harrisburg office, 23 p.

[80] ROOT, S. I., 1978b, Possible recurrent basement faulting, Pennsylvania: part 2, economic geology: Pennsylvania Geological Survey Open-File Report, Harrisburg office, 19 p.

[81] ROTH, E. E., 1968, Natural gases of the Appalachian basin, in B. W. Beebe and B. F. Curtis, eds., Natural gases of North America: AAPG Memoir 9, v. 2, p. 1702-1715.

[82] SCHMIDT, V., and D. A. MCDONALD, 1979, Texture and recognition of secondary porosity in sandstones, in P. A. Scholle and P. R. Schluger, eds., Aspects of diagenesis: SEPM Special Publication 26, p. 209-225.

[83] SEVON, W. D., and D. L. WOODROW, 1981, Upper Devonian sedimentology and stratigraphy, in T. M. Berg et al., Geology of Tioga and Bradford counties, Pennsylvania: 46th Annual Field Conference of

Pennsylvania Geologist, Wellsboro, PA, Fieldtrip Guidebook, p. 11-26.

[84] SHAFFNER, M. N., 1946, Geology and mineral resources of the Smicksburg quadrangle, Pennsylvania: Pennsylvania Geological Survey, 4th series, Atlas 55, 252 p.

[85] THOMAS, W. A., 1977, Evolution of the Appalachian-Ouachita salients and recesses from re-entrants and promontories in the continental margin: American Journal of Science, v. 277, p. 1233-1278.

[86] THOMPSON, A. M., and W. D. SEVON, 1982, Excursion 19B: comparative sedimentology of Paleozoic clastic wedges in the central Appalachians, U. S. A.: International Association of Sedimentologists, 11th International Congress on Sedimentology, McMaster University, Hamilton, Ontario, 136 p.

[87] VAIL, P. R., R. M. MITCHUM, Jr., and S. THOMPSON III, 1977, Seismic stratigraphy and global changes of sea level, part 4: global cycles of relative changes of sea level: AAPG Memoir 26, p. 83-97.

[88] WAGNER, W. R., 1976, Growth faults in Cambrian and Lower Ordovician rocks of western Pennsylvania: AAPG Bulletin, v. 60, p. 414-427.

[89] WAGNER, W. R., and W. S. LYTLE, 1976, Greater Pittsburgh region revised surface structure and its relation to oil and gas fields: Pennsylvania Geological Survey, 4th series, Information Circular 80, 20 p.

[90] WARDLAW, N. C., and J. P. CASSAN, 1978, Estimation of recovery efficiency by visual observation of pore systems in reservoir rocks: Bulletin of Canadian Petroleum Geology, v. 26, p. 572-585.

[91] WHITE, I. C., 1885, The geology of natural gas: Science, v. 5, p. 521-522.

[92] WHITE, I. C., 1892, The Mannington oil field and the history of its development: GSA Bulletin, v. 3, p. 187-216.

[93] WIGAL, J. M., 1982, Venango Group- "Corridor" area (geographic area 'A' of maps): geographical and geological description, in Application for recommendation that certain portions of the Venango geologic formation be designated as a tight formation persuant to the regulations of the Federal Energy Regulatory Commission, Section B, 9 p., Appendix.

[94] WILLIAMS, E. G., and W. A. BRAGONIER, 1974, Controls of Early Pennsylvanian sedimentation in western Pennsylvania: GSA Special Paper 148, p. 135-152.

[95] WOLFE, R. T., Jr., 1963, The correlation of Upper Devonian Chemung sands in west-central Pennsylvania, north of Pittsburgh: Pennsylvania Geological Survey, 4th series, General Geology Report 39, p. 241-257.

[96] YEAKEL, L. S., Jr., 1962, Tuscarora, Juniata, and Bald Eagle paleocurrents and paleogeography in the central Appalachians: GSA Bulletin, v. 73, p. 1515-1540.

[97] ZIEGLER, A. M., et al., 1977, Silurian continental distributions, paleogeography, climatology, and biogeography: Tectonophysics, v. 40, p. 13-51.

俄克拉荷马州 Anadarko 盆地宾夕法尼亚纪 Morrow 组砂岩次生孔隙演化

Zuhair Al-Shaieb，Patty Walker

摘要 Anadarko（阿纳达科）盆地是北美地区产油气最多的地区之一。50 余块宾夕法尼亚纪 Morrow 组砂岩岩心的鉴定结果揭示了一段复杂的成岩史。尽管石英是砂岩的主要骨架组分，但整个层段还发育数量可观的介壳碎屑、海绿石和黏土质杂基。成岩过程的复杂性与沉积环境和盆地的埋藏史、热演化史有着密切关系。

Anadarko 盆地 Morrow 组砂岩中，多数孔隙为次生孔隙，由黏土质杂基、碳酸盐碎屑及胶结物、海绿石、石英颗粒及其次生加大边的溶解所产生。

次生孔隙演化与 Morrow 组页岩有机质熟化过程直接产生的氢离子有关。盆地内超过 150 口天然气井均监测到浓度 0.3%~4.7% 的二氧化碳。根据地温梯度、压力梯度和高温高压条件下地层流体中 CO_2 溶解潜力的实验研究，可准确估算 Morrow 组地层水的 CO_2 溶解度。因盆地 CO_2 浓度随深度增加而增大，次生孔隙不应局限在特定区域或特定深度段内，而在深层仍有发育。浅层有机酸和深层 H_2S 对次生孔隙增加尤其重要。

孔隙数量和孔隙空间几何形状与原始岩性直接相关。深入了解岩相是评价储层性质的关键。

1 简介

Anadarko 盆地（图 1）涵盖俄克拉荷马州中西部、堪萨斯州西南部和得克萨斯州狭长地带，面积近 35000mi^2，是北美地区最大的沉积盆地之一。

盆地东以 Nemaha 山脊，南以古侵蚀 Amarillo-Wichita 山区为界。盆地西部和北部两侧为巨大浅海陆棚区，例如 Hugoton-Panhandle 大气田所占据区域和向中央堪萨斯隆起的过渡带。从寒武纪到二叠纪，盆地发育近 40000ft 厚沉积物（图 2）。目前已发现了数以百计的中、深层油气田，在构造和岩性圈闭内均获油气。

1941 年之前，Anadarko 盆地的勘探工作多数仅围绕浅层。1943 年 5 月，在俄克拉荷马州锡马龙县，一口气井完钻于下宾夕法尼亚统的下段 Morrow Keyes 砂岩。该井重点关注盆地深层，导致了许多新油气田的发现。石油和天然气主产区沿盆地浅海陆棚区展布，深盆主要气产量来源于常规和致密储层。

宾夕法尼亚系 Morrow 组砂岩是 Anadarko 盆地主要储集岩。为了详细描绘 Morrow 组的沉积环境，鉴定了 50 余段岩心，并利用标准岩石偏光显微镜分析了 600 余个薄片。此外，选择样品实施 X 射线衍射分析、电镜扫描联合能量色散 X 射线分析（SEM/EDXA）和阴极发光分析；对 60 余个 Morrow 组页岩样品进行了镜质组反射率测量。CO_2 数据摘录自美国矿业局的公开出版物。将上述数据汇编整理，用以评价 Morrow 组砂岩的成岩作用及其对孔隙演化的影响。

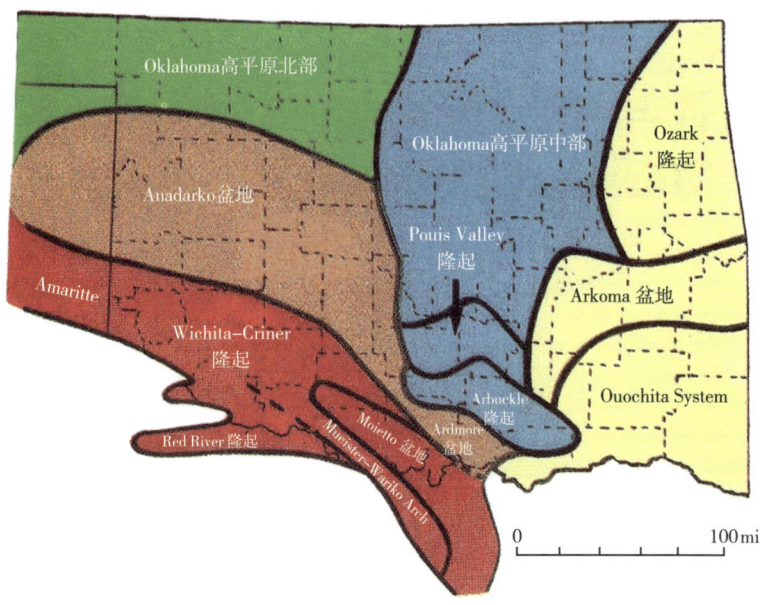

图 1 主要地质区划图（据 Al-Shaieb 和 Shelton，1977；Arbenz，1956）

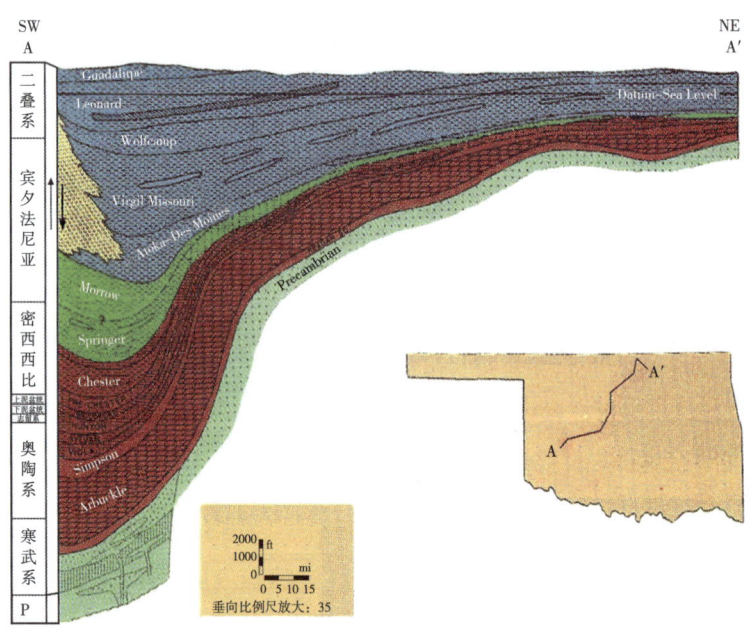

图 2 理想化的地层剖面（据 Wickham，1978，有修改）
图中显示了从陆棚（右侧）进入 Anadarko 盆地（左侧）的厚度变化以及相变

2 地质背景

2.1 地层

Morrow 组是宾夕法尼亚系底部的主要海侵碎屑地层单元。名称"Morrow"是研究区内普遍接受的岩石地层命名。Morrow 组顶界为 Atoka 阶（阿托克阶）Thirteen Finger 灰岩底界，而其底界通常被选作密西西比系不整合的一角（Abels，1959）。

盆地横剖面显示了 Morrow 组的楔形特征，在 Wichita 隆起附近厚度大，而在陆棚上向北—北东向逐渐变薄。Morrow 组因底部被超覆、顶部遭风化而变薄。下 Morrow 组显示了从盆地轴部向外的海侵超覆（图2）。Morrowan 阶（克罗阶）的沉积物以页岩为主，夹不连续、不稳定砂岩及石灰岩。在细粒碎屑为主的 Morrow 组内，粗陆源碎屑的分布趋势说明一个泥沙来源为俄克拉荷马州和得克萨斯州狭长地带的西—北西向，另一个为北—北东向（Forgotson，1969）。上 Morrow 组燧石砾岩显示优势物源方向为西南向（Shelby，1980）。

根据岩性和沉积环境，Morrow 组通常划分为上、下两个单元。Morrow 组砂岩的油气产量主要受地层控制，通常与构造无关。

2.2 构造背景和区域地质构造

Anadarko 盆地是一个西—北西向的长条形盆地，盆地横截面的不对称性要归因于分隔盆地与 Wichita 隆起的一个盆地南部边缘复杂断裂带。隆起与基底间构造位移超过30000ft。盆地轴沿北西—南东向，向北和向东逐渐变浅。区域上，Morrow 组岩层走向北西，倾向南西（Abels，1959）。

目前，深盆和陆棚区分界线被武断地设定为 -15000ft 基底等高线。宾夕法尼亚系上 Morrow 段砂岩海拔深度接近 -13600ft。

Anadarko 盆地是从俄克拉荷马州南部 Ouachita 褶皱带到得克萨斯州狭长地带间数个北—北西向盆地和隆起中的一个。其余盆地包含 Marietta、Ardmore 和 Hollis-Hardeman。正向构造包含 Wichita-Criner 隆起、Muenster-Waurika 穹窿和 Arbuckle 隆起（图1）。

最初，俄克拉荷马州南部地区被 Schatski（1946）描述为一个坳拉槽实例。Burke 和 Dewey（1973）利用热点和板块构造的概念解释坳拉槽成因。至早宾夕法尼亚世时，局限盆地发育，Anadarko 盆地显著发育，盆地内沉积近10000ft 的 Morrow 组和 Atokan 组沉积。坳拉槽内宾夕法尼亚纪地层的变形受沿主要高角度断裂带的位移控制。密西西比纪和宾夕法尼亚纪早期，Anadarko 盆地开始快速沉降。根据 Donovan（1983）的研究，Anadarko 盆地的沉降速率曲线说明寒武—奥陶纪沉积速度较快，其后志留纪、泥盆纪和密西西比纪早期沉积速度相对较慢。密西西比纪晚期—宾夕法尼亚纪的极快速沉积与 Anadarko 盆地区的构造演化相吻合。最终，克拉通被水淹，沉降减缓，海水退出，盆地由东向西充填（Adler，1971）。

2.3 沉积格架

Anadarko 盆地 Morrow 组大部分沉积于整体海侵条件下；而砂岩体通常反映短暂海退阶段。

Marrow 组碎屑物存在两种原生沉积模式。一般而言，下 Morrow 段砂岩以海洋过程所形成特征为特点，砂岩呈北西—南东向展布。Busch（1959）将这些砂岩解释为平行于古滨线的海滩沉积。它们也是受沿岸流改造的三角洲沉积产物，且重新沉积为滨外沙坝（Simon、Kaul 和 Culbertson，1979）。岩心观测到的浅海特征性沉积构造包含潜穴、波纹层理、间层结构、准同生变形和部分水平层理。这些沉积物有时含有突变和渐变接触的细粒—粗粒砂岩。特征组分为海绿石和生物屑（图3）。Morrow 组主要浅海沉积相可分为潮流脊/浅滩沉积、滨外沙坝、潮坪和海侵沉积（图4）。

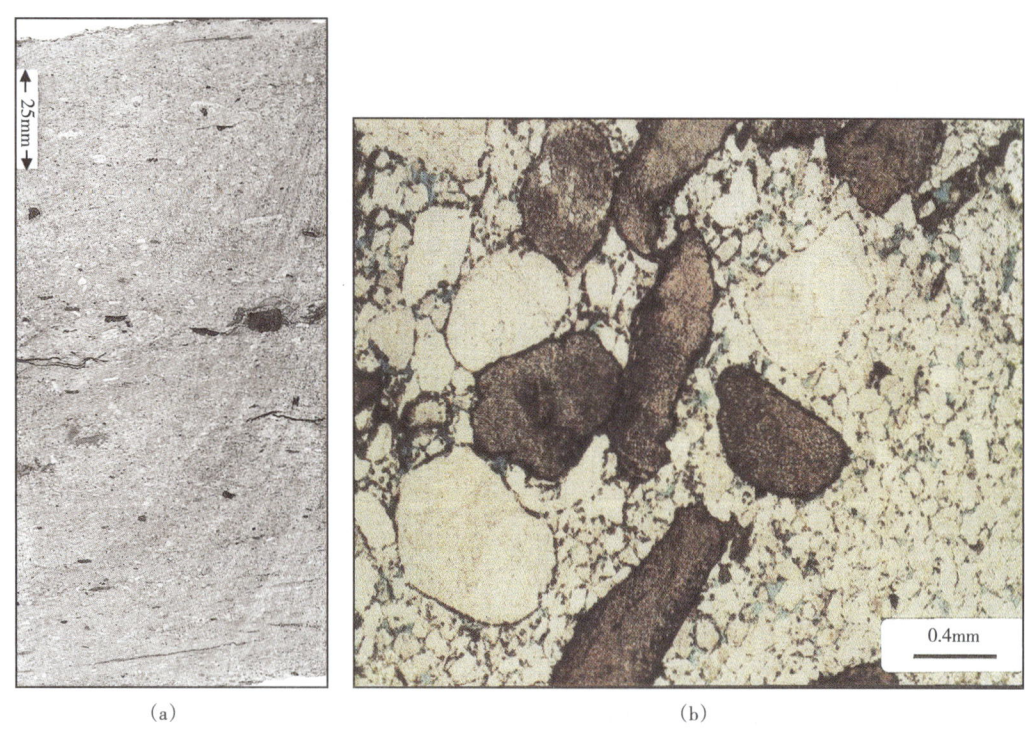

图 3 交错层浅海砂岩（a）的岩性特征，砂岩富含有柄棘皮动物碎屑和其他化石（b）

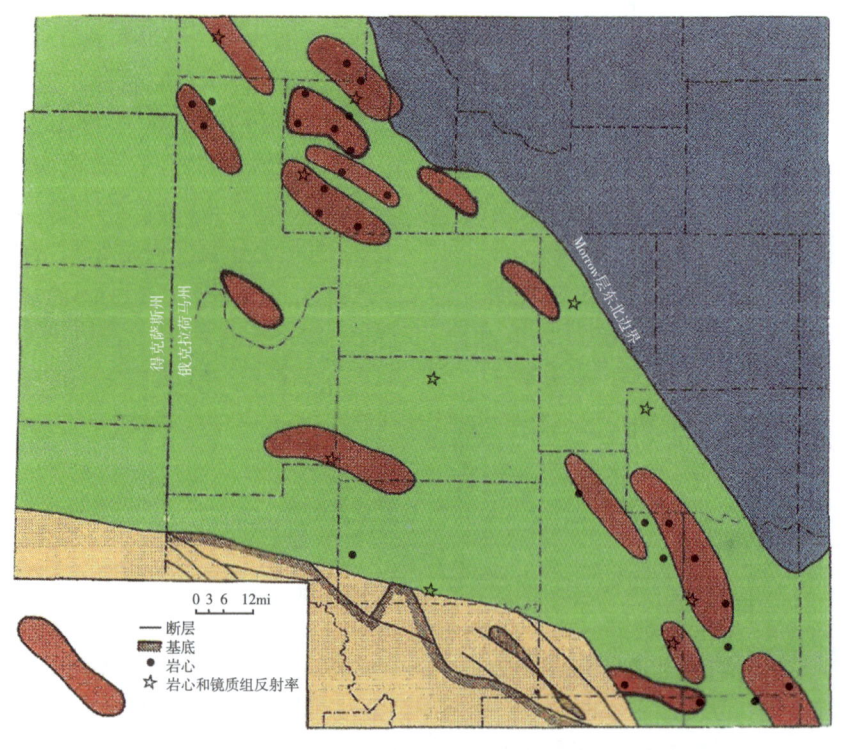

图 4 已知浅海砂岩的分布图（橙色）
黄色为 Wichita 隆起，绿色为海相页岩

上 Morrow 组砂岩的特点是三角洲沉积过程的物源方向为北—北东和西—北西向。上 Morrow 组燧石砾岩为扇三角洲沉积，物源方向为西南向。Morrow 三角洲被认为规模小且受潮汐控制。

岩心的特征性沉积构造为交错层理、准同生变形和微小生物扰动，反映三角洲沉积。这些沉积物一般含细粒砂岩，呈突变底接触（图5）。砂岩向上变细且黏土含量相应增加。特征组分有屑间黏土及菱铁矿、含碳物质和少许海绿石。部分三角洲砂岩以河道底部砾岩为特征。Morrow 组砂岩中可见的原生三角洲沉积相有：三角洲边缘沉积、分流河道、分流间湾和堤/扇沉积（图6）。

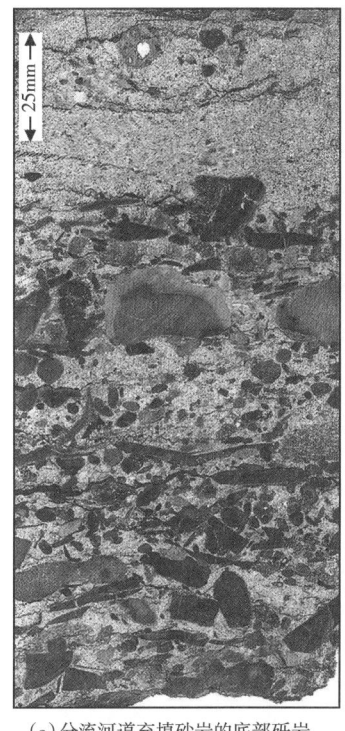
(a) 分流河道充填砂岩的底部砾岩。砾石由胶磷矿、燧石和菱铁矿构成

(b) 典型交错层分流河道充填砂岩

(c) 决口扇沉积中含生物扰动的砂岩。箭头指示被碎屑杂基充填的潜穴

图5 三角洲相的岩性特征

Khaiwka（1968）提出 Morrow 组砂岩有两种沉积类型。Morrow 组三角洲规模较小，是沿 Anadarko 盆地东北陆棚所沉积滨海砂的沉积中心。他同时指出沉积物的结构差异体现了能量水平的不同。

根据 Simon、Kaul 和 Culbertson（1979）的研究，下 Morrow 组和上 Morrow 组砂岩分属于不同沉积环境。下 Morrow 组砂岩代表边缘海—海侵体系，可进一步细分为高能和低能环境。

上 Morrow 组砂岩沉积时，发育海退河流/三角洲沉积体系（Simon、Kaul 和 Culbertson，1979；Swanson，1979；Shelby，1980）。Shelby（1980）也指出 Anadarko 盆地西南部发育燧石砾岩。上 Morrow 组单元沉积于扇三角洲体系，该沉积体系向东跨越靠近 Amarillo-Wichita 山前的浅海盆地。

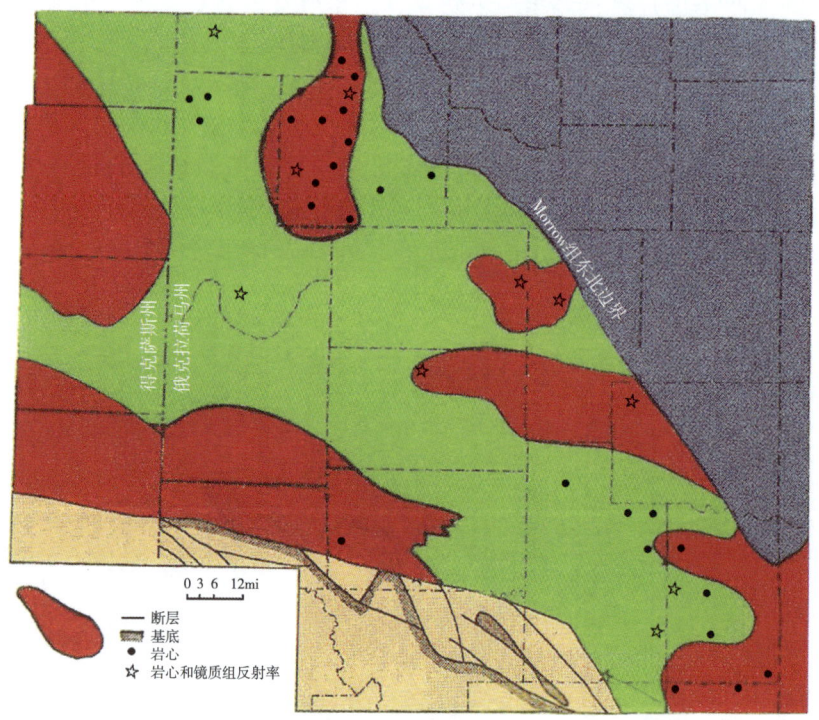

图6 已知三角洲砂岩（红色）和海相页岩（绿色）的分布图
黄色为 Wichita 隆起

3 砂岩的岩石学特征

  Morrow 组砂岩含有不同的碎屑组分和成岩产物。按照 Morrow 组砂岩的主要标志性碎屑组分，识别出 7 类岩性（South，1983）（图7）。主要碎屑组分为石英颗粒、骨屑、碎屑黏土杂基和岩屑。

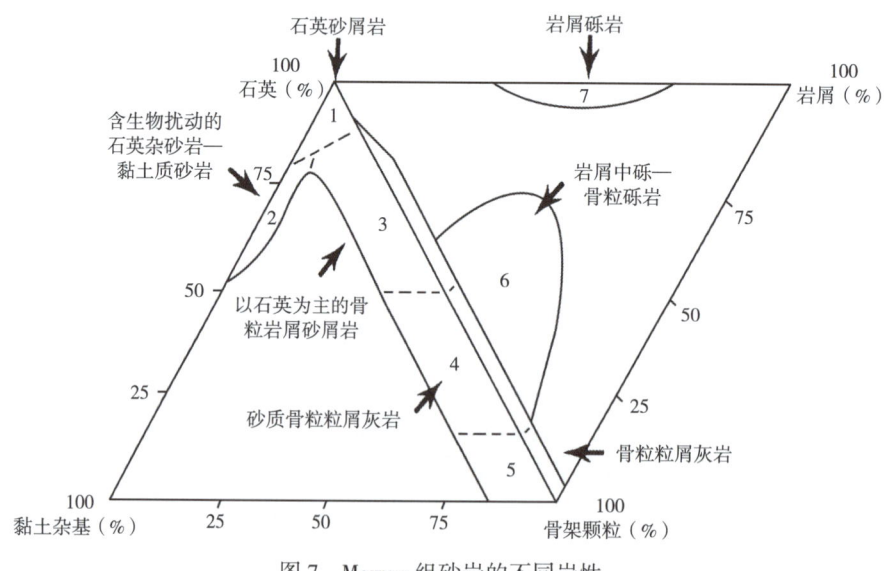

图7 Morrow 组砂岩的不同岩性

3.1 碎屑组分

3.1.1 石英

单晶石英为主要骨架颗粒，平均含量40%~80%。就结构而言，石英颗粒为细粒—中粒、次圆状—圆状。中—晚期共生石英次生加大普遍发育。在石英与碳酸盐岩共生处，常见颗粒边界和次生加大边被侵蚀。颗粒消光从平行消光变为波状消光，部分颗粒可见勃姆纹（变形纹）。某些颗粒有包裹体和小空腔。多晶石英为复合颗粒，罕见且一般少量存在（图8）。

图8 以石英为主要成分的致密砂岩

岩石主要由单颗粒构成，部分可见次生加大（箭头），正交偏光

3.1.2 骨屑

Morrow组砂岩发育各种生屑，含量从微量到灰屑砂岩的典型含量不等。化石类型包含棘皮类动物的鳞甲及骨骼、腕足类动物的壳体及脊椎、苔藓虫、三叶虫、介形虫、有孔虫、腹足类和藻类等。碎屑粒级为中砾—中砂（图9）。

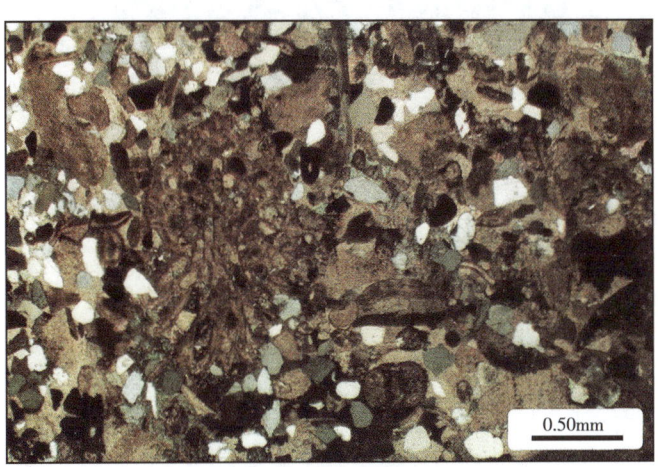

图9 致密砂岩中各类生屑的显微照片（正交偏光）

3.1.3 岩屑

Morrow 组砂岩含有多种岩屑，磨圆度为圆状—次圆状，粒度为砾级—粒级，球度差别较大。

菱铁矿和骨粒粒屑灰岩砾石构成碳酸盐岩岩屑［图 10（a）］。菱铁矿碎屑呈红褐色，为有铁染环边的细晶。碎屑偶尔含有被侵蚀的粉砂级石英、燧石和骨粒。骨屑呈黄棕色—浅灰色，包含亮晶钙质胶结物内的细粒生屑。

胶磷矿岩屑常见，其特点为单偏光下呈红棕色，正交偏光下显现均质外形。胶磷矿碎屑可能包含生屑、粉砂级石英、燧石、含石英核的包壳颗粒和碳酸盐颗粒，偶见磷灰石晶体和黄铁矿立方体［图 10（b）］。

(a) 细晶菱铁矿所构成岩屑的显微照片（正交偏光）

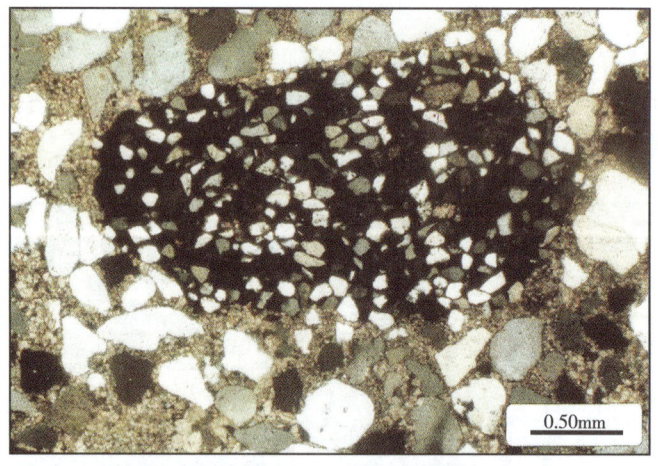

(b) 胶磷矿胶结岩屑的显微照片（正交偏光）

图 10 细晶菱铁矿和胶磷矿所构岩屑的显微照片

相对碳酸盐和胶磷矿碎屑，泥—页岩碎屑形式的硅屑较少见。它们出现在粉砂质黏土岩、层内页岩和含化石页岩中。粉砂质黏土岩呈黄棕色—深褐色，偶被泥晶矿物交代。层内页岩碎屑呈深褐色—黑色，沿边缘发生塑性变形。碎屑与粉砂质页岩纹层有关。

碳化木质碎屑是 Morrow 组砂岩的一种次要岩石类型。碎屑粒度为砾级—砂级，不透明。

3.1.4 黏土杂基

多数岩石可见碎屑黏土杂基和海绿石。黏土杂基由伊利石构成，与生物扰动和流动有关。这类杂基重结晶为绿泥石的现象较为普遍。杂基呈绿褐色—褐色，绿色反映含绿泥石黏土和（或）变形海绿石，褐色则归因于混层和（或）蚀变绿泥石。

3.1.5 海绿石

绿泥石为准同生沉积，呈浅绿色，颗粒为球形—卵球形。部分颗粒沿层理面富集（图11）。变形形成假杂基是海绿石颗粒的普遍特征（图12）。变形海绿石可能蚀变为褐色绿泥石，因而很难与黏土杂基区分。X射线散射和EDAX分析显示Morrow组砂岩海绿石含伊利石组分 [图13（a）和图13（b）]。绿色海绿石富含铁和镁，褐色海绿石富含铝和钾而缺失铁。发育海绿石通常指示浅海沉积环境。

其他微量组分有云母、锆石、十字石、草莓状黄铁矿、金红石和白钛石，偶见斜长石，粒度通常为细粒。

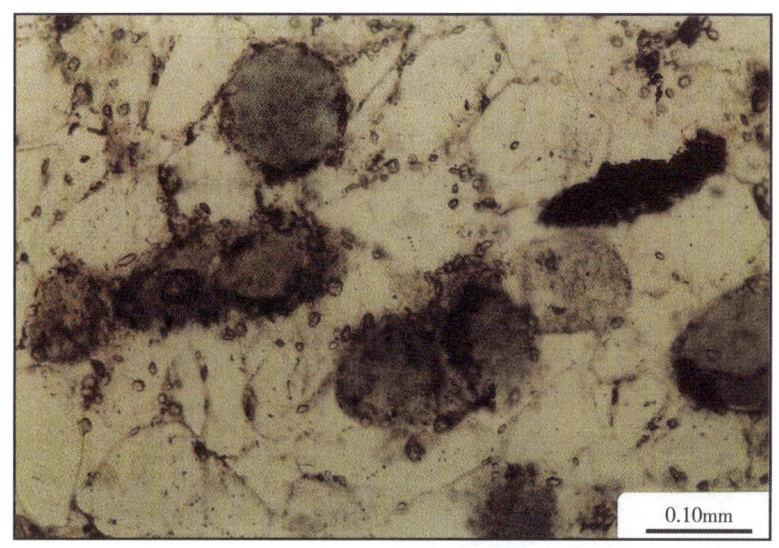

图11 圆状绿色海绿石颗粒的显微照片（单偏光）

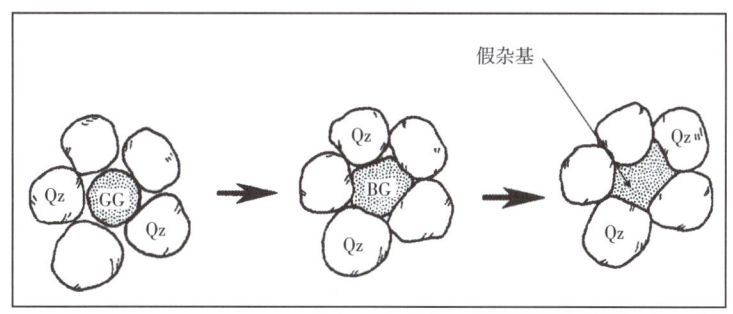

图12 压实形成假杂基时海绿石球粒的塑性形变
GG：绿色海绿石；BG：棕色海绿石

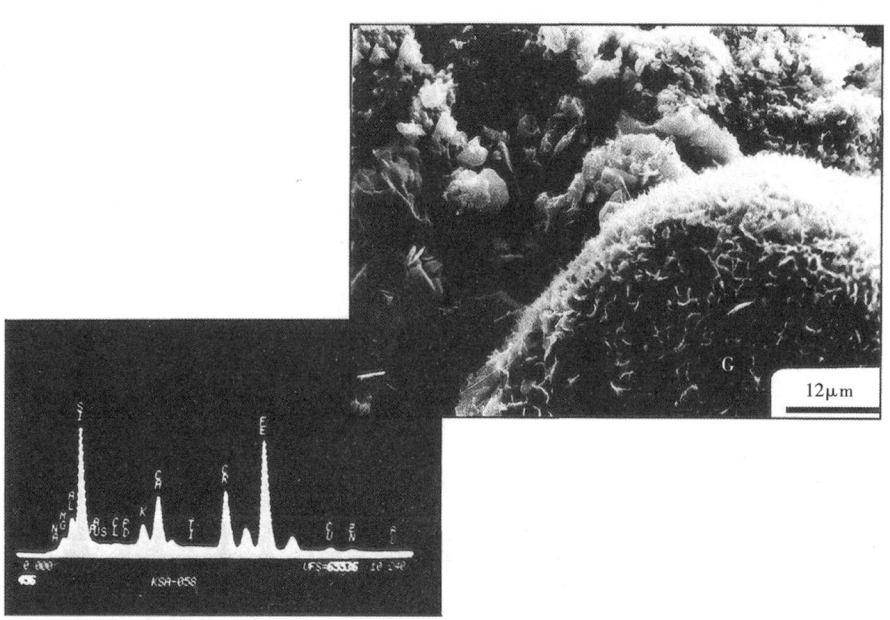

(a)砂岩中绿色海绿石（GG）球粒的扫描电镜显微照片（能散X射线分析显示了一个典型铁峰值）

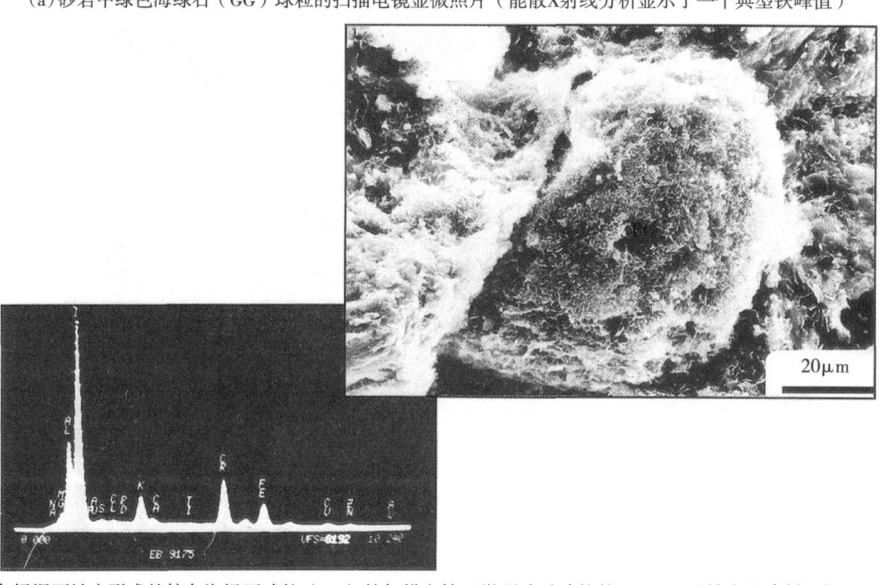

(b)绿色绿泥石蚀变形成的棕色海绿石球粒（BG）的扫描电镜显微照片（球粒的EDAX显示铁含量降低，钾和铝富集）

图13 Morrow组砂岩海绿石含伊利石组分

3.2 成岩组分

Morrow组砂岩发育不同自生硅质，常见共轴石英次生加大。普遍存在分隔次生加大与碎屑核的尘边；尘边不发育处，次生加大不易辨认，但可借助阴极发光或自形轮廓识别。玉髓、微石英、晶簇状粗大石英和半月形硅质胶结形成充填孔隙的胶结物，作为交代特征出现（图14）。

自生碳酸盐以多种形式存在。嵌晶和镶嵌方解石在石英为主的砂岩中常见，而在骨粒粒屑灰岩中少见。嵌晶方解石表现为包裹数个石英颗粒的大单晶胶结物（图15）。镶嵌方

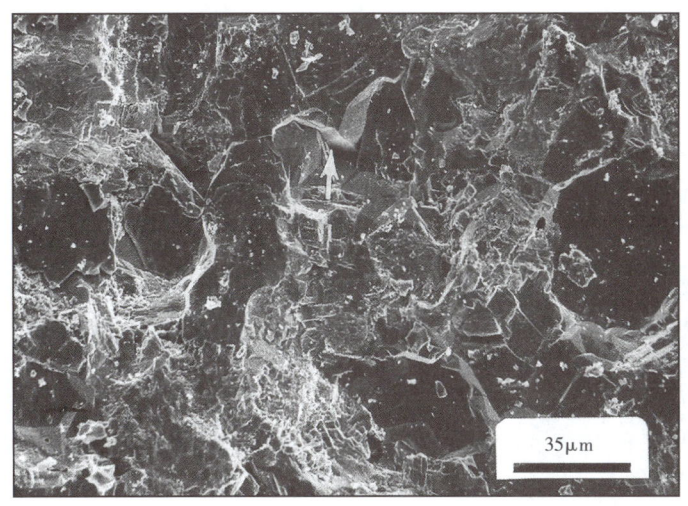
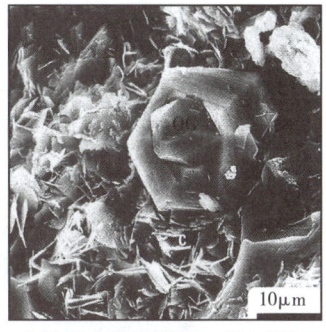

(a) 扫描电镜显微照片。图中显示了以早期共轴次生加大形式存在的硅质胶结物（箭头所示）

(b) 扫描电镜显微照片。图中显示了两个不同的石英次生加大区，内部次生加大标记为OG

图 14　作为交代特征出现的充填孔隙的胶结物

解石为等轴晶体的大碎片，通常置换石英晶体。Morrow 组砂岩也发育亮晶方解石、含铁方解石及白云石、菱铁矿和铁白云石。

图 15　嵌晶钙质（CA）胶结物
箭头表示受侵蚀的石英晶体边界，正交偏光

白云石和菱铁矿为孤立的自形菱面体和颗粒衬边，也交代碎屑骨粒、海绿石和燧石，此外亦是充填空隙的胶结物和杂基的集合体。菱铁矿具特有的"小麦粒状"结晶习性，单偏光下呈红棕色（图16）。

亮晶方解石是粒间溶洞和骨架内空隙的填隙物。

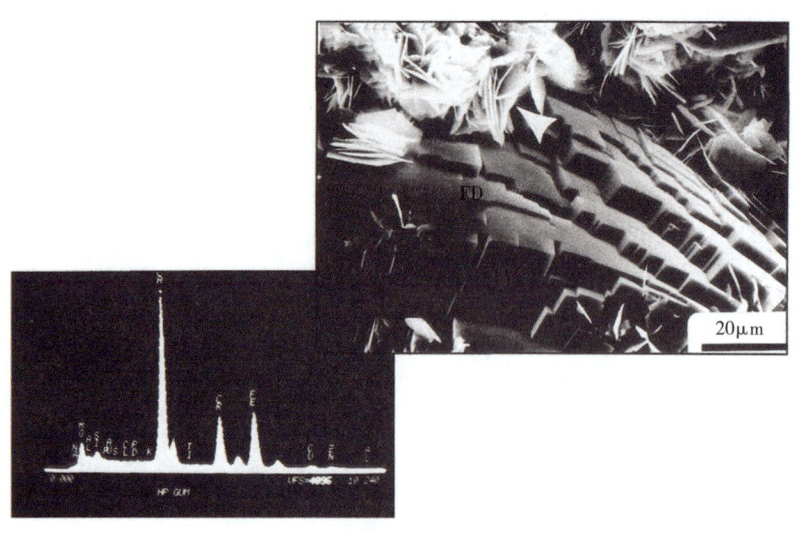

(a) 铁白云石（FD）和绿泥石（箭头）的扫描电镜显微照片；
两者均来源于海绿石蚀变，EDAX 显示白云石富含铁

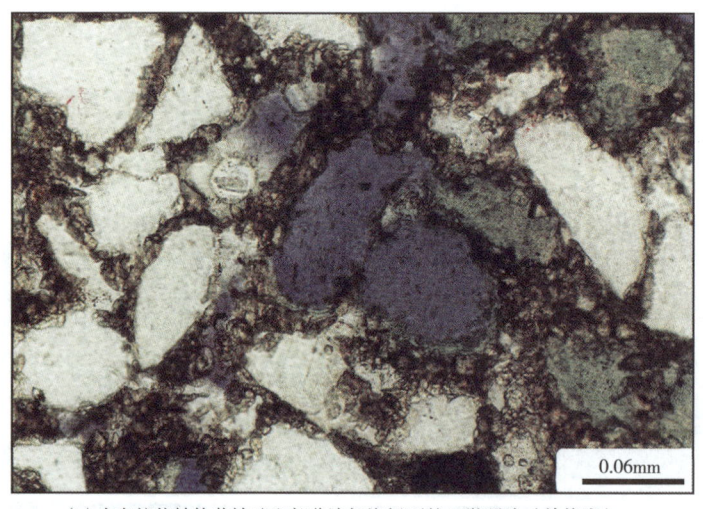

(b) 小麦粒状结构黄铁矿和部分溶解海绿石的显微照片（单偏光）

图 16　充填孔隙的胶结物和杂基的集合体

自生黄铁矿以片状胶结物、沿缝合线的碎屑组分交代物和球丛状集合体形式存在，最常见黄铁矿交代骨粒和胶磷矿碎屑。

自生黏土更是含量最多的组分之一，以高岭石、绿泥石、伊利石和伊—蒙混层黏土形式存在。

外形呈书页状或蠕虫状的高岭石是填充孔隙的自生黏土（图 17），研究区北部高岭石含量高于南部。

图 18 显示了 Anadarko 盆地自生高岭石富集区的分布。富高岭石带北西—南东向展布，与 Watonga 区生产趋势一致。随着热熟化开始，有机酸及其脱羧产物（以 CO_2 气体为主）释放到地层水中，有助于形成高岭石。高岭石含量似乎随埋深增加而减少，在深层逐渐被绿泥石交代。

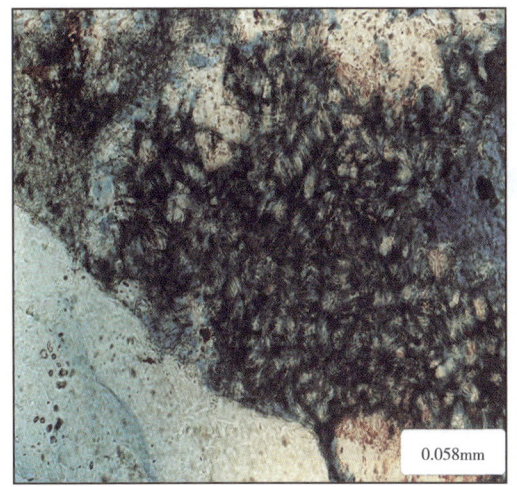

(a) 孔隙充填高岭石的显微照片(孔隙为蓝色铸体,单偏光)   (b) 蠕虫状高岭石的扫描电镜显微照片

图 17 孔隙充填蠕虫状高岭石的显微照片

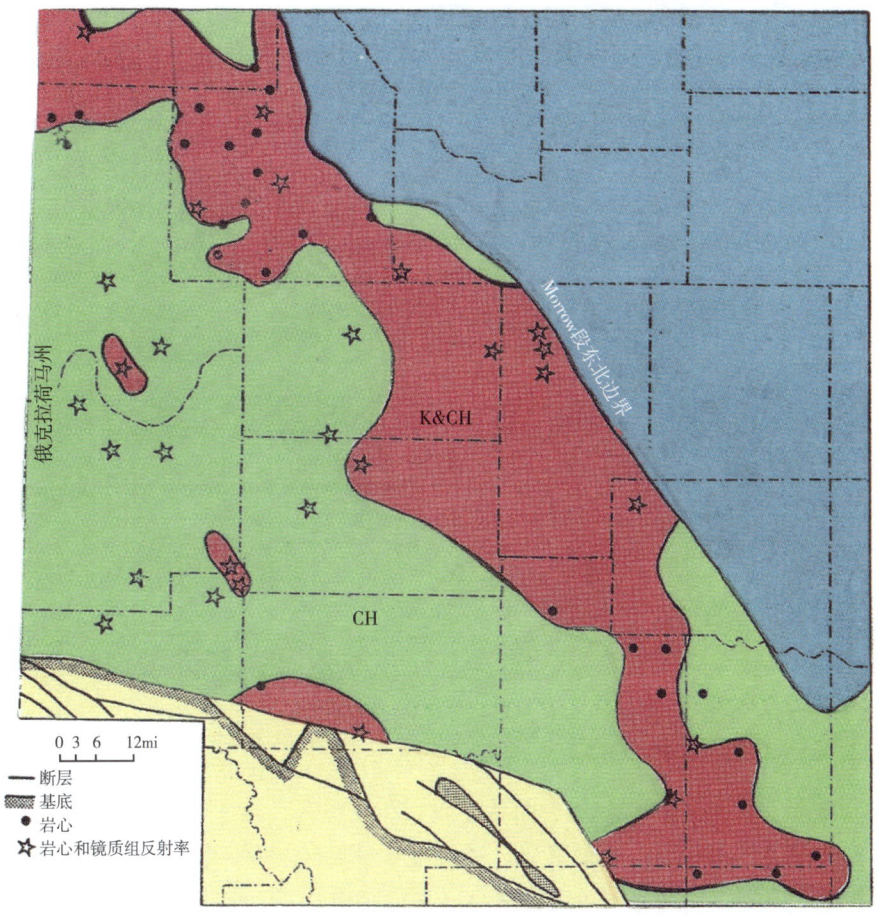

图 18 富自生高岭石带(K 和 CH)和主要绿泥石区(CH)分布图

黄色为 Wichita 隆起

绿泥石是 Morrow 组砂岩中最常见的自生黏土，以孔隙充填、孔隙衬边、海绿石交代和杂基交代形式存在（图 19）。

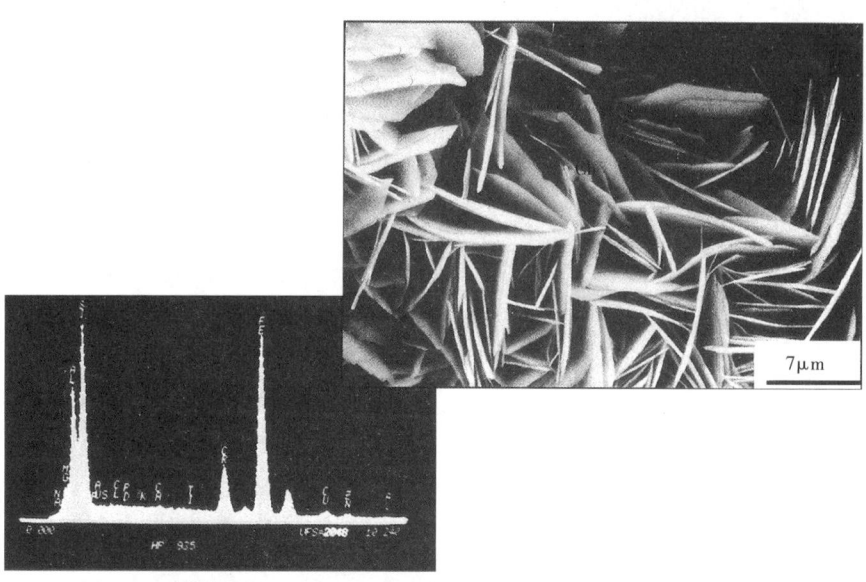

(a) 边—面状富铁绿泥石（CH）的扫描电镜显微照片（EDAX 显示绿泥石中富含铁）

(b) 边—面状和团块状绿泥石的扫描电镜显微照片

图 19　边—面状富铁绿泥石和团块状绿泥石的扫描电镜显微照片

自生绿泥石呈多种外形，如边—面状、簇状和玫瑰花状排列等。

EDAX 显微分析显示绿泥石富含铁，多数薄片可见绿泥石。砂岩绿泥石含量较页岩夹层高，随着埋深增加，绿泥石含量增加。

伊—蒙混层黏土是海绿石和重结晶杂基的主要组分。纯伊利石以孔隙衬边和孔隙填充形式存在。伊利石零星分布于盆地内。褐色海绿石由伊利石构成，是绿色海绿石的蚀变产物（图20、图21）。

碳质物质为微量组分，页岩质砂岩内或沿缝合面最常见。

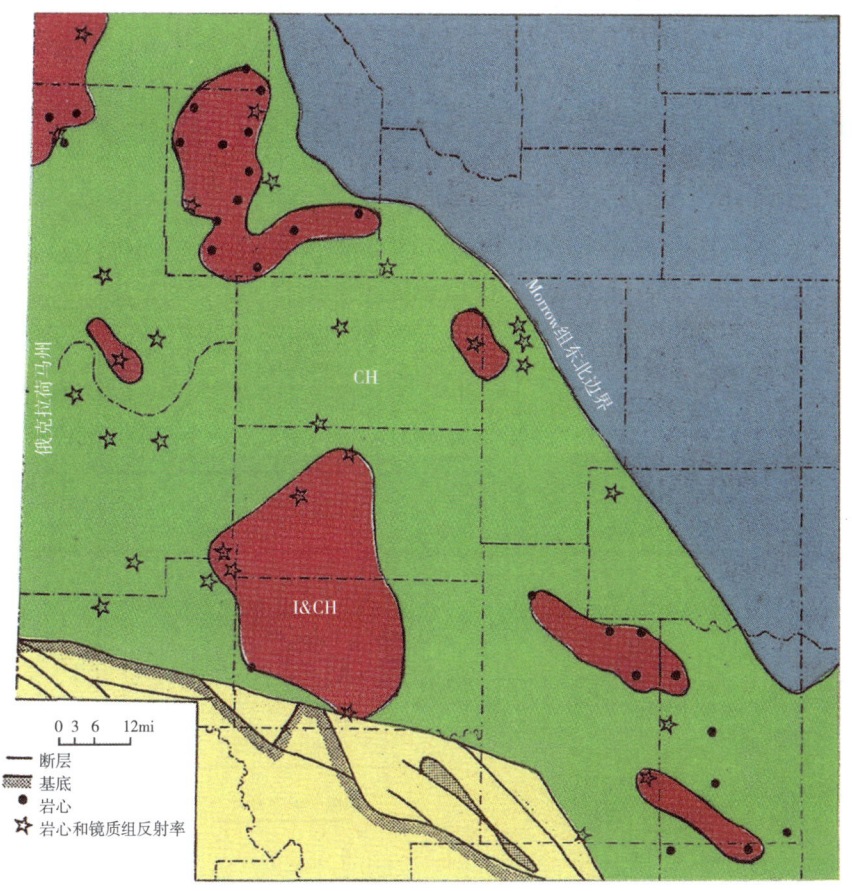

图 20　富自生伊利石带（I 和 CH）分布图
图中同时标出了主要绿泥石（CH）分布区，黄色为 Wichita 隆起

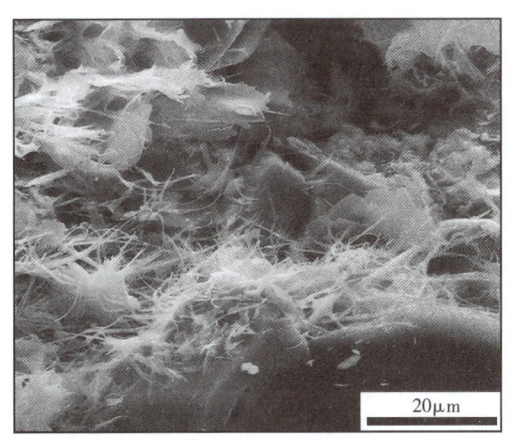 

(a) 包裹自生伊利石的板晶状颗粒的扫描电镜显微照片　　(b) 伊—蒙（IS）混层黏土的扫描电镜显微照片

图 21　伊利石及其主要组分伊—蒙混层黏土扫描电镜显微照片

3.3 成岩作用

成岩作用对Morrow组砂岩的次生孔隙发育和储层性能变差起到了重要作用。图22简要描述了Morrowan阶砂岩的成岩史。早期硅质以共轴石英次生加大形式存在，同时也可见中—晚期次生加大。晚期石英次生加大边包围原生颗粒，形成弯曲接触面，压缩粒间孔隙空间。由黏土和（或）赤铁矿构成的尘边分隔次生加大边与碎屑颗粒，但在Morrow组中不总能观测到尘边。借助阴极发光，可区分碎屑石英和石英次生加大边，确定硅质成岩作用程度。

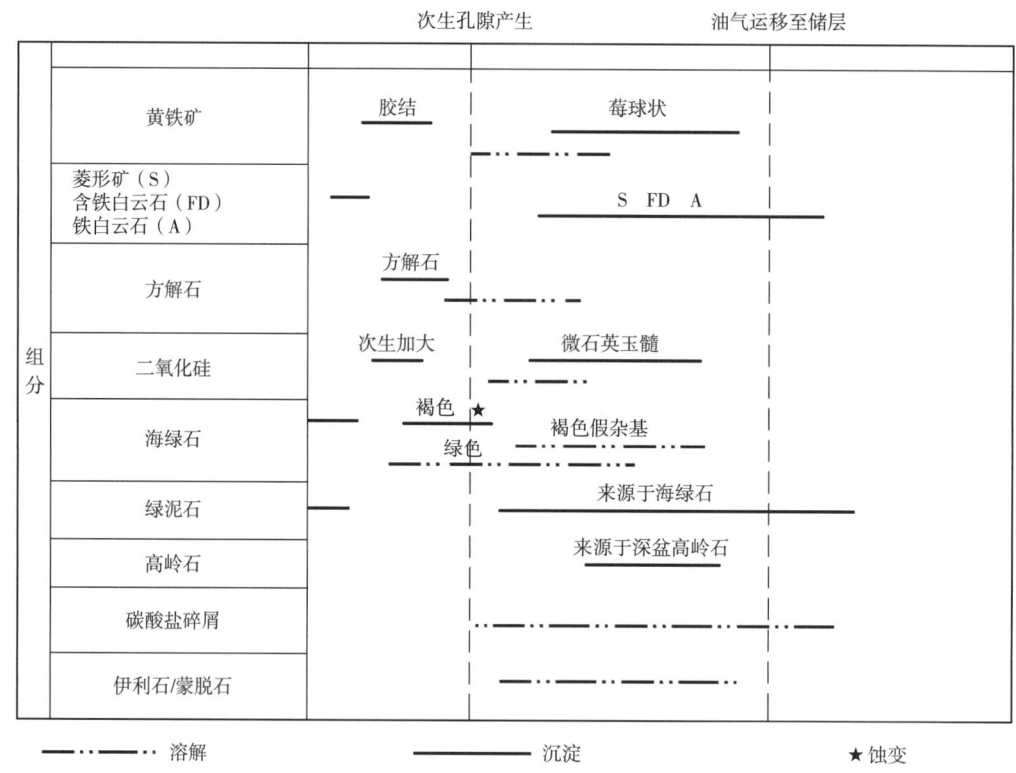

图22 Morrow组砂岩的成岩史

晚期石英次生加大存在于相对纯的石英砂屑砂岩中。Hower等（1976）提出相邻页岩蚀变是次生加大的可能硅质来源。

晚期硅质成岩作用以发育微石英和玉髓为特点。Al-Shaieb和Shelton（1981）指出黏土杂基和海绿石蚀变释放出二氧化硅，引起这些胶结物沉淀。常见石英边界被碳酸盐和杂基侵蚀。借助缝合接触可观测并识别出石英次生加大接触面的压溶现象。

早期碳酸盐胶结物由交代和（或）置换石英颗粒和孔隙充填嵌晶胶结物的镶嵌状方解石构成。碳酸盐侵蚀相邻石英颗粒。

早期菱铁矿晶体形成碎屑颗粒和次生加大间的环边，标志石英次生加大发育前的早期碳酸盐胶结。菱铁矿呈小麦粒状结构，从蚀变为伊利石的海绿石中获得铁质，是一种常见的早期成岩产物。

晚期铁白云石能交代早期方解石胶结物，也是充填孔隙的自形菱面体。铁白云石是一种海绿石蚀变物。铁白云石交代方解石时，充分利用了海绿石分解成伊利石所释放的铁和镁。Boles 和 Franks（1979）指出铁白云石的形成温度接近 248°F（120°C）。

Morrow 组砂岩内，一类碳酸盐胶结物可能来源于骨粒的压溶作用，另一类可能源于有机酸脱羧作用产生的甲烷衍生碳酸盐。

自生黏土主要为绿泥石、高岭石和伊—蒙混层。绿泥石仅少量是尘边的早期组分，而主要是晚期成岩胶结物。高岭石是充填次生孔隙空间的晚期成岩矿物。在盆地深层，高岭石含量较低且易被绿泥石交代。伊利石—蒙皂石交代海绿石和重结晶杂基。可想而知，黏土杂基溶解和次生孔隙发育前后均发生黏土杂基重结晶。黏土杂基的塑性变形为早期成岩特征，是埋藏过程中压实作用的响应。

海绿石在 Morrow 组砂岩中极为丰富，经历多期成岩作用。海绿石的成岩作用对 Morrow 组砂岩的储层性质影响剧烈。海绿石溶解是 Morrow 组的重要特征，将在后续孔隙演化章节中详述。绿色海绿石可部分或完全蚀变为棕色海绿石。一般而言，塑性变形砂岩中显现这种蚀变。部分褐色海绿石也呈现溶解特征。

海绿石往往进入孔隙空间而形成假杂基。棕色绿泥石的变形较绿色绿泥石更明显。绿色海绿石和棕色海绿石不同程度地蚀变为绿泥石。

早期黄铁矿是石英次生加大后碎屑颗粒的胶结剂。部分区域内，黄铁

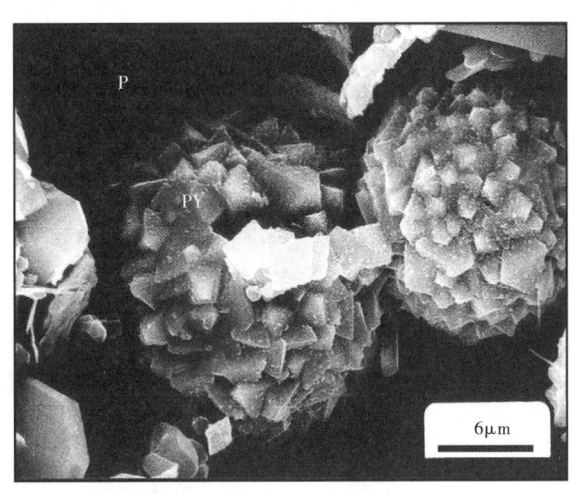

图 23　孔隙空间（P）中莓球状黄铁矿（PY）的扫描电镜显微照片

矿胶结物呈嵌晶结构，石英颗粒似乎飘浮于黄铁矿胶结物中。黄铁矿也能交代木屑和生屑，沿缝合面分布。晚期莓球状黄铁矿形成充填孔隙的似球状集合体。扫描电镜照片展示了这种莓球状外形（图 23）。

3.4　孔隙

在早期成岩作用，因二氧化硅沉淀、黏土堵塞孔隙空间、海绿石形成假杂基和黏土碎屑变形，Morrow 组砂岩的原生粒间孔隙几乎已被破坏。因此，次生孔隙作为成岩作用产物，是 Morrow 组的主要孔隙类型。Schmidt 和 McDonald（1979）的次生孔隙成因分类反映了这些成岩作用。观测到的 Morrow 组次生孔隙主要源于海绿石、生屑、杂基、硅质和黄铁矿溶解。次生孔隙度为 2%~25%，以石英为主的砂岩孔隙度最大。孔隙空间的卵圆形体现了海绿石的溶解作用。近 34% 的鉴定薄片可见海绿石，它是次生孔隙的主要来源（图 24）。

杂基溶解是 Morrow 组砂岩的常见特征，产生的孔隙被称为扩大粒间孔。假杂基（变形海绿石和/或碎屑粉砂质杂基）受淋滤也产生扩大粒间孔。黏土杂基的残余物可围绕孔隙空间分布，也能以孤立碎片形式"漂浮"在溶解的孔隙空间中（图 25）。

生屑溶解也形成铸模孔（图 26）。37% 的薄片可见化石，因而生屑溶解是次生孔隙的另一重要成因。此外，少量次生孔隙归因于硅质（微石英和燧石）和黄铁矿溶解，尤其是

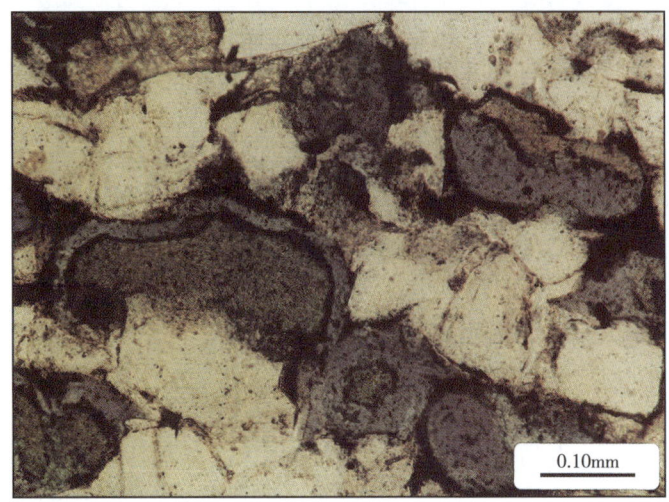

图 24　扫描电镜显微照片

图中展示了溶解形成次生孔隙的绿色海绿石，孔隙空间充填淡紫色的环氧树脂，单偏光

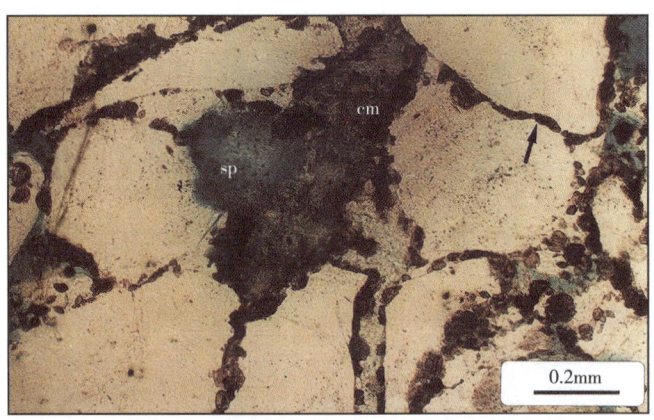

(a)显微照片，图中展示碎屑黏土杂基（CM）部分溶解形成的次生孔隙（SP），单偏光

(b)显微照片，图中展示碎屑粉砂质杂基局部到整体溶解形成扩大次生粒间孔（SP），单偏光

图 25　Morrow 组砂岩的常见特征杂基溶解

与缝合面有关的黄铁矿。

图 26　显微照片
图中展示生屑溶解形成铸模孔（MP），单偏光

Kasino 和 Davies（1979）提出 Morrow 组砂岩中次生孔隙是碳酸盐胶结物溶解的产物。但本次研究发现 Morrow 组仅有极少量碳酸盐胶结物溶解。

3.5　次生孔隙发育机制

过去几十年众多研究持续关注砂岩的次生孔隙演化，已提出多种次生孔隙形成机制。Schmidt 及 McDonald（1979），Al-Shaieb 及 Shelton（1981），Loucks、Dodge 及 Galloway（1984），Franks 及 Forester（1984），和 Larese 等（1983）重点强调了 CO_2 在碎屑和自生砂岩组分淋滤中的作用。CO_2 是热熟化过程中页岩内产生的有机酸脱羧作用产物。但 Surdam、Boese 和 Crossey（1984）提出有机酸形成于干酪根成熟过程中，铝迁移是次生孔隙形成的主要过程。Bjorlykke（1979）和 Markert、Al-Shaieb（1984）阐明了大气水和地下水淋滤岩石组分是部分砂岩次生孔隙形成的重要机制。

为建立 Anadarko 盆地次生孔隙发育综合模式，仔细研究了两个重要参数：淋滤流体的性质、砂岩的岩性和结构。

3.5.1　淋滤流体的性质

通过淋滤流体和亚稳定岩石组分的反应，形成次生孔隙或扩大原生孔隙。这些流体的最重要特征是 H^+ 可用于反应中。

氢离子来源为：

（1）有机酸（Surdam、Boese 及 Crossey，1984；Carothers 及 Kharaka，1978）。

（2）有机酸按照以下公式脱羧所形成的碳酸：

$$C_nH_{2n+1}{-}COOH \rightarrow C_nH_{2n+2} + CO_2 \quad 如 n=1，则产物为 CH_4+CO_2$$

（3）相对高温条件下硫醇和其他含硫有机物（大于 200℃）分解所得与烃类有关的硫化氢（Andreev 等，1968）：

$$C_{10}H_{21}HS \xrightarrow{加热} C_{10}H_{20} + H_2S$$

下文重点讨论淋滤流体中 H^+ 的各种来源，暂未获得 Morrow 组卤水富集有机酸的相关资料。但假设后 Morrowan 期 Anadarko 盆地沉降时，Morrow 组页岩热熟化形成有机酸是合理的。

美国矿业局定期发布关于 Anadarko 盆地天然气组分的报告。1917—1980 年数据说明 Morrow 组天然气富含 CO_2（Moore，1981）。

图 27 显示了 CO_2 摩尔分数含量与埋深的关系。随着埋深加大，天然气 CO_2 含量往往增加。此外，样本数据分布于三个主要区块，分别代表 Watonga 带、陆棚区和深盆区。图 28 为盆地 CO_2 含量等值线图。有趣的是，此图的轮廓与盆地地形相似。图 29 展示了 Morrow 组页岩的镜质组反射率和对应砂岩储层天然气 CO_2 含量的关系。镜质组反射率随 CO_2 浓度增加而增大，表明 CO_2 和 Morrow 组页岩之间存在成因关系。值得注意的是，Hunt（1979）的研究说明 CO_2 主要来源于含陆相生油岩的三角洲相。在盆地深层，二者关系偏离线性趋势，证明深盆内尚存在其他 CO_2 来源，可能反映了奥陶系 Arbuckle 灰岩层的脱气效应。

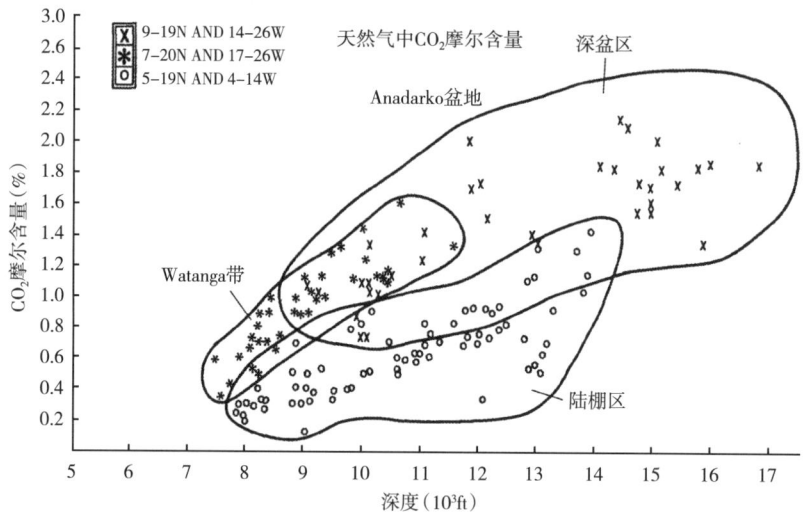

图 27　天然气 CO_2 含量与埋深关系图

Takenouchi 和 Kennedy（1965）指出 CO_2 溶解度与压力、温度和水矿化度有关。根据井底压力测试，Anadarko 盆地主要存在两个压力体系：梯度小于 0.7psi/ft（15.8kPa/m）的常压带和梯度大于 0.7psi/ft（15.8kPa/m）的超压带（Davis，1974）。Davis 指出超压带靠近 T19N 南部，包含深盆区。修改 Takenouchi 和 Kennedy（1965）的研究成果得到图 30，显示了温度为 302℉（150℃）时淡水和盐水的 CO_2 溶解度与压力的关系。因 Morrow 组的地层水基本为盐水，有理由认为在 Morrow 组地层压力条件下，常压带 CO_2 溶解度的质量分数为 3%~5%，而超压带 CO_2 溶解度高达 10%。

Hill 和 Clark（1980）指出天然气 H_2S 含量随埋深增大而增加。在较高温度下，溶解于地层水中的 H_2S 可产生微酸性流体。

简言之，在诸如 Anadarko 盆地的沉降盆地中，H^+ 对淋滤流体的影响来自有机酸、碳酸和地层水溶解 H_2S。鉴于 H^+ 的产生不局限在盆地沉降史的单个成熟阶段，因此针对 Anadarko 盆地 Morrow 组砂岩的次生孔隙发育研究，提出了一个多阶段模式：

第一阶段——受有机酸和碳酸控制。

第二阶段——主要受碳酸控制。

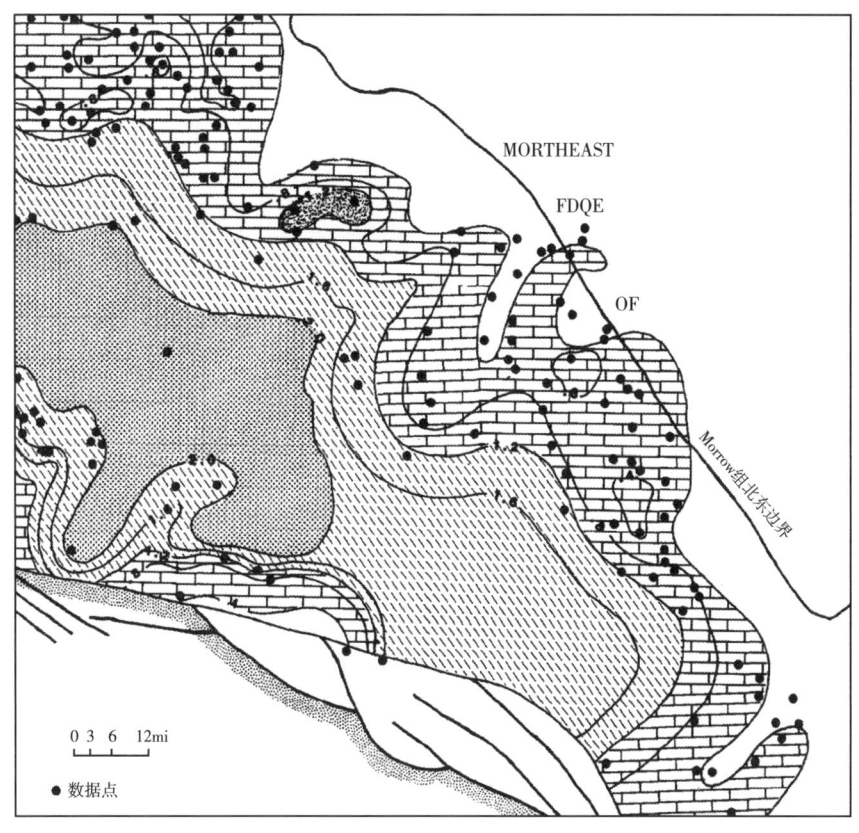

图 28 盆地内天然气 CO_2 含量分布图

等值线间距为 0.4%

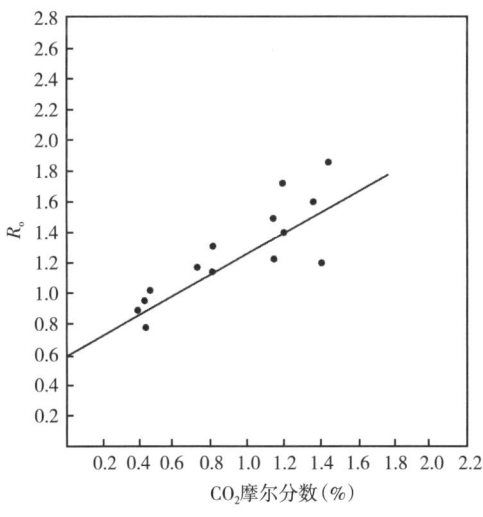

图 29 天然气 CO_2 含量与相应页岩
镜质组反射率关系图

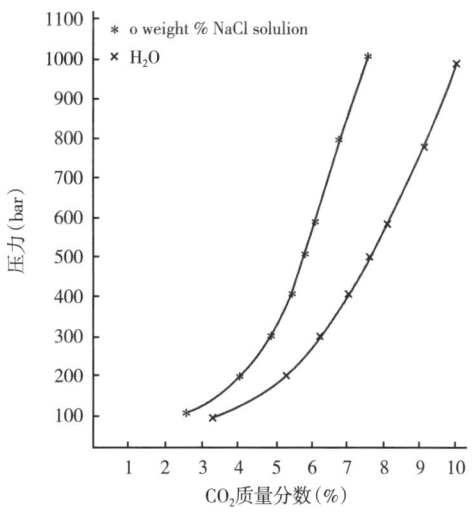

图 30 温度 302°F (150°C) 淡水和盐水中 CO_2
溶解度 (据 Takenouchi 和 Kennedy,1965)

第三阶段——受碳酸和地层水溶解 H_2S 控制。

孔隙的最大发育程度与每一阶段产生的 H^+ 直接相关。Surdam、Boese 和 Crossey（1984）提出有机酸络合 Al^{3+} 是阻止自生黏土矿物在孔隙空间沉淀的重要机理。次生孔隙度随埋深加大而减小的原因是孔隙空间沉淀自生矿物，尤以绿泥石为主、高岭石和白云石为辅。当铝有机络合物随着温度增加而变得不稳定时，自生黏土形成。

3.5.2　砂岩的岩性和结构

岩相分析资料表明孔隙扩大的主要原因是从组构中去除了硅酸盐组分，如碎屑杂基和海绿石。Morrow 组砂岩展示了代表不同相带的各类岩性（图 7）。这些岩性与含氢离子流体接触时发生部分溶解，其影响因素有岩石亚稳定组分的相对含量和结构参数，尤其是原生孔隙度。

三角洲相分流河道中，具有原生孔隙且亚稳定泥质组分平均含量 10%~18% 的岩石将发育大量次生孔隙。同时，原生孔隙度低且泥质组分含量超过 20% 的三角洲前缘和分流河道间相中，有效孔隙不甚发育。此外，含微量泥质的极纯砂岩完全被二氧化硅胶结，形成差储层。同样，生屑和海绿石部分的完全溶解，极大增加了浅海相的孔隙度。由含少量化石或海绿石的石英砂屑砂岩构成的岩石往往被完全胶结，造成大量原生孔隙被二氧化硅或者碳酸盐堵塞。

图 31 展示了孔隙度与埋深的关系，两个较突出的现象是数据点明显分散和孔隙度随埋深增加而降低。数据点分散可能与 Morrow 组砂岩岩性和结构的非均质性有关。有理由假设：当暴露于含 H^+ 流体，岩性的组分和结构相似，孔隙发育模式也相似。孔隙度随埋深增加而降低，表明渗滤流体溶解亚稳定组分的能力相应降低。这可能是因游离 H^+ 数量减少所致。充分理解数据点分散程度的前提是逐个甄别各数据点的岩性。图 31 说明组分相似的岩性往往构建出特定的孔隙度—深度关系曲线，称为等岩性孔隙度曲线（IPL）。

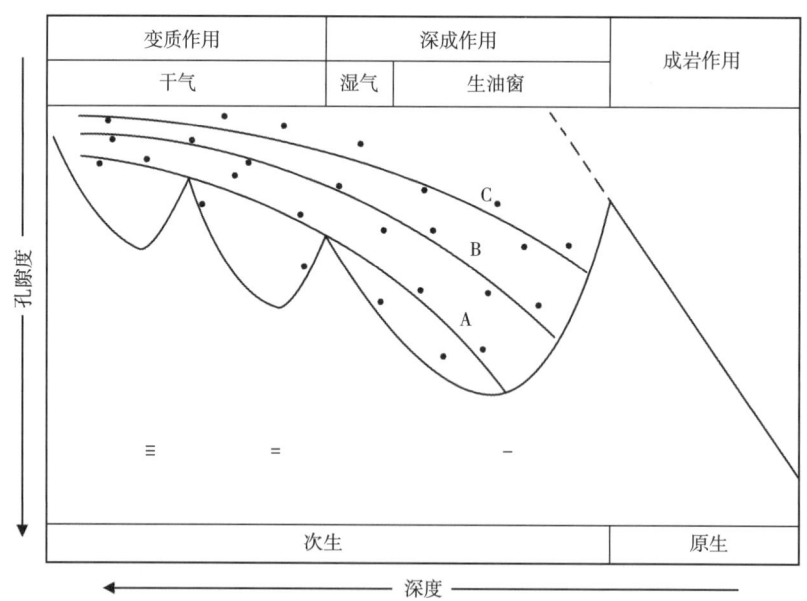

图 31　不同相带 Morrow 组砂岩的孔隙度与埋深关系图
A、B 和 C 是等岩性孔隙度曲线；Ⅰ、Ⅱ 和 Ⅲ 是次生孔隙演化的多个阶段

4 结论

影响宾夕法尼亚纪 Morrow 组砂岩次生孔隙发育的因素有：

(1) 淋滤流体 H^+ 的来源，包括有机酸、碳酸和溶解 H_2S。

(2) 不同砂岩岩性的组分和结构。组分差异反映了两种主要砂岩相、三角洲相和浅海相。

(3) 砂岩中观测到的次生孔隙主要是因为碎屑杂基、海绿石和生屑的部分和（或）全部溶解。

(4) 针对 Morrow 组砂岩中次生孔隙发育，建立了多阶段模式。

(5) Morrow 组的复杂成岩史是沉降 Anadarko 盆地中无机和有机化学反应的反映。

(6) 天然气 CO_2 含量随埋深增大而增加。

(7) 富高岭石区与主产区分布一致。

致谢

感谢 John W. Shelton 和 Dick Larese 审查文稿和提出建设性意见。尤其感谢研究中 Phillips 石油公司对 Patty Walker 给予的经费支持。

参 考 文 献

[1] ABELS, T. A., 1959, A subsurface lithofacies study of the Morrow series in the northern Anadarko basin: Shale Shaker, p. 93-108.

[2] ADELER, F. J., regional leader, 1971, Future petroleum provinces of the Mid-Continent, region 7: AAPG Memoir 15, v. 2, p. 985-1043.

[3] AL-SHAIEB, Z., and J. W. SHELTON, 1981, Migration of hydrocarbons and secondary porosity in sandstones: AAPG Bulletin, v. 65, no. 11, p. 2433-2436.

[4] AL-SHAIEB, Z., and J. W. SHELTON, 1977, Evaluation of uranium potential in selected Pennsylvanian and Permian units and igneous rocks in southwestern and southern Oklahoma: U. S. Department of Energy, Open-File Report GJBX-35 (78), 248 p.

[5] ANDREEV, P. F., et al., 1968, Transformation of petroleum in nature: London, Pergamon Press Inc., 466 p.

[6] ARBENZ, J. K., 1956, Tectonic map of Oklahoma: Oklahoma Geological Survey Map GM-3.

[7] BJORLYKKE, K., 1979, Cementation of sandstones: Journal of Sedimentary Petrology, v. 49, p. 1358-1359.

[8] BOLES, J. R., and S. T. FRANKS, 1979, Clay diagenesis in Wilcox sandstones of southwest Texas: implications of smectite diagenesis of sandstone cementation: Journal of Sedimentary Petrology, v. 21, nos. 8-9, p. 172-193.

[9] BURKE, K., and J. F. DEWEY, 1973, Plume-generated triple junctions-key indicators in applying plate tectonics to old rocks: Journal of Geology, v. 81, p. 406-433.

[10] BUSCH, D. A., 1959, Prospecting for stratigraphic traps: AAPG Bulletin, v. 43, p. 2829-2843.

[11] CAROTHERS, W. W., and Y. K. KHARKA, 1978, Alphatic acid anions in oil-field waters—implications for origen of natural gas: AAPG Bulletin, v. 62, p. 2441-2453.

[12] DAVIS, H. G., 1974, High pressure Morrow-Springer gas trend, Blaine and Canadian counties, Oklahoma: Shale Shaker, v. 24, no. 6, p. 104-115.

[13] DONOVAN, R. N., 1983, Subsidence rates in Oklahoma during the Paleozoic: Shale Shaker, v. 33, no. 8, p. 86-88.

[14] FORGOTSON, J. M., 1969, Factors controlling occurrence of Morrow sandstones and their relation to pro-

duction in the Anadarko basin: Shale Shaker, v. 20, p. 135-149.

[15] FRANKS, S., and R. FORESTER, 1984, Relationships among secondary porosity, pore-fluid chemistry and carbon dioxide, Texas Gulf Coast, in Clastic Diagenesis: AAPG Memoir 37, p. 63-79.

[16] HILL, G. W. and R. H. CLARK, 1980, The Anadarko basin—a regional petroleum accumulation, a model for future exploration and development: Shale Shaker, v. 31, p. 36-48.

[17] HOWER, J., E. ESLINGER, M. E. HOWER, and E. A. PERRY, 1976, Mechanism of burial metamorphism of argillaceous sediments: 1. mineralogical and chemical evidence: GSA Bulletin, v. 87, p. 725-737.

[18] HUNT, J. M., 1979, Petroleum geochemistry and geology: San Francisco, W. H. Freeman, 617 p.

[19] KASINO, R. E., and D. K. DAVIES, 1979, Environments and diagenesis, Morrow sands, Cimarron County (Oklahoma), and significance to regional exploration and well completion practice, in Pennsylvanian sandstones of the Mid-Continent: Tulsa Geological Society Special Publication No. 1, p. 115-168.

[20] KHAIWKA, M. H., 1969, Geometry and depositional environment of Morrow reservoir Sandstones, northwestern Oklahoma: University of Oklahoma, unpublished Doctoral dissertation, 126 p.

[21] LARESE, R. E., et al., 1983, Sedimentologic and diagenetic controls on porosity development in selected Jurrasic sandstone specimens from the Norwegian and North Seas, Norway—an overview: Proceedings of the North European Margin Symposium, Trondhiem, Norway, p. 81-95.

[22] LOUCKS, R. G., M. M. DODGE, and W. E. GALLOWAY, 1984, Regional controls on diagenesis and reservoir quality in lower Tertiary sandstones along the Texas Gulf Coast, in D. A. McDonald and R. C. Surdam, eds., Clastic Diagenesis: AAPG Memoir 37, p. 15-45.

[23] MARKERT, J. C., and Z. AL-SHAIEB, 1984, Diagenesis and evolution of secondary porosity in Upper Minnelusa sandstones, Powder River Basin, Wyoming, in Clastic Diagenesis: AAPG Memoir 37, p. 367-389.

[24] MOORE, B. J., 1980, Analysis of natural gases, 1917-80: U. S. Bureau of Mines Information Circular 8870/1982, p. 365-529.

[25] SCHMIDT, V., and D. A. MCDONALD, 1979, The role of secondary porosity development in the course of sandstone diagenesis, in Aspect of diagenesis: SEPM Special Publication 26, p. 175-208.

[26] SHATSKI, N. S., 1946, The Great Donets basin and Wichita System—comparative tectonics of ancient platforms, USSR: Akad. Nauk Izv. Geol. Serial, No. 1, p. 5-62.

[27] SHELBY, J. M., 1980, Geologic and economic significance of the Upper Morrow chert conglomerate reservoir of the Anadarko basin: Journal of Petroleum Technology, March 1980, p. 489-495.

[28] SIMON, D. E., F. W. KAUL, and J. N. CULBERTSON, 1979, Anadarko basin Morrow-Springer sandstone stimulation study: Journal of Petroleum Technology, June 1979, p. 683-689.

[29] SOUTH, M. V., 1983, Stratigraphy, depositional environment, petrology and diagenetic character of the Morrow reservoir sands, southwest Canton field, Blaine and Dewey counties, Oklahoma: Oklahoma State University, unpublished Master's thesis, 179 p.

[30] SURDAM, R. C., S. W., BOESE, and L. J. CROSSEY, 1984, The chemistry of secondary porosity, in Clastic Diagenesis: AAPG Memoir 37, p. 127-149.

[31] SWANSON, D. C., 1979, Deltaic deposits in the Pennsylvanian Upper Morrow formation of the Anadarko Basin, in Pennsylvanian sandstones of the Mid-Continent: Tulsa Geological Society Special Publication No. 1, p. 115-168.

[32] TAKENOUCHI, S., and G. C. KENNEDY, 1965, The solubility of carbon dioxide in NaCl solutions at high temperatures and pressures: American Journal of Science, v. 263, p. 445-454.

[33] WICKHAM, J. W., 1978, The southern Oklahoma aulacogen, in Field guide to the structure and stratigraphy of the Ouachita Mountains and the Arkoma basin: AAPG Annual Meeting, Oklahoma City, 111 p.

得克萨斯州层状低渗透气砂岩综述

Robert J. Finley

摘要 得克萨斯州主要层状低渗透气砂岩包括 Cotton Valley 群、Travis Peak 组、Cleveland 组和 Olmos 组。Cotton Valley 群（上侏罗统）和 Travis Peak 组（下白垩统）是东得克萨斯盆地内广泛分布的富砂地层单元，含边缘海三角洲相、障壁—海滨平原相和扇三角洲相。Cotton Valley 群天然气开发程度远高于 Travis Peak 组，这要部分得益于 Cotton Valley 群致密气藏完井时现代水力压裂技术的发展或改进。

Anadarko 盆地宾夕法尼亚纪 Cleveland 组砂岩位于混合油气—倾气区，Cleveland 组从受陆棚过程改造的远端三角洲相或前三角洲薄层沉积中产气。Cleveland 组细粒—极细粒砂岩富含黏土。在 Maverick 盆地广泛分布的透镜状三角洲前缘沉积内，上白垩统 Olmos 组含气。块状页岩内 Olmos 组含细粒—极细粒粉砂质砂岩。

1980 年，得克萨斯州完井深度 5000~15000ft 的气井中，28%的井储层为致密气砂岩。本文讨论了多数水力压裂层状砂岩的完井作业地层。

1 简介

调查全美 16 个沉积盆地超过 30 个层状常压致密砂岩段，发现得克萨斯州存在数个极低渗透（0.1mD）气藏（Finley，1984；Finley 和 O'Shea，1983）。东得克萨斯盆地侏罗系 Cotton Valley 群砂岩是最具代表性的层状地层（Collins，1980）。在得克萨斯州和路易斯安那州，Cotton Valley 群天然气地质储量约为 $53×10^{12}$（$1.5×10^{12}m^3$）（Lewin & Associates 公司，1978）~ $21.9×10^{12}ft^3$（$0.6×10^{12}m^3$）（美国国家石油委员会，1980）。比之下伏 Cotton Valley 群砂岩，下白垩统 Travis Peak 组少有被视为低渗透产层，而其 1981 年气产量达 $106.5×10^9ft^3$（$3.02×10^9m^3$）（得克萨斯州铁路委员会，1981a）。Travis Peak 组走向带涵盖得克萨斯州东部和路易斯安那州北部，仅得克萨斯州的天然气地质储量就达 $24.7×10^{12}ft^3$（$0.7×10^{12}m^3$）（Finley 等，1983）。

得克萨斯州也发育透镜状砂岩储层；Sonora 盆地 Canyon 岩系广泛发育透镜状的宾夕法尼亚系和二叠系砂岩，透镜体面积约占 110acre（45ha），或为西部致密气盆地透镜体面积的两倍（Lewin & Associates 公司，1978）。美国国家石油委员会（1980）相对全面地描述了 Canyon 统致密气分布，本文不再重复。本文中提及地层，仅 Cotton Valley 砂岩曾被美国国家石油委员会研究过（1980）。

资源评估数据说明致密砂岩具备持续开采和进一步开发天然气的潜力。得克萨斯州铁路委员会依据美国天然气政策法案，批准了大量以致密地层为目标的勘探申请，预示了适当经济刺激下运营商开发非常规气资源的兴趣。为评价最适合本文的地层单元，利用铁路委员会提供数据，评估了 1980 年完钻的气井。

1.1 1980年致密气藏钻井作业

1980年,893口新井的完井地层部分或全部为铁路委员会指定的致密地层(表1),截至1980年末,占得克萨斯州36339口产气井的2.5%,占当年完井深度5000~15000ft(1500~4600m)所有气井的28.0%。需指出的是,多数1980年新井的完井低渗透地层单元除一个以外均为砂岩,完井于Cotton Valley群也包括完井于Cotton Valley灰岩和Bossier页岩(表2)。根据表1和表2,显然Cotton Valley群、Canyon统岩系砂岩、Travis Peak组、Cleveland组砂岩、Olmos组和Wilcox群及Vicksburg群的不同部分是主要低渗透气产层。除Canyon统岩系和Wilcox群及Vicksburg群外,这些地层单元属于典型的层状致密气砂岩。对各地层单元而言,沉积体系和沉积相组成与美国其他地区的低渗透气砂岩明显相似。

表1 1980年得克萨斯州政府指定致密层的新钻气井完井和生产数据
(编辑自得克萨斯州铁路委员会未公开发表数据)

深度范围*	5000~10000ft	10000~15000ft
(1)钻遇完全或部分致密层的井	674	219
(2)全部新井	2569	615
(3)(a)类井1980年总产量	$76.9×10^9 ft^3$	$52.3×10^9 ft^3$
(4)(b)类井1980年总产量	$387.4×10^9 ft^3$	$197.9×10^9 ft^3$
(5)(a)类井单井平均产量	$114×10^6 ft^3$	$239×10^6 ft^3$
(6)(b)类井单井平均产量	$151×10^6 ft^3$	$322×10^6 ft^3$

*上射孔段深度。

表2 1980年致密气井的完井层列表(按频率顺序排列,编辑自得克萨斯州铁路委员会未公开发表数据)

深度5000~10000ft*	深度10000~15000ft*
Canyon统砂岩	Cotton Valley群
Cotton Valley群	Travis Peak组
Travis Peak组	Wilcox群和Vicksburg群不同部分
Cleveland组	Edwards灰岩

*上射孔段深度。

1.2 地层和资料来源的选择

尽管本文涉及的砂岩在文献中已有不同程度地描述,但各地层单元的详细数据大多源自得克萨斯州铁路委员会档案。根据美国天然气政策法案(NGPA)第107节和联邦能源管理委员会(FERC)的相关规定,天然气生产商以致密层为目标的勘探申请是致密气藏地质和工程数据的最重要公共来源之一。目前已公开发表的技术报告少有谈及孔隙度、渗透率、含水饱和度、产层有效厚度、采收率和其他描述致密层特定产层段所需的关键参数。本文包含所有能获得的这类信息,但数据仅代表致密气勘探申请区的情况,不一定代表整个地层。此外,因初始渗透率较高,或降低孔隙度和渗透率的成岩作用局部不强烈,一个低渗储层的特定区域往往储集性能较好。

1.3 沉积体系分析的应用

各地层单元的综述重点关注造成该地层单元就位的沉积体系，以及其他沉积盆地类似体系的赋存状态。这种方法为预测不同区域的储层地质差异，辨识继承自共同沉积环境的地质相似性提供了基础（Finley 和 O'Shea, 1983）。

显然，储层地质特征和油藏工程之间关系密切。储层的总体几何形态，内部存在低渗透阻挡层，黏土或其他碎屑颗粒变化产生的后期胶结是部分影响致密气藏开发的地质因素。它们很大程度上继承自砂岩的初始沉积环境，并在随后的地质历史中发生变化。以沉积环境作为致密砂岩的分类框架，使得沉积环境成为预测不同致密气藏常用工程措施的工具。关注相似沉积背景砂岩的共同特点，能在致密气砂岩开发过程中实现技术转移的最大潜力（Finley 和 O'Shea, 1983）。文中将技术转移潜力称为"外推潜力"，记录于各地层的数据表中，对于确定适度风险水平和回报率条件下提高致密气砂岩产量的有效方案有着重要意义。

2 东得克萨斯盆地 Cotton Valley 砂岩

沉积于东得克萨斯盆地和北路易斯安那盆地的 Cotton Valley 砂岩（图 1）属于晚侏罗

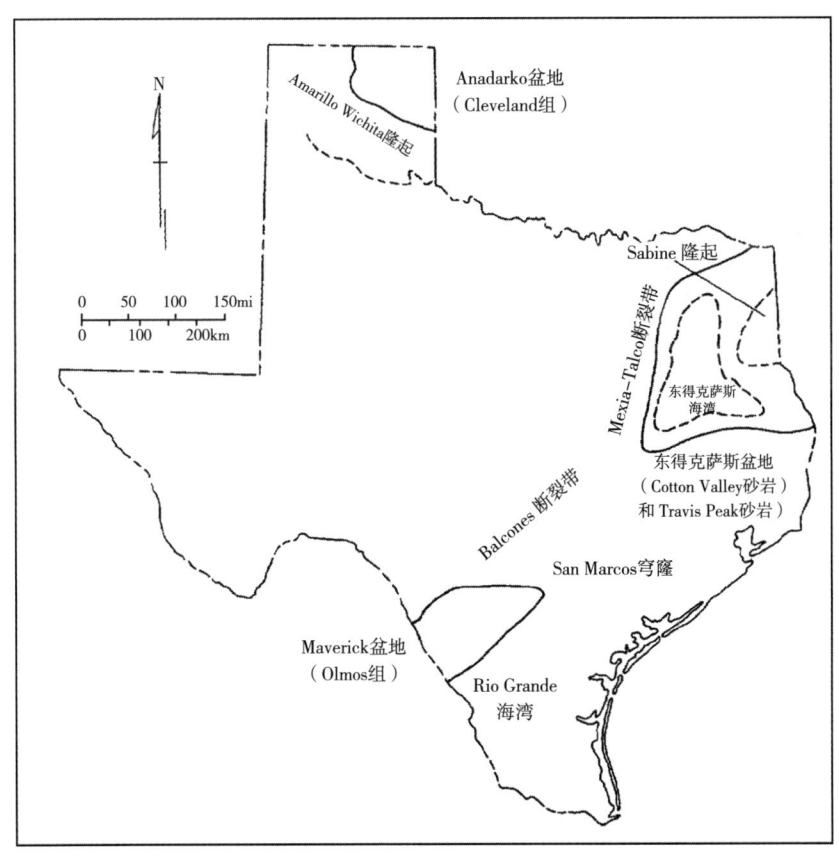

图 1 得克萨斯州含层状致密气砂岩的盆地

世 Cotton Valley 群上部地层。整个区域的地层术语略有变化；例如在路易斯安那州常用"Schuler 组"表示 Cotton Valley 砂岩（图 2）。Cotton Valley 砂岩走向方向上的主要产气区一般由东向西跨越路易斯安那北部，进入得克萨斯东北部。20 世纪 40 年代，最初在路易斯安那州平行构造走向的上倾尖灭中发现了天然气。现在，这两个州的产气区面积近 5800 mi^2（15000km^2）（美国国家石油委员会，1980）。初始产量来自多孔层状砂岩，这些砂岩可能是波控型三角洲的一部分（Collins，1980；Coleman 和 Coleman，1981）。这说明海滨平原、障壁岛和潮汐沙坝可能是三角洲沉积体系内及边缘的特殊储集相。Collins（1980）指出这些相带可能发育易对比的层状海岸砂岩，中途测试获气且商业化程度极高。得益于得克萨斯州的大规模水力压裂和激励定价机制，另一低渗块状砂岩发育区现也跻身于主要产气区之列（Collins，1980）。

系	统	群	组
白垩系	科阿韦拉	Nuevo Leon	Sligo/Pettet
			Travis Peak/Hosston
侏罗系	上侏罗统	Cotton Valley	Cotton Valley 砂岩（上 Cotton Valley/Schuler）
			Bossier 页岩
			Cotton Valley 灰岩（Gilmer/Haynesville）
		Louark	Buckner
			Samackover

图 2　东得克萨斯盆地和北路易斯安那盆地侏罗系和白垩系柱状图

Cotton Valley 砂岩致密气的第二潜力区一般位于渗透性较好砂岩走向带的下倾方向，延伸至得克萨斯州，覆盖面积约占 14800mi^2（38300km^2），包含一个位于东得克萨斯盆地中东部的推测性未评估区（美国国家石油委员会，1980）。在得克萨斯州和路易斯安那州，Sabine 隆起的翼部被认为是 Cotton Valley 砂岩致密气勘探的主要目标，而东得克萨斯盆地深层基本未测试（Collins，1980）。Cotton Valley 砂岩中广泛分布的低渗储层较上倾相带连续性差，为三角洲前缘的近端至远端沉积，在扇三角洲边缘变迁的海侵和海退过程中可能被改造。McGowen 和 Harris（1984）将其确定为东得克萨斯盆地西北角的沉积体系。

Cotton Valley 砂岩的数据库完善（表 3 至表 6）（得克萨斯州铁路委员会，1980；路易斯安那州保护厅，1981a）。Cotton Valley 群商业化程度较高、水力压裂技术不断发展和激励性定价机制激发了作业者的兴趣，比之大多数致密气砂岩，近期更多有关 Cotton Valley 砂岩的数据得以公开发表。相关地质（Sonnenberg，1976；Frank，1978；Collins，1980；Coleman 及 Coleman，1981；McGowen 及 Harris，1984）和工程研究（Jennings 及 Sprawls，1977；Bostic 及 Graham，1979；Tindell、Neal 及 Hunter，1981；Meehan 及 Pennington，1982）已于近期完成。

表3 东得克萨斯盆地 Cotton Valley 群砂岩：区带的一般属性和地质参数，补充数据来自北路易斯安那盆地（据 Finley，1984）

一般属性					
地层单元/靶区	面积	厚度	深度	基础资源量估算	地层属性，其他数据
上侏罗统 Cotton Valley 群 Cotton Valley 砂岩	在得克萨斯州和路易斯安那州含油气面积 5805mi², 推测含油气面积 7460mi²（美国国家石油委员会，1980）	低渗带砂岩发育于厚 1000~1400ft 的层段内	Cotton Valley 砂岩钻遇深度：东得克萨斯盆地北部为 7000ft，东部为 8000ft，南部为 10000~11000ft，西部为 5000ft。Cotton Valley 砂岩顶界深度：盆地北缘和西缘为 -4000ft，Sabine 隆起上方为 -7500ft，盆地西缘为 -13000ft	（得克萨斯州和路易斯安那州）净含油面积 1026mi²，最大可采气量为 12.816×10^{12} ft³（美国国家石油委员会）。其他机构估算值更高	盐构造导致厚度和海拔高程局部变化
地质参数——盆地/区带					
构造背景		地温梯度		压力梯度	应力状态
沿墨西哥湾边缘伴随大陆裂谷形成地堑。盆地被 4 条主断裂系统和 Sabin 隆起所包围。在得克萨斯州 Harrison 和 Panola 郡古 Sabin 隆起上方 Cotton Valley 砂岩加厚		1.4~1.8 ℉/100ft。大多 1.6~1.8 ℉/100ft。美国国家石油委员会（1980）指出深度 9000ft 温度为 250℉		美国国家石油委员会（1980）指出深度 9000ft 压力为 5500psi	张应力。盐构造产生局部应力差异

表4 东得克萨斯盆地 Cotton Valley 砂岩：地质参数。补充数据来自北路易斯安那盆地（据 Finley，1984）

地质参数——地层单元/靶区					
沉积体系/沉积相				结构	矿物成分
Cotton Valley 砂岩来源于与辫状河、三角洲前缘和前三角洲环境有关的进积三角洲，物源区为东得克萨斯盆地西缘、北西缘和北缘。Hopkins 郡、Hunt 郡和东 Kaufman 郡呈现倾向方向的含砂率模式，在西部 Wood 郡、Rains 郡、VanZandt 郡和中北部 Henderson 郡变为走向方向模式（再造物源海相）。相邻北路易斯安那盐盆的 Cotton Valley 砂岩含有东向物源的海岸障壁砂岩和海相沙坝砂岩。后者形成常规 Cotton Valley 群含气储层；但广阔舌状低渗砂岩从路易斯安那州中北部延伸至 Desoto 和 Caddo 堂区，以及得克萨斯州 Harrison 郡、Rusk 郡和 Panola 郡				细粒—极细粒砂岩，含少量泥质杂基；一个样品中等分选，堆积紧密	岩心分析报告：矿物成分为 71% 石英，12% 黏土，5% 燧石，5% 白云石（自形胶结），4% 长石（多数为斜长石）和褐铁矿及不透明体。一般而言，砂岩为石英砂岩—亚长石砂岩。
成岩作用	典型储层规模	地层压力/温度		天然裂缝	数据可用性（测井、岩心、测试等）
岩心分析指出胶结物（按地层顺序）为石英次生加大、白云石和黏土（多数为绿泥石）。在路易斯安那盆地发育方解石胶结物，而得克萨斯大部分地区可能发育方解石胶结。可见石英砂岩压溶	总产层厚度高达 600~800ft	温度 250~270 ℉，压力 5500~6000psi		天然裂缝的贡献未知。据报道部分区域部分发育天然裂缝。部分井需要降滤失剂	在东得克萨斯盆地采集到部分岩心。路易斯安那州钻穿 Cotton Valley 群的井近 10% 采集了 Cotton Valley 群岩心。现有 SP、电阻率和声波曲线；而较新井则实施了中子—密度测井

表5 东得克萨斯盆地 Cotton Valley 层砂岩：工程参数。补充数据来自北路易斯安那盆地（据 Finley，1984）

工程参数					
地层参数	净产层厚度	产量			地层流体
		改造处理前	改造处理后	递减率	
主要位于 Harrison 郡、Rusk 郡和 Panola 郡的 126 口井平均渗透率 0.042mD。根据计算方法的不同，整体上预测原始渗透率为 0.0053～0.042mD。路易斯安那州 302 口井的平均渗透率为 0.015mD。孔隙度通常为 6%～10%，局部高达 18%	35～88ft，区带边缘低至 20ft。另据估计得克萨斯州 Carthage 油气田和 East Bethany 油气田净产层厚度为 100ft	126 口井平均产量 289×10³ft³/d（主要位于 Harrison 郡、Panola 郡和 Rusk 郡），平均埋深 10,187ft。而得克萨斯和路易斯安那州部分井产量过低而无法测量	500～1500×10³ft³/d，部分高达 2500×10³ft³/d	首 12～24 月快速下降；缺少本区带整体数据。在得克萨斯州 Rusk 郡 Oak Hill 油气田，27 口井在压裂后 1～6 个月平均产量递减 46%	致密 Cotton Valley 砂岩一般不产油。局部产凝析油，初始产量 20～40bbl/d。初始产水量可能高达 200bbl/d，1～2 年后下降至 50bbl/d。部分地层水含铁 500～1000mg/L，需用特殊压裂液以避免氧化铁沉淀伤害产层
含水饱和度	井孔激发工艺	成功率	井网	备注	
一般小于 45%～65%，很难利用常规测井分析确定含水饱和度	大规模水力压裂，通常采用多级处理以有效改造所有感兴趣层。不同作业者使用技术各不相同，通常分 3～4 个阶段注入流体 200000～30000gal，加砂 500000lb。部分作业规模更大，加砂 2000000～260000lb	一般提高产量 2～10 倍；这依赖于原始渗透率和地层损害程度	单井控制 640acre；部分作业者根据最终泄油区域认为最低要求为 80acre	压裂处理穿透盐水区会产生开采问题。很难确定气水接触面。预测最终井产量可能为 2×10⁹～4×10⁹ft³	

表6 东得克萨斯盆地 Cotton Valley 砂岩：经济因素、作业环境和外推潜力。补充数据来自北路易斯安那盆地（据 Finley，1984）

经济参数					
FERC 现状	完井尝试	成功率	钻井/完井费用	市场渠道	行业兴趣
1980 年 FERC 批准勘探一个涵盖东得克萨斯盆地 48 个郡的区域	得克萨斯州 930 口气井完井于 Cotton Valley 群。北路易斯安那州超过 886 口气井完井于 Cotton Valley 群	1960—1977 年，在得克萨斯州新区预探井占 9.8%，新区深井占 48.4%；在路易斯安那州新区预探井占 8.3%，新区深井占 31.7%（美国国家石油委员会）	通常对于埋深近 10000ft 的 Cotton Valley 群，单井钻探和完井费用为 120 万美元，根据产层数和压裂处理次数（1981 年）	已确立区域管网和集输系统，包含阿肯色—路易斯安那天然气公司，Lon Star 天然气公司和 Delhi 天然气管道公司	高，对得克萨斯州价格激励和开发压裂处理技术感兴趣
作业条件			外推潜力		
自然地理	气候条件	可采性			备注
微倾墨西哥湾海岸平原局部起伏 100～300ft，海平面上绝对高程小于 1000ft	半湿润—湿润气候，年平均降雨量 44～56in。夏季炎热，暖冬。残余热带风暴可能带来暴雨	油气勘探无大型地形屏障。部分前期未清除区严重植被覆盖。部分井场需充足排水	含河流、三角洲、三角洲间和浅海部分的广泛分布厚层，分别类似于其他垂向和平面上受限地层。作为主要进积沉积物集合，Travis Peak 组、Frontier 组（怀俄明州多个盆地）和"Clinton-Medina"（阿巴拉契亚盆地）选取了可对比属性		东得克萨斯州和北路易斯安那州所有钻井和完井服务均随时可用

2.1 构造

Kehle（1971），Wood 及 Walper（1974）指出东得克萨斯州和北路易斯安那州的内陆盐盆是大陆裂谷作用和墨西哥湾开放所形成一系列边缘地堑的一部分。这些盆地以下至盆地的主要断层系为边界，分别为 Mexoa-Talco 断裂带和南 Arkansas 断裂带。东得克萨斯盆地 Cotton Valley 层的天然气勘探多数靠近 Sabine 隆起，此处 Cotton Valley 群顶界的钻遇深度为 9500ft（2900m）或略少。另一个相对正地貌 Monroe 隆起地处路易斯安那州东北部，部分构成了位于 Morehouse、西 Carroll 和东 Carroll 堂区的北路易斯安那盆地的东界。东得克萨斯盆地和北路易斯安那盆地的侏罗系蒸发岩（Werner 硬石膏和 Louann 盐丘）反映了局限盆地早期沉积；灰岩沉积（Smackover 灰岩和 Gilmer 灰岩）则指示晚期为开阔海环境（图 1）。大量注入的陆源碎屑沉积包含 Cotton Valley 砂岩和 Travis Peak 组，反映了裂谷边缘向盆地倾斜。沉积物注入前，地块可能向远离初期裂谷方向倾斜（McGowen 和 Harris 编写的书籍中多个作者都曾谈到，1984）。

据推断，Cotton Valley 群碎屑沉积物的主要物源区位于路易斯安那州东北部的一个三角洲沉积中心，并伴有后期和同期平行岸线沉积物向西搬运（Thomas 和 Mann，1966）。有些学者指出这一搬运体系导致沉积 Terryville 块状砂岩集合体（等同于 Cotton Valley 砂岩的一部分）（Thomas 和 Mann，1966）；另一些学者则推测出其他三角洲输入点（Coleman 和 Coleman，1981）。沿倾向方向砂岩百分比高，表明 Cotton Valley 期的沉积物源位于东得克萨斯盆地西北部（McGowen 和 Harris，1984）。

因侏罗纪至古近—新近纪时一直积极发育盐构造，盐丘构造在东得克萨斯盆地和北路易斯安那盆地构造发育史中发挥了重要作用。一方面盐丘因沉积物负荷而流动，另一方面盐构造又影响后期沉积作用。复杂断裂模式与盐构造有关，尤其与底辟构造有关。

2.2 地层

东得克萨斯盆地常用命名中，"Cotton Valley"特指群及群内石灰岩和砂岩（图 2）。而路易斯安那北部则更常使用"Haynesville"和"Schuler"。Schuler 组被认为是路易斯安那州整个 Cotton Valley 群的上倾同期地层，发育红色砂岩和页岩，局部为砾岩（Thomas 和 Mann，1966），也有将其定义为 Bossier 页岩上方的砂岩单元（图 2）。在路易斯安那州，Knowles 灰岩，即与薄页岩相间的泥质灰岩，形成了 Cotton Valley 群的最顶部地层单元（Thomas 和 Mann，1966）；而在得克萨斯州，该地层单元尚不明确。某种程度上，路易斯安那州 Terryville 砂岩相当于得克萨斯州 Cotton Valley 砂岩。

2.3 沉积体系

在路易斯安那州北部，Terryville 砂岩沉积为波控三角洲复合体，发育三角洲间障壁岛和滨外坝层序（Thomas 及 Mann，1966；Sonnenberg，1976；Coleman 及 Coleman，1981）。海侵层状砂的薄楔形体沉积于障壁相的向陆侧，其间点缀潟湖页岩，与三角洲沉降属于同一时期。Coleman 和 Coleman（1981）认为三角洲主要沉积中心位于路易斯安那州东北部和沿得克萨斯州—路易斯安那州边界一带。详细研究无疑揭示前积进入潟湖和海湾的小型三角洲可能是辅助沉积物源，如现今得克萨斯州海岸的三角洲。

一般而言，路易斯安那州北部上倾 Cotton Valley 砂岩的主要沉积环境为障壁岛临滨、滨外坝和三角洲前缘（Thomas 和 Mann，1966；Sonnenberg，1976；Coleman 和 Coleman，1981）。东得克萨斯盆地和北路易斯安那盆地内，这些相同成因相也可能形成主要及潜在储层（Westcott，1983）。高度概括性的区域横剖面显示 Cotton Valley 砂岩的砂体在盆地范围内广泛分布。许多单砂体的测井曲线呈现块状特征，部分底部为向上变粗的薄层。尽管这一测井特征不是这些相带所特有的，但推测是滨外坝和障壁岛临滨—前滨层序的典型特征之一。在 Cotton Valley 群部分层段中，块状砂岩可能属于辫状河相，代表供给三角洲和障壁系统的河流。

在东得克萨斯盆地西北部，Cotton Valley 群发育前三角洲、三角洲前缘和辫状河相（McGowen 和 Harris，1984）。前三角洲相含少量极细粒砂岩和粉砂岩。三角洲前缘沉积通常含砂岩、泥岩互层和少许砂质灰岩薄层。根据 McGowen 和 Harris（1984）的研究，在该区上倾部位，三角洲前缘沉积上覆辫状河沉积厚楔形体，后者是沉积大量 Cotton Valley 群陆源碎屑沉积物的三角洲体系的一部分。

盆地西北缘 Cotton Valley 砂岩的含砂率图显示倾向方向含砂量较高，反映河道轴线（图 3）。同一地区的净砂层厚度图说明下倾部位、平行走向的净砂层加厚，并与古碳酸盐

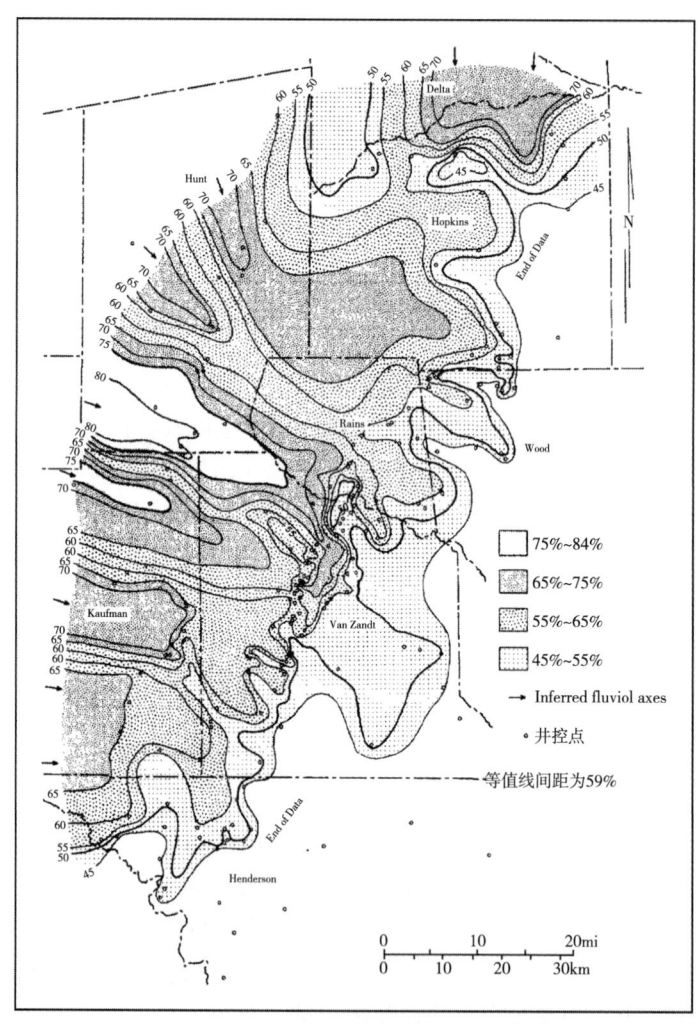

图 3　东得克萨斯盆地西北部 Cotton Valley 砂岩含砂率图（据 McGowen 和 Harris，1984）

陆棚边缘吻合（图4）（McGowen 和 Harris，1984）。这一平行走向模式与路易斯安那州北部边缘海障壁和沙坝相类似，表明东得克萨斯盆地和北路易斯安那盆地的沉积环境可能部分相似。这些陆缘海环境中极可能发育横向连续的单砂体。

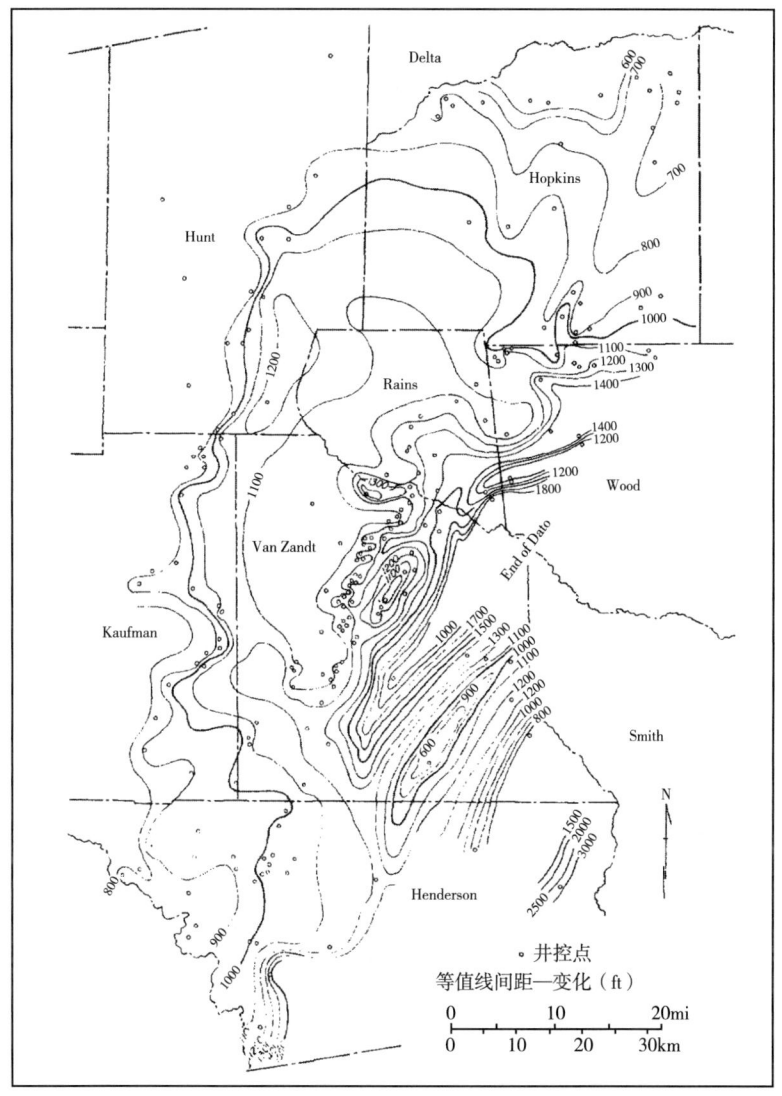

图4　东得克萨斯盆地西北部 Cotton Valley 群净砂岩厚度图（据 McGowen 和 Harris，1984）

2.4 水力压裂和其他技术

开发 Cotton Valley 群致密气藏时，众多现代水力压裂技术得以发展或逐步完善（Jennings 和 Sprawls，1977）。新技术方法可避免盐水压井、可处理各单产层并可利用 CO_2 帮助压裂液返排以改善排液效果，被广泛应用于 Cotton Valley 群和许多其他致密气藏中。处理作业因容积、注入液类型和注入率变化而各不相同。对比1975年之前与1980年的压裂处理（Jennings 和 Sprawls，1977），井处理用液量从低于120000gal（454200L）增加到300000~400000gal（1136000~1514000L）。支撑剂用量同样由少于75000lb（34000kg）增加至

600000~800000lb（272000~363000kg）。目前 Cotton Valley 砂岩的井作业数据较其他地层单元丰富，因而为其他地区正在实验的主动性压裂处理技术提供了良好的对比基础。

Cotton Valley 群储层测井解释（Frank，1978）、压力测试（Bostic 和 Graham，1979）和数值模拟（Meehan 和 Pennington，1982）的专项研究成果已陆续公开发表。但 Cotton Valley 致密气生产过程中遇到的诸多地质和工程问题还有待解决。因而围绕 Cotton Valley 砂岩的技术创新将继续为开发其他低渗透气砂岩提供有用信息。

3 东得克萨斯盆地 Travis Peak 组

东得克萨斯盆地下白垩统 Travis Peak 组（图1）发育低渗陆源碎屑厚层沉积，从得克萨斯州向东延伸至路易斯安那北部和阿肯色州南部，在当地称之为 Hosston 组（图2，表7至表10）（得克萨斯州铁路委员会，1981b 和 c；路易斯安那州保护厅，1981b）。Travis Peak 组或 Hosston 组的勘探延伸到路易斯安那州东北和密西西比州的密西西比盐盆（Weaver 和 Smitherman，1978），地层埋深超过14000ft（4300m）。公开发表的 Travis Peak 组信息有限，其中 Bushaw（1968）概述了 Travis Peak 组的一般沉积模式，McGowen 和 Harris（1984）考察了东得克萨斯盆地东北部的七个郡；而 Finley 等（1985）提供了最新数据。

表7 东得克萨斯盆地 Travis Peak 组：区带的一般属性和地质参数，补充数据源于北路易斯安那盆地（据 Finley，1984）

一般属性					
地层单元/靶区	面积	厚度	深度	基础资源量估算	地层属性，其他数据
下白垩统 Travis Peak（Hosston）组	类比 Cotton Valley 砂岩，得克萨斯州和路易斯安那州的可能含油气面积和预测含油面积分别为 6000mi² 和 7000mi²。得克萨斯州批准将致密层定义应用于47个郡，即得克萨斯州铁路委员会5区和6区 35830mi² 范围内	上倾东得克萨斯盆地层状砂岩研究最感兴趣的是500~2500ft 厚层的上200ft 段。其他区域的其他层段高产	钻井深度：Lamar 郡为 3100ft，Cherokee 郡南部为 10900ft。Travis Peak 组顶界深度：盆地北缘和西缘为 -1000ft，Sabine 隆起上方为 -6000ft，盆地南缘和盆地中深层为 -11000ft	如果盆地最终采收率12%~15%，则得克萨斯州最大可采储量 13.8×10¹²~17.3×10¹² ft³	盐构造导致厚度和海拔高程局部变化
地质参数——盆地/区带					
构造背景		地温梯度	压力梯度	应力状态	
沿墨西哥湾边缘伴随大陆裂谷形成地堑。盆地被主断裂系统和 Sabline 隆起包围		1.4~1.8℉/100ft。多数 1.6~1.8℉/100ft	根据 Cherokee 郡和 Nacogdoches 郡5口井8个层段资料，压力梯度 0.43~0.59psi/ft（平均 0.50psi/ft）	张应力。盐构造产生应力差异	

表 8 东得克萨斯盆地 Travis Peak 组：地质参数，补充数据源于北路易斯安那盆地
（据 Finley，1984）

地质参数——地层单元/靶区			
沉积体系/沉积相	结构	矿物成分	成岩作用
Travis Peak 组下段：海相三角洲边缘环境，不及上三角洲边缘发育广泛。 Travis Peak 组中段：随着时间变化，向北部和北西部物源区后退的河流三角洲环境。代表河流—滨海环境。 Travis Peak 组上段：海进持续，海相三角洲边缘后退至盆地北部，盆地中央为广海陆棚，接受陆源碎屑和其他骨架和鲕状灰岩沉积物。Travis Peak 组上部相带受浅海海进控制，最受致密气砂岩开发的关注。海洋改造作用建造了沿走向的纵长砂岩厚层和类席状砂，因而使得透镜状和层状砂体叠置	极细粒—细粒砂岩、页岩和部分砂质含化石鲕状灰岩互层。部分区域分选良好	可能含少量燧石的石英砂岩。可见黏土碎屑。Freestone 郡一口井的 Travis Peak 组岩心中，含燧石、泥岩和粉砂质页岩残余颗粒的石英占44%。颜色为灰色、棕褐色和棕红色	石英次生加大和方解石胶结降低原生孔隙度。根据有限样品，认为含微量黏土杂基。现场资料说明碳酸盐胶结物淋滤作用形成次生孔隙
典型储层规模	地层压力/温度	天然裂缝	数据可用性（测井，岩心和测试等）
191 口井平均总射孔层厚度312ft。层段厚度 2~2265ft	Cherokee 郡和 Nacogdoches 郡 5 口井 8 个层段内，压力 3920~6000psi（平均4866psi），温度 190~272℉。路易斯安那州 Red River 堂区的 2 口井埋深 9000~93000ft，压力 3200~3300ft	天然裂缝的贡献未知，但一般认为贡献较小	采集岩心数量有限。测井曲线以 SP、电阻率为主，声波测井为辅；可能采用其他孔隙度测量工具

表 9 东得克萨斯盆地 Travis Peak 组：工程参数。补充数据源于北路易斯安那盆地
（据 Finley，1984）

工程参数						
储层参数	净产层厚度	产量			地层流体	含水饱和度
		改造前	改造后	递减率		
一组 125 口未改造井的计算平均地层渗透率为 0.026mD（得克萨斯州）。得克萨斯州 7 个郡一组井的孔隙度为 2%~9%。	得克萨斯州 Cherokee 郡和 Nacogdoches 郡 5 口井 8 个层段的净产层厚度为 30~86ft（平均为 48ft）	得克萨斯州一组 125 口井的稳定平均流量为 765×10³ft³/d。Cherokee 郡 2 口稳定平均流量低至 43×10³ft³/d	500×10³ ~ 1500×10³ ft³/d	据报道，得克萨斯州 Cherokee 一口改造井 56 天内产量一般从 940 × 10³ft³/d 下降至 330×10³ft³/d。预计对于多数井井头 12~24 个月下降快	部分区域高 API 凝析油产量小于 5bbl/d，部分区域则达到 10~20bbl/d。287 口井平均气油比为 175645:1	得克萨斯州 Nacodoches 郡 5 口井 8 个层段的含水饱和度为 29%~60%（平均43%）
井孔激发工艺	成功率	井网	备注			
大规模水力压裂，通常采取多级处理以有效改造所有感兴趣层。不同作业者使用技术各有不同，通常在 200000~300000gal 压裂液中加砂 500000lb	致密砂岩勘探申请区中 4 口井压裂改造后产量平均增加418%	FERC 申请区中 8 个油气田的井网为 640acre；其中 2 个可选 320acre 井网	有作业者提供了 Nacogdoches 郡和 Cherokee 郡 4 口井大规模水力压裂前后与产量有关的部分资料			
			深度（ft）	改造前（10³ft³/d）	改造后（10³ft³/d）	K（计算值）
			8560~8652	475	900	0.032
			9730~9954	40	230	0.002
			9130~9164	373	900	0.027
			10526~10710	225	1500	0.033

表 10　东得克萨斯盆地 Travis Peak 组：经济因素、作业条件和外推潜力。
补充数据来自北路易斯安那盆地（据 Finley，1984）

经济参数					
FERC 现状	完井尝试	成功率	钻井/完井费用	市场渠道	行业兴趣
1981 年得克萨斯州铁路委员会批准了一个涵盖得克萨斯州 47 郡（5 区和 6 区）的勘探申请，此外还有部分小区域也批准进行致密层勘探。FERC 则批准了 Sym-Jac West 油气田 Travis Peak 组勘探申请	近 1239 口井完井得克萨斯州于铁路委员会 5 区和 6 区，截至 1981 年 5 月其中 676 口为活跃井。在路易斯安那州，53 口钻进 Hosston 层的井位于一个致密气勘探申请区内	在东得克萨斯盆地，成功率仅次于 Pettet 灰岩	与 Cotton Valley 群实验的费用类似，深井（9000ft）完井费用可能为 100 万美元	已确立区域管网和集输系统，含阿肯色—路易斯安那天然气公司，Long Star 天然气公司和 Delhi 天然管道公司	依据 FERC 申请数量，行业兴趣高。得克萨斯和路易斯安那州 4 个堂区部分区域内，FERC 指定 47 个郡属于潜在致密砂岩范围。深层 Cotton Valley 群测试时，Travis Peak 组潜在气层可能被忽视。独立石油公司、小公司和大公司均活跃于东得克萨斯盆地
作业条件				外推潜力	
自然地理	气候条件	可采性			备注
微倾墨西哥湾海岸平原局部起伏 100～300ft，海平面上绝对高程小于 1000ft	半湿润—湿润气候，平均年降雨量 44～56in。夏季炎热，暖冬。残余热带风暴可能带来暴雨	油气勘探无大型地形屏障。部分前期未清探区严重植被覆盖。部分井场需充足排水		良好。Travis Peak 组为含海相三角洲边缘和上覆海侵沉积物的平面广泛展布扇三角洲体系。与纽约州、宾夕法尼亚州和俄亥俄州志留系"Clinton"-Medina 砂层相似	东得克萨斯盆地和北路易斯安那盆地所有钻井和完井服务均随时可用

3.1 构造

东得克萨斯盆地构造环境参见本节 Cotton Valley 砂岩部分。同 Cotton Valley 群一样，Travis Peak 组沉积也被认为部分来源于裂谷边缘地块向早期墨西哥湾的倾斜和这些地块的同时侵蚀。尽管沿盆地边缘可能如此，但 Travis Peak 组大部分被认为来源于中大陆南部和西南各州（Saucier，1985）。在 Anderson 郡和 Houston 郡靠近东得克萨斯盆地轴部处，Travis Peak 组顶界构造等值线显示平均海拔高程（MSL）由 -6000ft（-1800m）变化到 -11000ft（-3400m）（图 5）。侏罗系 Louann 盐层的流动形成了东得克萨斯盆地的盐穹、盐背斜和龟背构造。受盐流影响，在 3mi（5km）或更短距离内，Travis Peak 组厚度局部变化达 1000ft（300m）（Finley 等，1983）；晚侏罗世和早白垩世时，东得克萨斯盆地内盐构造发育活跃（Seni 和 Kreitler，1981；Seni 和 Jackson，1983a 和 1983b；Saucier，1984）。

3.2 地层

早白垩世 Travis Peak 组直接覆盖于 Cotton Valley 群砂岩之上（图 2）。在路易斯安那和东得克萨斯州部分地区，薄层灰岩（Knowles 灰岩）标志 Cotton Valley 砂岩和上覆 Travis Peak 组的界面；但它未覆盖整个东得克萨斯盆地（Saucier，1985）。Travis Peak 组顶部呈渐变特征，发育经海洋改造的碎屑沉积，上覆 Glen Rose 组下部 Pettet（Sligo）段碳酸盐岩，属于一次大规模海侵沉积的一部分。前期研究或致密气砂岩勘探均未进一步细分 Tra-

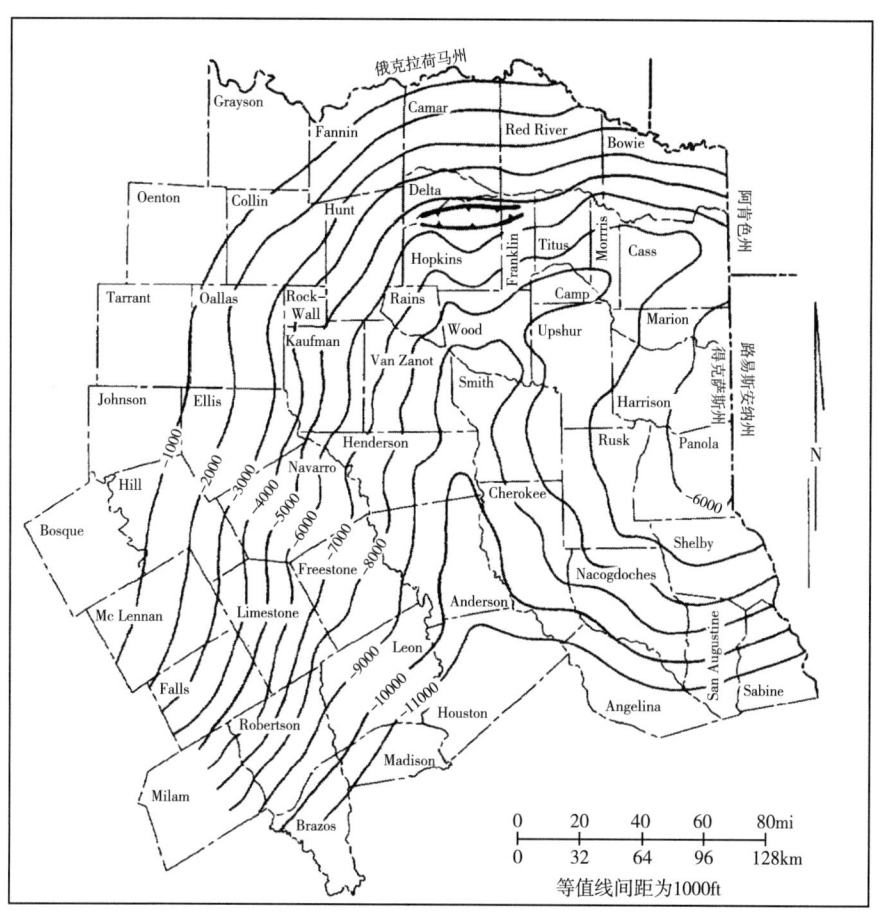

图5 东得克萨斯盆地 Travis Peak 组顶部综合构造图（据得克萨斯州铁路委员会，1980)

vis Peak 组。在部分地区，Travis Peak 组底部含燧石和球粒集合体。尽管 Travis Peak 组和 Cotton Valley 群砂岩间接触面被解释为从整合到不整合（Nichols、Peterson 和 Wuestner，1968），但近期区域性研究未发现明显不整合（Saucier，1985）。

3.3 沉积体系

早侏罗世时，东得克萨斯盆地和北路易斯安那盆地以碳酸盐、蒸发盐和泥质沉积为主。晚侏罗世（Cotton Valley 群）和早白垩世（Travis Peak 组）时，首批陆源碎屑沉积物大量注入这些地区。Travis Peak 组沉积物供给似乎沿两条主要河流轴线，一条代表了古密西西比河水系，另一条可能为古红河水系（Saucier，1985）。只有沿东得克萨斯盆地和北路易斯安那盆地边缘，较老沉积岩局部形成重要物源区。Travis Peak 组砂岩主要为结构成熟的石英砂屑岩，次要为长石砂岩（McGowen 和 Harris，1985；Dutton，1985；Dutton 和 Finley，1986）。

在得克萨斯州，Travis Peak 组三角洲体系横向贯穿广阔的浅水碳酸盐质陆棚，展布宽度超过100mi（160km），形成长条状高建设性三角洲朵体（Saucier，1985）。早期三角洲和三角洲边缘沉积可能受河流作用改造；Travis Peak 组大部分为河流—三角洲沉积，在地层中部尤为明显。这一解释与 Bushaw（1968）的早期研究成果一致，他将 Travis Peak 组中下部沉积环境定义为冲积平原和边缘海或过渡性近滨。盆地边缘局部发育扇三角洲，阿肯色州 Hosston 层底砾岩发育大量球粒状均密石英岩（Saucier，1985），表明 Hosston 层属于深水相沉积（沃希塔相）。Travis Peak 组三角洲沉积边缘的向海面为开阔海陆棚，Travis Peak-Pettet 上段沉积时，陆源碎屑沉积逐渐被海相灰岩所代替（Bushaw，1968）。

深入研究的数个 Cotton Valley 群和 Travis Peak 组油气田中，Travis Peak 组下段为向上变粗砂岩序列，显示 Travis Peak 组三角洲朵体的进积，而 Travis Peak 组上段为受海相影响较多的三角洲边缘相，则代表海进（Finley 等，1983）（图6）。Travis Peak 组中段可能以加积辫状河沉积为主，3000~6000ft（900~1800m）井距内的单砂岩连续性中等。Travis Peak 组整体呈良好层状，但推断 Travis Peak 组中段的单砂岩和砂岩组呈宽阔透镜状。预测靠近 Travis Peak 组顶部、受海相影响的三角洲边缘相砂岩连通性最好。

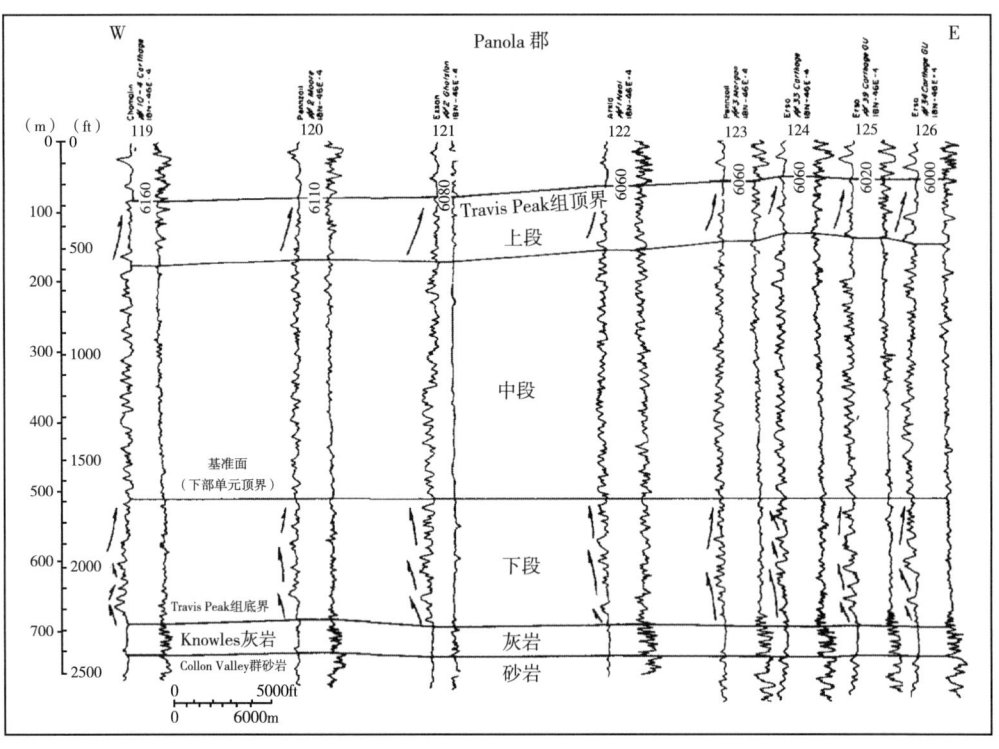

图6　得克萨斯州 Panola 郡 Carthage 油气田部分地层横剖面（据 Finley 等，1983）
图中显示 Travis Peak 组分为三个亚层

4　Anadarko 盆地 Cleveland 组

宾夕法尼亚系 Cleveland 组沉积于 Anadarko 盆地北部陆架，现存于得克萨斯州狭长带东北部（图1），贯穿俄克拉荷马州西北部和俄克拉荷马州狭长带（表11至表14）（得克萨斯州铁路委员会，1981d）。地层位于混合油气—部分倾气区，宾夕法尼亚纪和较老的古生界单元含有许多常规储层。部分区域的 Cleveland 组尽管产油但产量低，说明储层性能较差。地层由富黏土杂基的细—极细粒砂岩构成。

表 11 Anadarko 盆地 Cleveland 组：区带的一般属性和地质参数（据 Finley，1984）

一般属性					
地层单元/靶区	面积	厚度	深度	基础资源量估算	地层属性，其他数据
宾夕法尼亚系密苏里统 Kansas City 群 Cleveland 组	得克萨斯州狭长带 7 个郡整体或部分区域中总面积近 4500mi²。附加临近俄克拉荷马州部分区域	得克萨斯 Hansford、Ochiltree 和 Lipscomb 郡，Cleveland 组厚 80~170ft，平均厚度 120ft	Cleveland 组顶界海拔 -2500ft（Hansford 郡西部）~-9700ft（Wheeler 郡）。射孔段顶深 6258~9439ft，多数射孔段深度小于 8000ft	无数据	走向：北—北东。经得克萨斯狭长带北东部；每向南东平均倾角近 1°
地质参数——盆地/区带					
构造背景	地温梯度		压力梯度		应力状态
Anadarko 盆地北西和北东缘以 Amarillo-Wichita 隆起南侧为界	<1.2~2.2℉/100ft。多数为 1.4~2.0℉/100ft		无数据。钻井液比重代表正常静压梯度		压应力。南部以 Amarillo 隆起的高角度逆断层为界

表 12 Anadarko 盆地 Cleveland 组：地质参数（据 Finley，1984）

地质参数——地层单元/靶区			
沉积体系/沉积相	结构	矿物成分	成岩作用
海相陆棚环境，物源方向西、北和东向，而不是 Amarillo 隆起。薄层碎屑单元（20~40ft）可能为部分区域的地层底部；呈向上变粗（可能三角洲前缘）到块状（可能分流沙坝）测井曲线特征。平衡单元可能是风暴浪底或其附近的陆棚分散砂岩	极细粒—细粒分选良好砂岩，紧密堆积于成岩和碎屑黏土杂基中	根据 60ft 长岩心分析，石英 65%，长石 10%（多为斜长石），云母 3%，外加少量矿物、少量燧石及海绿石。平衡样品包含杂基和胶结物	石英次生加大、成岩黏土杂基和方解石胶结导致孔隙度和渗透率降低（据 60ft 长岩心分析）。石英似乎为原生胶结物。长石蚀变为黏土，黑云母蚀变为绿泥石
典型储层规模	地层压力/温度	天然裂缝	数据可用性（测井，岩心和测试等）
面积通常为 25~75mi²。但作业者已开发较小规模储层。平均厚度 120ft	通常原始地层压力为 2200~2700psi，温度 145~160℉	无证据显示含天然裂缝	少有采集全岩心。估计得克萨斯州狭长带钻遇 Cleveland 组的井有 1% 进行取心。测井曲线通常含感应电阻率和密度—中子

表 13 Anadarko 盆地 Cleveland 组：工程参数（据 Finley，1984）

工程参数					
地层参数	净产层厚度	产量			地层流体
		改造前	改造后	递减率	
391 口井计算平均地层渗透率为 0.028mD，代表改造前、后试井的未知组合	10~40ft，预计最大为 75ft	过低而无法有效测量	目前 396 口井平均产量为 218×10³ft³/d（可能包含少量改造井），流量稳定	首年近 56%，其后每年 11%	少量凝析油，单井产量小于 5bbl/d

续表

含水饱和度	井孔激发工艺	成功率	井网	备注
产层一般为30%~40%，计算值通常为30%~50%，最高达100%	水力压裂。常规工艺使用3000gal浓度75%的HCI进行酸化，用80000~90000gal含交联聚合物、浓度2%的KCI水溶液和250000lb 20/40目砂进行压裂。使用压力4500~5000psi	改造处理一般都很成功，但无具体产量增加数据	井网640acre，也可选320acre；作业者也希望将井网降低至320acre或160acre	少有足够长时间的改造前产能测试。在开发和广泛使用水力压裂之前，不计其数的井关井（因渗透率过低）

表14 Anadarko盆地Cleveland组：经济因素、作业环境和外推潜力（据Finley，1984）

经济参数					
FERC现状	完井尝试	成功率	钻井/完井费用	市场渠道	行业兴趣
1981年美国批准在得克萨斯州狭长带北东部进行勘探	6个郡内共完井至少507口，截至1981年8月，其中439口为活跃井	预探井：无数据。加密井：80~90%，往油田边缘降低	8000ft深的Cleveland组气井开采成本可能为600000~650000美元，此外压裂作业费用50000美元（1981年）	大量管网准备就绪。天然气用于洲际销售、农业灌溉、化肥厂生产、发电和居民家用	中等—高。一个FREC勘探项目由Diamond Shamrock公司承办，22个其他公司协办

作业条件			外推潜力	
自然地理	气候条件	可采性		备注
低幅度高平原—沿河流和水系的陡坡和断裂地形	半干旱—半湿润气候（年平均降雨量18~24in）。降雨主要在春季和夏季的大雷雨期。晚秋和冬季因锋面过境偶尔温度急剧降低。夏季炎热，冬季适度寒冷	高平原区极佳，其他区域良好。高平原区地表公路间距1mi（通常）。无大型地形屏障	良好。极薄三角洲组合无好的类比物。含大量黏土杂基的陆棚砂在Mancos B层（Piceance盆地和Uinta盆地）和Sanostee段（San Juan盆地）有相似物，尽管Mancos B层较厚，Sanostee段为砂屑石灰岩和钙质胶结砂岩	俄克拉荷马州和得克萨斯州狭长带所有钻井和完井服务均随时可用

4.1 构造

早在中泥盆世时，Amarillo-Wichita隆起就已是相对正向构造，在晚密西西比世—早宾夕法尼亚世时发生显著抬升（Eddleman，1961）。晚莫罗期（Morrowan）Wichita造山运动后，大量长石砂岩质沉积物（花岗岩冲积物）沿Amarillo-Wichita隆起附近Anadarko盆地的快速沉降轴沉积。盆地轴北部和西北部的广阔稳定台地沉积碳酸盐岩、薄层页岩和细粒砂（Eddleman，1961），包括Cleveland组。台地西部、北部和东部可能为Cleveland组的物源区（得克萨斯州铁路委员会，1981d）。晚白垩世时发生向东倾斜，是近期影响Anadarko盆地的重大事件（Eddleman，1961）。Amarillo-Wichita隆起以北，Cleveland组倾向东和东南，在得克萨斯州狭长带东北部，地层顶界埋藏深度小于10000ft（3000m）。

4.2 地层

Cleveland 组通常归为密苏里阶底部,也有人认为是 Pleasanton 群（Nicholson 等,1955；Cunningham,1961）或 Kansas City 群的一部分（得克萨斯州铁路委员会,1981d）（图 7）。Taylor 等（1977）将岩石地层单元等级由群降至组。Cleveland 组上、下的 Kansas City 群和 Marmaton 群沉积未细分为组（图 7）。Cleveland 组向 Anadarko 盆地中部深层延伸,向东经得克萨斯狭长带东北部,地层加厚。在同一地区,随着地层沿 Amarillo-Wichita 隆起北翼渐变为花岗岩冲积物,泥质含量增加。

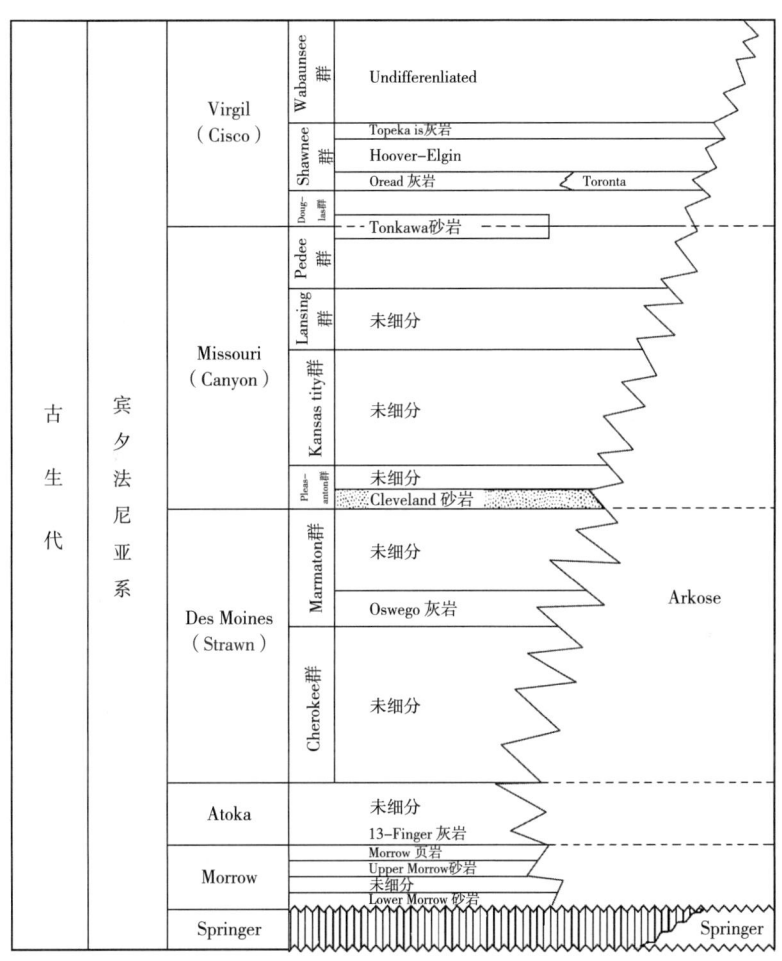

图 7 Anadarko 盆地得克萨斯州宾夕法尼亚系柱状图（据 Nicholson 等,1955）

4.3 沉积体系

有人认为 Cleveland 组沉积于陆棚环境（得克萨斯州铁路委员会,1981d）。这一结论明显基于 Cleveland 组在 Anadarko 盆地中的地层位置,而不是对该单元的详细研究。Cleveland 组以页岩和石灰岩为边界,沉积在 Amarillo-Wichita 隆起边缘的扇三角洲和冲积扇体系的北部和东北部。因此,尽管 Cleveland 组沉积于构造陆棚之上,但其分布不单单受陆棚沉积作用影响。作为被碳酸盐岩和薄页岩层包围的远端舌状陆源碎屑，部分 Cleveland 组可能发育薄层的远端三角洲前缘沉积层序。

一般而言，因胶结程度高、渗透率低，Cleveland 组自然电位（SP）曲线特征较差（图 8）。好的自然电位曲线往往显示向上变粗层序，紧随其后为向上变细层序。该旋回进一步证实 Cleveland 组由一个三角洲薄层单元构成，上覆因陆棚沉积作用分布的前三角洲沉积厚层堆积物。下部向上变粗单元呈现块状自然电位曲线形态，表示可能发育分流沙坝。

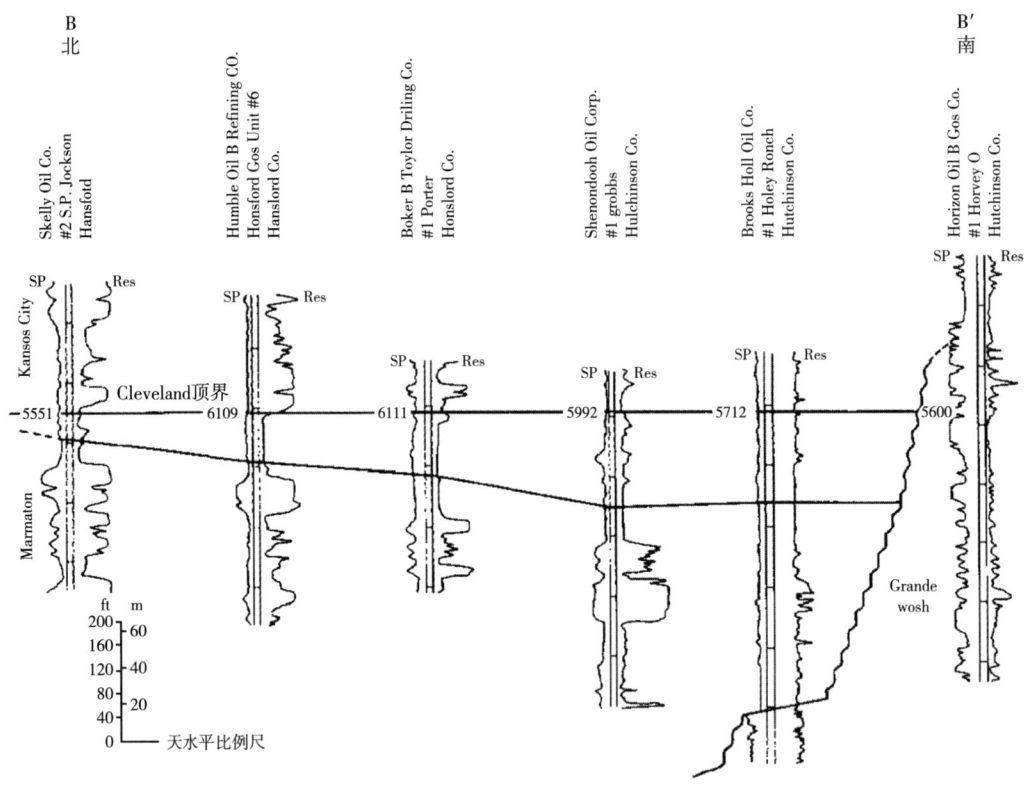

图 8 得克萨斯州 Hansford 和 Hutchinson 郡贯穿 Cleveland 组的北—南向综合地层横剖面
（据得克萨斯州铁路委员会，1981d）

5 Maverick 盆地 Olmos 组

上白垩统 Olmos 组沉积在 Rio Grande 海湾 Maverick 盆地（图 1），分布于得克萨斯州南部七个郡和相邻墨西哥部分地区的地下。Olmos 组含细粒—极细粒粉砂质砂岩，夹块状页岩。Olmos 组资料多数来源于致密气砂岩勘探申请（表 15 至表 18）（得克萨斯州铁路委员会，1981e）。已公布的 Olmos 组资料谈及原油及伴生气生产（Dunham，1943；Glover，1955；Glover，1956），而最新发布信息则涉及成岩作用（Guven 和 Jacka，1981）和致密产气区（Snedden 和 Kersey，1982）。

表 15　Maverick 盆地 Olmos 组：区带的一般属性和地质参数（据 Finley，1984）

一般属性					
地层单元/靶区	面积	厚度	深度	基础资源量估算	地层属性，其他数据
上白垩统 Taylor 群 Olmos 组	盆地总面积近 2700mi^2	露头处为 400~500ft，向南东为地下 1000~1200ft。含砂层段厚 400~500ft（得克萨斯州 S. Dimmit/N. Webb 郡）	Olmos 组顶界海拔深度从平均海水面（Maverick 郡东）变化到-6000ft（Dimmit 郡东南）。N.W. Webb 和 S. Dimmit 郡钻井深度为 4500~5400ft。产层埋深 7200ft	若盆地最终可采 10%~15%，则最大可采天然气量为 2.8~4.2×10^{12}ft^3/d	走向：在 N.W. Webb 郡和 S. Dimmit 郡为北—南—北东—南西。倾向：东—南东 1°；无大构造圈闭；可见小断裂
地质参数——盆地/区带					
构造背景		地温梯度	压力梯度	应力状态	
墨西哥湾沿岸盆地 Rio Grande 海湾最东部。自晚侏罗世起为明显负构造。以 San Marcos 穹隆（NE）、Balcones 断裂带（N）、Devils River 隆起（NW）、Alado 穹隆（W）为界的 Maverick 盆地（墨西哥）		1.0~1.8°F/100ft。主要 1.4~1.8°F/100ft	正常静压—适度高压（高达 0.6pis/ft）	适度张应力；上白垩统碎屑物一般不发育同生断裂	

表 16　Maverick 盆地 Olmos 组地质参数（据 Finley，1984）

地质参数——地层单元/靶区			
沉积体系/沉积相	结构	矿物成分	成岩作用
在得克萨斯州：三角洲平原—三角洲远端—浅海，含（Webb 郡 Segundo 油气田）滨线和浅海沙脊。Olmos 组下段（N-3 和更老地层）沉积于海退三角洲环境，与之相对的 Olmos 组上段砂岩（比 N-3 新）受海进作用改造，几何形状更似层状。横向上，Olmos 组在得克萨斯州 Maverick 郡和 Zavala 郡、Dimmit 郡的部分区域为三角洲相，向 Atascosa 郡和 San Marcos 穹隆方向改造作用较强，更偏层状。在墨西哥：邻近 Rio Escondido 盆地的部分区域，Olmos 组的同期地层代表三角洲平原相，为河流、漫滩和湖泊环境。较之得克萨斯三角洲沉积，钙质页岩和煤层较多发育于近源环境	细粒—极细粒粉砂质—泥质砂岩，含页岩夹层。褐煤页岩和煤层发育于上倾三角洲平原环境。分选差的灰质砂岩和灰质页岩发育于 Webb 郡 Segundo 油气田	根据与相邻墨西哥下伏 San Miguel 组的相似性：石英 35%~40%，长石 25%~30%，火山岩岩屑 30%~35%，在三角洲平原环境上倾部位含不等量煤屑和植物碎屑	在相邻墨西哥：钙质胶结物和长石的淋滤作用形成次生孔隙。自生高岭石和绿泥石导致地层孔隙度降低。Maverick 盆地的成岩作用类似
典型储层规模	地层压力/温度	天然裂缝	数据可用性（测井，岩心和测试等）
射孔段厚度为<10~280ft，514 口井中通常为<10~100ft	得克萨斯州 Webb 郡 Sengundo 油气田部分区域压力为 2400~2700psi，温度 190~212°F	展布未知	采集岩心有限。测井系列含 SP—电阻率或 GR—电阻率和密度—中子曲线

表17 Maverick 盆地 Olmos 组工程参数（据 Finley，1984）

工程参数					
地层参数	净产层厚度	产量			地层流体
		改造处理前	改造处理后	递减率	
N.W. Webb 郡和 S. Dimmit 郡：42 口井在中值深度 5488ft 处，计算地层渗透率 0.0335mD（改造前）。以 107 口井为样本，改造前渗透率中值为 0.072mD，改造后为 0.14mD	Owean 油气田和 Dos Hermanos 油气田（N.W. Webb 郡和 S. Dimmit 郡）42 口井的净产层厚度为 12～81ft，均值为 35ft	多口井产量为 0，从至少 3 个油气田选择的 11 口井平均日产量为 25×10³ft³/d	67 个油气田 488 口井平均流量 86×10³ft³/d（其中 37 口井来自单井油气田）。其他井无阻流量 300×10³～3000×10³ft³/d	无数据	液态烃预测产量小于 1bbl/d
含水饱和度	井孔激发工艺	成功率		井网	备注
在得克萨斯州 Webb 郡 Segundo 油气田部分区域含水饱和度一般较高；例如有作业者以 65% 为实际上限	水力压裂和酸化	压裂处理使得产量提高 2～5 倍		Dimmit 郡和 Webb 郡多个油气田井网为 640acre	Webb 郡 Segundo 油气田有作业者以密度测井孔隙度 12% 作为产能实际控制下限。圈闭一般为上倾砂岩尖灭，无构造闭合度

表18 Maverick 盆地 Olmos 组的经济参数、作业环境和外推潜力（据 Finley，1984）

经济参数					
FERC 现状	尝试性完井	成功率	钻井/完井费用	市场渠道	行业兴趣
美国批准在 N.W. Webb 郡和 S. Dimmit 郡进行勘探。（1981/10/26）	区带内至少有 514 口生产井	无数据	无数据	在 Maverick 盆地，Houston 管道公司、Valero 输气公司、Delhi 天然气管道公司和 Esperanza 输气公司均有管网	中等。两个 FREC 勘探项目
作业条件			外推潜力		
自然地理	气候条件	可采性			备注
低幅度高平原—沿河流和水系的陡坡和断裂地形	半干旱气候（年平均降雨量 20～25in），偶有残余热带风暴带来的大雨。夏季炎热，冬季温暖。气候不影响钻井作业	好。无地形屏障。多数区域仅稀疏覆盖灌木植被	良好。小型三角洲体系，可能含后期经历海退的多个独立三角洲朵体。类似于 Cleveland 组砂岩底部薄层三角洲体系（Anadarko 盆地）、Davis 砂岩（FortWorth 盆地）和 Fox Hills 组三角洲部分（Greater Green River 盆地东部）。可能类似 Frontier 组部分层段（怀俄明州多个盆地）		南得克萨斯州多数钻井和完井服务均随时可用。Maverick 盆地北部玄武岩岩栓导致上白垩统沉积物差异性压实和部分减薄

5.1 构造

得克萨斯州 Maverick 盆地与 Balcones 断裂带、San Marcos 穹窿相邻。穹窿为弱正向构造，白垩系沉积时沉降速率较相邻盆地慢。其他边界为 Devils River 隆起和 Salado 穹窿。盆地内最突出构造是南东向倾伏的 Chittim 背斜，借助 Olmos 组露头能准确地描述该背斜。除了作为墨西哥湾沿岸盆地部分转枢线的 Charlotte 断层系，Maverick 盆地鲜有发育大断层。Maverick 盆地上白垩统碎屑沉积不包含墨西哥湾沿岸古近—新近系剖面特有的厚页岩单元，同时大型同生断层未断穿上白垩统（Weise，1980）。

5.2 地层

Olmos 组属于上白垩统 Taylor 群（图 9）。Taylor 群沉积之前，Maverick 盆地以碳酸盐沉积为主。San Miguel 组、Olmos 组和 Escondido 组以陆源碎屑为主，来自晚白垩世构造隆起的西及西北方向（Weise，1980）。至始新世时，Maverick 盆地大部分被充填，沉积中心向东南移至墨西哥湾沿岸盆地（Pisasale，1980）。Olmos 组内单个砂岩单元缺乏广泛认可的地层命名。

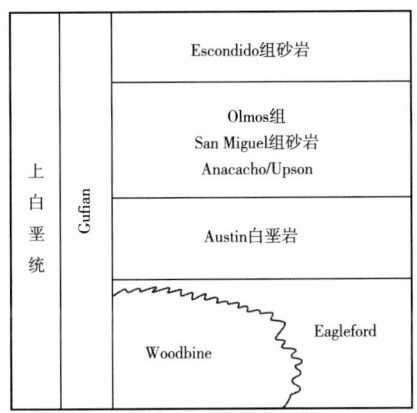

图 9　Maverick 盆地上白垩统柱状图（据 Wooten 和 Dunaway，1977）

5.3 沉积体系

Olmos 组砂岩和页岩互层为三角洲成因，代表三角洲平原至远端环境。Snedden 和 Kersey（1982）将 Webb 郡下倾 Olmos 组砂岩描述为一系列沉积在白垩系陆棚上的叠置朵状三角洲和远端席状砂。在墨西哥 Rio Escondido 盆地，Olmos 组由含煤三角洲平原相和河流—湖泊相组成（Caffey，1978）。

划分 Olmos 组时，将砂层通俗地定为 N-2～N-5，部分砂层进一步细分为上、下亚段（得克萨斯州铁路委员会，1981e）；N-2 砂层相对连续，被视为地层基准面（图 10）。一般将 N-3 和较老砂层解释为海退成因，曲线进积模式可能反映三角洲朵体并支持上述论点。Trans Delta（Trans 三角洲）的 Petty-3-18 井和 Petty-6-7 井中，N-4 砂层和 N-5 砂层的曲线均显示向上变粗层序（图 10）。N-2 砂层被认为是海侵成因；但在部分地区也解释为进积三角洲朵体和海进页岩覆盖的伴生三角洲边缘相。在得克萨斯州 Webby 郡 Segun-

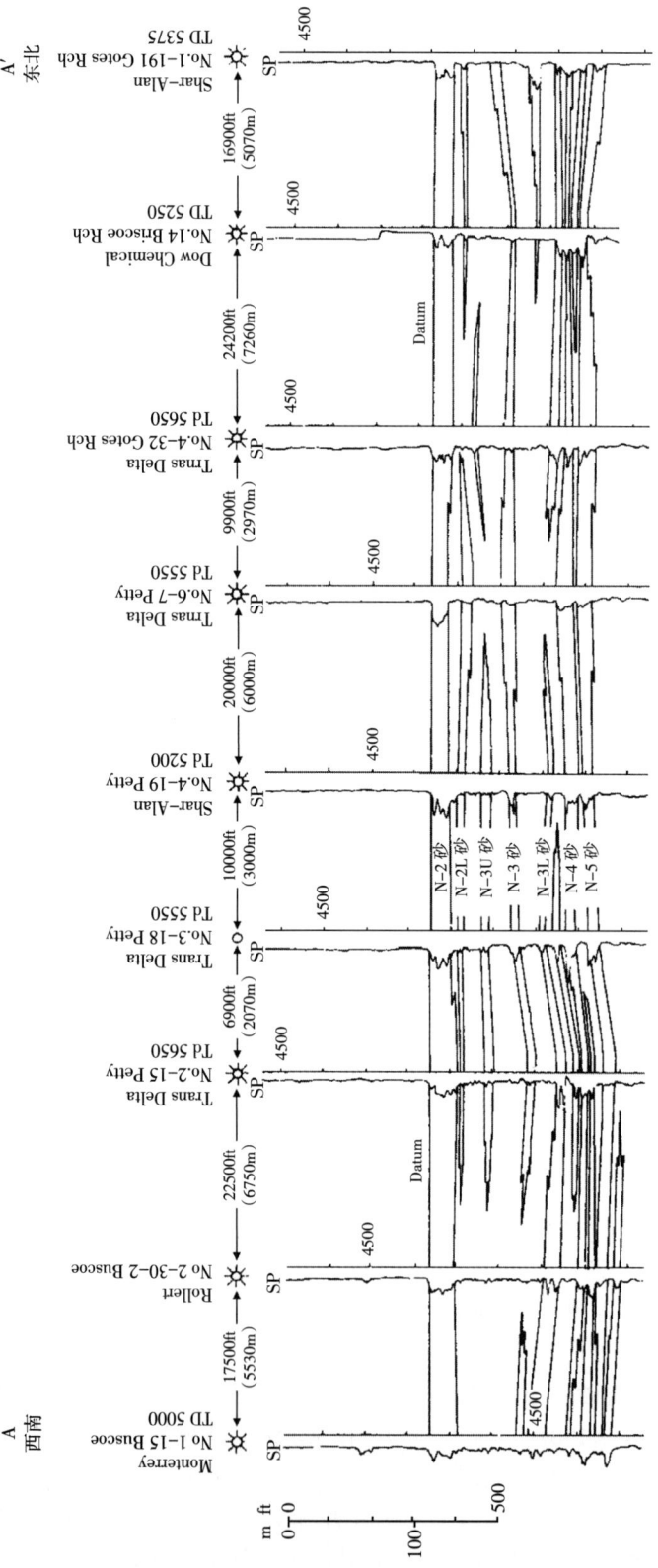

图 10 得克萨斯州 Dimmit 郡南部和 Webb 郡北部贯穿 Olmos 组上段的地层横剖面

do 油田，Olmos 组砂层被解释为沙脊形式的滨线沉积。这表示发育障壁岛或障壁—海滨平原相沉积，预测其靠近于三角洲朵体（得克萨斯州铁路委员会，1981e）。

6 小结

本文中所述 4 种层状致密气砂岩主要为三角洲或障壁—海滨平原成因；仅 Cleveland 组上部成因可能不同，代表实际分布受陆架作用影响的沉积物。Travis Peak 组不同于 Cotton Valley 群砂岩和 Olmos 组，地层中部发育厚层辫状河三角洲沉积。沿 Travis Peak 组沉积走向的向盆侧边缘，三角洲边缘相的分布不明确。Cotton Valley 砂岩和 Olmos 组包含三角洲沉积中心和相同地层中沿走向方向被改造的沉积物；Olmos 组代表小型波控三角洲体系。

地质特征和工程实践对于开发 Cotton Valley 砂岩至关重要，适合于其他地层单个三角洲和边缘海相开发的，却不一定适用于整个地层。尽管 Cotton Valley 群可能与 Travis Peak 组部分特征相同，但 Travis Peak 组与分布范围、沉积背景类似的其他富砂厚层单元无法直接类比。某种程度上，Travis Peak 组可能与阿巴拉契亚盆地的"Clinton"-Medina 砂层（和 Tuscarora 组同期地层）相似，尤其是后者含有辫状冲积相这一点（Cotter，1982）。Cleveland 组上部陆棚相与 Piceance Creek 盆地、Uinta 盆地的 Mancos B 层类似，但其含砂量可能较高。Olmos 组三角洲相可能与 Frontier 组（Greater Green River 盆地和怀俄明州其他盆地）、Cleveland 组下部和 Fox Hills 组三角洲部分（Greater Green River 盆地东部）的三角洲相类似。

最后，相带与沉积体系的关联，如本文所述得克萨斯州层状砂岩与沉积体系，为不同区域背景下不同时期地层间对比提供了通用基础。若已知致密气砂岩的相带分布，上述信息可用于预测影响资源开发的地质控制因素，帮助选择恰当的储层增产措施。

致谢

本文中的数据和解释基于 CER 公司（天然气研究院承包商）研究工作，合同编号 GRI-BEG-SC-111-81 和 GRI-BEG-SC-112-82，后续工作属于天然气研究院合同编号 5082-211-0708。Z. S. Lin 完成 Travis Peak 组和 Olmos 组的资源估算。Robert A. Morton 和 L. F. Brown 评审本文文稿，在 Lucille C. Harrell 的指导下，Dorothy C. Johnson 进行文字处理。

参 考 文 献

[1] BOSTIC, J. N., and J. A. GRAHAM, 1979, Prefracturing pressure transient testing: East Texas Cotton Valley tight gas play: Society of Petroleum Engineers, SPE No. 7941, p. 289-293.

[2] BUSHAW, D. J., 1968, Environmental synthesis of the east Texas Lower Cretaceous: Gulf Coast Association of Geological Societies Transactions, v. 18, p. 416-438.

[3] CAFFEY, K. C., 1978, Depositional environments of the Olmos, San Miguel, and Upson formations (Upper Cretaceous), Rio Escondido basin, Coahuila, Mexico: The University of Texas at Austin, Master's thesis, 86 p.

[4] COLEMAN, J. L., Jr., and C. J. COLEMAN, 1981, Stratigraphic, sedimentologic, and diagenetic framework for the Jurassic Cotton Valley Terryville massive sandstone complex, northern Louisiana: Gulf Coast As-

sociation of Geological Societies Transactions, v. 31, p. 71-79.

[5] COLLINS, S. E., 1980, Jurassic Cotton Valley and Smackover reservoir trends, east Texas, north Louisiana, and south Arkansas: AAPG Bulletin, v. 64, p. 1004-1013.

[6] COTTER, E., 1982, Shelf, paralic and fluvial environments and eustatic sea level fluctuations in the origin of the Tuscarora formation (Lower Silurian) of central Pennsylvania: 13th Annual Appalachian Petroleum Geology Symposium, Morgantown, WV, p. 8-12.

[7] CUNNINGHAM, B. J., 1961, Stratigraphy Oklahoma-Texas Panhandles, in C. R. Wagner, ed., Oil and gas fileds of the Texas and Oklahoma Panhandles: Pandhandle Geological Society, Amarillo, TX, p. 45-60.

[8] DUNHAM, D. R., 1954, Big Foot Field, Frio County, Texas: Gulf Coast Association of Geological Societies Transactions, v. 3, p. 44-53.

[9] DUTTON, S. P., 1985, Travis Peak core studies, in R. J. Finley et al., The Travis Peak (Hosston) Formation: geologic framework, core studies, and engineering field analysis: The University of Texas at Austin, Report to the Gas Research Institute by the Bureau of Economic Geology, Contract No. 5082-211-0708, 230 p.

[10] DUTTON, S. P., and R. J. FINLEY, 1986, Depositional and diagenetic controls on reservoir quality in tight sandstones of the Travis Peak (Hosston) Formation, East Texas: 1986 SPE Unconventional Gas Technology Symposium, Louisville, Kentucky, SPE No. 15220, p. 153-162.

[11] EDDLEMAN, M. W., 1961, Tectonics and geologic history of the Texas and Oklahoma panhandles, in C. R. Wagner, ed., Oil and gas fields of the Texas and Oklahoma panhandles: Amarillo, TX, Panhandle Geological Society, p. 61-68.

[12] FINLEY, R. J., 1984, Geology and engineering characteristics of selected low-permeability gas sandstones, a national survey: The University of Texas at Austin, Bureau of Economic Geology Report of Investigations No. 138, 220 p.

[13] FINLEY, R. J., and P. A. O'SHEA, 1983, Geologic and engineering analysis of blanket-geometry tight gas sandstones: 1983 SPE/DOE Joint Symposium on Low Permeability Gas Reservoirs, Denver, Colorado, SPE No. 11607, p. 73-80.

[14] FINLEY, R. J., C. M. GARRETT, J. H. HAN, Z. S. LIN, A. E. SAUCIER, and N. TYLER, 1983, Geologic analysis of primary and secondary tight gas sand objectives, Phase A, selective investigation of six stratigraphic units: The University of Texas at Austin, Draft report to the Gas Research Institute by the Bureau of Economic Geology, Contract No. 5082-211-0708, 287 p.

[15] FINLEY, R. J., S. P. DUTTON, Z. S. LIN, and A. E. SAUCIER, 1985, The Travis Peak (Hosston) Formation: geologic framework, core studies, and engineering field analysis: The University of Texas at Austin, Report to the Gas Research Institute by the Bureau of Economic Geology, Contract No. 5082-211-0708, 230 p.

[16] FRANK, R. W., 1978, Formation evaluation with logs in the Ark-La-Tex Cotton Valley: Gulf Coast Association of Geological Societies Transactions, v. 28, p. 131-141.

[17] GALLOWAY, W. E., 1976, Sediments and stratigraphic framework of the Copper River fan delta, Alaska: Journal of Sedimentary Petrology, v. 46, p. 726-737.

[18] GLOVER, J. E., 1955, Olmos sand facies of southwest Texas: Gulf Coast Association of Geological Societies Transactions, v. 5, p. 135-144.

[19] GLOVER, J. E., 1956, Sealing agents in the Olmos sands of southwest Texas (abs.): Oil & Gas Journal, v. 54, no. 53, p. 144.

[20] GUVEN, N., and A. D. JACKA, 1981, Diagenetic clays in a tight sandstone of the Olmos Formation, Maverick basin, Texas (abs.): Gulf Coast Association of Geological Societies Transactions, v. 31, p. 114.

[21] JENNINGS, A. R., Jr., and B. T. SPRAWLS, 1977, Successful stimulation in the Cotton Valley sandstone-a

low-permeability reservoir: Journal of Petroleum Technology, v. 29, no. 10, p. 1267–1276.

[22] KEHLE, R. O., 1971, Origin of the Gulf of Mexico: The University of Texas at Austin, Geological Library, unpublished manuscript, call number q. 557 K260, unpaged.

[23] LEWIN and ASSOCIATES, INC., 1978, Enhanced recovery of unconventional gas, main report: v. 2, chapter 3, 92 p.

[24] LOUISIANA OFFICE OF CONSERVATION, 1981a, Docket no. NGPA 81-TF-1, 2, application by Texas Oil and Gas Corporation for designation of the Cotton Valley in parts of 28 Louisiana parishes as a tight gas sand.

[25] LOUISIANA OFFICE OF CONSERVATION, 1981b, Docket no. NGPA 81-TF-7, application by Amerada Hess Corporation for designation of the Hosston Formation in parts of Winn, Bienville, Red River, and Natchitoches parishes, Louisiana, as a tight gas sand.

[26] MCGOWEN, M. K., and D. W. HARRIS, 1984, Cotton Valley (Upper Jurassic) and Hosston (Upper Cretaceous) depositional systems and their influence on salt tectonics in the East Texas basin: The University of Texas at Austin, Bureau of Economic Geology Geological Circular 84-5, 41 p.

[27] MEEHAN, D. N., and B. F. PENNINGTON, 1982, Numerical simulation results in the Carthage Cotton Valley Field: Journal of Petroleum Technology, v. 34, no. 1, p. 189–198.

[28] NATIONAL PETROLEUM COUNCIL, 1980, Unconventional gas sources, tight gas reservoirs: v. 5, part II, p. 10-1-19-24.

[29] NICHOLS, P. H., G. E. PETERSON, and C. E. WUESTNER, 1968, Summary of subsurface geology of northeast Texas, in B. W. Beebe, ed., Natural gases of North America: AAPG Memoir 9, v. 2, p. 982–1004.

[30] NICHOLSON, J. H., F. D. KOZAK, G. W. LEACH, and L. E. BOGART, 1955, Stratigraphic correlation chart of Texas Panhandle and surrounding region: Amarillo, TX, Panhandle Geological Society, 1 Figure.

[31] PISASALE, E. T., 1980, Surface and subsurface depositional systems in the Escondido formation, Rio Grande embayment, South Texas: The University of Texas at Austin, Master's thesis, 172 p.

[32] RAILROAD COMMISSION OF TEXAS, 1980, Docket No. 20-75, 144, Application for designation of the Cotton Valley sandstone in Texas RRC Districts 5 and 6 as a tight gas sand.

[33] RAILROAD COMMISSION OF TEXAS, 1981a, Annual Report, Oil and Gas Division: 700 p.

[34] RAILROAD COMMISSION OF TEXAS, 1981b, Docket No. 6-76, 125, Application for designation of the Travis Peak Formation in part of Cherokee County as a tight gas sand.

[35] RAILROAD COMMISSION OF TEXAS, 1981c, Docket No. 5-76, 659, Application for designation of the Travis Peak Formation in Texas RRC Districts 5 and 6 as a tight gas sand.

[36] RAILROAD COMMISSION OF TEXAS, 1981d, Docket No. 10-77, 222, Application for designation of the Cleveland formation in parts of Lipscomb, Ochiltree, Hansford, Hutchinson, Roberts, Hemphill, and Wheeler counties, Texas, as a tight gas sand.

[37] RAILROAD COMMISSION OF TEXAS, 1981e, Docket No. 4-77, 136, Application for designation of the Olmos Formation in parts of Webb and Dimmit counties, Texas, as a tight gas sand.

[38] SAUCIER, A. E., 1984, The Gibsland salt stock family in northwestern Louisiana: Gulf Coast Association of Geological Societies Transactions, v. 34, p. 401–410.

[39] SAUCIER, A. E., 1985, Geologic framework of the Travis Peak (Hosston) formation of east Texas and north Louisiana, in R. J. Finley, et al., The Travis Peak (Hosston) formation: geologic framework, core studies, and engineering field analysis: The University of Texas at Austin, Report to the Gas Research Institute by the Bureau of Economic Geology, Contract No. 5082-211-0708, 230 p.

[40] SENI, S. J., and M. P. A. JACKSON, 1983, Evolution of salt structures, East Texas diapir province, part

1: sedimentary record of halokinesis: AAPG Bulletin, v. 67, no. 8, p. 1219-1244.

[41] SENI, S. J., and M. P. A. JACKSON, 1983, Evolution of salt structures, East Texas diapir province, part 2: patterns and rates of halokinesis: AAPG Bulletin, v. 67, no. 8, p. 1245-1274.

[42] SENI, S. J., and C. W. KREITLER, 1981, Evolution of the East Texas basin, in Geology and geohydrology of the East Texas basin, a report on the progress of nuclear waste isolation feasibility studies (1980): The University of Texas at Austin, Bureau of Economic Geology Geological Circular 81-7, p. 12-20.

[43] SNEDDEN, J. W., and D. G. KERSEY, 1982, Depositional environments and gas production trends, Olmos Sandstone, Upper Cretaceous, Webb, County, Texas: Gulf Coast Association of Geological Societies Transactions, v. 32, p. 497-518.

[44] SONNENBERG, S. A., 1976, Interpretation of Cotton Valley depositional environment from core study, Frierson Field, Louisiana: Gulf Coast Association of Geological Societies Transactions, v. 26, p. 320-325.

[45] TAYLOR, I. D., W. P. BUCKTHAL, W. D. GRANT, and M. E. POLLOCK, 1977, Selected gas fields of the Texas Panhandle: Amarillo, TX, Panhandle Geological Society, 83 p.

[46] THOMAS, W. A., and C. J. MANN, 1966, Late Jurassic depositional environments, Louisiana and Arkansas: AAPG Bulletin, v. 50, p. 178-182.

[47] TINDELL, W. A., J. K. NEAL, and J. C. HUNTER, 1981, Evolution of fracturing the Cotton Valley sands in Oak Hill Field: Journal of Petroleum Technology, v. 33, no. 5, p. 799-807.

[48] WEAVER, O. D., and J. SMITHERMAN III, 1978, Hosston sand porosity critical in Mississippi, Louisiana: Oil & Gas Journal, v. 76, no. 10, p. 108-110.

[49] WEISE, B. R., 1980, Wave-dominated delta systems of the Upper Cretaceous San Miguel Formation, Maverick basin, south Texas: The University of Texas at Austin, Bureau of Economic Geology Report of Investigations No. 107, 39 p.

[50] WESCOTT, W. A., 1983, Diagenesis of Cotton Valley sandstone (Upper Jurassic), East Texas: implications for tight formation pay recognition: AAPG Bulletin, v. 67, p. 1002-1013.

[51] WESCOTT, W. A., and F. G. ETHRIDGE, 1980, Fan-delta sedimentology and tectonic setting—Yallahs fan delta, southeast Jamaica: AAPG Bulletin, v. 64, p. 374-399.

[52] WOOD, M. L., and J. L. WALPER, 1974, The evolution of the Interior Western basins and the Gulf of Mexico: Gulf Coast Association of Geological Societies Transactions, v. 24, p. 31-41.

[53] WOOTEN, J. W., and W. E. DUNAWAY, 1977, Lower Cretaceous carbonates of central south Texas—a shelf margin study, in D. G. Bebout, and R. G. Loucks, eds., Cretaceous carbonates of Texas and Mexico—applications to subsurface exploration: The University of Texas at Austin, Bureau of Economic Geology Report of Investigation No. 89, p. 71-78.

煤层气与致密气砂岩的相互关系

Craig T. Rightmire, Raoul Choate

摘要 美国本土部分大型沉积盆地从露头到埋深超过 15000ft（4572m）均不同程度地发育煤层。有利于形成富有机质沼泽的沉积环境与目前确定位于多个煤层下方的海退砂体的有利沉积环境类似。许多这类砂体存在于 San Juan 盆地和 Piceance 盆地中，现被认定为致密气藏储层。在煤化过程中，低挥发性烟煤阶的煤产气超过 $5000ft^3/t$（$156.25cm^3/g$），但极少采集到气储量超过 $600ft^3/t$（$18.75cm^3/g$）的煤样。多余气体（生成气—地层气）一定会逸出，可能进入相邻的致密气储层。

在 San Juan 盆地，大部分煤蕴藏于上白垩统 Fruitland 组，估算煤层气储量约 $31×10^{12}ft^3$（$0.9×10^{12}m^3$）。由煤进入下伏 Pictured Cliffs 砂岩和其他邻近储层的气量未知。

在科罗拉多州西部 Piceance 盆地，煤蕴含于 Rollins 砂岩（或同期地层）之上的 Mesaverde 群内。Piceance 盆地煤层气资源量估计为 $60×10^{12}ft^3$（$1.7×10^{12}m^3$）。

根据科罗拉多—新墨西哥地区煤层气资源量评估，San Juan 盆地、Piceance 盆地和 Raton 盆地的气资源量为 $74×10^{12}ft^3$（$2.1×10^{12}m^3$），全部分布于高地温梯度区中心附近 125mi（201km）范围内。

尽管煤化作用时生成大量气体，但仅有一小部分储存在煤层中。多余气体运移到相邻储集岩或逸出至大气中。得益于连续稳定的沉积环境，致密气砂岩储层成为大量多余煤层气的理想存储单元。

1 简介

勘探者早已认识到煤层气和众多致密气砂岩储层存在内在联系。对于形成煤的有机质和煤层下方海退砂岩层序而言，两者的有利沉积环境相同。沿大陆边缘发生沉积且充足腐殖质沉积最终形成煤层处，煤化作用产生的气体充填相邻储集岩，形成潜力含气产层。煤层气研究由 Dolly 和 Meissner（1977）在 Raton 盆地开始，经 McPeek（1981）在 Green River 盆地东部延续，Gant（1983）在 Alberta Deep 盆地总结，最终确定煤层是大量深层和潜在致密气藏的气体来源。但上述研究仅谈及煤层可作烃源岩，尚未考虑煤层作储集岩的潜力。本文将重点讨论广泛分布于美国西部众多盆地的煤层作为烃源岩和储集岩的潜力。

为落实致密气砂岩生产潜力和致密气藏的井间干扰，美国能源部在 Piceance 盆地实施了数项测试。测试时，对含煤 Mesaverde 群进行取心，采集大量致密砂岩和煤夹层样品。煤的煤阶表明煤化作用生气量远大于观测到的煤样吸附气量，说明大量气体逸出并充填相邻储层。

作为天然气研究院和美国国家石油委员会非常规气研究的一部分，煤层气总资源量的初步估算显示致密气含量高达 $800×10^{12}ft^3$（$22.7×10^{12}m^3$）（表1）。即使估算可采资源量过低且如阿拉巴马州 Oak Grove 地区美国钢铁公司实验建议至少可开采资源量的一半，按

照目前每年近 $20×10^{12} ft^3$（$0.6×10^{12} m^3$）的消耗量，仍可满足 20 年的天然气供应量。初步估算数据基于美国本土煤炭资源量（单位：t）和煤层气地质储量（单位：ft^3/t）的近似值。因现今煤炭资源量估算主要根据可采或潜在可采煤炭量，至今为止在收集埋深超过 3000ft（914m）的煤层或含煤地层相关资料方面，未开展多少工作。将煤视为烃源岩和潜在储集岩时，确定资源底数需将所有煤考虑在内。

表 1 美国煤层气总地层资源量估算对比表

研究	原地资源量（$10^{12} ft^3$）	可采资源量（$10^{12} ft^3$）
Kuuskraa 和 Meyer（1950）	550	40~60
美国国家石油委员会（1980）	398	45*
Sharer（GRI）（1980）	500	10~60
Rosenberg 和 Sharer（GRI）（1979）	72~860	16~487
联邦能源管理委员会非常规天然气资源（1978）	300~850	未公布
Deul 和 Kim（1978）	318~766	未公布
MRCP 盆地分析（13 个盆地）	72~400	未估算

*价格高达 9 美元/kft^3，回报率 10%（1979，单位为美元）（据美国潜在天然气委员会，1981，有修改）。

美国本土含煤面积约 $360000 mi^2$（$932400 km^2$）（图 1），其中仅美国西部落基山区就超过 $100000 mi^2$（$259000 km^2$）。若煤靠近露头或者位于潜水面以下埋深小于 500ft（152m）的地下浅层，因低静水压力引起吸附，保存生成气的潜力极大降低。

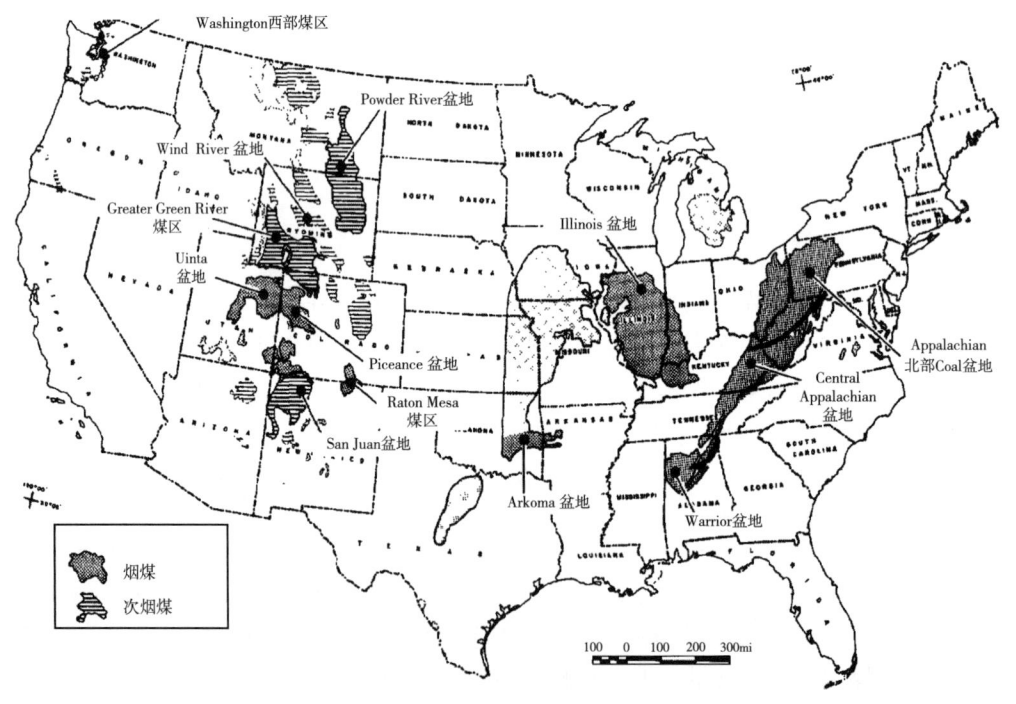

图 1 美国主要煤区分布图

若煤埋藏较深，煤的含气量是深度的函数，即静水压力、煤阶和该区水文地质环境的函数。煤化作用生气量主要依赖于煤的热成熟度（煤阶）和煤的数量。

在美国能源部摩根能源技术中心（DOE/METC）支持下，TRW 与 GRI 分析和评估了 13 个含煤盆地的煤层气潜力。这 13 个盆地的含煤地层总面积为 235000mi^2（608650km^2）。项目伊始，近 109000mi^2（282310km^2）区域被认为具有较高的煤层气生产潜力。深入评估盆地煤炭和煤层气资源后，高潜力区面积缩小至近 40500mi^2（104895km^2），煤层气地质储量为 $72×10^{12} \sim 400×10^{12}$ft^3（$2.0×10^{12} \sim 11.3×10^{12}$m^3）（Righmire 和 Byrer，1981）（表2）。

表2 MRCP 煤层气盆地分析（据 Rightmire 和 Byrer，1981，有修改）

盆地	日期	含煤面积（mi^2）	初始目标区（mi^2）	现今目标区（mi^2）	估算其他总储量（10^{12}ft^3）	
Illinois（伊利诺斯）	1980年3月	53000	9100	4300	5.2	21.1
San Juan（圣胡安）	1982年7月	19000	4900	1900	1.8	31.0
Power River（粉河）	1979年10月	25800	12800	6750	5.9	39.4
Arkoma（阿柯马）	1979年11月	5300	5300	3600	1.6	3.6
Greater Green River（大绿河）	1979年11月	21200	21200	4900	0.2	30.9
Western Washington（西华盛顿）	1980年6月	6500	400	1820	3.6	24.0
Raton Mesa Region（拉顿梅萨区）	1980年9月	2200	1600	925	8.0	18.4
Uinta/Wasatch Plateau（尤因塔/瓦萨奇高原）	1980年12月	11100	11100	620	0.2	0.8
Warrior（勇士）	1980年12月	14400	6800	2500	5.0	10.0
Wind River（温德河）	1981年3月	3800	3800	1500	0.5	2.2
Piceance（皮申斯）	1981年3月	65700	6570	3100	30.0	110.0
Central Appalachian（中阿巴拉契亚）	1982年6月	22850	5500	4000	10.0	48.0
Northern Appalachian（北阿巴拉契亚）	1982年8月	43700	19600	4500	—	61.0
					72.0	400.4

本文将讨论作为烃源岩和储集岩的煤层与其生成气充填的致密气储层之间的内在联系，详细论述影响煤层生成、保有和生产与其他储集岩无关天然气能力的特征，主要关注煤层同时充当天然气烃源岩和储集岩这一特点。

自地下采矿初期和承认煤层甲烷对行业的危害起，针对煤层中是否存在甲烷进行了大量研究。长久以来人们对潜在煤层气资源关注极少，仅关心为安全快速开采必须清除矿井中甲烷。近期美国矿业局（USBM）针对短期内可开采的几乎所有煤层，研究了气体的属性、特征、化学性质和流动机理，而很少谈及作为油气储层的不可采的深埋藏煤。

2 煤化作用

泥炭逐步转变的过程，即经褐煤、次烟煤和烟煤转变为无烟煤，被称为"煤化作用"，描述了一定程度上与有机植物成岩和变质蚀变类似的煤热蚀变作用。这一转变主要是有机质埋深增加而带来的变化。

当有机质沿如图2所示煤阶顺序转变为煤时（Stach 等，1982），观察相应的物理和化学变量，它们等同于含干酪根海相烃源岩中增加的成熟度，同样可用于评价含煤区的煤层气潜力。常用作有机质成熟度（等级）评价指标的物理或化学变量是热值、挥发分和固定

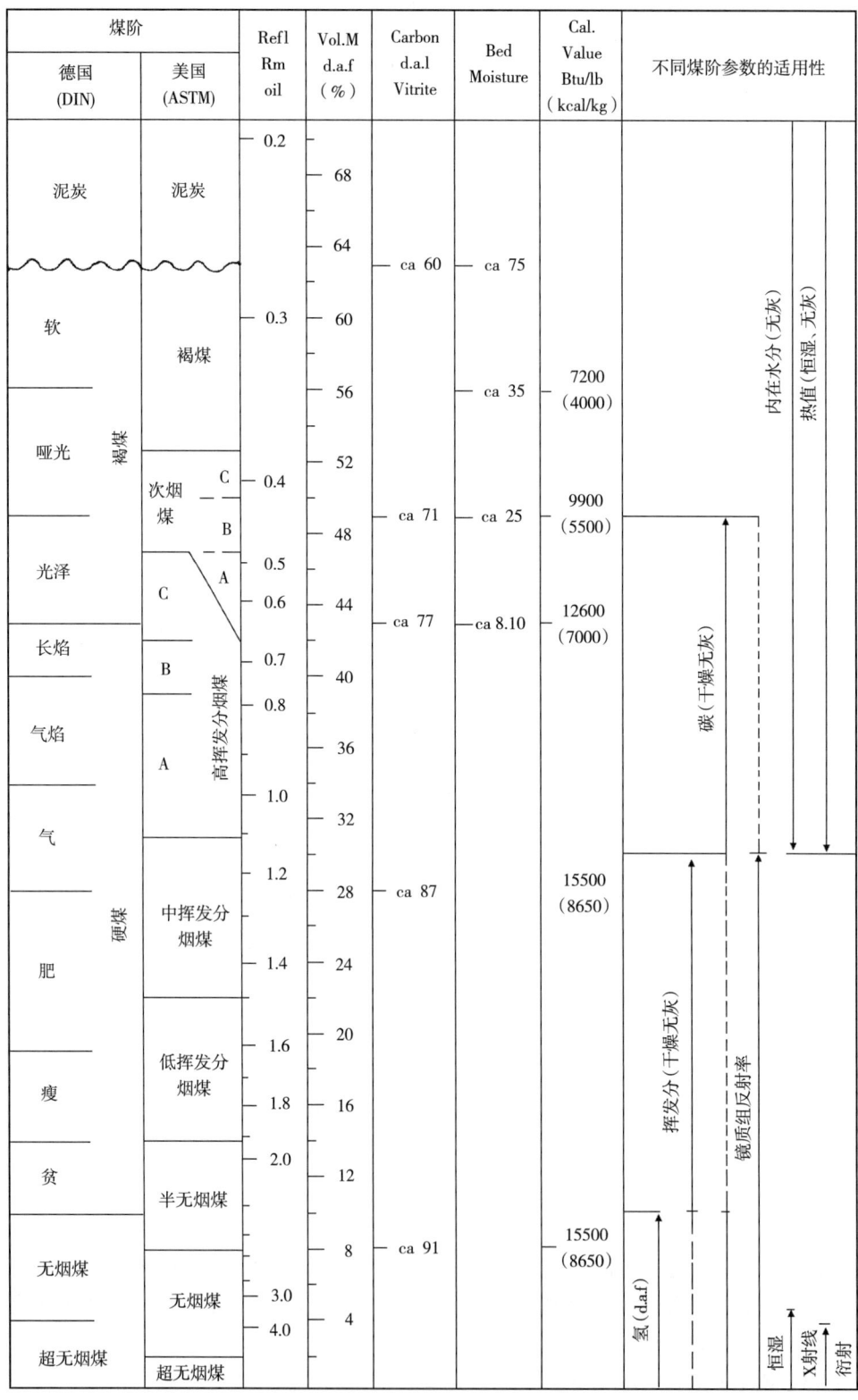

图 2 按照德国和美国分类的煤化作用阶段（据 Stach 等，1982）

碳含量（表3）。而镜质组反射率提供了衡量成熟度的连续尺度。埋深增加导致温度升高，明显可以预见因此造成的物性变化。

表3 ASTM煤炭分类

类别	分组	固定碳含量（%）（干燥无矿物质基）		挥发分含量（%）（干燥无矿物质基）		发热量（Btu/lb）（恒湿无矿物质基）		黏结性
		≥	<	>	≤	≥	<	
Ⅰ 无烟煤	1. 超无烟煤	98	—	—	2	—	—	无黏结性
	2. 无烟煤	92	98	2	8	—	—	
	3. 半无烟煤	86	92	8	14	—	—	
Ⅱ 烟煤	1. 低挥发分烟煤	78	86	14	22	—	—	一般有黏结性
	2. 中挥发分烟煤	69	78	22	31	—	—	
	3. 高挥发分烟煤A	—	69	31	—	14000	—	
	4. 高挥发分烟煤B					13000	14000	
	5. 高挥发分烟煤C					11500	13000	黏结性
						10500	11500	
Ⅲ 次烟煤	1. 次烟煤A					10500	10500	无黏结性
	2. 次烟煤B					9500	10500	
	3. 次烟煤C					8300	9500	
Ⅳ 褐煤	1. 褐煤A					6300	8300	
	2. 褐煤B					—	6300	

来源：ASTM，标准规范D388。

植物残体形成泥炭被称为"生物化学煤化"，因为这一过程基于微生物活动。在这一阶段，有机质被细菌分解生成生物甲烷。温度低于122℉（50℃）时发生这些反应，生物甲烷将仅在地下水无溶解氧和硫的强还原环境中形成。因它生成于地表或地下浅层，可能逸出至大气中，本文将不进一步讨论这部分气体。

3 热成因气的生成

煤化过程中，有机质经热蚀变作用生成大量甲烷和其他气体。化学变化导致氧碳原子比（O/C）和氢碳原子比（H/C）随蚀变程度加大而降低。生成大多数煤的腐殖质主要由富氧木质素和纤维素构成，含氧量超过海相腐泥型干酪根。

显示有机质成熟度的常见方法是在van Krevelen图（范氏图）上绘制O/C和H/C（Tissot等，1974）（图3），图中各分支代表了不同类型的干酪根或母质。因其化学特性，腐殖质失氧量明显大于失氢量。图3展示了主要产物——重烃（油）、轻烃（气）、CO_2及H_2O——和相应的镜质组反射率。值得注意的是，第Ⅲ类干酪根演化途径的重烃产物极少，对应腐殖型母质的重烃产物也极少。上文未提及的N_2，是煤化过程中仅有的另一主要蚀变产物。如图4所示，高挥发分/中挥发分烟煤分界处，CO_2含量是甲烷的两倍。该点以上，甲烷量快速增加。生气高峰位于中挥发分/低挥发分烟煤分界处。表4介绍了不

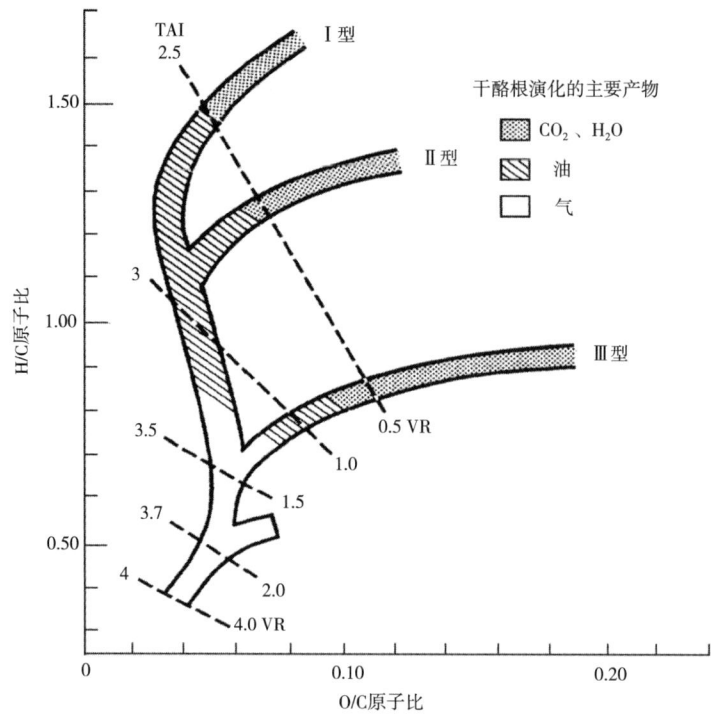

图 3　van Krevelen 图（范氏图）（据 Tissot 等，1974）
此图显示了相对镜质组反射率的干酪根成熟度和类型。注意生成 CO_2、H_2O 和气体（甲烷）的范围相对Ⅲ型干酪根的生油窗更广

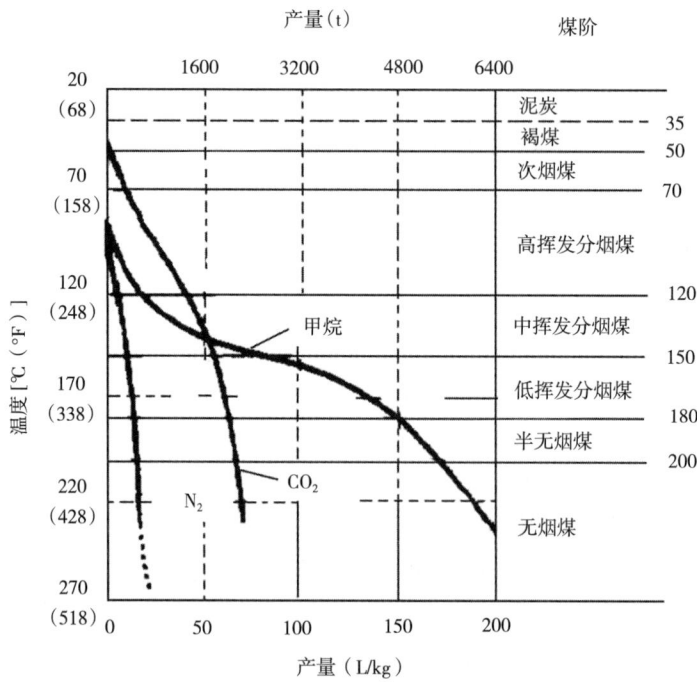

图 4　煤化过程中煤生气量的计算曲线（据 Karweil，1969；Hunt，1979，有修改）

同煤阶生成的各类热成因气的体积。CO_2 和 N_2 是煤层气中主要杂质，二者均由有机质分解形成。在温度近248°F（120°C）的高挥发分烟煤A阶段末期，N_2 以 NH_3 的形式开始排放（Hunt，1979）。NH_3 氧化为 N_2，后者因分子直径较小，通常比甲烷运移速度快，在煤层气藏中含量不大。

表4 不同煤阶生气量 [ft^3/t（cm^3/g）]

煤阶		CH_4		CO_2		N_2		镜质组反射率 R_o（%）
褐煤		—		120	(4)			
	50°C							
次烟煤		—		200	(6)			
								±0.5
	70°C							C0.60±
高挥发分烟煤		640	(20)	1080	(34)	160	(5)	B0.75±
	120°C							1.20
中挥发分烟煤		2680	(84)	360	(11)	160	(5)	
	150°C							1.63
低挥发分烟煤		2160	(68)	240	(8)	80	(3)	
	180°C							2.10
半无烟煤		760	(24)	120	(4)	80	(3)	
	200°C							2.40
无烟煤		880+	(28+)	216+	(7+)	320+	(10+)	
总计		7120+	(223)	2336+	(23)	800+	(25+)	

二氧化碳尽管是早期气体的主要组分，但通常在采样气体中含量极少。这是因为二氧化碳在水中的高溶解度和地下水流从这一体系中带离二氧化碳的能力。煤层气通常由95%的甲烷和微量—极少量高级烃组成。这些气体的热值接近1000Btu/scf。

4 甲烷存储特征

甲烷以三种状态赋存于煤中：（1）有机物表面吸附气；（2）孔隙或裂缝中游离气；（3）煤层地下水中溶解气。本文将逐一落实三种状态，确定其对煤层气总量的相对影响。

煤的孔隙主要是裂缝孔隙和基质孔隙。甲烷滞留于煤层主要依靠基质孔隙结构内煤表面的吸附作用。煤的孔隙按照大小分为直径大于500Å（大孔隙），直径20~50Å（中孔隙），直径8~20Å（微孔隙）和直径小于8Å（超微孔）。

中—高煤阶煤的大部分孔隙为微孔隙。Gan等（1972）给出了不同煤阶煤的总连通孔隙分布百分比，见表5。

表5 煤的总连通孔隙分布（据Gan等，1972，有修改）

煤阶	孔隙度分布（%）			
	C（% daf）	<12Å	12~300Å	>300Å
无烟煤	90.8	75.0	13.1	11.9
低挥发分	89.5	73.0	无	27.0

续表

煤阶	孔隙度分布（%）			
	C（% daf）	<12Å	12~300Å	>300Å
中挥发分	88.3	61.9	无	38.1
高挥发分 A	83.8	48.5	无	51.5
高挥发分 B	81.3	29.9	45.1	25.0
高挥发分 C	79.9	47.0	32.5	20.5
高挥发分 C	77.2	41.8	38.6	19.6
高挥发分 B	76.5	66.7	12.4	20.9
高挥发分 C	75.5	30.2	52.6	17.2
褐煤	71.7	19.3	3.5	77.2
褐煤	71.2	40.9	无	59.1
褐煤	63.3	12.3	无	87.7

煤吸附甲烷的能力是压力的函数，观测研究发现其遵从 Freundlich 等温线。如前所述，就煤阶—孔隙关系而言，煤的吸附能力似乎随煤阶增加而增大。尽管吸附等温线取决于大煤颗粒，本身不能代表地层实际情况，但它确实能展示给定压力条件下煤存储甲烷的相对能力。图 5 记录了中—高煤阶煤的一系列综合吸附等温线（Kim，1977），代表了大煤颗粒表面（含微孔）所能吸附的最大甲烷量。

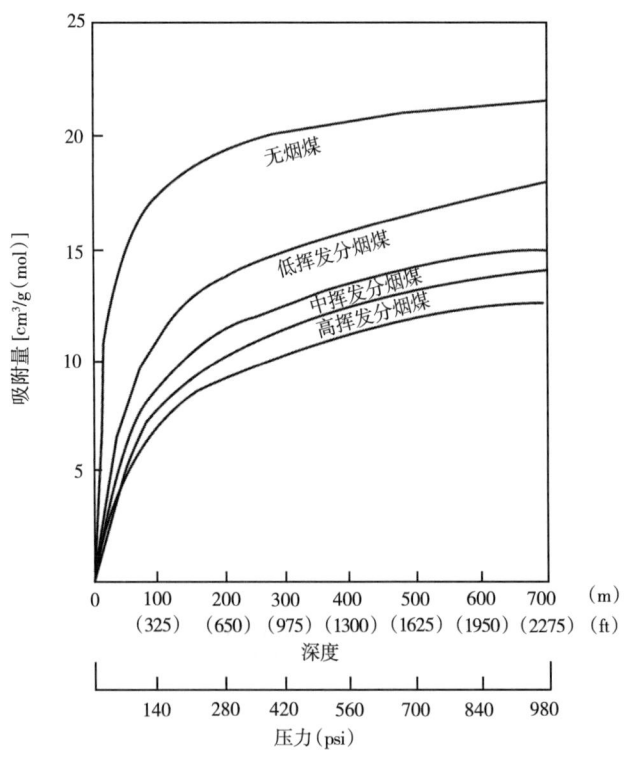

图 5　煤吸附能力与煤阶、深度的关系（据 Kim，1977）

生气量超过煤表面吸附量后，气体最初以游离气形式赋存于煤孔隙，尤其是裂缝孔隙中。气体可溶解于流经煤层的地下水中，在水动力条件下运移，或在适当水文地质条件下作为捕获游离气存储于煤层中。根据含气量与深度关系绘制曲线，其包络线与利用吸附等温线观察到的包络线近似（图6）。

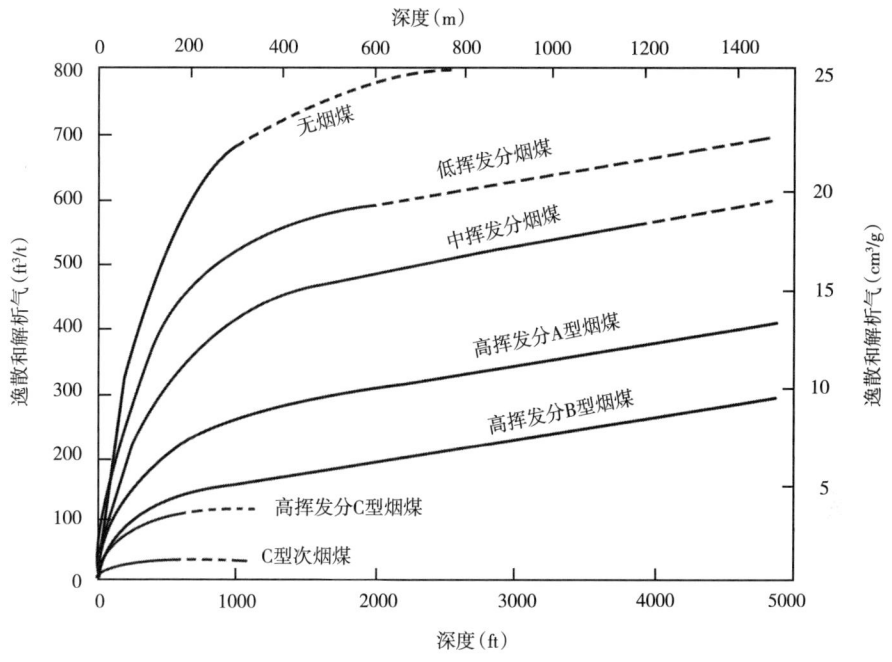

图6 深度和煤阶与估计最大可采甲烷含量关系图（据Eddy等，1982）

5 甲烷含量测定

运用USBM直接法测定煤层气含量已有多年历史（McCulloch等，1975）。该方法将总气含量分成三个部分：(1) 逸散气（煤样装入密封罐前散失的气体）；(2) 解吸气（煤样置于密封罐内脱出的气体）；(3) 残余气（仍封闭在煤基质中、仅破碎煤样才能脱出的气体）。在美国本土许多地方进行了煤样采集并分析了气含量。Eddy等（1982）分析了"从煤层中回收甲烷项目"提供的300多个煤样，绘制了逸散和解吸气量曲线。他们指出这些曲线代表包络线的上限，并非各煤阶的所有煤样都接近于上限（表6）。曲线形状和大致位置与前述研究确定的吸附等温线类似（图6）。

表6 按煤阶平均的煤层气解吸数据（据Eddy等，1982，有修改）

煤阶	逸散气量		解吸气量		残余气量		总气含量		残余 (%)	样品数量
	(ft³/t)	(cm³/mg)	(ft³/t)	(cm³/mg)	(ft³/t)	(cm³/mg)	(ft³/t)	(cm³/mg)		
无烟煤	31.3	(0.98)	259.2	(8.10)	19.5	(0.61)	310.1	(9.69)	6.31	9
低挥发分烟煤	38.7	(1.21)	383.0	(11.97)	8.0	(0.25)	429.8	(13.43)	1.86	21
中挥发分烟煤	42.6	(1.33)	201.9	(6.31)	10.3	(0.32)	246.1	(7.96)	4.02	22
高挥发分A烟煤	6.7	(0.21)	88.6	(2.77)	44.2	(1.38)	139.6	(4.36)	31.65	217
高挥发分B烟煤	9.9	(0.31)	64.3	(2.01)	15.0	(0.47)	89.3	(2.79)	16.85	86
高挥发分C烟煤	3.8	(0.12)	34.9	(1.09)	2.2	(0.07)	39.4	(1.23)	5.47	42

据称个别气含量分析显示每吨煤生成超过 1000ft³ 甲烷（Choate 等，1981）。气含量如此高的样品极其少见，可认为是例外。通常而言，所报告气含量是实验室条件的分析数值，未转换为标准温度和压力状态的数值仅能用这些数据作半定量分析。在换算为标准立方英尺之前，采集数据只反映煤样的相对气含量。尚未开展气体解吸分析之前，已有若干方法获得煤样气含量近似值，包括分析镜质组反射率或收集和解吸未取心段钻井煤屑确定煤阶，进而近似估算气含量。

矿井瓦斯涌出量提供了另一种根据矿井回风系统排出甲烷体积估算地层气含量的方法。瓦斯涌出量与采矿方法、煤矿年限、上覆和下伏地层、采空区废弃方式和其他作业程序至少部分有关。通过估算稳定生产煤矿的瓦斯涌出量，可近似测量煤层甲烷含量（图7）。一般，如果假定涌出瓦斯量 20% 来自开采煤，剩余来自上、下地层和矿井中裸露煤，则对大量煤矿而言，根据矿井瓦斯涌出量估算的煤层气地质储量可与直接法分析结果相媲美（Adams 等，1982）。

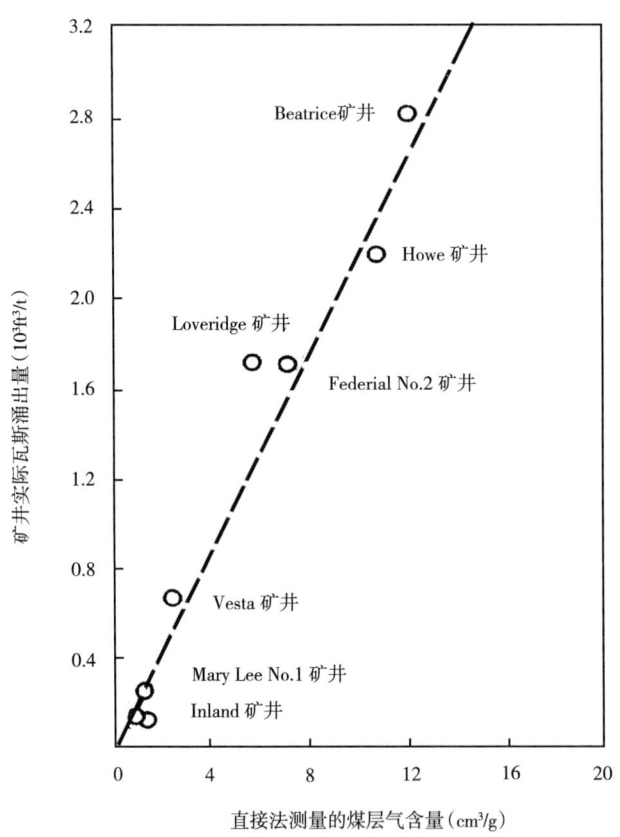

图 7　煤层气含量与实际瓦斯涌出量的关系（据 Kissell 等，1973，有修改）

6　煤层气开采

20 世纪早期，Powder 盆地一个牧场的水井钻入煤层，产出气体开始用于取暖，自此至少在小范围内已开采和使用煤层气。历史上已发现煤层气井均为低压、低流量生产井，直到最近煤层气才成为勘探目标。这是因为煤层气藏处于近似静水压力条件下，一旦游离气枯竭，气产量受甲烷解析和向裂缝的扩散控制。

实验室测定烟煤和更高煤阶煤的渗透率在低毫达西范围内。煤层渗透性多数受裂缝控制，地层局部和区域性地应力分布影响裂缝间距和方向。实验室样品尺寸一般太小，不足以表征地下储层条件。煤层通常呈现以地层裂缝优势方向为基础的非对称渗透性。

煤层气藏中，气水相对渗透率对初期开采影响重大。当煤被水饱和时，含水量必须降低至允许气体解析并向井筒流动的程度。研究表明高含水饱和度限制了气体流动（Taber等，1974）。图8显示了Pittsburgh组煤样的气水相相对渗透率与含水饱和度的关系。

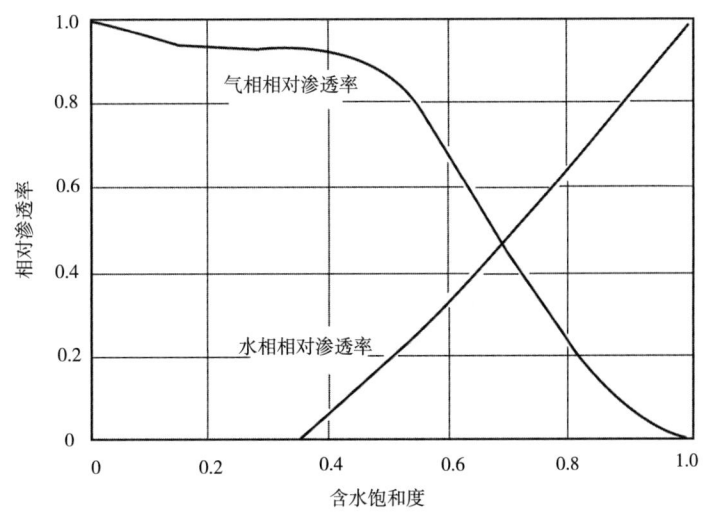

图8 在上覆岩层压力200psi条件下，Pittsburgh组煤样的气水相对渗透率与含水饱和度关系
（据Taber等，1974）
实验样品进行了脱水处理以降低其含水饱和度

孔径分布构成了另一种孔—渗关系，是煤中必须确定的问题。因大部分基质孔隙内径小于12Å，气体分子经基质扩散至破裂面的速率决定了该井的气开采速率（长期）。水分子有效地堵塞微孔喉道，阻碍气体从孔隙扩散，直到煤被采空。

7 煤层气资源

为评价落基山区多数盆地的煤层气资源，已经开展了大量详细研究。本文简要讨论了两个盆地的煤层气潜力，强调煤层气和潜在致密气砂岩储层的内在联系。所涉及盆地为San Juan盆地和Piceance盆地，感兴趣的盆地还包括Green River盆地、Uinta盆地和Raton盆地。这里将首先讨论San Juan盆地，因为它是已知煤层气开采区，盆地内与煤接触的砂岩储层也产气，初步确定煤层是烃源岩。余下讨论将集中在Piceance盆地，盆地内煤层与砂岩储层接触，被认为至少部分是上白垩统Mesaverde群致密气砂岩储层（包含Rollins砂岩、Cozzette砂岩和Corcoran砂岩）的烃源岩。

7.1 SAN JUAN 盆地

7.1.1 地质背景

San Juan盆地为一个不对称构造凹陷，位于新墨西哥州西北和科罗拉多州西南的四角山区，地质结构概述如图 9 所示。盆地北以 San Juan 山和 La Plata 山，东以 Archuleta 和 Macimiento 隆起，西以 Zuni 隆起，西北以四角山台地为界。盆地东北部埋藏最深，向斜轴靠近和平行于北部和东北部边界（图 10）。已有许多文章总结了盆地基本情况和地质条件，尤其是 Peterson 等（1965），这里不做进一步论述。盆地岩石年代从前寒武纪至新生代，本文仅详细讨论含煤的白垩纪岩石。白垩纪时的地质事件几乎只与海水运动有关。部分地层代表特定环境下向陆和向海的同期地层，例如海滩砂和漫滩沉积，而其他地层，如 Dakota 砂岩（包含层序中最老岩石）构成了海相和非海相沉积的复杂组合。

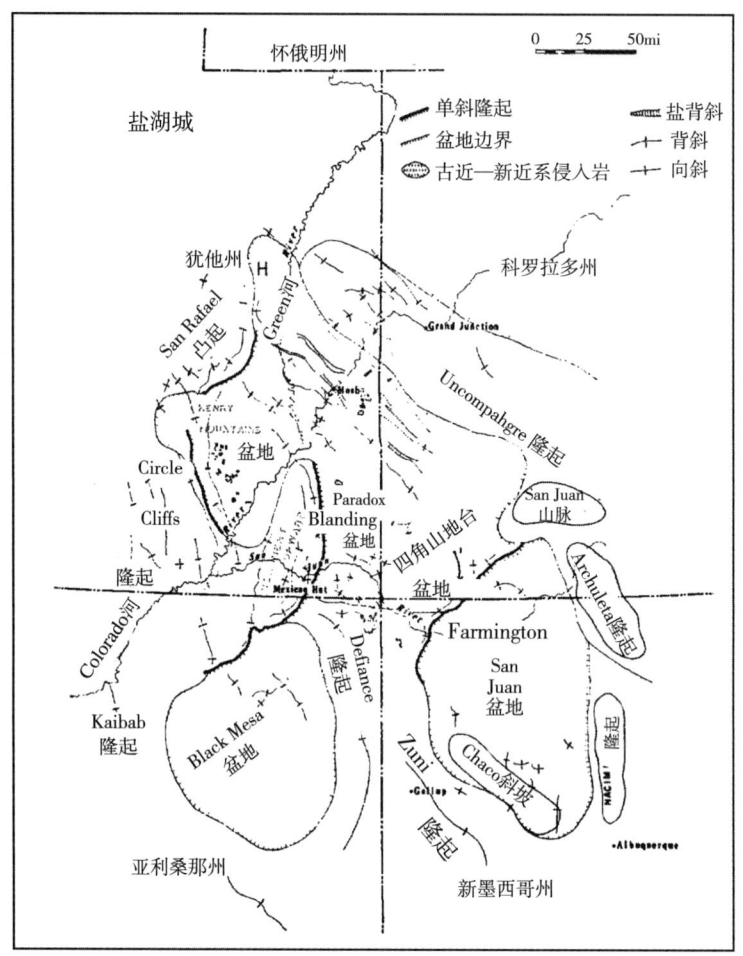

图 9　四角山区主要隆起和盆地（据 Peterson 等，1965）

尽管整个白垩系均发育煤，但最厚和最好的煤存在于 Mesaverde 群和 Fruitland 组。

因为整个盆地中，至少 Fruitland 组内，含煤岩石基本上连续分布，整个地区可视为一个矿场。但相关文献将 San Juan 盆地划分为多个煤田或煤矿区，正如 Shomaker 等（1971）指出少有明确定义各煤田或煤矿区的边界。研究认为盆地边缘煤层出露的狭长带富集可露天开采煤，其初始储量估计为 59 亿短吨①。煤层可见于下列白垩系单元内（按自下而上

---

① 1 短吨 = 0.907t。

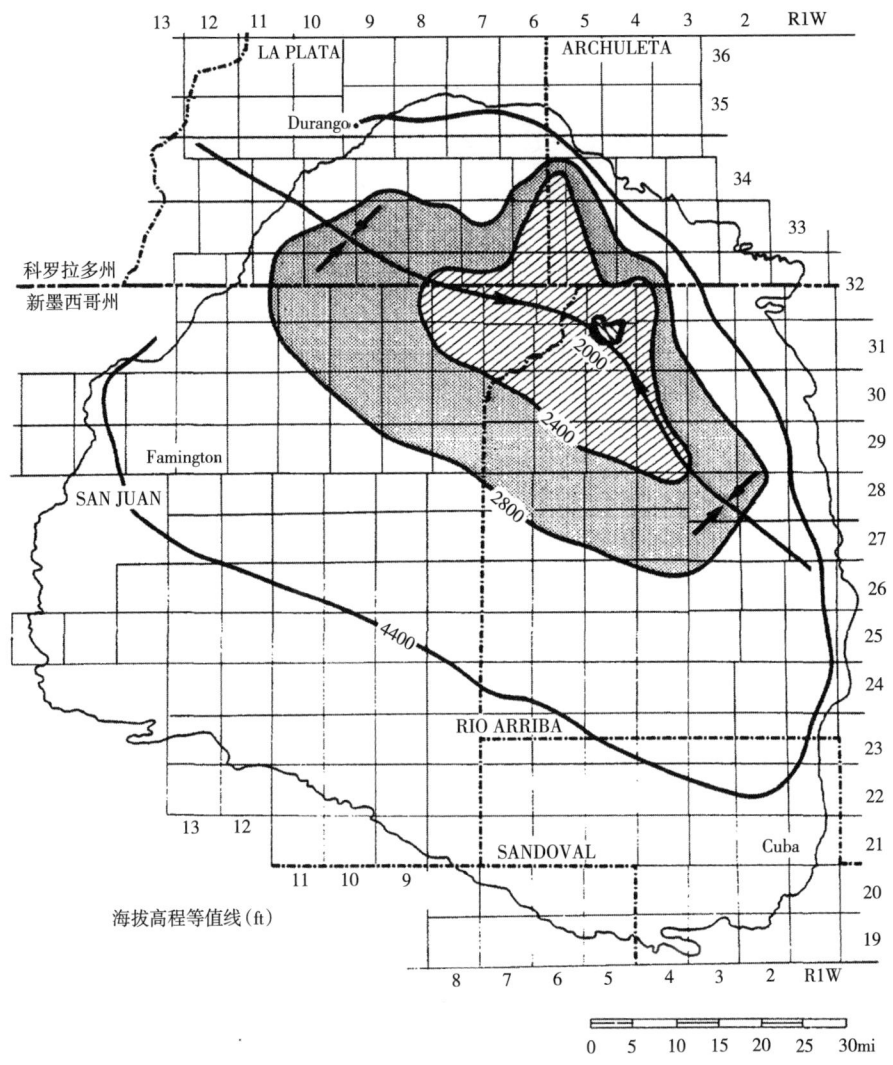

图 10　Lewis 页岩 Huerfonito 斑脱岩层的简化等值线图（据 Fassett 和 Hinds，1971，有修改）
图中显示了 San Juan 盆地中部深层的形状和位置

顺序）：Dakota 砂岩、Gallup 砂岩、Crevasse Canyon 组、Menefee 组和 Fruitland 组。其中，本文重点关注 Fruitland 组，其露头被认为是主要煤层气区边界（图 11）。

在 San Juan 盆地南部和西部，Dilco 段和 Gibson Coal 段内 Crevasse Canyon 组煤层直接覆盖在 Gallup 砂岩之上。Dilco 段发育多达 9 个煤层，主要层段厚度为 4~7ft（1.2~2.1m）。相邻高部位的煤层发育段是 Menefee 组。Menefee 组含煤地层下伏 Point Lookout 砂岩，上覆 Cliff House 砂岩，这三个岩石单元构成 Mesaverde 群。在盆地西部和南部，Menefee 组煤层总厚度为 30ft（9.1m）。

盆地内 Fruitland 组最新煤层的厚度最大、连续性最好、分布最广泛。盆地中部被 Hogback 单斜环绕的地区下伏 Fruitland 组煤层，覆盖面积约 6250mi^2（16188km^2），含煤约 2010×10^{8}t（Fassett 和 Hinds，1971，图 11）。在科罗拉多州西南，盆地西南部 Fruitland 组的煤阶为次烟煤，而在盆地中北部达到中挥发分烟煤。表 7 显示了 Fruitland 组内覆盖层埋

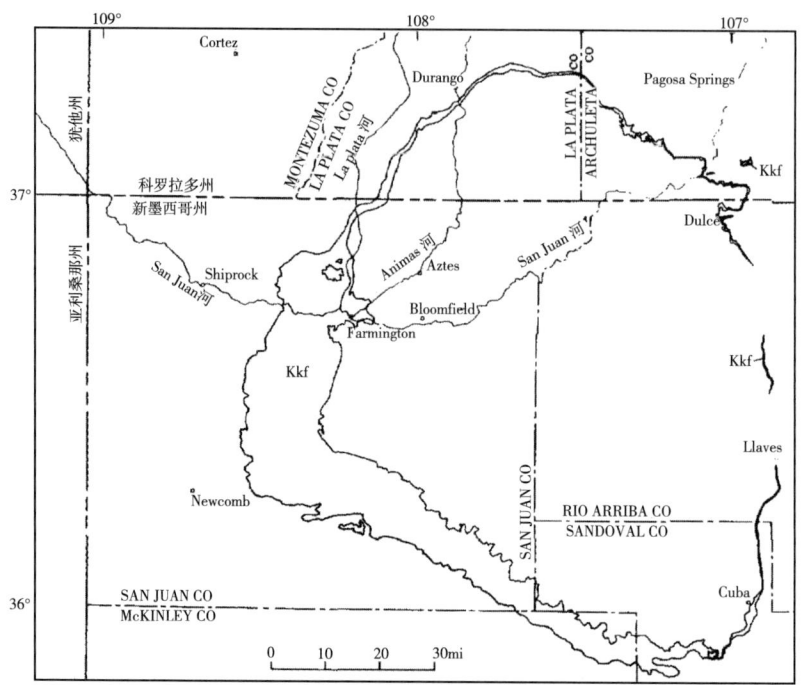

图 11　San Juan 盆地的地理位置（据 Fassett 和 Hinds，1977）

深变换时不同层厚的总煤量分布。

表 7　Fruitland 组煤炭资源量（据 Shomaker 和 Whyte，1977）

覆盖层 （ft）	指示深度层段总煤炭量（百万短吨）			总计
	2~5ft	5~10ft	10ft	
0~500	4021.1	4888.3	5728.9	14638.3
500~1000	3583.2	4780.0	5505.0	13868.2
1000~2000	8468.3	9809.1	9660.0	27937.4
2000~3000	11736.5	14759.7	32312.0	58808.2
3000~4000	14032.1	17291.8	51500.2	82824.1
>4000	501.4	594.5	1964.9	3060.8
总计	42342.6	52123.4	106671.0	201137.0

　　Fruitland 组煤层代表了上白垩统海洋最后一次从盆地海退、Pictured Cliffs 砂岩沉积时，海洋向岸侧的沼泽沉积。Fruitland 组在盆地北侧、西侧和南侧覆盖于 Pictured Cliffs 组之上，而在东南侧覆盖于 Lewis 页岩上。在盆地东部边缘地层局部舌状交错，并伴有厚度变化。在某些地方，地层呈假整合接触（Fassett 和 Hinds，1971）。常规做法是将最上部煤层或碳质页岩层的顶界指定为 Fruitland 组和上覆 Kirtland 页岩的接触面。如图 12 所示，煤的最大埋深略大于 4000ft（1219m），盆地轴线沿北西—南东向贯穿盆地东北部。图 13 是 Fruitland 组总煤层厚度的简化等厚图。在盆地西北和中北部的部分地区，煤厚度超过 70ft（21m）。最大煤厚度的轴线位于最大覆盖层厚度轴线的西南，走向北西—南东向。

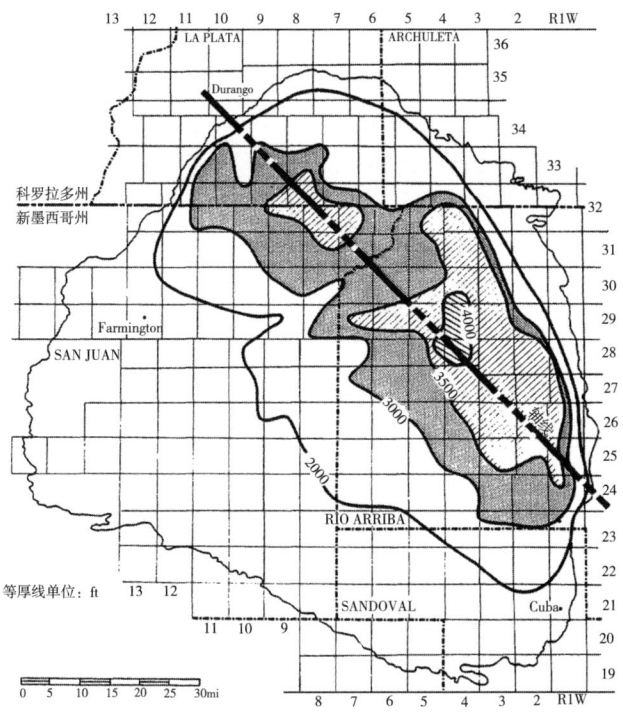

图 12　Fruitland 组煤炭矿床上覆盖层的平均厚度简化图（据 Fassett 和 Hinds，1971，有修改）

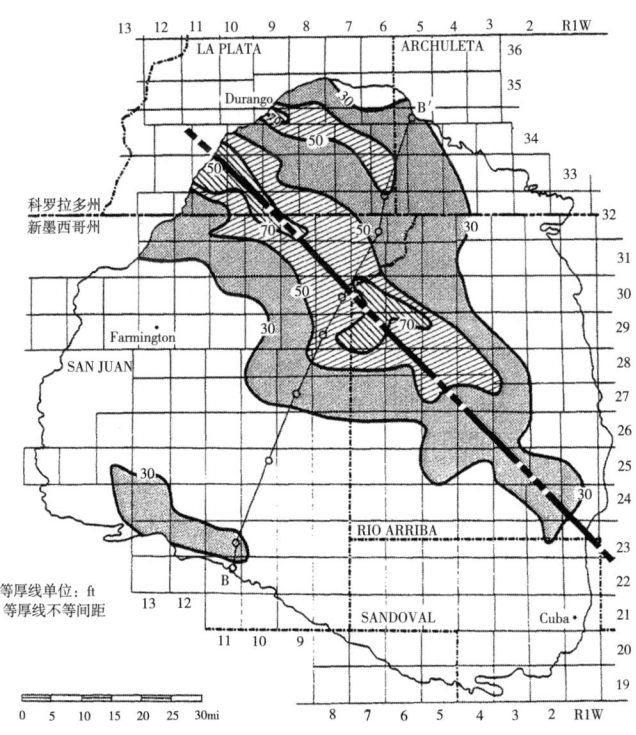

图 13　Fruitland 组总煤层厚度超过 30ft 区域中总煤层简化等厚图（据 Fassett 和 Hinds，1971，有修改）
挑选等值线确定最厚的煤富集区

7.1.2 潜在煤层气资源

7.1.2.1 San Juan 盆地煤层气潜力概述

San Juan 盆地是落基山脉山间地区众多沉积盆地的典型代表，对于了解美国的煤层气资源有重要意义。盆地包含诸多单独在其他盆地观察到的关键地质因素，这些地质因素明显影响煤层气的赋存规律和经济开采潜力。

San Juan 盆地煤炭开发受盆地有机质热演化的三类可能热源或热作用影响：向盆地中心有机质埋藏深度极大增加，因而提高埋藏沉积物的温度；巨大火成岩体的侵位，导致区域范围内过热，如与盆地北部接壤的 San Juan 山；来自岩株、岩床和岩栓复合体或与盆地东部接壤裂谷带（如 Rio Grande 裂谷）的小热源导致局部过热。另一主要因素是地质时期的沉积史和主岩发育史。

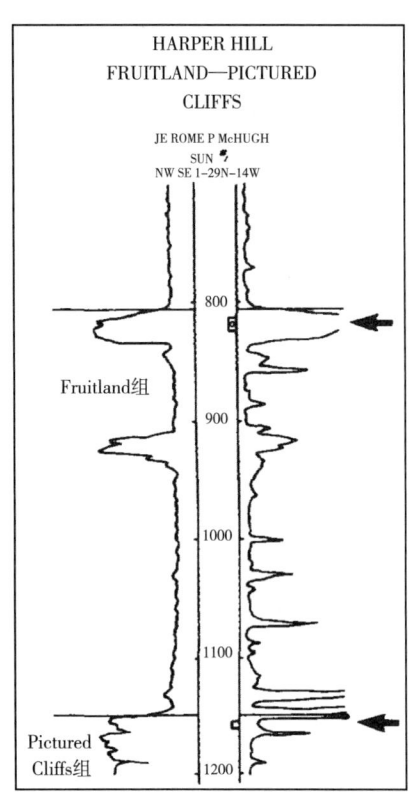

图 14 Fruitland 组气田的典型地球物理测井曲线（据 Fassett 等，1978）

7.1.2.2 Fruitland 组采气简述

许多井钻至 Fruitland 组煤层正下方的 Pictured Cliffs 组，从 Pictured Cliffs 组和 Fruitland 组的部分层段产气。因描述所有 Fruitland 组产气井是不切实际的，下面仅选择已确定的煤层气井进行讨论。新墨西哥州和科罗拉多州已明确的 Fruitland 组气田共 19 个。

图 14 展示了一口典型 Fruitland 组气井的常规地球物理测井曲线。该曲线段涵盖整个 Fruitland 组，包含上覆 Kirtland 组底部和下伏 Pictured Cliffs 砂岩上部。在盆地大部分地区，整个 Fruitland 组均发育煤层，但通常集中在两个小层内。一般而言，位于 Pictured Cliffs 砂岩正上方的下部小层中，煤组最厚。这一煤组内除含有薄煤层外，还有数个厚煤层，通常为 2~4 个厚煤层。根据 Fassett 等（1978）选择的典型 Fruitland 组产气段的测井曲线，认为当时 Fruitland 组产出的大部分气体来源于煤层，反映了煤层气开采情况。

以下简要描述代表 San Juan 盆地 Fruitland 组煤层气生产状况的三口井。第一口井是 Phillips 石油公司 San Juan 32-7 区块 6-17 井，被认为是 San Juan 盆地生产寿命最长的煤层气井。另外两口井是 Amoco 公司 Cahn-1 井和 Dugan 公司 Knauff-1 井，代表了使用相对较新煤层气知识的新井。

（1）Phillips 石油公司 San Juan32-7 区块 6-17 井。

该井完钻于 1953 年，是南 Los Pinos Fruitland 气田的发现井，从 3054ft 至总井深 3240ft（931~988m）为裸眼井完钻。

图 15 显示了 Phillips 石油公司 6-17 井的年产量曲线（据 K. C. Bowman，Fassett 等，1978，有修改），说明煤层气井的预计气产量与常规气井有明显差异。同时曲线显示开采期的前 20 年为负递减。年产量稳步增加，1953 年初始为 27.7×10^{6}ft^3（0.8×10^{6}m^3），1974 年达到最高 57.8×10^{6}ft^3（1.6×10^{6}m^3）。在此期间，井内压降可忽略不计。1953 年初始关

井压力为 1504psi。1977 年 43 天关井测试时，压力恢复到 1472psi，至测试结束时压力仍在增加。该井自投产起，累计产气 $1.1\times10^9 \text{ft}^3$（$3.1\times10^7 \text{m}^3$）。裸眼段含 5 个煤层，186ft（57m）裸眼井段内煤层总厚度为 23ft（7m）。

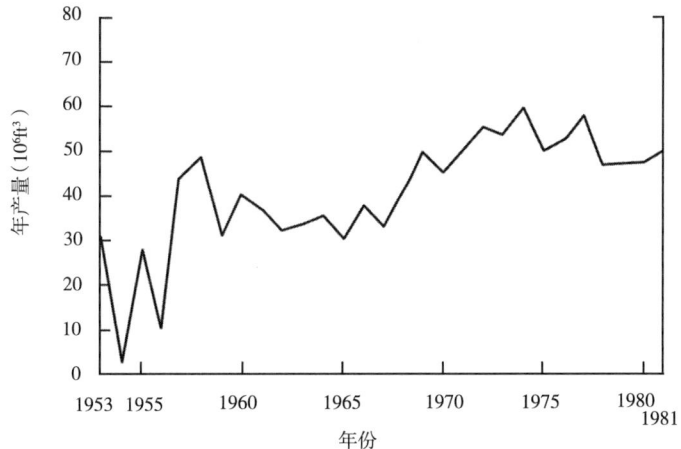

图 15　Phillips 石油公司 6-17 井的年产量曲线和位置图（据 K. C. Bowman，Fassett 等，1978，有修改）
　　该井位于新墨西哥州 San Juan 郡 South Los Pinos Fruitland 气田 San Juan 32-7 区块

（2）Amoco 公司 Cahn-1 井。

Cahn-1 井位于新墨西哥州 San Juan 郡 Mt. Nebo 油气田。完钻井深为 2812ft（857m），井底保留有 17ft（5.2m）裸眼段。根据邻井对比，该井 17ft 裸眼段与 Fruitland 组最下部煤层相关。图 16 说明从 1979 年到 1982 年该井气产量逐步增加。根据新墨西哥州油气委员会最新报告，该井日产气量超过 $1\times10^3 \text{ft}^3$（$28\times10^3 \text{m}^3$），产水量小于 100bbl（15.9kL）。

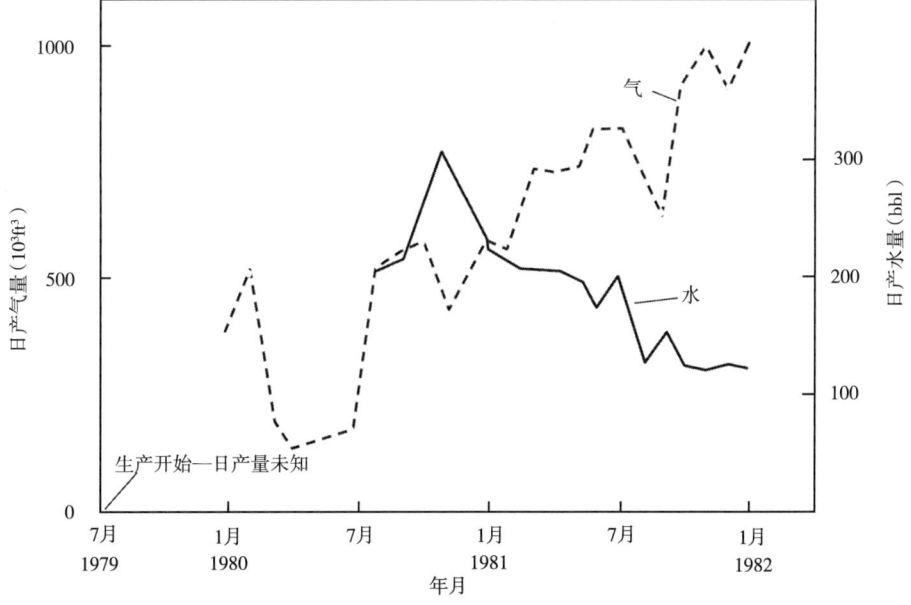

图 16　Amoco 公司 Cahn-1 井的日产气量和日产水量

(3) Dugan 公司 Knauff-1 井。

Knauff-1 井位于新墨西哥州 San Juan 郡 Kutz Fruitland 气田，是利用常规油气技术完钻于 Fruitland 组的典型代表。该井起初钻至较深层目标，在煤层回堵和选择性射孔，然后实施小规模压裂改造。射孔和增产改造层段为 1515~1521ft（462~464m）的一个单煤组。图 17 显示射孔段为上部 Fruitland 组煤层，并展示了 1976 年 6 月至 1981 年 4 月的月产量数据。截止到 1980 年底，该井累计产气达 $197 \times 10^6 ft^3$（$5.6 \times 10^6 m^3$），未见水。

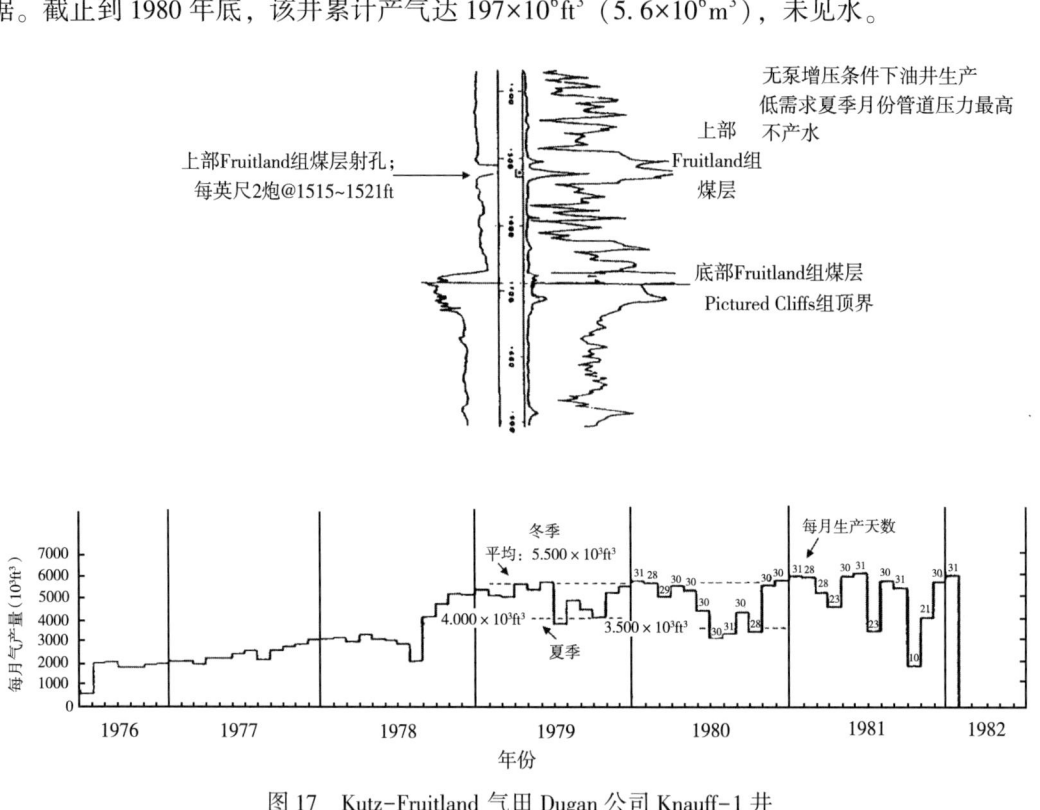

图 17 Kutz-Fruitland 气田 Dugan 公司 Knauff-1 井
图中显示月产气量和地球物理测井曲线，曲线上标注了上部 Fruitland 组煤层的射孔段位置

7.1.2.3 Fruitland 组煤层的气含量

过去几年内累计采样 28 口井，进行煤层气含量分析。在美国能源部"从煤层回收甲烷项目"支持下，美国地质调查所、科罗拉多州地质调查所（Tremain 和 Toomey，1983）、新墨西哥大学（Williams 和 Smith，1981）和 TRW 公司分别采集了样品。28 口井的平均气含量为 $3 \sim 587 ft^3/t$（$0.09 \sim 18.34 cm^3/g$）（图 18）。这些气体为干气，甲烷含量近 90%。多数井中存在以 N_2 和 CO_2 为主的非烃组分，N_2 和 CO_2 平均含量分别为 5% 和 3.2%。图 19 显示整个盆地范围内从西南向东北，煤埋深、煤累计厚度和总地层厚度逐渐增加。同时随着盆地内埋深增加，气含量明显增加。

7.1.3 煤层气资源估算

逐个乡镇对 Fruitland 组气体浓度和总气含量进行评价，建立资源分布图，如图 20 所示。图中展示了厚度大于 2ft（0.6m）的 Fruitland 组煤层的气含量等值线，单位为 $10 \times 10^8 ft^3/mi^2$。这些数据可用于确定仅存于 Fruitland 组煤层中的总气量。总煤层气资源量估计为 $31 \times 10^{12} ft^3$（$0.9 \times 10^{12} m^3$）。

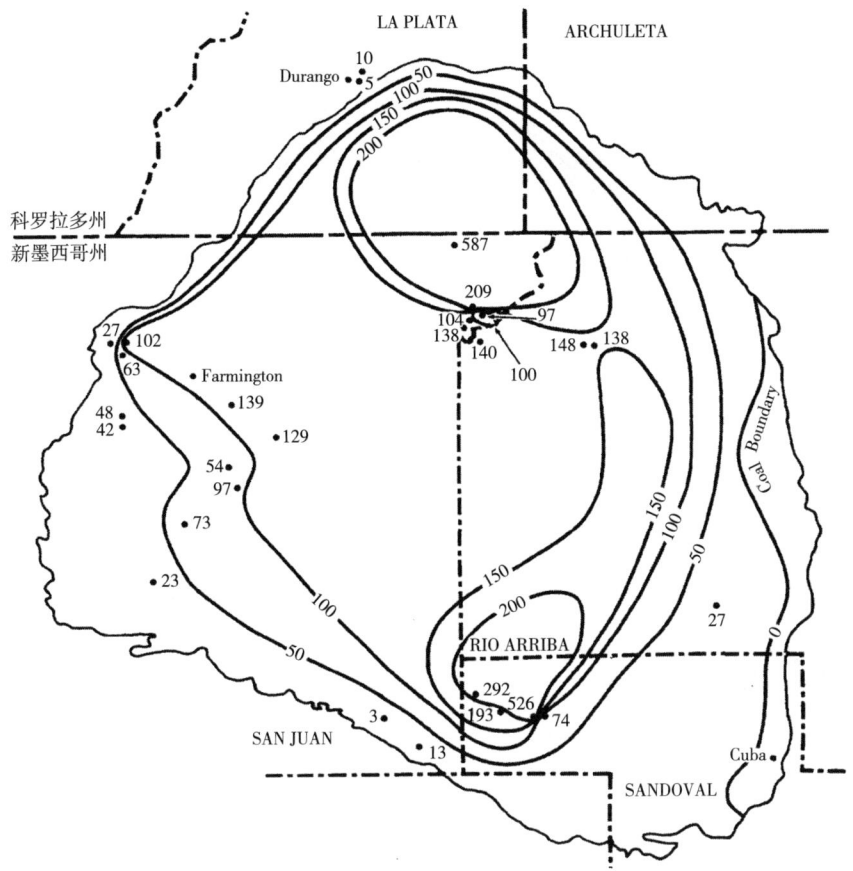

图 18 Fruitland 组煤层单井平均总气量（ft³）等值线图
所绘制等值线反映了前述图件所示地层、构造和煤阶

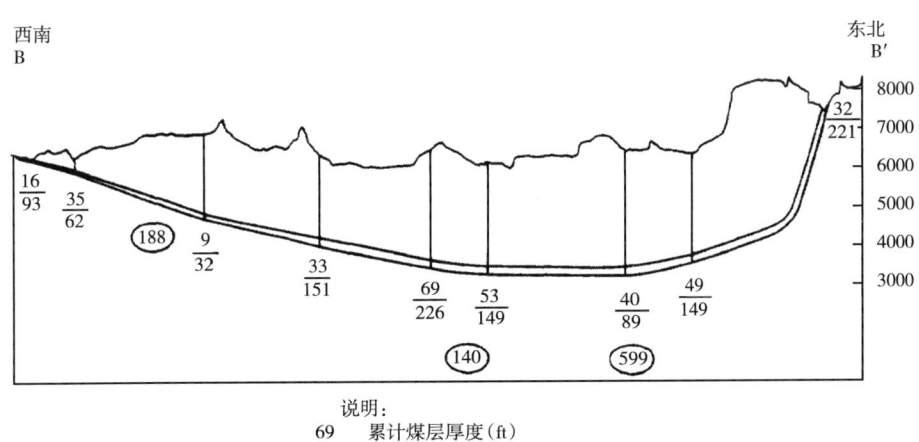

说明：
$\dfrac{69}{226}$ $\dfrac{\text{累计煤层厚度(ft)}}{\text{含煤层段厚度(Fruitland组)}}$

(140) 平均甲烷含量(ft³/t)，投影至剖面线

图 19 San Juan 盆地南西—北东向横剖面 B—B′
图中显示了累计煤层厚度、含煤层段厚度和平均甲烷含量

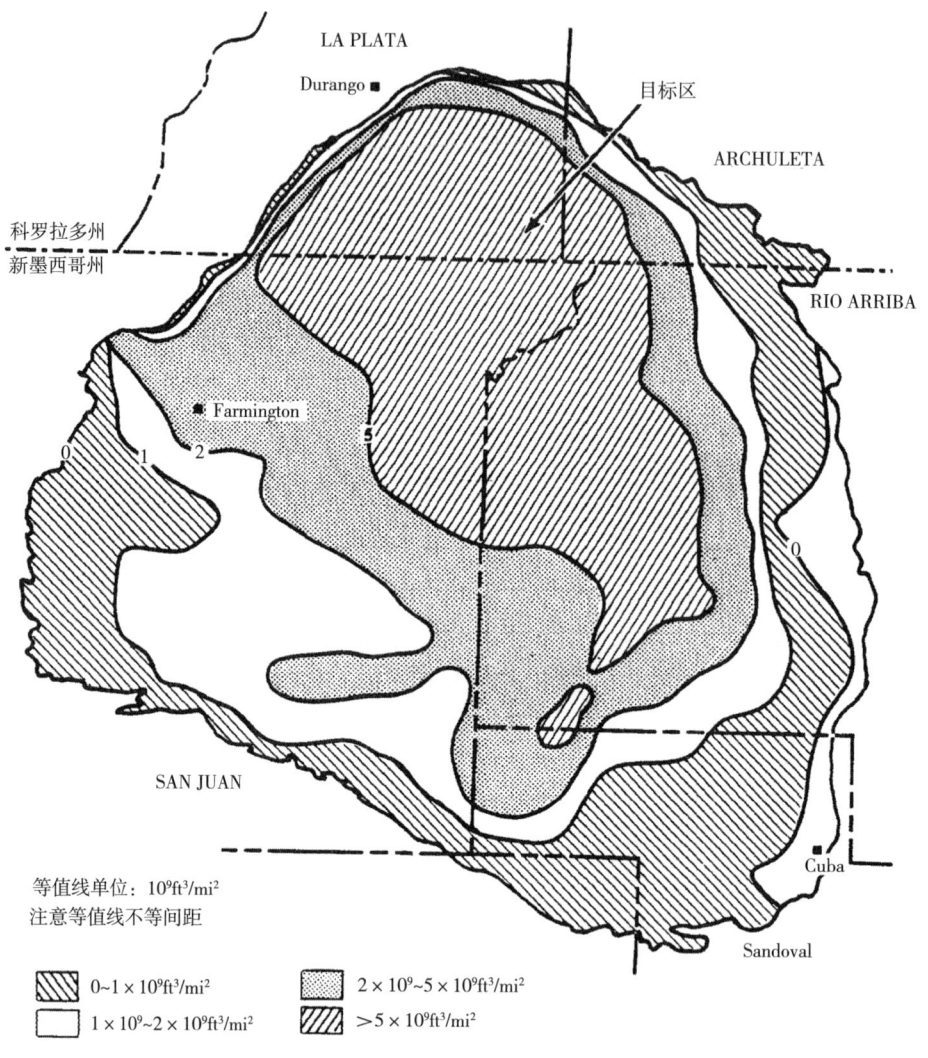

图 20　San Juan 盆地煤层气目标区

Fruitland 组煤层气的高潜力目标区定义为 $5×10^9 ft^3/mi^2$（$5.5×10^{10} m^2/km^2$）的气含量等值线圈定范围，面积为 $1500 mi^2$（$3885 km^2$）。尽管该区域作为勘探目标过大，但重要的是整个区域下伏含煤 Fruitland 组是生成甲烷的供给者；所有目的层深度均小于 4500ft（1372mi），埋藏相对较浅；煤层平均气含量为 $8×10^6 \sim 65×10^6 ft^3/arce$（$0.6×10^6 \sim 4.5×10^6 m^3/ha$）（Choate 等，1982）。

7.2 PICEANCE 盆地

7.2.1 地质背景

Piceance 盆地位于科罗拉多州西北部，北以 Axial 盆地隆起和 Uinta 山脉，东以 Grand Hogback 单斜、White River 隆起和 Sawatch 山脉，南以 Gunnison 隆起，西以 Douglas Creek 穹窿和 Uncompahgre 隆起为界。它是一个北西—南东向的狭长不对称盆地，地下构造特征明确。盆地的 Mesaverde 群含煤面积达 $6570 mi^2$（$17016 km^2$）。含煤地层主要是白垩纪陆相和海—陆混合相沉积物。接近白垩纪末期，盆地以陆相沉积为主。Mesaverde 群多数煤层位于 Rollins 砂岩上方，被认为是淡水成因（Collins，1976）。Rollins 层上方覆盖层平均厚度如图 21 所示。煤层同 Dakota 砂岩和 Mesaverde 群一起被识别。Mesaverde 群煤层与主要砂岩段伴生，并位于其正上方。这些砂岩主要包含 Trout Creek-Rollins 砂岩、Cozzette 砂岩和 Corcoran 砂岩，其中盆地大部分地区可追踪到 Trout Creek-Rollins 砂岩。尽管主要含煤层段——尤其是 Rollins 砂岩正上方的 Cameo 煤组——延伸距离较远，在盆地东南部多数地区可对比（图 22），但多数单一煤层呈不连续透镜状，在盆地范围内无法对比。

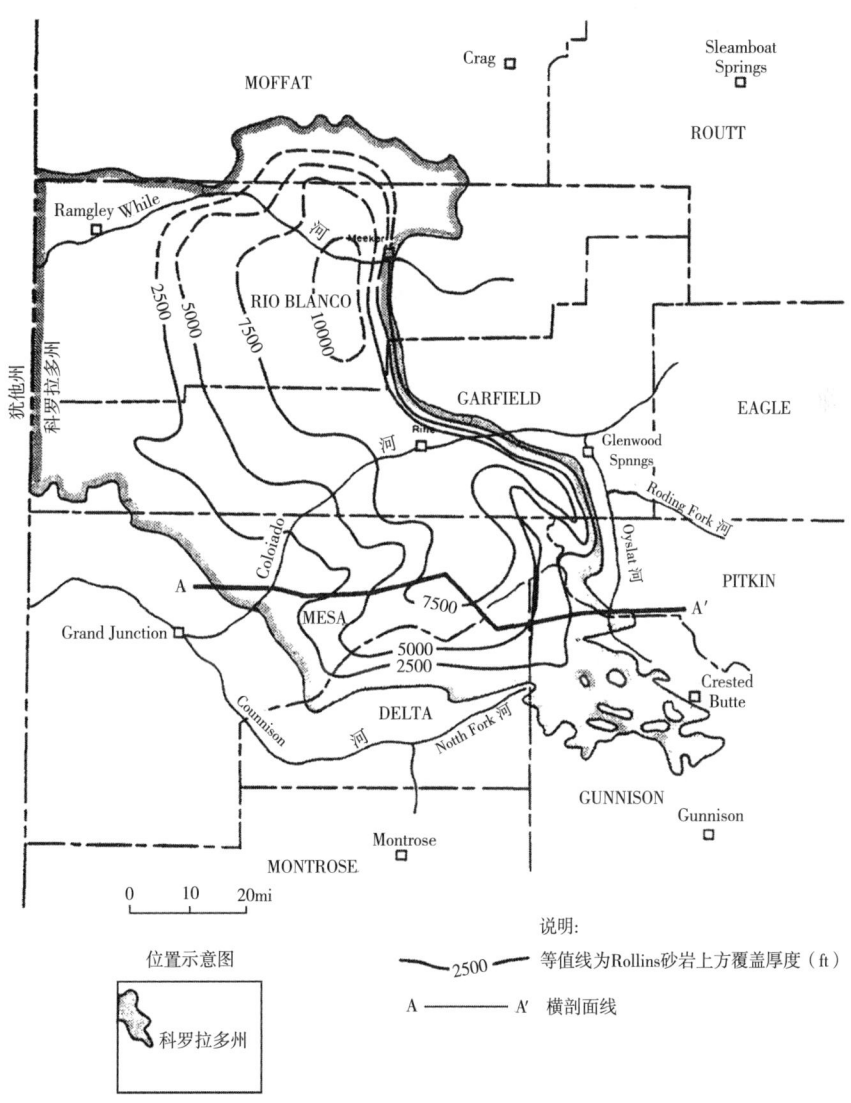

图 21　Rollins 砂层覆盖层的平均厚度简化图

在 Piceance 盆地东南部，煤沉积后发生一段时间的岩浆侵入和喷发活动，已查明有大量岩盖切入和热蚀变含煤岩石。尽管切入始新世岩石，但岩盖的确切地质时代未知。Elk 山脉和伴生的 San Juan 山喷发复合体侵位，形成异常高地温梯度，整个盆地东南部可能均受其影响（Choate 和 Rightmire，1982）。

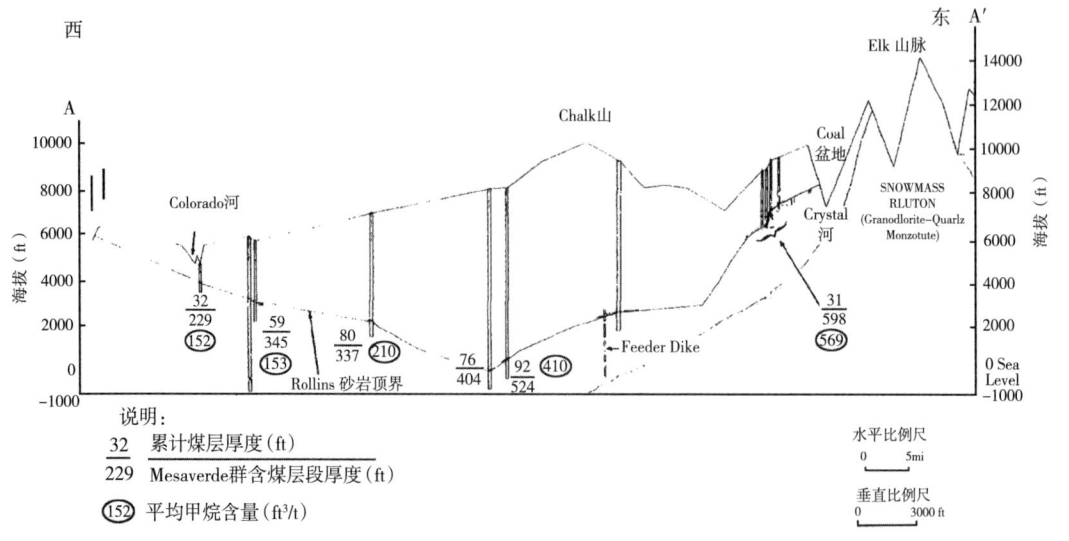

图 22 Piceance 盆地西—东向横剖面 A—A′（据 Choate 等，1981）
图中显示了累计煤层厚度、含煤层段厚度和平均甲烷含量

7.2.2 煤炭资源

白垩纪海退时，在海滩沉积后，又沉积了 Piceance 盆地晚白垩世沉积的主要煤层。盆地内最厚煤层发育于 Rollins-Trout Creek 砂岩（或其同期地层）之上，是 Mesaverde 群 Iles 组顶界沉积标志。Cozzette 砂岩、Corcoran 砂岩和 Sego 砂岩之上也可见相似产状煤层。

盆地多数地区煤阶为高挥发分 C—半无烟煤，但不超过中等挥发分烟煤。煤阶一般由北向南增加。利用镜质组反射率测量值编制了 Piceance 盆地东南部煤阶分界图，如图 23 所示（Freeman，1979）。多个半无烟煤区沿 Piceance 盆地向斜轴分布。

Hornbaker 等（1976）估算出至 6000ft（1828m）深度范围内的盆地煤炭资源量接近 $550×10^8$t。Choate 等（1981）借助地球物理测井资料，估算出整个盆地的煤炭资源量超过 $3800×10^8$t。盆地腹部 75% 含煤岩石埋深超过 3000ft（914m）。据报道，盆地累计煤层厚度超过 100ft（30m）（图 24）。

多数煤田位于盆地边缘，煤层由当地独立命名。

7.2.3 潜在煤层气资源

美国矿物局的收集整理数据清楚显示 Piceance 盆地是美国西部含气最多的煤区（Murray 等，1977）。在 Piceance 东南部，单个开采矿井的瓦斯涌出量为 $2.2×10^6 \sim 18000×10^6 ft^3/d$。Coal 盆地区矿井排放气体最多，4 口矿井日均涌出量达 $1×10^6 ft^3$（$2.8×10^4 m^3$）。这些矿井中煤的含气量也极高。

在 Piceance 盆地内采集了大量样品，进行煤层气分析，包括近露头处浅层岩心样品和近盆地中心处埋深 8000ft（2438m）的煤心样品。观测气含量变化范围较大，盆地西北部浅煤层气含量小于 $100ft^3/t$（$3.1cm^3/g$），Coal 盆地附近深度 2000ft（610m）煤样气含量则大于 $1000ft^3/t$（$31.25cm^3/g$）（Choate 等，1981）。平均气含量分布如图 22 和图 24 所示。盆地轴部煤样埋深 8000ft（2438m），气含量超过 $400ft^3/t$（$12.5cm^3/g$）。在邻近科罗拉多州 Rifle 地区，配合致密气砂岩多井试验采集煤样，其煤阶为高挥发分 A 烟煤—半无烟煤。

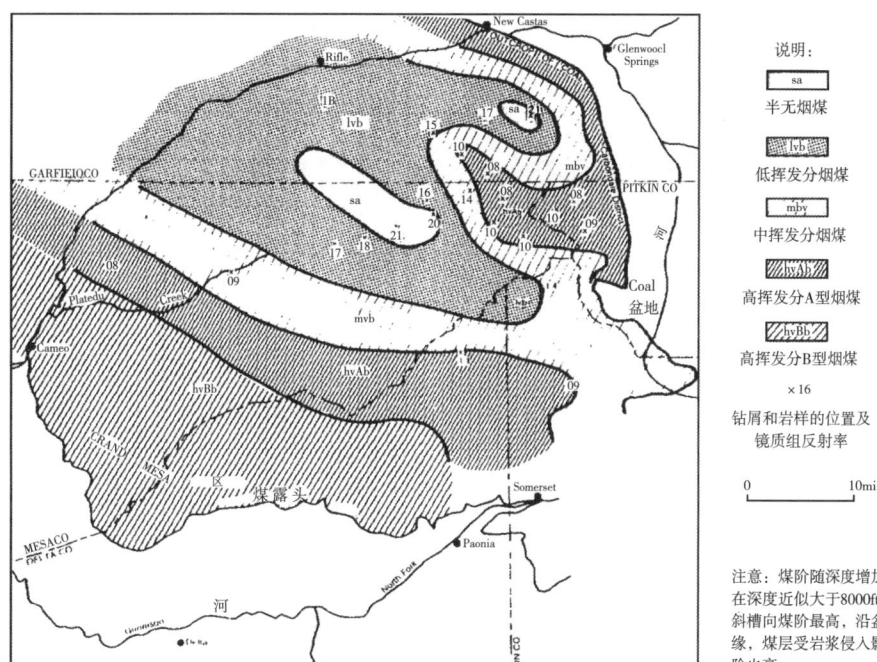

图 23　Piceance 盆地东南部的煤阶分界图

该图编制基于钻屑和岩样的镜质组反射率（据 Freeman，1979）

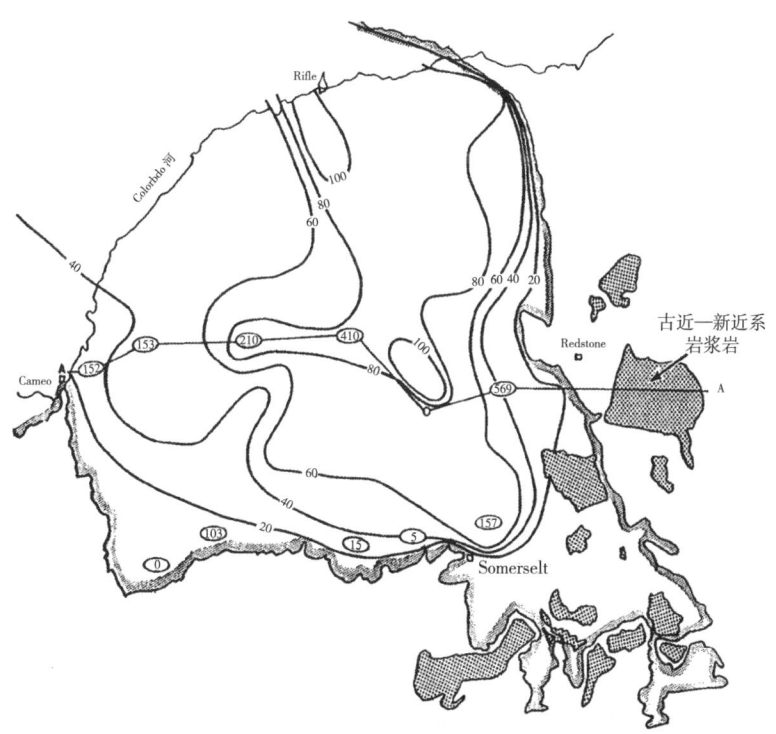

图 24　Piceance 盆地科罗拉多河南部 Mesaverde 群煤层等厚图和甲烷含量

等值线间距为 20ft；气含量单位 ft^3/t。横剖面 A—A′位置如图 22 所示

煤样气含量为125~336ft³/t（3.9~10.5cm³/g），采样深度为7200~7400ft（2195~2256m）。

煤阶达到低挥发分烟煤—半无烟煤分界线的煤生成甲烷超过5000ft³/t（156.25cm³/g）。很明显，煤化过程生成气体的一些主要部分不再赋存于煤中，而是逸散后可能充填相邻储层。

7.2.4 Piceance盆地煤层气开采尝试

在Piceance盆地的不同地区进行了数次煤层气开采的早期尝试。盆地东北侧的Rio Colorado Cactus Valley项目是利用常规技术煤层完井的一次极早期尝试。尽管煤样解析作用明显生成大量地层气，但人工增产煤层的初步尝试未能奏效。

Exxon公司在科罗拉多州Mesa郡Vega-2井尝试煤层完井，随后又试图钻至更深层目标Cozzette砂岩，但未成功。该井被回堵、射孔，并对7800~8100ft（2377~2469m）段内共4个煤层实施人工增产。该井初始日产量为500×10³ft³（14×10³m³），但短时间内很快水淹。在Vega-2井300ft（91m）厚层段内，总煤厚度达76ft（23m）。根据相邻Vega-3井平均气含量410ft³/t（12.8cm³/g），估算出Vega区块气含量近35×10⁹ft³/mi²（0.4×10⁹m³/km²）（Choate等，1981）。

Snyder石油公司在盆地东翼New Castle附近成功钻探了多口井。这些井钻至近7000ft（2134m），测试了Rollins组正上方Cameo煤组的煤层。报告指出至少一口井在埋深近7000ft（2134m）处钻遇气饱和煤，表明该区煤层气具备一定的开采潜力。Amoco及其他公司在盆地不同地区陆续进行或计划了补充试验，将会提供关于完井技术的基础数据，改善盆地煤层气和致密气砂岩的开采技术。

图21展示了煤层气开采特定区域内Rollins砂岩或Rollins同期地层顶界的近似深度。横剖面A-A'（图22）显示了Rollins组顶部Cameo煤组的相对深度，同时标注了盆地内大量已测试井的累计煤层厚度、含煤层段厚度和平均气含量。此外，附带说明了Piceance盆地与Snowmass侵入体的关系，后者导致该区地温梯度异常高，因而使得与Piceance盆地东南部火成侵入岩相邻的煤成熟度异常高。这为该区提供了高于预期的煤阶和生气量，造成一般高成熟煤区内致密气藏潜在超压。评估累计煤层厚度和气含量时，可利用图24显示数值至少在Piceance盆地东南部开展一次资源量估算。根据整个盆地的气含量和累计煤层厚度评估资料，科罗拉多河以北和以南地区的煤层气潜在资源量分别约为36×10¹²ft³（1×10¹²m³）和24×10¹²ft³（0.7×10¹²m³）。盆地煤层气总资源量约为60×10¹²ft³（1.7×10¹²m³），下限为30×10¹²ft³（0.8×10¹²m³），上限达110×10¹²ft³（3.1×10¹²m³）。

7.2.5 区域煤层气评价

Choate和Rightmire（1982）调查了San Juan山火成杂岩与前述两个盆地的煤层气开采或煤层气潜在开采之间的相互关系。图25是相对San Juan山脉和Rio Grande裂谷所代表高热流中心的煤层气目标区概要图。以La Garita破火山口为中心，画一个半径125mi（201km）的圆。在圆形区内，Piceance盆地东南部和San Juan盆地北部煤层气资源量分别为36×10¹²ft³（1×10¹²m³）和28×10¹²ft³（0.8×10¹²m³）（Choate和Rightmire，1982）。如果将Raton盆地也包含在这一区域内，则总资源量增加74×10¹²ft³（2.1×10¹²m³），其中煤层气资源量增幅达10×10¹²ft³（0.3×10¹²m³）。假设其中50%可采，则该区（含Piceance盆地、San Juan盆地和Raton盆地）的储量基础达到37×10¹²ft³（1×10¹²m³）。这一数值仅涉及煤层本身所含气体，不包括相邻储层中煤源气。

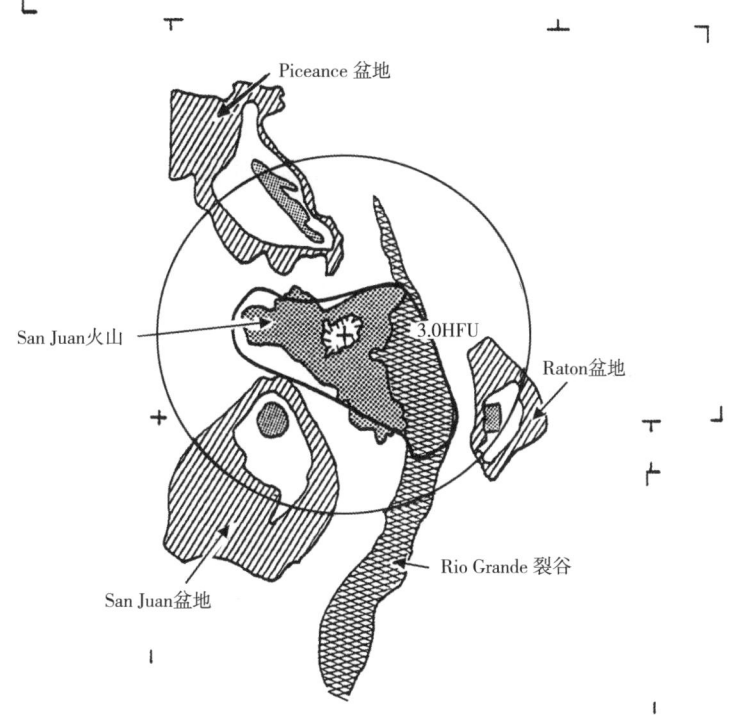

图 25 相对 San Juan 山和 Rio Grande 裂谷所代表高热流中心的煤层气目标区概要图
圆形区以 La Garita 破火山口为中心，半径为 125mi

8 结论

落基山区沉积山间盆地中不同煤阶的煤形成时，大量天然气生成。虽然煤化作用生气量多于现今采样煤层中观测量，但已证实大量天然气赋存于煤层内。多余天然气——生成但未在煤层中发现的天然气——是盆地内常规和致密砂岩气藏的主要气源。

San Juan 盆地和 Piceance 盆地 Mesaverde 群部分层段被确定为致密砂岩储层。这些岩石沉积于陆相或过渡相沉积环境，含陆源植物碎屑。当植物碎屑富集形成煤矿床时，生成大量天然气，其中部分被煤捕获，部分则运移至相邻储层。即便植物碎屑数量不足以形成煤层，有机质仍能经煤熟化作用而趋于成熟，潜在地生成大量天然气，为相似气藏提供气源。根据美国西部致密气潜力研究，致密气不能脱离煤层气而单独成藏，研究某地区总资源量时两者皆要兼顾。二者仅开采方式可能视为不同。

参考文献

[1] ADAMS, M. A., et al., 1982, Geologic overview, coal resources, and potential methane recovery from coalbeds, northern Appalachian coal basin, Pennsylvania, Ohio, Maryland, West Virginia, and Kentucky: Prepared for U.S. Department of Energy, Morgantown Energy Technology Center, by TRW Coalbed Methane Program, McLean, VA, 179 p.

[2] ASTM, 1975, Standard specification for classification of coals by rank: ASTM 388-66, in 1975 Annual Book of ASTM Standards, Part 26, p. 212-216.

[3] CHOATE, R. , D. JURICH, and G. J. SAULNIER, Jr. , 1981, Geologic overview, coal deposits and potential for methane recovery from coalbeds, Piceance basin Colorado: Prepared for U. S. Department of Energy Morgantown Energy Technology Center, by TRW Energy Engineering Division, McLean, VA, 184 p.

[4] CHOATE, R. , J. LENT, and C. T. RIGHTMIRE, 1982, San Juan basin report—Upper Cretaceous geology, coal and the potential for methane recovery from coalbeds, San Juan basin, Colorado and New Mexico, revision 1: Prepared for U. S. Department of Energy, Morgantown Energy Technology Center by TRW Coalbed Methane Program, McLean, VA, 149 p.

[5] CHOATE, R. , and C. T. RIGHTMIRE, 1982, Influence of the San Juan Mountain geothermal anomaly and other Tertiary igneous events on the coalbed methane potential in the Piceance, San Juan, and Raton basins, Colorado and New Mexico: Proceedings of SPE/DOE Unconventional Gas Recovery Symposium, Pittsburg, PA, Society of Petroleum Engineers Paper SPE/DOE 10805, p. 151-164.

[6] COLLINS, B. A. , 1976, Coal deposits of the Carbondale, Grand Hogback and southern Danforth Hills coal fields, eastern Piceance basin, Colorado: Colorado School of Mines Quarterly, v. 71, no. 1, 138 p.

[7] DEUL, M. , and A. G. KIM, 1978, Methane drainage—an update: Mining Congress Journal, July 1978, p. 38-41.

[8] DOLLY, E. D. , and F. F. MEISSNER, 1977, Geology and gas exploration potential, Upper Cretaceous and lower Tertiary strata, northern Raton basin, Colorado: Rocky Mountain Association of Geologists, 1977 Symposium, p. 247-270.

[9] EDDY, G. E. , C. T. RIGHTMIRE, and C. BYRER, 1982, Relationship of methane content of coal, rank and depth: Proceedings of SPE/DOE Unconventional Gas Recovery Symposium, Pittsburg, PA, Society of Petroleum Engineers Paper SPE/DOE 10800, p. 117-122.

[10] FASSETT, J. E. , and J. S. HINDS, 1971, Geology and fuel resources of the Fruitland Formation and Kirtland Shale of the San Juan basin, New Mexico and Colorado: USGS Professional Paper 676, 76 p.

[11] FASSETT, J. E. , N. D. THOMAIDIS, M. L. MATHEWS, and R. A. ULLRICH, eds. , 1978, Oil and gas fields of the Four Corners area, v. I and II: Durango, CO, Four Corners Geological Society, 727 p.

[12] FEDERAL ENERGY REGULATORY COMMISSION, June 1978, U. S. Department of Energy, Nonconventional natural gas resources, DOE/FERC-0010.

[13] FREEMAN, V. L. , 1979, Preliminary report on the rank of deep coals in part of the southern Piceance Creek basin, Colorado: USGS Open-File Report 79-725, 10 p.

[14] GAN, H. , P. NANDI, and P. O. WALKER, JR. , 1972, Nature of porosity in American Coals: Fuel, v. 51, p. 272-277.

[15] GANT, D. J. , 1983, Spirit River Formation—a stratigraphic diagenetic gas trap in the Deep basin of Alberta: AAPG Bulletin, v. 67, p. 557-587.

[16] HORNBAKER, A. L. , R. D. HOLT, and D. K. MURRAY, 1976, 1975 Summary of coal resources in Colorado: Colorado Geological Survey Special Publication 9, 17 p.

[17] HUNT, J. M. , 1979, Petroleum geochemistry and geology: San Francisco, W. H. Freeman and Co. , 617 p.

[18] JURICH, D. M. , C. T. RIGHTMIRE, and C. W. BYRER, 1981, Coalbed methane exploration and development in the United States: Proceedings, Third International Coal Exploration Symposium, Calgary, August 1981, 14 p.

[19] KARWEIL, J. , 1969, Aktuelle Probleme der Geochemie der Kohle, in P. A. Schenk and I. Haveuaar, eds. , Advances in organic geochemistry: Oxford, England, Pergamon Press, p. 59-84.

[20] KIM, A. G. , 1977, Estimating methane content of bituminous coalbeds from adsorption data: U. S. Bureau of Mines RI 8245, 22 p.

[21] KISSELL, F. N., C. M. MCCULLOCH, and C. H. ELDER, 1973, The direct method of determining methane content of coalbeds for ventilation design: U.S. Bureau of Mines RI 7767, 17 p.

[22] KUUSKRAA, V. A., and R. F. MEYER, 1980, Review of world resources of unconventional gas: Proceedings, IIASA Conference on Conventional and Unconventional World Natural Gas Resources, Laxenburg, Austria, June 30–July 4, 1980, p. 27–43.

[23] MCCULLOCH, C. M., J. R. LEVINE, F. N. KISSELL, and M. DEUL, 1975, Measuring the methane content of bituminous coalbeds: U.S. Bureau of Mines RI 8043, 22 p.

[24] MCPEEK, L. A., 1982, Eastern Green River basin: a developing giant gas supply from deep overpressured upper Cretaceous sandstones: AAPG Bulletin, v. 65, p. 1078–1098.

[25] MURRAY, D. K., H. B. FENDER, and D. C. JONES, 1977, Coal and methane gas in southeastern part of the Piceane Creek basin, Colorado, in A. K. Veal, ed., Exploration frontiers of the central and southern Rockies: Rocky Mountain Association of Geologists, 1977 Symposium, p. 379–405.

[26] NATIONAL PETROLEUM COUNCIL, 1980, Committee on unconventional gas sources, in National Petroleum Council, Volume II—coal seams, William N. Poundstone, Chairman.

[27] PETERSON, J. A., A. J. LOLEIT, C. W. SPENCER, and R. A. ULLRICH, 1965, Sedimentary history and economic geology of San Juan basin: AAPG Bulletin, v. 49, no. 11, p. 2076–2119.

[28] RIGHTMIRE, C. T., and C. W. BYRER, 1981, Coalbed methane exploration and development: U. N. Conference on Small Energy Resources, U. N. Institute for Training and Research, Los Angeles, September 1981, UNITAR/CF9/II/14.

[29] ROSENBERG, R. B., and J. C. SHARER, 1979, Natural gas from geopressured zones: Gas Research Institute Digest, v. 2, no. 2, p. 5.

[30] SHARER, J. C., and J. J. RASMUSSEN, 1980, Position paper: Unconventional natural gas: Gas Research Institute.

[31] SHOMAKER, J. W., and M. R. WHYTE, 1977, Geologic appraisal of deep coals, San Juan basin, New Mexico: New Mexico Bureau of Mines and Mineral Resources, Circular 155, 39 p.

[32] SHOMAKER, J. W., E. C. BEAUMONT, and F. E. KOTTLOWSKI, 1971, Strippable low-sulfur coal resources of the San Juan basin in New Mexico and Colorado: New Mexico State Bureau of Mines and Mineral Resources, Memoir 25, 189 p.

[33] STACH, E., M. T. MACKOWSKY, M. TEICHMULLER, G. H. TAYLOR, D. CHANDRA, and R. TEICHMULLER, 1982, Coal Petrology, 3rd ed: Berlin, Gebruder Boratraeger, 535 p.

[34] TABER, J., P. FULTON, M. DABBAUS, and A. REZERIK, 1974, Development of techniques and the measurement of relative permeability and capillary pressure relationships in coal: U.S. Bureau of Mines Contract Final Report, Contract G0122006.

[35] TISSOT, B., B. DURAND, J. ESPITALIE, and A. COMBAZ, 1974, Influence of nature and diagenesis of organic matter in formation of petrolem: AAPG Bulletin, v. , 58, no. 3, p. 498–506.

[36] TREMAIN, C. M., and J. TOOMEY, 1983, Coalbed methane desorption data: Colorado Geological Survey Open-File Report 81-4, 513 p.

[37] WILLIAMS, F. L., and D. SMITH, 1981, Methane recovery from New Mexico coals: University of New Mexico, Bureau of Engineering Research, Final Report No. NE-86 (81) TRW-915-1, TRW Contract H16217JJOS, January 1981, 229 p.

科罗拉多州 Raton 盆地白垩系 Trinidad 砂岩的潜在盆地中心气藏研究

Peter R. Rose, John R. Everett, Ira S. Merin

摘要 科罗拉多州南部 Raton 盆地与落基山其他拉腊米（Laramide）盆地的地质特征类似，盆地深部白垩系和古近—新近系致密砂岩大面积发育丰富天然气气藏。这些盆地中心气藏另成一类，与常规构造或地层圈闭气藏截然不同。根据地质类比、精细地质成图、气测显示和钻井测井分析等研究，推断 Raton 盆地深部 Trinidad 砂岩发育盆地中心气藏。

1 简介

多数落基山拉腊米盆地蕴含油藏或更常见气藏，它们储集于白垩系和古近—新近系致密砂岩中，一般位于盆地底部。其中以 Deep Alberta 盆地（Masters, 1979）、San Juan 盆地（Brown, 1973; Deischl, 1973）、Denver 盆地（Matuszczak, 1973）和 Green River 盆地东部（McPeek, 1981）为典型代表。

尽管不同盆地的油气藏细节各异，但均具有如下特征：（1）在盆地翼部，盆地中心油气藏产油或气的同一砂岩地层饱和淡水或半咸水。（2）盆地油气藏缺少层状油—水或气—水界面，虽然对实际圈闭形成过程仍知之甚少，但常规构造或地层圈闭机理似乎难以给出合理解释（Cant, 1983）。（3）气包络边界与构造线、等温线和压力梯度等值线大体一致。（4）气包络内所有岩石均饱和气，但似乎仅某些砂岩储集相满足商业开采条件，优质储集相具有间隙黏土含量降低和渗透性增强的特点。（5）储层砂岩与具备生油（气）能力的热成熟泥质油气源岩和/或煤层密切相关。

与许多最新发表的报告一样，本文推测这类油气藏的成因集中反映了热成熟油气源岩的分布、商业储集条件的出现和向盆侧大气降水的范围。

发育此类油气藏的众多落基山盆地也明显具有如下重要差异：（1）油气藏的埋深和地下高程变化较大。（2）压力从轻微超压（Green River 盆地东部）变化为低压（San Juan 盆地）。（3）所含烃类从原油变化到干气。（4）烃类包络内现今温度从 San Juan 盆地接近 115°F 变化到 Green River 盆地东部超过 340°F。

鉴于落基山区其他多数盆地已开采出盆地中心油气，Raton 盆地似乎成为一个例外，到目前为止盆地内尚未产出此类油气。因 Raton 盆地与明显发育此类盆地油气藏的相应拉腊米盆地类似，具有相同的地层形态、构造形态和演化史，使得这一对比更为显著。此外，与上白垩统 Trinidad 砂岩有关的含煤地层在全盆地广泛地产出大量甲烷，多数井均有良好油气显示。另一方面，盆地钻探程度相对较低。例如盆地科罗拉多州部分作为 Trinidad 砂岩的远景气区，穿透 Trinidad 砂岩的井每 36mi² （93km²） 仅有一口，多数井最远位于盆地翼部浅层。截至 1984 年早期，盆地中心未开展确定性测试❶。

从这个角度看，Raton 盆地似乎可成为未来开发盆地中心气藏的候选者。或者，可能存在显著地质差异因而阻碍形成这类气藏。

2 地质背景

Raton 盆地是一个南北向的构造盆地，跨越科罗拉多州—新墨西哥州边界（图 1）。盆地西接 Sangre de Cristo 山脉，北部和东北部临近 Wet 山脉和 Apishapa 隆起，南部和东南部为 Sierra Grande 隆起。Raton 盆地是一系列与拉腊米造山运动有关的盆地中最东南的一个，其余依次为 San Juan 盆地、Denver 盆地、Uinta 盆地、Piceance 盆地、Green River 盆地、Wind River 盆地、Big Horn 盆地和 Powder River 盆地。与多数同类盆地一样，Raton 盆地呈现不对称特征，具有大量与盆地陡翼相关的平移断裂和逆冲（Chapin 和 Cather，1981；Hamilton，1981；Gries，1983）。平移运动方向为右旋方向（Kelley，1955）；逆冲断层断至前寒武系基底，水平构造叠覆 5~15mi（8~24km）。厚层白垩系页岩尤其易发生逆冲作用。

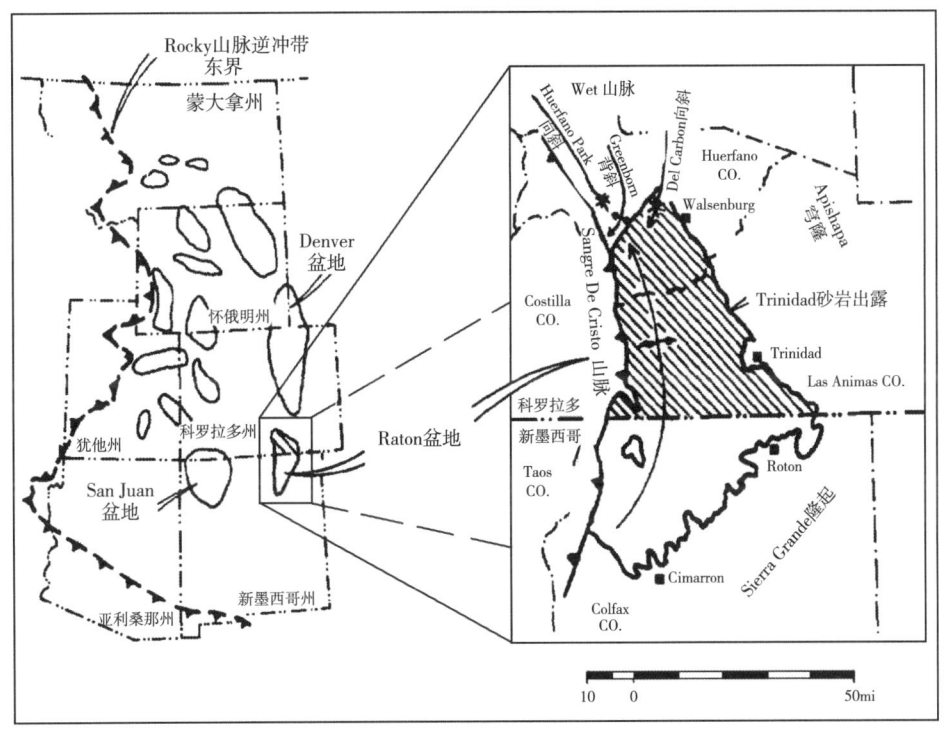

图 1　索引图（据 Dolly 和 Meissner，1977）

拉腊米造山运动期间，盆地充填自隆起和逆冲的 Sangre de Cristo 山脉脱落的厚层造山带碎屑。中新世时，盆地发生以火山岩酸性—过渡型结晶为主的 Spanish Peaks 火成杂岩侵

---

❶ HBB 公司于 1984 年中期在盆地中部钻探了两口探井：Goemmer-22-5 井（SE/NW 剖面 5，T30S，RG8W）和 Smith-43-17 井（SW/SE 剖面 17，T29S，RG8W），两口井均钻穿整个 Trinidad 砂岩段，层厚接近前期等厚图的预测厚度。

入（Johnson，1968）。

造山运动伴生大量盆地裂缝和沿裂缝发育的岩床、放射状岩墙，从Spanish Peaks 岩株蔓延而来（图2，图3和图14）。一般而言，陆地卫星图上岩墙显示为线性隆起，未充填裂缝或节理为线性洼地。尽管侵入作用和火山活动均产生高温，但仅紧邻侵入的区域受高温影响严重（Matuszczak，1969）。根据与其他地区相似的地质情况、大量液态烃显示和相关煤的煤阶研究，Spanish Peaks 侵入事件显著提升 Raton 盆地沉积物的地温水平这一结论尚待商榷。

图2 数字化陆地卫星图像

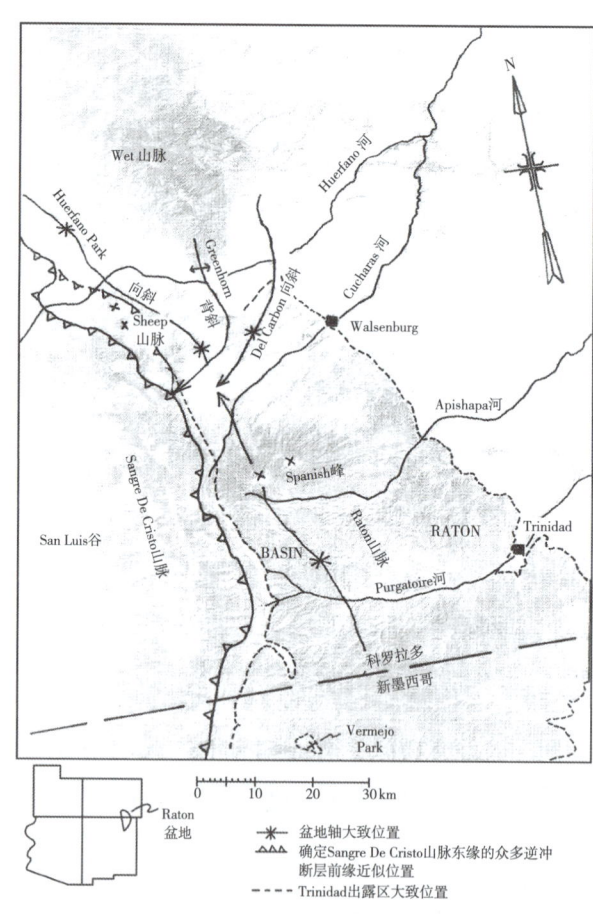

图3 陆地卫星图像的关键要素

3 区域地层

图 4 展示了 Raton 盆地后—古生代地层层序，代表落基山脉南部的普遍特征。中部古生界（泥盆系、密西西比系）碳酸盐岩薄层位于前寒武系结晶基底之上。上覆二叠—宾夕法尼亚系层段是厚度 5000~10000ft（1525~3050m）的陆源沉积物，以砂岩和红层为主。其上为三叠系 Dockum 红层，厚约 1000ft（300m）。再上部岩层为陆源侏罗系（Entrada，Wanakah，Morrison），大致厚度 500ft（150m）。

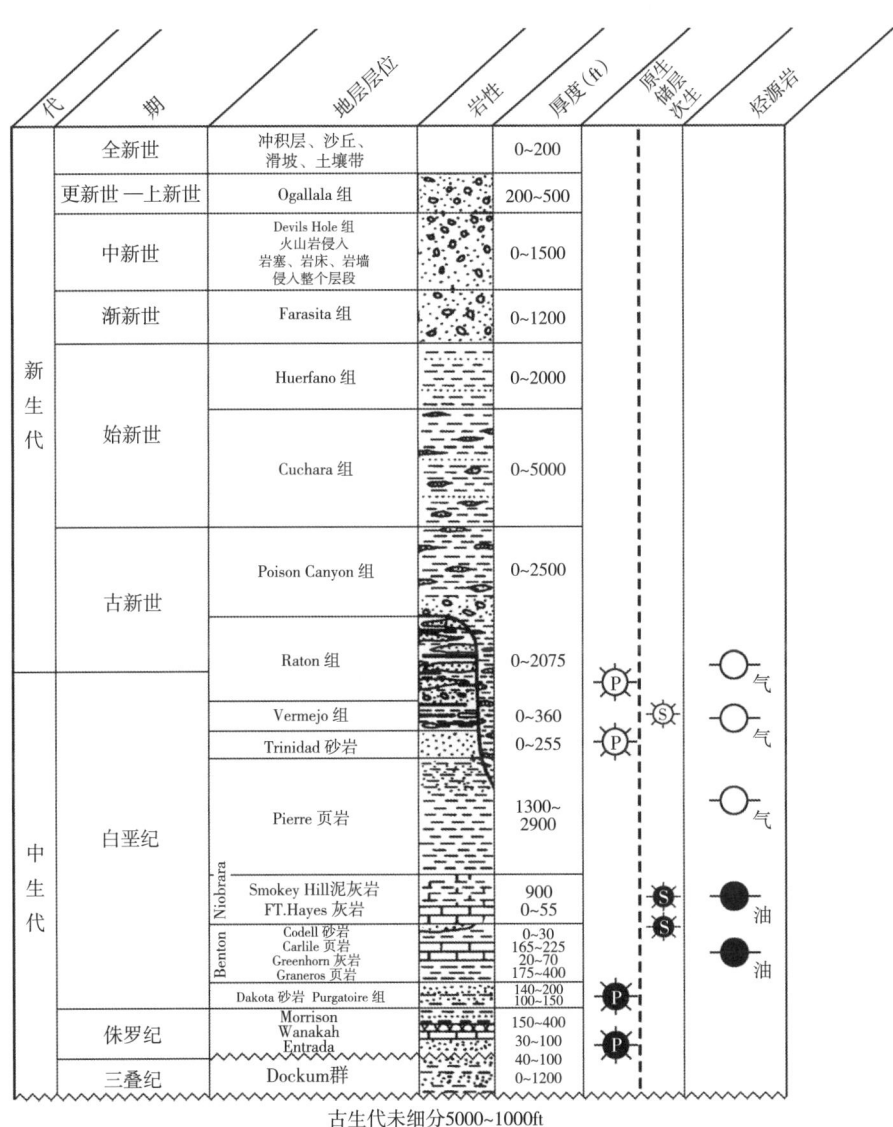

图 4 后古生代地层柱状图（据 Dolly 和 Meissner，1977，有修改）

白垩系层段底部为 200ft（60m）厚的碎屑岩（Purgatoire/Dakota），上覆 1000~1200ft（300~365m）地层为全海相白垩石、泥灰岩和富有机质页岩（Benton/Niobrara）。再往上为代表前三角洲细粒碎屑沉积的 Pierre 页岩，厚度约 2500ft（760m）。边缘海相的部分三角洲 Trinidad 砂岩覆盖于 Pierre 组之上，厚度 100~300ft（30~40m），是 Raton 盆地中盆地中心气开发的主要储层。在 Smith 井中，Trinidad 组测试产干气，但地层过于致密无法满足商业性完井要求。Goemmer 井在钻探 Trinidad 组时有气显示，测井分析显示有商业开采价值的含气储层厚 40ft。但单井评价优先侧重于较深层 Dakota/Purgatoirc 组含气和含水砂岩的开采潜力，Goemmer-22-5 井在 Trinidad 组未测试并最终报废。Vermejo 组位于 Trinidad 层上方，沉积于海岸沼泽环境，地层厚度 200~300ft（60~90m），发育大量含气煤层，煤层采气潜力巨大。层序中更上部单元为古近系—上白垩统 Raton 组，反映滨海平原碎屑沉积。Raton 组厚度约为 2000ft（610m），部分含煤，但煤层气含量一般低于 Vermejo 组。总之，Dakota 组上方整个白垩系可视为向东迁移碎屑的连续退覆层序，与塞维尔（Sevier）/拉腊米造山运动有关。（Billingsley，1977）。

上覆古近—新近系沉积（Poison Canyon, Cuchara, Huerfano, Farasita）含有多变的陆相陆源碎屑物，代表拉腊米造山运动高潮期的沉积。层序初始厚度高达 10000ft（3050m），但古近—新近纪晚期到近期的侵蚀作用剥蚀多数沉积物，环盆地边缘处尤为明显。

4 构造

在 Trinidad 组（图 5），Raton 盆地的平缓东翼为倾向西的均斜，坡度约 200ft/mi（38m/km），而西翼倾斜的坡度约 4000ft/mi（760m/km）。

在 Spanish 峰以北约 10mi（16km）、T29S-R68W 西缘，Raton 盆地向北倾伏的向斜轴与向西南倾伏的 Greenhorn 背斜轴相交（图1，图3，图5）。因此，沿 Greenhorn 背斜东南翼（Del Carbon 向斜），向斜轴突然转向东北，倾伏方向反转。Greenhorn 背斜东南翼是该区一个极重要的构造，原因有二：首先，在 Huerfano Park 东南侧的西北部，拉腊米侵蚀作用剥离了超过 2000ft（610m）的最上部白垩系，包含 Raton 砂岩、Vermejo 砂岩和 Trinidad 砂岩，使得该地区成为 Vermejo 组和 Trinidad 组天然气资源的非远景区。其次，这一轴部代表了一个重要的区域剪切带（图2和图3），Sangre de Cristo 山前的东缘让两者交会处向西偏移20°。一定程度上正是由于向西的偏移，在交会点以北，逆冲断层的水平位移沿山前明显增加。

Greenhorn 背斜西北部，即 Sangre de Cristo 山前以东的向斜轴被称为 Huerfano Park 向斜（图1）。沿 Huerfano Park 向斜西侧发育数个与侵入体有关的独立背斜构造，侏罗系 Entrada 组、白垩系 Dakota/Purgatoire 组和 Codell 组的优质砂岩储层富集大量具备商业价值的 CO_2 气藏（Arco 公司的 Sheep Mountain 气田和 Dike Mountain 气田）。

沿 Raton 盆地西侧 Sangre de Cristo 山脉边缘，重复性冲断作用产生一系列 4~8 排叠瓦状冲断块（图3）。它们从山脉轴部向西延伸至地下，Graneros 层线性扰动楔形带穿过 Pierre 沉积，吸收了最东端的挤压（图6）。地震剖面显示部分断层随深度增加而逐渐收敛，汇聚于山脉东翼下方。这些断层不是平缓滑脱构造，但在 Sangre de Cristo 山脉轴部前寒武系基底卷入断层（Johnson，1969）。沿盆地西缘，数个狭长山前背斜发育并延伸至新墨西哥州（Speer，1976）。

5 Trinidad 砂岩的地层和储集潜力

总 Trinidad 砂岩等厚图（图7）展示了两个狭长的北西向朵体，其 Trinidad 组厚 200~

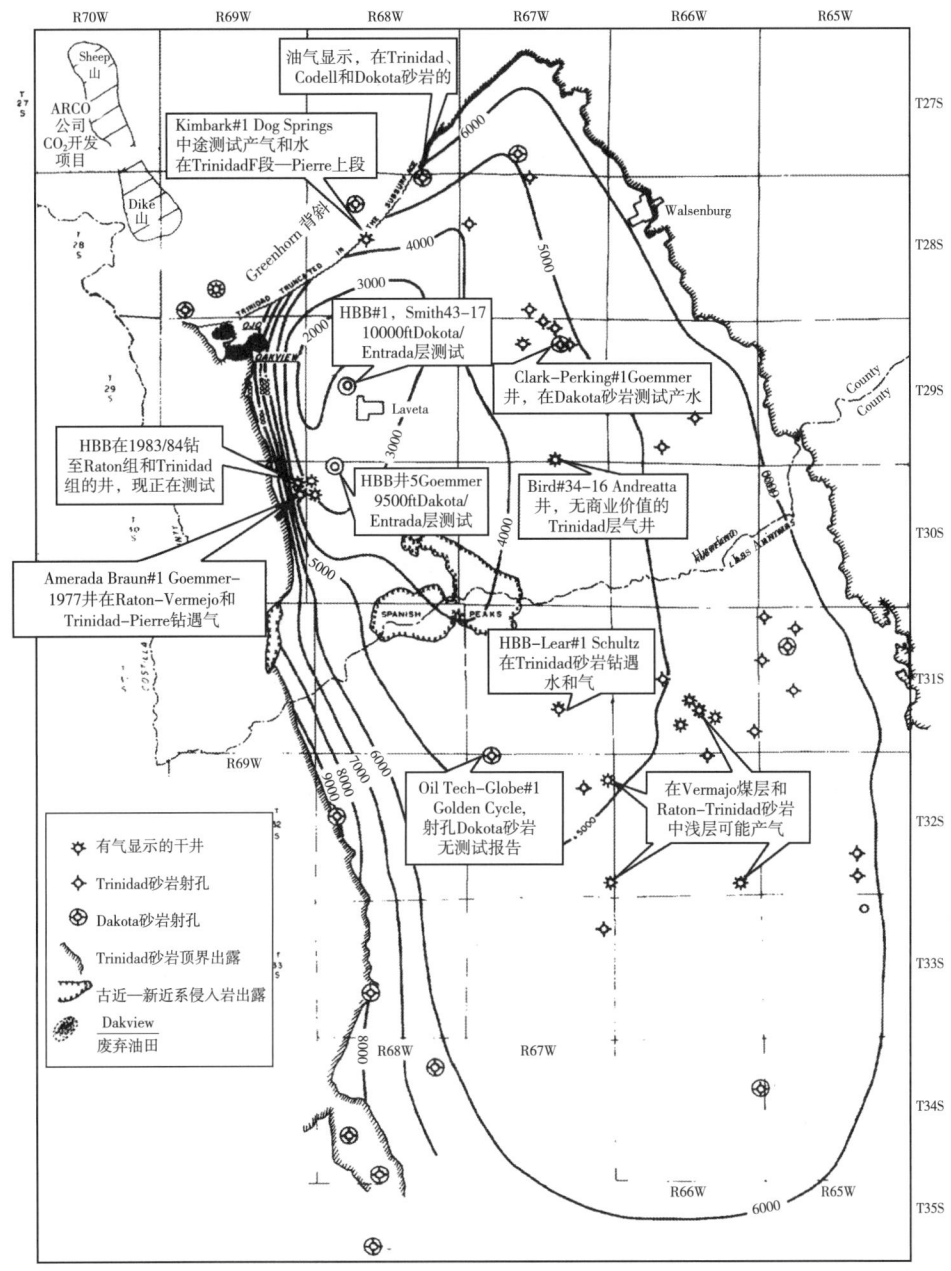

图 5　Trinidad 砂岩顶界的地质构造

300ft（60~90m），两朵体间为 100~200ft（30~60m）厚的较薄 Trinidad 砂岩堆积区。本文认为两个"厚层"代表整个白垩纪北东向海退时连续停滞期累积的三角洲沉积堆积体。根据露头调查，Billingsley 指出（1977）波浪作用和北西—南东向沿岸流形成 Trinidad 组波控型三角洲，并将这两个三角洲堆积体改造为当前的狭长状（图8）。Delta 1 是两个堆积体中规模较大的一个，Trinidad 砂岩总厚度超过 300ft（90m）。Delta 2 位于东北部，地层较薄、年代较新，Trinidad 组最大厚度略大于 200ft（60m）。整个 Raton 盆地内，Trinidad 组主体为沉积于下临滨或前三角洲上部低能环境的黏土充填、细粒砂岩（Billingsley，1977；

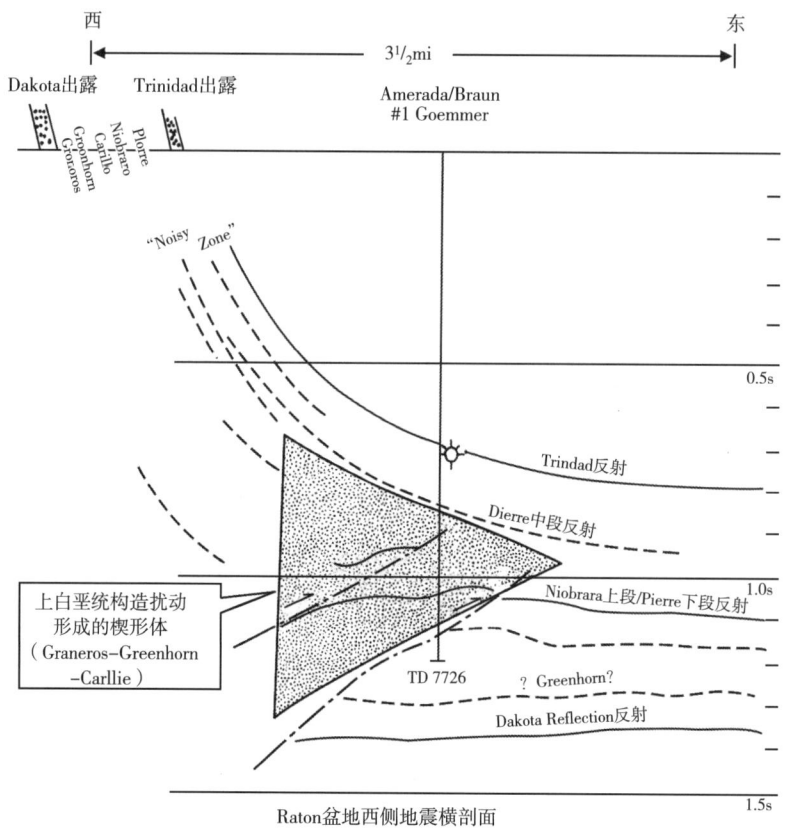

图 6 过 Amerada/Braun 公司 Goemmer-1 井的东—西向横剖面（基于地震数据）

Matuszczak，1969；Manzolillo，1976）。但 Trinidad 组上部发育高能砂岩，代表分流河道和上临滨沉积。因为低能砂岩中含有大量绿泥石和伊利石黏土，它们充填颗粒空隙和孔隙喉道，所以认为仅高能 Trinidad 砂岩具有开采前景。Delta 1 砂岩比 Delta 2 砂岩更纯。图 9 是 Amerada/Braun 公司 Goemmer-1 井（SE/NE sec.12，T30S，R69W）Trinidad 组的测井曲线，该井位于 Delta 1 的西北部。高能的 Trinidad 砂岩上部厚 34ft（14.3m），孔隙性较好（平均孔隙度 10%~11%），具有开发潜力；Trinidad 砂岩其他部分为泥质，储集性能差。在这一层段的 26ft（7.9m）厚地层中，中子和密度曲线交会证实含有天然气，且黏土含量小于 10%。Filon 公司 Golden Cycle-1 井（NW/NW sec.11，T29S，R67W）位于 Delta 2，相似的测井曲线显示因黏土充填高达 25%，即使 Trinidad 砂岩高能段的孔隙度也较低。两口井在 Trinidad 组下部泥质含量较高，达 25%~35%。盆地内三口井 Trinidad 组样品的岩性分析结果与测井解释一致。

其余 Trinidad 组测井曲线显示如果 Trinidad 组厚度小于 150ft（45m），则发育少量或不发育高能砂岩；如果 Trinidad 组较厚，则高能砂岩厚度随总层厚增加而增加。以上述关系为指导，制作 Raton 盆地高能 Trinidad 砂岩预测厚度解释图（图 10）。Delta2 的高能砂富含泥质，而有商业价值储层发育的最佳位置是沿 Delta1 轴部。本文推测沿 Delta1 沉积轴发育 Trinidad 组储集岩，厚度超过 85ft（26m）。

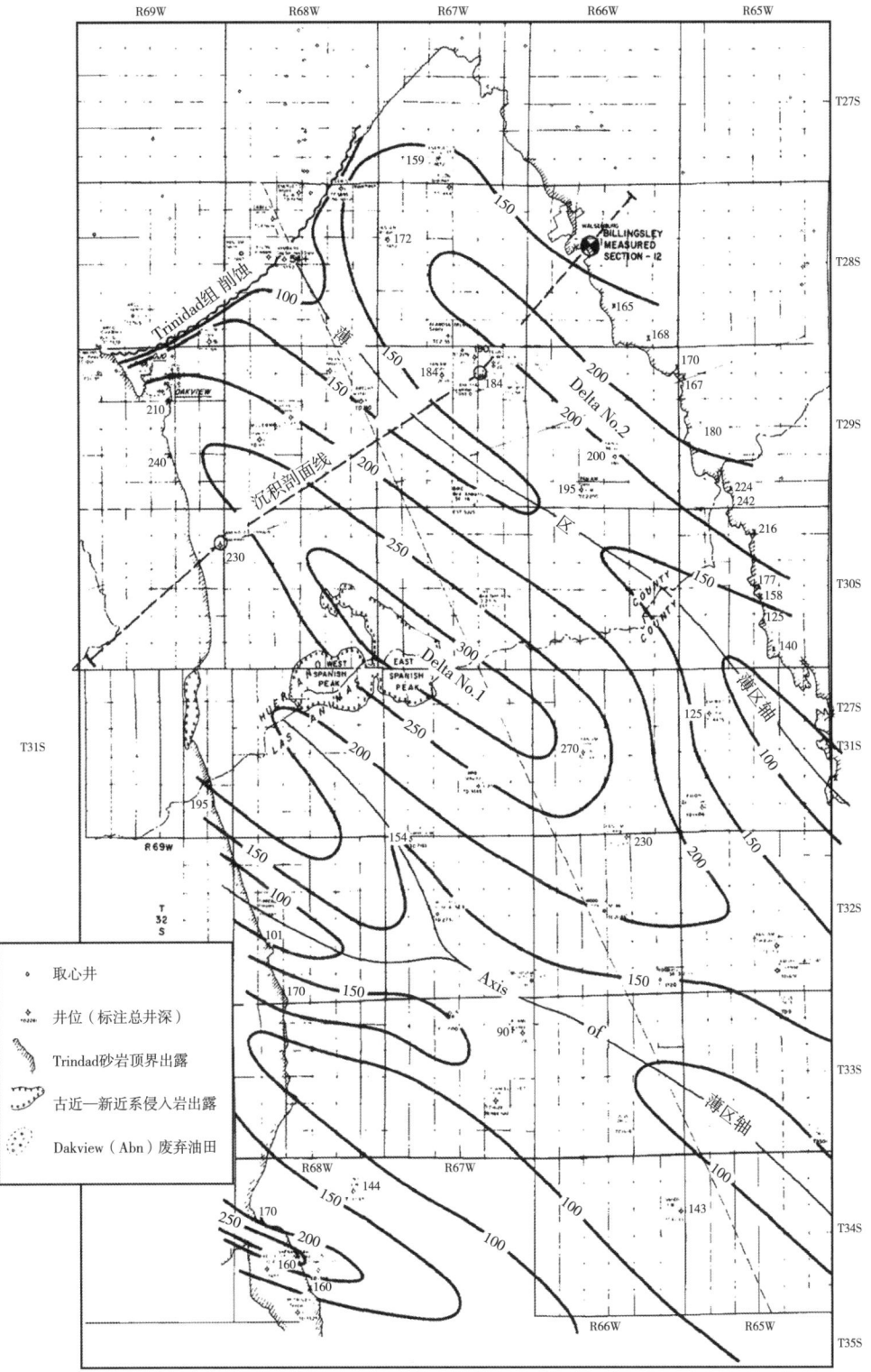

图 7 Trinidad 砂岩总等厚图
等值线间距为 50ft

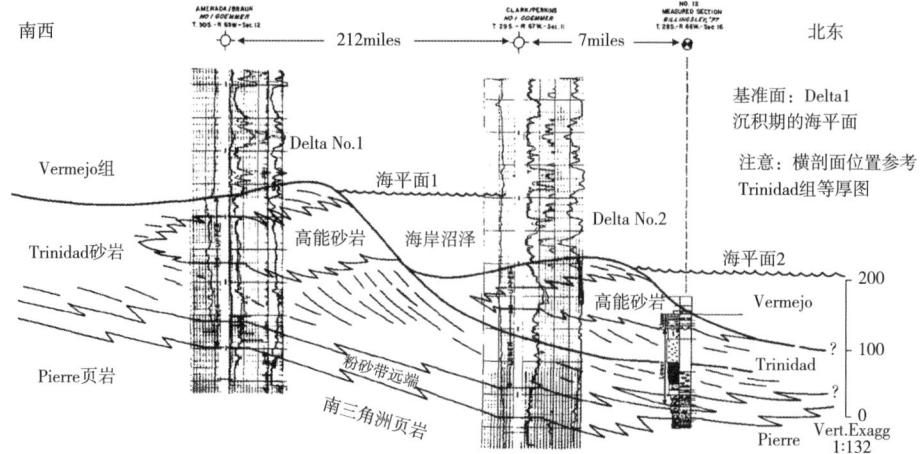

图 8 显示 Trinidad 砂岩沉积环境的横剖面
剖面位置如图 7 所示

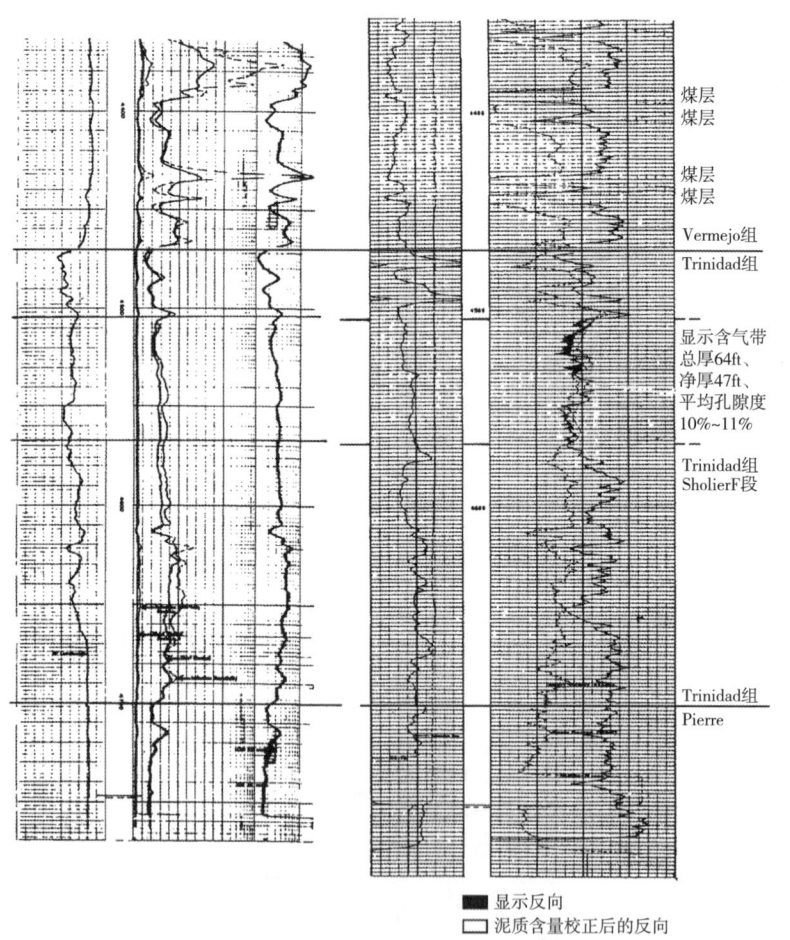

图 9 Amerada/Braun 公司 Goemmer-1 井测井曲线

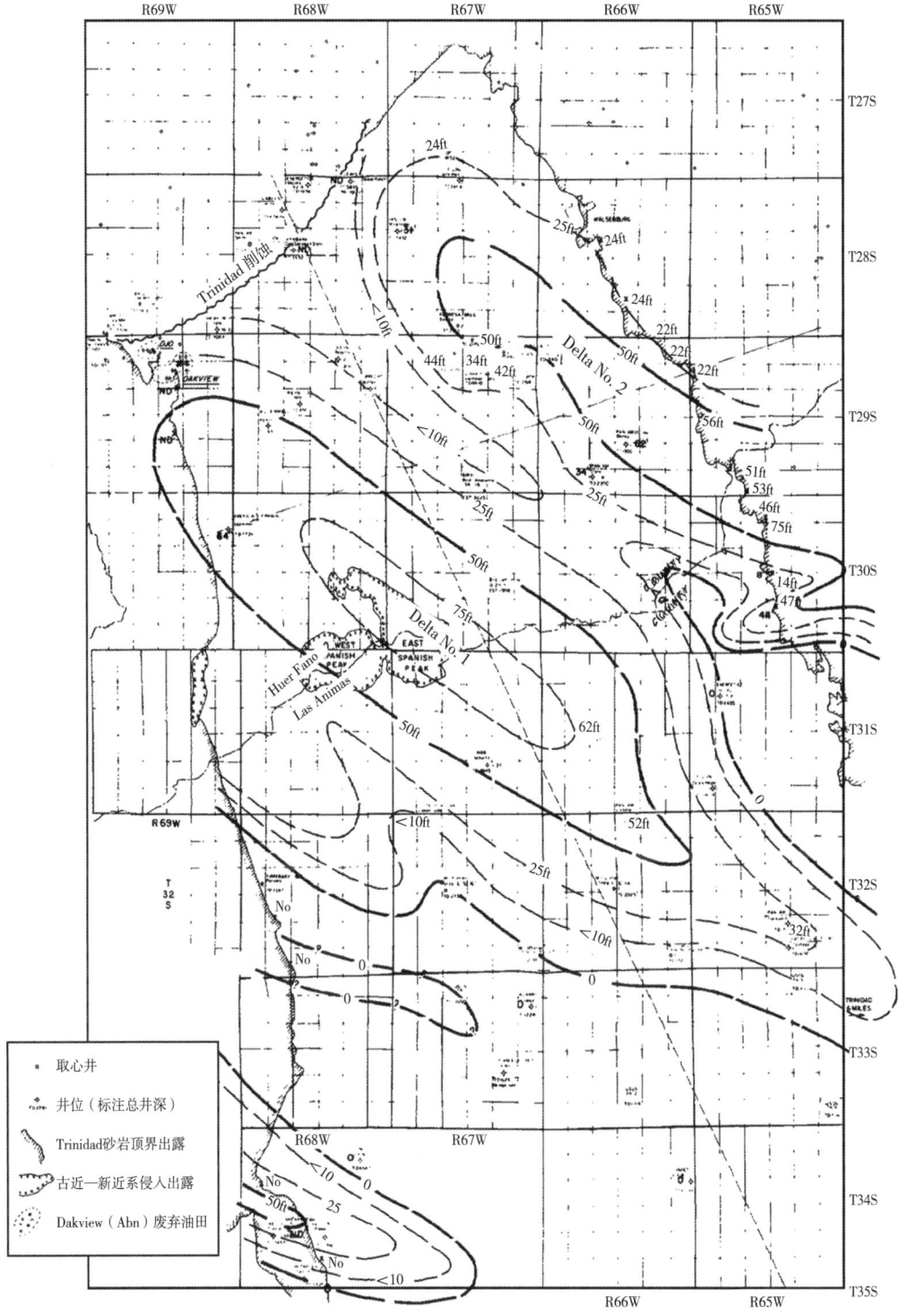

图 10 解释高能 Trinidad 砂岩的等厚图

6　Trinidad 砂岩的含气标志

Raton 盆地整个白垩系层段发育重要烃源岩（图 4）。Benton 群和 Niobrara 组页岩和石灰岩含有油气源岩，而 Trinidad 组正下方的前三角洲厚层 Pierre 页岩含有倾气源岩。Vermejo 组煤层富含气和 Raton 组煤层部分含气已得到证实。Dolly 和 Meissner（1977）估计这些煤层的生气量超过 $20×10^{12} ft^3$。烃源岩被厚层拉腊米盆地充填沉积物覆盖时，生成大多数油气，随后抬升和剥蚀作用造成了浅层热成熟白垩系的现今异常状况。Vermejo 组出露煤多数位于 Spanish 峰北部，属于高挥发分烟煤 A；而 Spanish 峰南部以中挥发分烟煤为主，具有最佳的生气成熟度。热力边界可能是向北的地下弧。

尽管钻探 Raton 盆地多数井时均有气显示，但直到 1981 年才开始重要的天然气商业化开采。同年在 Vermejo Park 公司，Pennzoil 公司开采裂缝性 Pierre 页岩，开启了盆地新墨西哥部分的天然气开采。1982 年，Wood、McShane 和 Thams 在 T32S，R66W 和 R67W，对 Vermejo 组进行四次测试，证实 Vermejo 组煤层产气。

几乎 Raton 盆地所有煤井均存在煤层气，部分煤井至今仍有可测量气流。在盆地中心地带，Trinidad 组、Pierre 组、Niobrara 组和 Dakota 组均有油显示（Dolly 和 Meissner，1977）。位于 Ojo 和 Oakview 构造（T29S，R69W）及周边的一个小型油田中，有浅井多年来少量产油，部分产自 Trinidad 组（图 5）。

Kimbark 公司 Dog-Springs-State-1 井（sec. 16，T28S，R68W）和 Amerada/Braun 公司 Goemmer-1 井（sec. 12，T30S，R69W）有明显气显示。Dog-Springs-State-1 井在 Trinidad 组下段—Pierre 组上段（2907～3332ft，886～1016m）中途测试，发现气侵和水侵钻井液；关井压力表示低压环境，压力梯度 0.33psi/ft（7.465kPa/m）。Goemmer-1 井从 Trinidad 组上方 Vermejo-Raton 层段采出少量甲烷干气，从 Trinidad-Pierre 层段采出富凝析油的天然气。1977 年，该井封堵和报废之前，岩性较纯、多孔、明显含气的 Trinidad 组上段未测试。1982 年，HBB 公司重开这口老井并试图在 Trinidad 组上段完井，但多次尝试仍无法封堵靠近 Trinidad 组底部水泥塞中窜槽。因此，该井不能实施射孔增产，无法完井，再次报废。

7　预测盆地中心气藏包络的确定

界定盆地中心气藏上倾边界的最常用方法之一是绘制目标储层段的平均电阻率图。Masters（1979）绘制了 San Juan 盆地和 Deep Alberta 盆地的电阻率分布图。这种方法的一个问题是电阻率增加通常为两个独立函数的结果：烃类饱和度增加和孔隙度降低。但对比电阻率等值线模式与测试成果、产量，可以验证方法的有效性。图 11 展示了 Raton 盆地中心 Trinidad 组的电阻率等值线和中途测试结果。依据泥质砂岩测井分析技术和已有测试数据，本文认为 $30Ω·m$ 等值线标示 Trinidad 组气藏包络的近似上倾边界。电阻率高于 $30Ω·m$ 区域内，整个 Trinidad 组可能部分含气。但除 Delta 1 高能砂岩已知泥质含量低、孔隙度高而具商业开采潜力外，其余多数地区的 Trinidad 砂岩低孔、低渗透、泥质含量高，一般不具有生产潜力。图 11 显示的多数中途测试结果来源于后一类沉积环境的 Trinidad 组。

临近 Amerada/Braun 公司 Goemmer-1 井的 Raton 盆地西侧，地震数据进一步说明该井 Trinidad 组明显富集天然气。基于偏移地震剖面的简单横剖面（图 6）阐述了构造和地层要素的分布及二者关系。

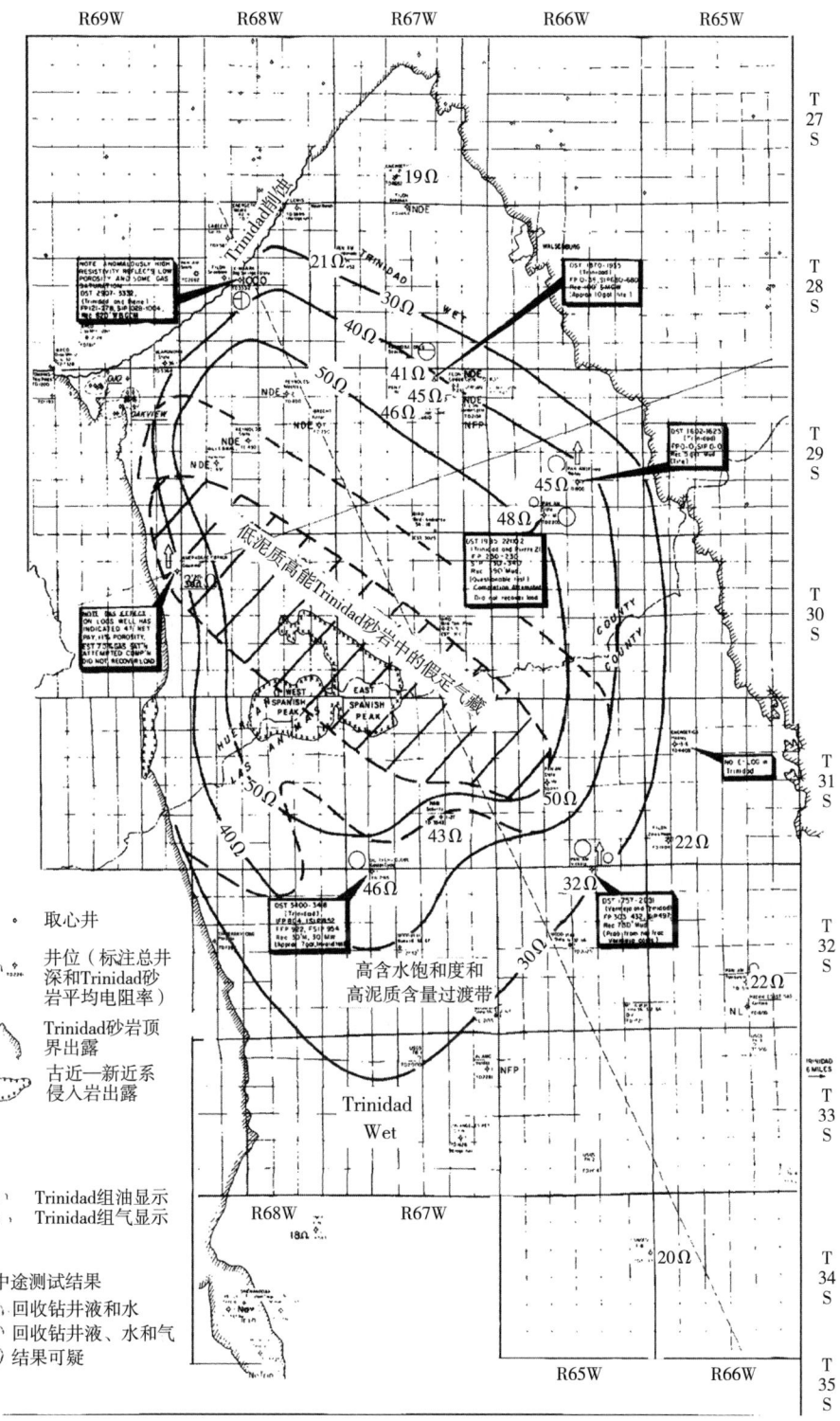

图 11 推测 Trinidad 组砂层盆地中心气藏的轮廓图
地层电阻率等值线间隔为 10 Ω·m

Dakota 组、Niobrara 组、Pierre 组和 Trinidad 组出露岩石位于该剖面的顶部和西端。在 1.35s 处可见 Dakota 组反射界面平缓西倾后突然消失，推测可能因西倾逆冲断层而中断。横剖面东半段约 1.1s 处为下 Pierre 段或上 Niobrara 段反射界面。在 Dakota 组中断点以东 1mi（1.6 km）和 Amerada/Braun 公司 Goemmer-1 井以东 1/2mi（0.8km）处，反射界面中断，推测也因逆冲作用。该反射界面的不连续弧形段向西延伸 0.75mi（1.2 km），可能标示连续逆冲扇和逆冲片。在剖面东端，Trinidad 组反射界面位于约 0.8s 处。反射界面向西抬升、陡度增大，至 0.3s 消失于噪声带内，但其投影位置接近 Trinidad 组露头区。因此在 Dakota 砂岩和 Trinidad 砂岩间，Benton、Niobrara 和 Pierre 沉积物受构造扰动形成一个楔形体，代表 Raton 盆地地下挤压变形的东部区域。

最重要的是从盆地中心经 Amerada/Braun 公司 Goemmer-1 井向西远至盆地西翼，Trinidad 层反射连续不间断，允许不解释构造圈闭。此外，盆地西翼露头发育正常 Trinidad 砂岩，所以不能假设 Trinidad 砂岩存在尖灭或削蚀圈闭。因此根据现代测井分析和已证实的气显示，Goemmer-1 井发育 Trinidad 组气藏，而无明显的常规圈闭形成机理。当然这种模式恰恰是多数盆地中心气藏的特点（Masters，1979）。

发育优质 Trinidad 砂岩的 Delta 1 高能区是盆地中心气的主要勘探区，面积约 130000acre（526km^2），如图 11 所示。平均砂岩厚度约 50ft（15m）。以 Amerada/Braun 公司 Goemmer-1 井所获资料和参数为参照，假定平均天然气储量因子 $250×10^3 ft^3$（acre·ft），平均采收率 70%，则 Trinidad 组 Delta 1 砂体的天然气可采储量为 $750×10^9 ft^3$。

8 类比 SAN JUAN 盆地

Raton 盆地 Pierre/Trinidad/Vermejo 序列对应于 San Juan 盆地 Lewis/Pictured Cliffs/Fruitland 序列（Weimer，1960）。这两个序列岩石成因相同；如果不是山脉隆起的介入，Pictured Cliffs 组不会向东"走入"Trinidad 组，从而仅需一套地层命名即可（图 12）。岩性、沉积环境和地质年代几乎一致；主要差异似乎在于 Pictured Cliffs 组和 Fruitland 组产气。

Pictured Cliffs 砂岩（Hayes 和 Zapp，1955；Brown，1973）是一系列北西—南东向长条形砂体，沉积于晚白垩世海洋北东向海退经过本区时（图 13）。Pictured Cliffs 组从 San Juan 盆地边缘露头向盆地中心倾斜，埋深达 4200ft（1280m）。Pictured Cliffs 组总厚度 50~400ft（15~120m）；孔隙度一般较高，平均为 15%；渗透率最大 150mD。这些长条形砂体最厚处，气产量最高。截至 1971 年，3325 口井从 Pictured Cliffs 组共产气 $1600×10^9 ft^3$（单井约 $440×10^6 ft^3$），最终开采量估计为 $4000×10^9 ft^3$。

Matuszczak（1969）指出 Raton 盆地 Trinidad 砂岩与 San Juan 盆地 Pictured Cliffs 砂岩惊人地相似。如前所述，除 Raton 盆地规模明显较小外，两个盆地的成因和构造演化史均类似。Trinidad 组等厚图（图 7）和高能砂岩等厚图（图 10）显示厚度 100~300ft（30~90m）的长条形砂体明显呈北西—南东向。这些 Trinidad 组砂体的大小、方向和结构与 Pictured Cliffs 组砂体最接近（图 13）。在 Raton 盆地底部，Trinidad 砂岩埋深约 6000ft（1830m）。据称孔隙度高达 21%（Matuszczak，1973），渗透率为 2~344mD（Manzolillo，1977）。鉴于 Raton 盆地井网稀疏，推测 40 年前 San Juan 盆地开始获得重大进展之前，Trinidad 砂岩目标储层可能处于勘探阶段。

最后，直接覆盖在 Pictured Cliffs 砂岩之上的 San Juan 盆地 Fruitland 组含煤岩系（图 12）也产气，与 Raton 盆地内最近生产煤层气的 Vermejo 组明显类似。

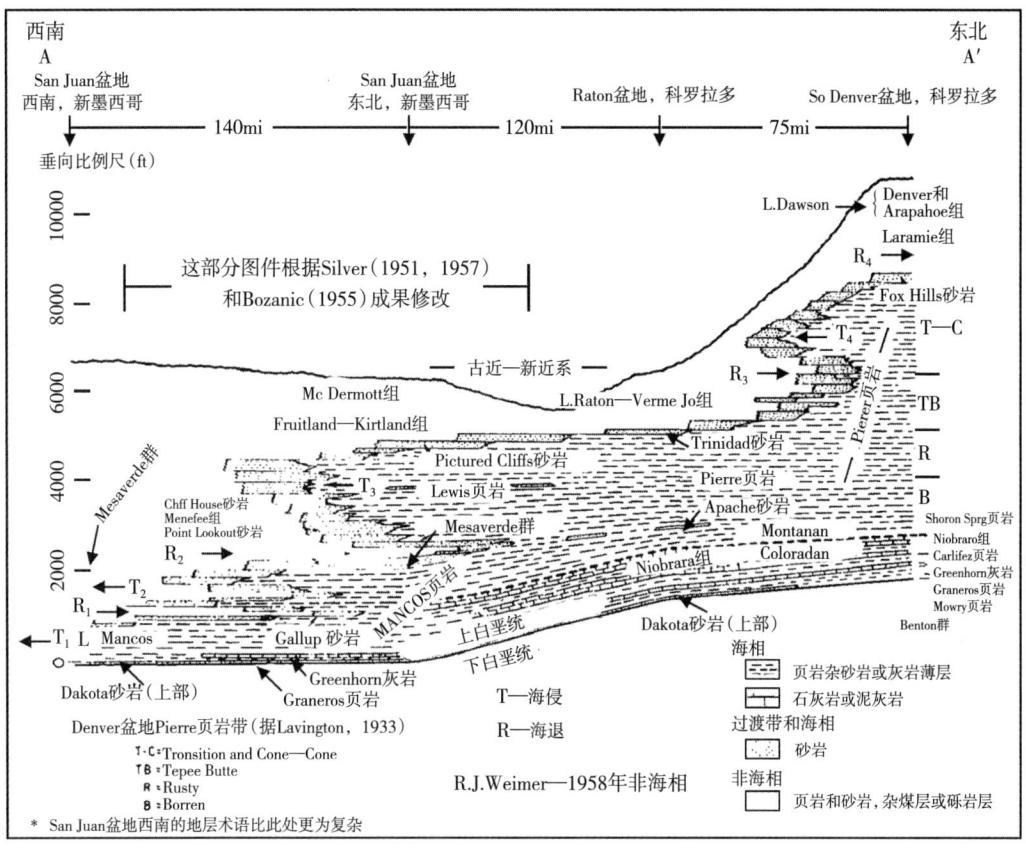

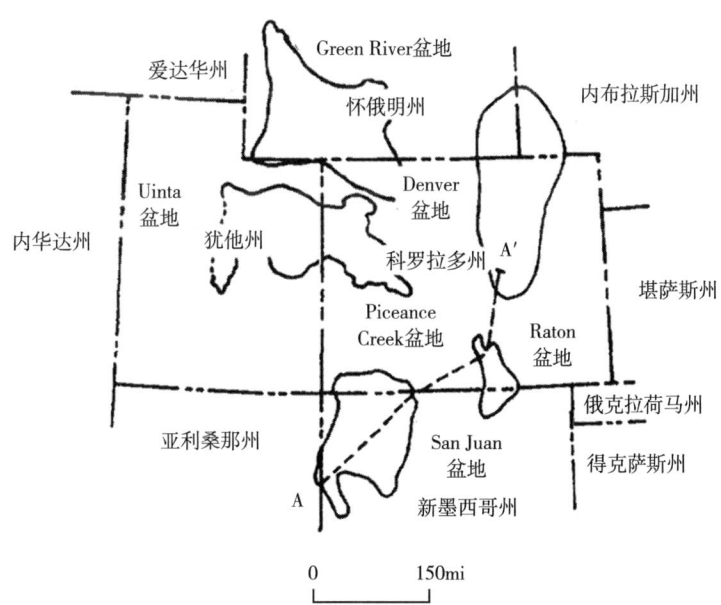

图 12　上白垩统岩石的恢复地层剖面示意图（据 Weimer, 1960）

剖面从 San Juan 盆地延伸到 Raton 盆地和 Denver 盆地

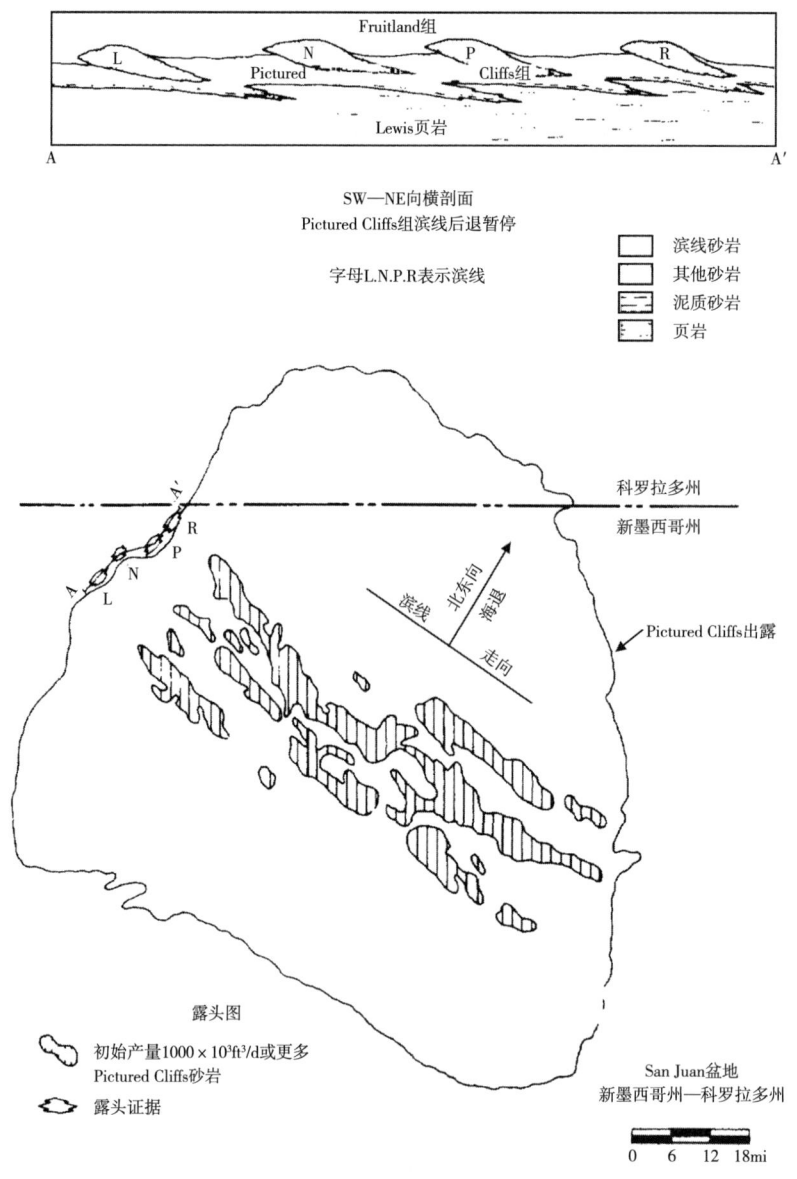

图 13 San Juan 盆地 Pictured Cliffs 组砂岩的沉积模式（据 Matuszczak，1969）

9 潜在不利地质因素

近年来才开展盆地中心型气藏识别研究，对该类气藏的有关地质细节知之甚少。尽管认同 Raton 盆地存在盆地中心气，但因为某些特殊地质条件阻止必要作用发生，原有模型可能不再适用于此处。在这种背景下，调查一些可能的不利地质因素似无不妥。

9.1 前期生烃温度和压力水平现在降低

Raton 盆地多数地区在中新世时较现今埋藏深，煤阶和镜质组反射率数据显示 Trinidad 组和 Vermejo 组观测热成熟度与 250～300°F 的古温度相吻合。此外，盆地现今明显欠压。

尽管这意味着Trinidad—Vermejo组天然气已不再是在盆地内生成，但据此确立的气藏包络是否发散或者欠压本身是否使得天然气原地存储均值得商榷。对比发现气藏包络保持处，San Juan盆地具备低温和低压的相似条件。

9.2 大量岩墙、岩床和裂缝

如上所述，Raton盆地广泛发育裂缝，部分裂缝注入岩浆物质，部分裂缝未充填，图14展示了这些要素的分布。裂缝增加了岩石的孔隙度和渗透率，裂缝性储层性能一般较

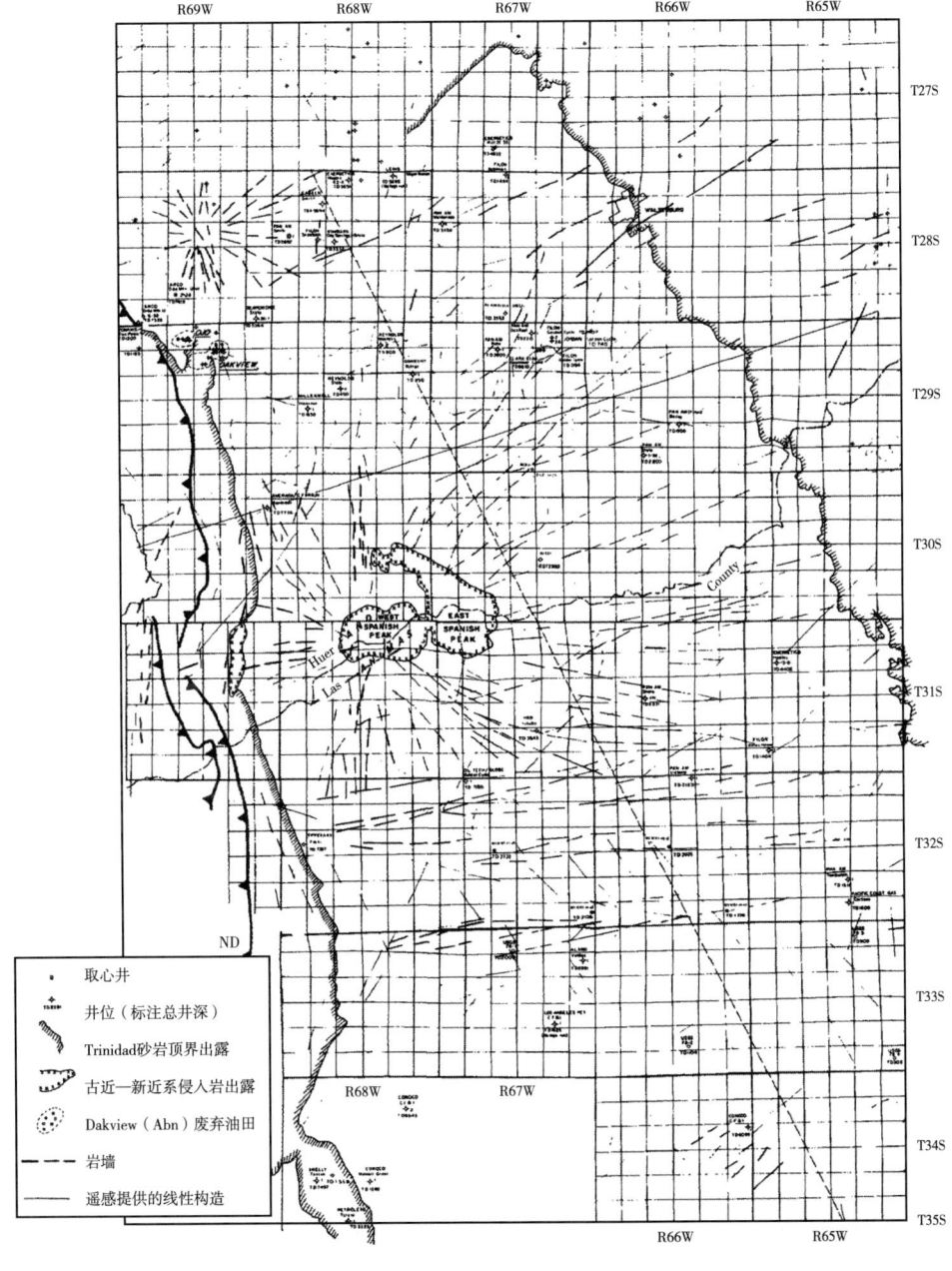

图14 Raton盆地地图
显示岩墙和线性构造

好，其稳产率较非裂缝性储层更高。因为 Trinidad 组上方的沉积物富含水敏性黏土，遇水膨胀、堵塞孔隙，盆地内垂向裂缝在潜水面之下切割 Trinidad 组，可能被有效封闭以隔绝水的流动。鉴于 Trinidad 组埋藏较浅（小于 4500ft 或 1370m），当其位于潜水面之上或临近于淡水层时可能成为潜在远景区。在任一情况下，裂缝（含人工裂缝）一旦成为储层和含水层间通道，则会给商业化开采造成困难。另一方面，假设许多区域内大量天然裂缝破坏气藏包络，形成富集甲烷逃逸的优先通道。但很明显落基山脉区的其他多数拉腊米盆地均发育裂缝，部分盆地仍然含有盆地中心油气藏。不管怎样，裂缝对 Raton 盆地的盆地气藏有多重要呢？

9.3　泥质砂岩储层中成岩孔隙堵塞

这里涉及两个问题：(1) 较其他盆地对应砂岩，Trinidad 砂岩含更多黏土（或更多水敏性黏土）吗？(2) 地表水经裂缝渗入盆地会导致 Trinidad 组孔隙被黏土广泛堵塞吗？尽管上述地下 Trinidad 组孔隙度为 10%~14%，显然可作为潜在储层，Trinidad 组露头的孔隙度（Matuszczak，1969）和渗透率（Matuszczak，1976）更高，但毫无疑问 Trinidad 组填隙黏土含量高达 30%~35%，即使在落基山脉也是如此。一个问题是样品较少、代表性有限；另一个问题是露头样品的孔隙度和渗透率很难代表地下实际情况。第三个问题则是富钾长石的砂岩在密度曲线上往往造成"高黏土"含量的假象。

9.4　上倾封闭无效

因对上倾封闭圈闭盆地中心气的原因存在多种解释，这个问题最为模糊。就 Raton 盆地而言，已知地质情况排除了断裂、褶皱和沉积尖灭或削蚀作用的原因。但如果圈闭机理主要为水动力，或与微弱成岩作用、孔隙几何形状及其他未证实的渗透屏障有关，则某些尚待发现的解释可能说明为何缺少上倾圈闭。

10　结论

根据地质类比、地质测绘、录井气显示和测井分析，推测 Raton 盆地底部 Trinidad 砂岩饱含气。尽管此类气藏的成因和 Raton 盆地的某些地质细节仍有诸多不确定，但就与落基山盆地其他已知盆地中心气藏地质情况类似的天然气藏而言，已有证据为它们的勘探和进一步开发提供了参考。

致谢

感谢丹佛市的 David M. Newell 和 Dave O. Cox 对本文所做实质性贡献，尤其在测井解释、中途测试评价和油藏动态方面。科罗拉多州丹佛市 HBB 公司的 Don K. Henderson 对整个项目提供了许多有益的地质建议。此外，HBB 公司的 Suzanne Wright 和 James Jones 负责插图编制，得克萨斯州 Telegraph 勘探公司的 Karen L. Rose 参与文稿编写。陆地卫星成像由马里兰州 Chevy Chase 区的地球卫星公司提供。地球卫星公司和 HBB 公司一致认同盆地中心气概念适用于 Raton 盆地，它们为本区感兴趣区的评价提供了大量支持。

参 考 文 献

[1] BILLINGSLEY, L. T., 1977, Stratigraphy of the Trinidad Sandstone and associated formations, Walsenburg area, Colorado, in: Exploration frontiers of Colorado and southern Rockies: Rocky Mountain Association of Geologists Symposium, p. 235-246.

[2] BROWN, C. F., 1973, A history of the development of the Pictured Cliffs Sandstone in the San Juan basin of northwestern New Mexico, in Cretaceous and Tertiary rocks of the southern Colorado Plateau: Four Corners Geological Society, p. 178-184.

[3] CANT, D. J., 1983, Spirit River Formation—a stratigraphic-diagenetic gas trap in the Deep basin of Alberta: AAPG Bulletin, v. 67, no. 4, p. 577-587.

[4] CHAPIN, C. E., and S. M. CATHER, 1981, Eocene tectonics and sedimentation in the Colorado Plateau-Rocky Mountain area, in Relations of tectonics to our deposits in the southern cordillera: Arizona Geological Society Digest, v. XIV, p. 173-198.

[5] DANILCHIK, W., J. E. SCHULTZ, and C. M. TREMAINE, 1979, Content of methane in coal from four core holes in the Raton and Vermejo formations, Las Animas County, Colorado: USGS Open-File Report 79-762 and Colorado Geological Survey Open-File Report 79-3, 19 p.

[6] DEISCHL, D. G., 1973, The characteristics, history, and development of the Basin Dakota Gas field, San Juan basin, New Mexico, in Cretaceous and Tertiary rocks of the southern Colorado Plateau: Four Corners Geological Society, p. 168-173.

[7] DOLLY, E. D., and F. F. MEISSNER, 1977, Geology and gas exploration potential, Upper Cretaceous and Lower Tertiary strata, northern Raton basin, Colorado, in Exploration frontiers of the Colorado and southern Rockies: Rocky Mountain Association of Geologists, p. 247-270.

[8] GRIES, R., 1983, Oil and gas prospecting beneath Precambrian of foreland thrust plates in Rocky Mountains: AAPG Bulletin, v. 67, no. 1, p. 1-28.

[9] HAMILTON, W., 1981, Plate-tectonic mechanism of Laramide deformation: Contributions to Geology, University of Wyoming, v. 19, no. 2, p 87-92.

[10] HAYES, P. T., and A. D. ZAPP, 1955, Geology and fuel resources of the Upper Cretaceous rocks of the Barker dome-Fruitland area: USGS Oil and Gas Inventory Map OM 144.

[11] JOHNSON, R. B., 1968, Geology of the igneous rocks of the Spanish Peaks region, Colorado: USGS Professional Paper 594-G, p. G1-G47.

[12] JOHNSON, R. B., 1969, Geologic map of the Trinidad quadrangle, south central Colorado: USGS Map I-558.

[13] KELLEY, V. C., 1955, Regional tectonics of the Colorado Plateau and relationship to the origin and distribution of uranium: University of New Mexico Publications in Geology, no. 5, 120 p.

[14] MANZOLILLO, C. D., 1976, Stratigraphy and depositional environments of the Upper Cretaceous Trinidad Sandstone, Trinidad-Aguilar area, Las Animas County, Colorado: Colorado School of Mines, Master´s thesis T-1847, 147 p.

[15] MASTERS, J. A., 1979, Deep basin gas trap, western Canada: AAPG Bulletin, v. 63, no. 2, p. 152-181.

[16] MATUSZCZAK, R. A., 1969, Trinidad Sandstone interpreted, evaluated in Raton basin, Colorado-New Mexico: Mountain Geologist, v. 6, no. 3, p. 119-124.

[17] MATUSZCZAK, R. A., 1973, Wattenberg Field, Denver basin, Colorado: Mountain Geologist, v. 10, no. 3 p. 99-105.

[18] MCPEEK, L. A., 1981, Eastern Green River basin: a developing giant gas supply from deep, overpressured Upper Cretaceous sandstone: AAPG Bulletin, v. 65, no. 6, p. 1078-1098.

[19] SPEER, W. R., 1976, Oil and gas exploration in the Raton basin: New Mexico Geological Society, Vermejo Park Guidebook, p. 217-226.
[20] TREMAINE, C. M., 1980, The coalbed methane potential of the Raton Mesa coal region, Raton basin, Colorado: Colorado Geological Survey Open-File Report 80-4, 48 p.
[21] TRW ENERGY ENGINEERING, 1981, Coalbed methane production case histories: prepared for U. S. Department of Energy under Contract No. DE-AC21-78 MC08089.
[22] WEIMER, R. J., 1960, Upper Cretaceous stratigraphy, Rocky Mountain area: AAPG Bulletin, v. 44, no. 1, p. 1-20.

低渗透白垩岩的油气勘探和开发
——以落基山区上白垩统 Niobrara 组为例

Richard M. Pollastro, Peter A. Scholle

摘要 一次大规模全球海平面上升期中，上白垩统康尼亚克阶—坎潘阶 Niobrara 组（奈厄布拉勒组）白垩岩层沉积于美国西部内陆的浅陆缘海道。在科罗拉多州东部、堪萨斯州西北部和内布拉斯加州西南部的 Denver 盆地东部，生物成因气自 Niobrara 组富有机质的未成熟白垩岩层中产出。这些白垩岩孔隙度高，渗透率低。浅层气藏不受大构造圈闭而受含断裂的低起伏局部穹窿构造或鼻状构造控制。压裂改造以泡沫压裂为主，是气井经济开采必需的措施。

而在盆地西部和深层处，较致密的天然裂缝性白垩岩层产油。这些白垩岩层热成熟，能够生成热成因的石油。

在盆地内指定位置，Niobrara 组白垩岩的储层物性（主要是孔隙度和渗透率）和产烃类型首先受成岩作用控制。最大埋深（和相应的不同压力史、温度史）是储层物性的主控因素。因此，了解本区后 Niobrara 期的沉积史、温度史，结合确定系统性成岩变化的研究，可以预测 Niobrara 组的储层特征和生烃潜力。

1 简介

自 20 世纪早期起，落基山脉白垩岩储层就已进行油气开采。20 世纪 70 年代，白垩纪西部内陆海道所沉积白垩岩的油气勘探和发现掀起高潮。这主要归因于北海白垩岩的成功勘探、气价的上涨、非常规（低渗透）油气藏应用研究带来的地质勘探技术和主要开采技术。

针对上白垩统 Niobrara 组白垩岩和其他白垩岩及有关地质单元中有机、无机组分，进行了大量地质和地球化学研究，确定了多种沉积和成岩关系（Lockridge 和 Scholle，1978；Rice 和 Claypool，1981；Pollastro，1981b；Pollastro 和 Scholle，待出版），有助于勘探者了解感兴趣区的储层性质和烃类成熟度。从地质、地球物理和工程方面识别和了解白垩岩，有利于将 Niobrara 组发展成为落基山脉/大平原（Great Plains）区的主要远景区。本文回顾了这些地质和工程概念。

2 沉积背景和地层

过去一亿年里，白垩岩占全世界总碳酸盐岩沉积的 70%（Hay 等，1976）。现代白垩一般只存在于大洋盆地，尤其是缺乏沉积的大陆斜坡及高地和方解石补偿深度之上的部分深海平原。相反，古代白垩广泛沉积于高海平面形成的广阔陆缘海和碎屑沉积物输入极小区。例如，晚白垩世时海平面升高，白垩广泛沉积于欧洲、北美洲和其他大陆及大洋盆地

(Scholle, 1977a)。

落基山脉的西部内陆海道是白垩纪白垩沉积面积最大的区域之一。西部内陆盆地白垩纪地层以发育大规模海相沉积旋回而闻名。这些旋回反映了海面升降形成的同期海进/海退波动（Hancock 和 Kauffman，1979）。Niobrara 组反映了这些大规模旋回中的一个。

西部内陆白垩纪盆地和海道为长条形不对称槽地，在沉积 Niobrara 组时南北向延伸、纵贯大部分中陆地区（图1）。盆地西缘沉降最大、陆源沉积供给最多，主要受科迪勒拉（Cordillera）造山带构造作用控制。相反，盆地东部为广阔稳定台地，沉降小，沉积速率相对较慢，水深可能为 100~500ft（30~150m）（Hattin，1965；Kauffman，1977）。

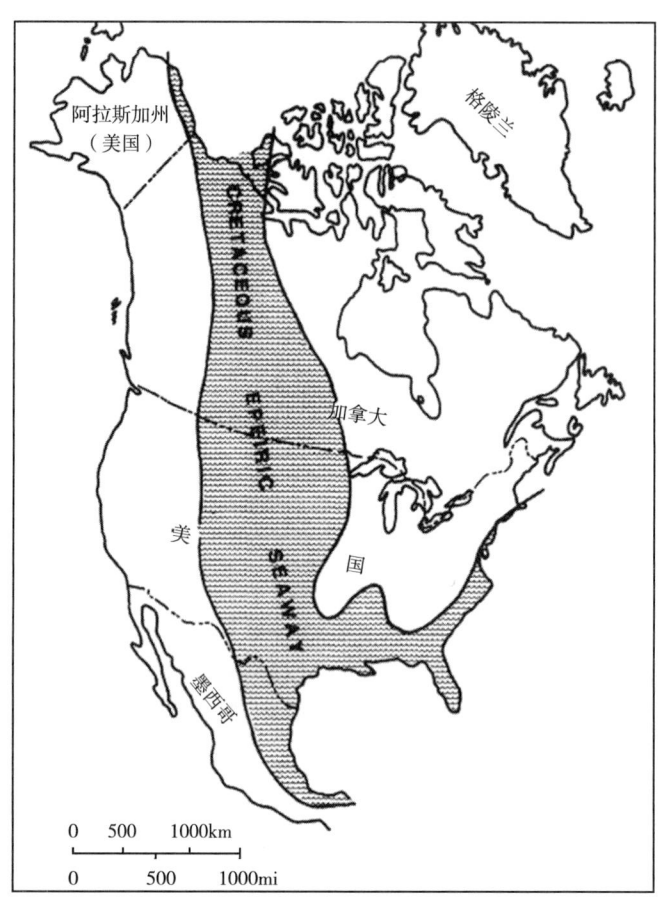

图1　北美地区古地理图（据 Gill 和 Cobban，1973，有修改）
图中展示了 Niobrara 组沉积时陆缘白垩纪西部内陆海道的近似最大范围

白垩岩不同于浅水碳酸盐岩，一般仅呈现渐进横向相变。较之浅水碳酸盐岩台地，深水环境中同一条件区域范围较广，通常不会突然且少有转变为相邻岩性。在科罗拉多州东部及相邻地区，Niobrara 组以远洋超微化石为主要组分，少量为底栖生物大化石和陆源组分。白垩岩纯度向西逐渐降低，与页岩、砂岩指状交错，表明主要碎屑物源区为科迪勒拉（Cordillera）褶皱冲断带。整个 Niobrara 组发育大量斑脱岩层，反映沿盆地活跃西缘的周期性火山活动。往东，Niobrara 组的对应岩相一般已被侵蚀。

Rice 和 Shurr（1983）指出南、北达科他州和内布拉斯加州 Niobrara 组岩相包含三个石灰岩舌状体（通俗地命名为下舌、中舌和上舌），单个平均厚度 70ft（20m），彼此之间以钙质页岩分隔。白垩岩舌状体向北、向西渐变为 Pierre 页岩 Gammon Ferruginous 段的非钙质页岩，它们的分布可能受沉积物输入速率、西部高原碎屑物搬运距离的差异和线性构造包围地块的古构造运动所制约。白垩岩舌状体西界近似平行于横向同期陆棚砂岩的最东侧，证实这些差异是舌状体分布的控制因素（Rice 和 Shurr，1983）。

Niobrara 组下伏海相 Carlile 页岩，上覆斑脱岩质海相 Pierre 页岩厚层（图 2）。在科罗拉多州东部及其相邻地区，Niobrara 组划分为两段。Niobrara 组底段（Fort Hays 灰岩段）含西部内陆最纯的白垩，酸不溶物含量低，仅含少量薄页岩夹层。科罗拉多州 Fort Collins 附近层厚为 14ft（4m）（Hann，1981），靠近科罗拉多州 Pueblo 为 40ft（12m）（Scott 和 Cobban，1964），堪萨斯州中西部为 55~75ft（17~23m）（Hattin，1981）。上覆 Smoky Hill 白垩段被认为代表 Niobrara 旋回的第一次海退阶段（Hancock 和 Kauffman，1979；Hat in，1981）。在多数地区，该层段含有白垩质页岩，局部发育块状白垩岩层。科罗拉多州 Fort Collins 段附近层厚为 270ft（112m）（Hann，1981），靠近科罗拉多州 Pueblo 为 700ft（213m）（Scott 和 Cobban，1964），堪萨斯州露头处为 560~620ft（171~189m）（Hattin，1981）。

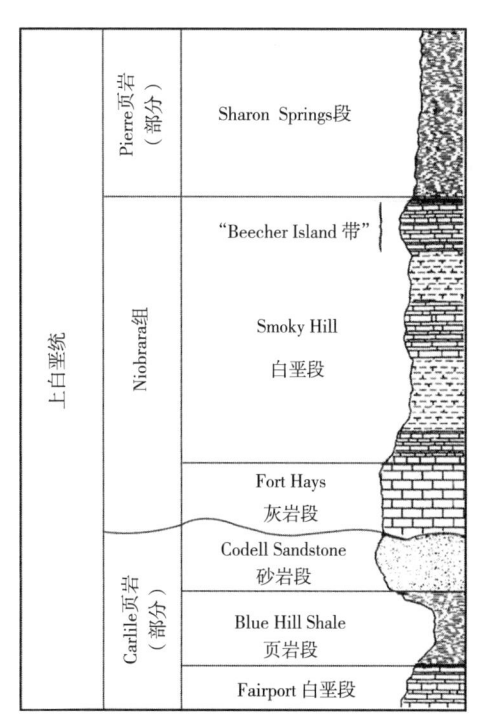

图 2　堪萨斯州和科罗拉多州东部上白垩段部分的地层剖面图

在部分地区，Smoky Hill 白垩段可划分为 6 或 7 个不同单元（Scott 和 Cobban，1964；Hann，1981），由渐变为厚层钙质和非钙质页岩的相对较纯薄白垩岩组成。这些旋回单元似乎反映了盆地海域氧化程度的区域性差异和相应的生物生产力及远洋沉积作用的差异。这种岩性循环变化对生烃和烃类储层特性有重大影响（Scholle 和 Arthur，1980）。例如，被称为 Smoky Hill 白垩段 Beecher Island 带的主要气层单元（Lockridge，1977）是广泛分布的相对较纯白垩岩，厚度 30~50ft（9~15m），位于 Niobrara 组顶部，被包围在充当烃源岩和盖层的富有机质页岩之间。这些广泛旋回单元的生物地层和放射性年代测定说明它们基本为同时期（Kauffman，1977）。

3　构造关系和油气开采分布

尽管 Niobrara 组沉积时沿海道西侧发生构造运动，但 Niobrara 组沉积区少有发生重大构造变形。而 Weimer（1978）与 Rice、Shurr（1983）证实存在一个大型的北东—南西向构造——Niobrara 组沉积时活跃的（横大陆）Transcontinental 穹隆（图 3）。该构造导致部分地区的 Niobrara 组明显沉积变薄，形成 Niobrara 组天然气早期聚集成藏的局部圈闭。

由于向西区域内逆冲作用的强度及时间变化和海平面升降的影响，此类小构造区域中

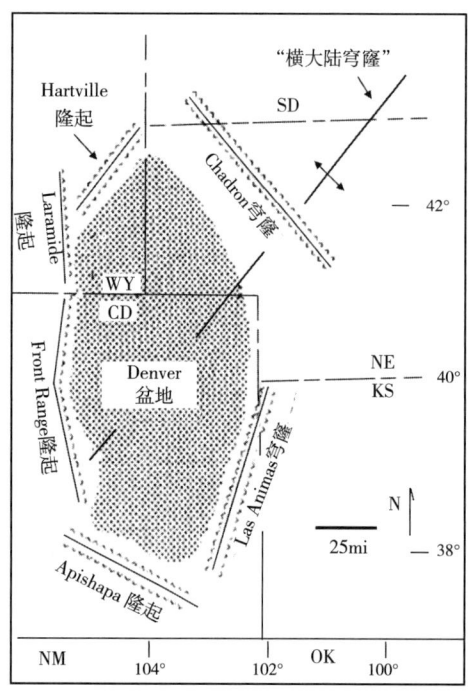

图3 Denver 盆地及邻区的综合大地构造图

预期的简单地层关系变得复杂。这些因素使得局部构造年代与存在性的解释更为复杂。显然 Niobrara 组沉积后，塞维尔（Sevier）和拉腊米（Laramide）造山运动引起的变形形成了现今油气成藏的地质背景。Denver 盆地西以 Front 山脉和 Laramie 隆起，西北以 Hartville 隆起，东北以 Chadron 穹窿，东南和南部以 Las Animas 穹窿和 Apishapa 隆起为界（图3）。盆地不对称，西翼陡，东缘缓斜。

盆地缓斜东缘上西北—东南向排列的一系列小型油气田是 Niobrara 组产气区，产层深度 1400~3500ft（430~1050m）（图4）。这些油气田位于区域性西向缓斜上的小型低幅度圈闭内。因为白垩岩易脆，即使小构造也可能发育明显的天然裂缝，极大地改善储集性能。此外，大量正断层形成小规模地垒和地堑构造，使得多数褶皱被进一步增强（Smagala, 1981）。这些断层切割脆性的 Niobrara 组，但一般不会延伸至上覆或下伏页岩。

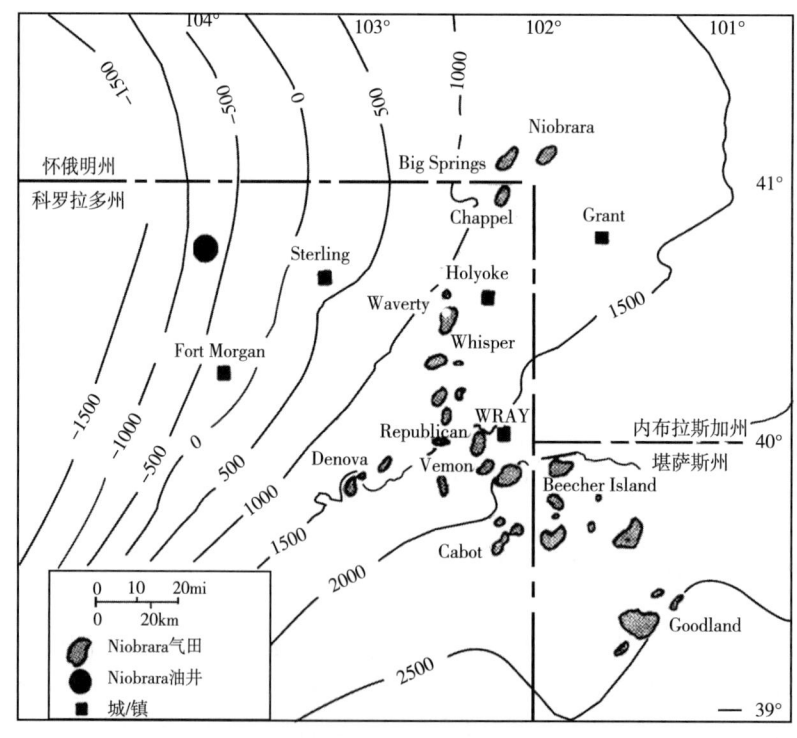

图4 Denver 盆地东翼主要 Niobrara 组气田的索引图
图中绘制了 Niobrara 组顶界构造等值线（等值线距 500ft）

尽管浅层 Niobrara 组白垩储层的渗透率超过 0.5mD，但断裂和伴生裂缝对于商业化气井开发可能必不可少，而裂缝对于深层 Niobrara 组储层尤为重要。一般而言，埋深超过 6000~7000ft（1800~2100m）的潜在 Niobrara 组储层内，白垩岩基质孔隙度小于 10%，气渗透率为 0.01mD 或更小。裂缝不仅提高开采速率，也为深层白垩岩油或气储层提供了额外的孔隙空间。地层热成熟的浅层气田，埋深和热流量最大时可能产油，而在这些气田西侧，Niobrara 组的较深层天然裂缝性白垩岩产油（图4）。在科罗拉多州北部和中西部，也有数个油气田从 Niobrara 组和较老的 Greenhorn 组裂缝性深层白垩岩中产油。同样，美国墨西哥湾沿岸 Austin 群的白垩岩与 Niobrara 组横向上时间相关，从相似的中—深层裂缝性白垩岩产出油和热成因气，基质孔隙度小于 8%，渗透率在 0.001~0.4mD。目前这些 Austin 群储层埋深为 6600~14800ft（2000~4500m）（Scholle，1977b）。

4 物性、化学性质和成岩作用特征

Niobrara 组白垩岩和一般白垩岩为细粒灰岩（微晶），由钙质、有机质和陆源组分构成。Niobrara 组白垩岩通常 70%~80% 为碳酸盐。碳酸盐组分主要为钙质超微化石（以金褐色藻类颗石藻为主），以及少量钙质微体化石（有孔虫和钙球石）和钙质宏观化石（尤其是双壳类，如牡蛎和叠瓦蛤）。白垩岩仅沉积在发育钙质外壳生物的区域和涌入陆源碎屑未覆盖这些微小组分的区域。

Niobrara 组白垩岩的矿物学和结构特征说明沉积后很快发生海洋生物的生物衰变与白垩中不稳定陆源物质之间的相互作用。这种有机/无机相互作用产生微尺度的地球化学环境，沉淀早期自生矿物相，例如黄铁矿和高岭石（Pollastro，1981a）。

多数西部内陆白垩岩碳酸盐组分的 60%~90% 为超微化石。图 5（a）显示了保存良好、富含超微化石的 Niobrara 组白垩岩；这一样品展示了浅埋藏产生的轻度成岩蚀变。因多数超微化石为 0.5~10μm，常常分解成较小的晶体成分，所以白垩岩为极均匀细粒。白垩岩粒度分布显示粒径主要集中在 0.2~1μm，其次为 1~10μm 和大于 62μm（Hakansson, Bromley 和 Perch-Nielson，1974；Neugebauer，1975；Black，1980）。孔喉尺寸甚至更小，一般为几十微米。这些关系可解释无论孔隙度高低、非裂缝性白垩岩的渗透率均明显较低的原因（图6）（Scholle，1977a）。

有孔虫和颗石藻（以及白垩）由低镁方解石构成。低镁方解石是近地表压力和温度条件下碳酸钙的最稳定多形晶。因此，虽然平均粒径小且与多数埋藏较浅的海相石灰岩不同，但白垩是海相和非海相孔隙流体的稳定沉积。然而，白垩会经历强烈的埋藏成岩变化。Neugebauer（1973，1974）、Matter（1974）、Schlanger 及 Douglas（1974）和 Scholle（1977a）均描述了这些关系。

在海底 60%~80% 的区域中，典型白垩岩发育原始孔隙。尽管部分情况下，海底孔隙被胶结作用破坏，但早期孔隙损耗一般是与埋藏有关的初始机械压实（脱水、颗粒重新排列、甚至颗粒破碎）所致。随着埋深增加，一个适当的稳固颗粒骨架确立，化学压实超过机械压实成为孔隙空间减少的主要因素［图 5（b）］。化学压实指高粒间应力处碳酸钙溶解和应力差较低或近于零处（如孔隙中）碳酸钙作为胶结物沉淀。这一过程沿溶解缝或缝合线和颗粒接触面发生，无须引入系统外物质也能实现，最终导致灰岩段完全失去孔隙。Niobrara 组储层埋深与孔隙度的关系如图 7 所示。

(a)浅层白垩岩的典型结构（1500ft;460m）；孔隙度约40%

(b)埋深5400ft（1650m）白垩岩的结构，反映埋藏期发生大量胶结；孔隙度约9%

图 5　Beecher Island 带白垩岩的扫描电镜照片（两个样品均含 15% 的酸不溶物）

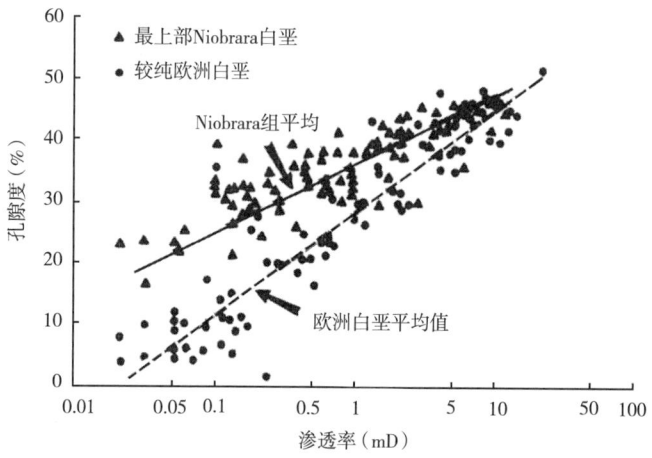

图 6　Denver 盆地东翼 Niobrara 组 Beecher Island 带的孔渗关系图（据 Lockridge 和 Scholle, 1978, 有修改）
图件基于密度测井孔隙度数据

　　白垩的非钙质组分（无机和有机）也经历了对勘探意义重大的成岩演化。Niobrara 组非钙质无机组分的成岩变化是指主要发生在黏土矿物组合内与深度有关的矿物反应。沉积岩中黏土矿物组合通常用于确定成岩作用程度，评价地热史和石油资源潜力。古泥质沉积物的若干研究展示了与深度有关的矿物变化，Weaver（1979）和 Hower（1981）的报告广泛评论了这些研究和所涉及的矿物关系。

　　详细的 X 射线矿物研究表明，在 Niobrara 组黏土矿物组合内，最重要的反应是蒙皂石转化为连续混层或间层伊利石—蒙皂石，进而再转变为伊利石。这一反应发生在不溶残余物的黏土和白垩岩的伴生页岩中，但在斑脱岩夹层内更为突出（Pollastro, 1981b；Pollastro, 1983；Pollastro 和 Bader, 1983；Pollastro 和 Scholle）。

　　从 Denver 盆地浅层 Niobrara 组白垩岩采集不溶残余物样品，对伊—蒙间层（I/S）进行黏土矿物研究，发现因沉积时不同来源的黏土混合，I/S 黏土初始成分差异很大（图 8）。但在任何特定位置或深度的整个层段内，斑脱岩薄层的 I/S 黏土成分均保持一致。

　　随着深度增加，不溶残余物中 I/S 黏土和 Niobrara 组中页岩的伊利石含量增加，间层

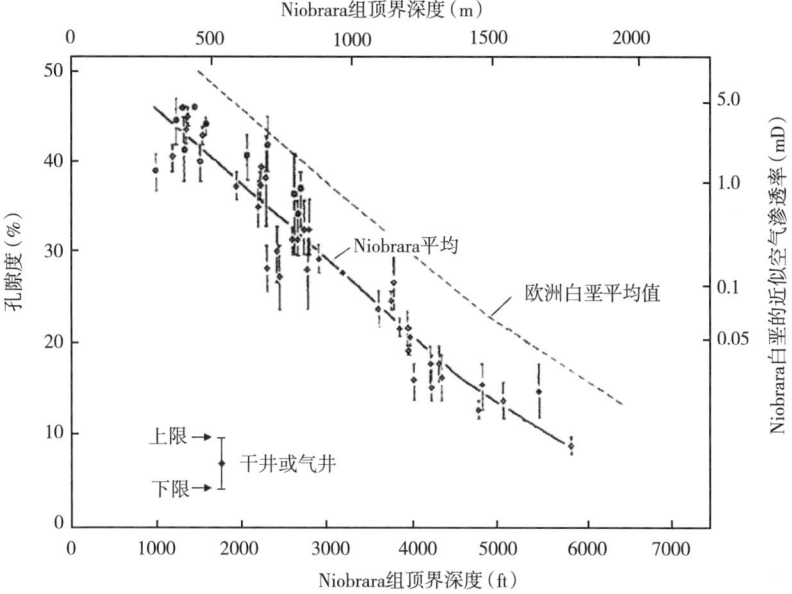

图 7　Denver 盆地东翼 Niobrara 组 Beecher Island 带白垩岩的密度测井孔隙度与深度关系图
（据 Lockridge 和 Scholle，1978，有修改）

图右侧标注 Niobrara 组近似平均渗透率，同时绘制了欧洲白垩岩的孔隙度—深度曲线以做对比

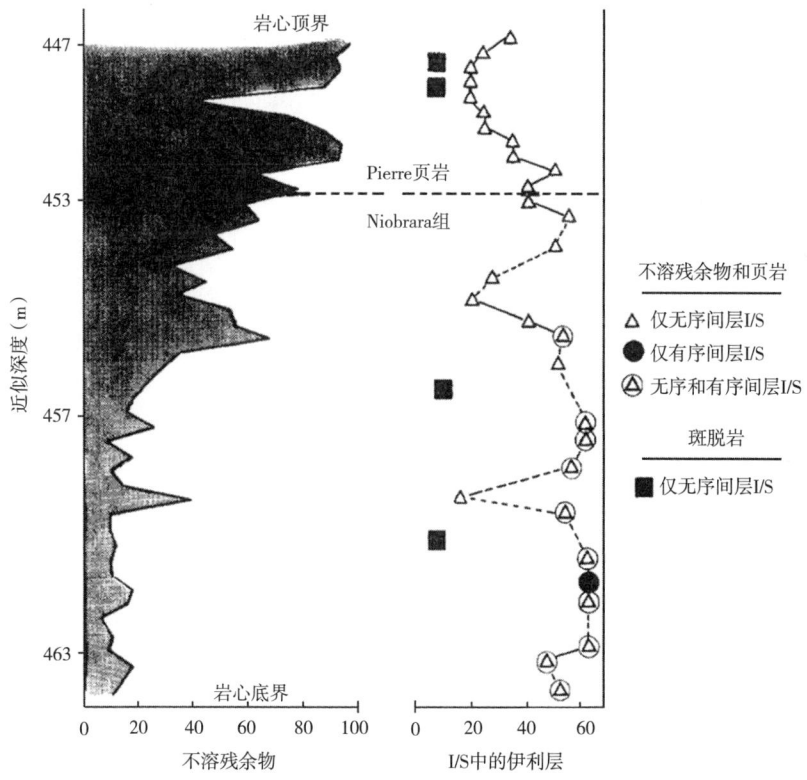

图 8　不溶残余物含量和混层伊利石—蒙皂石（I/S）组分关系图

样品来自 Niobrara 组最下部 Pierre 页岩和最上部 Beecher Island 带的浅埋藏地层岩心，虚线表示 I/S 比值不确定的样点

157

更规则,但较为明显的关系是深层成岩作用制约了这些黏土的初始膨胀性或成分(图9)。而斑脱岩中,原始成分可能为完全或近完全膨胀蒙皂石。随着温度增加,斑脱岩的伊利石含量逐渐增加。斑脱岩I/S黏土的近60%伊利石层中,I/S黏土由无序间层转化为短程有序间层。根据黏土部分乙二醇饱和定向样本的X射线衍射图,可识别出这一变化(图10)。有研究表明埋藏温度接近210°F(100℃)时,白垩系岩石的I/S黏土发生从无序到短程有序的转变(Perry和Hower,1970;Hower等,1976;Hoffman和Hower,1979)。因而这种转变可作为一种开始生成油或热成因气的相对地温计。Pollastro和Scholle较为详细地描述了Niobrara组矿物关系随深度的变化。

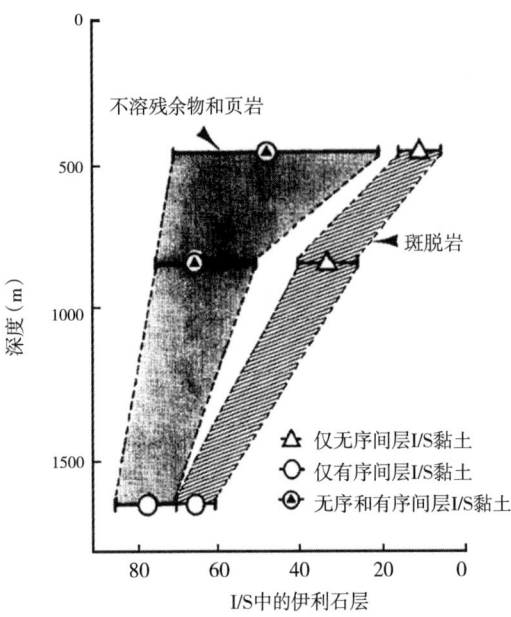

图9 Niobrara组不溶残余物或页岩和斑脱岩中混层伊利石—蒙皂石(I/S)组分与深度关系图(样品来自沿Denver盆地东翼的岩心)

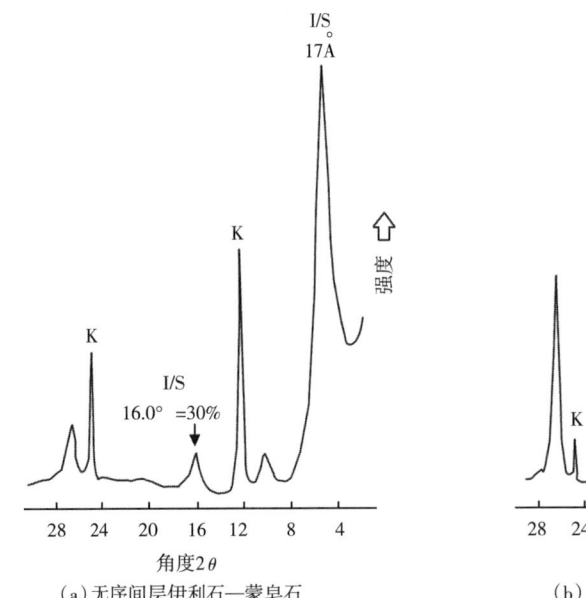 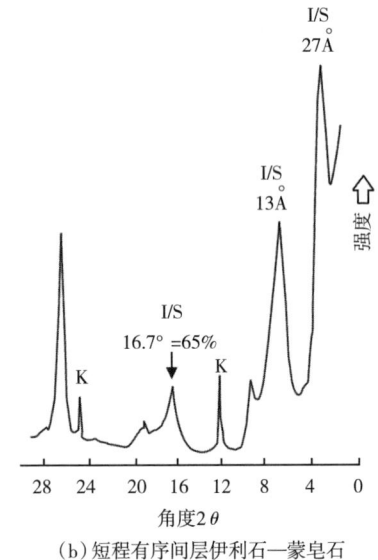

(a)无序间层伊利石—蒙皂石 (b)短程有序间层伊利石—蒙皂石

图10 斑脱岩乙二醇饱和定向黏土样品的典型X射线衍射模式

K为高岭石,I为伊利石—蒙皂石混层中的伊利石层(CuKα射线)

对交替的富碳酸盐层(相对纯白垩岩)和贫碳酸盐层(富有机质的白垩质页岩和斑脱岩)进行孔隙、矿物、不溶残余物和同位素的初步研究,发现Niobrara组的选择性溶移和溶解作用较之缝合作用规模更大(Pollastro和Scholle,待出版)。事实上,富含黏土和有机物（含高度酸不溶性组分）的地层和斑脱岩成为较纯白垩围岩中的主要溶解夹层。随着埋深逐渐增加，碳酸盐往往从富有机质的白垩质页岩中选择性溶出，然后转移和再沉淀为较纯的多孔白垩岩。最终，这个过程可能导致与现今低孔或无孔的较纯灰岩之间的原生孔隙关系发生显著变化，因而页岩夹层中保留了大量微孔隙。

Niobrara 组白垩中相对非渗透性斑脱岩和其他富黏土层也可充当溶解运移层面，尤其在深埋条件下。强烈矿化（尤其发育黄铁矿）和斑脱岩及白垩的其他泥质夹层内形成自生黏土矿物证实了这一点（Pollastro 和 Scholle，待出版）。

Niobrara 组有机组分也经历随着埋藏时间、温度增加而不同的成岩变化。Niobrara 组 Smoky Hill 白垩段中单个地层的有机碳含量高达 5.8%，平均值为 3.2%（Rice，1985）。上覆 Pierre 页岩 Sharon Springs 段有机碳更丰富，平均含量为 7.7%。这些数值说明 Niobrara—下 Pierre 厚层段多数或全部可视为潜力烃源岩。但在 Niobrara 组当前产气区的大部分区域，地下温度过低而不能生成油或热成因气。Rice、Claypool（1981）和 Rice（1985）的近期研究表明 Niobrara 组浅层气具有生物成因气的化学和同位素组成特征。在白垩埋藏史早期，原地有机质被细菌分解生成气体，生气温度远低于热成因气所需温度（<167°F，75°C）。生物成因气为典型干气，甲烷含量占烃类组分的 98%。本区 Niobrara 组所产气的热值为 965~1025Btu/scf[●]（英热单位/标准立方英尺），热值一般随深度增加而增加。但在 Denver 盆地的有限区域内，Niobrara 组埋藏深，对应温度较高，有证据表明这些白垩中干酪根生成热成因烃（Rice 和 Claypool，1981）。

5 储层参数

在科罗拉多州东部及邻近地区，Niobrara 组浅层气的产层深度为 1000~3200ft（300~975m）。在产层的顶、底，Beecher Island 带的基质孔隙度通常分别为 40%~50% 和 25%~35%。根据密度测井孔隙度，Lockridge 和 Scholle（1978）总结了本区 Beecher Island 带的典型孔隙度—深度关系（图 7）。Pollastro 和 Scholle（待出版）也报道了类似孔隙度值及趋势。他们在沿科罗拉多州 Denver 盆地东翼的 Beecher Island 带内采集了一段岩心，测量了大量 1in（2.5cm）白垩柱塞样的密度与孔隙度。

尽管产气白垩岩孔隙度高，但因粒径极小，渗透率本身较低。Scholle（1977a，图 4）指出白垩岩渗透率随孔隙度减小而呈对数降低。Lockridge 和 Scholle（1978）证实 Niobrara 组内存在此种关系，近似渗透率值绘制于图 7 中。Beecher Island 带产气层的渗透率为 0.1~16mD，平均渗透率为 1mD。在 Denver 盆地深层，产油地层等效单元的基质渗透率通常小于 0.01mD。

Lockridge 和 Scholle（1978）称科罗拉多州东部的部分 Niobrara 组气藏埋藏深度 900~2900ft（275~885m），含水饱和度达到 50%。因为这些白垩岩储层渗透率低，电阻率曲线显示 Niobrara 组井的气水过渡带可能数百英尺。Brown 等（1982）指出较之构造低部位井，构造高部位井电阻率更高、含水饱和度更低。这种过渡特征结合地形起伏差异是一种气藏控制因素。

相对 Denver 盆地东翼气井的正常静水压力（0.43psi/ft，9.7kPa/m）而言，Beecher Is-

[●] 1scf=0.0283168m³。

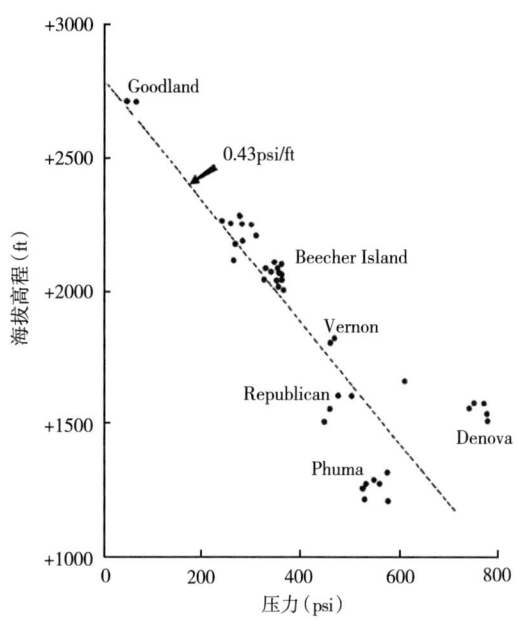

图 11 Denver 盆地东翼 Niobrara 组 Beecher Island 带地层压力图（据 Lockridge 和 Scholle，1978，有修改）

land 带欠压实（图 11）。沿南东—北西向进入盆地，地层压力逐渐变化，在 Goodland 油气田深度 900ft（275m）地层压力接近 60psi（400kPa），在 Beecher Island 油气田深度 1500～1800ft（460～550m）为 350psi（2380kPa），在 Phuma 油气田深度 2600ft（790m）为 550psi（3750kPa）（图 4）。而本区确实存在压力梯度的区域性变化。这一趋势带东端的 Denova 和临近油气田，产层深度约为 2900ft（885m），地层压力比正常压力大 200psi（1360kPa）。Pollastro 和 Scholle 指出大量上覆岩层被剥蚀导致地层压力大于常压。

产气区内沿北西向分布井的现今未校正井底温度为 90～115℉（32～46℃），对应近似深度为 1400～2800ft（425～850m）。再往西北方向（约 75mi），Niobrara 组白垩岩产油深度 5500ft（1670m）处，未校正井底温度为 165℉（74℃）。利用无机和有机指标（黏土矿物、镜质组反射率和热解）确定古温度，发现 Denver 盆地部分区域 Niobrara 组岩石的地下温度比现今更高。古近—新近纪时，地温梯度较高和/或覆盖层较重，导致温度较高（Pollastro 和 Scholle；Rice，1985）。

6 生产技术和测井评价

Niobrara 组浅层气井产出生物成因气，通常在 72h 内钻至 3000ft（915m）或略浅，并下套管。但因 Niobrara 组白垩岩强水敏，可能发生部分地层损害。1972 年钻探的气井为裸眼完井，在 Niobrara 组上方套管固井，气产层为气体钻井。但由于孔塌问题，后续井在整个层段下套管，然后射孔。在 Beecher Island 带通常用 4½in（11.5cm）或者 5½in（13.8cm）套管固井，而射孔密度为 1~2 孔/ft（3~6 孔/m）。

这些年间，多数 Niobrara 组气井的钻探和初始完井作业已经被标准化。Brown 等（1982）报道了下述操作流程：（1）为避免污染，在整个浅层 Ogallala 组淡水砂岩段下 8⅝in（22cm）表层套管至 300ft（90m）。（2）以 7⅞in（20cm）钻杆，清水钻井液，旋转钻进至 Niobrara 组顶界。然后改用低失水泥浆体系钻至 Beecher Island 带下方 50ft（15m）。（3）实施双感应测井和补偿中子/地层密度孔隙度测井。（4）如果该井看似有产能，则下 4½in（11.5cm）套管并固井。在整个潜力产层，间隔加放刮泥器和扶正器，并设置一套引鞋和浮箍。固井期间也上下活动套管以扩大控制范围，为压裂改造作用做准备。（5）抽汲后，在测井车上记录套管井的相关测井曲线，并使用射孔工具。这一步骤使得可在开钻后四天内实施增产改造。

最初识别相对"较纯"的 Beecher Island 带是根据自然电位曲线和伽马曲线（图 12）。

Hann（1981）利用自然电位曲线和电阻率曲线，将科罗拉多州 Fort Collins 段附近沿 Front Range 区露头广泛分布的上部白垩单元，经整个 Denver 盆地地下，与堪萨斯州中西部露头进行对比。利用双感应侧向测井（DIL）和补偿中子/地层密度（CNL/FDC）孔隙度测井可有效地评价产气井。产气段的地层电阻率为 3~15Ω·m。因为低电阻率层通常含水饱和度高，不能实现商业性开采，故设定电阻率截止值为 3Ω·m（Lockridge 和 Scholle，1978）。

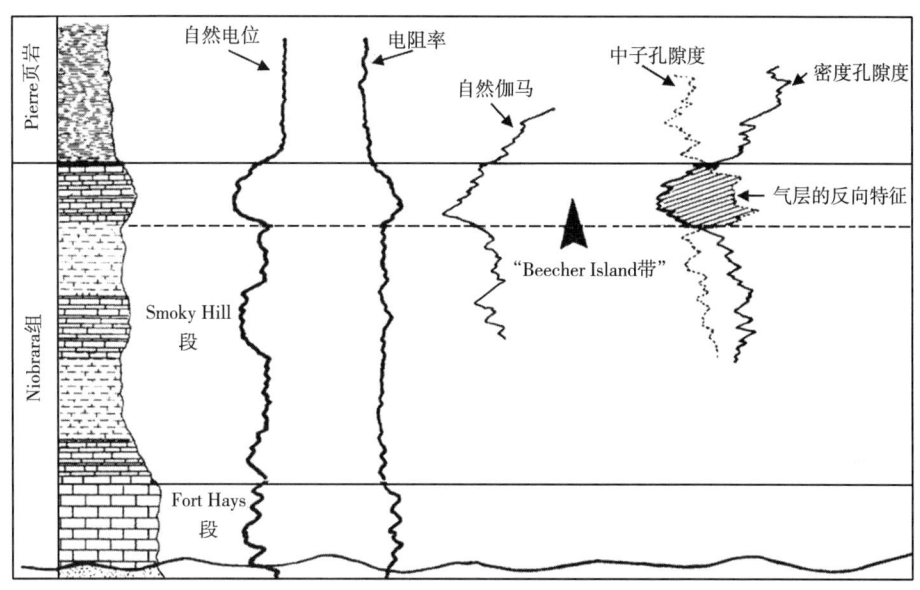

图 12 Niobrara 组 Beecher Island 带的一般测井响应特征

在 CNL/FDC 孔隙度曲线上，具工业气流的 Niobrara 组白垩岩表现出反向特征或天然气挖掘效应（图 12）。测井仪器探测深度浅；因而根据钻井液滤液侵入量的不同，两条曲线反向幅度变化较大或者根本无差异。向更深层继续钻进数天后，重新测井，随着滤液侵入越来越多，曲线的反向幅度急剧减少（Lockridge 和 Scholle，1978）。因此在某些情况下，CNL/FDC 曲线可能不是可靠的井产能指标。

7 压裂改造和生产特性

1972 年，第一批商业性气井以气体钻井方式钻探于科罗拉多州 Beecher Island 气田；裸眼完井且未改造；初期日输送气 20×10^3 ~ $60 \times 10^3 ft^3$（850~1700m^3）。这些井最大累计产量为 $51 \times 10^6 ft^3$（$1.8 \times 10^6 m^3$）。

现在压裂处理使得 Niobrara 组气井更具商业吸引力。根据实验室和现场测试，对于 Niobrara 组气井，泡沫压裂效果最佳（Rohret 和 Jones，1978；Lockridge 和 Scholle，1978）。这一技术用液量最小，允许快速地处理后洗井，极大降低了地层污染。泡沫压裂携砂比高，避免了摩擦引起巨大压降。Niobrara 组气井最常采用氮气泡沫冲砂处理；二氧化碳与泡沫甲醇—水冲砂处理也能产生好的效果。对于 Niobrara 组气井所用压裂改造技术的演化、历史和配方，可参考 Brown 等（1982）的详细介绍。

增产改造井的初期产量为 100×10^3 ~ $1200 \times 10^3 ft^3/d$（2.8×10^3 ~ $35 \times 10^3 m^3/d$），在前 30~60

天快速下降至 $50×10^3$~$300×10^3 ft^3/d$，其后估计每年以 3%~10%持续下降。78 个月后，最老的商业性气井产气 $179×10^6 ft^3$（$4.1×10^6 m^3$）。但同一油气田中，其他较新井产量为其两倍以上（Brown 等，1982）。

8 勘探模式和资源潜力

Niobrara 组富有机质白垩层的物理、化学和成岩特性为建立 Denver 盆地及邻区的勘探模式提供了基本框架。尽管 Niobrara 组的准确古地理重建和经济解释需要更为详细的区域性分析，但 Scholle（1977a），Lockridge、Scholle（1978），Rice、Claypool（1981）和 Pollastro、Scholle（待出版）的研究揭示了生成产量综合预测图的多个地质关系。图 13 为埋藏或古覆盖层深度图，据此可以在区域尺度上预测 Niobrara 组主要白垩岩相的孔隙度趋势。编制此图时，借助有机和无机地温计，估算后 Niobrara 期沉积的累计厚度。预测最大埋深小于 3000ft（900m）的区域中，白垩岩孔隙度将会为 30%或更高。预测最大埋深 3000~5000ft（900~1500m）的区域中，Niobrara 组白垩岩平均孔隙度应该为 20%~30%。最大埋深大于 5000ft（1500m）的区域内，白垩岩孔隙度将小于 20%。强天然裂缝发育带为本区有利产区，如科罗拉多州 Denver 盆地沿 Front Range 地区。

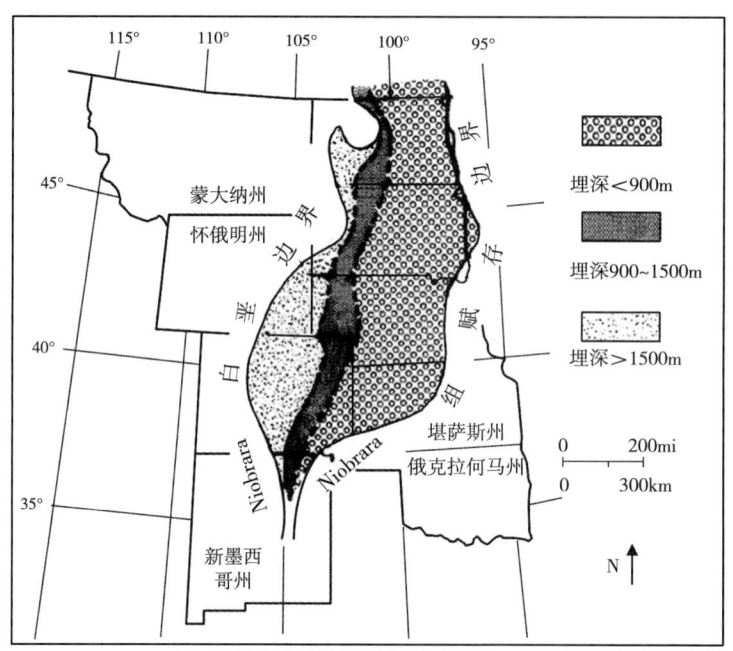

图 13 Niobrara 组白垩岩古最大覆盖层的区域分布图

在预测最大埋深小于 900m（2000ft）的区域，Niobrara 组白垩岩平均孔隙度为 20%或更高；在预测最大埋深 900~1500m（3000~5000ft）的区域，平均孔隙度为 20%~30%；在最大埋深大于 1500m（5000ft）的区域，平均孔隙度小于 20%

Niobrara 组分散斑脱岩薄层的黏土矿物组合中，成岩变化记录了可结合烃源岩研究使用的温度。如本文前面所谈，温度 210°F（100℃）时，无序间层 I/S 黏土转变为有序间层 I/S 黏土，大致同时 Niobrara 组生油开始。借助构造等值线图和等厚图，根据黏土矿物组成，初步绘制了成熟度图（图 14）。该图可用于预测富有机质 Niobrara 组或较老烃源岩生成的油和/或热成因气区，同时也说明过去部分地区的 Niobrara 组遭受深埋藏和/或地温梯度较高。

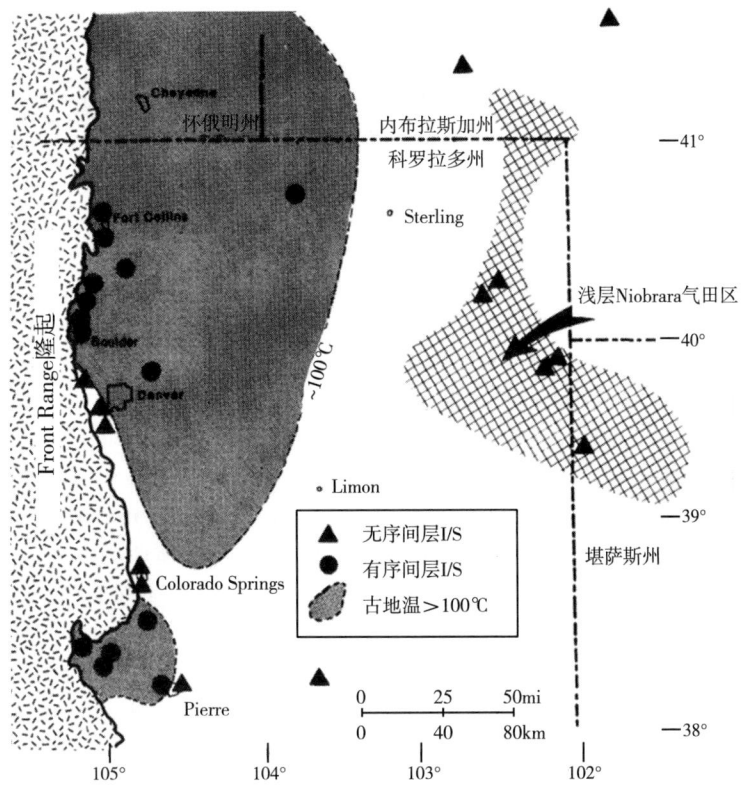

图 14　Denver 盆地及邻区的热熟化图

图件编制根据 Niobrara 组和最下部 Pierre 页岩中斑脱岩层的混层伊利石—蒙皂石黏土（I/S）组分。较 Niobrara 组老的岩石会经历更高温，而较新地层温度更低。温度 100℃ 接近生油窗上限。数据基于近 300 个斑脱岩样品的分析结果

以生物成因为主的天然气对世界资源贡献巨大（超过 20%）。Rice、Shurr（1980）和 Rice、Claypool（1981）预测浅层生物成因气将会对远景储量作出较大贡献。但它可能依赖于开采技术的重大进步和非常规资源气价格的提高。因为开采历史有限，仅能推测性估算 Niobrara 组最终采收量。Lockridge（1977）称一个目前已开发区域内，Beecher Island 带的天然气地质储量预测为 $73 \times 10^9 \mathrm{ft}^3$（$2.1 \times 10^9 \mathrm{m}^3$）。美国国家石油委员会（1980）估算 Niobrara 远景带当前勘探区的浅层储量为 $1.2 \times 10^{12} \mathrm{ft}^3$（$3.4 \times 10^{13} \mathrm{m}^3$）。但因为渗透率低，最终气采收率可能较低。

参 考 文 献

[1] BLACK, M., 1980, On chalk, Globigerina ooze and aragonite mud, in C. V. Jeans and P. F. Rawson, eds., Andros Island, chalk and oceanic oozes: Yorkshire Geological Society Occasional Publication No. 5, p. 54–85.

[2] BROWN, C. A., J. W. CRAFTON, and J. G. GOLSON, 1982, The Niobrara gas play: exploration and development of a low-pressure, low permeability gas reservoir: Journal of Petroleum Technology, v. 24, p. 2862–2870.

[3] GILL, J. R., and W. A. COBBAN, 1973, Stratigraphy and geologic history of the Montana Group and equivalent rocks, Montana, Wyoming, and North and South Dakota: U. S. Geological Survey Professional Paper 776, 37 p.

[4] HAKANSSON, E., R. BROMLEY, and K. PERCH-NIELSON, 1974, Maestrichtian chalk of north-west Europe—a pelagic shelf sediment, in K. J. Hsu and H. C. Jenkyns, eds., Pelagic sediments: on land and under the sea: International Association of Sedimentology Special Publication 1, p. 211-224.

[5] HANCOCK, J. M., and E. G. KAUFFMAN, 1979, The great transgressions of the Late Cretaceous: Journal of the Geological Society of London, v. 136, p. 175-186.

[6] HANN, M. L., 1981, Petroleum potential of the Niobrara Formation in the Denver Basin: Colorado and Kansas: unpublished Master's thesis, Colorado State University, Fort Collins, Colorado, 260 p.

[7] HATTIN, D. E., 1965, Upper Cretaceous stratigraphy, paleontology, and paleoecology of western Kansas: GSA Annual Meeting (Kansas City), Field Conference Guidebook, 69 p.

[8] HATTIN, D. E., 1981, Petrology of Smoky Hill Member, Niobrara Chalk (Upper Cretaceous), in Type area, western Kansas: AAPG Bulletin, v. 65, p. 831-849.

[9] HAY, W. W., J. R. SOUTHAM, and M. R. NOEL, 1976, Carbonate mass balance—cycling and deposition on shelves and in deep sea (abs.): AAPG Bulletin, v. 60, p. 678.

[10] HOFFMAN, J., and J. HOWER, 1979, Clay mineral assemblages as low metamorphic indicators: application to the thrust faulted disturb belt of Montana, U. S. A., in P. A. Scholle and P. K. Schluger, eds., Aspects of diagenesis: SEPM Special Publication No. 26, p. 55-79.

[11] HOWER, J., 1981, Shale diagenesis, in F. J. Longstaffe, ed., Clays and the resource geologist, Short course handbook no. 7: Mineralogical Association of Canada, p. 60-80.

[12] HOWER, J., E. V. ESLINGER, M. E. HOWER, and E. A. PERRY, 1976, Mechanism of burial metamorphism of argeillaceous sediment 1, mineralogical and chemical evidence: GSA Bulletin, v. 87, p. 725-737.

[13] KAUFFMAN, E. G., 1977, Geological and biological overview: Western Interior Cretaceous basin: Mountain Geologist, v. 14, p. 75-99.

[14] LOCKRIDGE, J. P., 1977, Beecher Island field, Yuma Co., Colorado: Rocky Mountain Association of Geologists Symposium Guidebook, p. 271-279.

[15] LOCKRIDGE, J. P., and P. A. SCHOLLE, 1978, Niobrara gas in eastern Colorado and northwestern Kansas, in J. D. Pruit and P. E. Coffin, eds., Energy resources of the Denver basin: Rocky Mountain Association of Geologists Guidebook, p. 35-49.

[16] MATTER, A., 1974, Burial diagenesis of pelitic and carbonate deep-sea sediments from the Arabian Sea: Initial Reports Deep Sea Drilling Project, v. 23, p. 421-469.

[17] NATIONAL PETROLEUM COUNCIL, 1980, Denver basin, in Unconventional Gas Sources, Tight Gas Reservoirs, pt. 2, p. 15-1-15-29.

[18] NEUGEBAUER, J., 1973, The diagenetic problems of chalk—the role of pressure solution and pore fluid: Neues Jahrbuch fur Geologie und Palaontology Abhandlugen, v. 143, p. 223-245.

[19] NEUGEBAUER, J., 1974, Some aspects of cementation in chalk, in K. S. Hsu and H. C. Jenkyns, eds., Pelagic sediments: on land and under the sea: International Association of Sedimentology Special Publication 1, p. 147-176.

[20] NEUGEBAUER, J., 1975, Fossil-Diagenese in der Schreibkreide: Coccolithen: Neues Jahrbuch fur Geologie und Palaontology Monatsheffe, p. 489-502.

[21] PERRY, E., and J. HOWER, 1970, Burial diagenesis in Gulf Coast pelitic sediments: Clays and Clay Minerals, v. 18, p. 165-177.

[22] POLLASTRO, R. M., 1981a, Authigenic kaolinite and associated pyrite in chalk of the Cretaceous Niobrara

Formation, eastern Colorado: Journal of Sedimentary Petrology, v. 51, p. 553-562.

[23] POLLASTRO, R. M., 1981b, Clay-mineral diagenesis within a fine-grained, marine, hydrocarbon-productive, carbonate sequence: evidence from the Cretaceous Niobrara Formation (abs.): Program and Abstracts, 18th Annual Meeting, The Clay Minerals Society, 30th Annual Clay Minerals Conference, Urbana, Illinois, p. 13.

[24] POLLASTRO, R. M., 1983, The formation of illite at the expense of illite-smectite: mineralogical and morphological support for a hypothesis (abs): Program and Abstracts, 20th Annual Meeting, The Clay Minerals Society, 32nd Annual Clay Minerals Conference, Buffalo, New York, p. 82.

[25] POLLASTRO, R. M., and J. W. BADER, 1983, Clay-mineral relationships in some low-permeability hydrocarbon reservoirs and their use as predictive resource tools: AAPG Bulletin, v. 67, p. 536.

[26] POLLASTRO, R. M., and P. A. SCHOLLE, 1986, Diagenetic relationships in a hydrocarbon-productive chalk: the Cretaceous Niobrara Formation, in M. W. Bodine, ed., Workshop on Diagenesis, USGS Bulletin Paper (in press).

[27] RICE, D. D., 1985, Occurrence of indigenous gas in organic-rich, immature chalks of Late Cretaceous age, eastern Denver basin, in J. C. Palacas, ed., Petroleum geochemistry and source rock potential of carbonate rocks: AAPG Special Publication, p. 135-150.

[28] RICE, D. D., and G. E. CLAYPOOL, 1981, Generation, accumulation, and resource potential of biogenic gas: AAPG Bulletin, v. 65, p. 5-25.

[29] RICE, D. D., and G. W. SHURR, 1980, Shallow, low-permeability reservoirs of the northern Great Plains—assessment of their natural gas resources: AAPG Bulletin, v. 64, p. 969-987.

[30] RICE, D. D., and G. W. SHURR, 1983, Patterns of sedimentation and paleogeography across the Western Interior seaway during time of deposition of Upper Cretaceous Eagle Sandstone and equivalent rocks, in M. W. Reynolds and E. D. Dolly, eds., Mesozoic paleogeography of the west-central United States: Rocky Mountain Section, SEPM, Rocky Mountain Paleogeography, Symposium 2, p. 337-358.

[31] ROHRET, M. T., and T. C. JONES, 1978, Stimulation of the Niobrara Formation using methanol-water: Society of Petroleum Engineers Paper 7174, 10 p.

[32] SCHLANGER, S. O., and R. G. DOUGLAS, 1974, Pelagic ooze-chalk-limestone transition and its implications for marine stratigraphy, in K. J. Hsu and H. C. Jenkyns, eds., Pelagic sediments: on land and under the sea: International Association Sedimentology Special Publication 1, p. 117-148.

[33] SCHOLLE, P. A., 1977a, Chalk diagenesis and its relation to petroleum exploration: oil from chalks, a modern miracle?: AAPG Bulletin, v. 61, p. 982-1009.

[34] SCHOLLE, P. A., 1977b, Current oil and gas production from North American Upper Cretaceous chalks: USGS Circular 767, 51 p.

[35] SCHOLLE, P. A., and M. A. ARTHUR, 1980, Carbon isotope fluctuations in Cretaceous pelagic limestones: potential stratigraphic and petroleum exploration tool: AAPG Bulletin, v. 64, p. 67-87.

[36] SCOTT, G. R., and W. A. COBBAN, 1964, Stratigraphy of the Niobrara Formation at Pueblo, Colorado: USGS Professional Paper 454-L, 30 p.

[37] SMAGALA, T. M., 1981, The Cretaceous Niobrara play: Oil & Gas Journal, v. 79, no. 10, p. 204-218.

[38] WEAVER, C. E., 1979, Geothermal alteration of clay minerals and shales: diagenesis: Office of Nuclear Waste Isolation Technical Report 21, 176 p.

[39] WEIMER, R. J., 1978, Influence of Transcontinental arch on Cretaceous marine sedimentation: a preliminary report, in J. D. Pruit and P. E. Coffin, eds., Energy resources of the Denver basin: Rocky Mountain Association of Geologists, p. 211-222.

科罗拉多州 Denver 盆地 Wattenberg 气田储层研究

Robert J. Weimer, Stephen A. Sonnenberg, Genevieve B. C. Young

摘要 Wattenberg 及相邻油气田的发现和开发是过去十年中科罗拉多州最重要的矿产勘查活动。Wattenberg 气田位于丹佛（Denver）市以北，横跨 Denver 盆地轴部。储层为致密 J（Muddy）砂岩（三角洲前缘），面积超过 60×10^4 acre，埋深 7600~8400ft（2310~2560m），估算储量为 $1.3\times10^{12}\mathrm{ft}^3$。储层有效厚度为 10~50ft（3~15m），孔隙度为 8%~12%，渗透率为 0.05~0.005mD（Matuszczak，1973，1976）。

钻探 J 砂岩气藏的过程中，发现上覆地层亦发育多个产层。位于 Wattenberg 气田西南部的 Spindle 油气田，以 Pierre 页岩中部的两个海相沙坝复合体为产层（Hygiene 和 Terry）。1981—1982 年，J 砂岩上方约 500ft（152m）的 Codell 砂岩被开发为新油气产层。在 Wattenberg 气田及其边缘成功钻探了超过 100 口油气井。Codell 组为含生物扰动的海相陆棚致密砂岩，不发育心滩相；有效厚度为 3~25ft（0.9~7.6m），测井解释孔隙度为 8%~24%，而岩心分析平均孔隙度为 10%~12%，渗透率小于 0.5mD。产量的快速下降和经济的不确定性使得难以评估 Codell 组潜在储量。尽管不整合和古构造起到了微妙但可察觉的作用，Wattenberg 区所有油气藏仍被认为是地层圈闭。

厚度和储层性质的变化与局部影响不整合、断裂及成岩作用的原始沉积环境和古构造有关。

1 简介

在 Denver 盆地深层近百万英亩范围内，油气田的发现和开发是过去十年中科罗拉多州最重要的矿产勘查活动（图1和图2）。找矿活动最初始于 1970 年，以 Wattenberg 气田

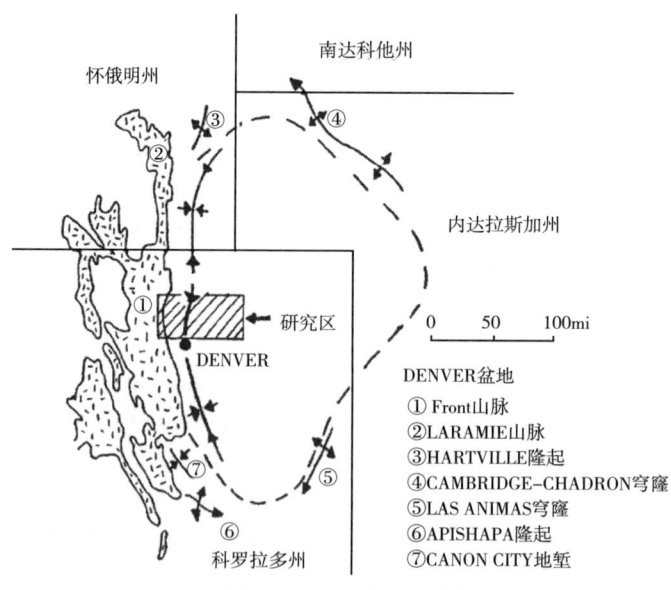

图 1 Denver 盆地索引图

埋深 7600~8400ft（2300~2500m）的 J（Muddy）砂岩为钻探目标。随着开发的不断深入，在 Spindle 油田埋深 3000~5000ft（915~1524m）的上白垩统 Pierre 页岩 Terry 砂岩和 Hygiene 砂岩中也进行了油气开采。

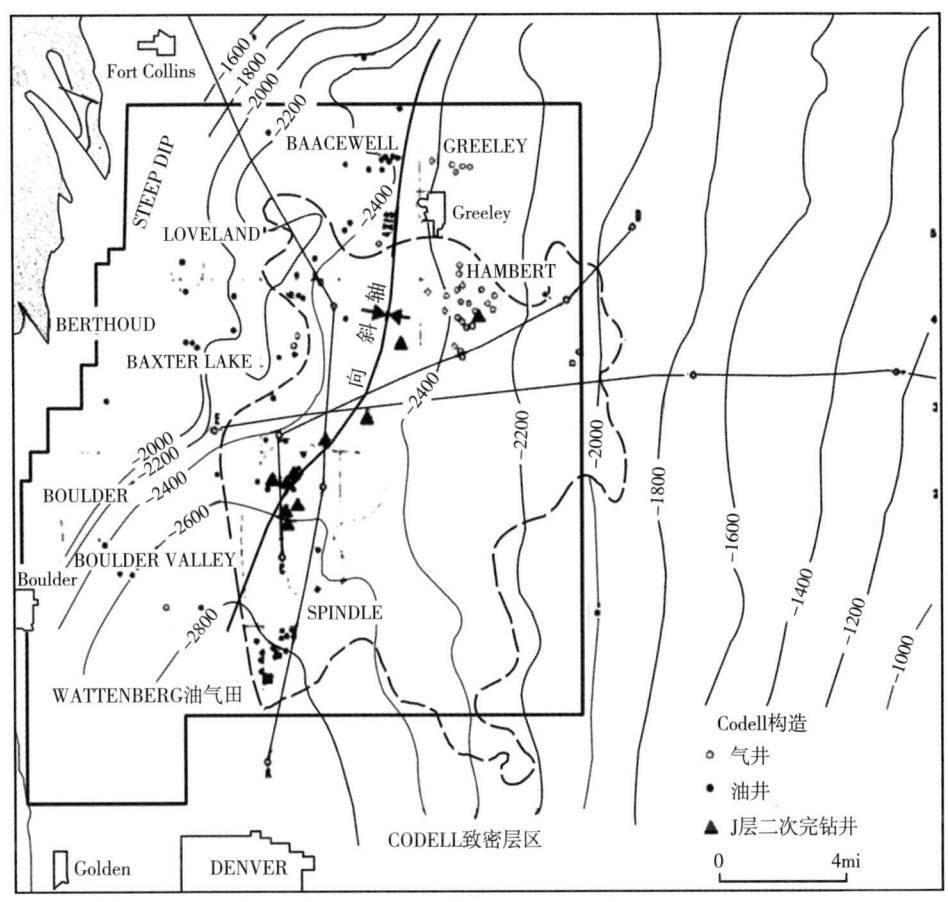

图 2　Carlile 组 Codell 砂岩段顶界构造图

产层为：Wattenberg 气田——下白垩统 J 砂岩，Spindle 油田——上白垩统 Terry 砂岩和 Hygiene 砂岩，其他油气田——以上白垩统 Codell 砂岩为主

1981—1982 年，在 Wattenberg 气田产区及其北缘、西缘陆续发现超过 100 口 Codell 砂岩油气井（图 2）。Wattenberg 气田开发早期，Codell 组一度被视作非储层，钻探和完井时未曾引起重视。尽管 Codell 组油气储量巨大，但该远景区的经济开采尚有诸多不确定因素。因该层测井曲线响应特征不明显且为致密低渗透储层，所以解释时极易被漏掉。尽管该区多数油气产量来自地层圈闭，但隐蔽古构造和不整合也起到重要作用。油气开采跨越 Denver 盆地向斜轴（图 2）。

本文重点讨论 J 砂岩和 Codell 砂岩低渗透（致密）油气藏的地质特征。

2　区域地层

根据露头、岩心和测井资料，Denver 盆地白垩系剖面已广为人知（图 3）。在 Wattenberg地区，白垩系下段900ft（275m）地层主要为海相页岩、粉砂岩、砂岩和灰岩。但该层段下部四分之一的Dakota群具有海相和非海相两种成因。尽管露头和岩心资料能起到辅助作用，但地层研究的主要基础资料是测井曲线。图4显示了各层段的测井曲线特征，6个地层单元的厚度和分布见等厚图（图5至图10）。在长60mi（96.5m）、宽40mi（64km）的区域内，分析了超过400口井的资料，详细研究这些地层单元的厚度关系，判断古构造运动是否影响沉积作用和最终分布格局。J砂岩内、Codell砂岩底部和Niobrara组顶底已确认存在影响地层厚度的区域不整合。

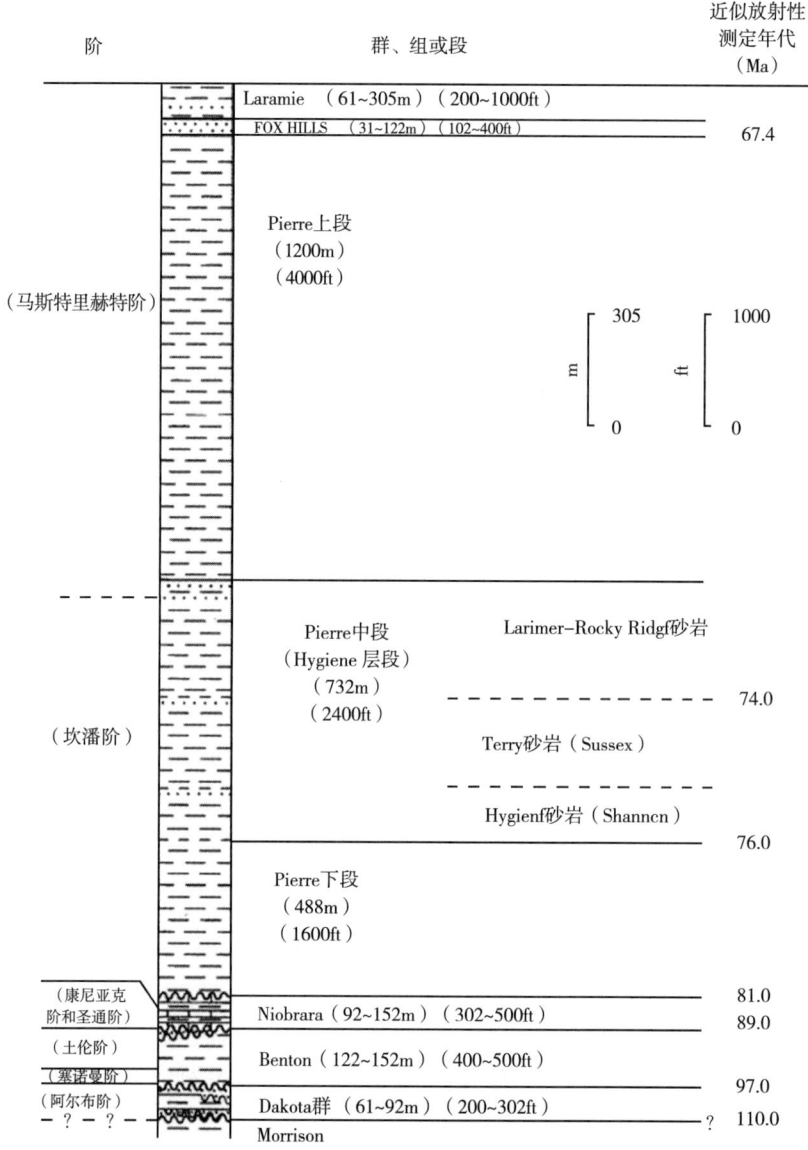

图3 Denver盆地白垩系（据Porter和Weimer，1982）
放射性地层年代测定数据取自Fouch等（1983）研究成果，Benton页岩划分参考图4

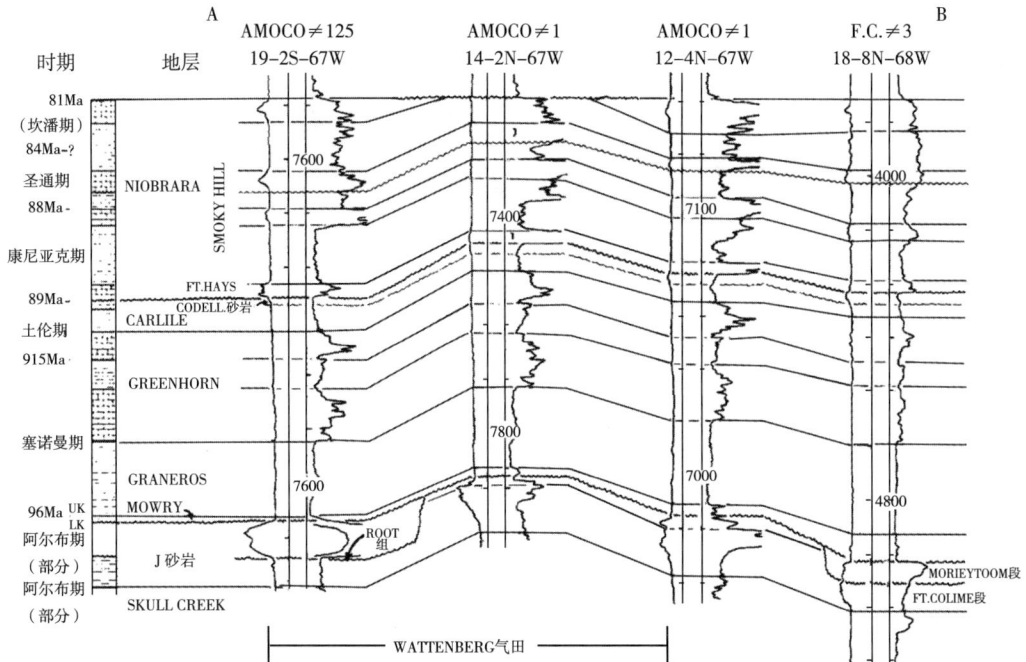

图 4 Wattenberg 区常钻遇的白垩系下 900ft（275m）的南—北向测井曲线剖面 A—B

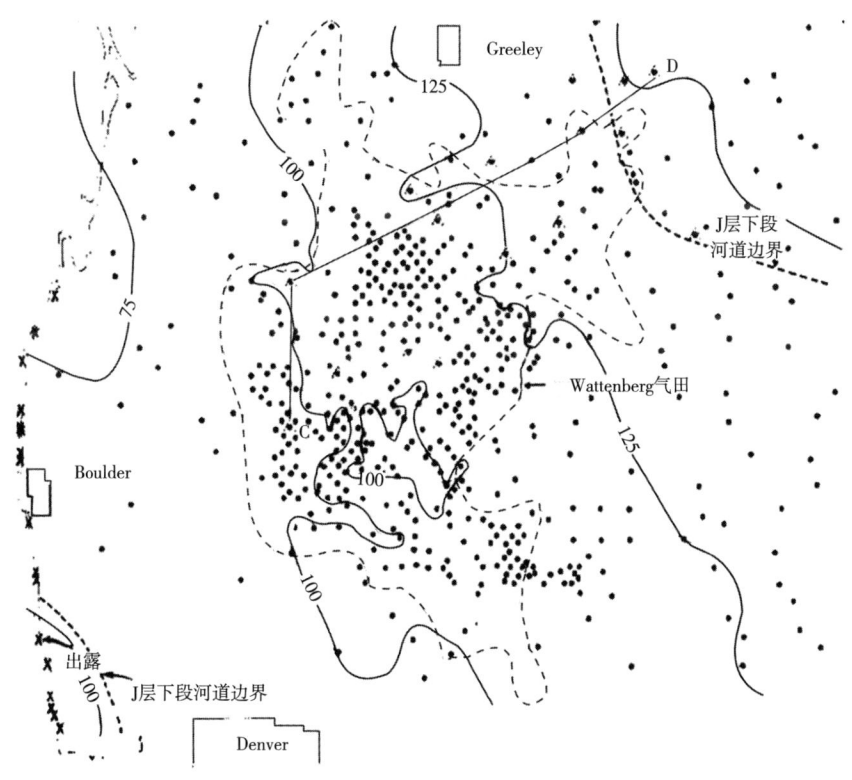

图 5 J 砂岩等厚图

等值线间距为 25ft（7.6m），三角符号标注 J 砂岩岩心研究取样井

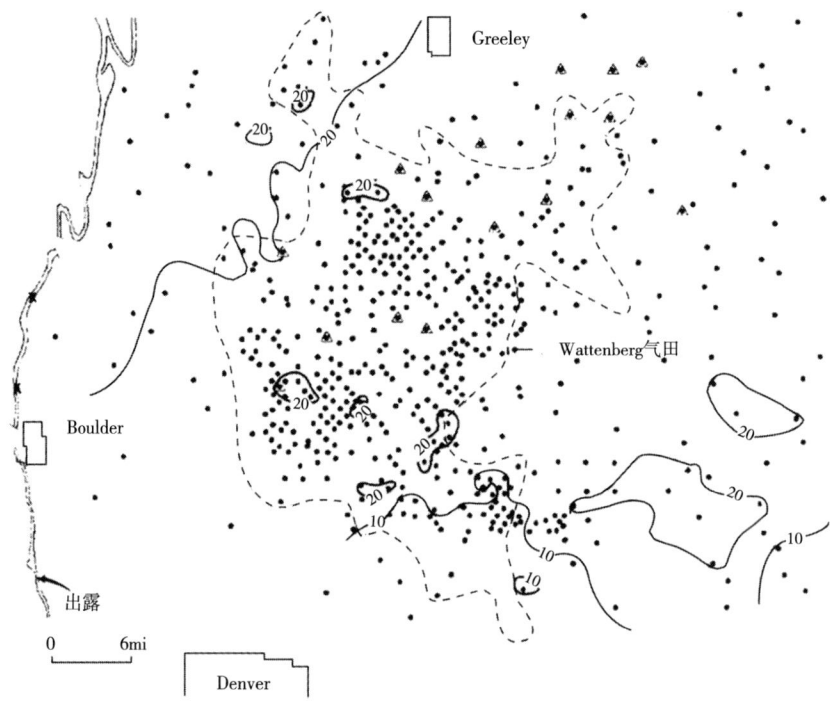

图 6 Mowry 页岩等厚图
等值线间距为 10ft（7.6m）

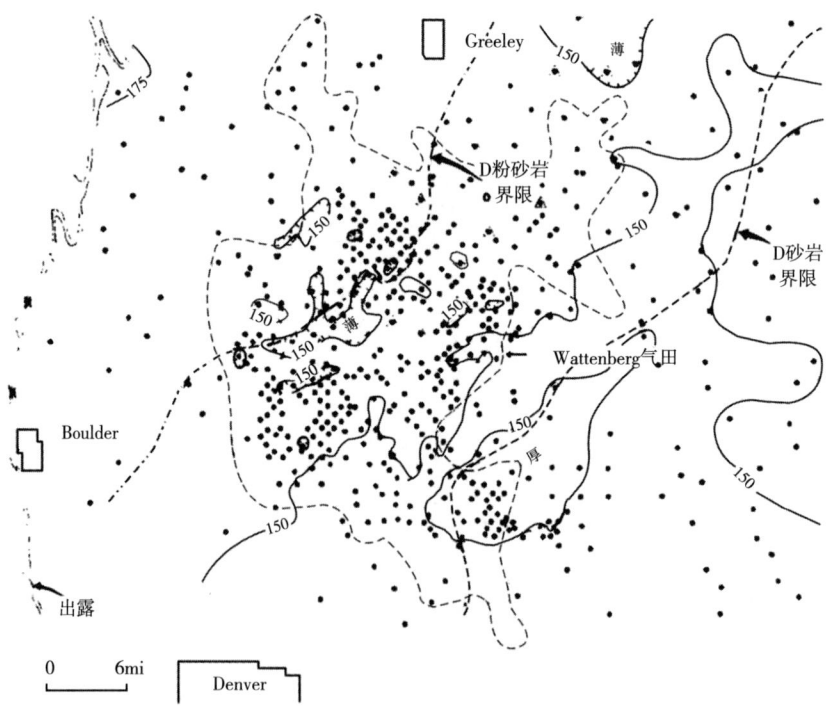

图 7 Graneros 页岩等厚图
等值线间距为 25ft（7.6m）

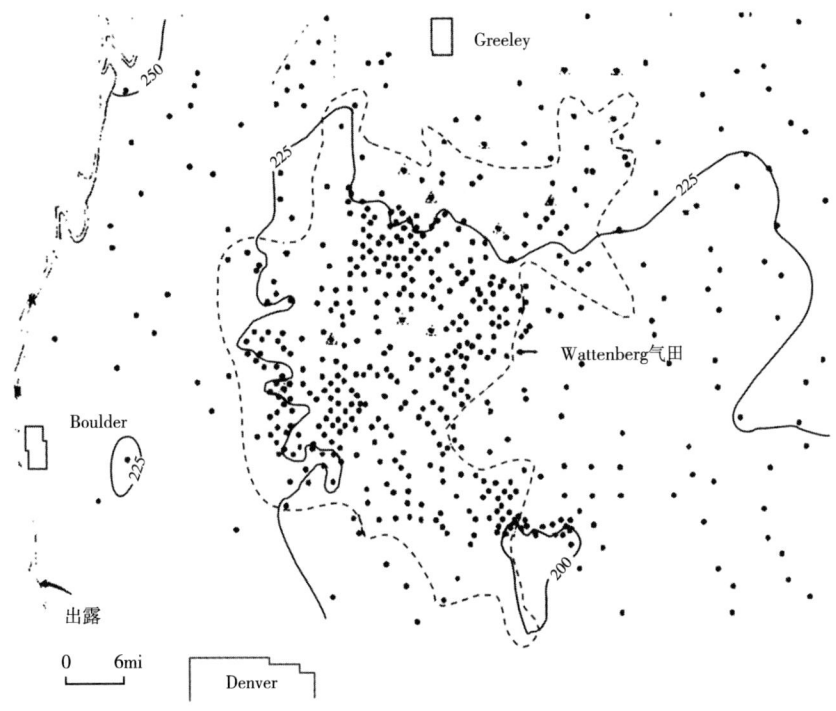

图 8　Greenhorn 组等厚图
等值线间距为 25ft（7.6m）

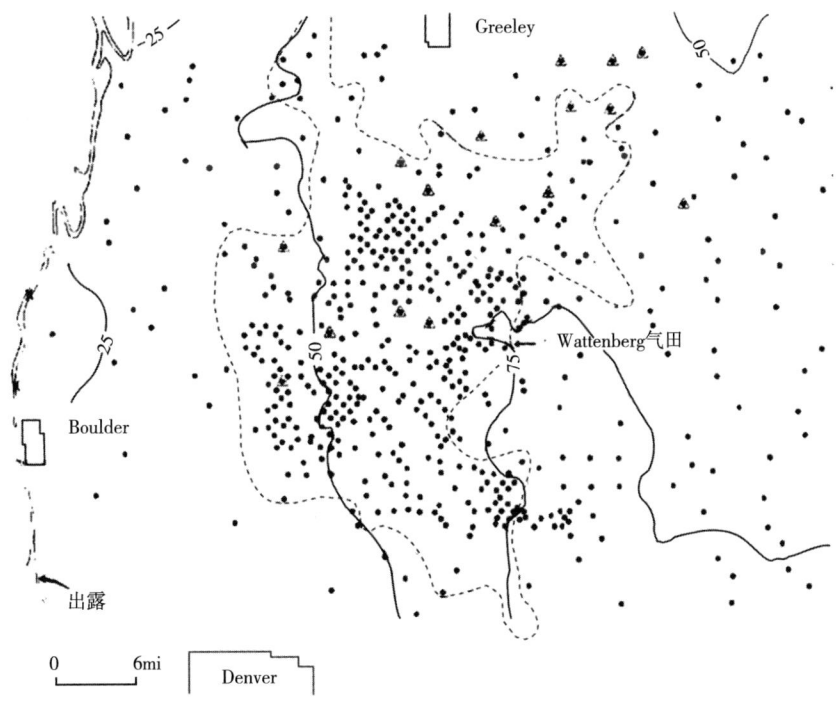

图 9　Carlile 页岩等厚图
等值线间距为 25ft（7.6m）

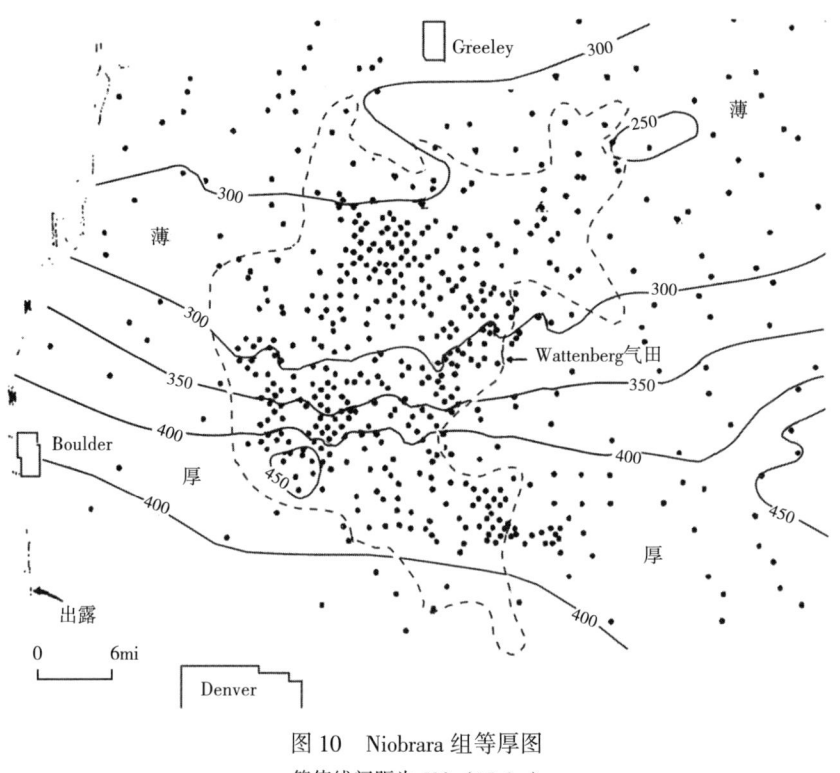

图 10 Niobrara 组等厚图
等值线间距为 50ft（15.2m）

2.1 J 砂岩

J 砂岩是 Denver 盆地的主要油气产层。整个 Wattenberg 气田内，J 砂岩厚度 75~150ft（23~46m）（图 5），气田北东部和南西部最厚。

依据 Denver 盆地西缘露头资料，MacKenzie（1965）指出 Denver 盆地 J 砂岩发育两类砂岩体，分别命名为 Muddy 砂岩 Fort Collins 段和 Horsetooth 段。而埋藏于地下的 Muddy 砂岩也被称为 J 砂岩（图 4）。

年代较老的 Fort Collins 段为极细粒—细粒砂岩，含大量遗迹化石，解释为三角洲前缘、滨线和海相砂坝砂岩，沉积于 Skull Creek 海的滨线快速后退期。年代较新的 Horsetooth 段为细粒—中粒砂岩，分选好，发育交错层理，含有碳化植物碎屑。砂岩中夹粉砂岩和页岩，解释为河谷充填沉积的河道。一个广阔排水体系的河谷切入 Fort Collins 砂岩或下伏海相 Skull Creek 页岩，河谷中充填了从冲积平原到过渡型等不同成因的沉积物。Harms（1966）第一个描述了 Denver 盆地（Nebraska 部分）河谷充填沉积和与之相关的产油砂层。

Wattenberg 气田主要产层解释为 Fort Collins 段三角洲前缘相砂岩，气田外围的河道砂岩复合体解释为 Horsetooth 段河谷充填沉积（图 4）。普遍认为 J 组下段河道砂岩搬运方向为西—北西向（Haun，1963；Matuszczak，1976）。但露头观测到的方向性特征和河道切割模式调查说明河道搬运方向为东南向和东向。虽然这些河道砂岩的原始孔隙度和渗透率较相邻三角洲前缘砂岩更高，但地下部分区域内成岩作用会堵塞大部分孔隙。Wattenberg 气田北翼和东翼圈闭的上倾封闭被认为归因于成岩变化，或由于 Fort Collins 段和 Horsetooth 段间侵蚀面上沉积了河谷充填非渗透性淡水页岩。

2.2 Benton 群

J 砂岩和 Niobrara 组之间 400~500ft（12~150m）地层以黑色页岩为主，对应于盆地西翼露头 Benton 页岩。根据测井响应特征，地下的 Benton 组自下而上划分为 Mowry 页岩、Granerous 页岩、Greenhorn 组和 Carlile 页岩 4 个小层。Weimer（1978）描述了整个 Denver 盆地上述地层的区域厚度模式。Benton 群被认为含有 Denver 盆地下白垩统砂岩油气藏的烃源岩（Clayton 和 Swetland，1980）。

2.3 Mowry 页岩

硅质 Mowry 页岩是怀俄明州和科罗拉多州最北部最具特色的早白垩世地层之一。向南进入科罗拉多州后，该层逐渐减薄，在 Wattenberg 气田东南部尖灭（Haun，1963；Rojas，1980）。整个气田范围内，从东南向西北，地层厚度从 6ft 变化到 25ft（2~8m）（图 6）。地层为页岩、粉砂岩和极细粒砂岩的互层，表现为厚 1~2in（2.5~5cm）重复层。薄砂岩层与下伏页岩界线分明，向上则渐变为粉砂岩、黑色页岩。在测井曲线上，这些岩性组合电阻率较上覆海相 Graneros 页岩略高。黑色页岩层通常含有大量鱼鳞纹。

在部分露头剖面上，J 砂岩顶部可见一个细粒—粗粒含砾砂岩的薄透镜体层（<1ft）（MacKenzie，1965）。尽管位于 J 组内，但该层是与 Mowry 组海侵有关的残留或变余砂岩。海侵超过 J 砂岩 Horsetooth 段或 Fort Collins 段暴露面时，发生沉积改造作用，Mowry 组薄层广泛分布，说明海侵期水体快速匀速加深。除局部减薄 20% 所反映的小规模断块运动外，未发生强烈的构造运动（图 6）。

2.4 Graneros 页岩

Graneros 页岩以灰色海相斑脱页岩为主。该层向北加厚（Weimer，1978），在 Wattenberg 区南缘厚度小于 140ft（43m），至西北缘厚度达到 175ft（54m）。厚度小于 150ft（45.7m）的薄层区位于 T2S 和 3N，R65-67W。由于地层减薄区的 Niobrara 组上段石灰岩也被剥蚀（图 11），说明 Graneros 组沉积时发生基底断块的古构造运动。

D 砂岩是 Denver 盆地 Graneros 层的一个重要地层单元。它沿 Wattenberg 区块东侧发育（图 7），位于 Graneros 层底界上方 20~30ft（6.1~9.1m），厚度从尖灭边界至 20ft（6m）不等。往西北，在宽 12~20mi（19.3~32.2km）的北东向条带内，D 砂岩渐变为粉砂岩（图 7），后者沿该区西缘渐变为页岩。在 Wattenberg 地区，D 砂岩解释为海相砂岩，而东部油气产层为河道砂岩。D 砂岩发育处，Graneros 页岩下段被称为 Huntsman 页岩。

2.5 Greenhorn 组

Greenhorn 组由薄层石灰岩和灰黑色—黑色富有机质页岩构成。作为大平原区和落基山脉分布最广泛的地层单元之一，Greenhorn 组在 Wattenberg 区划分为上、下段石灰岩、钙质页岩和中段页岩（图 4）。斑脱岩和薄层石灰岩为稳定分布标志层，在区域范围内易于追踪对比。

与 Graneros 组的界面为 X 斑脱岩；与上覆 Carlile 组的界面为高阻的第一灰岩段顶界。类似于 Graneros 组，沿 Denver 盆地向北和北东，Greenhorn 组逐渐加厚（Weimer，

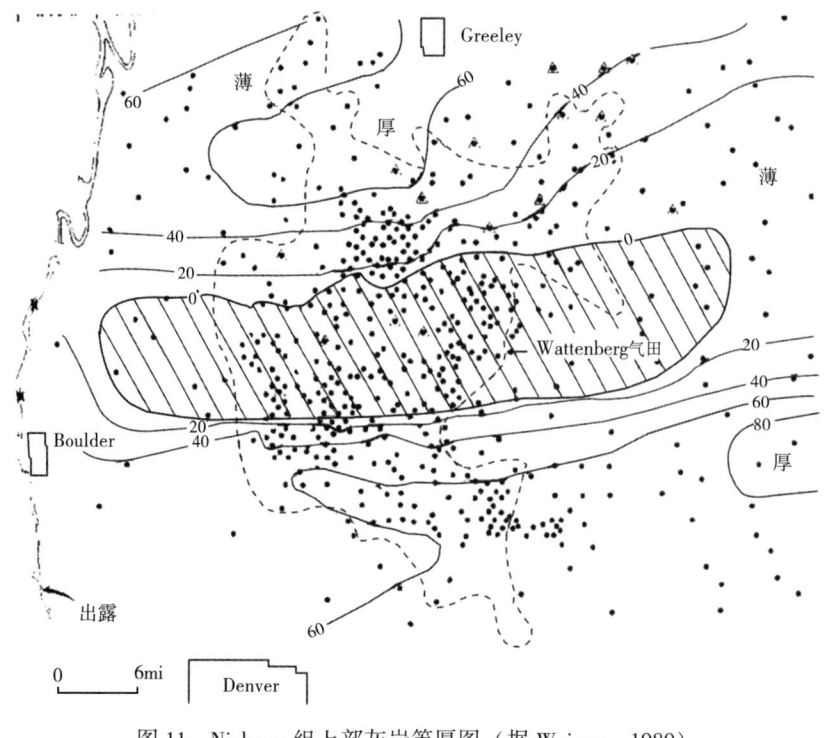

图 11 Niobrara 组上部灰岩等厚图（据 Weimer，1980）
划定区域内地层单元缺失，等值线间距为 20ft（6.1m）。

1978）。在 Wattenberg 气田中南部，Greenhorn 组厚度为 200ft（60.9m），而在西北部则超过 250ft（76.2m）。减薄区的北向宽轴特征反映出沉积时曾发生小规模古构造运动。

2.6 Carlile 组

在堪萨斯州和科罗拉多州大平原区，Carlile 组自下而上依次稳定发育 Fairport 白垩岩、Blue Hill 页岩、Codell 砂岩和 Juana Lopez 段 4 个小层。根据区域地层对比（Weimer，1983），Wattenberg 区 Blue Hill 段缺失，Juana Lopez 段为不具备成图条件的透镜状薄层（<1ft；0.3m）。因此，Carlile 组等厚图（图 9）主要反映 Carlile 组下段（Fairport）和 Carlile 组上段（Codell 砂岩）的厚度（Weimer 和 Sonnenberg，1983）。在整个区域内，东南部 Carlile 组厚度接近 80ft（24m）至西部减薄为 25ft（7.6m）。地层厚度受两个不整合影响，一个位于 Codell 砂岩底部，一个位于 Codell 砂岩与上覆 Niobrara 组 Fort Hays 段的分界面，本文中将会进一步讨论这些不整合。

在 Wattenberg 区，Carlile 组下段为黑色非钙质页岩，经测井曲线对比认为与 Fairport 下段为同期沉积地层。Codell 砂岩为含生物扰动的灰色极细粒砂岩。本区内，Codell 砂岩厚度向西由尖灭边界加厚至 28ft（8.5m）。而 Codell 组底部不整合使得 Carlile 组下段呈现向西减薄的相反模式。两个地层单元均为海相成因。

2.7 Niobrara 组

Niobrara 组厚度为 240~450ft（73.2~137.2m）（图 10），呈现东西向厚度变化趋势，与部分 Benton 群的南北向厚度变化趋势相反。区域范围内 Niobrara 组的 4 个石灰岩（白垩）层和3个页岩夹层具备成图条件（图4）。所有地层单元均发育海相化石，被认为是水体相对较深的浅海沉积。7个成图单元中，仅最下段被正式定名为Fort Hays段，其余6个合称为Smoky Hill段。因电阻率高和自然电位曲线偏离不明显，从测井曲线上易识别出4个石灰岩层。灰岩层（含页岩薄夹层）厚度为尖灭边界至80ft（24.2m），页岩层（含石灰岩薄夹层）厚度为20~150ft（6.1~45.7m）。

Niobrara组顶部不整合造成了东—西向厚度变化趋势，分析其成因有助于确定Wattenberg区的古构造（Weimer，1980）运动。

3 构造和古构造分析

Denver盆地中西部Codell砂岩顶界构造图说明J砂岩和Codell组的油气生产横跨盆地轴部（图2）。盆地为东翼缓、西翼陡的不对称构造，盆地轴靠近Front山脉并与之平行，盆地整体构造格局受沿基底断层的Front山脉拉腊米（Laramide）隆起控制。基底断层上的小披盖褶皱形成Loveland油气田、Berthoud油气田和Boulder油气田的高陡背斜（图2）。Denver盆地内区域走向或倾向的局部变化主要是基底断块上地层的小范围、小幅度起伏所致。褶皱走向为北西和东—北东向。

尽管Wattenberg区现今处于构造低点，但Pierre页岩开始沉积时为构造高点。了解基底断块古构造和结构的关键是分析Niobrara组减薄的起因（图10）。

解释古构造的关键地层单元是Niobrara组上部石灰岩（图11）。等厚图（Weimer，1980）显示其地层厚度从尖灭边界加厚至80ft（24.2m），但在长50mi（80.5km）宽10mi（16.1km）的东—西向区域内地层缺失。科罗拉多州Boulder北部露头剖面说明发育上部石灰岩，尽管厚度较正常情况薄。根据微体古生物学研究，LeRoy和Schieltz（1958）提出在Dagg Mesa区［Boudler以北4mi（6.4km）］Niobrara-Pierre界面存在不整合，但Niobrara组缺失量不确定。

小井距井的测井曲线模式清楚反映了Wattenberg气田中部的侵蚀作用造成Niobrara组上部石灰岩和下伏页岩上部被剥蚀（图4和图11）。

J砂岩顶—Pierre页岩底的厚度图（图12）显示存在一个薄层区厚度小于750ft（228m），向南厚度增至900ft（274m）。最强侵蚀作用发生在所解释东—西向背斜（地垒）的顶部。Niobrara组沉积后，Pierre沉积早期的构造运动在海底形成隆起浅滩。尽管尚无证据表明陆地曾经暴露，但该区确实因海洋作用或地表作用而遭受斜削。侵蚀作用发生于区域性海平面下降期，古构造顶部经历比翼部更强烈的波浪或水流作用。侵蚀期后，Pierre下段海相页岩沉积。

如果Pierre下段页岩的沉积产状近于水平（图4），则地层厚度图可作为古构造等值线图使用（图12）。这一厚度图显示宽10mi（16.1km）、长50mi（80.5km）的东—西向区域内地层最薄。数千英尺厚的Pierre页岩下半段沉积时，古构造运动可能一直持续。当这一系列地质事件发生时，J砂岩中可自由运移的天然气聚集到一个构造—地层复合圈闭中。这个圈闭随后翘曲变成现今Denver盆地底部的构造低部位。

Wattenberg区天然气是否属于热成因型或热成因与生物成因混合型尚不能肯定。因Wattenberg区热流和同位素组成超出正常水平，Momper（1981）和Rice、Threlkeld（1982，1983）认为天然气为热成因。而Clayton和Swetland（1980）却认为"靠近丹佛市

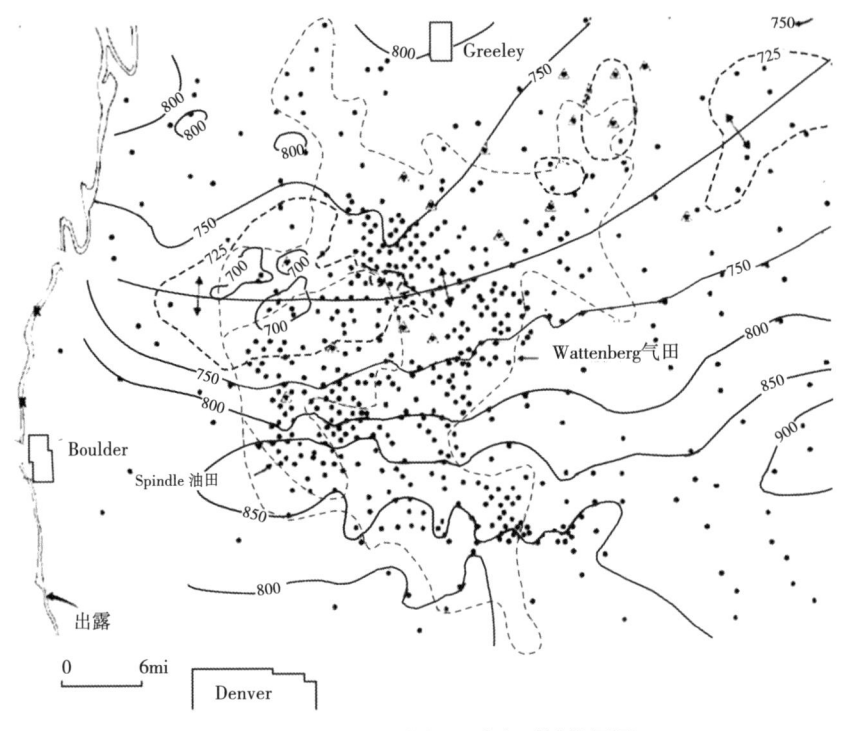

图 12　Niobrara 组顶界—J 砂岩顶界等厚图
图中展示了古构造特征，等值线间距为 50ft（15.2m）

的 Wattenberg 气田中，甲烷的同位素值过轻，因而不可能由晚成熟热裂解形成"。如果大量天然气为生物成因从而早期生成，则早期古构造对油气聚集起到了重要作用。

Sonnenberg 和 Weimer（1981）描述了 Wattenberg 古隆起与 Denver 盆地其他古构造单元的关系。对比 Denver 盆地 J 砂岩的区域厚度图，发现一般 Niobrara 组较薄的区域 J 砂岩也较薄。此外在古构造隆起间的沉积厚层区，J 砂岩的河谷充填沉积最为发育。沿基底地块边缘、与古披盖褶皱有关的张裂作用产生 J 砂岩的天然张裂缝系统，裂缝走向为东—西、北西和北东向。

4　储层岩性

4.1　J 砂岩

Wattenberg 气田 J 砂岩 Fort Collins 段和 Horsetooth 段均产气，而 Fort Collins 段为主产层。这两个层段结构和组分相似，但成岩演化史略有不同。

Fort Collins 段为极细粒—细粒砂岩，石英占近 80%，泥质杂基占 10%，岩屑占 5%，长石占 5%。砂岩为次圆状—圆状，分选差—好。主要黏土杂基被解释为来自生物扰动作用，整个剖面内其丰度沿垂向逐渐减少。较高能环境倾向于簸选移去黏土组分，所含生物由摄食悬浮物生物变为摄食沉积物生物，故杂基含量减少。Clark（1978）和 Suryanto（1979）描述的 Wattenberg 气田西部露头剖面的岩性与生产井岩心分析资料类似。

孔隙主要是粒间孔，少量为杂基内微孔隙和与淋滤长石、岩屑有关的次生粒间孔。砂岩的成岩作用顺序为：压实，黏土环边（绿泥石）发育，石英次生加大，钙质胶结及同期长石、岩屑溶解，后续钙质溶解，伊利石—蒙皂石发育和晚期断裂作用。在整个砂岩埋藏期，多数成岩作用一直持续。Fort Collins 段的主要成岩作用为石英次生加大（图 13、图 14 和图 15）。自形次生加大以黏土环边与碎屑石英颗粒分隔，晶面朝向孔隙，往往形成三角形孔隙。次生加大比例随杂基含量增加而降低。

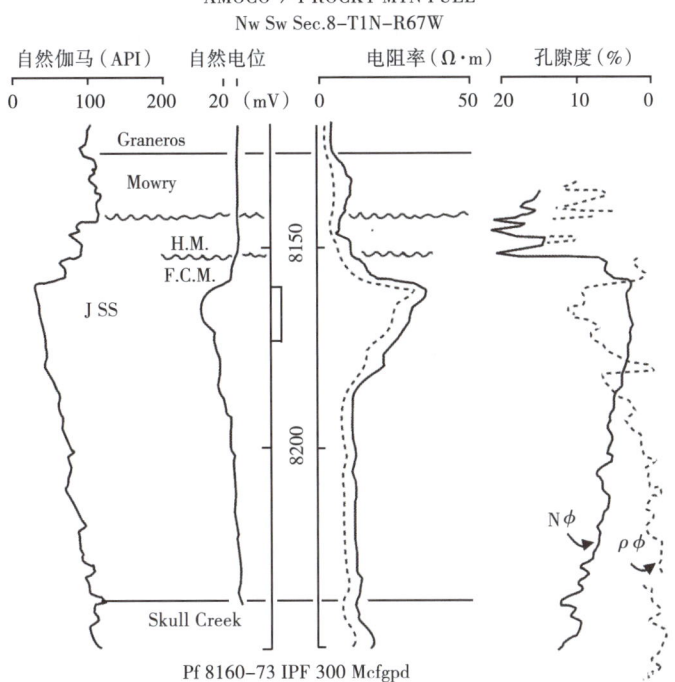

图 13 Wattenberg 气田典型井测井响应特征
H. M. 为 J 砂岩 Horsetooth 段，F. C. M. 为 Fort Collins 段。岩心描述参考图 16

图 14 J 砂岩薄片显微照片
可见黏土环边、石英次生加大，泥质岩屑（AL）和成岩孔隙充填形成的假杂基（PM）（来源于 Fort Collins 段）

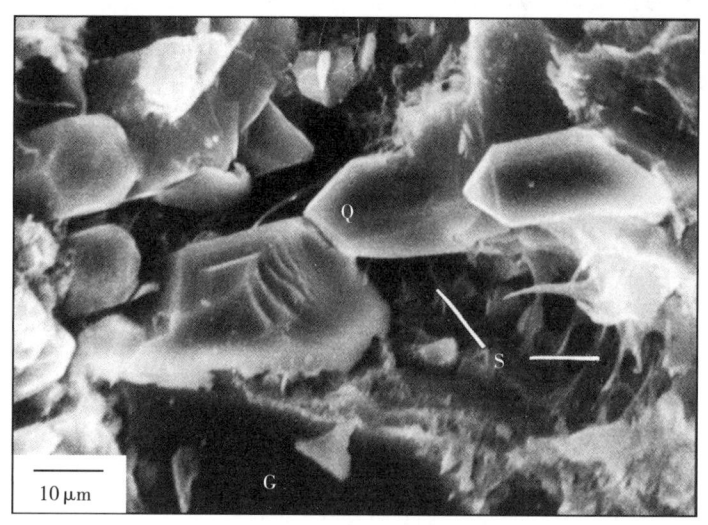

图 15　J 砂岩扫描电镜图片
富含石英次生加大（Q），可见自生蒙皂石孔隙衬垫

Horsetooth 段为细粒—中粒、分选良好的极圆状砂岩，石英占 75%～80%，岩屑占 5%～10%，长石占 5%。孔隙主要为粒间孔，少量为微孔隙和粒内孔。除硅质胶结较强和存在晚期高岭土胶结外，Horsetooth 段成岩作用与 Fort Collins 段类似。硅质次生加大和高岭石胶结的组合可能完全堵塞原生孔隙。这些胶结物有利于 Horsetooth 段天然气成藏，因而似乎是 Wattenberg 气田东侧的封堵层。

4.2　Codell 砂岩

在 Wattenberg 区，Codell 砂岩为含生物扰动的粉砂质和页岩质极细粒砂岩。砂岩分选差，成分不成熟。Lowman（1977）描述的露头剖面整体岩性与生产井岩心观察岩性类似。Hamilton Brothers 公司 Pratt-1-30 井（sec. 30，T4N，R68W）砂岩平均成分为：石英占 45%，长石占 6.8%，杂基占 40.2%，方解石占 4.0%，黄铁矿占 3.4%，菱铁矿占 0.6%。杂基成分中伊利石占 49%，绿泥石占 21%，石英占 15%，长石占 5%，黄铁矿占 7%，方解石占 3%（据 Cities Service 公司分析资料）。多数黏土被解释为碎屑成因，生物扰动作用导致黏土与砂岩混合。扫描电镜显微照片展示了自生伊利石孔隙衬垫和孔隙桥塞。方解石、黄铁矿和菱铁矿也为自生矿物。

因黏土杂基含量高，Codell 砂岩的原始孔隙度和渗透率较低，遭受压实和成岩作用后将会进一步降低。与构造运动有关的张裂作用无疑改善了储层性能。

5　储层参数

5.1　J 砂岩

Wattenberg 气田 J 砂岩储层埋深 7600～8400ft，含气面积（2310～2560m）超过 600000acre。Matuszczak（1973）总结储层参数如下：有效厚度为 10～50ft（3～15m）；孔

隙度为 8%～12%；渗透率为 0.05～0.005mD；平均地层压力和温度分别为 2900psig 和 260℉；平均含水饱和度为 44%。

整个 Wattenberg 气田内，J 砂岩一般较薄，厚度大致为 75～150ft（22.8～45.7m）（图 5）。多数天然气自 Fort Collins 段（三角洲前缘砂岩，图 13）产出，该层段厚度从尖灭边界至 80ft（24.4m）不等。但 Fort Collins 上段主产层平均厚度仅为 10～20ft（3～6m）。在 Horsetooth 段河谷充填沉积形成前，排水系统下切时的侵蚀作用形成了 Fort Collins 段薄层区或缺失区（图 16 至图 18）。Horsetooth 段厚度从小于 20ft（6.1m）变化到大于 140ft（42.6m）。河谷充填物厚层及河道砂岩复合体发育于成图区的东北和西南部。

广泛分布的海相 Fort Collins 段使得整个 Wattenberg 气田范围内 J 砂岩的测井响应似乎一致。常规测井系列包括电阻率、自然电位曲线、自然伽马、中子和密度测井；图 13 为 Amoco 公司 Rocky-Mtn-Fuel-1 井的典型测井响应特征。在整个 Fort Collins 段，伽马和自然电位曲线呈漏斗形，表示整体向上变粗层序（砂岩多，页岩少），这是 Wattenberg 气田三角洲前缘砂岩的典型测井响应特征。电阻率曲线与伽马和自然电位曲线形态呈镜像关系。因储层含气，三角洲前缘砂岩上部的电阻率往往最高。在三角洲前缘上部，中子和密度测井确定的孔隙度分别为 3%～10% 和 6%～10%。中子—密度曲线的反向效应明显反映含气。

在 Rocky-Mtn-Fuel-1 井中（图 13 和图 16），Horsetooth 段发育含生物扰动泥质砂岩和层状砂岩、页岩的交互层。生物扰动层段被解释为海湾相沉积，形成于与海平面上升有关的 Mowry 组海进期。低自然电位曲线、高伽马和低电阻率反映砂岩黏土含量高。在气田其他区域，Horsetooth 段砂岩较纯，测井响应特征也相应变化（图 16）。

J 砂岩产出天然气的热值为 1150 Btu/ft^3（Momper，1981）。Wattenberg 气田北部 Amoco 公司 Esther-Gaumer-1 井（sec. 21，T3N，R66W）的常规天然气组成分析结果如下：氮 0.43%，二氧化碳 3.42%，甲烷 77.64%，乙烷 10.66%，丙烷 3.31%，异丁烷 0.57%，正丁烷 0.95%，异戊烷 0.43%，正戊烷 0.26%，己烷 0.56%，C_{7+} 1.75%。

商品原油的气油比为 $38481×10^6 ft^3/bbl$（D. Perez，Amoco 公司，1983）。天然气视为热成因气（Rice 和 Threlkeld，1982）。Meyer 和 McGee（1985）绘制的地温梯度曲线高于正常值，同时认为最高产区与大面积"热点"异常有关。

Wattenberg 气田单井累计气产量一般小于 $500×10^6 ft^3$（图 19）。气田中西部 J 砂岩 Fort Collins 段为主产层，虽然产量并不稳定。仅在个别小范围内，单井产量高于 $1×10^9 ft^3$。如果气田开发仍保持 320acre 井距，累计产量图表明最终产量不足 $1×10^9 ft^3$，因为 1000 口井中仅小部分产量超过 $1×10^9 ft^3$。已公布的 $1.3×10^{12} ft^3$ 储量规模（Matuszczak，1973，1976）尚需复核。气藏伴生油的累计产量分布也极不稳定（图 20），气田中部和东南部为主要产油区。尽管若干较小区域内单井产量超过 10000bbl，但单井累计产量一般小于 5000bbl。

5.2 Codell 砂岩

Codell 砂岩储层位于 J 砂岩上方，厚度接近 400ft（122m），是 Wattenberg 气田新发现的油气产层（Weimer 和 Sonnenberg，1983）。一直到最近，Codell 组都未被视作油气潜力储层，在钻、完井 J 砂岩时往往被忽略。虽然 Codell 组油气储量可观，但这一远景区的经济效益仍有待商榷。砂岩渗透性极低且难以通过测井曲线识别，使得储层往往被漏掉（图 21 和图 22）。然而广阔区域（面积近 $100×10^4$ arce）内新完钻井有助于石油地质学家在成熟盆地开展前沿探索，研究如何从广泛分布的致密储层中获取商业油气储量。

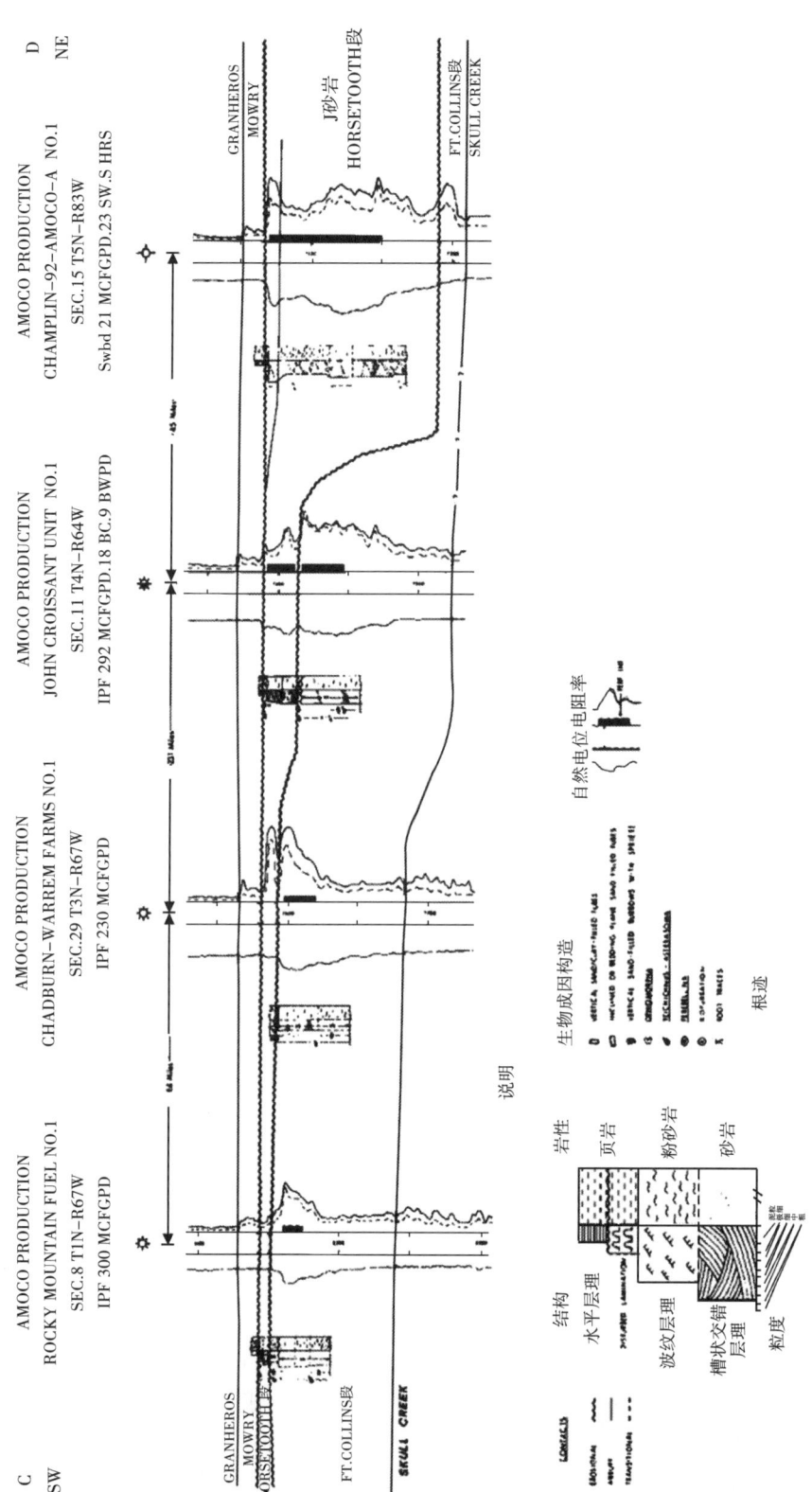

图 16　Wattenberg 地区测井剖面 C—D 及 J 砂岩岩心描述
剖面位置参见图17和图18

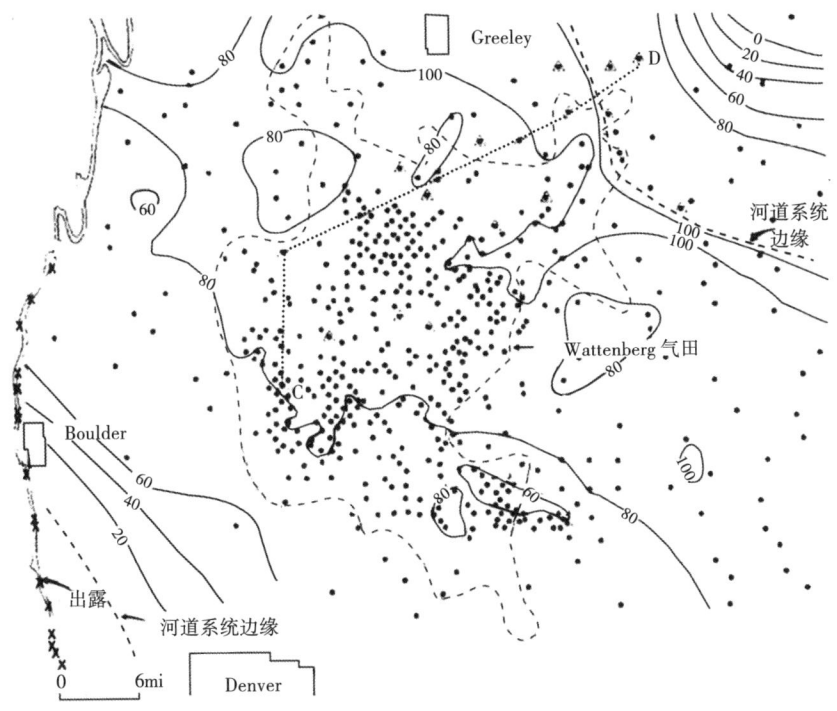

图 17 J 砂岩 Fort Collins 段等厚图
等值线间距为 20ft（6.1m）

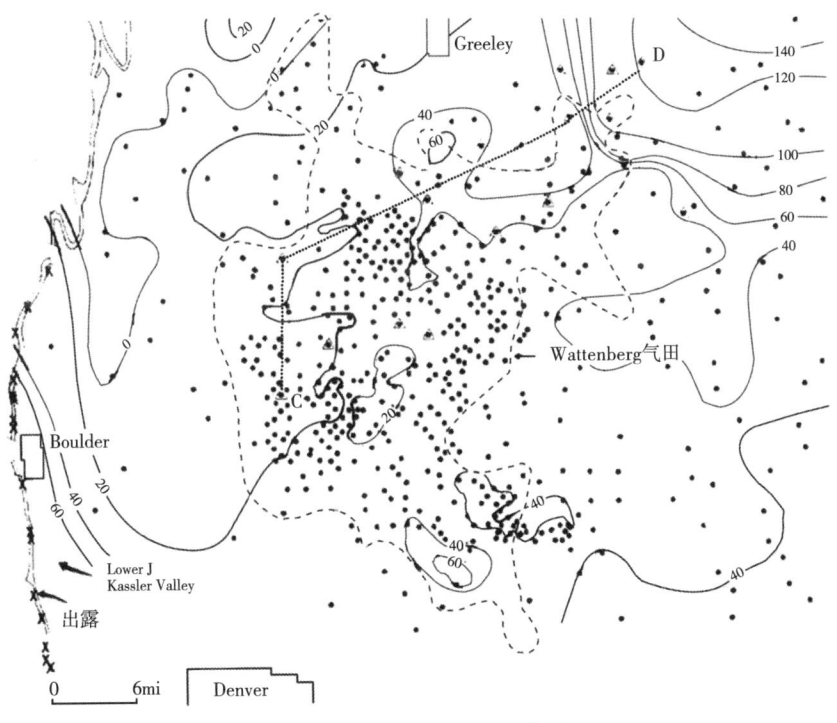

图 18 J 砂岩 Horsetooth 段等厚图
等值线间距为 20ft（6.1m）

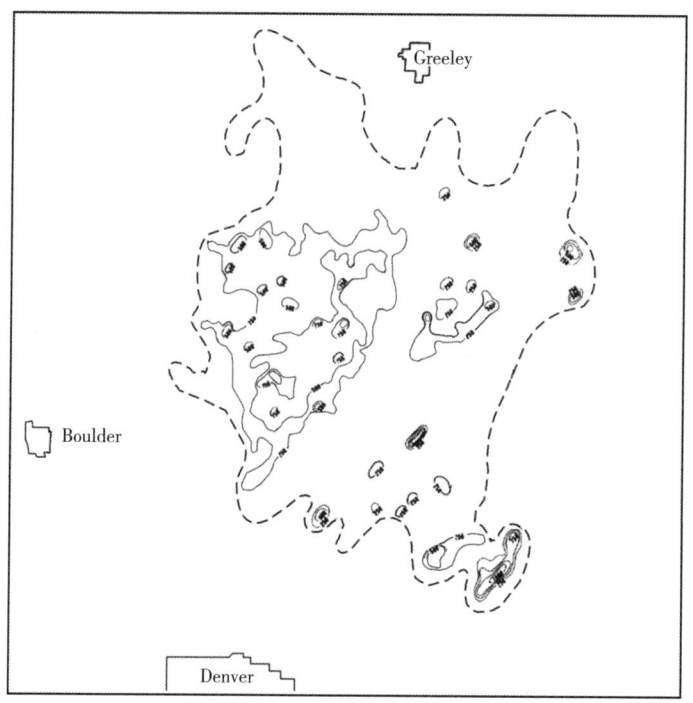

图 19 Wattenberg 气田累计气产量等值线图
等值线间距为 $250\times10^6\,\text{ft}^3$

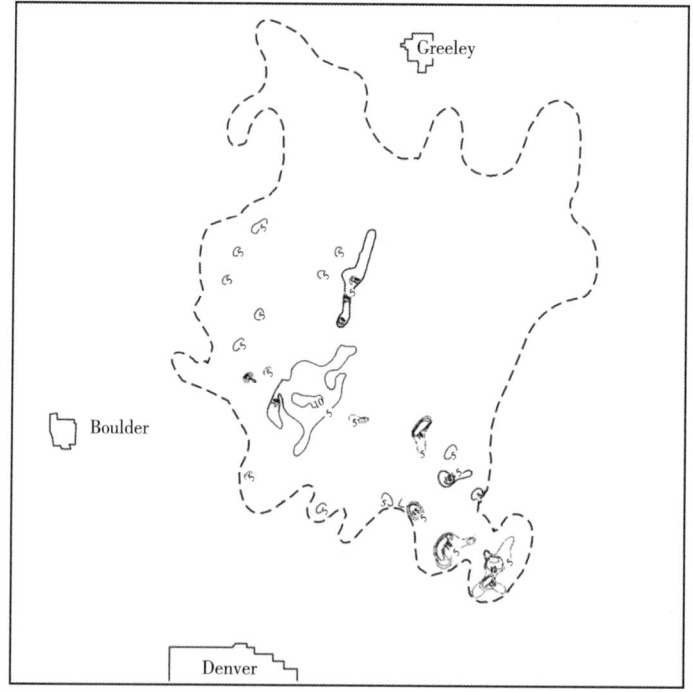

图 20 Wattenberg 气田累计油产量等值线图
等值线间距为 5000bbl

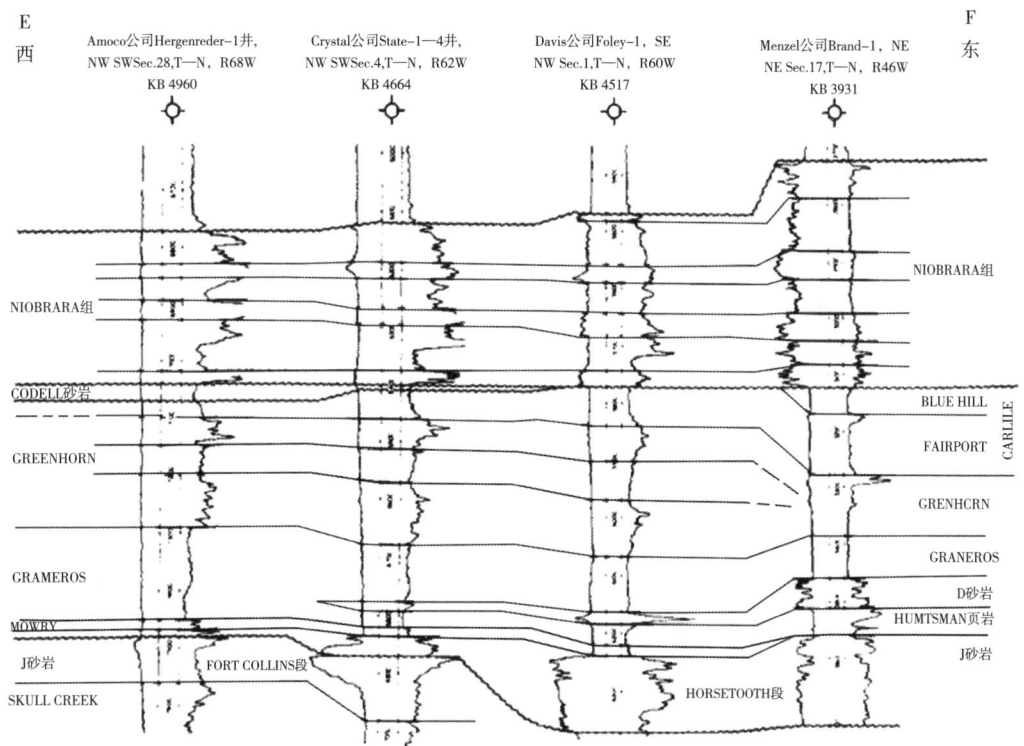

图 21　东—西向测井剖面 E—F
剖面位置参考图 23

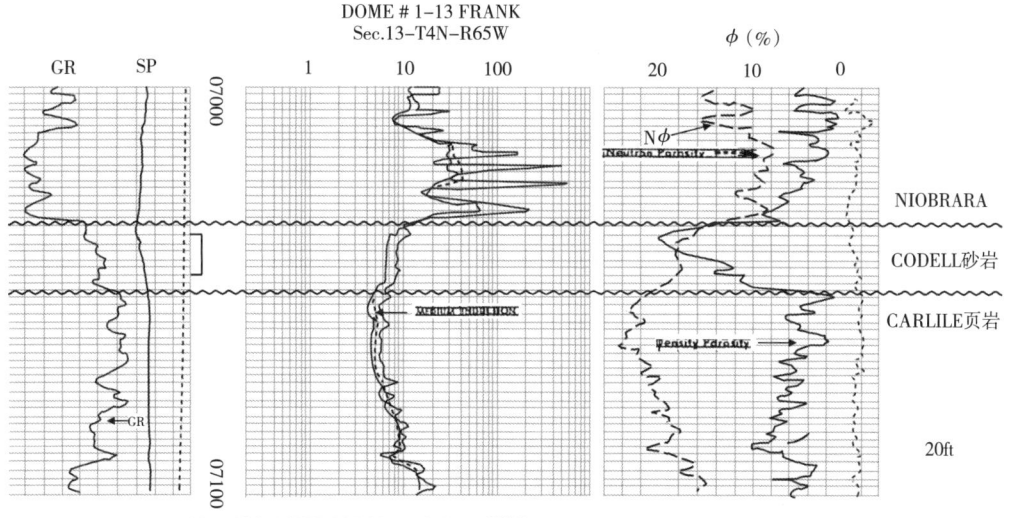

Pf: 7036-46 IPF 76 BOPD, 650×10³ft³/d, GOR 8552, gty 60 FTP 2800

图 22　一口典型 Codell 砂岩气井的测井响应

从 Denver 盆地中西部 Codell 砂岩顶界构造图看，Codell 组油气开采跨越盆地轴部（图2）。目前超过 100 口探井均发现 Codell 组地层圈闭油气藏。产层深度为 4000～8000ft（1219～2438m）。密度测井计算孔隙度为 8%～24%。岩心分析孔隙度为 8%～10%。

岩心分析渗透率一般小于 0.5mD。本区平均储层厚度为 14～16ft（4.3～4.9m）。深度 8000ft（2438m）处，地层压力和温度分别为 3000～3500psig 和 200～240℉（Energy Oil 公司提供压力信息）。新发现井初期潜在气产量为 0.2×10^6～$1.1\times10^6 ft^3/d$，油或凝析油产量为 11～300bbl/d。

研究发现油聚集于盆地西翼，凝析气主要储集于盆地东翼。部分作业者认为反凝析气藏中可能存在凝析气。反凝析气藏含有单相（气态）烃类，但当地层压力降至露点以下时，从储层流体中析出液态烃。这将降低相对渗透率，严重影响开采效果。

美国联邦能源管理委员会将 Codell 组指定为致密气砂岩（图 2）。致密砂岩气的价格优势是勘探 Codell 组的主要激励因素。

Codell 组的开采始于 Boulder 油气田裂缝性储层。在 20 世纪 70 年代中期，Byron 石油公司在 Spindle 油田南部对 Terry 组、Niobrara 组和 Codell 组进行了合采开发。1979 年中期，Martin 石油公司在 Boulder Valley 油气田的发现拉开了 Codell 组近期勘探的序幕。而 1981 年中期的另一个重大发现是 Energy Oil 公司的 Hambert 油气区。自此，勘探面积迅速扩大。

Codell 组油气藏并未规定统一的井网密度；但作业者一般设定油井单井控制面积 80acre，气井单井控制面积 160acre。

Codell 组探区大部分位于 Wattenberg 气田和 Spindle 油气田，产层分别为 Terry 组、Hygiene 组和 J 砂岩。数口 J 砂岩生产井在 Codell 砂岩二次完钻。1981—1982 年，Denver 盆地中西部的干井平均钻井成本为 100000 美元，普通完钻井平均钻井成本为 300000 美元，为开采 Codell 组而二次完井的 J 砂岩气井平均钻井成本为 80000 美元。Codell 组开采区土地租赁成本急剧增加，以前每英亩租金为 30～50 美元，现已上涨至超过 100 美元。

在整个 Wattenberg 地区，Codell 组与下伏 Greenhorn 页岩或 Carlile 页岩，上覆 Niobrara 组呈不整合接触。Codell 组厚度从尖灭边界到 30ft（9.1m）不等（图 21 和图 23）。在 Wattenberg 地区西部，Codell 组厚度最大。尽管相变可能导致地层缺失，但成图区东南部 Codell 砂岩缺失的原因却是削蚀作用。Codell 组底部不整合使得 Carlile 组下段向东加厚，厚度从 Denver 盆地东翼的 20ft（6m）增至最大 250ft（76m）（图 21 和图 24）。

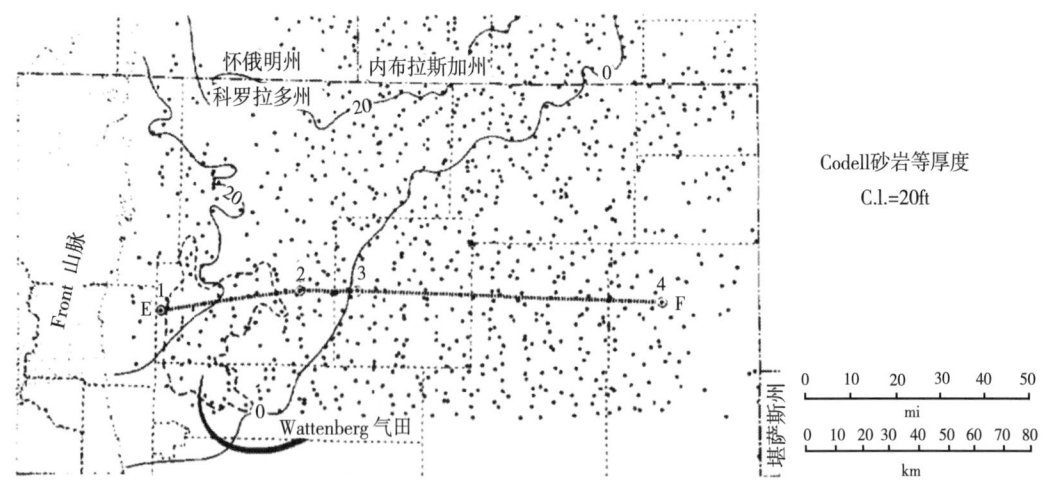

图 23　Codell 砂岩等厚图
等厚线间距为 20ft（6.1m）

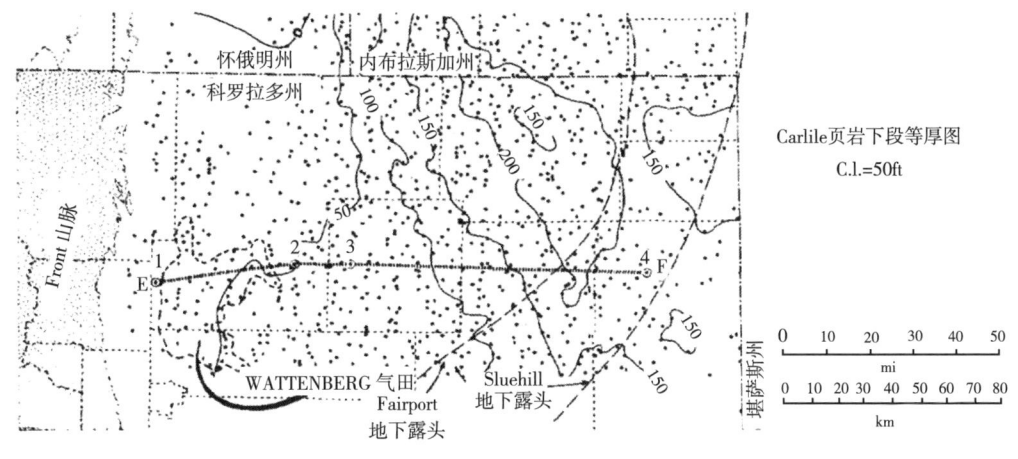

图 24 Carlile 页岩下段等厚图
等厚线间距为 50ft（15.2m）

在 Wattenberg 地区东北部，Niobrara 组 Fort Hays 段厚度小于 20ft（6.1m），至成图区西南部，厚度变为大于 30ft（9.1m）（图 25）。地层向西北减薄可能是由于地层超覆于本区 Fort Hays 段底部侵蚀面之上。Niobrara 组裂缝有助于提高 Codell 砂岩的产量。在裂缝对改善储层性质有重要作用的区域，Codell 组和上覆 Fort Hays 灰岩亦可合采。

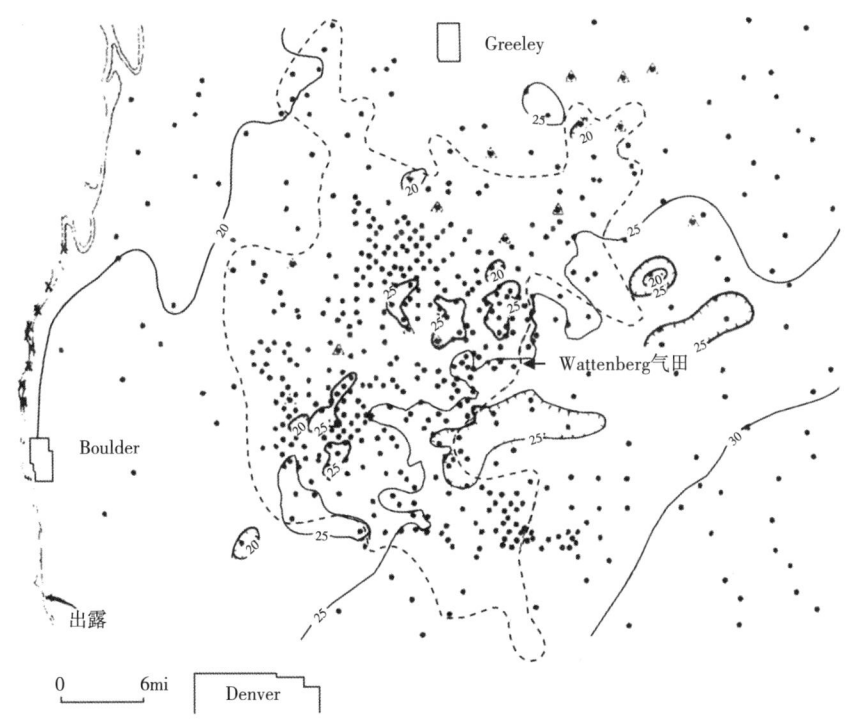

图 25 Niobrara 组 Fort Hays 石灰岩段等厚图
等厚线间距为 5ft（1.5m）

探区内 Codell 砂岩段测井响应特征似乎完全一致。一套常规测井系列包含电阻率、自然电位曲线、伽马、中子和密度曲线；图 22 为 Dome 公司 Frank-1-13 井的常规测井曲线。从伽马和自然电位曲线看，Codell 组和下伏 Carlile 页岩差异较小。Codell 组的深感应电阻率为 6~8Ω·m，仅略高于下伏页岩。Codell 组的中子孔隙度和密度孔隙度分别为 18%~20% 和 12%~18%。而 Dome 井 Codell 组的岩心分析孔隙度仅 10%，岩心为含有生物扰动的粉砂质—泥质极细粒砂岩。低自然电位曲线、高伽马、低电阻率说明砂岩的泥质含量高。中子曲线主要受泥质，其次受砂岩中气体的影响。若层段含气，密度曲线值明显增大。

Codell 砂岩的天然气热值为 1185Btu/ft^3，属于热成因气（Rice，1983）。Hambert 油气田的常规天然气组成分析结果如下：氦 0.01%，氢微量，二氧化碳 2.63%，氮 0.85%，甲烷 77.11%，乙烷 12.92%，丙烷 4.06%，异丁烷 0.57%，正丁烷 0.96%，异戊烷 0.31%，正戊烷 0.26%，己烷 0.32%（Energy Oil 公司提供组分数据）。

6 储层成因和分布的地质模型

与海平面变化有关的不整合和区域或局部构造，明显影响储集岩的成因和分布。在大部分地区，上覆地层沉积之前，侵蚀作用带走了 J 组和 Codell 组的上部高孔段储层。地层保存越完整，油气产量往往较高。

6.1 J 砂岩储层的成因

Skull Creek 层沉积末期（T_1，图 26），海退开始，沉积滨线和浅海相砂岩与下伏 Skull Creek 页岩呈过渡接触。基底断块之上（轻微断块运动影响沉积作用）的沉积模式取决于沉积环境（图 26）。河流及伴生三角洲位于构造和地形的低洼区（如地堑），而三角洲边缘或三角洲间沉积沿构造地垒断块上的湾形海岸发育。三角洲前缘和滨面砂从滨线向海延伸，扩展距离受有效浪基面控制。滨线向海推进至 T_2 位置，沉积大面积席状砂体（Fort Collins 段——Wattenberg 气田产层砂岩）。这些沉积模式形成于高海平面时期。

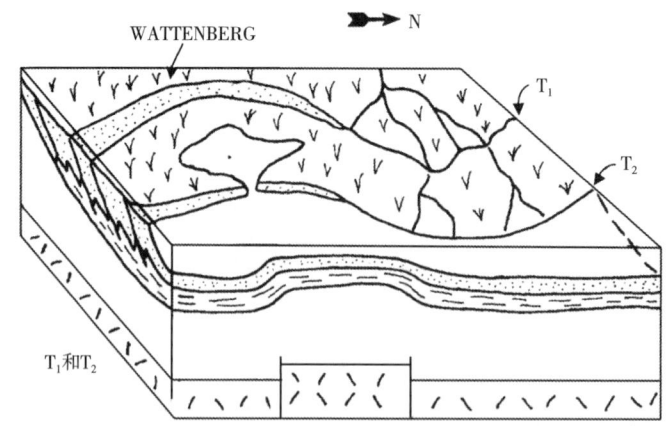

图 26　海洋高水位期 J 砂岩 Fort Collins 段沉积的示意图

滨线由 T_1 位置回退到 T_2 位置，图中也显示了与推断基底运动有关的 Wattenberg 断块

海平面下降（T_3）时，沉积盆地全部或大部分地区（Skull Creek 海道）泄水。河流水系下切较老地层，尤其是在与地垒断块区对应的低洼处（图 27）。在 Denver 盆地大部分地

区，切蚀底面位于 T_1 或 T_2 期砂复合体之上。侵蚀面局部切入 Skull Creek 页岩。海平面下降与 Vail 等（1977）报道的距今约 97Ma 前的全球范围海平面下降有关。J 砂岩等厚图展示了低水位期主要深切谷的地理分布（图 28，据 Haun，1963；Matuszczak，1976，有修改）。

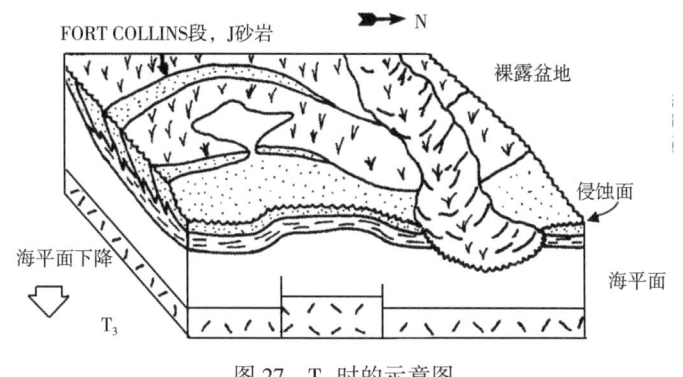

图 27　T_3 时的示意图

海平面下降导致形成区域侵蚀面和下切排水系统

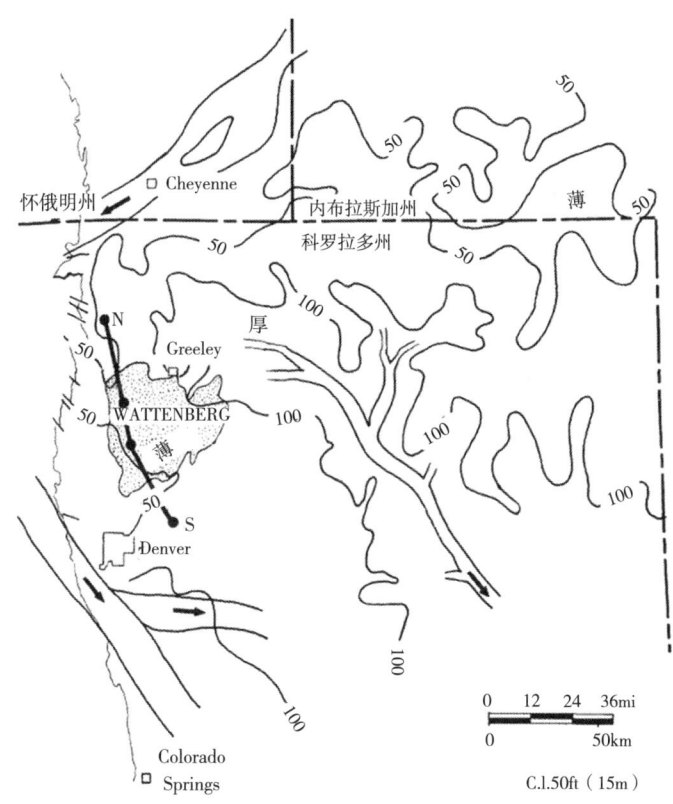

图 28　J 砂岩区域等厚图

图中显示了 T_3 时（最下部 J 沉积之前）下切排水系统分布，等值线间距为 50ft（15.2m）

海平面上升（T_4，图 29）时，深切谷可能发生变化，堆积河流和河口湾砂岩、粉砂岩、页岩。随着海平面不断上升和小型断块的重新运动，地垒断块顶部地层受侵蚀，含砾或粗粒砂岩的透镜状海进滞留沉积薄层广泛分布于地垒断块的不整合面之上。T_4 之后，整个区域沉积海相粉砂岩和页岩（Mowry 组或 Graneros 页岩）。

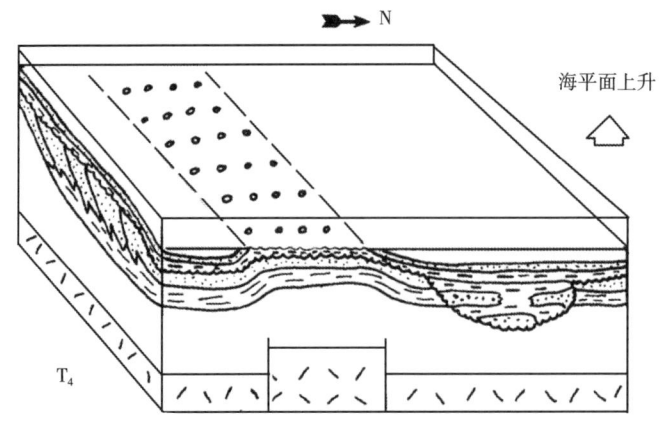

图 29　海平面上升期下切排水区充填河谷沉积示意图
图中同时描述了海进期后成沉积

6.2　全盆地的不整合

　　一个重要不整合分隔 T_1 沉积、T_2 沉积与 T_3 沉积。这一全盆地侵蚀面（T_3，图 27）可能位于盆地的砂岩沉积内（即河谷充填砂岩沉积于较老海退砂岩之上），或砂岩与海相页岩沉积之间（即河谷充填砂岩沉积于 Skull Creek 页岩之上）。另一种情况是这个不整合位于 Mowry 页岩底部或海退砂岩顶部（如 Wattenberg 气田部分地区）。

　　以前的地层对比认为 J 砂岩是一次大规模海退期的全盆地沉积，这一结论是错误的。不整合之上的砂岩（Horsetooth 段）比 Skull Creek 层顶部海退砂岩（Fort Collins 段）年代更新，虽然构造运动使得较老砂岩现今位于地层高部位（图 4 和图 29）。因此这两类砂岩之间没有相带联系。识别与 J 砂岩有关的全盆地不整合，尤其是与古构造相关的不整合，对于 Denver 盆地未来油气勘探具有重大意义。

　　Wattenberg 气田主要含气层是不整合之下的 Fort Collins 砂岩。然而在气田东北部和东部，Horsetooth 段的较新河谷充填沉积中砂岩产气。开采时，整个古河谷壁的透镜状砂岩被认为与 Fort Collins 段有流体连通。

6.3　Codell 砂岩储层的成因

　　厚度和相带模式表明针对 Greenhorn 组和 Carlile 组可重建海相陆棚、陆坡和盆地沉积模型（图 30）。Codell 砂岩的成因及分布受区域构造、陆棚沉积和海平面变化等因素综合影响。在约 90Ma 前的海平面下降期，怀俄明州中部广阔的构造隆起导致 Carlile 组下段海相地层被侵蚀（图 21 和图 30）。粗粒砂岩薄层中燧石和磷酸盐砾石作为侵蚀面上透镜状滞留沉积出现。在海平面低水位期，Denver 盆地东南部的 Codell 砂岩为海相或滨线砂岩 [图 30（c）]。随着海平面上升，Codell 砂岩在 Denver 盆地北部冲蚀深槽内沉积于微咸或海相环境，在 Wattenberg 区沉积为海相陆棚泥质砂岩和海相沙坝 [图 30（d）]。海平面继续上升，在 Denver 盆地南部，Juana Lopez 段为广泛分布的陆棚变余沉积薄层，以砂岩和贝壳碎片为主；而在盆地北部，Sage Breaks 页岩沉积于 Codell 砂岩之上（Weimer 和 Sonnenberg，1983）。Sage Breaks 段的初始地理范围未知。

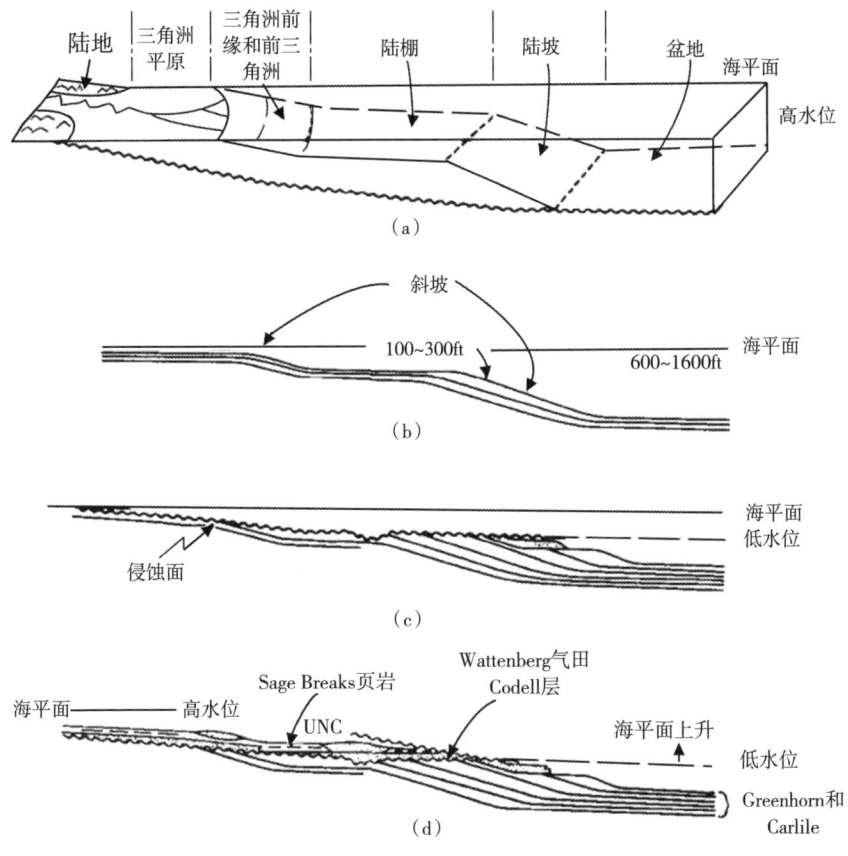

图 30 Carlile 组和 Greenhorn 组沉积期（a、b 和 c）白垩系盆地沉积地层示意图
因构造运动、海平面下降及后续上升，Codell 砂岩沉积于 Wattenberg 区侵蚀面之上

89.5~89Ma 时的第二次海平面下降和科罗拉多北部的区域性隆起使得 Wattenberg 气田区 Sage Breaks 页岩、Juana Lopez 石灰岩和上部 Codell 砂岩被侵蚀。后期海平面上升，Niobrara 组沉积在侵蚀面之上。

Carlile 组顶部不整合位于 Codell 砂岩上方 Niobrara 组 Fort Hays 段上部或 Carlile 组下部［图 30（d）］。Weimer（1978）指出广阔北东向构造单元——横大陆（Transcontinental）穹隆上的侵蚀作用和随后的海相超覆形成不整合。稀少的动物证据表明这一间断对应于 5 或 6 个动物群带所代表的时间间隔。

这一不整合是 Codell 砂岩空间分布的重要控制因素。区域性研究表明 Wattenberg 区后 Codell 期侵蚀作用剥蚀地层厚度约为 30~100ft（9~30m）。根据粗粒砂岩和燧石砾石的薄滞留层，认为侵蚀作用剥蚀了海相中心坝微相，即含有高孔高渗砂岩的高能沉积。这一砂岩相的残余物是 Codell 组高产的勘探目标。

6.4 圈闭形成机理

在跨越 Denver 盆地轴部的较大区域内，J 砂岩和 Codell 砂岩为致密砂岩产层。气田构造低部位的所有储层均不产水。现今圈闭似乎多为地层—岩性圈闭，尽管微幅度构造的控制作用依赖于油气圈闭形成时间和油气运移特性。

Wattenberg 气田属于 Masters（1979）和 Gies（1981）所描述的深盆圈闭型。这些圈闭无下倾水，可能发育或不发育产水的等效上倾砂岩。成岩作用、缺少保持气体静态平衡所需浮力、相变或不整合导致的微弱渗透率变化，可能会产生微小的渗透率差异，因而形成圈闭。所有上述因素对 Wattenberg 气田油气成藏均有贡献。

7 资源潜力

7.1 J 砂岩

公布的 Wattenberg 气田 J 砂岩储层最终可采储量为气 $1.3\times10^{12}\text{ft}^3$，凝析油 $30\times10^6\text{bbl}$（Matuszczak，1976；Momper，1981）。截至 1982 年 1 月，895 口井累计产量为气 $252\times10^9\text{ft}^3$ 和凝析油 $2.6\times10^6\text{bbl}$（科罗拉多州油气统计，1981）（图 31 至图 33）。Wattenberg 气田最高产区位于 T1-2N，R66-67W 和 T2S，R64-65W（图 19 和图 20）。气井低产稳产，井寿命可达 20 年或更长。图 33 为 Amoco 公司 Rocky-Mtn-Fuel-1 井所展示的气田西部典型产量递减曲线（sec. 8，T1N，R67W）。投产后前 1 年到 2 年，产量递减率达 50%/年，随后整个井生产期内以 10%~20%/年的速率递减。根据动态生产历史和未来产量预测，上述最终累计产量似乎偏高，实际累计气产量和油产量应分别降低 1/3 和 1/5（图 19 和图 20）。

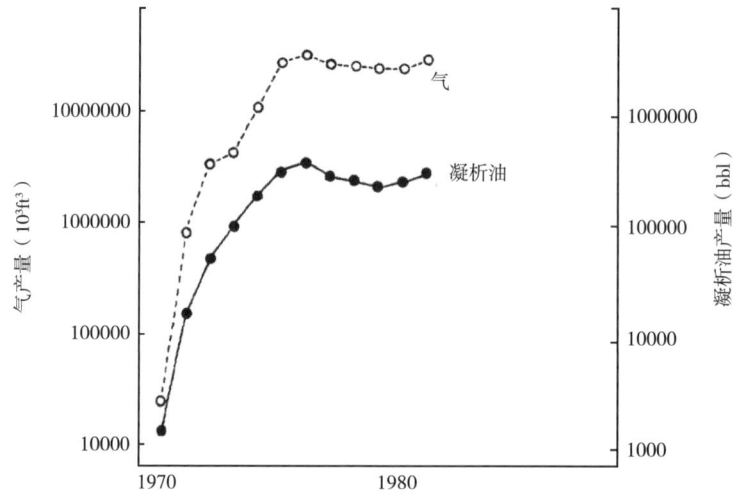

图 31　Wattenberg 气田 J 砂岩天然气和凝析油年产量图

1976 年，J 砂岩储层产量达到峰值，天然气和凝析油产量分别达 $38.7\times10^6\text{ft}^3$ 和 $0.4\times10^6\text{bbl}$（图 31 和图 32）。虽然不断补充新开发井，但自此以后年产量略有下降。1975 年，完钻开发井最多，当年有 235 口新气井投入生产，其中 Amoco 生产公司为气田的最大运营商。

年份	类型	井数	产量 油（bbl） 气（10³ft³）	
			年产量	累计产量
1970	油		1582	1582
	气		27550	27550
1971	油	38	17447	19029
	气		922688	950238
1972	油	54	54169	73198
	气		3825810	4776048
1973	油	94	102199	175397
	气		4814003	9590051
1974	油	275	195646	371043
	气		12478326	22068377
1975	油	510	332098	703141
	气		33234336	55302713
1976	油	588	400220	1103361
	气		38735749	94038462
1977	油	615	309584	1412945
	气		32213226	126251688
1978	油	663	284291	1697236
	气		30245752	156497440
1979	油	693	248696	1945932
	气		29881225	186378665
1980	油	781	276348	2222280
	气		29423312	215801977
1981	油	895	330017	2552297
	气		35871420	251673397

图 32 Wattenberg 气田生产井年产量和累计产量图

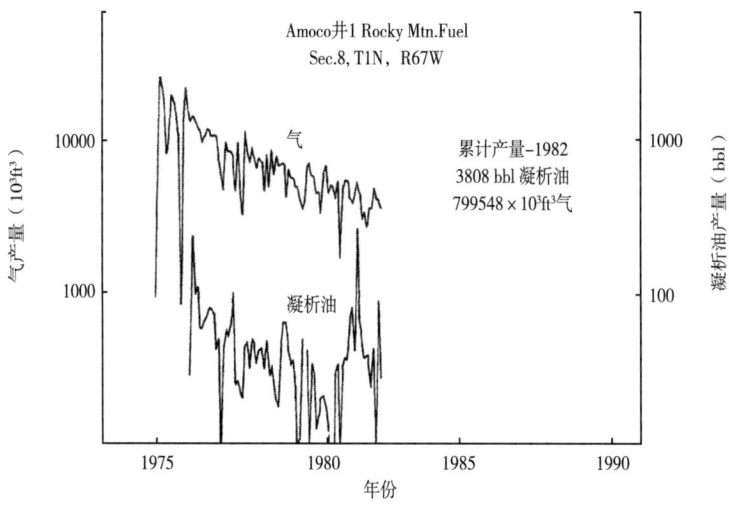

图 33 Amoco 公司 Rocky-Mtn-Fuel 井（NW SW Sec. 8, T1N, R67W）J 砂岩产量递减曲线

7.2 Codell 砂岩

Codell 砂岩的勘探和开发始于 1981 年，随后继续开展了完井技术试验。多口井投产已超过一年，可获得生产动态资料。Energy Oil 公司 Grant-Arens-1 井位于盆地倾气东翼，

Machii-Ross 公司 Barclay- Crisman-1 井位于盆地倾油西翼，图 34 和图 35 分别展示了它们的产量递减曲线。

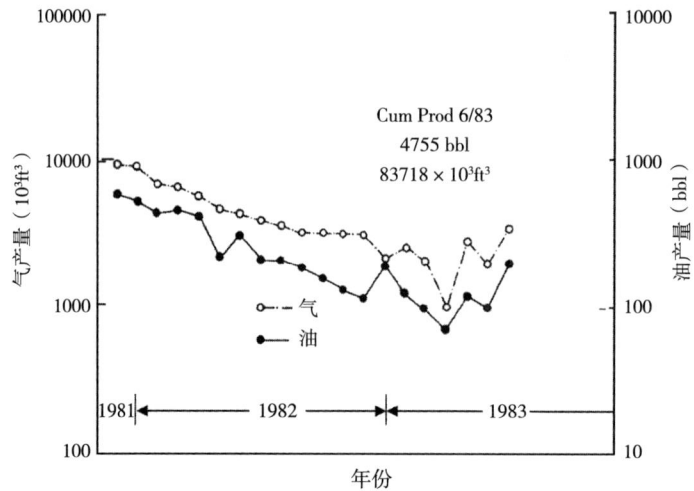

图 34　Energy Oil 公司 Areas -1 井（sec. 22，T4N，R65W）Codell 砂岩产量递减曲线

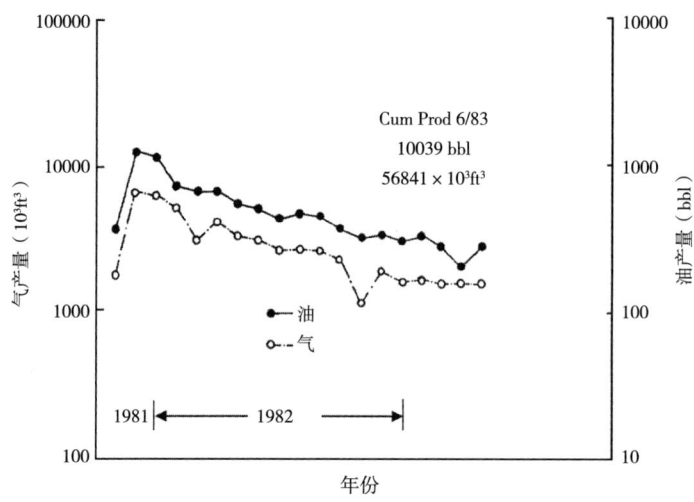

图 35　Machii-Ross 公司 Barclay-1 井（sec. 20，T3N，R66W）Codell 砂岩产量递减曲线
该井为重新完井于 Codell 组的 J 砂岩老井

Energy Oil 公司 Grant-Arens-1 井（sec. 22，T4N，R65W）射孔段为 7094~7108ft（2163~2167m），初期自喷天然气和原油产量分别为 $750\times10^3\text{ft}^3/\text{d}$ 和 80bbl/d。1981 年 11 月（图 34）达到月产量峰值，油、气产量分别为 597bbl 和 $9400\times10^3\text{ft}^3$。一年后，油、气产量分别下降 80% 和 68%。截至 1983 年 6 月，油、气产量分别累计达 4755bbl 和 $83718\times10^3\text{ft}^3$。在产量递减率保持不变的前提下，该井最终可采原油和天然气量将达到 6000bbl 和 $86000\times10^3\text{ft}^3$。但递减率已经降低，意味着最终开采量会升高。

在 Wattenberg 气田，Machii-Ross 公司 Barclay-Crisman-1 井（sec. 20，T3N，R66W）重新完井于 J 砂岩（图 35）。该井 Codell 组射孔段为 7390~7404ft（2253~2257.3m），自

喷原油和天然气产量分别为 64bbl/d 和 270×10³ft³/d。1981 年 11 月，该井产量达到峰值，油、气分别为 1269bbl 和 6700×10³ft³。一年内，产量下降了 71%。截至 1983 年 6 月，油、气产量累计为 10039bbl 和 56841×10³ft³。如果产量递减率保持不变，则最终油、气开采量估计为 11000bbl 和 67000×10³ft³。但递减率已经降低，意味着最终开采量将会升高。

这两个例子说明 Codell 组的单井最终储量可能很小，但考虑到潜力产区面积较大，总储量也不容小觑。即便在天然气价较高的背景下，许多 Codell 组生产井似乎不具备或仅具备少量商业价值。就经济价值而言，老井重新完井的花费远小于新钻井，因此重新完井的 J 砂岩老井最具发展潜力。

与构造异常有关的裂缝性储层或海相陆棚中心沙坝中，单井控制储量较高。勘探区当前已钻井明显未穿透海相中心沙坝。该相带为较高能沉积环境，砂岩分选良好，储层物性较好。

最佳勘探方案是在 J 砂岩建产并将井最终回填至 Codell 组，或采取双层完井的设计。Wattenberg 气田内，Codell 砂岩油气储量可观，多数现今 J 砂岩生产井将重新完井于 Codell 组。如果 Wattenberg 气田有 1000 口井也可从 Codell 组产油气，以单井平均累计产油 10000bbl 和气 50000×10³ft³ 计算，油、气总储量分别为 $10×10^6$bbl 和 $50×10^9$ft³。

8 钻井和完井技术

8.1 J 砂岩

Wattenberg 气田 J 砂岩井的常规钻井程序如下：(1) 以 12¼in (31.1cm) 钻头一开钻井，在整个 Fox Hills 含水层下 8⅝in (21.9cm) 表层套管；(2) 以 7⅞in (20cm) 钻头二开钻井至最大深度；(3) 测井，并下 4½in (11.4cm) 套管至井底；(4) J 层段套管内射孔并改造 (Smith 等，1976)。所有井为水基钻井液钻井。为确保井眼条件适合测井作业，在钻探 J 砂岩上方数百英尺 (30.5m) 地层时，现场作业人员增加钻井液密度（即泥侵）。当钻至 J 砂岩时，为最大限度减小储层伤害，失水量保持为 8cm³ 或更少。

因为采用大规模水力压裂提高井周的渗透性，Wattenberg 气田已具备商业开采价值。作为气田的主要运营商，Amoco 生产有限公司借助实验研究，确定了流体特性和适用于 J 砂岩储层的支撑剂 (Fast 等，1977)。低渗透性和高地层温度往往给常规压裂改造技术带来了挑战。为了寻求最佳压裂措施，气田多个区域被指定为实验区。气田试验结果表明 Wattenberg 气田部分区域中大规模储层改造较为经济合理。而无论改造规模如何，气田其他区域似乎均无商业开采价值 (Fast 等，1977)。当前标准 Wattenberg 气田压裂改造工作使用 180000gal (681374L) 胶液和 832000lb (377388kg) 20/40 目砂支撑剂 (D. Perez，Amoco 公司)。预计人工诱导裂缝已穿入 J 砂岩储层 3000ft (914m) (Fast 等，1977)。

8.2 Codell 砂岩

钻至 Codell 组的井一般水基钻井液钻进，以膨润土提高钻井液密度。钻至 Niobrara 组前，现场作业人员将钻井液密度提高至 ±9.0lb/gal (1.07g/cm³) 并尽量维持 8cm³ 的失水量。当钻至 Codell 组时，结合地层压力，钻井液密度保持在 9.1~9.5lb/gal (1.08~1.13g/cm)，失水量维持在 6cm³ 或更少。因为 Codell 砂岩含有遇水膨胀与运移的黏土（如蒙皂石），低失水量保障了 Codell 组储层伤害的最小化。

钻井后实施测井，下套管至井底。套管内射孔，下油管，改造 Codell 组。常规改造措施指小规模酸化（1000~2000gal）和随后水力压裂。压裂改造材料的平均成本接近 55000 美元，其中包含 110000gal（416395L）胶液、15000lb（6803kg）100 目砂和 150000lb（68038kg）的 20/40 目砂支撑剂。为防止压裂液进入 Niobrara 组，在 Codell 组下部射孔。考虑到油管柱强度远大于套管柱强度，为避免压裂后压井，过油管实施水力压裂。

致谢

本次研究获得了 Getty 石油公司授权 Colorado 矿业大学的支持。图件由 Colorado 矿业大学基金会授权，Bass Enterprises 公司提供，生产数据由 Amoco 生产公司提供，Barbara Brockman 负责手稿打印。在此，对本文编写中获得的所有帮助表示感谢。

参 考 文 献

[1] CLARK, B. A., 1978, Stratigraphy of the J Sandstone (Lower Cretaceous) Boulder County and southwest Weld County, Colorado: Colorado School of Mines, Master's thesis, 190 p.

[2] CLAYTON, J. L., and P. J. SWETLAND, 1980, Petroleum generation and migration in Denver basin: AAPG Bulletin, v. 64, p. 1613-1633.

[3] FAST, C. R., G. B. HOLMAN, and R. J. COVLIN, 1977, The application of massive hydraulic fracturing to the tight Muddy "J" Formation, Wattenberg Field, Colorado: Journal of Petroleum Technology, p. 45-51.

[4] FOUCH, T. D., D. L. T. NICHOLS, W. B. CASHION, and W. A. COBBAN, 1983, Patterns of synorogenic sedimentation in Upper Cretaceous rocks of central and northeastern Utah, in M. W. Reynolds, E. D. Dolly, and D. A. Spearing, eds., Mesozoic paleogeography of west–central United States: SEPM Rocky Mountain Section Special Publication, p. 305-336.

[5] GIES, R. M., 1981, Lateral trapping mechanisms in deep basin gas trap, Western Canada: (abs), AAPG Bulletin, v. 65, no. 5, p. 930.

[6] HARMS, J. C., 1966, Stratigraphic traps in a valley-fill, western Nebraska: AAPG Bulletin, v. 50, no. 10, p. 2119-2149.

[7] HAUN, J. D., 1963, Stratigraphy of Dakota Group and relationship to petroleum occurrence, northern Denver basin, in P. J. Katich and D. W. Bolyard, eds., Geology of the northern Denver basin and adjacent uplifts: Rocky Mountain Association Geologists'Guidebook, p. 119-134.

[8] LEROY, L. W., and N. C. SCHIELTZ, 1958, Niobrara-Pierre boundary along Front Range, Colorado: AAPG Bulletin, v. 42, p. 2444-2464.

[9] LOWMAN, B. M. 1977, Stratigraphy of the upper Benton and lower Niobrara Formations (Upper Cretaceous), Boulder County, Colorado: Colorado School of Mines, Master's thesis, 94 p.

[10] MACKENZIE, D. B., 1965, Depositional environments of Muddy Sandstone, western Denver basin, Colorado: AAPG Bulletin, v. 49, p. 186-206.

[11] MASTERS, J. A., 1979, Deep basin gas trap, western Canada: AAPG Bulletin, v. 63, no. 2, p. 152-181.

[12] MATUSZCZAK, R. A., 1973, Wattenberg field, Denver basin, Colorado: Mountain Geologist, v. 10, no. 3, p. 99-105.

[13] MATUSZCZAK, R. A., 1976, Wattenberg field: a review, in R. C. Epis and R. J. Weimer, eds., Studies in Colorado field geology: Colorado School of Mines Prof. Contribution, no. 8, p. 275-279.

[14] MEYER, H. J., and H. W. McGEE, 1985, Oil and gas fields accompanied by geothermal anomalies in Rocky Mountain Region: AAPG Bulletin, v. 69, p. 933-945.

[15] MOMPER, J. A., 1981, Denver basin, Lower Cretaceous, J Sandstone, tight reservoir gas potential, in AAPG short course notes, Geochemistry for Geologists, February 23-26, 1981, p. 1-15.

[16] PORTER, K. W., and R. J. WEIMER, 1982, Diagenetic sequence related to structural history and petroleum accumulation: Spindle Field, Colorado: AAPG Bulletin, v. 66, no. 12, p. 2543-2560.

[17] RICE, D. D., and C. N. THRELKELD, 1982, Occurrence and origin of natural gas in ground water, southern Weld County, Colorado: USGS Open-File Report 82-496, 6 p.

[18] RICE, D. D., and C. N. THRELKELD, 1983, Character and origin of natural gas from upper Cretaceous Codell Sandstone, Denver basin, Colorado in Mid-Cretaceous Codell Sandstone Member of Carlile Shale eastern Colorado: SEPM Rocky Mountain Section Field Trip Guidebook, p. 96-100.

[19] ROJAS, I., 1980, Stratigraphy of the Mowry Shale (Cretaceous), western Denver basin, Colorado: Colorado School of Mines, Master's thesis, 148 p.

[20] SMITH, M. B., G. B. HOLMAN, C. R. FAST, and R. J. COVLING, The azimuth of deep, penetrating fractures in the Wattenberg Field: Society of Petroleum Engineers Paper 6092, p. 24-35.

[21] SONNENBERG, S. A., and R. J. WEIMER, 1981, Tectonics, sedimentation and petroleum potential, northern Denver basin, Colorado, Wyoming and Nebraska: Colorado School of Mines Quarterly, v. 76, no. 2, 45 p.

[22] SURYANTO, U., 1979, Stratigraphy and petroleum geology of the J Sandstone in portions of Boulder, Larimer and Weld counties: Colorado School of Mines, Master's thesis, 173 p.

[23] VAIL, P. R., R. M. MITCHUM, Jr., and S. THOMPSON III, 1977, Seismic stratigraphy and global sea level changes, Part 3: AAPG Memoir 26, p. 63-82.

[24] WEIMER, R. J., 1978, Influence of Transcontinental arch on Cretaceous marine sedimentation: a preliminary report, in J. D. Pruit, and P. E. Coffin, eds., Rocky Mountain Association of Geologists Symposium, Energy Resources of the Denver Basin, p. 211-222.

[25] WEIMER, R. J., 1980, Recurrent movement of basement faults—a tectonic style for Colorado and adjacent areas, in H. C. Kent and K. W. Porter, eds., Colorado geology: Rocky Mountain Association of Geologists, p. 23-35.

[26] WEIMER, R. J., 1983, Relation of unconformities, tectonics, and sea level changes, Cretaceous of Denver basin and adjacent areas, in M. Reynolds and E. Dolly, eds., Mesozoic paleogeography of west-central United States: SEPM, Rocky Mountain Section Special Publication, p. 359-376.

[27] WEIMER, R. J., and S. A. SONNENBERG, 1982, Wattenberg field, paleostructure - stratigraphic trap, Denver basin, Colorado: Oil & Gas Journal, v. 80, March 22, 1982, p 204-210.

[28] WEIMER, R. J., and S. A. SONNENBERG, 1983, Codell Sandstone, new exploration play, Denver basin: Oil & Gas Journal, v. 81, May 30, 1983, p. 119-125.

科罗拉多州西部 Piceance Creek 盆地构造发育史、热演化史与 Mesaverde 群油气分布

Ronald C. Johnson，Vito F. Nuccio

摘要 科罗拉多州西部 Piceance Creek 盆地的构造发育史和热演化史重建，解释了上白垩统 Mesaverde 群天然气分布的地质和地化条件。一般而言，Mesaverde 群包括两部分：以层状储层为主的下部边缘海相层段和以透镜状储层为主的上部非海相层段。尽管多数天然气产自边缘海相层段，但因非海相层段厚度大、气显示丰富，认为其天然气地质储量较高。非海相岩石往往发育低渗非常规储层。

因为盆地现今地层温度读数的不确定性，利用最新煤变质作用模型解释煤阶的尝试并不成功。晚始新世拉腊米造山运动晚期，盆地边缘的煤抬升至它们现今的盆地地层高部位，煤阶似乎冻结于抬升前的状态。这些煤部分煤阶相对较高，说明始新世末之前的埋深加热使得整个盆地煤阶接近其现今水平。晚期热事件，如盆地南部渐新世深成作用，似乎对煤阶的影响极小。如果这种认识正确，则盆地生烃高峰发生于始新世。产出盆地大部分天然气的闭合背斜似乎为拉腊米期生长构造；因此背斜生长期为生气高峰期。

1 简介

在本次研究中，为了解上白垩统 Mesaverde 群的广泛油气分布（以天然气为主），对科罗拉多州西北部 Piceance Creek 盆地的构造发育史和热演化史进行了重建，也有助于认识类似其他拉腊米盆地的发育情况。由煤阶可了解盆地烃源岩的热演化史，因为它与时间和温度有关。盆地储层构造发育时间与有机质成熟及生烃时间的关系一定程度上决定了本区的勘探方法。

2 方法

3 个厚度图和 4 个构造图是重建构造发育史的主要数据。广泛分布地层标志层的数量有限；因而部分图件未延伸至盆地边缘。煤阶数据和现今地温梯度，结合构造信息被用于热演化史恢复。

测量随机排列颗粒的平均镜质组反射率从而确定钻屑和岩心的煤阶，而以此前公布的煤矿数据确定出露煤区的煤阶。多数煤矿分析数据采用英制热量单位（Btu），本文根据美国材料测试学会（ASTM）的煤分类标准，将它们转换为煤阶。

煤阶数据主要采集自全盆地发育的 Cameo-Fairfield 煤组或其同期煤组。本文等煤阶图

整合了Freeman所编制盆地南部煤阶图（Freeman，1979）的所有信息。利用Cameo组下方Mount Garfield组Rollins砂岩段及同期地层Iles组Trout Creek砂岩段的煤阶图和构造图，构建横剖面，展现煤阶与构造的关系。过井的煤阶剖面可用于确定煤化梯度和表征剥离覆盖层的厚度。因钻屑中常常混入井壁坍塌落物（井壁坍塌污染），钻屑煤片分析可能得出错误的结论。考虑到这一点，所以仅在有地球物理测井显示的煤层采集煤片。除Cameo-Fairfield煤组外，其他层段一般少煤，很难从地层剖面的其余层段采集煤样，故转而尝试从富有机质页岩中提取干酪根。但是页岩干酪根的镜质组反射率一般较相邻煤层低（Bostick、Foster，1973），结合井壁坍塌污染问题，导致数据分散，令人无法接受。在某些情况下，数千英尺层段的镜质组反射率值大致相等。分析数据汇总成表，但未用于等煤阶图或横剖面。

从评价油页岩的浅层取心井中获取煤样，在这些岩心中，煤为油页岩及伴生粉砂岩、泥岩中的小细脉（即煤线）。通过这些近地表样品有可能确定盆地中剥离覆盖层的厚度。

2.1 镜质组反射率方法和所用时间—温度模型

反射率是对一个特定显微组分（煤的一个组分）抛光面所反射垂直入射光的测量。反射率分析常选择由木质有机质提取的镜质组，因为其光学性质变化与最高温度、加热时间成比例。通常利用单色光（波长546nm）和油侵高倍镜测量镜质组反射率。在不将煤旋至最大反射率切面的情况下，测量100次，由此计算平均随机反射率（R_o）。镜质组反射率可直接转换为煤阶（图1）。

有机质可分成两种常规类型：腐泥或含脂型，腐殖或含煤型。海相烃源岩往往偏腐泥型，在热接触变质作用期主要生油气。陆相烃源岩往往偏腐殖型，主要生干气或甲烷。人们试图将镜质组反射率或煤阶大小与烃源岩的生油气能力相关联。Dow（1977）提出了其中一种较为普遍采用的模型（图1）。在这一模型中，R_o为0.5~1.35时，生油。R_o为0.8~2.0时，生湿气；R_o为1.0~3.0时，生干气。其他多数模型与Dow模型基本吻合，多个盆地的数据也支持这一模型。

已证实给镜质组反射率值指定温度更为复杂。多数模型假设时间和温度可互为补偿，即如果时间足够长，相对低温也能产生高煤阶煤（Karweil，1955；Lopatin，1971；Connan，1974；Waples，1980），因而不能给某个特定镜质组反射率值指定单一温度。例如，Lopatin（1971）模型将煤演化史划分为时间段，利用区域地质情况确定各时间段的平均温度。根据平均温度和受热时间，给每个时间段分配一个值，将整个煤寿命期的所有数值进行累加或积分。这些数据可用于计算Lopatin的TTI指数，该指数可转换为镜质组反射率（Waples，1980）。Lopatin的模型基于温度每升高10℃（18℉），有机质反应速率增加一倍的规律，并用德国Ruhr区取心井Munsterland-1井的镜质组反射率剖面标定模型。因为Lopatin重建的取心井地质演化史明显有错，将公式应用于其他地区所得预测镜质组反射率值一般高于实测值。最近，Waples（1980）试图利用世界各地的31口井重新标定Lopatin的TTI指数。虽然数据相当分散，但Waples相信TTI指数和镜质组反射率之间有较好的对应关系。

Hood等（1975）提出了一个简化时间—温度模型，将有机质变质程度（LOM）与有效受热时间（有机质在最高温度和低于最高温度15℃/60℉这一温度区间所经历的时间）相关联。模型强调最大加热事件的重要性和对成熟度指标（如镜质组反射率）的影响。

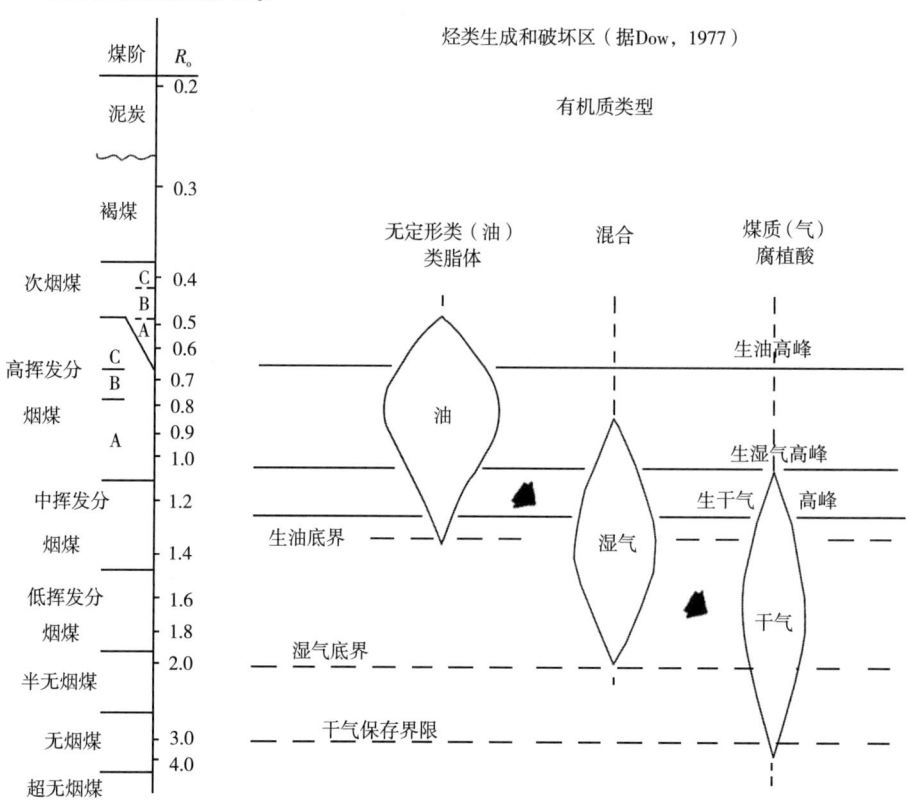

图 1　美国材料测试学会煤炭分类的煤阶与镜质组反射率对比
烃类生成和破坏区划分采用了 Dow（1977）的方法

　　Suggate（1982）认为，诸如 Lopatin 和 Hood 之类的时间—温度模型均低估了新煤的煤阶。他发现不论煤龄长短，最高温度和煤阶之间均有良好的相关性，并指出时间对有机质成熟度的影响被过分强调。Suggate 声称"最高温度的持续时间（少有不到一百万年，通常更长）往往足以完成反应，或至少完成反应的 99%。"如果 Suggate 的说法正确，则多数情况下镜质组反射率可作为绝对古温度计，解释镜质组反射率值变得更为简单。

　　这些模型的最大问题是对建立模型所用镜质组样品的地质史不甚了解。通常覆盖层剥蚀量未知，沉积盆地热流可能随时间变化（McKenzie，1978；Middleton，1980）。如果现今地温梯度不能外推至过去，则即使覆盖层未剥蚀，也很难确定最高温度。同时，也很难根据钻井信息确定现今地层温度。Piceance Creek 盆地中大量覆盖层被剥蚀，本次研究试图由地质关系确定覆盖层最大厚度，这一做法完全没有说服力。尝试利用钻探油页岩的浅层取心井进行近地表煤分析，估计覆盖地层最大厚度，结果也无法令人信服。因为这些不确定性，本文不再试图评价上述 3 个模型的有效性。但本次研究将使用这 3 个模型，部分原因是为了指出这些模型对难确定因素（如真实地层温度）的较小误差的敏感程度，部分原因是以由此为开端，使地质家们能更好地恢复 Piceance Creek 盆地煤层的地史和热史。同时相信利用我们的数据和其他沉积盆地数据，最终可推导出可靠的煤化模型。Piceance Creek 盆地煤阶变化太过于规律化，不能视作不可测量因素的结果。

3 Piceance Creek 盆地地史

3.1 白垩纪

白垩纪时，Piceance Creek 盆地不是现今这样的独立山间盆地。相反，它是占据美国和加拿大中部的快速沉降大槽地的一部分。这一槽地构成活跃抬升的塞维尔（Sevier）造山带东部，白垩纪大部分时间被陆缘海道占据。晚白垩世时海洋退至盆地东部之前，厚度达 5000ft 的海相岩石（Mancos 页岩和 Mesaverde 群海相部分）沉积在 Piceance Creek 盆地的这一海道中。一系列构造运动的脉动引起海道东退，通常在任一地方保留数个海退层序或部分海退层序。后退海道的常规海退层序为边缘海相—层状砂岩相—含煤沼泽相—河流相。通常半咸水潟湖沉积也保存下来。海岸线明显受波浪控制，再造作用极大地破坏了三角洲沉积层序。

在盆地多地，层状边缘海相砂岩均已成功钻遇油气。在沼泽和河流层序的透镜状复杂储层开采天然气的尝试不太成功。但因为非海相层序厚度极大、气显示丰富，被认为富集盆地多数气资源。这些储层被视为非常规或致密储层。

图 2 展示了上白垩统 Mesaverde 群的两个地层剖面，二者均为已发表详细剖面的简化版（Johnson 和 May，1980；Johnson，1982）。第一个剖面位于盆地西南部 Hunter Canyon 区，剖面下段 550ft（168m）内发育三个主要海退层序，分别为 Iles 组 Corcoran 砂岩段、Cozzette 砂岩段（Young，1955）和 Mount Garfield 组 Rollins 砂岩段。Rollins 段或顶部海退砂岩之上也保留发育良好的煤系地层，被称为 Cameo 煤组。它与下伏 Rollins 段是 Mesaverde 群中两个最稳定单元，被广泛用于构造和煤阶研究。在 Hunter Canyon 区 Cameo 煤组之上，厚 1900ft（580m）的河流相岩石为不稳定河道砂岩，夹灰色、绿色和微量褐红色泥岩。剖面从下往上，河道类型由下段 1250ft（381m）的中—高弯度河道变化为上段 650ft（198m）的低弯度或网状河道。单个砂岩通常包含两个及两个以上叠置河道，尤其在上部低弯度或网状部分形成峭壁的厚层砂岩中。因为盆地西南部盛行将 Mesaverde 群河流相细分为两部分，迫使 Erdmann（1934）将 Mesaverde 群河流相分成上部 Mount Garfield 组（形成峭壁）和下部 Hunter Canyon 组（形成斜坡）。Mount Garfield 组是 Rio Blanco 区项目的主要目的层，该项目试验利用核爆炸增产天然气，但未能成功。在北部和东部地表，地层无法二分。

第二个剖面位于盆地东缘 Rifle Gap 区。这个剖面也存在三个海退层序，分别为 Corcoran 段、Cozzette 段和 Rollins 段；但 Rollins 段与下伏 Cozzette 段被厚 250ft（76m）的海相页岩分隔开。地层高部位的未命名海退砂岩覆盖于 Cameo 煤组之上。发育良好的煤组覆盖在 Corcoran 段、Rollins 段和未命名海退砂岩之上。Mesaverde 群河流部分的厚砂岩由高—中弯度河流的叠置河道构成。

图 3 为 Rollins 段或东部同期地层 Trout Creek 砂岩段的顶界构造图，图 4 为 Rollins-Trout Creek 砂岩段顶界—Mesaverde 群顶界的地层厚度图。该层段向东和东北加厚，从 Douglas Creek 弧附近的 1500ft（457.5m）变化到 Grand 猪背岭（Grand hogback）附近超过 4500ft（1372.5m）。这一变化可能归因于差异性沉积，上覆白垩系—古近—新近系不整合的削截，或两者的组合。直到建立 Mesaverde 群河流部分的等时线后，才能分清这两种作

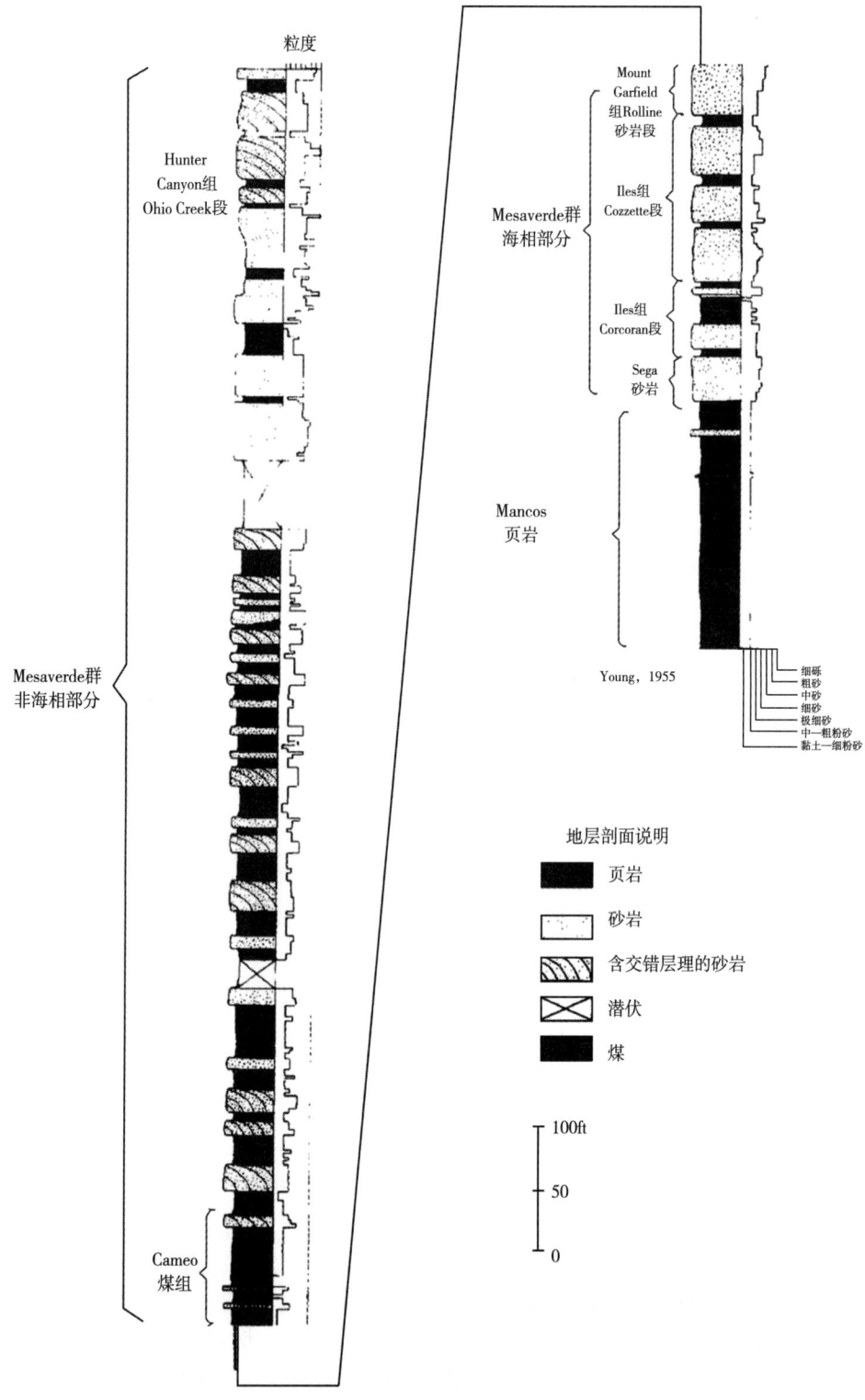

(a) Hunter Canyon（据Johnson等，1979）

200

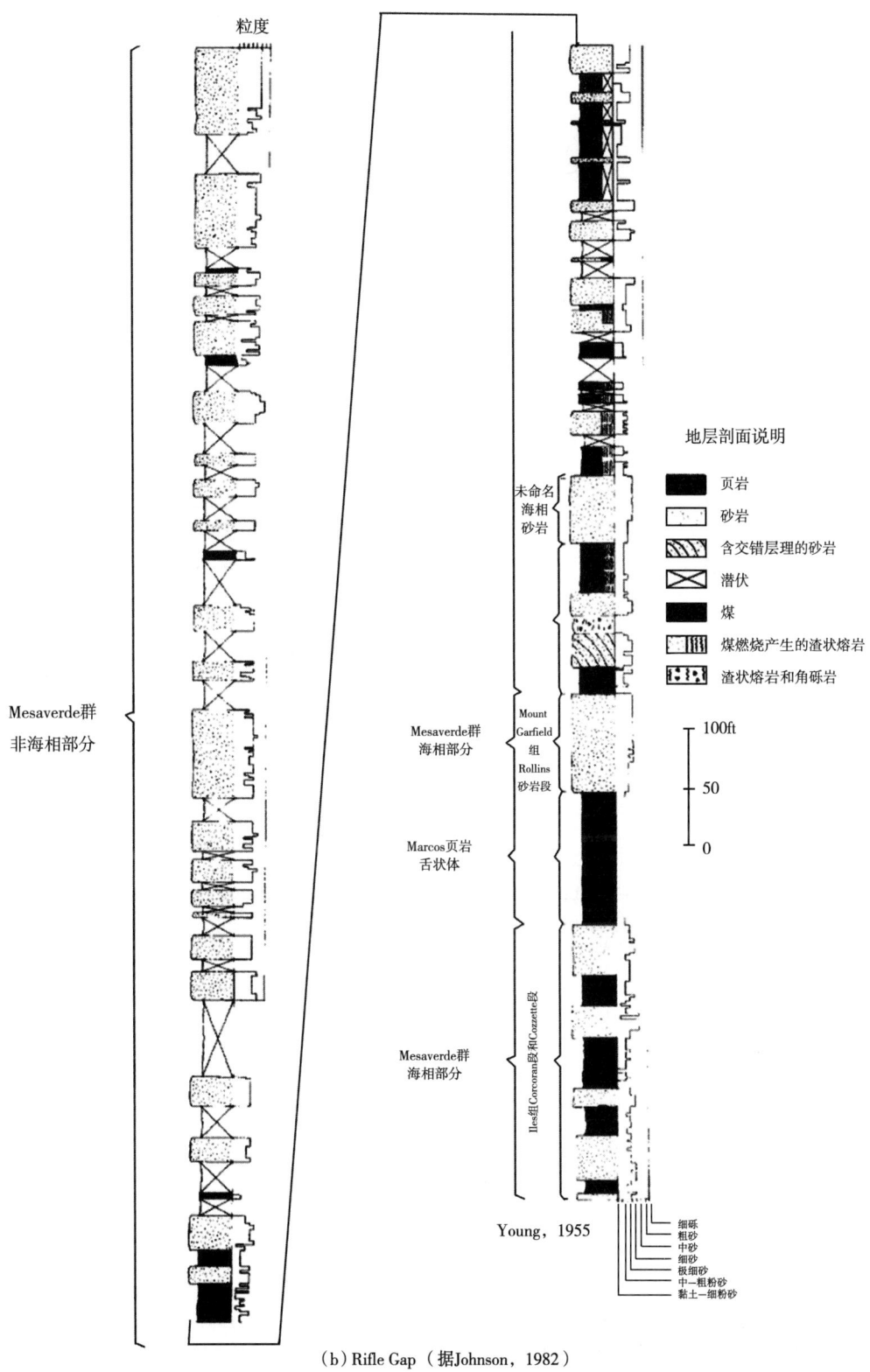

(b) Rifle Gap（据Johnson，1982）

图 2 Piceance Creek 盆地 Mesaverde 群实测剖面

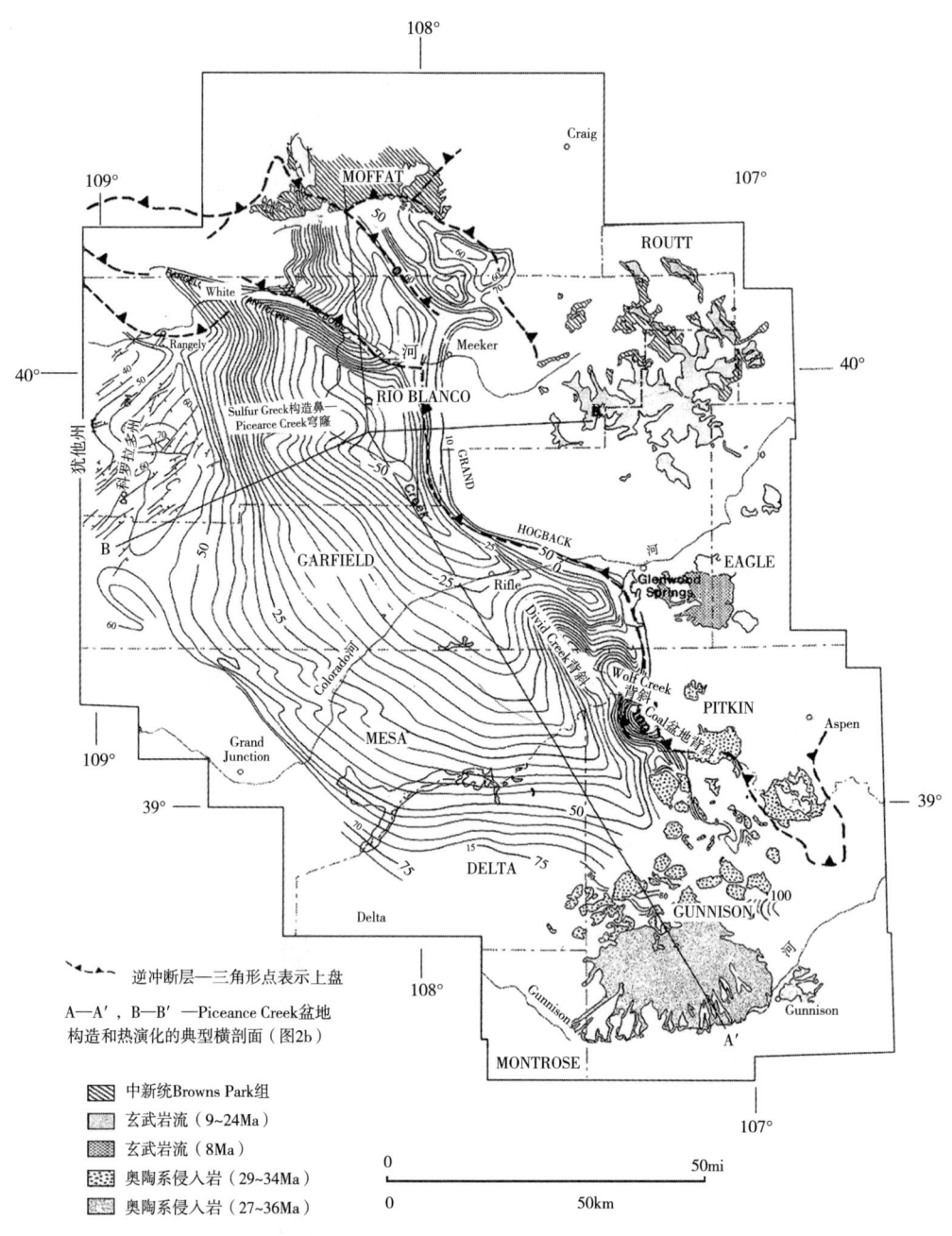

图 3 Rollins-Trout Creek 砂岩段顶界构造图
等值线间距为 500ft

用的相对贡献。White River 隆起和 Grand 猪背岭上方层段减薄,表明拉腊米造山运动早期,两个构造开始同时隆起。Grand 猪背岭的明显移动表明由 Grand 猪背岭构成其西侧的 White River 隆起开始抬升的时间早于现今认为的始新世 (Tweto, 1975)。厚度图显示早期运动规模相对较小,直到始新世这一隆起才成为一个主要地形高点。如 Tweto (1975) 所述,古新世沉积物扩散模式不受抬升影响。用于编制厚度图的沿 Grand 猪背岭的地表剖面可能存在问题。当岩石倾斜至现今近直立状时,层段发生部分构造减薄。

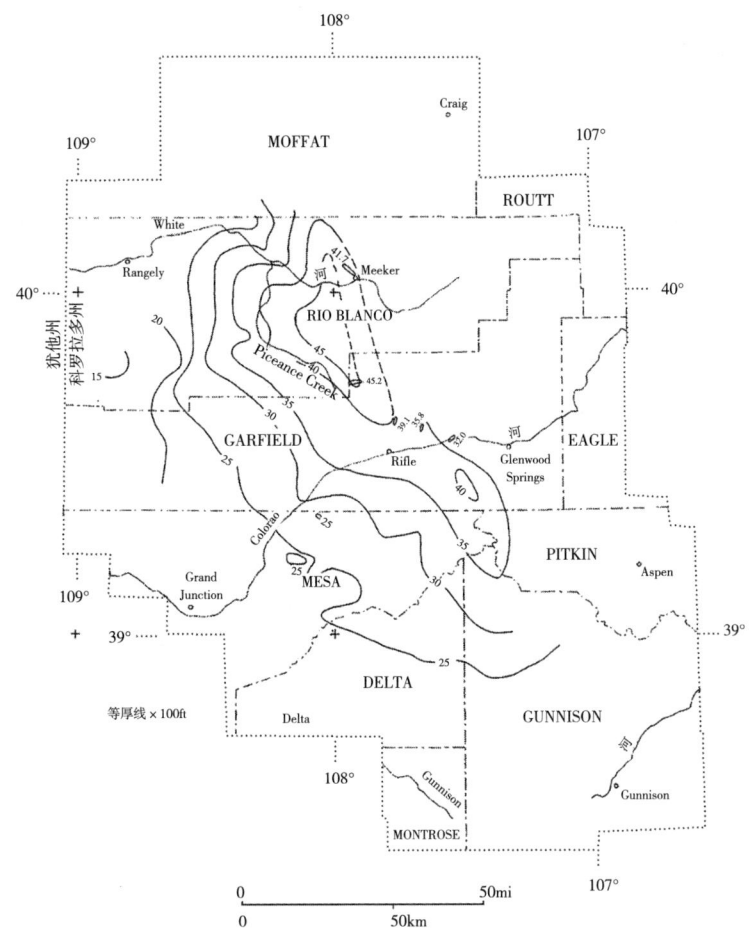

图 4 Rollins-Trout Creek 砂岩段顶界—白垩系顶界等厚图（据 Granica 和 Johnson，1980，有修改）
等值线间距为 500ft

Mesaverde 群顶部发育全盆地不整合，在不整合代表时段，Mesaverde 群上部深度风化（Johnson 和 May，1980）。风化层段以环盆地边缘露头中 500ft（152.5m）厚白色高岭石化带为特点。Hansley 和 Johnson（1980）总结了不整合造成的矿物学变化。如前所述，被不整合剥蚀的白垩系岩石具体厚度未知，估计达数千英尺。在 Piceance Creek 盆地以西，朝向 Uinta 盆地东北部 Uinta 山脉，同一不整合削蚀 Mesaverde 群，使其仅余最下段 150ft（46m）（Gill 和 Hail，1975）。尽管可能存在大规模削截，不整合面仍局部轻微起伏——至少在 Piceance Creek 盆地内如此（Johnson 和 May，1980）。不整合可能代表拉腊米造山运动开始，此时拉腊米隆起破坏了广阔晚白垩世海岸平原的完整性，产生数个独立的沉积盆地。如果不整合遍及整个 Piceance Creek 盆地，则在造山运动早期，整个区域一定被抬升。

3.2 古新世

早或中古新世沉积作用重新开始时，局部拉腊米隆起是沉积物来源。不整合被 Wasatch 组沉积物超覆，从盆地东部开始并向西扩张。始新世早期，沉积物沿盆地西缘最终覆盖 Douglas Creek 弧。粗粒碎屑物最先沉积，但至古新世晚期，排水不良的低地或沼泽覆盖盆地大部分地区。这些沼泽沉积物沿 Grand 猪背岭出露，表明 White River（白河）隆起以东不是这一时期的主要沉积物来源。

3.3 始新世

盆地的主要变化发生在始新世初期。盆地中北部形成了一个常年湖，其沉积物（早 Green River 组）富含淡水软体动物，说明该湖泊至少为周期性淡水（Johnson，1984）。环盆地边缘，冲积泥岩取代了沼泽相岩石（Johnson 1979a，b，c；Johnson 等，1979a，b，c），White River 隆起首次为盆地供给了大量沉积物。从远至沉降中心西侧到盆地中速沉降区，这些沉积物替代了淡水湖沉积。

早始新世晚期或中始新世早期，湖泊扩张至 Piceance Creek 盆地的大部分区域（Johnson，1984）。湖泊淹没了 Douglas Creek 弧，与 Uinta 盆地的一个类似湖泊连接，形成了 Bradley（1931）谈及的传统 Uinta 湖。直至接近始新世末期，Uinta 湖一直是一个在两盆地间延绵不断的大湖。

Uinta 湖形成时，留下了广泛的底部海侵单元，在 Piceance Creek 盆地多数地区被称为 Green River 组 Long Point 段（Johnson，1984）。这一地层单元普遍存在，其同期地层可用于重建盆地构造发育史。图 5 为 Long Point 段或同期地层的底界构造图，图 6 为白垩系顶

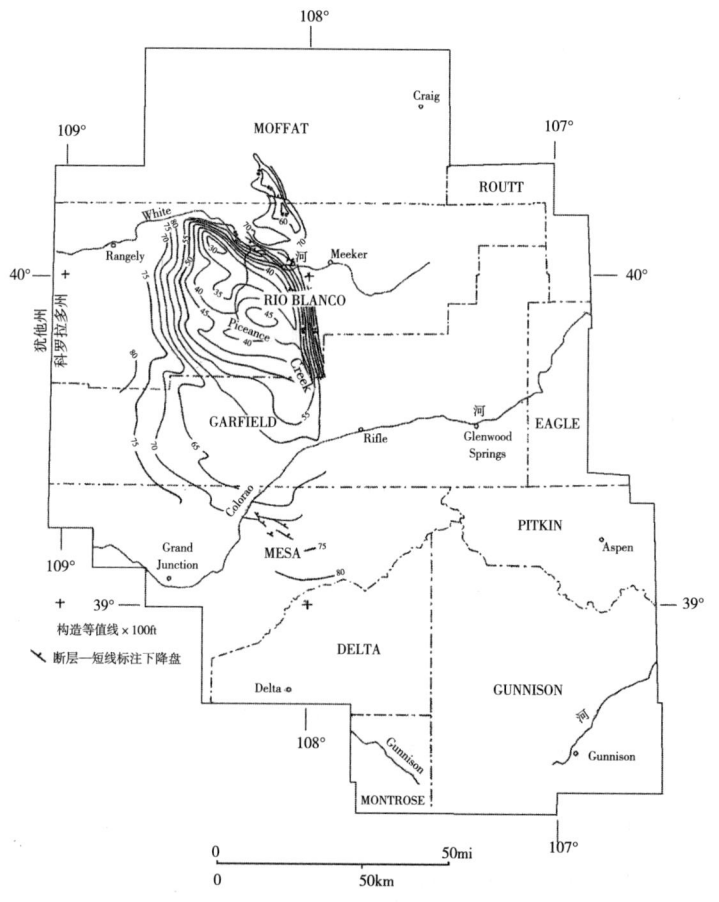

图 5　Green River 组 Long Point 段或同期地层的底界构造图
等值线间距为 500ft

界—Long Point 段底界的厚度图。图 7 为 Rollins-Trout Creek 段—Long Point 段底界的累计厚度图。白垩系顶界—Long Point 段的厚度在 Douglas Creek 弧脊部为 0ft，近盆地东缘为大于 6000ft。厚度变化不是因为差异性沉降，而是由于沉积物覆盖时不整合面的区域地貌。Long Point 段不是沉积在一个平坦表面上，而是沉积于倾斜冲积平原上。在盆地北部 White River 隆起上方，地层厚度明显减薄（图 6），表明这一生长构造具有持续低沉降速率。在盆地中部 Piceance Creek 隆起带—相对小规模的 Sulfur Creek 构造鼻方向，地层也轻微减薄。不幸的是，厚度图不能进一步延展至盆地东缘和南缘。构造等值线是所有后 Long Point 期变形的良好指示器，显示出多数区域沿前期方向变形继续。

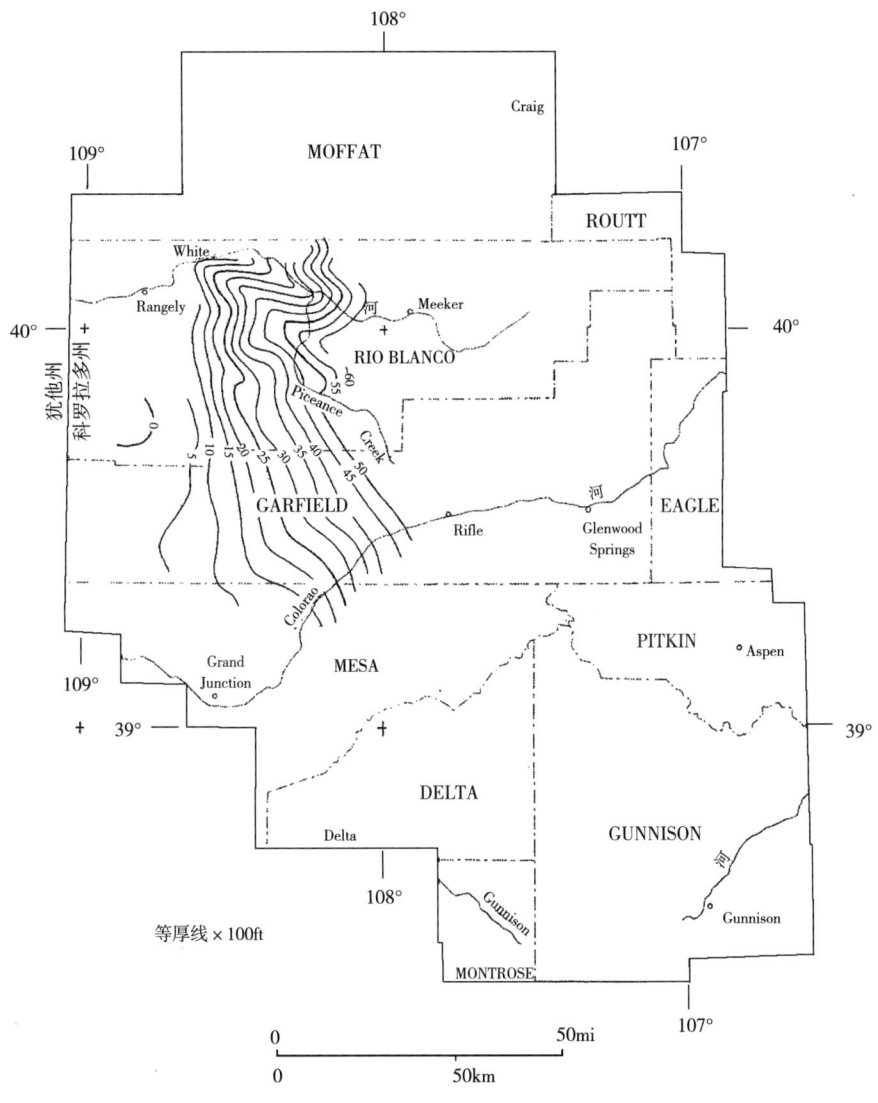

图 6 白垩系顶界—Green Rive 组 Long Point 段或同期地层底界厚度图
等值线间距为 500ft

中始新世时，Uinta 湖再次扩张，可能至沉积盆地边缘附近，广泛沉积 Green River 组 Mahogany 油页岩段。根据氩 40/氩 30 技术，测定 Mahogany 段的地层年龄为 46.2Ma ±0.7Ma

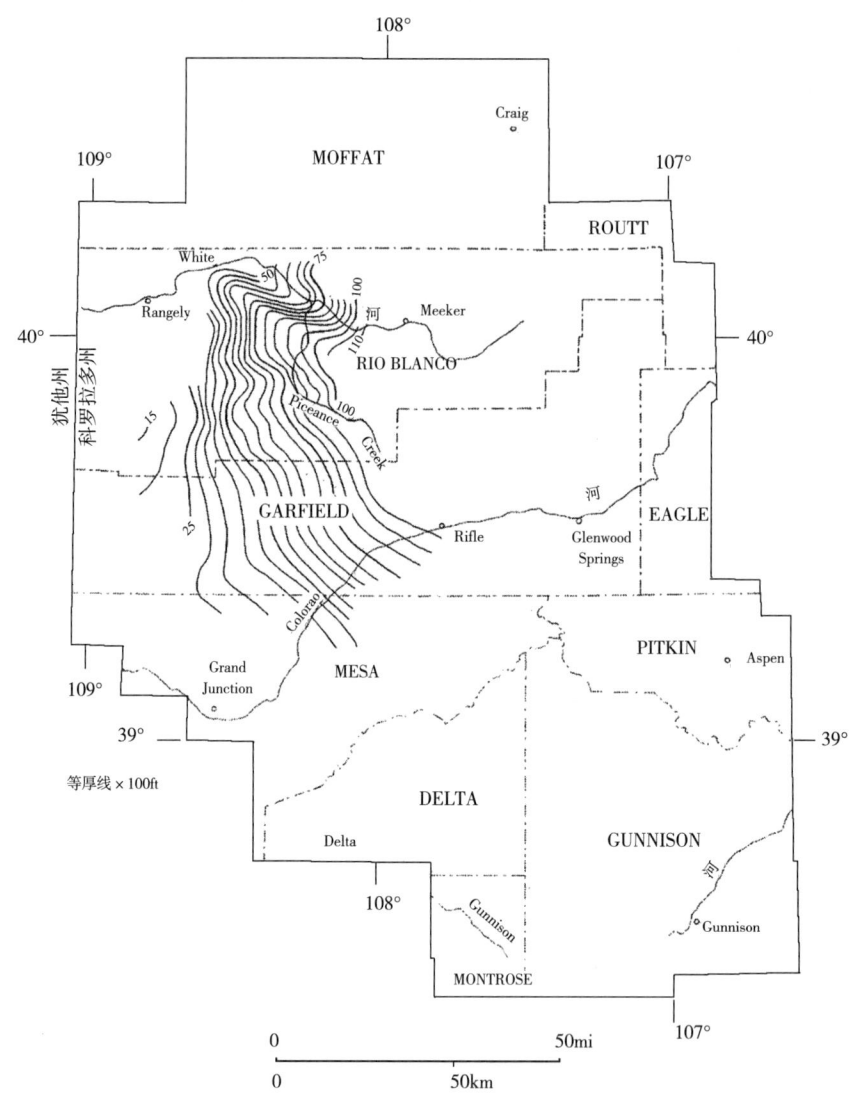

图7 Rollins-Trout Creek 砂岩段顶界—Green River 组 Long Point 段或其同期地层底界的累计厚度图
等值线间距为 500ft

(O'Neill，1980)。图8为 Long Point 层底界—Mahogany 带顶界厚度图，图9为 Rollins-Trout Creek 顶界—Mahogany 顶界累计厚度图，它们均仅涵盖盆地北半部。Long Point-Mahogany 段在本区南半部沿前期沉降方向加厚，而在北半部几乎无序变化，明显受到多种因素影响。首先，在 Long Point-Mahogany 时期，Uinta 湖底地形明显逐渐形成较大起伏。Johnson(1981)估计在 Mahogany 段岩礁底部，海退后 Uinta 湖深度约1000ft (305m)，而盆地中北部湖水最深，该处 Long Point-Mahogany 段厚度图意义不大。这一估计是基于 Mahogany 段沉积后很快开始填充 Uinta 湖的进积陆棚复合体高度。在盆地中北部，从 Green River 组浸出的盐/矿物厚度极大，增加了厚度图的复杂性(Beard 等，1974；Dyni，1974)。靠近盆地北部 Yellow Creek 附近，这一层段加厚主要归因于北部碎屑物注入。Mahogany 段沉积结束前，碎屑物开始注入，但直至晚些时候才明显填充 Uinta 湖。这些问题也

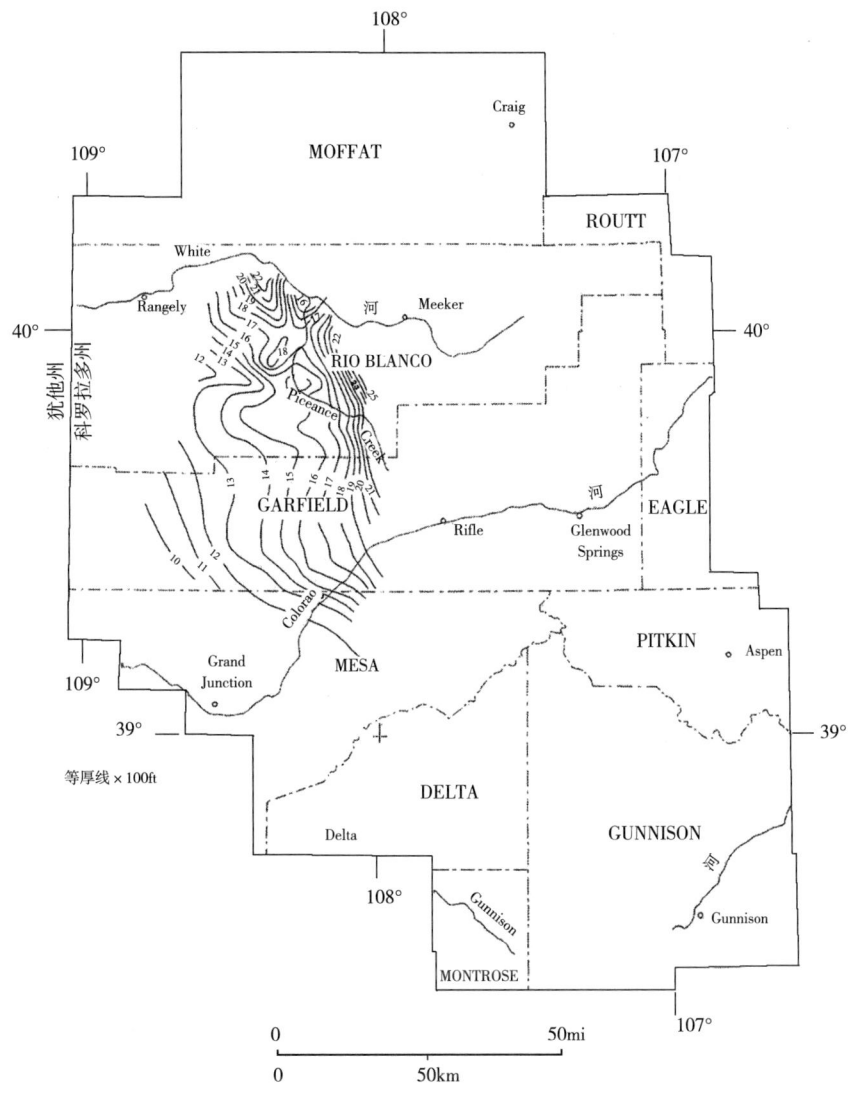

图 8 Long Point 层或同期地层顶界—Green River 组 Mahogany 油页岩带顶界厚度图
等值线间距为 500ft

使得 Mahogany 段构造图（图 10）解释难度增加，因为 Mahogany 段顶部±4000ft（±1220m）地形起伏中超过 1000ft（305m）是由沉积地形和沉积后垮塌所致，而不是后 Mahogany 期变形引起。尽管如此，Mahogany 段沉积后的变形作用似乎遵循了先前的趋势。因为盆地边缘的 Mahogany 段被侵蚀，有证据表明总地形起伏可能曾经更大，所以构造等值线所显示的 Mahogany 段±4000ft（±1220m）地形起伏应视为最小值。沿盆地北缘和东缘 Mahogany 段侵蚀边缘，Mahogany 段倾角达到 10°，在 Uinta 盆地东北角 Piceance Creek 盆地西侧，地层倾角达到 50°（Cullins，1969）。

  本次研究尚待解决的关键问题之一是盆地后 Mahogany 期沉积的原始厚度是多少。不了解这一点，则无法计算最大覆盖层厚度；进而很难解释煤阶数据。盆地内现今保留的后 Mahogany 期沉积最大厚度约 1500ft（457.5m）。整个始新世晚期的这些沉积仅仅记录了充

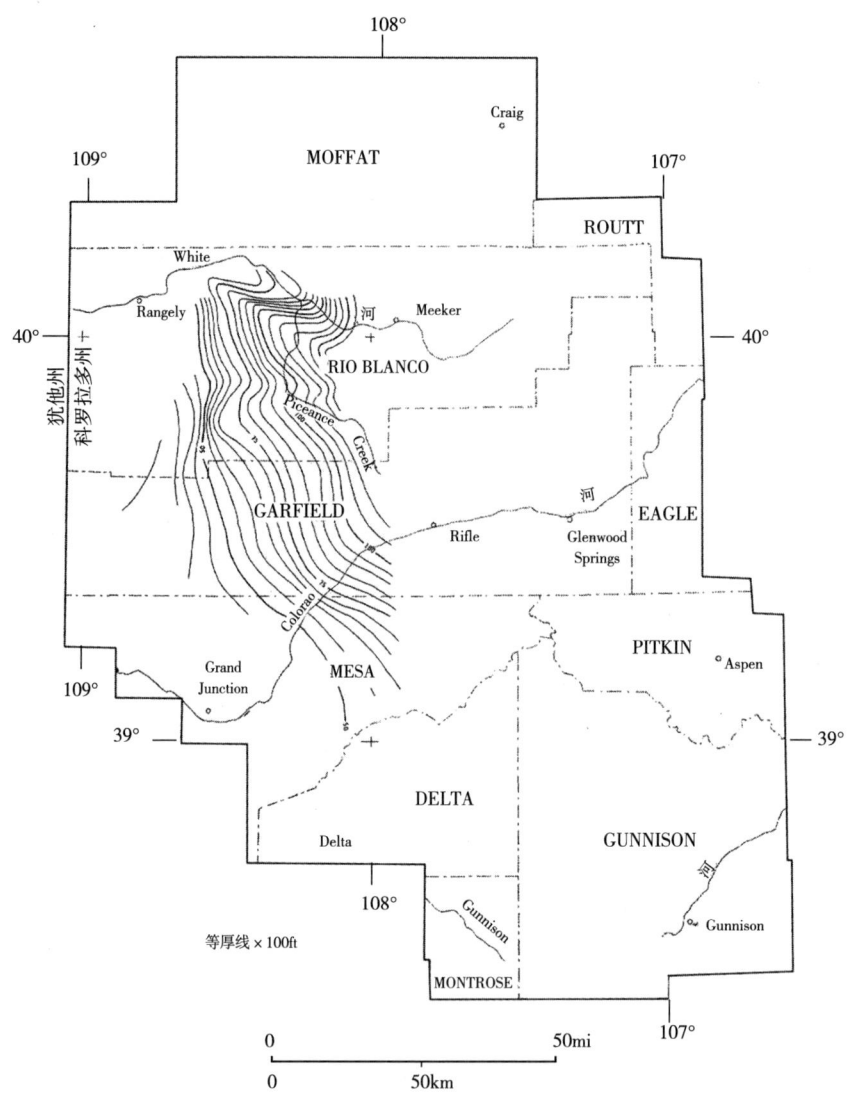

图9 Rollins-Trout Creek 砂岩段顶界—Green River 组 Mahogany 段油页岩带顶界的累计厚度图
等值线间距为 500ft

填 Uinta 湖部分区域（Piceance Creek 盆地）的早期阶段，仅此而已。但至始新世末，甚至可能早渐新世时，Uinta 湖一直存在于 Piceance Creek 盆地以西的 Uinta 盆地内（Clark，1975）。在此期间，Uinta 盆地中部持续接受沉积。本文将利用 Uinta 盆地的较完整沉积记录，推测 Piceance Creek 盆地重要但缺失的沉积记录。

在 Uinta 盆地中部，晚始新世 Uinta 组和晚始新世—早渐新世 Duchesne River 组与下伏 Green River 组整合接触，表明整个渐新世早期盆地这部分区域接受连续沉积（Peterson，1932；Kay，1934；Anderson 和 Picard，1972；Cashion，1967）。但向盆地北缘，Duchesne River 组也以角度不整合超覆于较老地层之上。这表明始新世后期 Uinta 盆地北缘发生侵蚀，而在盆地中部沉积物仍不断累积。Covington（1963，242-243 页）建立的横剖面说明始新世末期 Uinta 盆地北缘的整个早—中始新世层段被剥蚀。晚始新世时，Uinta 隆起的持

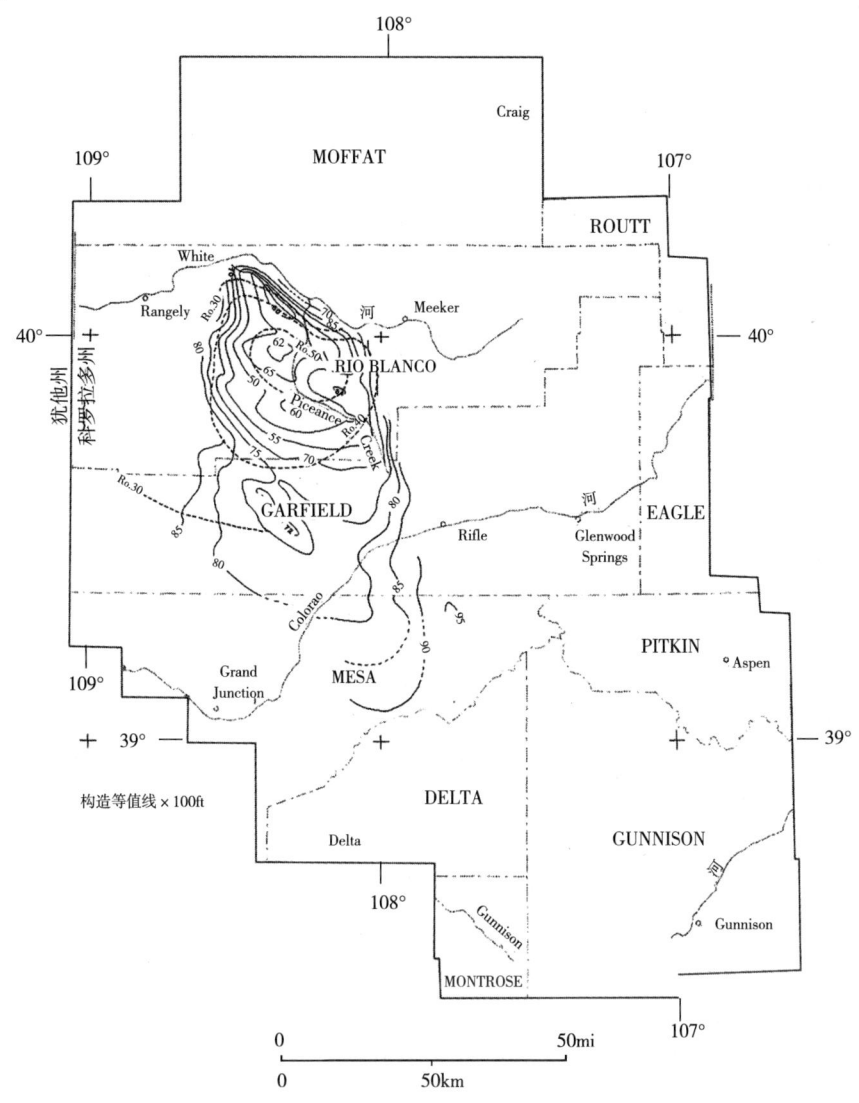

图 10 Mahogany 段油页岩带顶界构造图（据 Pitman 和 Johnson，1978，有修改）和
Mahogany 段近似镜质组反射率图

构造图等值线间距 500ft；镜质组反射率图等值线间距 0.1%

续抬升和向南逆冲可能产生盆地边缘不整合。Piceance Creek 盆地东侧的 White River 隆起与 Uinta 隆起南翼的构造格局相似；因此晚始新世时，沿 Piceance Creek 盆地东缘也可能发生隆起和弯曲。直接证据为沿盆地东缘剧烈变形的早—中始新世层段已被剥蚀；而沿 Grand 猪背岭的 Mesaverde 群在其现今构造位置不可能达到如此高煤阶，上升和扩张的 White River 隆起一定使得煤阶增高。晚始新世时，较缓倾的盆地北缘、西缘和南缘有时也可能被侵蚀。在 Grand Mesa 玄武岩流之下，Uinta 组和 Green River 组向西南方向受侵蚀作用剥蚀。这一地层斜削大部分发生在始新世晚期，此时沉积物仍沉积于较快速沉降的盆地中心。落基山脉拉腊米盆地常见多期盆地边缘不整合。

因为盆地边缘存在这些问题，本文中计算煤化梯度主要利用靠近盆地中心的井。分析假设推测的始新世晚期盆地边缘不整合和其他古近—新近纪较早期不整合不影响盆地槽地且此处未发生明显侵蚀作用。

3.4 渐新世和中新世

至始新世末，Piceance Creek 盆地的变形基本结束。Tweto（1975）指出："……以盆地内大规模翘曲、隆起的强烈侵蚀和造山沉积物沉积为特征的拉腊米造山沉积在始新世后期消失。渐新世时，岩浆作用取代了构造运动，同时侵蚀拉腊米隆起的翼部形成沉积高点。"Tweto（1975）和 Steven（1975）讨论了渐新世岩浆作用，认为其影响 Piceance Creek 盆地东南角。

岩浆作用主要发生在毗邻盆地东南缘和南缘的北东—南西向 Colorado 矿带。沿这一方向的火成活动开始于晚白垩世拉腊米造山运动爆发时，但在渐新世活动局限于 Piceance Creek 盆地南侧相对狭长带内之前。渐新世时，火成活动区扩展至包含 Piceance Creek 盆地南部（Tweto，1975）。

约 34~29 Ma 前，整个区域的中性浅成侵入体侵位。在地表，多个侵入体明显骤然减压，形成广泛分布的火山角砾岩岩床。角砾岩现今仅存于本区的地形低部位，但其曾覆盖盆地东南部的大部分区域。未剥露的渐新世深成岩体可能位于盆地东南缘的三个大背斜之下（Collins，1976 和 1977），分别是 Divide Creek 盆地、Wolf Creek 盆地和 Coal 盆地背斜（图 3）。这些背斜上的隆起似乎由基底断裂和侵入的共同作用产生。背斜区表现为重力低（Steven，1975），Divide Creek 盆地和 Coal 盆地背斜脊部发生可能是渐新世时代的小规模侵入。Coal 盆地背斜的油气试验在埋深 4300ft（1311.5m）处钻遇石英二长岩；但 Divide Creek 背斜埋深 12500ft（3812.5m）和 Wolf Creek 盆地背斜埋深 11000ft（3355m）处的深层试验均未钻遇火成岩。未知背斜上隆起有多少是渐新世侵入体引起的，但背斜上总起伏高度为 6000~7500ft（1830~2287.5m）。渐新世时盆地侵入部分的地形起伏明显增大。出露的火成侵入体现今形成山峰，最高海拔超过 14000ft（4270m），数千英尺向上拱凸的沉积物或火山碎屑曾经覆盖火成侵入体顶部。另一个极端，渐新世 West Elk 角砾岩沉积于古 Gunnison 河谷形成的南倾陡坡之上，现今海拔高程为 8200~10000ft（2501~3050m）。

盆地中部和北部明显未受渐新世侵入体影响，渐新世和中新世时为地形起伏相对较小的高耸辽阔高原的一部分，上覆类似 Uinta 盆地 Duchesne River 组的渐新世沉积物或一层渐新世火山角砾岩。高原的原始高程未知，但在 24Ma 前，明显侵蚀约 10000ft±1000ft（3050m±305m）。此时，玄武岩流广泛覆盖于 Piceance Creek 盆地东侧被削蚀的 White River 隆起之上（Larson 等，1975）。Larson 等（1975）指出"很容易想象 2 千万年前火山平原从 Gore 岭延伸至 White River 高地，向南可到 Sawatch 岭和 Elk 山脉"。White River 隆起上玄武岩层底界的现今海拔约为 10000ft。9.7Ma±0.5Ma 前，相似玄武岩分布于 Piceance Creek 盆地中部的大部分地区（Marvin 等，1966）。它们也覆盖在现今海拔 10000±1000ft（3050±305m）的相对平缓面上。因而，除了 24Ma 前时 Piceance Creek 盆地比相邻 White River 隆起高，盆地还一定会倾斜至近 10000ft（3050m）。

古 Green 河下切形成的东西向河谷穿过盆地极北缘（图 3）。这一下切河谷形成于 25Ma 前，在 25~9Ma 前时被 Browns Park 组沉积物部分充填（Sears，1924；Bradley，1936；Hansen，1965；和 Izett，1975）。沿盆地北缘，河谷切入沉积物 7500ft（2287.5m）或更少，大致标志渐新世—中新世时高地北缘以南。仅在盆地的这一有限区域内，古 Green 河明显冲蚀大量覆盖层。

3.5 上新世

约 10Ma 前，整个落基山区恢复大规模构造运动。老拉腊米构造被激活，形成一些新褶皱和新断层。这一时期整个区域垂直抬升。这次构造运动对 Piceance Creek 盆地似乎影响不大。盆地和 White River 隆起以东之间明显少有差异运动。如前所述，Grand 猪背岭两侧中新世玄武岩流盖层的现今海拔近似相同。在这一时期，盆地北部顺 White 河水道的地堑形成。除非近期发生某种运动，否则现代 White 河水道似乎不可能受地堑影响。地堑的最大垂直位移约为 450ft（Pipiringos 和 Johnson，1976）。

9Ma 前，科罗拉多河峡谷开始下切穿过盆地中央。下切作用起始于覆盖 Grand 猪背岭的 9.7Ma±0.5Ma 的玄武岩和被挤压至 Glenwood Springs 以南 Roaring Fork 河谷底的 8Ma 玄武岩之间。此时，Roaring Fork 峡谷下切深度达 985ft（300m）（Larson 等，1975）。在 Piceance Creek 盆地中部，科罗拉多河水系剥蚀的覆盖层厚度达 5000ft（1525m）。

4 盆地深层断裂

深层基底断裂以逆断层或逆冲断层为主，较好地解释了盆地大部分构造。Gries (1983) 简要描述了这些断层，如图 3 所示。除了沿 Grand 猪背岭位移相对较小的断层外，本文所研究断层均未切割晚白垩世—始新世沉积，而根据前文厚度图可推断运动时间。迄今为止，提出的最重要基底断层发育于盆地东缘 Grand 猪背岭下方。拉腊米造山运动时，垂直位移达 30000ft（9150m）（或更多）的断层被认为经盆地东缘向西插入 White River 隆起。厚度图说明移动开始于白垩纪末，在古新世和始新世时继续。但是断层的向西逆冲量可能不大。上白垩统 Mesaverde 群和古新世 Wasatch 组 Atwell Gulch 段（Donnell，1966）向 Rifle Gap 附近现今 Grand 猪背岭方向明显减薄。这说明在古近—新近纪早期 Grand 猪背岭位于其现今位置以东不远处。在 Divide Creek 背斜下方，可能发育一个与 Grand 猪背岭有关的较小断层。根据本文观点，这个构造形态过于线性和对称，不太可能主要因渐新世火成侵入体上隆起形成。

推测的逆冲断层也发育于 White River 隆起和 Rangely 背斜南翼下方。在 White River 隆起，上白垩统岩石的最大测量倾角（Hail，1974）为 45°，而在 Rangely 背斜南翼为 48°（Cullins，1969）。同 Grand 猪背岭一样，厚度图表明 White River 隆起在白垩纪末开始抬升，古新世和始新世时抬升继续。

相对小规模的深层断裂发育于线状东—西向 DeBeque 背斜、Plateau Creek 背斜和 Sulfur Creek-Piceance Creek 穹隆走向带之下。这些微小构造横切其他倾向东—北东的盆地单斜西翼。

5 现今地温梯度和温度

在盆地内编制了两幅地温梯度图（图 11 和图 12）。第一幅是基于地球物理测井图头的未校正井底温度。第二幅则利用了下述校正因子：100～150°F——25°F、150～200°F——40°F、200～250°F——50°F、250～300°F——60°F，这些校正因子来自 CER-MWX-1 井（sec. 34，T6S，R94W）。钻井液循环停止的 7 个月后，在这口井中测量了两次温度曲线,显示井底温度为 244°F 和 266°F,而初次测井时井底温度为 200°F。这些结果说明测井测量的井底温度和盆地实际地层温度之间存在较大偏差。Hood 等（1975）推导煤化模型时使用了类似的较大校正因子。

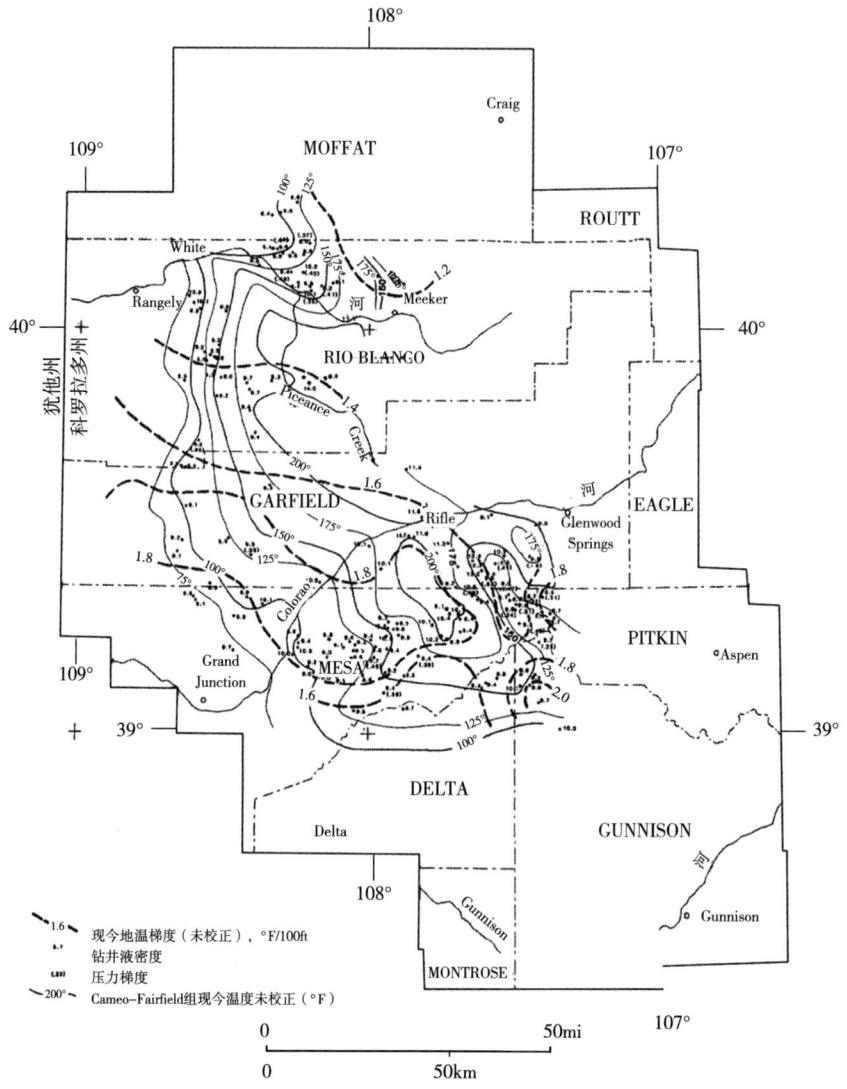

图 11　Piceance Creek 盆地的地温梯度图（梯度单位为°F/100ft）
标注了基于校正井底温度的 Rollins-Trout Creek 砂岩段顶部近似现今温度

　　在未校正图上,盆地极北端的地温梯度为 1.2°F/100ft,至盆地西南部变为 1.8～2.0°F/100ft。在校正图上,地温梯度从盆地东北部的 1.6°F/100ft 变化到盆地西南部的 2.5°F/100ft。编制这些图件使用了约 300 口井的资料。图中趋势与北美洲 AAPG—USGS 地温梯度图相似,但未校正图的地温梯度偏低,校正图的地温梯度偏高。图 11 和图 12 也显示了 Rollins 顶部或 Cameo-Fairfield 煤组底部的近似现今温度,其中图 11 基于未校正井底温度。
　　为了确定可能的超压带,选择钻穿 Mesaverde 群的井进行中途测试,同时也给出了钻井液密度和压力梯度数据。现今温度超过 200～250°F（93～121°C）的岩石零星处于明显

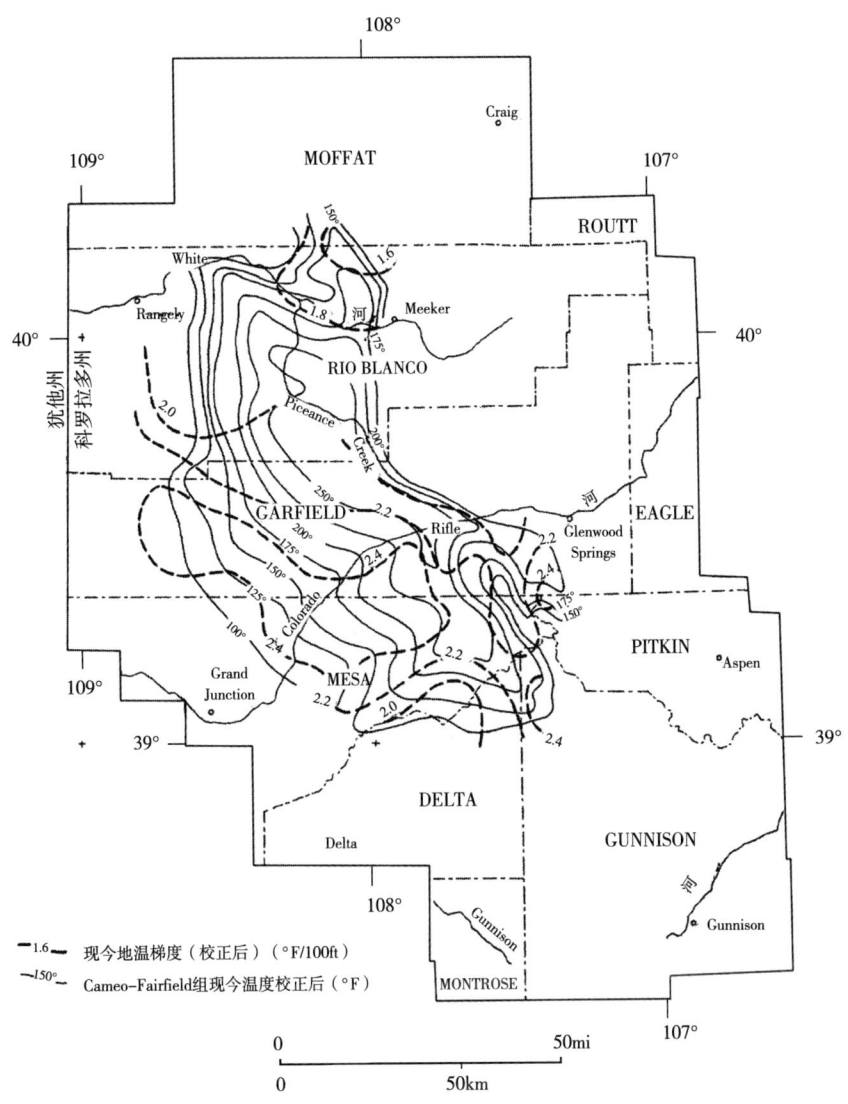

图 12 Piceance Creek 盆地的地温梯度图（梯度单位为℉/100ft）
标注了基于校正井底温度的 Rollins-Trout Creek 砂岩段顶部近似现今温度

超压状态。但一般而言，Piceance Creek 盆地似乎缺少类似 Uinta 盆地中部明确定义的超压带（Baker 和 Lucas，1972）。因未广泛钻探 Piceance Creek 盆地深层，超压带可能仍有待发现。

6 煤阶数据

Cameo-Fairfield 煤组的煤阶沿盆地南部、西部和北部边缘为次烟煤 A—高挥发性 C 级，到盆地中南部变化为半无烟煤（图 13）。在盆地南 2/3，煤阶带边界大致平行于 Rollins 砂岩段或 Trout Creek 砂岩段构造，而在盆地北 1/3，则横穿构造。

沿大致垂直盆地轴建立了三个横剖面，提供了观察整个盆地煤阶变化的三维视角（图 14 至图 16）。这些横剖面很大程度上依赖于 Cameo-Fairfield 组数据，仅使用少量较新白垩

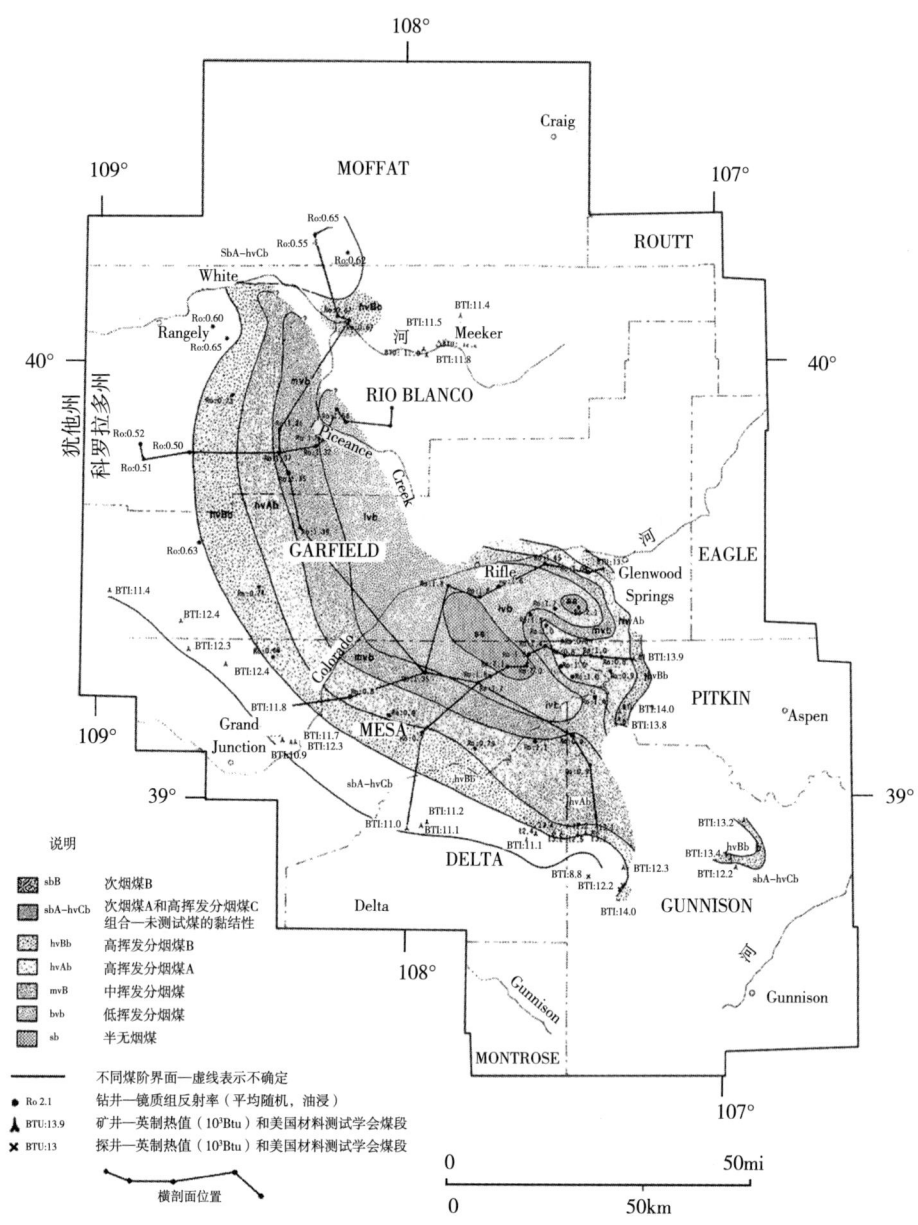

图 13 Piceance Creek 盆地 Cameo-Fairfield 煤组的煤阶图

系和古近—新近系的数据。因为这一不可避免的偏差，使用横剖面必须谨慎。煤阶带似乎沿盆地西南翼和西翼向构造轴部缓倾，而沿盆地东缘在 Grand 猪背岭陡然翻转。但煤阶带倾角比下伏 Rollins 砂岩段和 Trout Creek 砂岩段倾角缓。这一关系同样适用于 Divide Creek 背斜，其煤阶带倾角较构造倾角缓。仅在 Coal 盆地背斜西翼，煤阶带倾角似乎与构造倾角大致一致。根据有限的煤阶数据，构造起伏 5000 余英尺范围内，Cameo-Fairfield 组的煤阶似乎无变化。在 sec. 34. T9S，R90W 处，井中 Cameo-Fairfield 组的镜质组反射率 R_o 为 1.4（Freeman，1979）。靠近背斜脊部，同一层段的镜质组反射率差异不大，为 1.3～1.5（Collins，1977）。Collins 指出背斜东翼 Cameo-Fairfield 组煤阶降低，但这一降低区似乎平行于猪背岭隆起而不是 Coal 盆地背斜隆起。

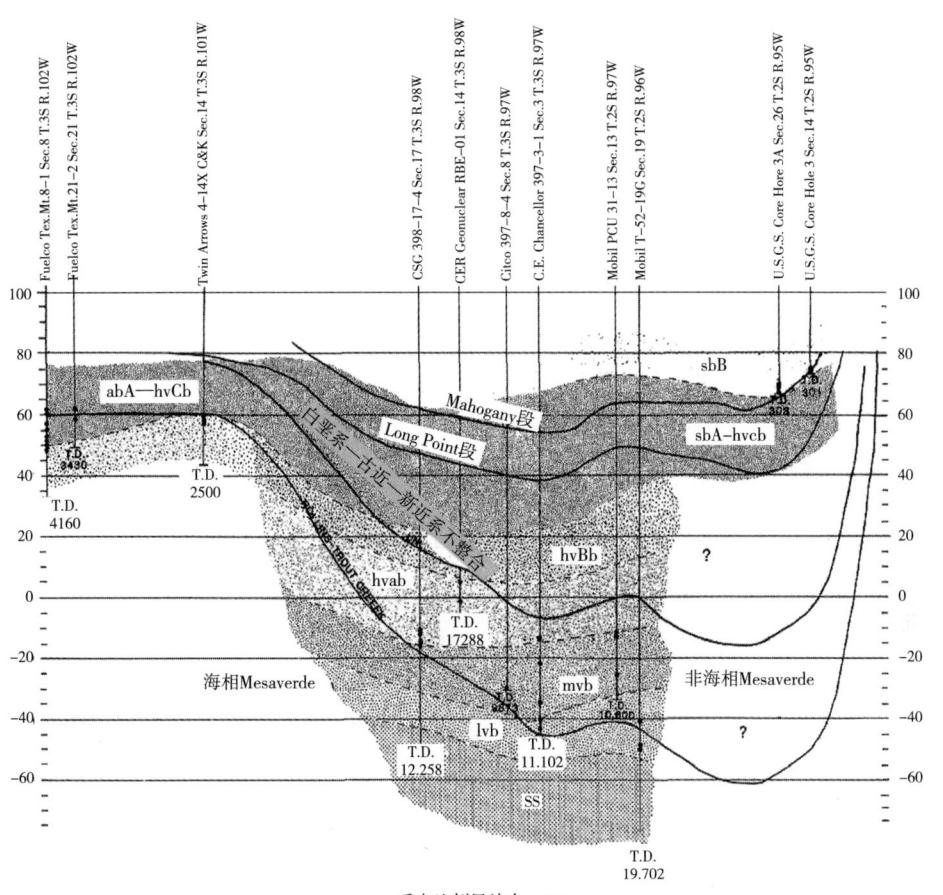

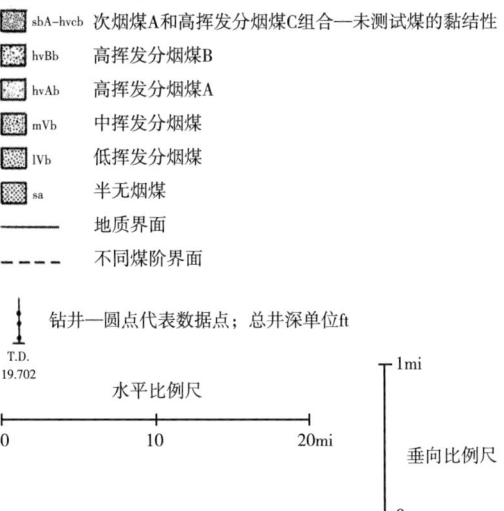

图 14 过盆地中北部的东—西向横剖面

图中展示了各煤阶带，标注了 Rollins-Trout Creek 砂岩段、白垩系顶界、Long Point 段和 Green River 组 Mahogany 段

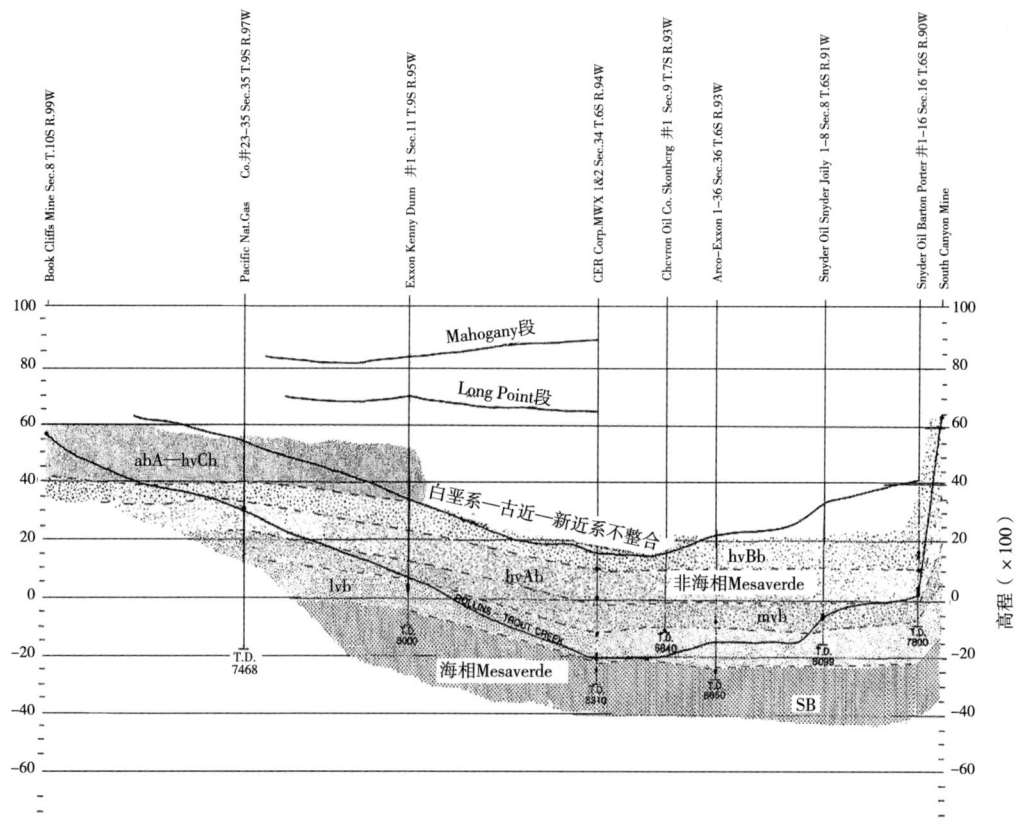

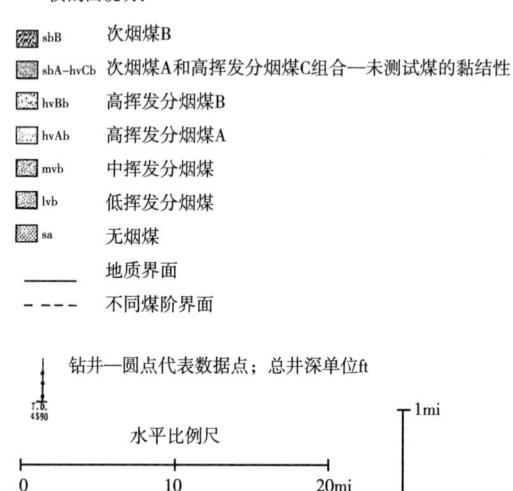

图 15 Piceance Creek 盆地中南部的南西—北东向横剖面

该剖面含有煤阶带，平行于 Colorado 河，标注了 Rollins-Trout Creek 砂岩、白垩系顶界、Long Point 段和 Green River 组 Mahogany 段

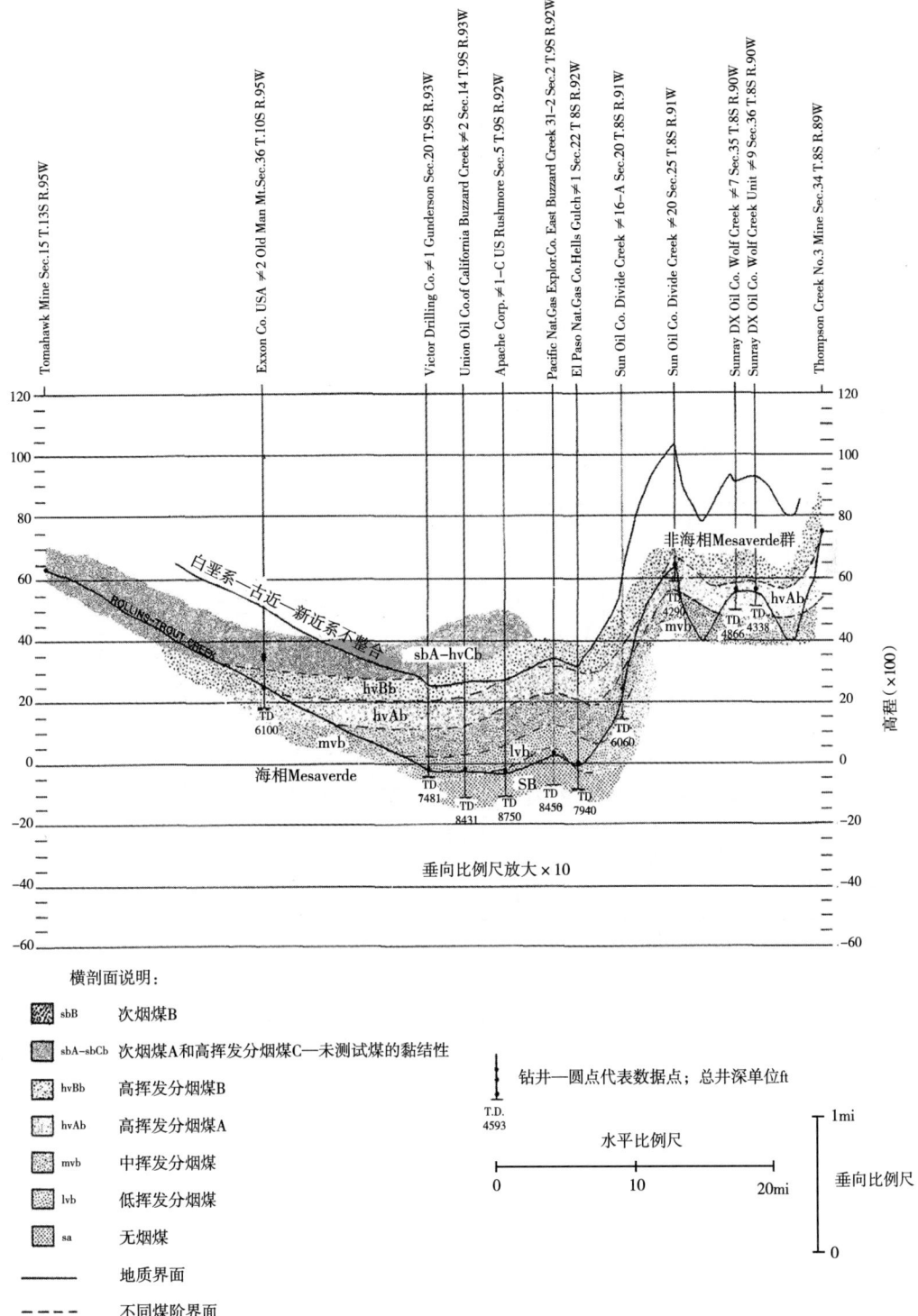

图 16 穿过 Piceance Creek 盆地北部的南西—北东向横剖面
图中展示了各煤阶带，标注了白垩系顶部 Rollins-Trout Creek 砂岩段

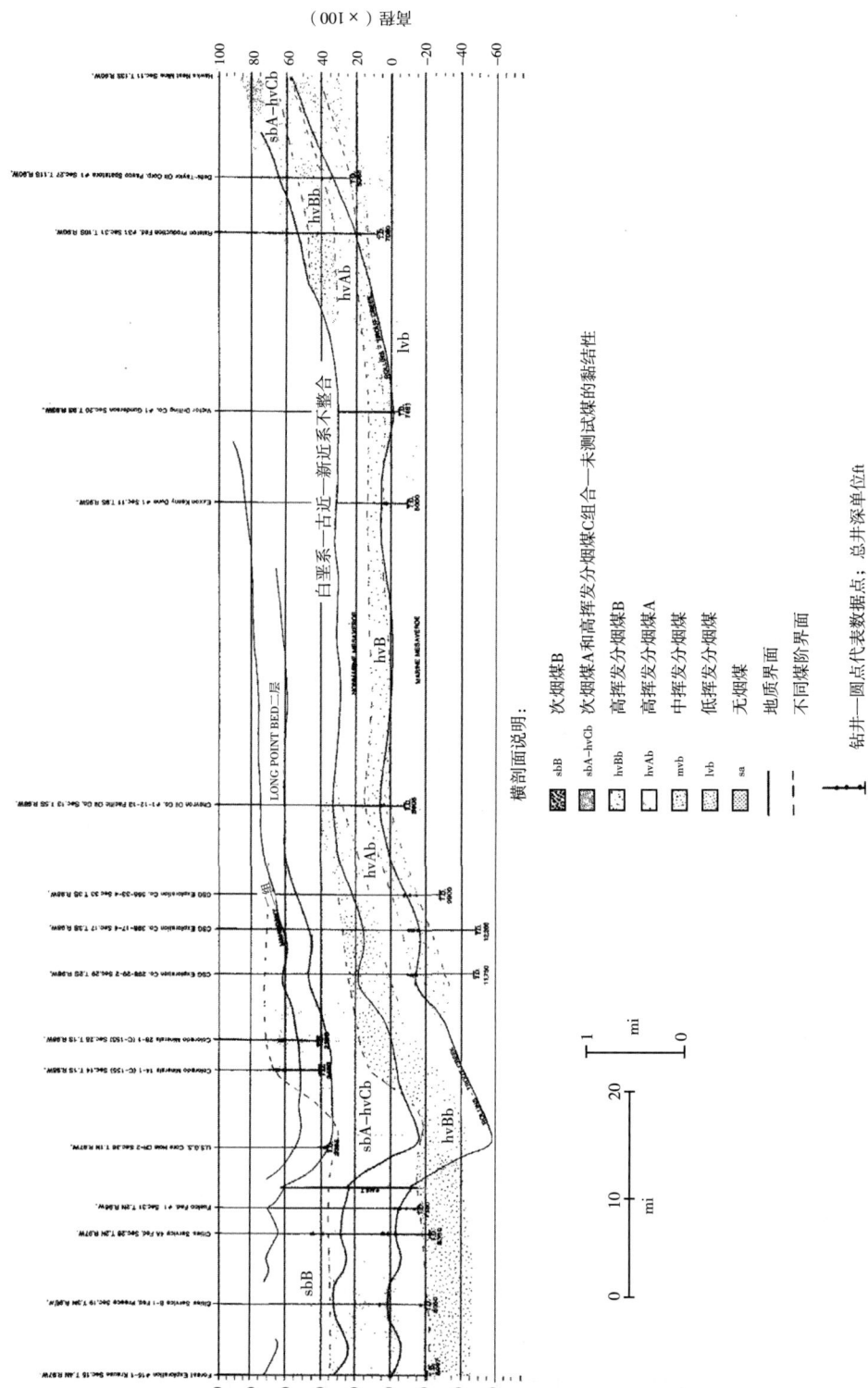

图17 北西—南东向横剖面

剖面近似平行于盆地槽地，展示了各煤阶带，标注了Rollins—Trout Creek砂岩段、白垩系顶界、Long Point段、Green River组Mahogany段顶界

平行于盆地槽地的横剖面（图 17）显示沿盆地南缘煤阶带翻转，经盆地中部向北缓倾，在盆地北部向 White River 以北快速倾没。向盆地南缘，煤阶带的翻转不太明显，但方向与下伏 Rollins 砂岩或 Trout Creek 砂岩段构造倾斜方向一致。向盆地北缘，煤阶带的倾没与下伏 Rollins 段或 Trout Creek 段陡然翻转构造方向相反。这是盆地内唯一异常关系区。

浅层油页岩取心井样品的镜质组反射率 R_o 为 0.32~0.56。多数样品采集自 Mahogany 段上方 500ft（152.5m）以内，因而在盆地北半部可建立这一层段的镜质组反射率综合图（图 10）。在地层的构造最低点，Mahogany 段的热成熟度最高，向盆地边缘浅层降低。

7 渐新世深成作用对煤阶的影响

众多学者描述了渐新世及其后的深成作用对 Piceance Creek 盆地南部煤的影响（Lee, 1912; Collins, 1976; Dyni 和 Gaskill, 1977）。无烟煤多发育于侵入岩附近，如 Chair Mountain 的岩盖（Collins, 1976）和 Treasure Mountain 的侵入体（Lee, 1912）附近。Collins（1976）谈到盆地以东数英里 Mount Sopris 岩盖的热效应时，指出"即使边界变质作用较弱（Murray, 1966），侵入体热量也有助于将 Thompson Creek-Aspen Gulch-Four Mile 区以西近 6~12mi 区域的煤阶从高挥发分 B 提升至高挥发分 A，而更向东则由高挥发分 C 提升至高挥发分 A"。

尽管高煤阶煤发育于侵入区，但该区也发育低煤阶煤，多数情况下侵入作用仅在靠近单个侵入体的狭长接触区内提高煤阶。Lee（1912）描述 West Elk Mountain 煤田煤层时，指出"煤与 Wheatstone 岩盖的侵入岩直接接触，变质作用不强。事实上，其煤阶为烟煤，同 Crested Butte 煤田煤层一样低"。Lee 指出，岩盖下方 100ft（30.5m）发育的另一种煤比预测稍硬，但仍为烟煤。

侵入区多处，煤阶带一般仍平行于 Rollins 砂岩和 Trout Creek 砂岩段构造，表明控制本区煤阶的最重要因素是埋藏加热而非侵入作用带来的热能。Eager（1978）也观察了侵入区北部的 Grand Mesa 煤田。他认为"在构造高部位的低煤阶煤层上方，古近—新近系减薄，意味着埋藏深度是煤阶变化的主要机制"。侵入区内，煤阶在侵入事件发生前已基本固定。如前所述，岩浆活动爆发导致本区地形起伏剧烈；因而覆盖层将不再与构造密切相关。

晚始新世盆地边缘隆起和侵蚀可能部分解释了侵入区保存低阶煤带的原因。如果数千英尺的覆盖层在始新世晚期被剥蚀，则渐新世侵入体的加热不能明显提高煤阶，因为始新世结束前覆盖层最厚，本区整体温度较高。渐新世火成侵入体的加热更多影响侵入事件发生时覆盖层仍接近最厚的盆地深部，在后文中讨论这种可能。

8 Piceance Creek 盆地煤化模型应用

本文尝试将 Hood 等（1975）、Waples（1980）和 Suggate（1982）的煤化模型应用于 Piceance Creek 盆地煤层。

在盆地北部、中部和南部分别建立镜质组反射率剖面和埋藏史，同时尝试使用未校正和校正后井底温度。图 18 和图 19 是盆地北部和中部的镜质组反射率剖面。图 20 为盆地南部的镜质组反射率剖面，缺少古近—新近系岩石的数据降低了该图的实用性。

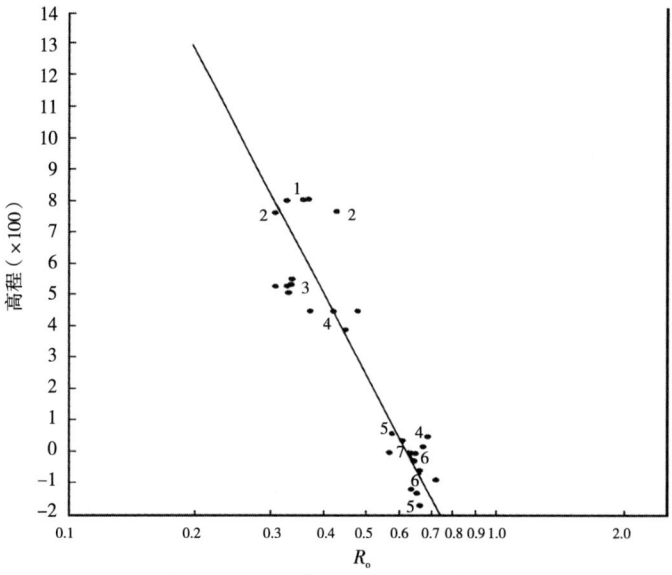

1. U.S.G.S. Core Hole #9A—Sec.12 T.1N R.100W.
2. U.S.G.S. Core Hole #9—Sec.29 T.2N R.99W.
3. U.S.G.S. Core Hole CR-2—Sec.36 T.1N R.97W.
4. Cities Service 4A Fed.—Sec.26 T.2N R.97W.
5. Cities Service B-1 Federal Preece—Sec.19 T.3N R.96W.
6. Fuelco Fed.#1—Sec.31 T.2N R.96W.
7. Forest Explor.Sinclair # 15-1 Krause—Sec.15 T.4N R.97W.

图 18 Piceance Creek 盆地北部的镜质组反射率剖面

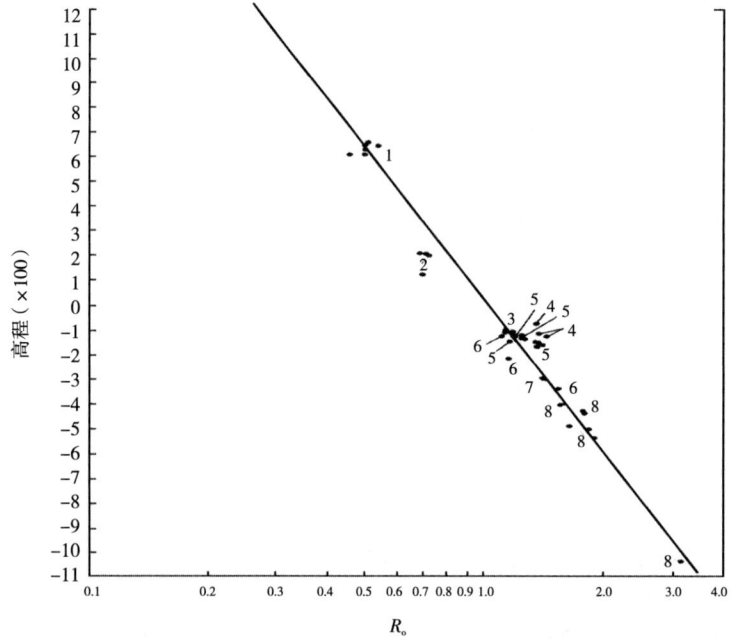

1. Colorado Minerals 14-1（C-155） Sec.14 T.1S R.98W
2. David M. Munson Inc. 36-1-100 Sec.36 T.1S R.100W
3. CSG Explor.295-29-2 Sec.29 T.2S R.98W.
4. CSG Explor.398-33-4 Sec.33. T.3S R.98W
5. CSG Explor.398-17-4 Sec.17 T.3S R.98W.
6. C.E.Chancellor 397-3-1 Sec. 3 T.3S R.97W.
7. Citco 398-8-4 Sec.8 T.3S R.97W.
8. Mobil T-52-19-G Sec.19 T.2S R.96W.

图 19 Piceance Creek 盆地中部的镜质组反射率剖面

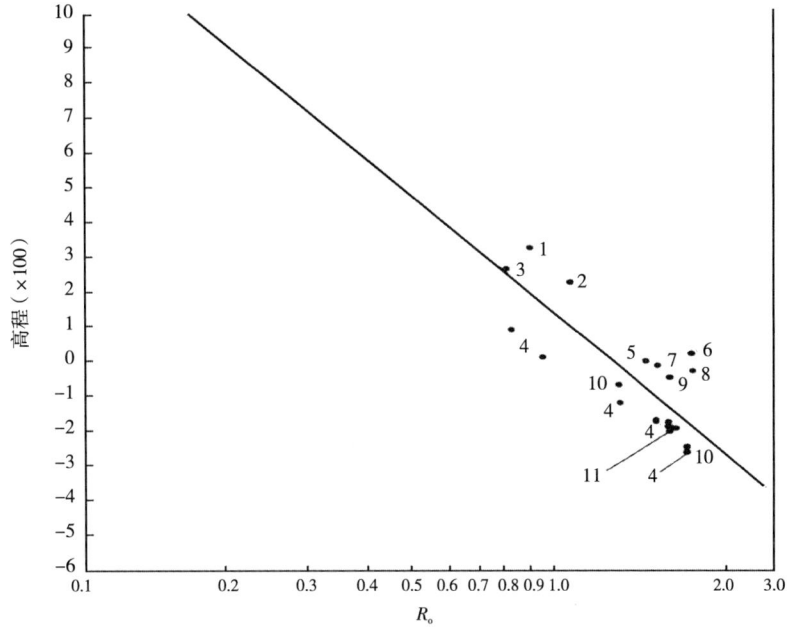

1. Delhi-Taylor Oil Corp.#1 Pasco Spatafore—Sec.27 T.11S R.90W.
2. Pan Am. Pet. Corp.U.S.A. Marvin Wolf #1—Sec.6 T.11S R.91W.
3. Exxon Kenny Creek#1—Sec.9 T.11S R.93W.
4. CER Corp.MWX 1&2 —Sec.34 T.6S R.94W.
5. Sunray DX Oil Co.Colo.Fed.F-1—Sec.26 T.8S R.92W.
6. Pacific Nat.Gas Expior.Co.E.Buzzard Creek 31-2 —Sec.2 T.9S R.92W.
7. Victor Drilling Co.Inc.#1 Gunderson —Sec.20 T.9S R.93W.
8. Apache Corp.#1-C US Rushmore — Sec.5 T.9S R.92W.
9. Union Oil Co.of California #2 Govt.— Sec.14 T.9S R.93W.
10. ARCO-Exxon 1-36 —Sec. 36 T.6S R.93W.
11. Chevron Oil Co. Skonberg #1—Sec.9 T.7S R.93W.

图 20　Piceance Creek 盆地南部的镜质组反射率剖面

为了避免假设始新世晚期盆地边缘倾斜的问题，三幅图均选自盆地的构造槽地附近。三幅图以斜率表示煤化梯度，向南煤化梯度下降。这些煤化梯度应视为平均梯度，因为此时数据较少，不足以确定岩性变化或不整合引起的纵向变化。

镜质组反射率剖面可用于估算地层剥蚀厚度。计算时，假设镜质组反射率 R_o 趋近于最小值 0.2~0.3（Teichmuller 和 Teichmuller，1981）。然后将镜质组反射率剖面外推至现今地表，外推需要准确的近地表镜质组反射率值，但仅盆地中部和北部剖面满足条件。根据外推计算，盆地北部的最大覆盖层厚度为 8200~12000ft（2501~3660m），盆地中部为 10800~14500ft（3294~4422.5m）。厚度范围过大，对确定盆地地层剥蚀量意义不大。

图 21 至图 23 显示了从盆地三个区域选择样品恢复的埋藏史。根据下方海相层段所见菊石，推断 Cameo-Fairfield 煤组的年龄为 72Ma（Gill 和 Hail，1975；Obradovich 和 Cobban，1975）。不整合的时间间隔预计为白垩纪末期（66Ma）至古新世晚期（60Ma）。图表假设不整合时间间隔内地层无剥蚀。事实可能并非如此；但因所有样品均靠近于盆地沉降中心，侵蚀作用可能最小。基于 O'Neill（1980）的氩 40/氩 39（Ar-40/Ar-39）年龄测定，认为 Mahogany 段的年龄为 46Ma，Long Point 段或同期地层的年龄估计为 50Ma。图表

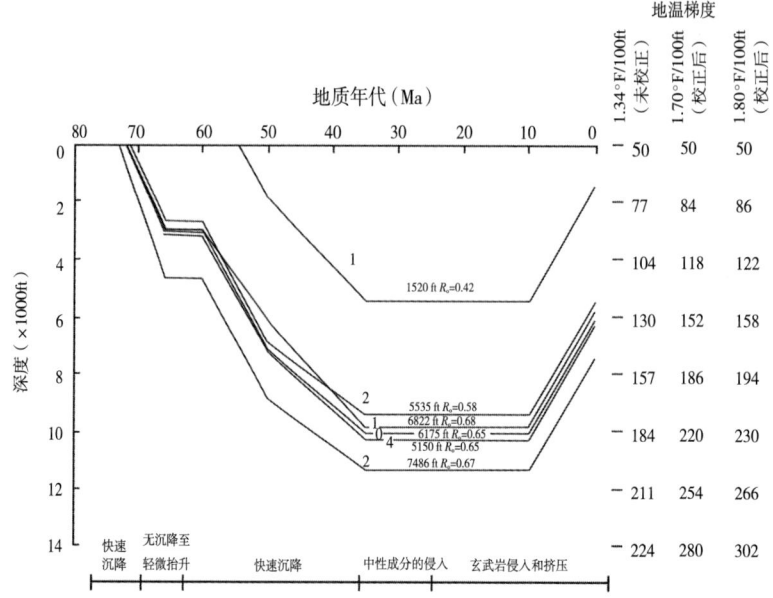

图 21 Piceance Creek 盆地北部的埋藏史图

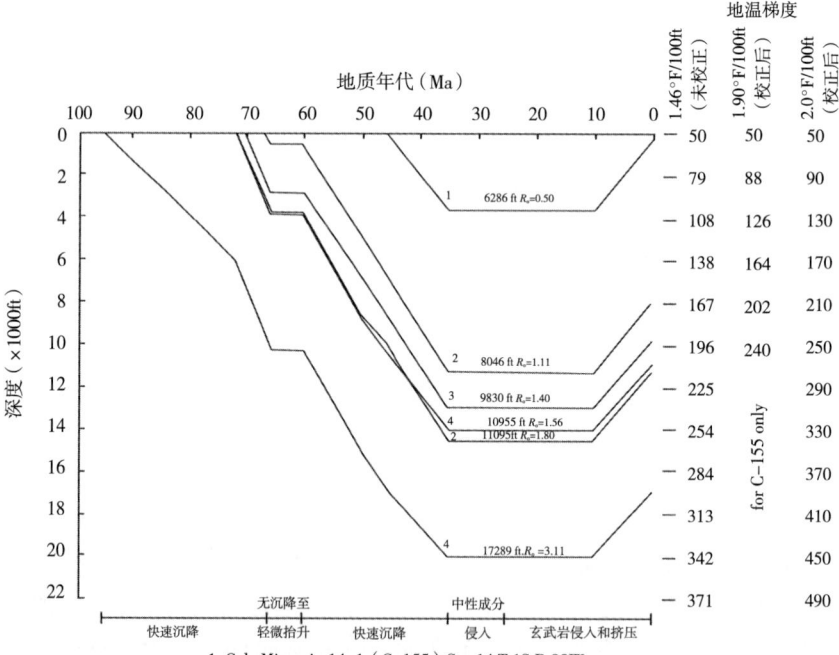

图 22 Piceance Creek 盆地中部的埋藏史图

也假设渐新世初期（约 35Ma），覆盖层最厚；10Ma 左右，最大覆盖层面接近盆地基准面 10000ft。换句话说，图表假设 35~10Ma 时盆地中部侵蚀量小。

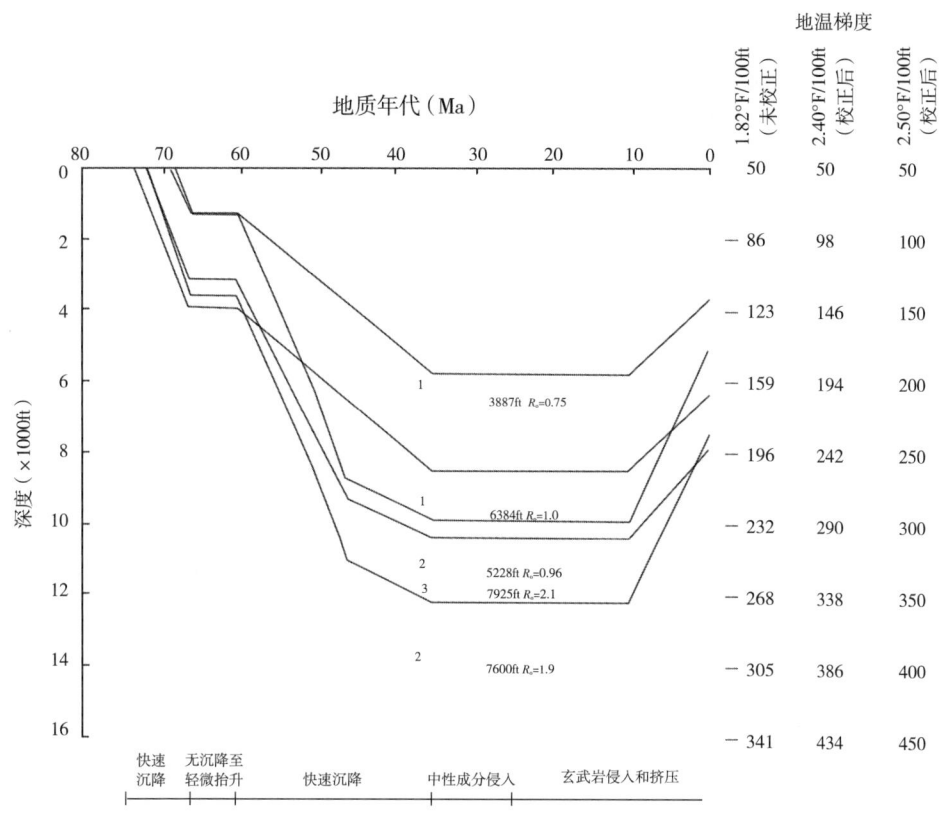

1. Ralston Prod. Co.Fed.#31 Sec. 31 T. 10S R.90W.
2. CER Corp.MWX 1&2 Sec.34 T.6S R.94W.
3. Apache Corp.#1-C US Rushmore Sec. T.9S R.92W.

图 23　Piceance Creek 盆地南部的埋藏史图

图中同时标注了基于未校正和校正后井底温度。本文假设现今地温梯度可外推至过去。岩性变化引起的地温梯度纵向变化可忽略。

图 24 给出了 R_o 测量值和三个模型的预测值。使用未校正或校正后井底温度，各模型的 R_o 预测值差异极大。因为实际地层温度未知，模型对细微温度变化的敏感性制约了其实用性。即使在最理想条件下，如 CER-MWX-1 井的温度测量，两种测井工具所得温度也有 22°F（12.2°C）的偏差。

一般而言，使用未校正井底温度时，Hood 模型和 Waples 模型的煤阶预测值在盆地北部准确，而在盆地中部和南部则偏低。另一方面，整个盆地内 Suggate 模型的煤阶预测值明显偏低。而使用校正后井底温度时，在盆地北部，Hood 模型的煤阶预测值偏高，而在盆地其余区域，煤阶预测值相当准确。Waples 模型的煤阶预测值偏高，而 Suggate 模型的预测值则偏低。图中同时标注了三种模型预测的近似最高温度，以及根据未校正温度和校正后温度获得的最高温度。

位置	实测 R_o	未校正井底温度			校正后井底温度			所需近似最高温度（℉）		最高温度（℉）	
		Hood 模型 R_o	Waples 模型 R_o	Suggate 模型 R_o	Hood 模型 R_o	Waples 模型 R_o	Suggate 模型 R_o	Hood 模型	Waples 模型	未校正	校正后
31-2N-96W	67	70	55~60	<50	80	93~1.0	SBC-SBA HVCB	185℉	194~212	188	237
26-2N-97W	68	68	55~60	<50	75~80	93	SBC-SBA	185℉	194~212	183	227
26-2N-97W	42	57	30~40	<50	60	40~50	LIC-SBC	OFF SCALE	140~158	124	149
19-3N-96W	67	72	65~70	<50	80	93~1.0	SBA/HVCB	185℉	194~212	294	242
19-3N-96W	58	70	55~60	<50	75	65~70	SBC-SBA	OFF SCALE	194	178	211
15-4N-97W	65	70	55~60	<50	80	93~1.0	SBA-HVCB	170℉	194~212	185	232
19-2S-96W	3.11	1.85	2.70	约1.0	OFF SCALE	OFF SCALE	OFF SCALE	480℉	356~374	344	452
19-2S-96W	1.56	90	1.15	约50	1.65	2.0~2.25	HVAB	330℉	266~284	256	332
3-3S-97W	1.80	95	1.19~1.22	约65	1.30	2.25~2.50	>HVAB	380℉	284~302	263	312
3-3S-97W	1.11	78	77	<50	1.0	1.39~1.48	HVBB	300℉	248~266	216	277
8-3S-97W	1.40	82	93~1.0	50~65	1.30	2.0~2.25	HVAB	320℉	266~284	239	310
14-1S-98W	50	—	<40	—	50~60	<40	<LIG-SBC	OFF SCALE	156-176	104	119
34-6S-94W	1.90	90	1.39~1.46	68	1.90	2.75~3.0	>HVAB	360℉	284~302	272	355
34-6S-94W	96	78	93~1.0	<50	1.20	1.75~1.87	HVAB-HVBB	285℉	230~248	230	298
6-9S-92W	2.1	80	93~1.0	<50	90	1.87~2.0	HVCB-HVBB	380℉	302~320	239	300
31-10S-90W	1.0	72	65~70	<50	85	1.22~1.26	SBA-HVCB	285℉	230~248	205	254
31-10S-90W	75	62	40~50	<50	70	60	SBC-SBA HVCB	220℉	212~230	156	189

图 24 实测镜质组反射率与预测镜质组反射率

预测镜质组反射率计算采用了 Hood 等（1975）、Waples（1981）和 Suggate（1982）模型

9 煤阶变质时间的地质约束条件

尽管将不同煤阶模型应用于 Piceance Creek 盆地具有不确定性，但单独根据地质关系可对煤阶变质的时间做出某些基本约束。如前所述，渐新世深成作用开始前和可能始新世末之前，沿盆地南缘煤阶很大程度上已确定。因始新世晚期抬升和倾斜，沿 Grand 猪背岭煤阶似乎也基本固定于始新世晚期的水平。Collins 认为 Mount Sopris 玄武岩热量提高了 Coal 盆地背斜附近煤的煤阶，但本文不赞同这一观点。进一步向南的相似侵入作用一般仅

产生接触变质。本文认为沿 Grand 猪背岭向南煤阶增高，究其原因或是始新世晚期的差异性抬升，或是始新世时地温梯度向南增加，或两者的组合作用。如果现今地温梯度可外推至过去，则始新世时沿 Grand 猪背岭向南，地温梯度增高。无论如何，始新世晚期的抬升后，沿 Grand 猪背岭煤阶未明显提高。沿盆地西缘和北缘，煤阶也可能固定于始新世晚期的水平，因为这些区域与盆地南缘构造类似。如果上述假设成立，则至始新世末，盆地东南部煤的煤阶为 hvAb（高挥发分烟煤 A，R_o 为 0.78~1.00），中—东部煤的煤阶为 HvBb（高挥发分烟煤 B，R_o 为 0.50~0.78），北部煤的煤阶至少为 hvCb-sbA（混合高挥发分烟煤 C 与次烟煤 A，R_o 为 0.50~0.65）。因沿 Grand 猪背岭的始新世晚期隆起不可能带来盆地最深部的煤，这些值均为最小值。如前所述，朝向现今 Grand 猪背岭位置，晚白垩世和古近—新近纪早期厚度图减薄，表示 Grand 猪背岭以东是拉腊米期的盆地最快速沉降区。至始新世末，沿盆地南缘、西缘和北缘，煤的煤阶达到 hvCb-sbA。

10 油气开采

图 25 描述了 1981 年 Mesaverde 群的油气开采情况。油气产层细分为 Rollins 段或 Trout Creek 段上、下两层。图中还标注了已测试油气但未生产或无法获得生产数据的其他井。

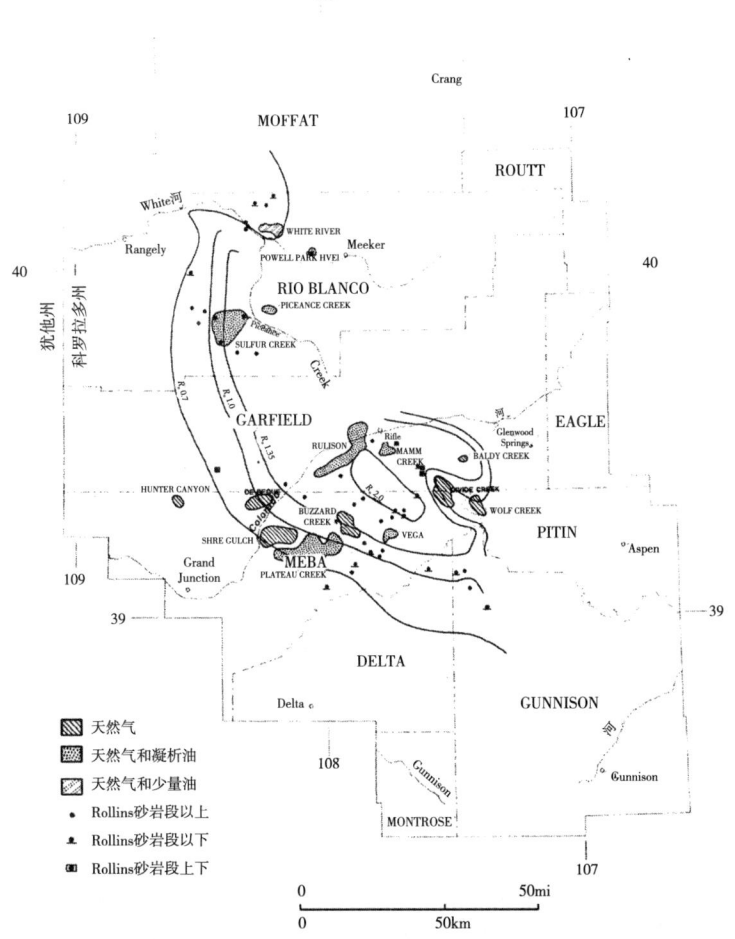

图 25 1981 年 Piceance Creek 盆地 Mesaverde 群的油气开采情况

Mesaverde 群主要产气，但可能含少量油和凝析油。多数原油石蜡含量高。一般而言，产油和伴生气的岩石镜质组反射率 R_o 为 0.6~1.35，产气和伴生凝析油的岩石镜质组反射率 R_o 为 0.6~2.0。生油窗和生凝析气窗可与 Dow 模型的相媲美（1977，图1）。根据图3，盆地内 Rollins 或 Trout Creek 层仅有四个闭合构造：Divide Creek 背斜、Coal 盆地背斜、Wolf Creek 背斜和 White River 隆起。1981 年 Mesaverde 群总气产量约为 $79579×10^6 ft^3$，其中 57% 产自 Divide Creek 背斜，16% 产自 Wolf Creek 背斜，2% 产自 White River 隆起。Divide Creek 背斜浅层井的初始日产量高达 $16×10^6 ft^3$。很明显，闭合构造的储层物性较好。

11 Piceance Creek 盆地构造演化史和热史模型

图26展示了本次研究建立的盆地构造演化史和热演化史模型。图中显示了两组横剖面，第一组为北—南向，沿盆地轴；第二组为东—西向或垂直于盆地轴。本文未尝试解决时间对煤阶变质的影响这一争议性问题，而是基于煤阶与构造、地质推论的关系，合理地限定 Piceance Creek 盆地何时发生煤变质作用。

模型假设现今 10000ft 水平面近似为盆地中部最大沉降面，保存在 Grand Mesa 区玄武岩流之下的盆地边缘倾斜大多发育于始新世晚期，此时盆地中部仍在沉降并接受沉积。五个时间周期分别为：（1）Mahogany 期，46.2Ma±0.7Ma；（2）始新世末期；（3）渐新世侵入事件期，34~29Ma；（4）中新世，24~11Ma；（5）中新世末至今。

11.1 Mahogany 期（46.2Ma±0.7Ma）

因为缺少煤平衡地层温度的时间和地温梯度向北逐渐降低，煤阶带向快速沉降的盆地中北部倾斜。过穹隆地温梯度降低，导致煤组向 White River 隆起附近沉降中心的倾斜被部分抵消。

11.2 始新世末期

盆地沉降结束。变形末期盆地边缘的数千英尺地层倾斜，煤阶带构造弯曲。较之始新世时，现今环盆地边缘煤的覆盖层更薄。

11.3 渐新世（34~29Ma）

盆地中部未倾斜区的煤有更多时间平衡地层温度，因而煤阶增高。环盆地倾斜边缘的煤阶保持固定于始新世晚期水平。围绕盆地倾斜南缘，浅层深成岩体受侵入，导致煤发生部分接触变质。火山灰堆积在喷发岩浆体附近，局部增加覆盖层厚度。如果在这个深成岩事件时，区域热流增加，盆地中部未倾斜区煤的煤阶快速增高。

11.4 中新世（24~11Ma）

中新世煤阶的变化取决于地温梯度变化和煤变质作用模型。如果渐新世侵入事件后，盆地地温梯度降低，则不管时间对煤变质作用影响如何，煤阶变化不大。如果中新世时地温梯度依然很高，则时变模型预测盆地中部煤变质作用将会继续，而与时间无关的模型预测煤无明显变化。任何情况下，倾斜盆地边缘区的煤都不发生变化。横剖面图可见盆地中部煤阶小幅度增高。

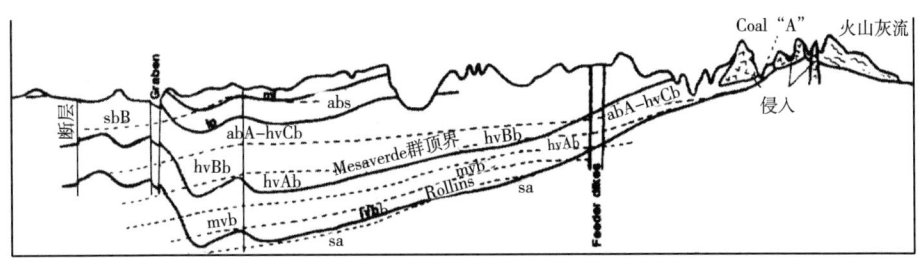
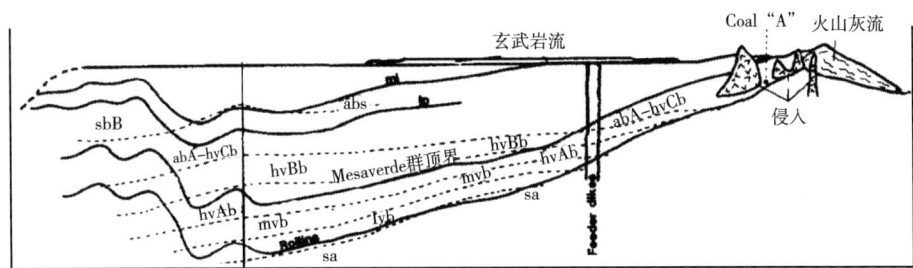
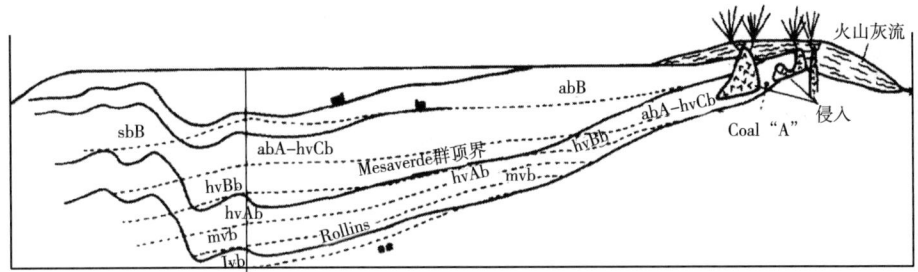
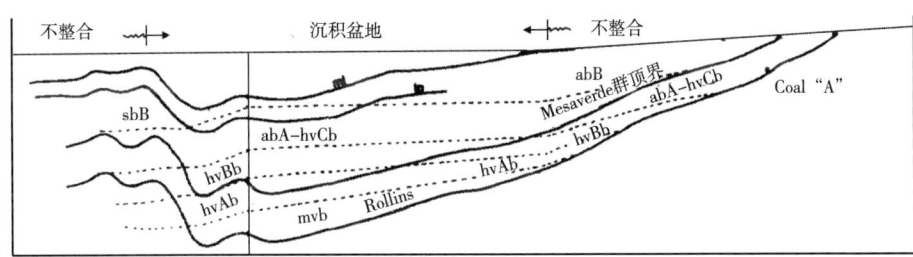
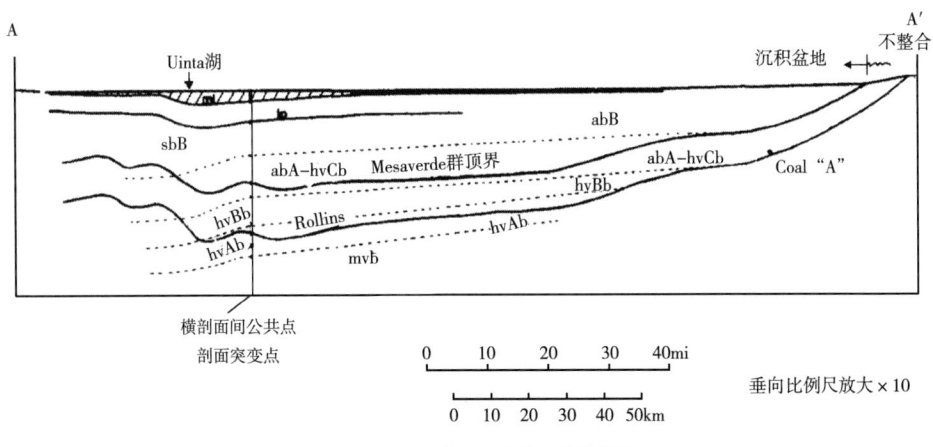

(a) 北——南向，沿盆地轴

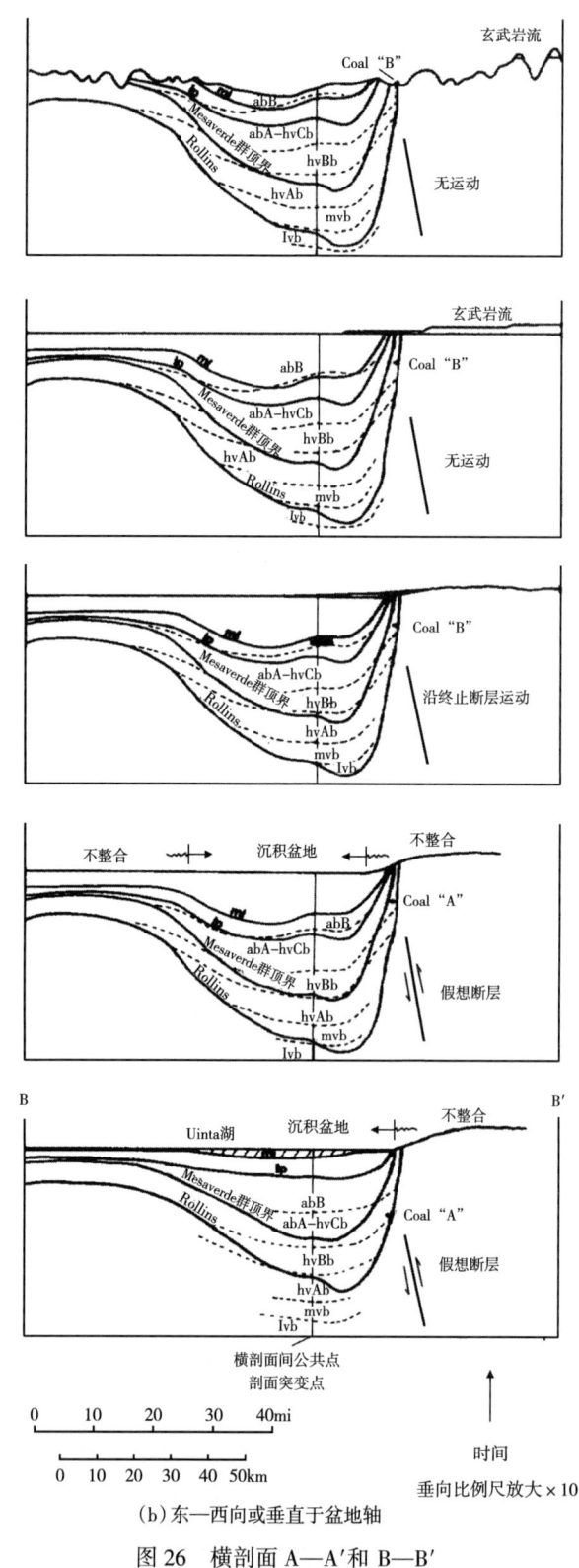

(b)东—西向或垂直于盆地轴

图 26 横剖面 A—A′和 B—B′

该剖面展示 Piceance Creek 盆地构造发育史和热演化史模型,剖面位置见图 3

11.5 中新世末至今

厚达 5000ft（1525m）的覆盖层被剥蚀，盆地大部分地区温度冷却。煤阶基本维持不变。环盆地边缘煤阶带仍隆起，明显保留大部分始新世晚期抬升形成的构造。因盆地深部的后—始新世煤阶增高会倾向于拉平这一构造，至始新世末期，盆地中部煤的煤阶相当接近于其现今水平。

后—始新世煤阶明显增高的最有利证据来自 White River 隆起，此处煤阶带似乎无偏转地贯穿拉腊米构造。最简单的解释是煤阶确定晚于构造形成。但过构造方向上，地温梯度似乎降低，这往往抵消了构造上煤阶倒转的趋势。因为本次研究也缺少构造南端向斜的煤阶数据；所以过背斜煤阶带的准确形态待定。同时也需注意，此构造上的抬升比 Grand 猪背岭或 Douglas Creek 弧小。在盆地中部，煤阶带边界后—始新世时向上偏移达 1000ft（305m）或可能 2000ft（610m），容易掩盖始新世末期煤阶带的偏斜。

简言之，本文认为至始新世末期，环盆地边缘的煤阶达到现今值，而盆地深部煤的煤阶相当接近于现今观测煤阶。如果这一结论正确，则在始新世晚期盆地沉降后期，盆地生烃量最大。在 10Ma 的区域性抬升和侵蚀发生之前，盆地深部生烃量可能一直较低，因为整个盆地温度降低，生烃过程即使不完全但也会大部分停止。

参 考 文 献

[1] AMERICAN SOCIETY FOR TESTING AND MATERIALS, 1977, Annual book of American Society for Testing and Materials Standards, part 26.

[2] ANDERSON, D. W., and M. D. PICARD, 1972, Stratigraphy of the Duchesne River Formation (Eocene-Oligocene?), northern Uinta basin, northeastern Utah: Utah Geological and Mineralogical Survey Bulletin 97, 29 p.

[3] BAKER, D. A., and P. T. LUCAS, 1972, Strat trap production may cover 280 + square miles: World Oil, v. 180 no. 3, p. 65-68.

[4] BEARD, T. N., D. B. TAIT, and J. W. SMITH, 1974, Nahcolite and dawsonite resources in the Green River Formation, Piceance Creek basin, Colorado, in: Guidebook to the energy resources of the Piceance Creek basin, Colorado: Rocky Mountain Association of Geologists, 25th Field Conference, p. 101-110.

[5] BOSTICK, N. H., and J. N. FOSTER, 1973, Comparison of vitrinite reflectance in coal seams and in kerogen of sandstone, shales, and limestone in the same part of the sedimentary section, in: B. Alpern, ed., Petrographie de la matiere organique des sediments, relations avec la paleotemperature et le potentiel petrolier: Paris, Centre National de la Recherche Scientifique, p. 14-25.

[6] BRADLEY, W. H., 1931, Origin and microfossils of the oil shale of the Green River Formation of Colorado and Utah: USGS Professional Paper 168, 58 p.

[7] BRADLEY, W. H., 1936, Geomorphology of the north flank of the Uinta Mountains (Utah): USGS Professional Paper 185-I, p. 163-199.

[8] CASHION, W. J., 1967, Geology and fuel resources of the Green River Formation southeastern Uinta basin, Utah and Colorado: USGS Professional Paper 548, 48 p.

[9] CLARK, J., 1975, Controls of sedimentation and provenance of sediments in the Oligocene of the central Rocky Mountains, in: B. F. Curits, ed. Cenozoic history of the southern Rocky Mountains: Geological Society of America, Memoir 144, p. 95-118.

[10] COLLINS, B. A., 1976, Coal deposits of the Carbondale, Grand hogback, and southern Danforth Hills

coal fields, eastern Piceance basin, Colorado: Colorado School of Mines Quarterly, v. 71, no. 1, 138 p.

[11] COLLINS, B. A., 1977, Geology of the coal basin area, Pitkin County, Colorado: Exploration frontiers of the central and southern

[12] Rockies: Rocky Mountain Association of Geologists Symposium, p. 363-377.

[13] CONNAN, J., 1974, Time-temperature relation in oil genesis: AAPG Bulletin 58, p. 2516-2521.

[14] COVINGTON, R. E., 1963, Bituminous sandstone and limestone deposits of Utah: oil and gas possibilities of Utah, reevaluated: Utah Geological and Mineralogical Survey Bulletin 54, p. 225-247.

[15] CULLINS, H. L., 1969, Geologic map of the Mellen Hill quadrangle, Rio Blanco and Moffat counties, Colorado: USGS Geologic Quadrangle Map GQ-835

[16] DOW, W. G., 1977, Kerogen studies and geological interpretations: Journal of Geochemical Exploration 7, p. 79-99.

[17] DYNI, J. R., 1974, Stratigraphy and nahcolite resources of the saline facies of the Green River Formation in northwest Colorado: Guidebook to the Energy Resources of the Piceance Creek basin, Colorado: Rocky Mountain Association of Geologists, 25th Field Conference, p. 111-122.

[18] DYNI, J. R. and D. L. GASKILL, 1977, Relations of the carbon/oxygen ratio in coals to igneous intrusions in the Somerset coal field, Colorado: USGS Bulletin 1477-A, 20 p., 1 plate.

[19] EAGER, G. P., 1978, Coal rank related to depth of burial and buried intrusive rocks: USGS Professional Paper 1100, 464 p.

[20] ERDMANN, C. E., 1934, The Book Cliff coal field in Garfield and Mesa counties, Colorado: USGS Bulletin 851, 150 p.

[21] FREEMAN, V. A., 1979, Preliminary report on rank of deep coals in part of the southern Piceance Creek basin, Colorado: USGS Open-File Report 79-725, 10 p.

[22] GILBERT, G. K., 1890, Lake Bonneville: USGS Monolith 1, 433 p.

[23] GILL, J. R., and W. J. HAIL, 1975, Stratigraphic sections across the Upper Cretaceous Mancos Shale-Mesaverde Group boundary, eastern Utah and western Colorado: USGS Oil and Gas Investigation Chart OC-68.

[24] GRIES, R., 1983, Oil and gas prospecting beneath Precambrian of Foreland thrust plates in Rocky Mountains: AAPG Bulletin v. 67, no. 1, p. 1-28.

[25] HAIL, W. J., JR., 1974, Geologic map of the Rough Gulch quadrangle, Rio Blanco and Moffat counties, Colorado: USGS Geologic Quadrangle Map GQ-1195.

[26] HANSEN, W. R., 1965, Geology of the Flaming Gorge area Utah-Colorado-Wyoming: USGS Professional Paper 490, 196 p.

[27] HANSLEY, P. L., and R. C. JOHNSON, 1980, Mineralogy and diagenesis of low permeability sandstones of Late Cretaceous age, Piceance Creek basin, northwestern Colorado: Mountain Geologist, v. 17, no. 4, p. 88-129.

[28] HOOD, A., C. C. M. GUTJAHR, and R. L. HEACOCK, 1975, Organic metamorphism and the generation of petroleum: AAPG Bulletin 59, p. 986-996.

[29] HUNT, C. B., 1969, Geological history of the Colorado River: USGS Professional Paper 669, p. 59-130.

[30] IZETT, G. A., 1975, Late Cenozoic and deformation in northern Colorado and adjoining areas: GSA Memoirs 144, p. 179-210.

[31] JOHNSON, R. C., 1979a, Cross section A-A^prime of Upper Cretaceous and lower Tertiary rocks, northern Piceance Creek basin, Colorado: USGS Miscellaneous Field Investigations Map MF-1129-A.

[32] JOHNSON, R. C., 1979b, Cross section B-B^prime of Upper Cretaceous and lower Tertiary rocks,

northern Piceance Creek basin, Colorado: USGS Miscellaneous Field Investigations Map MF-1129-B.

[33] JOHNSON, R. C., 1979c, Cross section C-C^prime of Upper Cretaceous and lower Tertiary rocks, northern Piceance Creek basin, Colorado: USGS Miscellaneous Field Investigations Map MF-1129-C.

[34] JOHNSON, R. C., 1981, Stratigraphic evidence for a deep Eocene Lake Unita, Piceance Creek basin, Colorado: Geology, v. 9, p. 55-62.

[35] JOHNSON, R. C., 1982, A measured section of the Late Cretaceous Mesaverde Group and lower part of the early Tertiary Wasatch Formation, Rifle Gap, Colorado: USGS Open-File Report 82-590.

[36] JOHNSON, R. C., M. P. GRANICA, and N. C. DESSENBERGER, 1979a, Cross section A-A^prime of Upper Cretaceous and lower Tertiary rocks, southern Piceance Creek basin, Colorado: USGS Miscellaneous Field Investigations Map MF-1130-A.

[37] JOHNSON, R. C., M. P. GRANICA, and N. C. DESSENBERGER, 1979b, Cross section B-B^prime of Upper Cretaceous and lower Tertiary rocks, southern Piceance Creek basin, Colorado: USGS Miscellaneous Field Investigations Map MF-1130-B.

[38] JOHNSON, R. C., M. P. GRANICA, and N. C. DESSENBERGER, 1979c, Cross section C-C^prime of Upper Cretaceous and lower Tertiary rocks, southern Piceance Creek basin, Colorado: USGS Miscellaneous Field Investigations Map MF-1130-C.

[39] JOHNSON, R. C., 1984, New names for units in the lower part of the Green River Formation, Piceance Creek basin, Colorado: USGS Bulletin 1529-I, 20 p.

[40] JOHNSON, R. C., and F. MAY, 1980, A study of the Cretaceous-Tertiary unconformity in the Piceance Creek basin, Colorado: the underlying Ohio Creek Formation redefined as a member of the Hunter Canyon or Mesaverde Formation: USGS Bulletin 1482-B, 27 p.

[41] KARWEIL, J., 1955, Die metamorphose der Kohlen vom Standpunkt der physicalischen Chemie: Zeitschrift der Deutschen Geologischen Gesellschaft, 107, p. 132-139.

[42] KAY, J. L., 1934, The Tertiary formations of the Uinta basin, Utah: Pittsburgh, PA, Carnegie Museum Annuals, v. 23, p. 357-372.

[43] LARSON, E. E., M. OZIMA, and W. C. BRADLEY, 1975, Late Cenozoic basin volcanism in northwestern Colorado and its implications concerning tectonism and the origin of the Colorado River system: GSA Memoir 144, p. 155-178.

[44] LEE, W. T., 1912, Coal fields of Grand Mesa and the west Elk Mountains, Colorado: USGS Bulletin 510, 237 p.

[45] LOPATIN, N. V., 1971, Temperature and geologic time as factors in coalification (in Russian): Akademiya Nauk Azerbaydzhanskoy SSR, Izvestiya Seriya Geologo, no. 3, p. 95-106.

[46] MARVIN, R. F., H. H. MEHNERT, and W. M. MOUNTJOY, 1966, Age of basalt cap on Grand Mesa, in Geological survey research 1966: USGS Professional Paper 550-A, p. A81.

[47] MCKENZIE, D., 1978, Some remarks on the development of sedimentary basins: Earth and Planetary Science Letters, v. 40, p. 25-32.

[48] MIDDLETON, M. F., 1980, A model of intracratonic basin formation, entailing deep crustal metamorphism: London, Geophysical Journal of the Royal Astronomical Society, v. 62, p. 1-14.

[49] MORRISON, R. B., 1966, Predecessors of Great Salt Lake: in W. L. Stokes, ed., The Great Salt Lake, Guidebook to the Geology of Utah 20: Utah Geological Society, p. 77-104.

[50] NEWMAN, K. R., 1974, Palynomorph zones in early Tertiary formations of the Piceance Creek and Uinta basin, Colorado and Utah: in D. K. Murray, ed., Guidebook to the Energy Resources of the Piceance Creek basin, Colorado, 25th Field Conference: Rocky Mountain Association of Geologists, p. 47-55.

[51] NUCCIO, V. F., and R. C. JOHNSON, 1983, Thermal maturity map of the Cameo-Fairfield or equiva-

lent coal zone through the Piceance Creek basin, Colorado—a preliminary report: USGS Miscellaneous Field Investigations Map, MF-1575.

[52] OBRADOVICH, J. D., and W. A. COBBAN, 1975, A time scale for the Late Cretaceous of the Western Interior of North America: Geological Association of Canada Special Paper No. 13, p. 31-53.

[53] O'NEILL, W. A., 1980, 40Ar/39Ar ages of selected tuffs of the Green River Formation: Wyoming, Colorado, and Utah: Ohio State University, Master's Thesis, 132 p.

[54] PETERSON, O. A., 1932, New species from the Oligocene from the Uinta: Carnegie Museum Annuals, v. 21, p. 61-78.

[55] PIPIRINGOS, G. N., and R. C. JOHNSON, 1976, Preliminary geologic map and correlation diagram of the Whiteriver City quadrangle, Rio Blanco County, Colorado:

[56] USGS Miscellaneous Field Investigations Map MF-736.

[57] ROWLEY, P. D., et al., 1979, Geologic map of the Vernal 1 ^times 2 quadrangle, Colorado, Utah, and Wyoming: USGS Miscellaneous Field Investigations Map, MF-1163.

[58] SAXBY, J. E., 1982, A reassessment of the range of kerogen maturities in which hydrocarbons are generated: Journal of Petroleum Geologists, v. 5, p. 117-128.

[59] SEARS, J. D., 1924, Relations of the Browns Park Formation and the Bishop Conglomerate and their role in the origin of the Green and Yampa rivers: GSA Bulletin 635, no. 2, p. 279-304.

[60] STEVEN, T. A., 1975, Middle Tertiary volcanic field in the southern Rocky Mountains: GSA Memoirs 144, p. 75-94.

[61] SUGGATE, R. P., 1982, Low-rank sequences and scales of organic metamorphism: Journal of Petroleum Geologists, v. 4, p. 377-392.

[62] SURDAM, R. C., and K. D. STANLEY, 1980, Effects of changes in drainage-basin boundaries on sedimentation in Eocene lakes Gosiute and Uinta of Wyoming, Utah, and Colorado: Geology, v. 8, p. 135-139.

[63] TEICHMULLER, M., and R. TEICHMULLER, 1981, The significance of coalifications studies to geology—a review: Bulletin, Centres Recherche, Exploration-Production, Elf-Aquitaine 5, 2, p. 491-534.

[64] TWETO, O., 1975, Laramide (Late Cretaceous – early Tertiary) orogeny in the southern Rocky Mountains: GSA Memoirs 144, p. 1-44.

[65] WAPLES, D. W., 1980, Time and temperature in petroleum formation: application of Lopatin's method to petroleum exploration: AAPG Bulletin, v. 64, no. 6, p. 919-926.

[66] ZAPP, A. D., and W. A. COBBAN, 1960, Some Late Cretaceous strand lines in northwestern Colorado and northeastern Utah: USGS Research Short Papers in the Geological Science, p. B246-249.

附 录

井名	位置	岩心、岩屑、面	制备	测深	R_o	煤阶	置信限	样品点海拔高程	Cameo组高程
Forest Exploration-Sinclair Oil * Gas No. 15-1 Krause	SF. SE sec. 15, T. 4N., R. 97 W.	Cuttings --do-- --do--	Coal --do-- --do--	6125ft 6135ft 6175ft	0.57 0.64 0.65	sbA-hvCb sbA-hvCb sbA-hvCb	0.01 0.01 0.01	-38ft -48ft -88ft KR=6.087ft	*-100ft
Charnplin Petroleum Co. No. 1 Govt Mobi	SW. SU sec. 20, T. 4 N., R. 97 W.	Cuttings --do--	Coal --do--	3435ft 3445ft	0.53 0.60	shA-hvCb shA-hvCb	0.01 0.01	2570ft 2560ft KB=6005ft	*2555ft
Cities Service Oil Co. Federal Preece No. R-1	NW. SW Sec. 19, T. 3 N., R. 96 W.	Cuttings --do--	Coal --do--	5535ft 7485ft	0.58 0.67	shA-hvCb hvRb	0.01 0.01	554ft -1756ft KR=6089ft	*144ft
Fuelco, Federal No. 1	SW. NE sec. 31, T. 2 N., R. 96 W.	Cuttings --do-- --do-- --do-- --do--	Coal --do-- --do-- --do-- --do--	6150ft 6450ft 6750ft 7050ft 7220ft	0.65 0.67 0.73 0.64 0.66	shA-hvCb hvRb hvRb sbA-hvCb hvRb	0.03 0.03 0.03 0.03 0.03	-292ft -592ft -892ft -1192ft -1362ft KR=5858ft	*-500ft
Cities Service Oil Co. No. 4A-Federal	NE. SE. NW sec. 26, T. 2 N., R. 97 W.	Cuttings --do-- --do-- --do-- --do-- --do-- --do--	Coal --do-- --do-- --do-- --do-- --do-- --do--	1520ft 1534ft 1553ft 2138ft 5552ft 5612ft 5882ft	0.42 0.37 0.48 0.45 0.70 0.61 0.68	sbC sbC sbB sbB hvRb sbA-hvCb hvRb	0.002 0.002 0.002 0.01 0.01 0.01 0.01	4453ft 4439ft 4420ft 3835ft 421ft 361ft 151ft KR=5973ft	*-287ft
USGS Core Hole 78-9	SW. NW sec. 29, T. 2 N., R. 99 W.	Core --do--	Coal --do--	875ft 175ft	0.43 0.31	sbR lignite	0.01 0.01	7733ft 7645ft GL=7820ft	—
USGS Core Hole CR-2	SW. NU sec. 36, T. 1 N., R. 97 W.	Core --do-- --do-- --do-- --do-- --do-- --do-- --do-- --do--	Coal --do-- --do-- --do-- --do-- --do-- --do-- --do-- --do--	540ft 611ft 635ft 832ft 985ft 2051ft 2106ft 2213ft 2345ft	0.34 0.34 0.33 0.31 0.33 0.28 0.27 0.22 0.32	lignite --do-- --do-- --do-- --do-- --do-- --do-- --do-- --do--	0.01 0.01 0.01 0.01 0.01 0.01 0.01 0.002 0.01	5560ft 5489ft 5465ft 5268ft 5115ft 4049ft 3994ft 3887ft 3755ft GL=6100ft	—
USGS Core Hole 78-9A	SU. NU sec. 12, T. 1 N., R. 100 W.	Core --do-- --do--	Coal --do-- --do--	30.5ft 49ft 99ft	0.36 0.37 0.33	lignite --do-- --do--	0.03 0.01 0.01	8069ft 8051ft 8001ft GL=8100ft	—
Chorney Oil Co. No. 1-14 East Rangely Govt.	SE. SW, sec. 14, T. 1 N., R. 100 W.	Cuttings --do--	Coal --do--	3735ft 3765ft	0.67 0.65	hvBb sbA-hvCb	0.03 0.01	3184ft 3154ft KB=6919ft	*3149ft
Jack Grynberg & Assoc. Govt. *1	SW. SE. SE, sec. 5, T. 1 N., R. 100 W.	Cuttings --do-- --do--	Coal --do-- --do--	1165ft 1230ft 1325ft	0.57 0.56 0.60	sbA-hvCb sbA-hvCb sbA-hvCb	0.01 0.01 0.01	5119ft 5054ft 4959ft KB=6284ft	*4919ft
USGS Core Hole 78-4	SW,SE,SE sec. 9, T. 1 S., R. 95 W.	Core --do-- --do--	Coal --do-- --do--	61ft 172.5ft 190.5ft	0.41 0.42 0.42	sbC sbC sbC	0.03 0.01 0.01	7289ft 7177ft 7159ft GL=7350ft	—
USGS Core Hole CR-1	SW. SE. SE sec. 31, T. 1 S., R. 96 W.	Cuttings --do-- --do--	Coal --do-- --do--	122.5ft 150ft 162ft	0.50 0.52 0.53	sbA-hvCb sbA-hvCb sbA-hvCb	0.01 0.03 0.03	7012ft 6985ft 6972ft GL=7135ft	—

续表

井名	位置	岩心、岩屑、面	制备	测深	R_o	煤阶	置信限	样品点海拔高程	Cameo组高程
USBM Observation Well 02-A	SU. SE. SE sec. 29, r. l s., R. 97 w.	Core --do--	Coal --do--	287ft 497ft	0.50 0.47	sbA–hvCb sbB	0.03 0.03	5963ft 5744ft KB=6241ft	—
Colorado Minerals 14-1 (C-155)	NW. NU, sec. 14, T. 1 S., R. 98 W.	Core --do-- --do-- --do-- --do--	Coal --do-- --do-- --do-- --do--	105ft 149ft 178ft 518ft 542ft	0.51 0.50 0.54 0.46 0.50	sbA–hvCb sbA–hvCb sbA–hvCb sbA–hvCb sbA–hvCb	0.01 0.01 0.03 0.03 0.03	6480ft 6436ft 6407ft 6467ft 6043ft KB=6585ft	—
Colorado Minerals Z8-1 (C-153)	NK. NW sec. 28, T. I S., R. 98 W.	Core --do-- --do--	Coal --do-- --do--	62.5ft 126.5ft 146ft	0.56 0.51 0.51	sbA–hvCb sbA–hvCb sbA–hvCb	0.03 0.03 0.03	6317ft 6253ft 6234ft GL=6,380ft	—
David N. Munson, Inc. 36-1-100	HE. NE, sec. 36, T. I S., R. 100 W.	Cuttings --do-- --do-- --do--	Coal --do-- --do-- --do--	5795ft 5805 ft 5865 ft 6695 ft	0.69 0.72 0.73 0.70	hvBb hvBb hvBb hvBb	0.03 0.01 0.01 0.01	2058ft 2068ft 1988ft 1158ft KB=7853ft	*1933ft
USGS Core Hole 78-3	SE. SE, sec. 14, T. 2 S., R. 95 M.	Core --do-- --do--	Coal --do-- --do--	96ft 124ft 164ft	0.51 0.40 0.40	sbA–hvCb sbC sbC	0.03 0.01 0.01	7484ft 7455ft 7416ft KB=7580ft	—
USGS Core Hole 78-3A	SW. SW, sec. 26, T. 2 S., R. 95 W.	Core --do-- --do--	Coal --do-- --do--	46ft 148ft 245.5ft	0.43 0.36 0.47	sbB llgnfte sbB	0.01 0.01 0.01	6994ft 6892ft 6795ft GL=7040ft	—
Mobil Oil Corporation Mobil Oil No. T-52-19G	NW. NE sec. 19, T. 2 S., R. 96 W.	Cuttings --do-- --do-- --do-- --do--	Coal --do-- --do-- --do-- --do--	10955ft 11845ft 11950ft 12345ft 17289ft	1.56 1.65 1.83 1.85 3.11	lvh lvh lvh lvh anthracite	0.03 0.03 0.03 0.03 0.06	-4070ft -4960ft -5065ft -5460ft -10404ft KB=6885ft	*-4000ft
Mobil Oil Corp. PCU 31-13	SE. NU. NE sec. 13, T. 2 S., R. 97 W.	Core --do-- --do-- --do--	Shale --do-- --do-- --do--	8450ft 8468ft 8484ft 9946ft	1.13 1.17 1.20 1.37	mvb mvb mvb mvb	0.01 0.01 0.01 0.01	-1155ft -1173ft -1189ft -2651ft	*-4300ft
CSG Exploration Co. 298-29-2	SW. NE. SW sec. 29, T. 2 S., R. 98 W.	Cuttings --do-- --do-- --do-- --do-- --do--	Coal --do-- --do-- --do-- --do-- --do--	8115ft 8145ft 8245ft 8325ft 8375ft 8455ft	1.14 1.14 1.18 1.17 1.24 1.26	mvb mvb mvb mvb mvb mvb	0.01 0.01 0.01 0.03 0.01 0.03	-1060ft -1090ft -1190ft -1270ft -1320ft -1400ft KB=7055ft	*-1450ft
USGS Core Hole 78-2	SE. NW sec. 24, T. 3 S., R. 95 W.	Core	Coal	58ft	0.35	lignite	0.01	6942ft GL=7000ft	--
C. E. Chancellor Govt. Hunter Creek 397-3-1	SE. NW sec. 3, T. 3 S., R. 97 W.	Cuttings --do-- --do-- --do-- --do-- --do-- --do--	Coal --do-- --do-- --do-- --do-- --do-- --do--	8045ft 8900ft 9410ft 10125ft 10725ft 11005ft 11095ft	1.11 1.15 0.82 1.53 0.80 1.78 1.80	hvAh mvb hvAh lvb hvAh lvb lvb	0.01 0.01 0.03 0.03 0.03 0.03 0.03	-1349ft -2204ft -2714ft -3429ft -4029ft -4309ft -4399ft KB=6696ft	*-4400ft
Citco 397-6-4	NE. NE. SW sec. 8, T. 3 S., R. 97 W.	Cuttings	Coal	9830ft	1.40	nvb	0.03	-3015ft KB=6815ft	*-3665ft

续表

井名	位置	岩心、岩屑、面	制备	测深	R_o	煤阶	置信限	样品点海拔高程	Cameo 组高程
CER Geonuelear No. R8E-01	SE. NW. HW sec. 14, T. 3 S., R. 9B W.	Core	Shale	5870ft	0.84	hvAb	0.01	773ft	
		--do--	--do--	6917ft	0.82	hvAb	0.01	-274ft	
		--do--	--do--	7711ft	0.81	hvAb	0.01	-1068ft	
		--do--	--do--	7722ft	0.88	hvAb	0.01	-1079ft	*-2450ft
		--do--	--do--	7728ft	0.82	hvAb	0.01	-1085ft	
		--do--	--do--	7743ft	0.84	hvAb	0.01	-1100ft	
								KB= 6,643ft	
CSG Exploration Co. 398-17-4	NU. SE sec. 17, T. 3 S., R. 98 U.	Cuttings	coal	8645ft	1.19	mvb	0.01	-1283ft	
		--do--	--do--	8745ft	1.25	mvb	0.03	-1383ft	
		--do--	--do--	8825ft	1.16	mvb	0.03	-1463ft	
		--do--	--do--	8845ft	1.35	mvb	0.01	-1483ft	
		--do--	--do--	8895ft	1.36	mvb	0.03	-1533ft	*-1688ft
		--do--	--do--	8935ft	1.36	mvb	0.03	-1573ft	
		--do--	--do--	8985ft	1.37	mvb	0.03	-1623ft	
		--do--	--do--	9015ft	1.41	mvb	0.03	-1653ft	
		--do--	--do--	9055ft	1.36	mvb	0.03	-1693ft	
								KB=7362ft	
CSG Exploration Co. 398-33-4	NU. SE sec. 17, T. 3 S., R. 98 U.	Cuttings	Coal	7955ft	1.35	mvb	0.03	-849ft	*-1044ft
		--do--	--do--	8285ft	1.38	mvb	0.03	-1179ft	
		--do--	--do--	8465ft	1.43	mvb	0.03	-1359ft	
								KB=7106ft	
Twin Arrow, Inc. 4-14X CKK	NE. SE sec. 14, T. 3 S., R. 101 W.	Core	Shale	1005.4ft	0.48	sbA-hvCb	0.01	5932ft	
		--do--	--do--	1031ft	0.48	sbA-hvCb	0.03	5907ft	
		--do--	--do--	1040ft	0.50	sbA-hvCb	0.01	5898ft	
		--do--	--do--	1041.5ft	0.56	sbA-hvCb	0.09	5895.5ft	*5947ft
		--do--	--do--	1052.4ft	0.66	hvRb	0.06	5885.6ft	
		--do--	--do--	1135.5ft	0.80	hvRb	0.11	5802.5ft	
		--do--	--do--	1143.5ft	0.49	sbA-hvCb	0.03	5794.5ft	
								KB=6938ft	
Fuel co Texas Mt. Fed. 8-1	NE. SE sec. 8, T. 3 S., R. 102 W.	Cuttings	Shale	440ft	0.37	lignite	0.01	7049ft	
		--do--	--do--	740ft	0.38	--do--	0.01	6749ft	
		--do--	--do--	1040ft	0.37	--do--	0.01	6449ft	
		--do--	Coal	1250ft	0.53	sbA-hvCb	0.01	6229ft	
		--do--	--do--	1425ft	0.54	sbA-hvCb	0.01	6064ft	
		--do--	--do--	1550ft	0.52	sbA-hvCb	0.01	5939ft	
		--do--	Shale	1625ft	0.40	shC	0.01	5864ft	
		--do--	Coal	1700ft	0.49	sbA-hvCb	0.01	5789ft	
		--do--	--do--	1865ft	0.48	sbR	0.01	5624ft	*5919ft
		--do--	--do--	2030ft	0.58	sbA-hvCb	0.01	5459ft	
		--do--	--do--	2110ft	0.52	sbA-hvCb	0.01	5379ft	
		--do--	Shale	2230ft	0.40	sbC	0.01	5259ft	
		--do--	Coal	2330ft	0.44	sbR	0.01	5159ft	
		--do--	--do--	2420ft	0.50	sbA-hvCb	0.01	5069ft	
		--do--	--do--	2520ft	0.48	sbR	0.03	4979ft	
		--do--	Shale	2670ft	0.42	sbC	0.01	4819ft	
		--do--	--do--	2670ft	0.42	sbC	0.01	4819ft	
		--do--	--do--	2910ft	0.43	sbB	0.01	4579ft	
								KB=7489ft	
Fuelco Texas Nt. 21-2	NE. SE sec. 21, T. 3 S., R. 102 W.	Cuttings	Shale	940ft	0.35	lignite	0.01	7363ft	
		--do--	--do--	1190ft	0.37	--do--	0.01	7113ft	
		--do--	--do--	1440ft	0.36	--do--	0.01	6863ft	
		--do--	--do--	1685ft	0.38	--do--	0.01	6618ft	
		--do--	--do--	1855ft	0.37	--do--	0.01	6448ft	
		--do--	Coal	2025ft	0.57	sbA-hvCb	0.01	6278ft	
		--do--	Shale	2270ft	0.38	Lignite	0.01	6033ft	*5903ft
		--do--	Coal	2445ft	0.51	sbA-hvCb	0.01	5858ft	
		--do--	Shale	2560ft	0.38	Lignite	0.01	5743ft	
		--do--	--do--	2725ft	0.39	shC	0.01	5578ft	
		--do--	--do--	2850ft	0.42	shC	0.01	5453ft	
		--do--	--do--	2955ft	0.40	shC	0.01	5348ft	
								KB=8303ft	

续表

井名	位置	岩心、岩屑、面	制备	测深	R_o	煤阶	置信限	样品点海拔高程	Cameo组高程
Chevron Oil Co.	SW. NE sec. 13,	Cuttings	Coal	7245ft	1.39	mvb	0.03	560ft	
No. 1-12-13	T. 5 S., R. 98 W.	--do--	--do--	7235ft	1.37	mvb	0.03	580ft	* 555ft
Pacific Oil Co.		--do--	--do--	7205ft	1.30	mvb	0.03	610ft	
								KB=7815ft	
Surface Sample of Uinta	Sw. NE sec. 23,	Surface sample	Coal	0ft	0.32	Lignite	0.01	7915ft	—
Sandstone	T. 5 S., R. 99 W.								
Skyline Hydrocarbon #2	SE. NW sec. 13,	Core	Coal	125ft	0.38	Lignite	0.01	8035ft	
(C-144)	T. 5 S., R. 100 W.	--do--	--do--	275ft	0.36	--do--	0.01	7885ft	* 4896ft
		--do--	--do--	385ft	0.31	--do--	0.03	7775ft	
								GL=8160ft	
Tipperary Corp.	NE. NW. SW	Cuttings	Coal	3915ft	0.61	sbA-hvCb	0.01	4969ft	
Bi, 1-30 F Bear	sec. 30,	--do--	--do--	3954ft	0.62	sbA-hvCb	0.01	4930ft	* 4896ft
Gulch Unit	T. 5 S., R. 100 W.	--do--	--do--	3975ft	0.63	sbA-hvCb	0.01	4909ft	
								KB=8884ft	
Surface Sample of	NE. NW. SH sec. 7,	Surface sample	Coal	0ft	0.32	Lignite	0.01	8900ft	—
Coal in Douglas Creek	T. 5 S., R. 101 W.								
Member of Green River									
Formation									
Snyder Oil Co.	SU sec. 16,	Cuttings	Coal	5315ft	0.75	hvBb	0.01	1620ft	
Barton Porter #1-16	T. 6 S., R. 90 W.	--do--	--do--	5365ft	0.76	hvBb	0.01	1570ft	
		--do--	--do--	5375ft	0.74	hvBb	0.01	1560ft	
		Sidewall	--do--	5902ft	0.78	hvBb	0.01	1033ft	
		Cutting	--do--	6475ft	0.95	hvBb	0.01	460ft	
		--do--	--do--	6495ft	0.95	hvAb	0.01	440ft	* 321ft
		Sidewall	--do--	6505ft	0.94	hvBb	0.01	430ft	
		Cutting	--do--	6575ft	0.98	hvBb	0.01	360ft	
		--do--	--do--	6605ft	0.99	hvAb	0.01	330ft	* 321ft
		Sidewall	--do--	6608ft	1.04	hvBb	0.01	327ft	
Snyder Oil Co.	SE. SW sec. 8,	Cuttings	Coal	7055ft	1.42	mvb	0.03	-550ft	
Jolley 1-8	T. 6 S., R. 91 W.	--do--	--do--	7075ft	1.51	lvb	0.03	-570ft	
		--do--	--do--	7085ft	1.45	mvb	0.03	-580ft	* -570ft
		--do--	--do--	7095ft	1.44	mvb	0.03	-590ft	
								KB=6505ft	
Arco-Exxon 1-36	SW. NE sec. 36,	Core	Coal	6578ft	1.41	mvb	0.03	-714ft	
	T. 6 S., R. 93 W.	--do--	--do--	8380ft	1.95	sa	0.03	-2515ft	* -1576ft
								KB=5864ft	
CER Corp. MUX 1 &2	SW. NE sec. 34,								
	T. 6 $., R. 94 U.								
(1)		Core	Coal	4398ft	0.82	hvAb	0.03	974ft	
		--do--	--do--	5225ft	0.96	hvBb	0.01	146ft	
		--do--	--do--	6611ft	1.40	mvb	0.03	-1239ft	* -2200ft
		--do--	--do--	7949ft	1.94	sa	0.03	-2578ft	
(2)		--do--	--do--	7100ft	1.68	lvb	0.03	-1728ft	
		--do--	--do--	7153ft	1.77	lvb	0.03	-1781ft	
		--do--	--do--	7202ft	1.77	lvb	0.03	-1830ft	
		--do--	--do--	7226ft	1.82	lvb	0.03	-1854ft	
		--do--	--do--	7241ft	1.83	lvb	0.03	-1879ft	
		--do--	--do--	7380ft	1.79	lvb	0.03	-2008ft	
								KB=5374ft	
El Paso Nat. Gas Co.	NE. NE sec. 6,	Cuttings	Coal	5395ft	0.72	hvBb	0.01	-2861ft	
#1 Standard Shale	T. 7 S., R. 99 W.	--do--	--do--	5585ft	0.74	hvBb	0.03	2671ft	* 2671ft
		--do--	--do--	6065ft	0.78	hvBb	0.03	2191ft	
								KB=8256	
Marathon Oil #2	NE. NW sec. 34,	Cuttings	Coal	3435ft	0.68	hvBb	0.01	-3841ft	
De8eque Unit Govt	T. 8 S., R. 99 W.	--do--	--do--	3445ft	0.67	hvBb	0.03	3831ft	
		--do--	--do--	3542ft	0.61	sbA-hvCb	0.01	33734ft	* 3736ft
		--do--	--do--	3735ft	0.68	hvBb	0.01	3541ft	
		--do--	--do--	3945ft	0.76	hvBb	0.03	3331ft	
								KB=7276ft	

续表

井名	位置	岩心、岩屑、面	制备	测深	R_o	煤阶	置信限	样品点海拔高程	Cameo 组高程
Exxon Kenny Dunn #1	SE, sec. 11,	Cuttings	Coal	6515ft	1.34	mvb	0.01	514ft	
	T. 9 S., R. 95 W.	--do--	--do--	6525ft	1.33	mvb	0.01	504ft	*438ft
		--do--	--do--	6595ft	1.35	mvb	0.03	434ft	
								KB=7029ft	
Ralston Production Co.	SW. NW. SE sec. 31,	Core	Shale	3687ft	0.75	hvBb	0.01	4213ft	
Fed. #31	T. 10 S., R. 90 W.	--do--	--do--	6384ft	1.00	hvAb	0.03	1516ft	*2150ft
		--do--	--do--	6392ft	0.93	hvAb	0.03	1508ft	
								KB=7901ft	
Exxon Co. USA	SE,NW,NW sec. 36,	Core	Coal	4496ft	0.63	sbA-hvCb	0.01	3460ft	
#2 Old Man Mountain	T. 10 S., R. 95 W.	--do--	--do--	4501ft	0.49	sbA-hvCb	0.01	3545ft	
		Cutting	Shale	4505ft	0.48	sbA-hvCb	0.01	3449ft	*2525ft
		Core	Coal	5447ft	0.70	hVBb	0.03	2508ft	
		Cutting	Shale	5838ft	0.53	sbA-hvCh	0.01	2117ft	
								KB=7956ft	
Exxon Kenny Creek #1	NE sec. 9,	Core	Coal	6942ft	0.79	hvAb	0.01	2636ft	*2630ft
	T. 11 S., R. 93 W.							KB=9578ft	

Piceance 盆地南部模型——Cozzette 段、Corcoran 段和 Rollins 段砂岩

Charles A. Brown, Thomas M. Smagala, Gary R. Haefele

摘要 晚白垩世坎潘阶 Cozzette 段、Corcoran 段和 Rollins 段砂岩沉积于滨岸和陆棚环境。后期成岩作用形成石英次生加大、钙质胶结和大量孔隙充填自生黏土。原生常规粒间孔隙大大减少,导致现今以极低渗微孔隙为主;因此 Corcoran 段、Cozzette 段和 Rollins 段被归类为致密气砂岩。

迄今为止,构造圈闭气占探明储量多数。但将来 Piceance 盆地南部 Corcoran 段、Cozzette 段和 Rollins 段砂岩的主要产层为滨岸相近滨亚相和滨外亚相致密含气砂岩。数据支持发育盆地中心气藏且气藏有动态气流上倾逸出盆地。沿构造向上接近露头的水流压力平衡、极细毛细管和连续的气体生成及运移为动态毛细管压力封闭圈闭(成岩封闭圈闭)提供了基础。开发这类圈闭模型要求盆地热成熟且相邻席状储层有充足气源岩。天然气主要沿最小阻力路线(滨线走向)运移,而这一路线也受储层的成岩降解作用控制。在气藏气柱范围内,席状砂岩被认为是一个充气孔隙系统,含有充满水的连通毛细管。

这一圈闭模型的最重要意义是在盆地内发现大量额外天然气资源。这些未开发资源分布于 Plateau 和 Shire Gulch 油气田下倾方向、朝向盆地中心和沿优质砂岩储层的走向。

1 简介

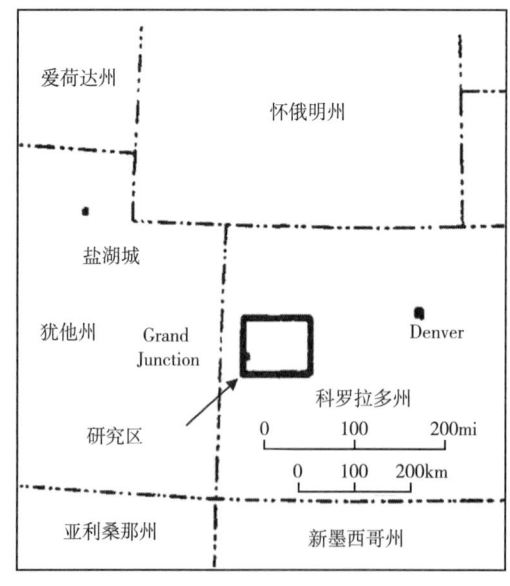

图 1 Piceance 盆地南部位置图

Piceance 盆地南部位于科罗拉多州西北,涵盖 Garfield 郡、Mesa 郡、Delta 郡、Pitkin 郡和 Gunnison 郡的部分区域(图 1)。盆地东以 White River 隆起,南以 Gunnison 隆起,西南以 Uncompahgre 隆起,北以 Axial 盆地弧为界,西侧以 Douglas Creek 弧与 Uinta 盆地分隔。近似连续的 Mancos-Mesaverde 露头勾勒出盆地南部的轮廓。盆地不对称,盆地轴部位于盆地东侧,近平行于 Grand 猪背岭单斜且部分被 Divide Creek 背斜分为两支(图 2)。

表 1 列出了截至 1981 年 12 月 31 日的气田累计产量。Divide Creek 气田、Wolf Creek 气田和 Buzzard Creek 气田为构造气藏,单井高产高储,气产量占 Piceance 盆地总产量的 80%。Buzzard Creek 气田仅有

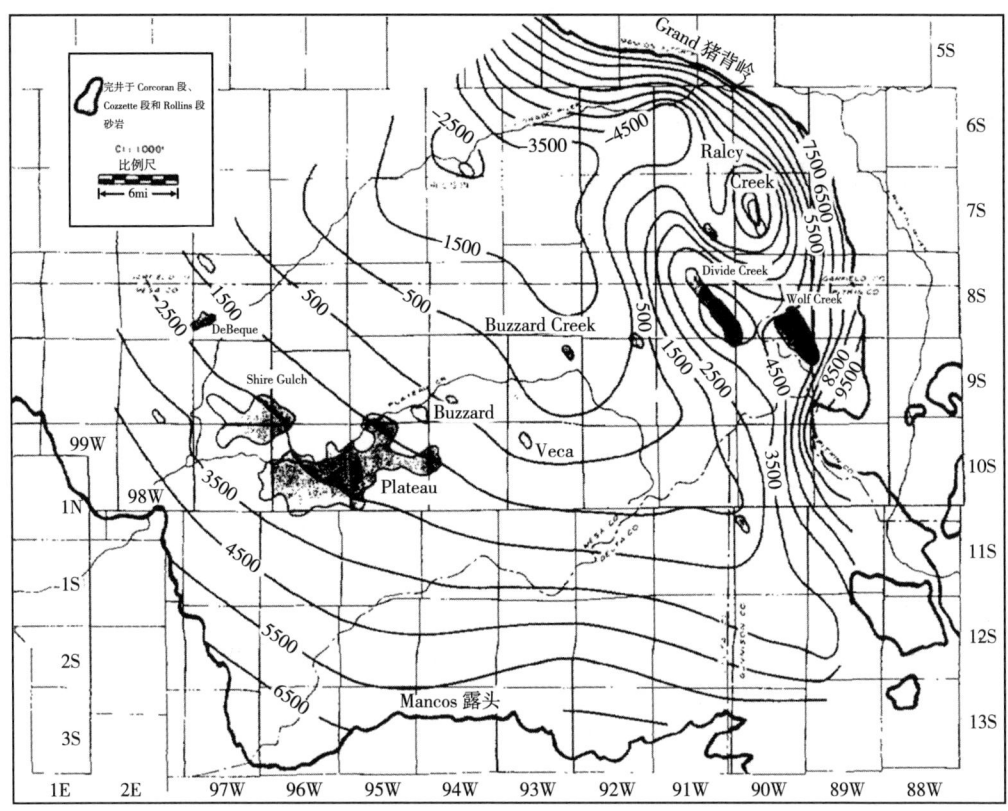

图 2 Piceance 盆地南部 Cozzette 段砂岩顶界构造图
点状区表示气田完井于 Corcoran 段、Cozzette 段和 Rollins 段砂岩

两口井,气产量占盆地总产量的 6%,为高产高储气藏,可能含构造圈闭和/或天然裂缝性储层。剩余气田的气产量占盆地总产量的 14%,单井低产低储,产层属于享受《1978 年天然气政策法案》价格激励的致密气砂岩。充足的井控和地震数据也支持 Rollins-Cozzette-Corcora 气藏不可能具有其他有效构造圈闭这一结论。

表 1　截至 1981 年 12 月 31 日选定油气田的累计产量

油气田	郡	井数[②]	累计产量[①]	单井平均累计产量[①]
Baldy Creek	Garfield	2	247	124
Buzzard Creek	Mesa	2	4549	2275
Buzzard	Mesa	2	56	28
DeBeque	Mesa	2	58	29
Divide Creek	Mesa 和 Garfield	8	45615	5702
Plateau	Mesa	73	9062	124
Shire Gulch	Mesa	16	732	46
Vega	Mesa	2	94	47
Wolf Creek	Pitkin	7[②]	12630	1804

①累计产量数据来源于科罗拉多州 1981 年油气统计和石油信息油气报告。多个油气田存在一些产层类型标记错误。
②Wolf Creek 油气田转化为储气库之前的原始井数。

低产低储非构造气藏中将会发现 Piceance 盆地南部的未开发天然气资源。通过全面了解控制气藏的地质因素和影响产业化水平的工程问题，能最好地勘探这些天然气储量。本文主要考察了 Corcoran 段、Cozzette 段和 Rollins 段的非构造致密气圈闭和储层，提出了解释盆地未开发气资源成藏机制的盆地模型。

2　区域地质构造

Piceance 盆地南部不对称，盆地轴部位于东侧且近平行于 Grand 猪背岭。盆地的现今构造形态主要是拉腊米造山运动的结果。本区的拉腊米造山运动始于晚潘尼阶的 Douglas Creek 弧（Tweto，1980）。白垩系 Mesaverde 群 Ohio Creek 砾岩和 Wasatch 组上覆底砾岩代表了从晚坎潘阶或早马斯特里赫特阶（Maestrichtian）到晚古新世时期的间断（Johnson 和 May，1980）。

厚达 8300ft（2530m）的古新世、始新世和 Wasatch-Green River 湖相沉积物沉积于不整合面之上，被广泛的近水平中新世玄武岩流所覆盖。古新世时的造陆抬升导致科罗拉多河及其局部支流下切穿过岩流层，进入下伏沉积岩。因造陆抬升，河流下切深度超过 5000ft（1524m）。复杂地形迫使气田开发主要集中于交通便利的河谷和溪谷。

过 Plateau 和 DeBeque 气田的地震测线可见延伸至盆地的小断层，但它们未明显影响天然气成藏。Rollins 段、Cozzette 段和 Corcoran 段非构造井的储量和产量资料说明天然裂缝无影响或影响较小。天然裂缝和可能的构造闭合也许会提高 Buzzard Creek 气田的产量。在 Corcoran 段、Cozzette 段和 Rollins 段的数段岩心上，观察到的裂缝均被方解石充填。

3　地层

Corcoran 段、Cozzette 段和 Rollins 段的滨岸和陆棚砂岩主要是进入白垩纪内陆海道的东向进积沉积。砂岩为坎潘阶，包含于 Weimer（1960）定义的上白垩统海退 R3 中。砂岩覆盖 Mancos 海相页岩并与之呈指状交错过渡，其上覆盖 Mesaverde 群陆相砂岩、页岩和煤。在整个 Piceance 盆地区域，Corcoran 段、Cozzette 段和 Rollins 段被归类为 Mesaverde 群砂岩段，为高效天然气储层（图3）。在 Mancos-Mesaverde 露头 T12S，R97W 以西，Gill

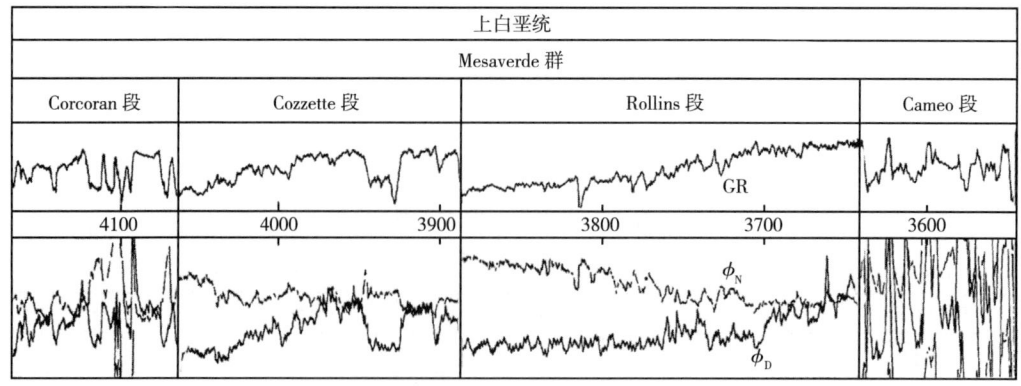

图 3　Chandler&Associates 公司 Plateau Creek-11-32 井的标准测井曲线
该井位于科罗拉多州 Mesa 郡 NE/SW sec. 32, T9S, R96W

和 Hail（1975）将这些砂岩归类为 Mount Garfield 组或 Price River 组。Warner（1964）和 Millison（1968）曾研究过 Piceance 盆地的区域沉积背景和上白垩统。

由于怀俄明州中部前缘期三角洲向东延伸，滨线走向位于北东—南西向。结合露头研究和井下资料，推断 Corcoran 段和 Cozzette 段含煤陆相沉积物和滨线方向的靠海程度。在测井曲线上煤表现为电阻率高值，自然伽马低值；密度、中子和声波测井显示视孔隙度高；井径扩大。

3.1 Corcoran 段储层

在 Plateau 气田、DeBeque 气田、Shire Gulch 气田、Buzzard 气田、Baldy Creek 气田和 Divide Creek 气田，Corcoran 段砂岩产气。根据测井资料，Corcoran 段可见两个沉积旋回。下部砂岩段向下渐变为页岩，在 Piceance 南部盆地多数区域属于海相沉积。上部砂岩段沉积于海退的临滨滩序列中。从西北至东南，等时层段由夹煤砂岩的近滨陆相层序变为海相上临滨层序，最终变为海相下临滨层序。

本次研究使用岩相、X 射线衍射和电镜扫描方法描述和研究了四段 Corcoran 段岩心（图 4），利用 Davies 等（1971）提出的沉积构造和结构标准解释了沉积环境。

图 4 展示了上砂岩单元煤相的向盆程度和测井解释近滨海相和滨外海相砂岩的位置。

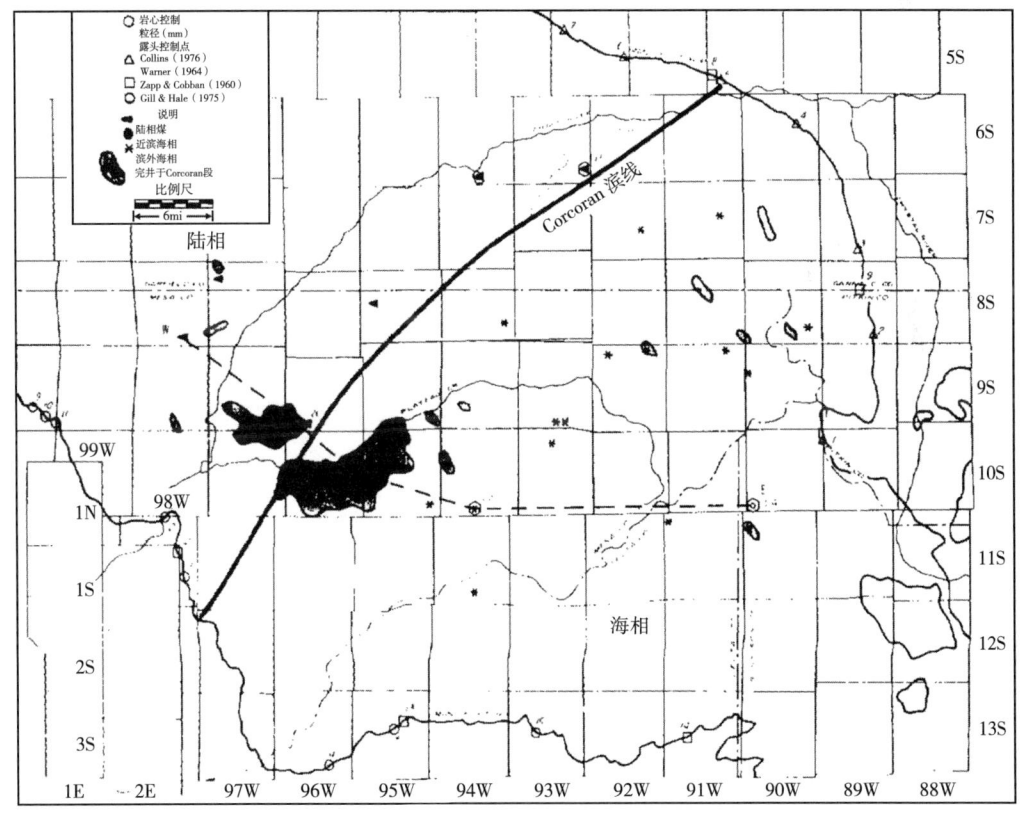

图 4 Corcoran 段砂岩上砂岩单元的沉积环境

沉积环境来源于测井解释，受 Zapp 及 Cobban（1960），Warner（1964），Gill 及 Hale（1975），Collins（1976）的露头控制约束。研究了 Corcoran 段 4 段岩心，确定沉积环境和储层性质。虚线表示横剖面位置（图 5）。完井于 Corcoran 段砂岩的气井以点画线标示，但多数为与上层混合完井

图5给出了垂直滨线的Corcoran段的伽马曲线,显示向东泥质含量显著增加。

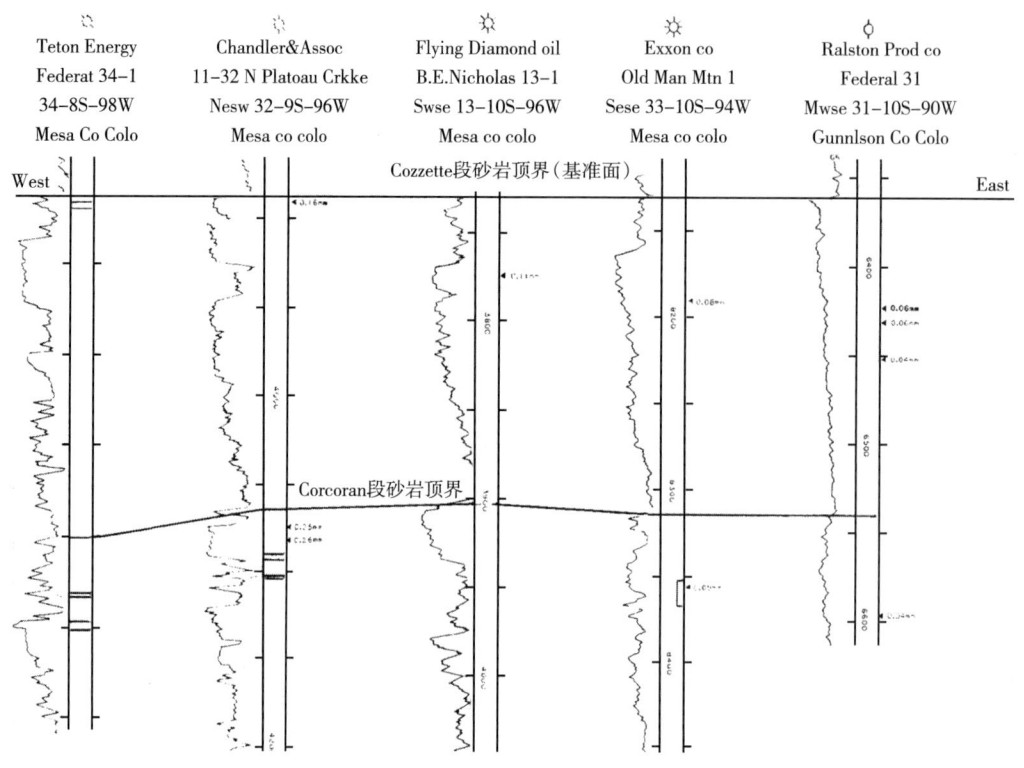

图5 Cozzette段和Corcoran段测井横剖面
标示了Cozzette段和Corcoran段煤,有岩心岩相分析资料处也做了相应注释

海退相的近滨海相层段预计发育有利原生(成岩前沉积)储层。因为粒径小(图4)、沉积碎屑黏土和沉积物中生物扰动,滨外海相层段的Corcoran段砂岩解释为差储层。滨线东北侧的陆相砂岩较滨岸砂岩连续性更差。

Piceance盆地东南部Corcoran段砂岩骨架组分主要为石英(55%~65%),其次为少量微晶燧石(14%~16%),石英白云母片岩(5%~15%),斜长石(8%~10%),碎屑白云岩(5%~10%),云母(2%~5%)和火山岩岩屑(微量~2%);始终存在微量黏土团块(部分为海绿石),少数井可见少量泥屑(2%~8%)。按照改进的Folk(1974)分类方案,将燧石归为石英组分,这些砂岩被划分为亚岩屑砂岩。

Corcoran段砂岩的主要胶结物为石英次生加大和少量方解石(3%~7%)、菱铁矿(1%~2%)。Chandler & Associates公司Plateau Creek-11-32井(NE/SW sec. 32, T9S, R96W)的样品不含方解石。其他井的两个样品含少量白铁矿(4%~5%),Exxon公司Old Man Mountain-1井(NW/SE/SE sec. 33, T10S, R94W)的一个样品可见中等含量铁白云石(14%)。

Corcoran段孔隙以微孔隙(孔隙直径<0.002mm)为主,可见少量大孔隙(0~30%)。大孔隙大部分(65%~100%)发育在颗粒间,极少量孔隙以燧石、斜长石和火山岩岩屑的粒内孔隙形式存在。

Corcoran段表现出向东南方向粒度逐渐变细的趋势(图4)。研究区西缘Plateau Creek-

11-32井的颗粒为中砂级（0.25~0.26mm），东南部Ralston生产公司Federal-31井（NW/SE sec. 31. T10S, R90W）的颗粒为中粉砂级（0.04mm）。

Corcoran段黏土主要为混层伊利石—蒙皂石和伊利石，如图6（a）所示，多数黏土具有锯齿状不规则外形且围绕粗碎屑颗粒展布。细粉砂级自生高岭石书页状集合体仅见于Plateau Creek-11-32井中。X射线衍射分析显示所有样品中黏土相对较丰富（6%~17%）。Corcoran段的黏土组合主要为混层伊利石—蒙皂石（0~48%）和伊利石（20~88%）。可见微量—中等含量绿泥石（0~25%），除Plateau Creek-11-32井可见中等含量的高岭石（30%~32%），其余井均无高岭石。

（a）Corcoran段深度6567 ft（科罗拉多州Gunnison郡Ralston生产公司Federal-31井，NW/SE sec. 31, T10S, R90W）

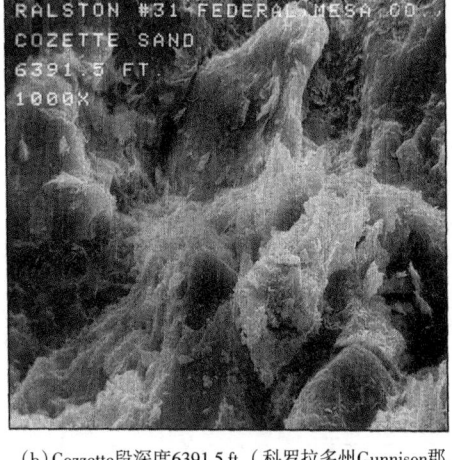

（b）Cozzette段深度6391.5 ft（科罗拉多州Gunnison郡Ralston生产公司Federal-31井，NW/SE sec. 31, T10S, R90W）

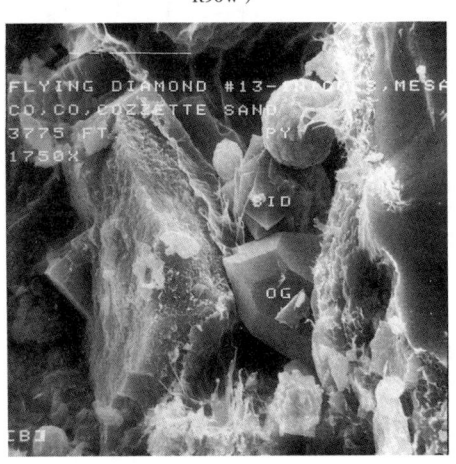

（c）Cozzette段深度3775 ft（科罗拉多州Mesa郡Flying Diamond石油公司B.E. Nichols-13-1井，SW/SE sec. 13, T10S, R96W）

（d）Rollins段深度5489~5490 ft（科罗拉多州Mesa郡Exxon公司Old Man Mountain-2井NW/NW sec. 36, T10S, R95W）

图6 扫描电镜照片

Corcoran段储层的岩石总孔隙度（包含微孔隙和大孔隙）为4.0%~17.0%。根据短期瞬变压力分析和油藏模拟长期压力—生产史拟合，Corcoran段储层的地层气渗透率为0.002~0.08mD。

3.2 Cozzette 段储层

Piceance 盆地南部 Plateau 气田、DeBeque 气田、Shire Gulch 气田、Buzzard Creek 气田、Divide Creek 气田、Vega 气田、Baldy Creek 气田和 Wolf Creek 气田的 Cozzette 段产气。Zapp 和 Cobban（1960）指出 Cozzette 段为 Mesaverde 群 Iles 组上段—Mount Garfield 组下段海侵的海相砂岩。

图 7 展示了 Cozzette 段和 Corcoran 段之间 Mancos 页岩舌状体的向陆海侵，标记为 TC（Zapp 和 Cobban，1960）。Gill 和 Hail（1975）在露头观察到另有 7~8mi 的海相页岩代表西北向海侵，并根据发育煤和陆相砂岩，确定了 Cozzette 段滨线的 4 次小规模海退。图 7 中这 4 次海退分别编号为 1（最早）~4（最晚）。Collins（1976）发现在 Grand 猪背岭 Piceance 深谷的 Cozzette 段层序中存在煤（sec. 35，T3S，R94W）。图 5 为 Cozzette 段自然伽马曲线剖面。观测前述 4 段岩心，取样进行 Cozzette 段 X 射线衍射和扫描电镜岩相分析（图 7）。

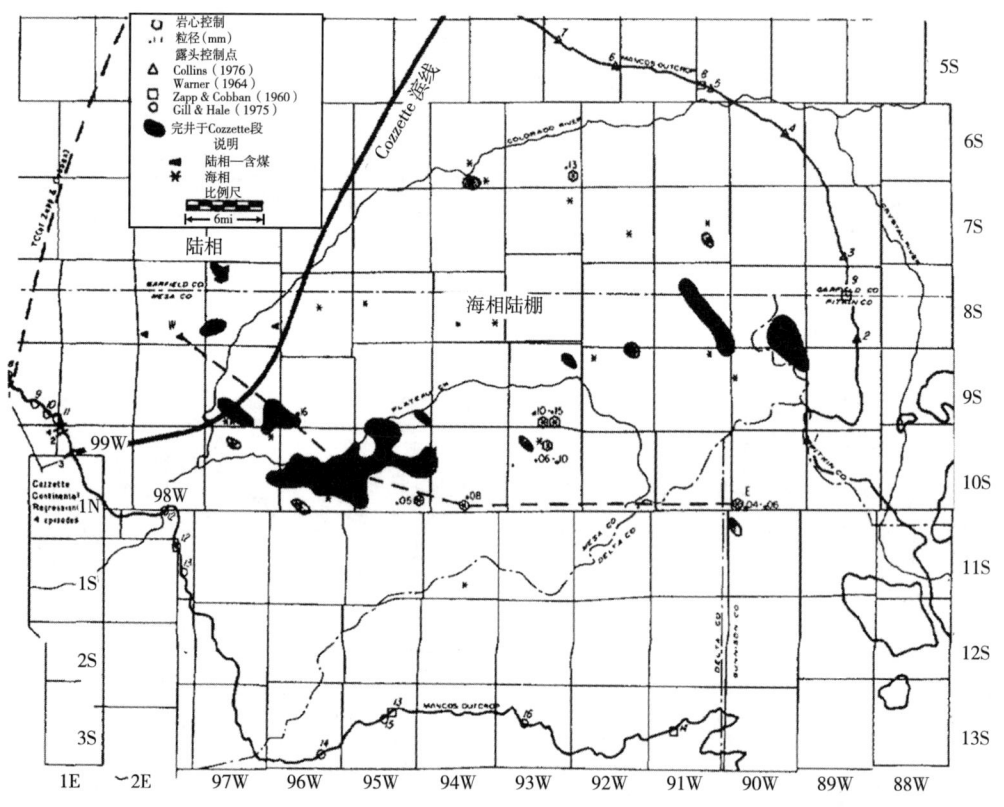

图 7　Cozzette 段砂岩广泛第三次海退砂的沉积环境

沉积环境来源于测井解释并受露头控制约束。利用 9 段 Cozzette 段岩心观察沉积环境和储层性质。图中标注了在 Cozzette 段完井的气井；但多数井为 Corcoran 段、Rollins 段和 Mesaverde 群混合完井。

Cozzette 段砂岩通常与 Corcoran 段砂岩很相似，石英质组分占 55%~80%，其中约 80% 为石英和残余燧石。斜长石含量较少（8%~10%）。岩屑颗粒包含不等量石英白云母片岩（2%~5%）、云母（2%~10%）和碎屑白云岩（2%~10%）。仅见微量—极少量火山岩岩屑和海绿石。多数样品被归类为亚岩屑砂岩，而如果云母和白云石含量相对较高，则为岩屑砂岩。Exxon 公司 Old Man Mountain-2 井（SE/NW/NW sec. 36，T10S，R95W）和 Vega-4 井（SW/NE/SW sec. 35，T9S，R93W）的极细粒砂岩层中可见岩屑砂岩。

Cozzette 段的主要胶结物为石英次生加大。部分样品含少量方解石（1%~7%），Old Man Mountain-2 井和 Vega-2 井（NW/SE sec. 34，T9S，R93W）的两个样品含少量铁白云石（7%）。多数样品可见极少量菱铁矿（1%~4%）。

Cozzette 段可见孔隙为黏土内粒间微孔（37%~100%）。往西北方向，Cozzette 段颗粒相对较粗（粒径>0.10mm），总孔隙多数为大孔隙（17%~42%）。往东南方向，粒径持续快速减小，从 Plateau Creek-11-32 井 0.16mm 变化为 Federal-31 井 0.06mm（图7）。

可见 Cozzette 段多数黏土具有锯齿状不规则外形，围绕骨架颗粒展布，因此几乎可肯定为碎屑成因，如图 6（b）所示。其他样品中，常见伊利石黏土从片状边缘延伸出细长的脆性带状突出物［图 6（c）］。仅 Plateau Creek-11-32 井观察到密集的高岭石书页状集合体。

研究区 Cozzette 段砂岩的总黏土含量始终很高（3%~19%），东南缘 Federal-31 井（黏土含量 13%~17%）尤其如此。但 Flying Diamond 公司 Nichols-13-1 井（sec. 13，T10S，R96W）Cozzette 段岩心样品是一个例外，其黏土含量仅为 1%。Cozzette 段黏土组合以伊利石（14%~80%）和混层蒙皂石—伊利石（0~55%）为主，二者平均含量为 40%。多数样品可见中等含量绿泥石（10%~32%），而 Plateau Creek-11-32 井样品未见绿泥石却见大量高岭石（57%）。

Cozzette 段砂岩的岩石总孔隙度（包含微孔隙和大孔隙）为 2.6%~18.0%。根据短期瞬变压力分析和油藏模拟，Cozzette 段储层的地层气渗透率为 0.003~0.05mD。

3.3 Rollins 段储层

Piceance 盆地南部 Plateau 气田、DeBeque 气田和 Shire Gulch 气田的 Rollins 段砂岩产气。Cozzette 段和 Rollins 段间 Mancos 舌状体的向陆海侵被 Zapp 和 Cobban（1960）命名为 TC，位于 Mancos-Mesaverde 露头 T9S，R100W 处。Rollins 砂岩向东南退却，跨越 Piceance 盆地南部达到滨线位置 RD（图 8）。整个盆地的砂岩具有相关性，被假定为连续储层。砂岩下段与 Mancos 页岩舌状体呈渐变接触，上方常常覆盖厚 Cameo 煤层。

Old Man Mountain-2 井 Rollins 段砂岩样品的骨架组分以石英（65%~72%）为主。剩余粗粒组分大部分为少量—中等含量燧石（2%~13%）、少量石英白云母片岩（5%~10%）、斜长石（7%~10%）、云母（2%~5%）和化石碎屑。仅含微量火山岩岩屑和海绿石黏土团块。Rollins 段所有检测样品均归类为亚岩屑砂岩。

胶结作用的主要胶结物为石英次生加大和细晶—粗晶方解石。后者的存在要归因于所有 Rollins 段样品均含有化石碎屑。仅见极少量其他胶结物（菱铁矿和白铁矿）。

Rollins 段砂岩样品的大部分孔隙为伊利石和高岭石黏土间的晶间微孔。事实上，未见任何形式的大孔隙。

Rollins 段样品的扫描电镜分析显示黏土矿物形态主要有两种：（1）卷曲片状，边缘有短而密的突起，衬垫多数孔隙；（2）发育良好的细粉晶级假六方形书页状高岭石集合体，堵塞多数孔隙中心。X 射线衍射确定 Rollins 层最粗粒样品中岩石总黏土含量相对较低（2%），而较细粒样品的总黏土含量却相当高。三个样品的黏土组合均以混层蒙皂石—伊利石（48%~71%）和高岭石（29%~37%）为主。未见绿泥石，仅见微量—中等含量

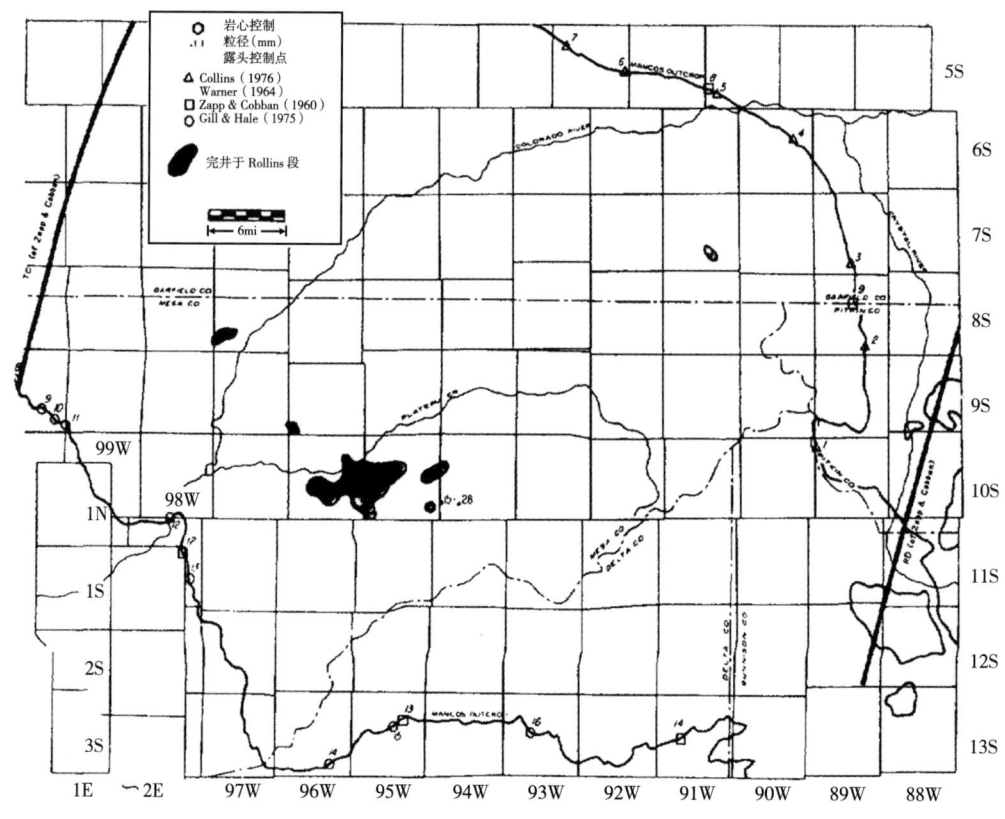

图 8 Rollins 段滨线（Zapp 和 Cobban，1960）
标注了在 Rollins 段完井的气井，但多数为 Corcoran 段和 Cozzette 段混合完井

（微量~16%）伊利石。

Rollins 段砂岩的岩石总孔隙度（包含微孔隙和大孔隙）为 10.9%~22.0%。根据瞬变压力分析，Rollins 段储层地层气渗透率为 0.002~0.04mD。

4 热演化

烃源岩的地层位置、类型、性质和热成熟度是建立综合盆地模型的重要影响因素。McPeek（1981）和 Law、Spencer 及 Bostick（1980）对落基山含气盆地进行了有机质成熟度分析。

本文未对有机质类型，Rollins 段、Cozzette 段、Corcoran 段砂岩附近烃源岩的性质和位置进行专题分析。但因砂岩沉积于近滨环境，毗邻砂岩的陆相环境发育煤，预测主要烃源岩为腐殖型有机质。

从 Rollins 段砂岩正上方煤层的钻屑和岩心中采集煤样，其镜质组反射率主要反映 Piceance 盆地南部有机质的热成熟度。在盆地不同部位，这一煤层被称为 Cameo 煤带、Fairfield 煤带或 Wheeler 煤带，在此处被称为 Cameo 煤带。Freeman（1979）与美国地质调查所及业内人士测量了油的镜质组反射率（R_o）。

图 9 为 Cameo 段的测量镜质组反射率等值线图。R_o 的范围为 0.46%~2.00%。对比图

9 与 Cozzette 段构造图（图 2），发现 Cameo 煤带的构造位置（反映相对埋深）和有机质成熟度有良好相关性。唯一例外的是，往东南方向 Mt. Sopris-Snowmass Peak 地区的后—始新世火成侵入作用导致成熟度更高，如 T9S、T10S、R89W 等处的观测值。

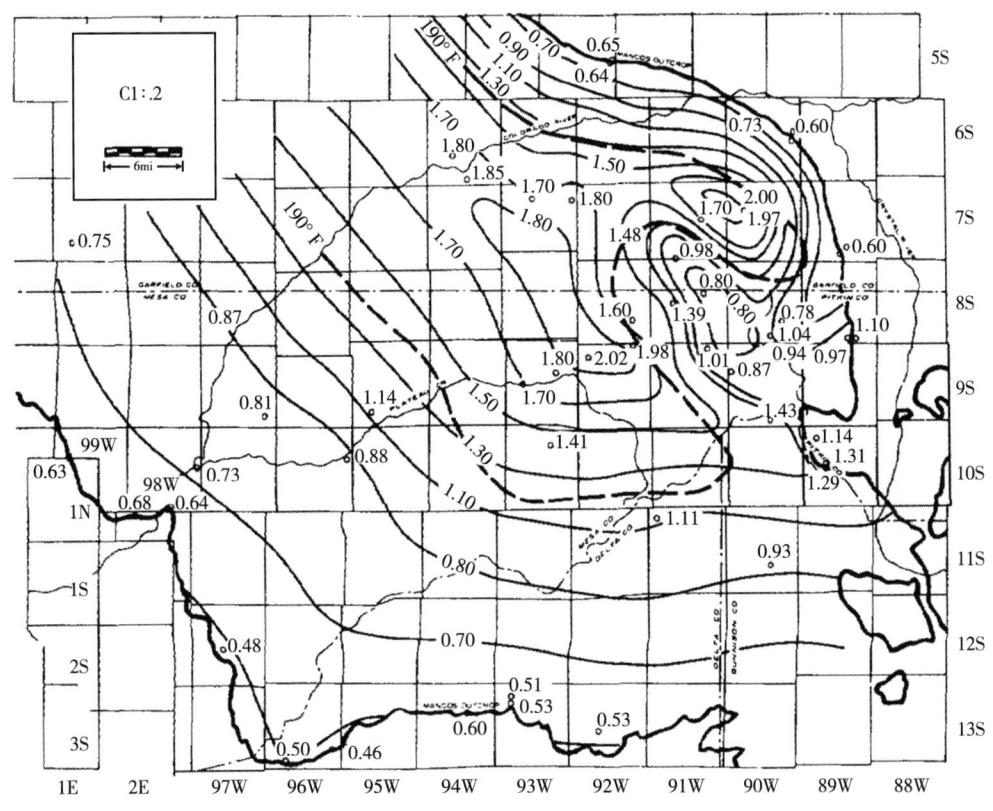

图 9　Cameo 煤带的测量镜质组反射率等值线图
数据由 Freeman（1979）和其他 USGS 及其他业内人士提供

预计 R_o 为 0.80% 时，烃源岩开始生成湿气；R_o 为 1.00% 时，达到湿气的生气高峰。R_o 为 1.00% 时，开始生成干气，R_o 为 1.20% 时，达到干气的生气高峰（Staplin 等，1982）。事实上，Corcoran 段、Cozzette 段和 Rollins 段仅生成干气，且生气区 R_o<1.2%，反映来自盆地较热部分的明显运移。图 9 中也绘制了 Cameo 段 190°F AAPG 校正等温线（AAPG，1976）。在 190°F 或更高温度下，认为沉积物主动生烃（Law 等，1980）。

5　开采

在 Piceance 盆地不同气田，Corcoran 段、Cozzette 段及 Rollins 段砂岩和粉砂岩的累计气产量存在很大差异，见表 1。根据地质和工程数据的初步分析，产量变化较大应归因于构造影响、储层物性、多层完井、压裂技术和伴生水产量。为了简化讨论，文中对盆地内两类井（高产高储井和低产低储井）进行了比较概括。

高产井与构造闭合度相吻合。这些高产气井不一定多层完井；但这些地区的构造活动产生断层和裂缝，为单井提供了额外的层组贡献和较高的产能系数。此外，构造内天然气的早期生成、运移和成藏也许抑制了自生胶结物和黏土发育，而保留部分原生储层大孔隙和天然裂缝。由于缺少岩相或扫描电镜观测岩心，这一观点未被证实；但在其他盆地已观测到这种现象（Brown 等，1981）。因为这些气田高产，所以研究重点不是压裂技术和新的开采方法。除了构造低部位井外，产水并不是主要问题。Divide Creek 和 Wolf Creek 是有高产井的构造型气田。

相反，低产区以非常规储层气藏为特点。因为粒度小、部分沉积黏土和后期发育自生胶结物及黏土，储层物性较差。在 Cozzette 段和 Corcoran 段粉砂岩滨外沉积中，气藏被认为是自生自储成藏。粉砂岩和页岩围岩的有机质含量高，对气源有贡献。小毛细管和孔隙导致储层物性极差，是粉砂岩局部成藏的形成机制。在 Rollins 段、Cozzette 段及 Corcoran 段滨岸沉积中，天然气不仅本地生成，而且也从盆地深部运移而来。水沿构造向上至露头，足够小毛细管和连续气体运移为毛细管压力圈闭机制。可见一些裂缝和/或微裂缝；观测到岩心裂缝多数被方解石充填。尽管在投产极早期，天然裂缝提高气井生产效率，但储层基质孔隙才是控制产能的主要因素。油藏模拟和短期瞬变试井分析都支持这一结论。在这些区域不断强调使用压裂技术，当前作业所使用支撑剂高达 360000lb。Plateau 气田、Shire Gulch 气田、DeBeque 气田、Vega 气田、Baldy Creek 气田和 Buzzard 气田被归为此类。

本文重点关注低渗进而低产的气区。利用气井瞬变模拟器研究气体压力—产能响应，发现随着压力下降，有时地层气渗透率有效性降低。这一现象归因于导致层组变形的孔隙压力释放、黏土移动、孔隙间临界流和/或无法维持单相气体流动。在类似致密含气砂岩中，附加回压导致压降减小，使得其中一些不利于生产的影响最小化，从而实际提高产气量（Nydegger 等，1980）。

致密砂岩压降过大的最具破坏性后果大概是引发气水两相流动。不仅靠近井眼的高含水饱和度区使得气相对渗透率降低，自生黏土运移经过储层基质孔隙也会导致孔喉永久性堵塞。对于 Corcoran 段、Cozzette 段和 Rollins 段，产水是一个相当复杂的问题，尤其 Plateau 地区、Shire Gulch 地区、DeBeque 地区和 Buzzard 地区更是如此。目前几乎无公开发表的产水量记录；但有现场作业人员报告多数井常伴有产水。多数作业人员的对策是安装小型油管抽油机或气举系统，以实现排水和提高产能。

6 气藏评价

水力压裂低渗井需要更先进的评价技术，而非容量测定法、物质平衡法和经验速率—时间图之类的常规油藏工程方法（Brown、Erbe 和 Crafton，1981）。应该重点解决裂缝和储层中瞬变流动随时间变化的问题，这一点利用有限差分法或气井分析模拟器模拟裂缝线性流和储层径向流很容易实现（Crafton 和 Harris，1976；Crafton、Poundstone 和 Brown，1982）。上述分析研究结合历史拟合方法可描述单井实际生产和压力动态特征。

油气藏评价首先需要建立严格的测井模型，准确量化岩石性质。Brown、Smagala 和 Williams（1983）讨论研究了 Corcoran 段、Cozzette 段和 Rollins 段的模型。其次，需根据样品气相色谱预测流体性质。最后，利用模拟器匹配历史产量和压力动态，确定基质渗透率和有效裂缝长度的描述性储层参数。以观测压力为给定（自）变量，产量为匹配（因）变量，所以模型展示了准确的压力响应。图 10 为 Plateau 气田一口井的实际匹配结果。根据该井历史匹配结果，基质有效气渗透率为 0.047mD，裂缝半长为 400ft（122m）。预测

20 年后,该井累计产气 $346×10^6 ft^3$,这是 Plateau 气田区的典型预测产量。

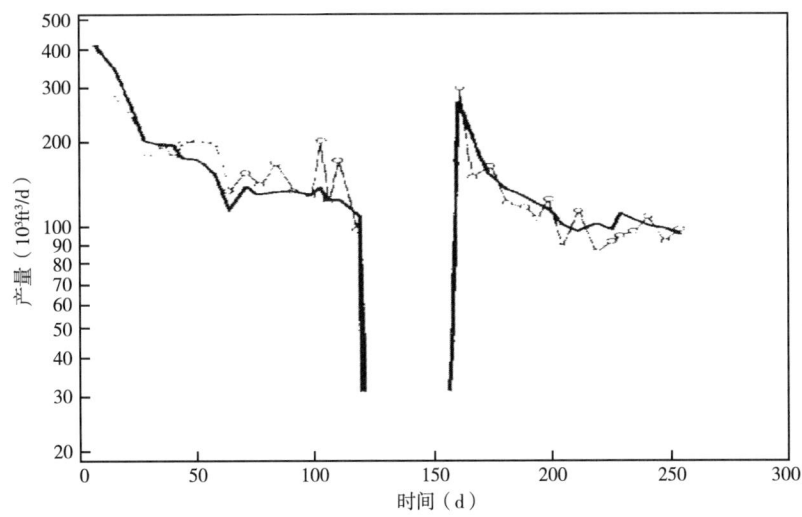

图 10　科罗拉多州 Mesa 郡 Plateau 气田 Cozzette-Corcoran 段井的生产历史匹配
实线为模拟产量数据

7　压力

整个盆地内缺少 Corcoran 段、Cozzette 段和 Rollins 段的精确平均地层压力数据。与曲线匹配方法的预测地层平均压力相比,报告的初始关井压力多数较低。此外,初始恢复压力数据大多不适合用于估算地层平均压力。储层致密性要求关井时间比前期开井时间长,即使 Horner 解释方法也是如此(Horner,1951)。若井筒明显积水,因而影响根据地面读数估算真实地层压力时,也需要使用井底压力。多数井为多层完井,使得问题更加复杂化。

最近几年中,Piceance 盆地最准确的压力数据来自 Plateau 气田和 Shire Gulch 气田。利用井底压力测量和远大于开井时间(4~20 倍)的关井时间,实施受约束的初期测试。图 11(a)是一个代表性样本数据和多井试验井(sec. 34,T6S,R94W)的最新 Cozzette 段压力数据,此图为标准深度—压力图。常规解释认为与静水压力梯度相比,Plateau 气田井为欠压,多井试验井为超压。这是地层单元压力系统对比的典型关系。但如果压力系统只是盆地中心气藏内的一个气相横向连续区,则这些结果不具有真正的物理含义。

因为这些井在 Corcoran 段、Cozzette 段或 Corcoran-Cozzette 段完井且位于沿滨线沉积的向盆侧,地层压力—海拔高程图则更为适用。这类图[图 11(b)]较准确地描述层段的预测压力连续区,可与气水柱压力梯度有指导意义的对比。在 Shire Gulch 段和 Plateau 气田,压力梯度明显略大于气柱压力梯度。将压力系统内插至多井试验井海拔高程,发现与气柱相比为超高压。这种解释可能说明压力系统不是静气柱或连续静水柱。

为进一步澄清,图 11(c)基于 Plateau 气田和多井试验区之间的 Cozzette 段构造,具有相同的插值压力曲线和沿滨线沉积的搬运层横向范围。该图准确描绘了压力系统,以及后期讨论盆地中心气概念时所建立成熟—运移渗流现象导致的压力变化。

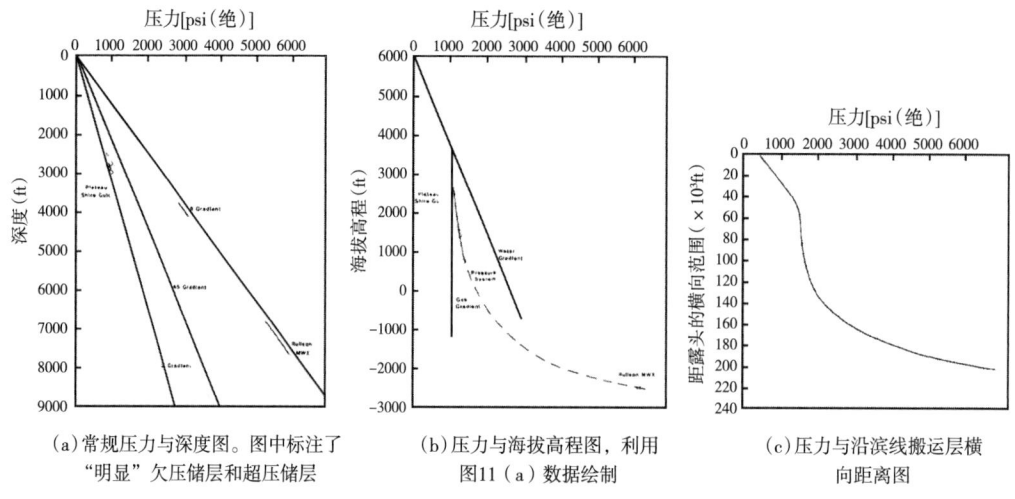

(a) 常规压力与深度图。图中标注了"明显"欠压储层和超压储层　　(b) 压力与海拔高程图,利用图11(a)数据绘制　　(c) 压力与沿滨线搬运层横向距离图

图 11　Cozzette 段和 Corcoran 段的地层压力图

8　圈闭形成机制

Rollins 段、Cozzette 段和 Corcoran 段气藏受三种圈闭形成机制控制：闭合背斜构造、局部地层变化和毛细管压力盆地中心气圈闭。

在 Divide Creek 气田和 Wolf Creek 气田，最有效圈闭明显为闭合背斜。Divide Creek 气田单井平均产量 $5.7 \times 10^9 ft^3$。而单井气田 Buzzard Creek 气田也具有微小的构造闭合度。未来在 Piceance 盆地内不可能再发现气储量丰富的闭合背斜构造。

地层圈闭不是 Piceance 盆地 Rollins 段、Cozzette 段和 Corcoran 段的主要圈闭式样，极近海沉积区例外。Cozzette 段和 Corcoran 段滨岸砂岩沉积走向平行于构造倾向，出露于盆地南、北两端。就 Rollins 段而言，露头近于连续。在地下，Cozzette 段和 Corcoran 段砂岩无论处于陆棚相或滨岸相均可在较长距离内对比，似乎有足够渗透性可进行气体运移。滨岸砂岩沉积走向、地层特征的局部变化和可能的构造影响（如局部断裂）能够改善圈闭条件，但不是一种主要圈闭形态。

依据 Rollins 段、Cozzette 段和 Corcoran 段席状砂岩的地质和工程数据，Piceance 盆地南部与美国 San Juan 盆地和 Wattenberg 气田，加拿大 Milk River 盆地和 Deep 盆地气田类似，均可认为是盆地中心气藏。Masters（1979）指出这些油气田具有如下特征。

（1）较之下倾含气砂岩，上倾亲水砂岩高孔、高渗、低泥质。

（2）亲水砂岩和含气砂岩间存在过渡带。构造上倾部位的井仅产水，逐渐向下倾部位变为产水和气，最后仅产气。过渡带水盐度比构造上倾含水带水盐度高。

（3）过渡带内孔隙度、渗透率较高的区带产水量高。

（4）测井分析说明含气带内岩石整体气饱和，即所有砂岩和粉砂岩均含气。

（5）砂岩中气圈闭依赖于孔隙度和渗透率降至临界水平。

（6）等势面图显示含水区海拔较高，向含气区逐渐变为低海拔。

对于构造下倾部位致密砂岩气藏的圈闭形成机制，Masters 有两种解释：水向下倾方向流动，和/或当孔隙度和渗透率低至临界值时因气、水相对渗透率产生的砂岩内有效水堵。

利用 Piceance 盆地已知工程和地质数据建立定义这类圈闭的模型。Plateau Creek 区、Shire Gulch 区和 Rulison 区 Cozzette 段证实存在类似 Masters 发现的盆地中心气圈闭。图 12 以垂向横剖面展示了一个毛细管压力盆地中心气圈闭。

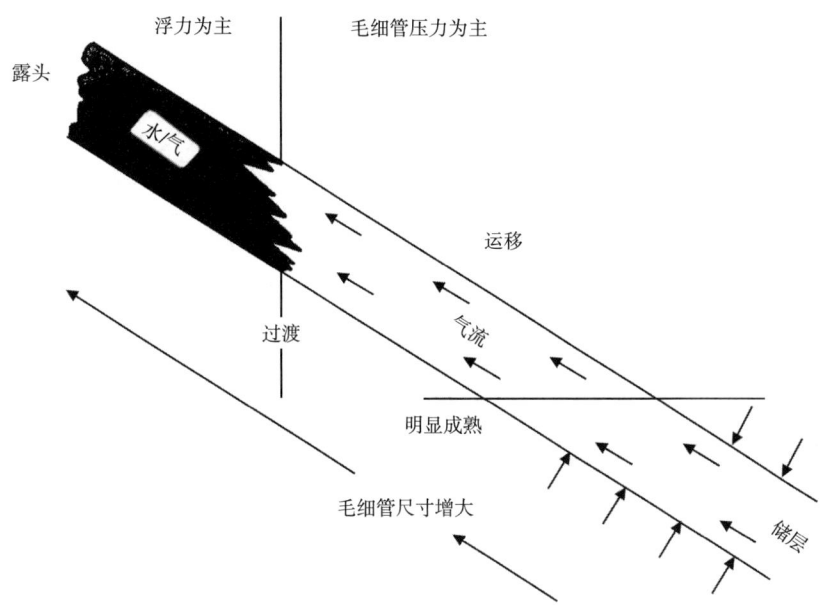

图 12　毛细管压力天然气圈闭模型

这类圈闭形成机制需要具有充足气源岩毗邻席状储层的热成熟盆地。天然气沿最小阻力路径（滨线走向）流动，但受储层的成岩降解作用控制。在气藏的气柱范围内，席状砂岩被认为是一个充气孔隙系统，含有充水的连通毛细管。即使热成熟作用正将天然气注入孔隙系统，但气体仅在克服充水毛细管的约束力后才能在孔隙间运动。这一约束力可以表示为孔隙压力差异门限，气体运动表示为脉冲运移流。此处以术语"脉冲"区分气体在孔隙间的不连续运动和连续达西流动。随着流体通过不断扩大的毛细管，孔隙压力差异门限值降低。当作为控制机制的流体浮力超过孔隙压力差异时，气体流动沿上倾方向逸出露头形成正常运移，并以水置换气。在受力转换的构造上倾区，系统由孔隙含水为主变为含气为主。观测到倾斜等势面的原因不是水动力和水沿下倾方向流动，而是由于流出盆地的气液系统。

孔隙压力差异与岩石最大连通毛细管尺寸的毛细管压力有关。Kwon 和 Pickett（1975）发现粉砂岩和页岩质砂岩的实际和理论毛细管压力曲线不规则，在孔隙入口压力之上不同饱和度处具有多个台阶和平直段。Leverett（1941）记录了自然堆积非固结砂粒自吸和排驱毛细管压力曲线间的明显滞后现象。低渗岩石滞后效应较大，被视为与运移压力门限有关。

图 13 是 Piceance 盆地南部 Cozzette 段砂岩原生非构造圈闭形成机制的平面图。这个模型过于简化，不能描述 Plateau 地区和 Shire 地区所有局部圈闭的影响。已知存在小断层和地层变化，会引起局部圈闭变化。但是这一圈闭模型的最重要含义是盆地可能有大量可用

气资源。这些资源位于 Plateau 地区和 Shire Gulch 地区的构造下倾方向、向盆地中心和沿最佳砂岩沉积趋势带发育。这一难题和恶劣地形导致钻探花费高，所以少有在这些区域进行钻探。

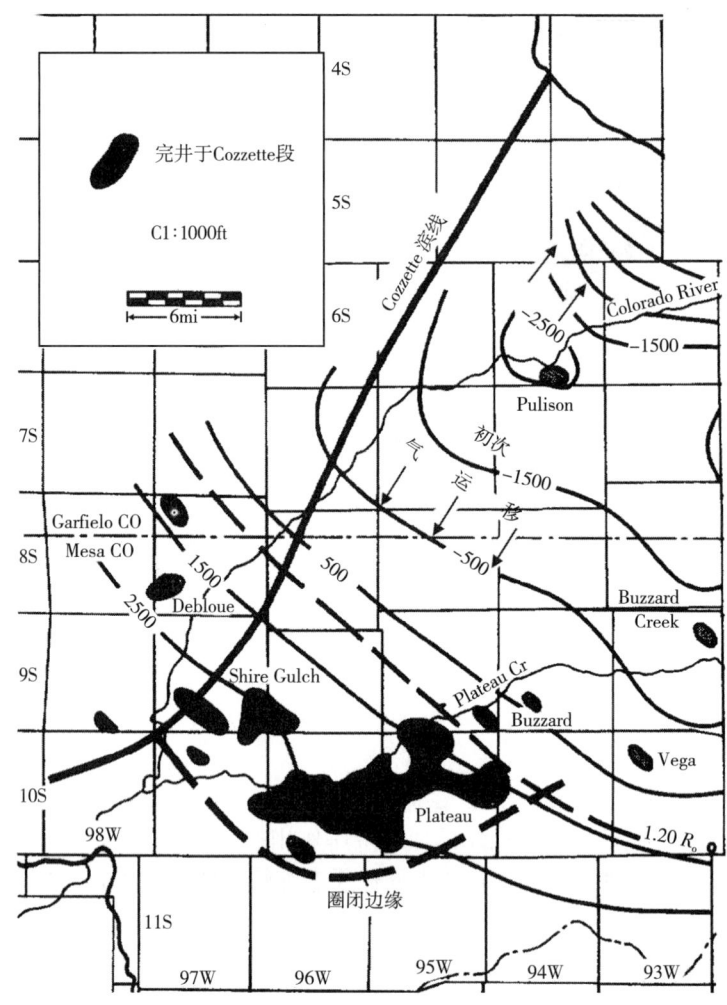

图 13　Cozzette 段毛细管压力气圈闭区域分布图

标示了初次气运移方向，构造等值线为 Cozzette 段砂岩顶界等值线

致谢

感谢下述公司所提供 Piceance 盆地的数据：Snyder 石油公司、Chandler & Associates 公司、美国 Exxon 公司和 Coors 能源公司。

参 考 文 献

[1] AMERICAN ASSOCIATION OF PETROLEUM GEOLOGISTS RESEARCH COMMITTEE, Geothermal Survey of North America Subcommittee, 1976, Geothermal gradient map of North America.

[2] BROWN, C. A., C. B. ERBE, and J. W. CRAFTON, 1981, A comprehensive reservoir model of the low permeability Lewis sands in the Hay Reservoir area, Sweetwater County, Wyoming: Society of Petroleum

Engineers, SPE Paper 10193, 14 p.

[3] BROWN, C. A., T. M. SMAGALA, and M. L. WILLIAMS II, 1983, Preliminary overview, Corcoran, Cozzette, and Rollins sands, Piceance basin, Colorado: unpublished report to the Bureau of Economic Geology, The University of Texas at Austin, and the Gas Research Institute by CBW Services, Inc., Contract No. GRI-BEG-5082-211-0708, 36 p., 26 exhibits.

[4] COLLINS, B. A., 1976, Coal deposits of the Carbondale, Grand hogback, and Southern Danforth Hills coal fields, eastern Piceance basin, Colorado: Quarterly of the Colorado School of Mines, v. 71, 138 p.

[5] COLORADO OIL AND GAS CONSERVATION COMMISSION, 1981, Oil and gas statistics: State of Colorado Department of Natural Resources, 241 p.

[6] CRAFTON, J. W., and C. D. HARRIS, 1976, Direct finite difference simulation of a gas well with a finite capacity vertical fracture: SPE-AIME (Society of Petroleum Engineers) Paper 5736, 23 p.

[7] CRAFTON, J. W., D. J. POUNDSTONE, and C. A. BROWN, 1982, A practical model for evaluating a well producing from a tight gas formation: SPE-AIME (Society of Petroleum Engineers) Paper 10841, p. 481-489.

[8] DAVIES, D. K., F. G. ETHRIDGE, and R. BERG, 1971, Recognition of barrier environments: AAPG Bulletin, v. 55, p. 550-565.

[9] FOLK, R. L., 1974, Petrology of sedimentary rock: Austin, Texas, Hemphill Publishing Company, 182 p.

[10] FREEMAN, V. L., 1979, Preliminary report on rank of deep coals in part of the southern Piceance Creek basin, Colorado: USGS Open-File Report 79-725, 9 p.

[11] GILL, J. R., and W. J. HAIL, 1975, Stratigraphic sections across Upper Cretaceous Mancos Shale-Mesaverde Group boundary, eastern Utah and western Colorado: USGS Oil and Gas Inv. Chart OC-68.

[12] HORNER, D. R., 1951, Pressure build-up in wells: Proceedings of the Third World Petroleum Congress, v. 2, 503 p.

[13] JOHNSON, R. C., and F. MAY, 1980, A study of the Cretaceous – Tertiary unconformity in the Piceance Creek basin, Colorado—the underlying Ohio Creek Formation (Upper Cretaceous) redefined as a member of the Hunter Canyon or Mesaverde Formation: USGS Bulletin 1482-B, 27 p.

[14] KWON, B. S., and G. R. PICKETT, 1975, A new pore structure model and pore structure interrelationships: 16th Annual SPWLA Logging Symposium, paper P, 14 p.

[15] LAW, B. E., C. W. SPENCER, and N. H. BOSTICK, 1980, Evaluation of organic matter, subsurface temperature and pressure with regard to gas generation in low-permeability Upper Cretaceous and lower Tertiary sandstones in Pacific Creek area, Sublette and Sweetwater counties, Wyoming: Mountain Geologist, v. 17, no. 2, p. 23-35.

[16] LEVERETT, M. C., 1941, Capillary behavior in porous solids: AIME Transactions, v. 142, p. 152-169.

[17] MASTERS, J. A., 1979, Deep basin gas trap western Canada: AAPG Bulletin, v. 63, p. 152-181.

[18] MCPEEK, L. A., 1981, Eastern Green River basin: a developing giant gas supply from deep overpressured Upper Cretaceous sandstones: AAPG Bulletin, v. 65, p. 1078-1098.

[19] MILLISON, C. D., 1968, Gas occurrence in Upper Cretaceous and Tertiary rock of Piceance basin, Colorado, in Natural gas of North America: AAPG Memoir 9, p. 878-898.

[20] NYDEGGER, G. L., D. D. RICE, and C. A. BROWN, 1980, Analysis of shallow gas development for low-permeability reservoirs of Late Cretaceous age, Bowdoin Dome area: Journal of Petroleum Technology, v. 32, p. 2111-2120.

[21] STAPLIN, et al., 1982, How to assess maturation and paleotemperatures: SEPM Short Course 7, 289 p.

[22] TWETO, O., 1980, Tectonic history of Colorado, in Kent et al., eds., Colorado geology: Rocky Moun-

tain Association of Geologists, p. 5-9.
[23] WARNER, D. L., 1964, Mancos-Mesaverde (Upper Cretaceous) intertonguing relationships, southeast Piceance basin, Colorado: AAPG Bulletin, v. 48, p. 1091-1107.
[24] WEIMER, R. J., 1960, Upper Cretaceous stratigraphy, Rocky Mountain area: AAPG Bulletin, v. 44, p. 1-19.
[25] ZAPP, A. D., and W. A. COBBAN, 1960, Some Late Cretaceous strand-lines in northwestern Colorado and northeastern Utah: USGS Professional Paper 400-B, p. 246-249.

科罗拉多州 Piceance 盆地古近—新近系下段和上白垩统岩石裂缝成因、分布及与油气聚集状态的关系

Janet K. Pitman, Eve S. Sprunt

摘要 科罗拉多州 Piceance 盆地古近—新近系下段 Wasatch 组和上白垩统 Mesaverde 群气产量主要受开启和部分矿化的天然裂缝网络控制。Piceance Creek 气田（位于 Piceance Creek 背斜）、Rulison 气田和 Divide Creek 气田均发育扩张裂缝，它们是生烃期高孔隙—流体压力和与晚古近—新近纪抬升和侵蚀期有关的广泛构造应力的响应。

砂岩层通常含有垂直张裂缝，裂缝被细晶—粗晶方解石充填胶结，局部被石英、重晶石和迪开石充填胶结。这些充填裂缝的矿物切割碎屑颗粒和自生矿物胶结物，说明裂缝发育和矿化作用发生于成岩作用晚期。

方解石 $\delta^{13}C$ 变化范围较大（Wasatch 组为 $-11.6‰\sim-5.0‰$，Mesaverde 群为 $-10.4‰\sim-0.7‰$），可能反映相邻砂岩层中杂基碳酸盐的原始同位素组成。裂缝充填方解石 $\delta^{18}O$ 普遍较轻，Wasatch 组为 $-14.9‰\sim-9.5‰$，Mesaverde 群为 $-17.7‰\sim-13.3‰$。

古近—新近系和白垩系岩石中钻遇的天然气由碳质、煤质页岩夹层和湖相富有机质舌状体原地生成。在裂缝广泛发育区，因沿张开断裂和裂缝的运移，天然气可能有多个来源。

1 简介

科罗拉多州西北部 Piceance 盆地的天然气主产层为古近—新近系下段 Wasatch 组和上白垩统 Mesaverde 群（局部地层级别）低渗透非海相透镜状砂层（致密砂岩）厚层。盆地众多井中，储集岩发育天然裂缝的构造闭合区内的井产量高（图 1）。盆地内 Piceance Creek 气田最高产，它位于广泛天然裂缝发育的闭合构造 Piceance Creek 背斜上。最高产井沿一个横切背斜的高角度复杂地堑（Dudley Bluffs 断裂带）分布。此外，根据美国能源部多井实验项目最近采集的岩心，靠近 Rulison 气田再往南的区域普遍发育裂缝。钻井记录也显示在 White River、Baldy Creek、Divide Creek、Wolf Creek 和 Mamm Creek 等油气田发育裂缝性储层。大量天然裂缝明显使得这些原本极低渗岩石产能增强。

本次研究指出较之盆地西部和中部含气区，沿盆地东缘的气田破碎强烈。Ritzma (1962)，Mallory (1977) 和 Millison (1962) 报道 Piceance Creek 背斜区和盆地其他部分均发育裂缝；但一般认为随着深度增加，裂缝减少。根据岩心分析和钻井报告，沿盆地东缘发育大量张开和矿化裂缝，从古新世—始新世 Wasatch 组向下延伸至上白垩统 Mesaverde 群，范围达数千英尺。沿盆地东缘无处不在的裂缝可能反映靠近 White River 隆起。

本文评价了裂缝发育与岩性的关系，同时也利用岩相和稳定同位素技术，探讨了控制裂缝矿化的条件。此外，还将裂缝发育与产油气地层的储层特性相关联。

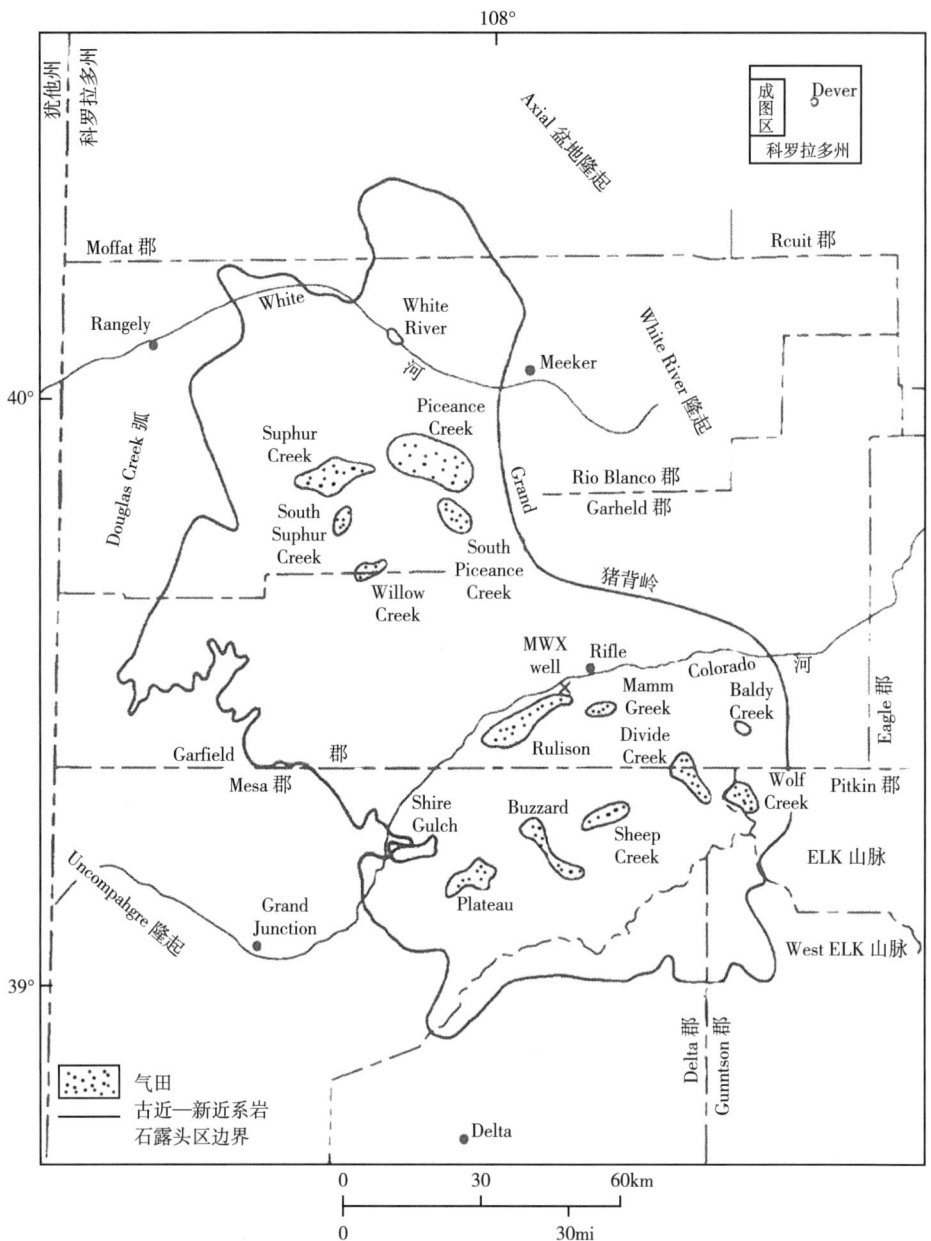

图 1 科罗拉多州西北 Piceance 盆地选取气田的位置索引图（据 Dunn，1974，有修改）

2 地质背景

Piceance 盆地为北西向不对称山间盆地，东以 Grand Hogback 单斜（构成 White River 隆起东翼），南及东南以 Uncompahgre 隆起和 West Elk 山脉，西以 Douglas Creek 弧，北以 Axial 盆地隆起为界（图 1）。

2.1 褶皱和断层

盆地北部的内部构造形态如图 2 所示。构造轴一般沿 Red Wash 向斜,平行于盆地东北缘。一系列缓倾的北西向褶皱平行于 Red Wash 向斜。Piceance Creek 背斜是最古老和最

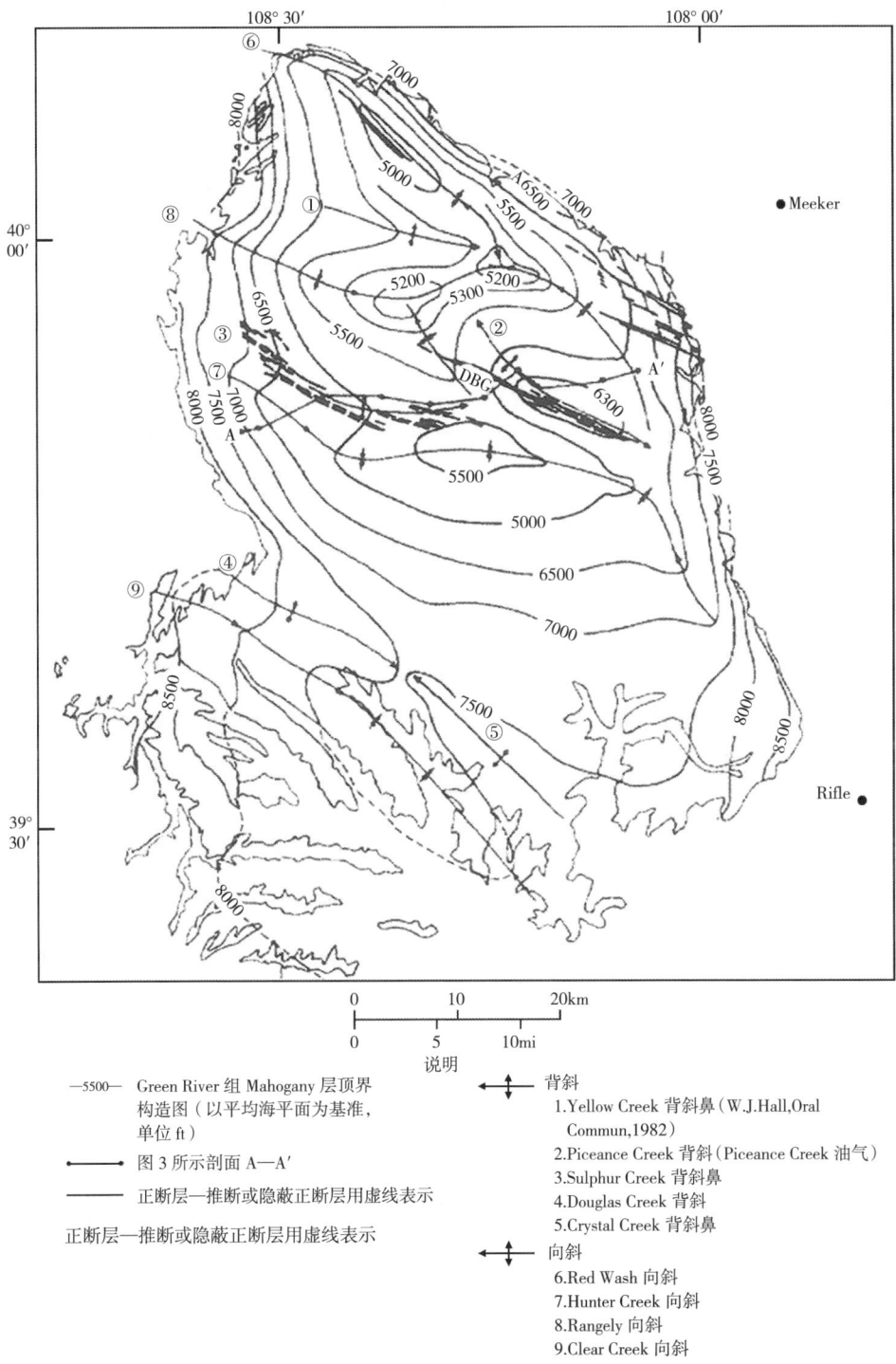

说明

—5500— Green River 组 Mahogany 层顶界构造图(以平均海平面为基准,单位 ft)

● ● 图 3 所示剖面 A—A′

—— 正断层—推断或隐蔽正断层用虚线表示

正断层—推断或隐蔽正断层用虚线表示

↔ 背斜
1. Yellow Creek 背斜鼻(W.J.Hall,Oral Commun,1982)
2. Piceance Creek 背斜(Piceance Creek 油气)
3. Sulphur Creek 背斜鼻
4. Douglas Creek 背斜
5. Crystal Creek 背斜鼻

↔ 向斜
6. Red Wash 向斜
7. Hunter Creek 向斜
8. Rangely 向斜
9. Clear Creek 向斜

图 2 Piceance 盆地北部内部构造形态图(据 Pitman 和 Johnson,1978,有修改)

主要的褶皱之一，断裂发育，走向北西向，两端倾伏。这一不对称拉腊米构造东北翼缓、西南翼陡。数个高角度正断层和一系列北西向地堑近似平行于褶皱方向。在地表，正断层断距通常为 100ft 或更少。

Dudley Bluffs 地区发育了复杂断裂系统，表现为一个地堑和相应的一系列近似平行于 Piceance Creek 背斜长轴的雁行式正断层。Dudley Bluffs 断裂带可能说明：背斜西南陡翼之下，垂直抬升的深层古生界或前寒武系岩石发生断裂。Piceance Creek 背斜的构造轮廓类似于陡翼发育逆冲断层的落基山区不对称背斜。Dudley Bluffs 地堑伴生一系列部分矿化的开启天然裂缝，这些裂缝延伸数千英尺，向下穿过古近—新近系和白垩系层段。地堑内近地表处，许多单条裂缝被细晶—粗晶方解石胶结充填，可见油苗。

Piceance 盆地南部的一个主要地貌特征是 Divide Creek 背斜（图 1）。在地下，该构造被若干横推正断层和一条平行于褶皱轴的北西—南东向逆断层切割（Berry，1959）。沿背斜脊，岩石高度破碎。Divide Creek 西侧的较小规模穹隆构造也发育断层和裂缝。

2.2 岩性

Piceance 盆地上白垩统 Mesaverde 群和古近—新近系下段（古新世和始新世）Wasatch 组常见裂缝性岩层。从西到东贯穿盆地，这些地层单元的广义地层关系如图 3 所示。

Mesaverde 群以非海相成因为主。Mesaverde 群上部和中部为由细粒透镜状河床形砂岩及粉砂岩、局部含碳质的泥岩及页岩、不稳定薄煤层组成的厚层。Mesaverde 群下部为混合海相—非海相地层，包含横向连续的细粒砂岩及粉砂岩、大量碳质泥岩及页岩、煤层。Mesaverde 群最顶部称为 Hunter Canyon 组 Ohio Creek 段（Johnson 和 May，1980），以强烈风化（高岭石化）的含砾砂岩厚层为特征，反映拉腊米构造作用早期粗粒碎屑的广泛风化和沉积。Mesaverde 群一般向东加厚，沿 Red Wash 向斜地层厚度最大。

Wasatch 组不整合覆盖于 Mesaverde 群削蚀面之上，与上覆 Green River 组（始新世）舌状交错。Wasatch 组为非海相地层，含分选差的杂色泥岩，夹局部红色侵染的不连续粉砂岩透镜体和细粒—中粒砂岩（Donnell，1961；Snow，1969）。沿盆地东缘地层最厚，向西渐变为 Green River 组特有的湖相页岩。

2.3 裂缝分布和特征

为了确定 Wasatch 组和 Mesaverde 群天然裂缝的分布，考查了 Piceance 盆地各处的钻井记录和岩心。Piceance Creek 气田和靠近盆地东部 Rulison 气田的岩心显示整个白垩系和古近—新近系 8500ft（2600m）厚层段发育大量裂缝。在盆地中部和西部，岩心和钻井记录均未见裂缝发育。这些地区可能存在裂缝，但发育程度可能不高。据报道上白垩统海相 Mancos 页岩（D. L. Gautier，1982）和下伏下白垩统 Dakota 砂岩（T. Hemler，1982）部分可见裂缝。

靠近 Rulison 气田（多井试验），自 Mesaverde 群的代表性层段（4000~8200ft；1220~2500m）采集了超过 2300ft（700m）岩心。埋深 5000~6000ft（1525~1830m）以砂岩为主的地层中，裂缝普遍发育。Piceance Creek 背斜上的 Piceance Creek 气田内，自 Wasatch 组上部、下部［深度分别为 2600~3007ft（793~917m）及 5100~5685ft（1556~1734m）］和 Mesaverde 群（7077~11662ft；2159~3557m）采集岩心。尽管岩心收获和保存情况差异较大，但多数层段可见裂缝，尤其是含大量砂岩的层段。

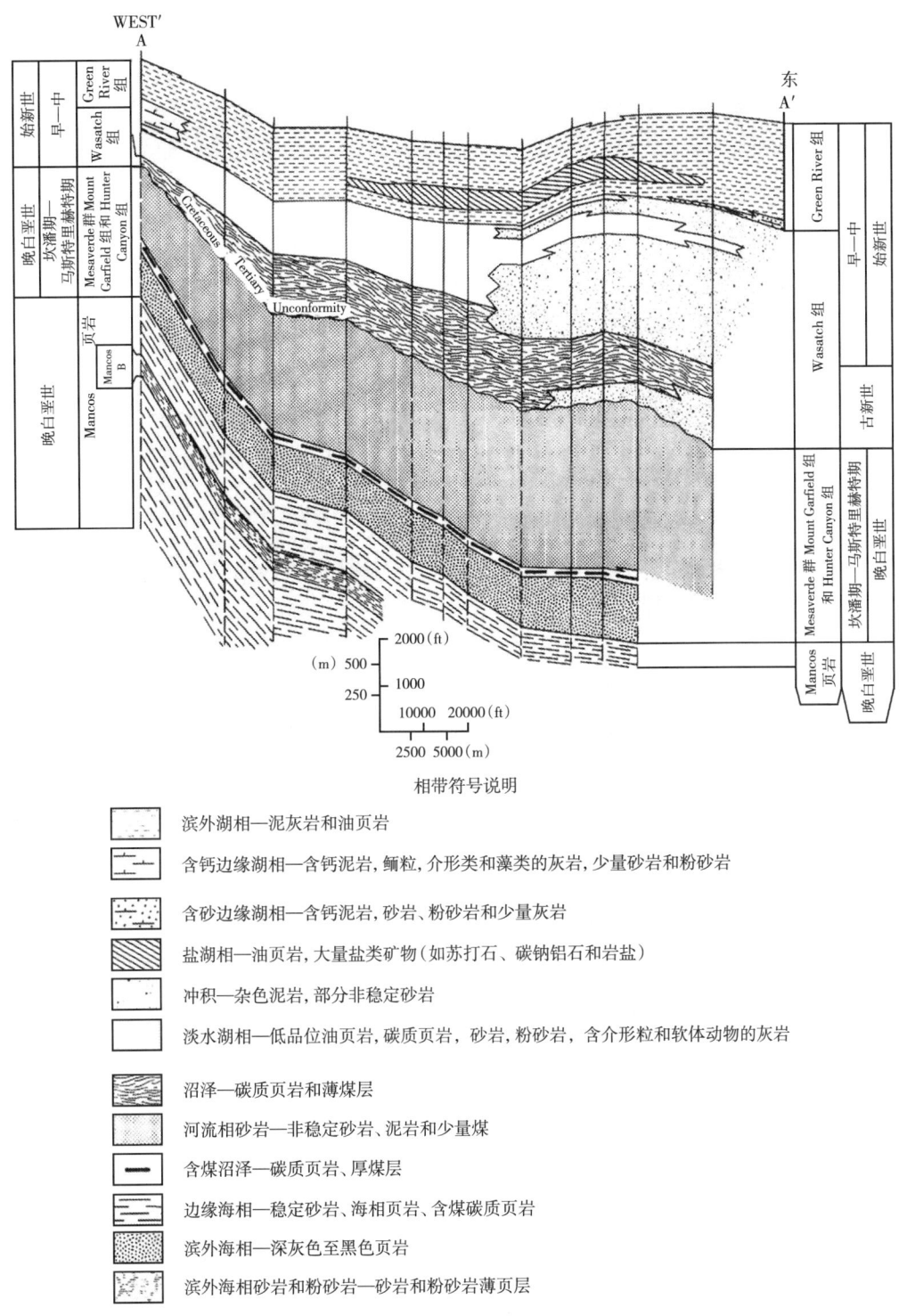

相带符号说明

- 滨外湖相—泥灰岩和油页岩
- 含钙边缘湖相—含钙泥岩,鲕粒,介形类和藻类的灰岩,少量砂岩和粉砂岩
- 含砂边缘湖相—含钙泥岩,砂岩、粉砂岩和少量灰岩
- 盐湖相—油页岩,大量盐类矿物(如苏打石、碳钠铝石和岩盐)
- 冲积—杂色泥岩,部分非稳定砂岩
- 淡水湖相—低品位油页岩,碳质页岩,砂岩,粉砂岩,含介形粒和软体动物的灰岩
- 沼泽—碳质页岩和薄煤层
- 河流相砂岩—非稳定砂岩、泥岩和少量煤
- 含煤沼泽—碳质页岩、厚煤层
- 边缘海相—稳定砂岩、海相页岩、含煤碳质页岩
- 滨外海相—深灰色至黑色页岩
- 滨外海相砂岩和粉砂岩—砂岩和粉砂岩薄页层

图 3 过 Piceance 盆地中部的西—东向综合横剖面(据 Johnson 和 Keighin,1981,有修改)
剖面位置如图 2 所示

259

Wasatch 组和 Mesaverde 群岩心的裂缝间距、方向和模式似乎与岩性有关，不同岩性的裂缝实例如图 4 所示。砂岩中，裂缝通常具有单条或多条、近垂直到垂直、平面到近平面的特征，垂直于层理。部分裂缝连续穿过若干地层而中止于砂岩—页岩界面，另一些则中止于同一砂岩层内。裂缝或开启和未矿化，或部分至完全充填细晶—粗晶方解石。砂岩中部分裂缝充填黏土矿物迪开石。在多井试验岩心中，砂岩矿化裂缝的张开度达到 0.39in（1cm），尽管通常为 0.039in（1mm）或更小（L. Teufel，1983）。Piceance Creek 气田岩心的砂岩中，弥合裂缝的张开度为 0.117in（3mm）；而通常平均小于 0.039in（1mm）。沿裂缝壁常见不完全方解石晶体生长，可能支撑裂缝开启，有助于维持因裂缝作用而增加的渗透性。相反，方解石全充填裂缝可能阻碍深层流体的流动。砂岩内垂直裂缝可能是扩张作用的产物，因为它们通常无横向位移。泥岩含有类似的垂直发丝状裂缝，但裂缝一般闭合。

(a) 多条平行的垂向裂缝（箭头 1、2 和 3）

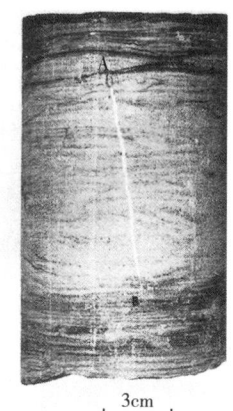

(b) 方解石充填的裂缝，中止于富有机质页岩层 a 和 b 的过渡带内

(c) 展现方解石矿化的裂缝面

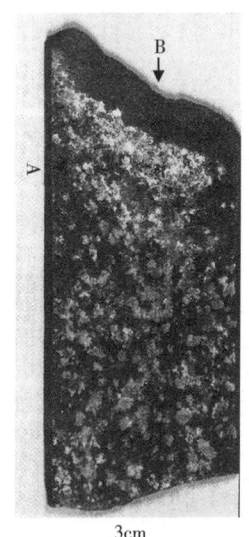

(d) a 层和 b 层中含方解石晶体和自生地开石的裂缝面

图 4　砂岩中裂缝

页岩中一般发育无数裂缝，往往未矿化且闭合。裂缝面极不规则，以低角度向层理面倾斜，通常光滑且有擦痕，表明裂缝主要是剪切成因。在上覆岩层应力作用下，沿这些裂缝的渗透率可忽略不计。

2.3.1 裂缝方向

众多研究者都进行了 Piceance 盆地裂缝走向的研究，尤其是 Clark（1983）、Verbeek 及 Grout（1983，1984），Smith（1980），Amuedo 及 Ivey（1978），Eckert（1982），Smith 及 Whitney（1979）。Clark（1983）及 Verbeek、Grout（1984）确定了 Rulison 气田附近 Mesaverde 群定向岩心和地表露头的裂缝方向。其他调查一般仅局限于始新世 Green River 组湖相富有机质页岩、泥灰岩和上覆始新世 Uinta 组三角洲相、河流相碎屑岩中裂缝发育的地表研究。

Verbeek 和 Grout（1983）针对 Green River 组开展了 Piceance 盆地综合裂缝分析。他们描述了盆地北部 Green River 组两组正交裂缝的区域形态。主裂缝组 F_{2c} 为西—北西走向，较新的次裂缝组 F_4 为北—北东走向。裂缝组 F_2 常发生变色且含方解石晶体，说明它们是地下水流动通道，而裂缝 F_4 少见矿化。两组裂缝垂直于层理，少有或无横向位移。Smith、Whitney（1979）和 Smith（1980）指出 Green River 组西—北西向裂缝形成于最小主应力方向北—北东向的应力场内。

Eckert（1982）详细绘制了沿 Dudley Bluffs 断裂带（切割 Piceance Creek 背斜）的断层和节理组分布图。Eckert 指出 Green River 组和 Uinta 组中多数节理（属于 Verbeek 和 Grout 的 F_2 裂缝组，1983）的走向近似平行于围绕地堑的正断层，倾向平行于紧靠地堑北侧和南侧的断层。地堑内倾角由 60°S 变化至 60°N。在背斜南部的部分地区，Amuedo 和 Ivey（1978）报告称 Green River 组原生节理组方向为北—北东向，垂直于地堑附近的节理走向。Eckert（1982）推断形成地堑的应力场中最大主压应力方向为垂直方向，最小主压应力方向为水平方向且垂直于地堑走向。类似应力场中形成地堑内及附近的节理，尽管目前无证据显示断裂与节理形成时间一致或重叠。

根据露头和定向岩心研究 Rulison 气田（多井试验）附近上白垩统岩石的裂缝走向。Clark（1983）描述了 Piceance Creek 背斜东南 25mi（40km）Rifle Gap 处沿 Grand 猪背岭的两个 Mesaverde 群地表露头的正交裂缝组。等优势裂缝组的走向分别为 N60°W~N80°W 和 N5°~N35°E。Mesaverde 群定向岩心仅含一组垂直张裂缝，走向主要为 N80°W；明显缺失北东走向裂缝组。Clark（1983，口头交流）指出走向垂直于西—北西向组系的裂缝组仅延伸至浅层，可能为风化产物。由于缺少定向岩心，无法分析 Piceance Creek 背斜的地下裂缝。但根据多井试验井 Mesaverde 群的裂缝走向，Piceance Creek 背斜的同时期岩石可能含有一组西—北西走向的裂缝，近似平行于 Dudley Bluffs 地堑和相应正断层。浅层和深层白垩系地层的垂直张裂缝和剪切缝以西—北西向区域性裂缝模式为特征，说明形成裂缝的应力场中水平最小主应力可能为北—北东向且垂直于最大主应力方向。

Wasatch 组裂缝方向似乎较已知的上覆 Green River 组和下伏 Mesaverde 群裂缝方向更复杂。Verbeek 和 Grout（1984）指出 Mesaverde 群通常可见裂缝系统局部延伸至 Wasatch 组上部地层，某些 Wasatch 组地表露头可见裂缝。在别处，控制 Wasatch 组露头的节理向上可追踪至 Green River 组（Verbeek 和 Grout，1984）。因此 Wasatch 组有两种不同模式的裂缝组：一种具有较老 Mesaverde 群裂缝的特点，另一种具有较新 Green River 组和 Uinta 组裂缝的特点。两种裂缝系统似乎均不受地层控制，所以地表裂缝方向不能外推至

Piceance Creek 气田深层未出露岩石。

Wolff 等（1974）根据埋深 197～525ft（60～160m）的 Green River 组中非裂缝性岩石的水力压裂段，确定了 Piceance 盆地中北部现今应力的大小和方向。多数人工诱导缝为北西向，类似于围岩的天然裂缝。浅层现今应力场类似于投影至地表的天然裂缝模式的应力条件，可能表示成盆构造变形保留的残余应力。

2.3.2 裂缝成因

Piceance 盆地古近—新近系和白垩系低渗岩石中裂缝的形成可能反映与埋藏时高孔隙压力和区域性抬升、侵蚀期有关的应力。Law 等（1980）、McPeak（1981）和 Law（1984）证实深埋藏产生的烃类热成熟和热效应对低渗白垩系岩石的超孔隙压力有所贡献。除多井试验井下部的孔隙压力较高外，整个 Piceance 盆地 Wasatch 组和 Mesaverde 群一般为正常压力。但在盆地深层，较老的 Mancos 页岩强超压（J. L. Fitch，1983）。假设过去活跃生烃期时古近—新近系和白垩系岩石流体超压范围广，伴生应力可能产生一些新裂缝或重新开启原有裂缝。Lucas、Drexler（1976）和 Narr、Currie（1982）指出犹他州 Uinta 盆地北部沿 Bluebell-Altamont 走向带，深埋的 Green River 组超压地层发育裂缝。这些裂缝类似于 Piceance 盆地 Wasatch 组和 Mesaverde 群的裂缝，与成熟生油源岩密切相关。这表明在盆地沉降和沉积物载荷作用晚期，Bluebell-Altamont 气田天然裂缝主要是高孔隙流体压力的响应（Lucas 和 Drexler，1976；Narr 和 Currie，1982）。

Piceance 盆地古近—新近系和白垩系岩石可见部分张裂缝，是拉腊米构造运动期或随着古近—新近纪晚期形成 Colorado 高原的周期性抬升和侵蚀所产生应力梯度的响应。在晚坎潘阶—早马斯特里赫特阶，因拉腊米构造作用力引起白垩纪海从 Marine 前陆盆地后退，使得 Mesaverde 群沉积非海相白垩系岩石。同时，来源于临近高地的白垩系沉积物发生广泛差异侵蚀，表现为占据盆地大部分地区、分隔白垩系和古近—新近系的区域不整合。Mesaverde 群上部的部分裂缝可能记录了与拉腊米构造运动早期有关的应力场。

从古新世经始新世中期，Piceance 盆地所在区域主动沉降，堆积自周围拉腊米高地脱落的冲积和湖成沉积物（Wasatch 组和 Green River 组）。始新世中—晚期，盆地北部构造重新抬升，伴随沉积盆地内保存的较新古近—新近系——Uinta 组火山碎屑沉积物。尽管无记录显示存在后—始新世沉积，但盆地北部出露的 Browns Park 组在中新世时覆盖 Piceance 盆地部分地区，其后被剥蚀（Ogden Tweto，1983）。在始新世晚期和中新世中—晚期，构成盆地东缘的 White River 高原和 Grand 猪背岭处于构造活动期，是 Colorado 高原抬升的响应（Tweto，1975）。可以想象，盆地同时发生抬升、褶皱和断裂。小规模重新抬升期可能延续至第四纪（Ogden Tweto，1983，口头交流）。沿盆地东缘裂缝极度集中，说明随着上覆压力降低，古近—新近纪晚期反复的抬升和侵蚀作用足以产生新裂缝或重新开启原有裂缝。

2.3.3 裂缝矿化作用

Wasatch 组和 Mesaverde 群的张裂缝通常被方解石、迪开石、石英和重晶石的自生矿物组合胶结充填（图5）。最常见裂缝胶结充填物为细晶—粗晶方解石。局部充填结晶良好的迪开石，可见微量石英和重晶石。砂岩围岩中矿化裂缝和自生矿物胶结物的切割关系说明多数裂缝形成于砂岩固结和显著成岩蚀变之后。

根据岩相分析，石英为最早形成的矿物，其后为迪开石、方解石，可能还有重晶石。石英通常以罕见自形晶形式出现，附着于裂缝壁的碎屑石英颗粒衬边上。这些裂缝中部通

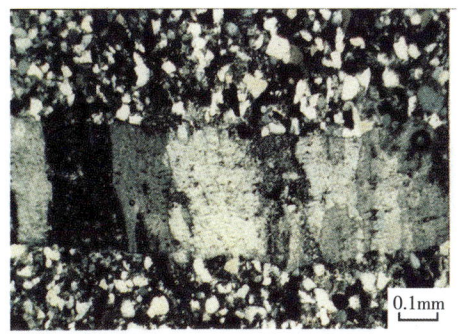

(a)充填裂缝的方解石，由具有弯曲或平面边界的分散晶体构成。晶体优势取向与裂缝面正交

(b)充填裂缝的方解石，展示聚片双晶(箭头)

(c)自形自生石英晶体(q)，沿裂缝面生长并附着于碎屑石英颗粒上。方解石胶结物(c)充填裂缝近端

(d)含重晶石(b)和方解石(c)的裂缝

(e)迪开石充填的裂缝(箭头)

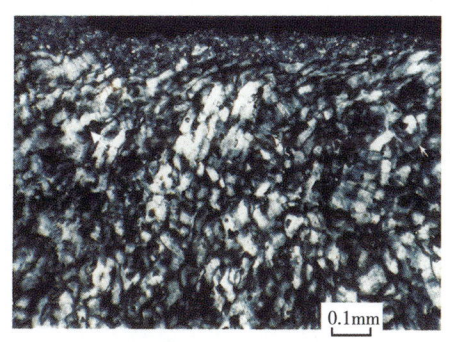

(f)沿裂缝壁的迪开石畸变晶体(箭头)

(g)展示重晶石(b)交代迪开石(d)的裂缝

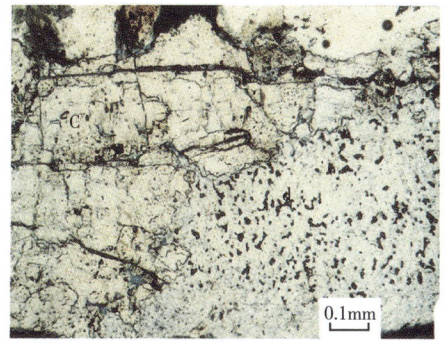

(h)展示方解石(c)交代迪开石(d)的裂缝

图5 矿化裂缝

常部分或全充填迪开石或方解石。X 射线衍射法识别的高岭土—迪开石宏观上以松散白色矿物形式存在。在 Piceance Creek 气田，迪开石的相对分布似乎受相控，因为靠近白垩系—新近系界面的裂缝迪开石最丰富。薄片中，迪开石通常为结晶良好的假六边形片状，部分包裹自生石英晶体或在方解石胶结物中以扇贝状存在。这些结构关系说明迪开石沉淀晚于石英生长，早于方解石结晶。控制迪开石沉淀的确切机理尚不清楚；但它可能因砂岩附近高岭石与循环孔隙水间的相互反应而形成。温度和压溶作用也可能影响高岭石向迪开石的转变。

重晶石具有中等突起、颜色单一和双折射率低识别的特点，是裂缝的半充填胶结物。通常，重晶石被其他矿物胶结物所包围，说明其生长可能早于除石英外的其他矿物。但有些裂缝中，单个重晶石晶体或与方解石具有平直的协和边界，或交代方解石，说明部分重晶石形成于埋藏相对晚期。

充填裂缝的方解石通常富含铁，由合并形成胶结物的分散板状或等轴状晶体构成。部分裂缝中，具有略弯曲或平面边界的单个方解石晶体从裂缝壁一侧延伸至另一侧，其长轴方向垂直于裂缝面。这些特点说明方解石结晶可能仅为一个期次。其他裂缝中，方解石晶体复杂共生，展现不同光性方位、线性位移结构和多组双晶，每组具有不同方位。这些特点应归因于多期次的方解石结晶作用和沿裂缝的剪切作用，或初期方解石胶结充填裂缝的重新开启。方解石中双晶发育可能与逐步埋藏时上覆压力增加产生的应力梯度有关。方解石晶体有一组以上双晶，说明埋藏期间最大应力方向发生改变。裂缝充填方解石无论代表单次结晶事件或多次结晶事件，多数均无广泛溶解迹象，说明沉积后仅少量或无大规模去除碳酸盐。个别方解石晶体内空隙具有尖锐平面边界，反映半充填胶结而不是溶解。

砂岩中孔隙充填和交代方解石通常与邻近裂缝中亮晶方解石光性连续。裂缝充填方解石和杂基方解石间相似的光性连续可能部分受主砂岩的原始孔隙性和渗透性控制。渗透性较好的粗粒砂岩往往含大量与裂缝充填方解石光性连续的嵌晶方解石胶结物。相反，渗透率较差的细粒砂岩中方解石仅与充填裂缝的方解石光性连续。杂基方解石和裂缝充填方解石组成和结构相似，说明经历杂基碳酸盐的溶解和再沉淀过程，重结晶作用局部形成的裂缝中沉积了大量方解石。因而裂缝充填碳酸盐受相控，反映砂岩围岩原生矿物组成的差异。杂基碳酸盐的溶解可能是由于淡水注入或不同化学组成水混合导致 pH 值降低。而页岩脱水或有机质熟化形成的有机酸也可能导致 pH 值降低。

3 碳和氧同位素

为了确定方解石成因和控制其沉淀的物理—化学条件，对 Mesaverde 群和 Wasatch 组裂缝中代表性方解石样品进行同位素分析。选取的 41 个样品合理分布于含矿化裂缝层段内。将各样品粉碎，利用磷酸法收集 25℃时释放的 CO_2，分析样品的碳、氧同位素组成。

单个样品的 $\delta^{13}C$ 和 $\delta^{18}O$ 以其相对 PDB 标准（皮狄组箭石标准）的千分偏差（‰）表示（表1）。研究未直接获得杂基碳酸盐的伴生样品。Mesaverde 群裂缝充填方解石的 $\delta^{13}C$ 为 $-10.4‰ \sim -0.7‰$；$\delta^{18}O$ 为 $-17.7‰ \sim -13.3‰$。在 Wasatch 组下部，裂缝充填方解石的 $\delta^{13}C$ 明显较 Mesaverde 群轻，为 $-11.6‰ \sim -5.0‰$；$\delta^{18}O$ 较 Mesaverde 群略重，为 $-14.0‰ \sim -13.4‰$。在 Wasatch 组上部，裂缝充填方解石的 $\delta^{13}C$ 为 $-7.3‰ \sim -5.7‰$；$\delta^{18}O$ 比老岩石重，为 $-13.2‰ \sim -9.5‰$。表 1 中标注星号的若干方解石样品的碳、氧同位素特征异常。

表1 科罗拉多州 Piceance 盆地古近—新近系和白垩系岩石中裂缝充填方解石的同位素组成

深度（m）	深度（ft）	$\delta^{13}C_{PDB}$	$\delta^{18}O_{PDB}$
Wasatch 组上部（Piceance Creek 气田）			
891.1	2923.5	-5.7	-13.2
915.2	3002.5	-6.5	-12.1
915.6	3004.0	-6.7	-11.4
917.0	3008.6	-7.3（-6.9）	-10.3（-9.5）
Wasatch 组下部（Piceance Creek 气田）			
1574.3	5165.0	-5.0	-14.9
1717.2*	5634.0	-10.7（-11.3）	-14.2（-14.8）
1718.5*	5638.0	-11.6	-14.8
1731.5*	5680.6	-7.9	-13.4
1733.1	5686.0	-7.7	-14.1
1733.4	5687.0	-7.1	-14.0
Mesaverde 群（Piceance Creek 气田）			
2166.5	7108.0	-3.0	-14.9
2166.8	7109.0	-2.9	-15.0
2262.8	7424.0	-3.4	-14.9
2578.0	8458.0	-3.4	-15.0
2740.2*	8990.0	-5.3	-15.9
2767.3	9079.0	-2.6	-15.4
2768.5	9083.0	-2.6	-15.2
2774.3	9102.0	-3.1	-16.0
3548.8	11643.0	-0.7	-14.9
3549.1	11644.0	-0.8	-14.9
Mesaverde 群（Rulison 气田）			
1529.5*	5018.0	-6.3（-6.6）	-16.7（-17.3）
1668.9*	5475.3	-4.7	-17.7
1746.8	5731.0	-3.1	-15.3
1747.7	5734.0	-2.9	-15.9
1751.0	5744.6	-2.6	-16.1
1762.0	5780.7	-2.6	-15.9
1765.7*	5792.9	-10.4	-13.3
1776.6	5828.7	-2.4（-2.1）	-16.0（-15.3）
1788.6	5868.0	-2.2（-2.2）	-15.5（-15.4）
1852.0	6076.0	-1.7	-15.1
1859.6	6101.0	-1.7	-15.0
1868.9	6131.6	-2.3	-15.6
1923.9*	6312.0	-4.6	-16.0
2188.9*	7181.4	-1.3	-13.3
2200.4	7219.0	-2.5（-2.6）	-14.9（-14.9）
2473.2	8114.2	-2.7	-14.5
2476.4	8124.5	-1.8（-1.7）	-14.4（-14.5）

*异常样品；

括号内数值表示有重复样品。

图 6 为白垩系和古近—新近系砂岩中裂缝充填方解石的 $\delta^{13}C$ 和 $\delta^{18}O$ 交会图。很明显，多井试验区和 Piceance Creek 气田 Mesaverde 群的碳、氧同位素值大体以相同线性趋势下降。在这两个广泛区域之间，充填裂缝方解石的 $\delta^{13}C$ 和 $\delta^{18}O$ 变化较小，说明盆地大部分地区内控制 Mesaverde 群方解石结晶作用的同位素和化学条件相似。Wasatch 组裂缝充填方解石的同位素组成与老岩石不同，说明近期有同位素组成截然不同的流体胶结充填裂缝。

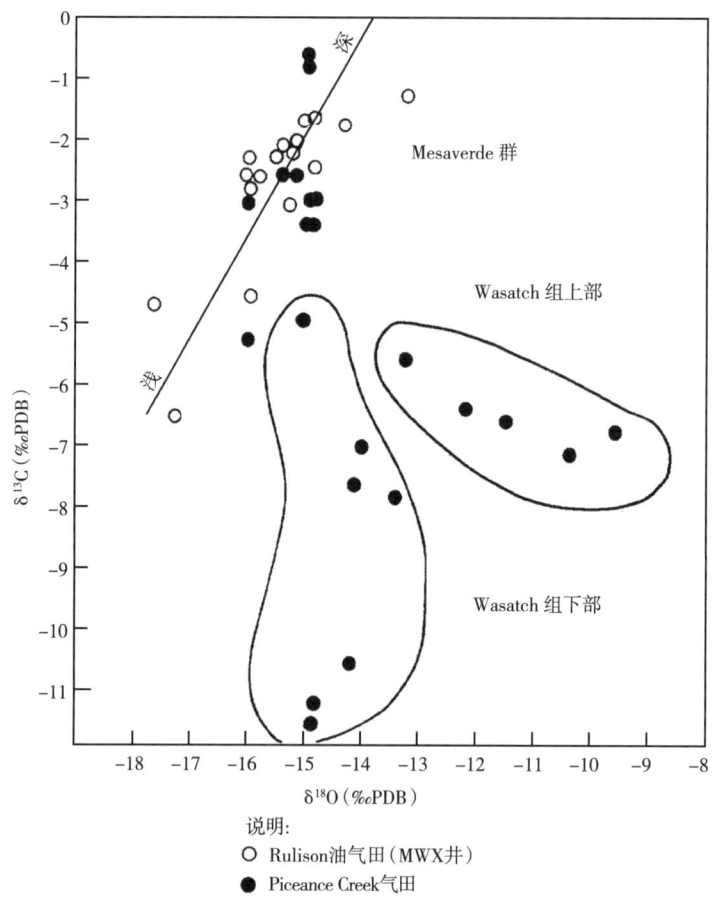

图 6 Piceance 盆地 Mesaverde 群和 Wasatch 组裂缝充填方解石的 $\delta^{13}C$ 和 $\delta^{18}O$ 交会图

3.1 碳同位素

图 7（a）和图 7（b）是裂缝充填方解石的 $\delta^{13}C$ 与埋深关系图，样点分别来源于 Piceance Creek 气田和多井试验井。除 Wasatch 组上部外，随着埋深和岩石年龄增加，方解石中逐渐富集的 $\delta^{13}C$ 组成一般由较轻变为较重。埋藏较深的 Mesaverde 群中，$\delta^{13}C$ 往往同位素偏重（平均 $\delta^{13}C$ 为-2‰），属于海相化石的常见范围（$\delta^{13}C$ 近于 0‰）。裂缝性地层含有大量碎屑碳酸盐颗粒，说明裂缝充填方解石的重同位素碳局部来自溶解的海相碳酸盐，反映水岩作用显著。

多井试验井中靠近白垩系—古近—新近系界面的裂缝充填方解石 $\delta^{13}C$ 较轻（-6.3‰~-4.7‰）。$\delta^{13}C$ 轻同位素最可能来源于溶解的杂基碳酸盐，而杂基碳酸盐所含碳大部分来自与侵蚀面发育有关的近地表淡水成岩作用期的轻同位素土壤—气 CO_2。Allan 和 Matthews

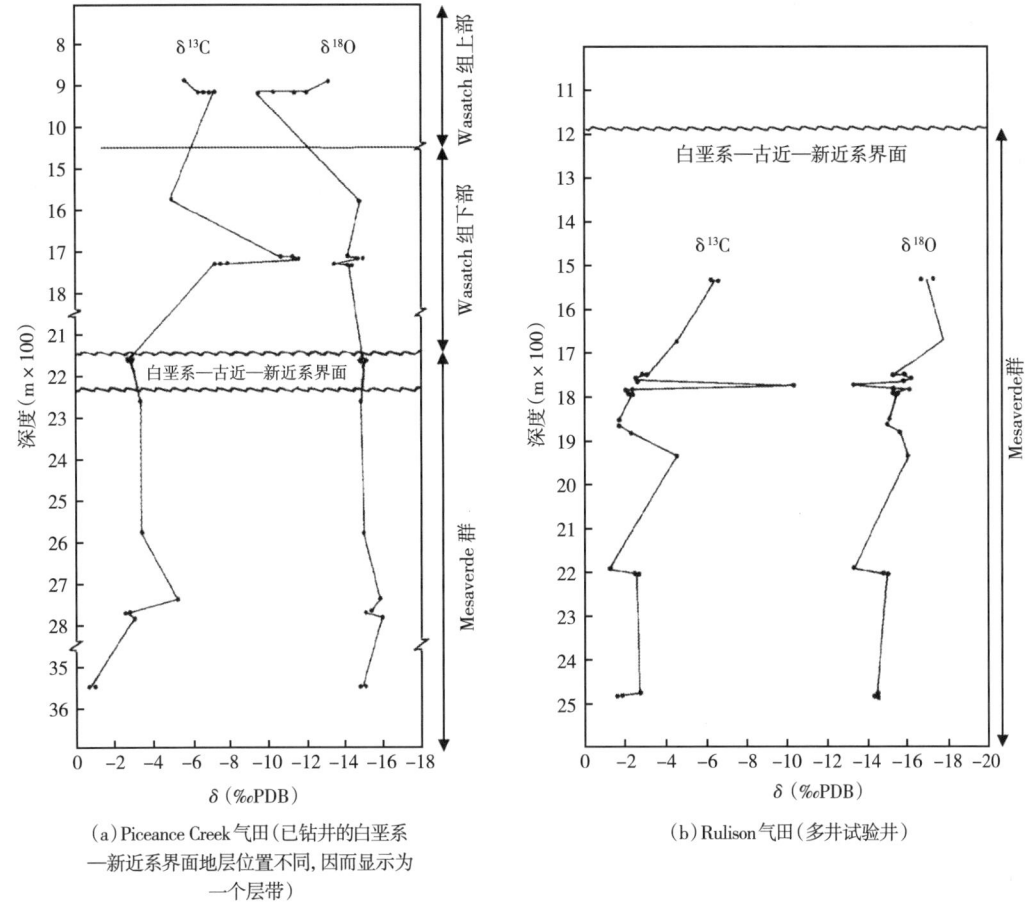

图 7 Piceance 盆地岩心样品中裂缝充填方解石的 $\delta^{13}C$ 和 $\delta^{18}O$ 组成与深度关系图

数据来源于表 1

(1982) 指出碳酸盐沉积物在与地表暴露面有关的大气水中经历矿物稳定作用,通常 $\delta^{13}C$ 变化大。在 Piceance Creek 气田,靠近白垩系—新近系界面的裂缝中方解石缺乏明显轻碳同位素特征,说明盆地中部侵蚀作用不普遍。

与其他样品相比,轻同位素 $\delta^{13}C$ 的方解石样品展现了深层白垩系岩石中一般 $\delta^{13}C$ 趋势的局部变化。这些特殊轻值(-10.4‰~-4.6‰)类似于白垩系—古近—新近系界面附近裂缝中方解石的特征,因此反映含有机物碳或大气 CO_2 碳的活性流体所沉淀的方解石。

与白垩系岩石的方解石相比,古近—新近系(Wasatch 组上、下部)岩石中裂缝充填方解石的 $\delta^{13}C$ 组成明显较轻。从深层白垩系岩石中裂缝主要富集重碳方解石,转变为较古近—新近系岩石中充填裂缝的轻碳方解石,要归因于埋藏时杂基碳酸盐的同位素演化和孔隙水成分。Wasatch 组轻同位素 $\delta^{13}C$ 反映注入孔隙流体的碳主要来源于有机物或大气,少量来源于溶解的海相碳酸盐。与其他样品相比,Wasatch 组下部方解石样品 $\delta^{13}C$ 异常轻,表示局部可渗裂缝带发生浅层淡水成岩作用。

3.2 氧同位素

Piceance Creek 气田（除 Wasatch 组上部外）裂缝充填方解石的 $\delta^{18}O$ 小，变化范围较小（平均值-15‰），说明随着埋深增加仅发生较小的系统变化。多井试验井方解石的 $\delta^{18}O$ 范围类似，但呈现随埋深增加而增大的趋势［图7（b）］。氧的轻同位素值可归因于沉积介质 $\delta^{18}O$ 组成的波动，埋深增加导致的温度变化，或两者的组合。氧值趋势看似一致是 Piceance Creek 气田厚层段的特点，说明温度不是方解石结晶时控制氧同位素组成的主要因素，因为 $\delta^{18}O$ 不随埋深增加而逐渐变小。如果温度梯度影响方解石胶结沉淀，则预测将会出现这一趋势。但这些轻同位素 $\delta^{18}O$ 组成反映在温度升高且沉积流体温度接近恒定的一个相对短时段内，从氧耗尽水体中沉淀碳酸盐的说法貌似合理。多井试验井中裂缝方解石呈现 $\delta^{18}O$ 随埋深增加略有增加的趋势，可能表示因埋藏时渐进水岩相互作用而发生的孔隙水化学演化。

与其他裂缝相比，Mesaverde 群［5792.9～7181.4ft（1765.7～2188.9m）］和 Wasatch 组［5680.6ft（1731.5m）］的部分裂缝局部含富 $\delta^{18}O$ 方解石。$\delta^{18}O$ 达到-13‰，可能表示一个受杂基碳酸盐原始氧控制的氧气库，意味着裂缝受低水—岩石比控制。Wasatch 组上部裂缝充填方解石的 $\delta^{18}O$ 始终比深层岩石中方解石高。同位素重值（-9.5‰～-1.2‰）说明从不同同位素组成的水中沉积了 Wasatch 组上部方解石，时间比下部裂缝中方解石新。但尚不确定这些较高值是否表示低结晶温度。

3.3 裂缝胶结时间

根据裂缝方向模式和观测到的方解石 $\delta^{13}C$ 和 $\delta^{18}O$ 组成趋势，很难确定 Mesaverde 群和 Wasatch 组裂缝是否在埋藏不同时段连续或单期次同时发生胶结充填。最大可能性是在不同时间和不同埋深，方解石由组分受围岩控制、化学性质截然不同的孔隙流体，局部沉淀于裂缝中。裂缝胶结充填机制意味着存在一个流体运移距离相对较短且受高度水岩作用控制的水文系统。缺乏方解石溶蚀特征和密集裂缝间碳、氧同位素组成的局部变化，可能记录了碳酸盐沉积时的局部成岩条件。此外，成岩改造或后期事件的同位素交换少有发生，或碳酸盐本应发生同位素均一化。

另一种解释是埋藏时方解石经循环速率足够高以致温度无明显变化的水溶液，在一个相对较短时间内同时沉淀于开启和连通裂缝中。这一机制解释了 Dudley Bluffs 断裂带有关裂缝中发育大量方解石充填胶结物的原因，因此断裂带可能是大量水流经过 Piceance Creek 构造的古通道。这一机制假设 Mesaverde 群中现今被方解石充填且充填物同位素组成相似的所有裂缝，曾经同时开启和可渗透。多井试验区裂缝系统的开启和渗透程度不确定。

4 烃类

Piceance 盆地古近—新近系和白垩系岩石的大量天然气生产受开启垂直天然裂缝控制，这些裂缝过去曾连通数千米毗连的烃源岩、圈闭和储集岩。虽然较小断裂构造中也有大量天然气产出，如盆地南部 Divide Creek 背斜（Berry，1959；Millison，1962）和 Piceance Creek 背斜以西 Sulphur Creek 背斜鼻，但位于 Piceance Creek 背斜区的盆地北部曾经产量最高。气藏最常见于 Green River 组（下部）边缘湖相岩石和 Wasatch 组最上部、最下部。白垩系 Mesaverde 群也产出少量天然气。

在 Piceance Creek 背斜上，高产井一般沿靠近背斜脊部的 Dudley Bluffs 断裂带分布。背斜南翼井生产情况良好，虽然产气量通常偏低。沿背斜北翼，Dudley Bluffs 断裂带以北的井无产能。高产井最有可能归因于与正断层有关裂缝的孔隙性和渗透性。在地层应力条件下保持开启的连通张裂缝可能控制产量，因为单个储层砂岩的粒间孔隙通常不连通，仅能解释一小部分的储层渗透性。

根据 Johnson、Nuccio（1983）和 Bostick（1983）最近公布的镜质组反射率数据，在盆地大部分地区，白垩系 Mesaverde 群的含煤岩石处于生热成因气的阶段。尚不能确定全盆地古近—新近系岩石的热成熟度；但 Green River 组裂缝和 Wasatch 组上部常见的沥青充填、油饱和砂岩和粉砂岩（Snow，1969）证实盆地深层古近—新近系岩石的年龄达到相对生烃的烃源岩熟化早期。对比盆地构造演化史，热成熟研究说明埋深和温度最大时，多数古近—新近系和白垩系烃源岩处于古近—新近纪中—晚期生烃最活跃阶段。受造陆抬升和侵蚀影响，埋深达到最大后，生烃率下降。

在 Piceance 盆地多数地区，Wasatch 组下部和 Mesaverde 群非海相部分中钻遇的天然气被认为是富腐殖（倾气）成熟烃源岩夹层的产物。D. D. Rice（1983）研究 Rulison 气田附近一口多井试验井的 Mesaverde 群非海相部分中天然气的同位素组成后，也得出相似结论。在 Wasatch 组上部，天然气可能是来自沼泽成因碳质及煤质页岩层和富有机质湖相（Green River）页岩舌状体的混合物。存在原地烃源岩，储集岩、烃源岩呈复杂夹层状且不连续，意味着烃类运移距离相对较短。

在 Piceance 盆地裂缝强烈发育区，部分天然气驻留于低渗储集岩中，是 Mancos 页岩深层海相烃源岩中富脂质干酪根的热裂解产物（R. M. Squires，1983）。在诸如 Piceance Creek 气田的地区，源自 Mancos 页岩的干气沿开启断层和裂缝向上运移至较新的非海相岩层，并在该层与局部产自沼泽和湖相烃源岩的天然气混合。如果深层烃源岩生成的天然气经裂缝运移至较新岩石，则可推测页岩和砂岩中裂缝曾开启，因而是运移通道而不是隔挡。

Piceance 盆地液态烃分布主要局限在 Green River 组和 Wasatch 组裂缝带内（Snow，1969；Ritzma，1962）。沼泽和湖相成因的岩石可能是这些地层单元中多数石油的烃源岩。Snow（1969）指出尽管 Piceance Creek 气田 Wasatch 组和 Green River 组间垂向距离大，但所产油化学性质相似。Wasatch 组和 Green River 组发育大量裂缝，使得油可远距离运移，也解释了为什么厚岩层所含油的化学组分相似。

盆地大部分地区罕见 Mesaverde 群大油藏；但 Piceance Creek 气田 Mesaverde 群曾钻遇适量石油（J. L. Fitch，1983）。可能因为倾油（富脂质）源岩不足和盆地深层过成熟区内石油热解成气，裂缝性白垩系岩石一般不含油。Rulison 气田 Mesaverde 群下部的少量砂岩含沥青，可能是由于 Mancos 页岩中烃源岩生成的石油沿裂缝运移（C. W. Spencer，1982）。钻穿 Piceance 盆地白垩系岩层的井一般较少；或许增加钻探埋深较浅的 Mesaverde 群成熟层段能够获得更多油。

致谢

本文研究部分根据美国能源部摩根顿能源技术中心第 DE-AI21-83MC20422 项协议。感谢美孚研发公司允许发表本文；Allan Sattler 和其他 Sandia/DOE 多井项目的工作人员授权使用多井试验岩心；Rodney Squires 进行大量同位素分析；Nancy Moore 协助完成岩心鉴定。与 Selena Dixon、J. L. Fitch、R. B. Halley、John Halsey、C. W. Spencer、R. M. Squires、M. K. Strubhar、Ogden Tweto 和 E. R. Verbeek 的讨论也对本文极有助益。美孚石油公司、海岸科学实验室和全球地球化学公司进行了同位素分析。美国地质调查研究项目受到美国能源部摩根顿能源技术中心支持。

参 考 文 献

［1］ ALLAN, J. R., and R. L. MATTHEWS, 1982, Isotope signatures associated with early diagenesis: Sedimentology, v. 29, p. 797-817.

［2］ AMUEDO, C. L., and J. IVEY, 1978, Detailed geologic mapping, U.S. Bureau of Mines tract, Piceance Creek basin, Rio Blanco County, Colorado: Report prepared for the U. S. Bureau of Mines, Denver Federal Center, Denver, Contract S0271034, 35 p.

［3］ BERRY, G. W., 1959, Divide Creek field, Garfield and Mesa counties, Colorado, in J. D. Haun and R. J. Weimer, eds., Symposium on Cretatceous rocks of Colorado and adjacent areas: Rocky Mountain Association of Geologists, p. 89-91.

［4］ BOSTICK, N. H., 1983, Vitrinite reflectance and temperature gradient model applied at a site in Piceance basin, Colorado (abs.): AAPG Bulletin, v. 67, p. 427-428.

［5］ CLARK, J. A., 1983, The prediction of hydraulic fracture azimuth through geological, core, and analytical studies: SPE/DOE Symposium on Low Permeability Gas Reservoirs, Society of Petroleum Engineers, Paper 1161, p. 107-114.

［6］ DONNELL, J. R., 1961, Tertiary geology and oil-shale resources of the Piceance Creek basin between the Colorado and White rivers, northwestern Colorado: USGS Bulletin 1082-L, 56 p.

［7］ DUNN, H. L., 1974, Geology of petroleum in the Piceance Creek basin, northwestern Colorado, in D. K. Murray, ed., Energy resources of the Piceance Creek basin, Colorado: Rocky Mountain Association of Geologists, p. 217-224.

［8］ ECKERT, A. D., 1982, The geology and seismology of the Dudley Gulch graben and related faults, Piceance Creek basin, northwestern Colorado: University of Colorado, Master´s thesis, 97 p.

［9］ JOHNSON, R. C., and C. W. KEIGHIN, 1981, Cretaceous and Tertiary history and resources of the Piceance Creek basin, western Colorado, in R. C. Epis and J. F. Callendar, eds., Guidebook, 32nd Field Conference Western Slope, Colorado: New Mexico Geological Society, p. 199-210.

［10］ JOHNSON, R. C., and R. E. MAY, 1980, Preliminary stratigraphic studies of the upper part of the Mesaverde Group, the Wasatch Formation, and the lower part of the Green River Formation, DeBeque area, Colorado, including environments of deposition and investigations of palynomorph assemblages: USGS Miscellaneous Field Studies Map MF 1050.

［11］ JOHNSON, R. C., and V. F. NUCCIO, 1983, Structural and thermal history of Piceance Creek basin, Colorado, in relationship to hydrocarbon occurrence in the Mesaverde Group (abs.): AAPG Bulletin v. 67, p. 490-491.

［12］ LAW, B. E., 1984, Relationships of source-rock, thermal maturity, and overpressuring to gas generation and occurrence in low-permeability Upper Cretaceous and lower Tertiary rocks, Greater Green River basin, Wyoming, Colorado, and Utah, in J. Woodward, F. Meissner, and J. Clayton, eds., Symposium on hydrocarbon source rocks of the greater Rocky Mountain region: Rocky Mountain Association of Geologists, p. 469-490.

［13］ LAW, B. E., C. W. SPENCER, and N. H. BOSTICK, 1980, Evaluation of organic matter, subsurface temperature and pressure with regard to gas generation in low-permeability Upper Cretaceous and lower Tertiary sandstones in Pacific Creek area, Sublette and Sweetwater counties, Wyoming: Mountain Geologist, v. 17, no. 2, p. 23-35.

[14] LUCAS, P. T., and J. M. DREXLER, 1976, Altamont-Bluebell, a major naturally fractured stratigraphic trap, Uinta basin, Utah, in North American oil and gas fields: AAPG Memoir 24, p. 121-135.

[15] MALLORY, W. W., 1977, Fractured shale hydrocarbon reservoirs in southern Rocky Mountain basins, in H. K. Veal, ed., Exploration frontiers of the central and southern Rockies: Rocky Mountain Association of Geologists, p. 89-94.

[16] MCPEEK, L. A., 1981, Eastern Green River basin: a developing giant gas supply from deep, overpressured Upper Cretaceous sandstones: AAPG Bulletin, v. 65, p. 1078-1098.

[17] MILLISON, C., 1962, Accumulation of oil and gas in northwestern Colorado controlled principally by stratigraphic variations, in C. L. Amuedo and M. R. Mott, eds., Exploration for oil and gas in northwestern Colorado: Rocky Mountain Association Geologists, p. 41-48.

[18] NARR, W. M., and J. B. CURRIE, 1982, Origin of fracture porosity—example from Altamont field, Utah: AAPG Bulletin, v. 66, p. 1231-1247.

[19] PITMAN, J. K., and R. C. JOHNSON, 1978, Isopach, structure contour, isovalue, and isoresource maps of the Mahogany oil-shale zone, Piceance Creek basin, Colorado: USGS Miscellaneous Field Studies Map MF-958.

[20] RITZMA, H. R., 1962, Piceance Creek gas field, in C. L. Amuedo and M. R. Mott, eds., Exploration for oil and gas in northwest Colorado: Rocky Mountain Association of Geologists, p. 96-103.

[21] SMITH, R. S., 1980, A regional study of joints in the northern Piceance Basin, northwest Colorado: Colorado School of Mines, Master's thesis, 126 p.

[22] SMITH, R. S., and J. W. WHITNEY, 1979, Map of joint sets and airphoto lineaments of the Piceance Creek basin, northwestern Colorado: USGS Miscellaneous Field Studies Map MF-1128.

[23] SNOW, C. B., 1969, Stratigraphy of basal sandstones in the Green River Formation, northeast Piceance basin, Rio Blanco County, Colorado: Mountain Geologist, v. 7, p. 3-32.

[24] TWETO, O. 1975, Laramide (Late Cretaceous - early Tertiary) orogeny in the southern Rocky Mountains, in B. F. Curtis, ed., Cenozoic history of the southern Rocky Mountains, GSA Memoirs 144, p. 1-44.

[25] WOLFF, R. G., J. D, BREDEHOEFT, W. S. KEYS, and E. SHUTER, 1974, Tectonic stress determinations, northern Piceance Creek basin, Colorado, in D. K. Murray, ed., Energy resources of the Piceance Creek basin, Colorado: Rocky Mountain Association of Geologists, p. 193-197.

[26] VERBEEK, E. R., and M. A. GROUT, 1983, Fracture history of the northern Piceance Creek basin, northwestern Colorado, in J. H. Gary, ed., Proceedings, 16th Oil Shale Symposium, Golden, Colorado: Colorado School of Mines Press, Golden, Colorado, p. 26-44.

[27] VERBEEK, E. R., and M. A. GROUT, 1984, Fracture studies in Cretaceous and Paleocene strata in and around the Piceance basin, Colorado: preliminary results and their bearing on a fracture-controlled natural-gas reservoir at the MWX site: USGS Open-File Report 84-156, 30p.

犹他州 Uinta 盆地东部非海相上白垩统和古近系岩石的油气潜力

J. K. Pitman, D. E. Anders, T. D. Fouch, D. J. Nichols

摘要 古近系和白垩系非海相砂岩是犹他州 Uinta 盆地东部 Natural Buttes 气田丰富天然气的储层。上白垩统 Tuscher 组取心段为细粒—中粒、中等—良好分选的砂岩和少量碳质、煤质页岩层。这些岩石代表冲积辫状平原下部沉积。古新统—始新统 Wasatch 组不整合覆于白垩系岩石之上,与 Green River 组边缘湖相地层舌状交错。Wasatch 组上部取心段由含小型交错层理的细粒透镜状砂岩、泥质粉砂岩和杂色泥岩构成,均沉积于 Uinta 湖边缘的三角洲平原环境中。

Tuscher 组和 Wasatch 组取心砂岩被广泛改造,影响因素有少量石英次生加大,碳酸盐矿物组合(无铁方解石、铁方解石、白云石和铁白云石)的沉淀和后期溶解,硬石膏和重晶石的局部发育,自生伊利石、伊—蒙混层、高岭石、绿泥石和绿泥间蛭石的形成。多数自生碳酸盐形成于埋藏早期、强烈压实之前。在成岩作用晚期,硬石膏和重晶石局部沉淀并交代碎屑颗粒和矿物胶结物(如碳酸盐)。因发育黏土矿物和沉淀碳酸盐胶结物,砂岩孔隙度和渗透率明显降低。

大量天然气储集于受成岩作用改造的透镜状低渗砂岩所形成的地层圈闭内。Tuscher 组潜在烃源岩可能已生成热成因气,即使相对于生成液态烃,它们也仅中等成熟。

1 简介

在犹他州 Uinta 盆地东部,烃类储集于受成岩作用改造的古近纪早期和晚白垩世(低渗透)非海相厚层砂岩形成的地层圈闭内。这些岩石与落基山脉大部分地区的勘探目标——其他低渗透岩石年代和成因相同。

在 Uinta 盆地东部(图1),对 Natural Buttes 气田上白垩统 Mesaverde 群 Tuscher 组和古新统—始新统下段 Wasatch 组进行取心作业(Fouch 和 Cashion,1979)。作为靠近白垩系—古近系分界面的烃类储层,它们受到了广泛的关注。

本文描述了 Uinta 盆地东部 Wasatch 组和未细分 Tuscher-Farrer 组的沉积史;研究了 Natural Buttes 气田的岩心,确定了古近系和白垩系砂岩的矿物史、成岩史和所含烃类的成因;分析了 Southman Canyon 气田补充样品的烃类含量,并与 Natural Buttes 气田样品进行对比。

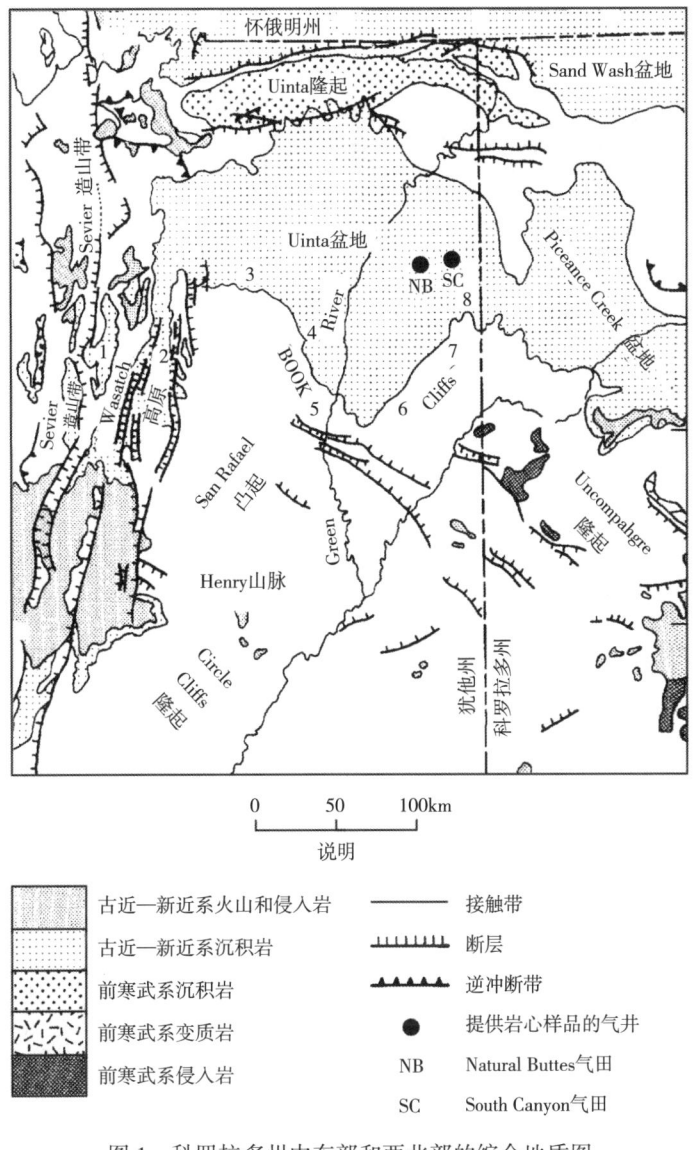

图 1 科罗拉多州中东部和西北部的综合地质图

2 地质

在 30~25Ma 时，犹他州 Uinta 盆地沉积古新统—始新统 Wasatch 组和上白垩统未细分 Tuscher-Farrer 组的非海相岩石（图 2；Fouch 等，1983）。这些岩石单元证实白垩纪西部内陆海道从犹他州中东部的海相前陆盆地后退。从晚坎潘期开始至整个古近纪时，Sevier（塞维尔）造山运动和 Laramide（拉腊米）造山运动一直间断地持续，受其影响，海水向东退。附近高地发生拉腊米变形的同时被广泛侵蚀，表现为盆地大部分地区发育分隔白垩系（坎潘阶和马斯特里赫特阶）和古近系（古新统和始新统）的区域不整合。局部上，不整合代表了 15Ma 的沉积缺失（Fouch 等，1983），部分可能与科罗拉多州西北分隔古近系和白垩系岩石的侵蚀面相关。

273

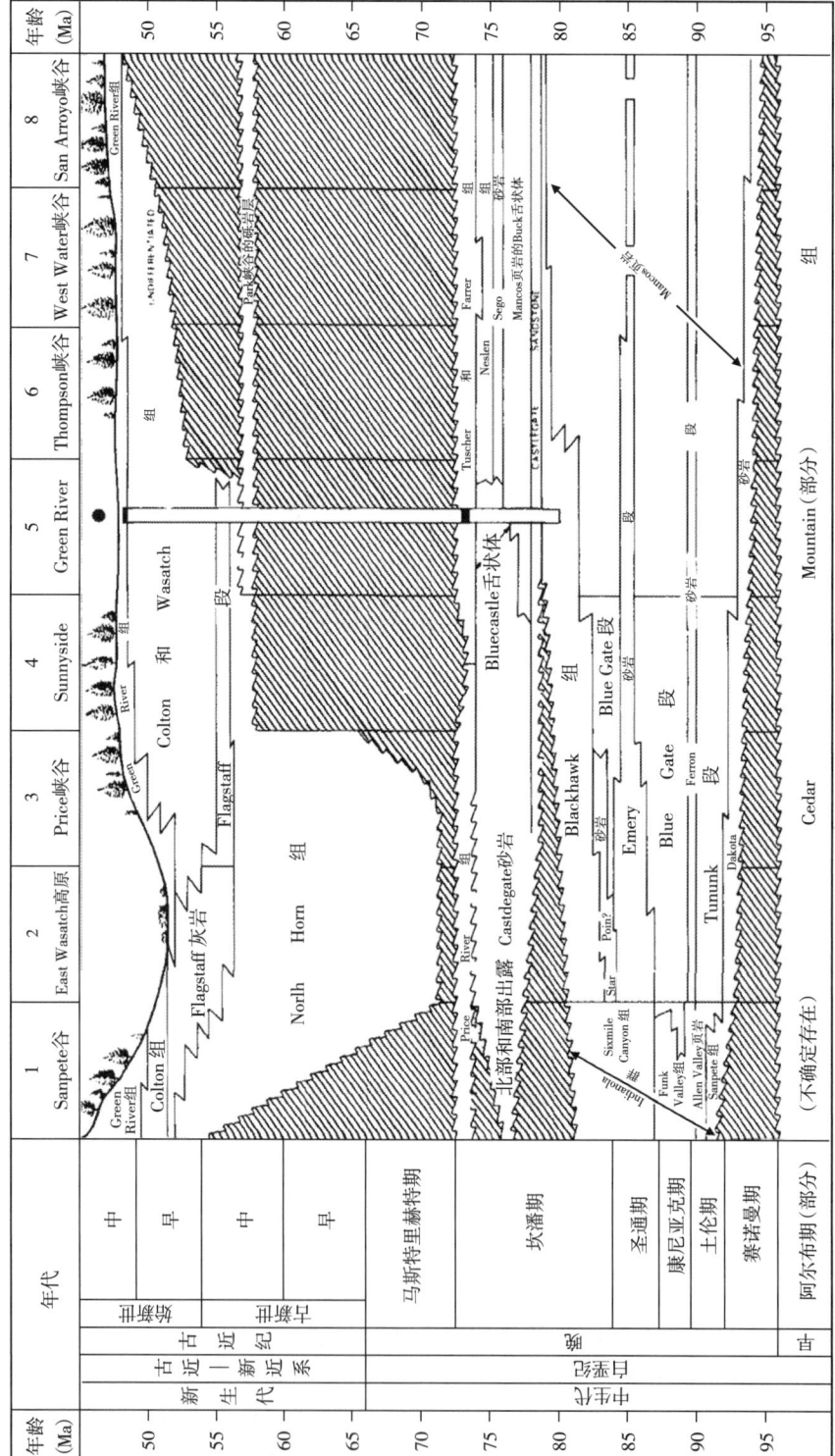

图 2 犹他州 Uinta 盆地古近系和白垩系主要岩石单元的地层对比图

2.1 未细分 Tuscher-Farrer 组

在 Natural Buttes 气田，自白垩—古近系界面下 30m（100ft）处采集白垩系岩心。图 3（a）展示了取心段的感应测井曲线。取心段顶界深度约为 1935m（6350ft），底界深度约 1984m（6510ft），位于 Tuscher 组上部。取心段与 Green River 附近未细分 Tuscher-Farrer 组上部岩石的岩性和地层相当（图 2；Fouch 和 Cashion，1979）。

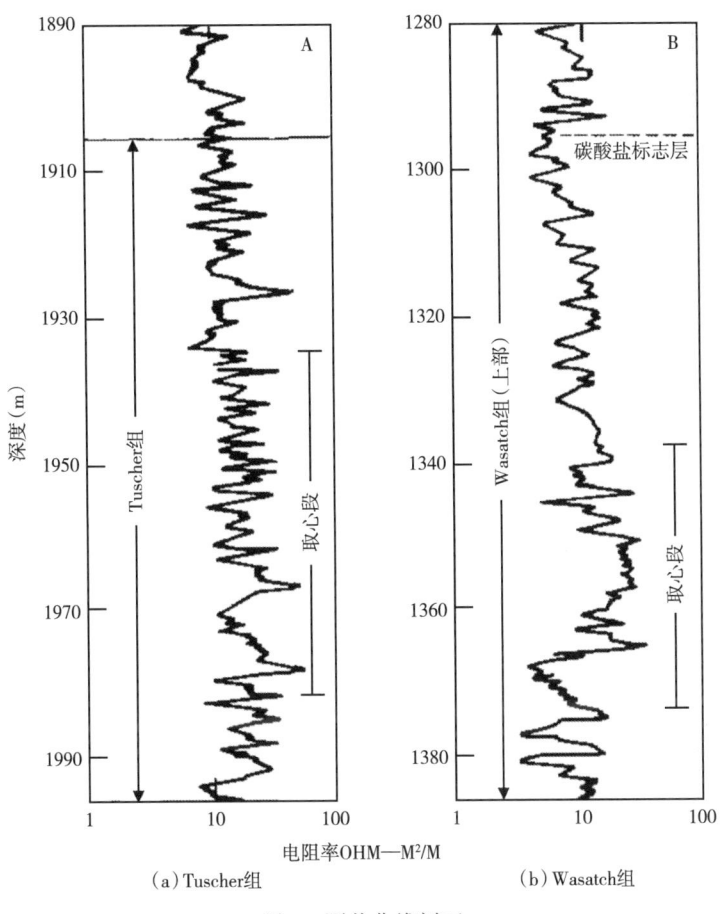

图 3　测井曲线剖面

术语"未细分 Tuscher-Farrer 组"指 Uinta 盆地东部地下晚白垩世（晚坎潘期—早马斯特里赫特期）非海相岩石，Tuscher 组和 Farrer 组的界面渐变，难以区分。测井曲线对比说明盆地东部和东南部未细分层分布广且连续。在 Natural Buttes 气田和 Southman Canyon 气田，该层厚约 336m（1100ft）（Fouch 和 Cashion，未公开发表数据）。在北部的 Pariette Bench 气田（T9S，R18 和 19E）和南部的 Book Cliffs 之间，地层测量厚度为 336~488m（1102~1601ft）。沿 San Rafael 凸起的东翼，地层单元减薄至仅数米（Lawton，1983）。盆地东部地层单元的厚度变化反映了侵蚀作用，晚坎潘期—古新世时白垩系顶部的局部剥蚀厚度达 366m（1200ft）。因此在大部分区域，未细分 Tuscher-Farrer 组岩石的历史埋深较现今更大。在 Book Cliffs 西部地区（图 2），Price River 组岩石过渡为同时期的未细分 Tuscher-Farrer 组（Fouch 等，1983）。其他相同年代和成因的岩石还有科罗拉多州

Piceance 盆地 Mesaverde 群 Hunter Canyon 组和 Mount Garfield 组。

Fisher 等（1936；1960）定义的 Tuscher 组主要包含一个向上变粗的含砾（?）砂岩层序，夹泥质粉砂岩和富有机质含煤黏土岩的薄透镜体。单个砂层通常不连续，是形成陡崖的稳定地层单元，部分厚度达 30m（98ft）。地表露头的沉积学研究（Fouch 等，1983）说明单个河床形地层显现小型交错层理，从底部分选差的细粒—中粒砂岩渐变为顶部极细粒—细粒砂岩。岩层向下逐变为 Farrer 组，后者呈透镜状、具有向上变细层序，含砂岩、粉砂岩、碳质黏土岩和局部煤透镜体（Fisher，1936）。

图 4（a）展示了表征 Natural Buttes 气田未细分 Tuscher-Farrer 组的主要岩性、古生物资料、粒径分布和沉积结构。取心层序主要为灰色和棕色砂岩（部分层含钙质），灰绿色砂岩和碳质、煤质页岩层，也可见微小软体动物化石碎屑。保存良好的非海相孢粉组合（表1）说明岩层属于晚坎潘期—早马斯特里赫特期。Fouch 等（1983）曾经报告了这一层段内多数但非全部物种。所有这些物种均发育于 Nichols 等（1982）确定的四叶鹰粉（*Aquilapollenites quadrilobus*）间隔带锯齿鹰粉亚层（*Aquilapollenites reductus subzone*）内。图 5 展示了部分物种样本。

表 1 犹他州 Natural Buttes 气田未细分 Tuscher-Farrer 组的非海相孢粉统计表

Aequitriradites spinulosus	*Ilexpolenites* sp.
Aquilapolenites attenuatus	*Laevigatosporites ovatus*
Aquilapolenites reticulatus	*Lycopodiumsporites* sp.
Aquilapolenites quadrilobus	*Mancicorpus striatus*
Aquilapolenites trialatus	*Pandaniidites radicus*
Aquilapolenites sp.	*Pityosporites* sp.
Arecipites sp.	*Proteacidites retusus*
Balmeisporites kondinskayae	*Proteacidites* sp.
Camaronzonosporites insignis	*Pseudoplicapoltis newmanii*
Cicatricosisporites sp.	*Pseudoschizaea* sp.
Cingutriletes sp.	*Taxodiaceaepollenites hiatus*
Corollina sp	*Tricolpites interangulus*
Cranwellia striata	*Tricolpites* sp.
Cyathidites minor	*Triporopollenites* sp.
Ephedra sp. D.	*Vitreisporites pallidus*
Eucommiidites minor	小孢子，不明确
Foraminisporis wonthaggiensis	真菌孢子，不明确
Gleicheniidites senonicus	

Fouch 等（1983）解释了 Tuscher-Farrer 组共有的岩性和沉积特征，以表征冲积辫状平原下部中—大型辫状河体系的沉积（图6）。夹砂岩的不稳定岩石形成于漫滩和相关的泛滥平原环境（Fouch 等，1983）中。在 Natural Buttes 气田地下，可见相对大量的页岩、黏土岩（某些含木质和草本植物）和少量砂岩，反映局部湿地环境的泥沙沉积。

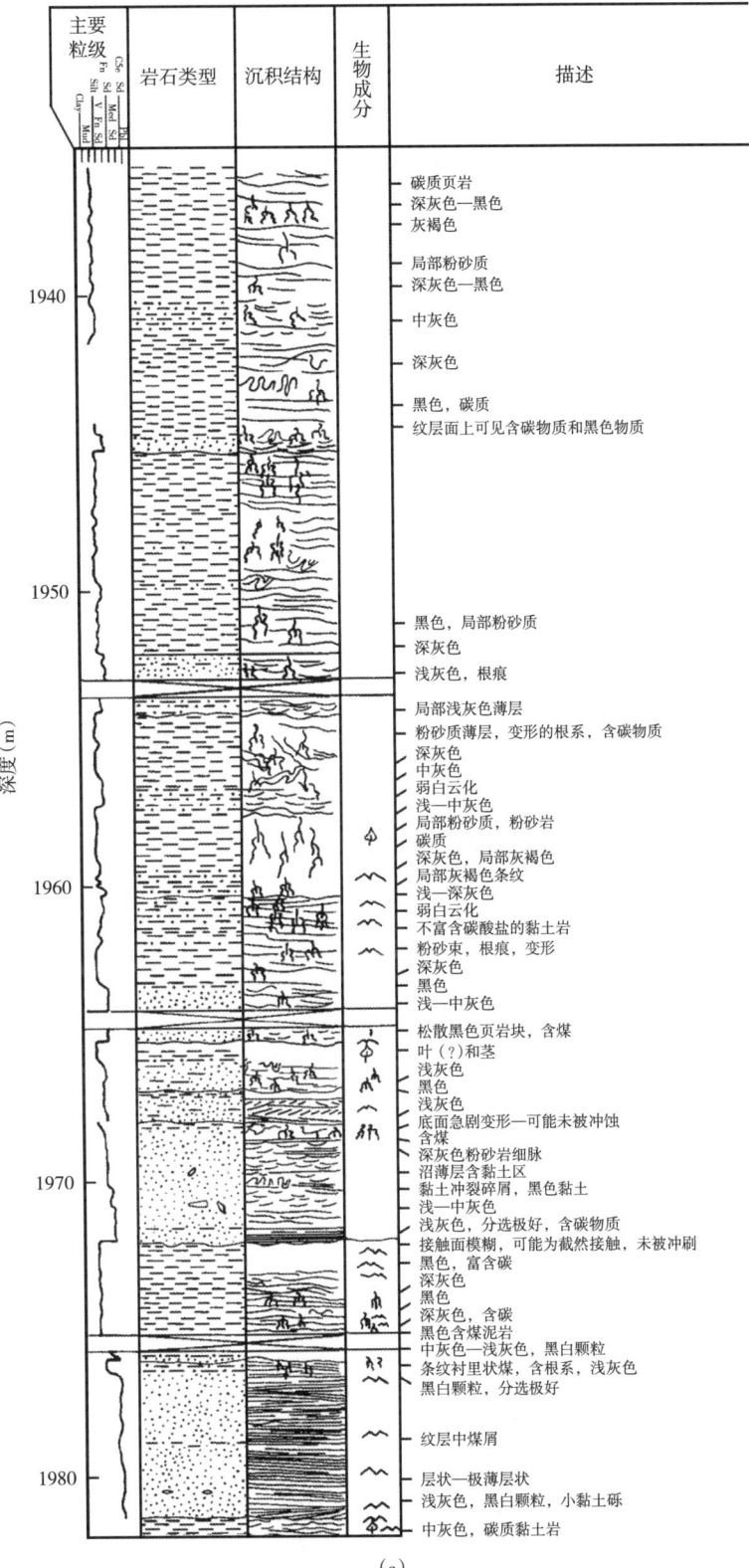

(a)

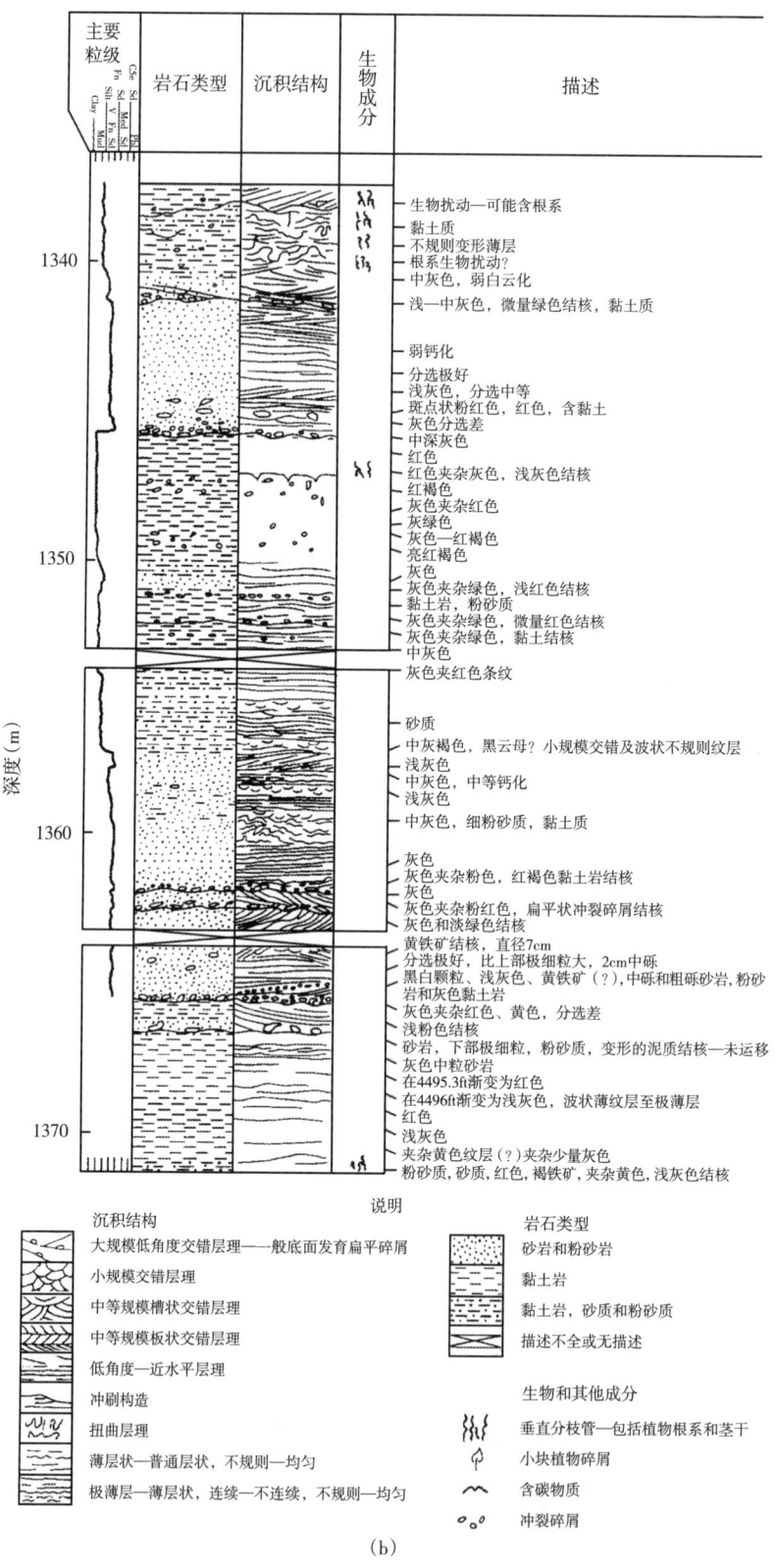

图 4 犹他州 Natural Buttes 气田取心岩石的岩性和沉积学特征

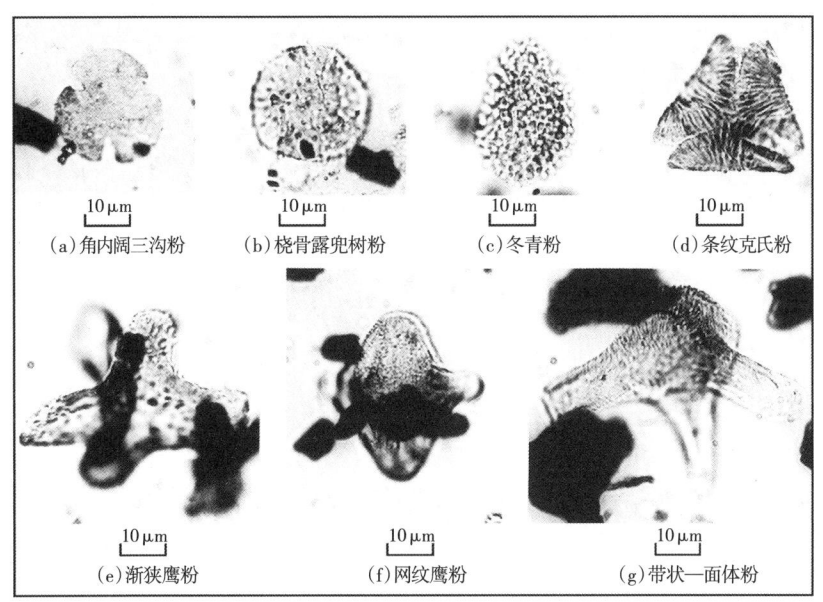

图 5 犹他州 Natural Buttes 气田未细分 Tuscher-Farrer 组中部分具有重要生物地层意义的孢粉

它们是四叶鹰粉间隔带（坎潘阶上段—马斯特里赫特阶下段）锯齿鹰粉亚层的典型物种

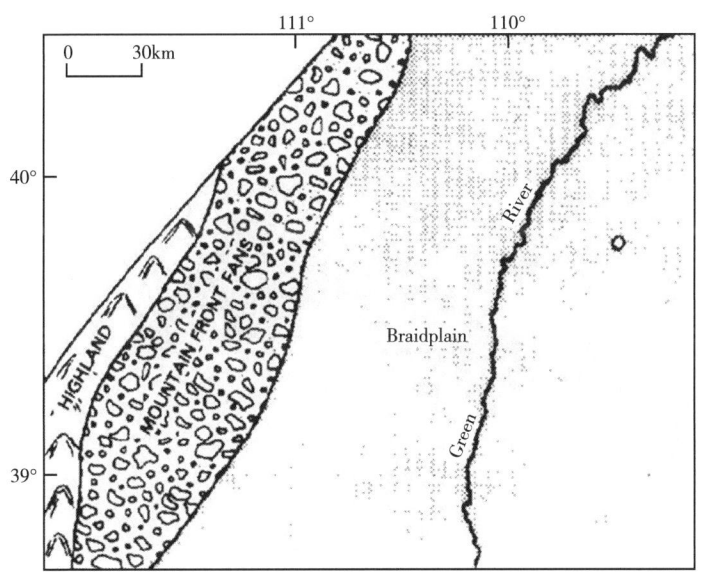

图 6 展示晚坎潘期—早马斯特里赫特期地形分布的古地理图

2.2 Wasatch 组

测井剖面显示 Natural Buttes 气田古近系取心段岩石位于 Green River 组碳酸盐标志层下方 40m（130ft）（Ryder 等，1976；Fouch 和 Cashion，1979）。因其地层层位［图 3(b)］和红层岩性，这些岩石被解释为代表 Green River 组、Wasatch 组上部舌状体（Wasatch 组等同于 Uinta 盆地西部 Colton 组上部）。Wasatch 组、Colton 组及相邻岩石单元的地层和年代关系如图 2 所示。Fouch（1975），Ryder 等（1976）和 Fouch 等（1983）指出

Wasatch 组上部渐变为古新统和始新统 Green River 组湖相岩石，不整合覆盖于 Dark Canyon 砾岩层之上，后者又不整合覆盖于 Uinta 盆地东部 Tuscher 组白垩系岩石之上。Uinta 盆地东部多数 Wasatch 组在地层层位上较 Colton 组高，部分与盆地中北部 Green River 组中段和碳酸盐标志层之间的含气和含油岩时间相当。

在地表露头，Wasatch 组包括许多不连续河道砂岩、薄层状粉砂岩和红色斑点状黏土岩，其中黏土岩发育多边形泥裂、潜穴构造和零星根状结核。砂岩单元底部常见绿色黏土岩层。单个砂层厚 15~40m（50~130ft），发育块状层理和小型交错层理。自河床底部向上，交错层粒度和厚度有序减小。局部上，粉砂岩和红色黏土岩单元中夹 Green River 组边缘湖相岩石薄层。

在 Natural Buttes 气田，Wasatch 组舌状体的取心段含有细粒透镜状砂岩（部分具有小型交错层理和红色侵染）、薄泥质粉砂岩和薄—中厚层杂色泥岩［图 4（b）］。砂岩单元局部含撕裂砾岩；单个地层单元底部通常发育黏土岩和泥岩碎屑的滞留沉积。红色黏土岩层通常呈斑点状，显现根状结核和局部生物扰动的迹象。这一层段岩石缺乏孢粉群体。

层理和粒度说明 Natural Buttes 气田 Wasatch 组取心段岩石为三角洲平原下部的沉积物。三角洲沿古 Uinta 湖边缘形成，在古近纪早期占据 Uinta 盆地中部。三角洲平原下部地层中，红色斑点状黏土岩单元被解释为排水良好的冲积平原沉积；褐色粉砂岩和细粒砂岩单元为决口扇沉积；河床形砂岩起源于河道和/或冲积河道（Ryder 等，1976）。向盆地中部，薄而广阔的 Green River 组湖缘地层局部含 Wasatch 组冲积岩夹层。在 Natural Buttes 气田，缺失边缘湖相岩石和发育许多红色砂岩层，说明取心岩层的沉积环境远离 Uinta 湖波动边缘。始新世早期 Uinta 盆地的沉积环境分布如图 7 所示。

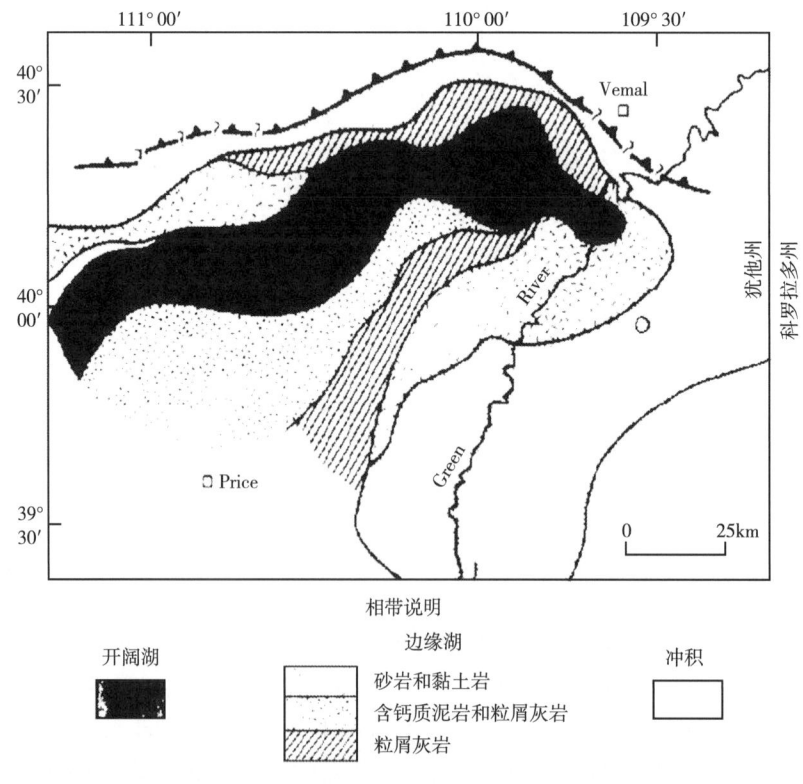

图 7　早始新世 Uinta 盆地相带分布图

3 矿物成分

表2给出了Natural Buttes气田Tuscher组和Wasatch组细粒—中粒、中等—良好分选砂岩的矿物组成。按照Folk（1974）分类方案，Wasatch组砂岩为岩屑长石砂岩和长石质岩屑砂岩，Tuscher组砂岩主要为长石质岩屑砂岩和岩屑砂岩（图8）。不同地层单元矿物组成的变化反映盆地南部和东部拉腊米高地侵蚀沉积物的混合。在组成和结构上，这些砂岩与Keighin及Fouch（1981），Pitman等（1982），Stanley及Collinson（1979），Zaiskie等（1982）和Lawton（1983）研究的白垩纪和古近纪砂岩类似。图9的实例展示了取心岩中骨架颗粒、矿物胶结物、自生黏土矿物和粒间及粒内孔隙的结构关系。

表2 犹他州Natural Buttes气田Tuscher组和Wasatch组砂岩的矿物组成 [岩相特征以岩性百分比表示，一字线（—）代表无数据。通过亚铁氰化钾和茜红素染色浸染蓝色环氧树脂薄片以识别碳酸盐，通过亚硝高钴酸钾染色以区别钾长石和钠长石。每个薄片数300个矿物颗粒的方法确定矿物丰度]

深度（m）	石英	斜长石	钾长石	燧石	岩屑	杂基	方解石	白云石	可见孔隙空间
Wasatch组									
1339	33	10	6	14	13	3	7	3	—
1342	32	6	4	2	15	12	10	12	—
1343	29	9	6	6	14	21	4	8	—
1343	32	10	1	3	23	16	6	8	—
1343	27	22	7	6	17	—	1	6	2
1344	27	18	3	6	31	6	2	2	3
1344	29	18	1	4	21	1	6	8	9
1345	30	16	—	7	16	—	6	5	15
1345	20	24	7	4	20	3	4	7	5
1345	30	17	—	4	16	2	13	7	9
1346	34	18	2	9	17	—	1	2	15
1346	29	22	7	5	17	1	5	3	—
1347	32	14	9	7	20	—	9	6	—
1347	23	18	6	5	19	3	16	4	—
1352	28	15	2	15	10	5	6	10	—
1361	33	10	5	7	14	2	11	12	1
1362	30	13	2	9	20	—	13	2	—
1363	22	19	6	5	11	10	—	13	7
1363	32	16	6	5	15	7	7	5	—
1366	26	4	3	4	19	29	1	3	—
1368	31	15	5	6	17	12	1	7	—
1368	20	17	8	6	14	2	3	1	1
1369	32	15	3	9	15	1	3	4	8
1369	36	16	4	6	15	2	4	1	10
1370	26	4	4	16	26	1	4	1	—

续表

深度（m）	石英	斜长石	钾长石	燧石	岩屑	杂基	方解石	白云石	可见孔隙空间
Tuscher组									
1943	39	5	2	14	15	7	20	7	—
1949	41	5	3	10	15	11	1	8	—
1954	37	9	2	4	12	7	3	15	4
1954	41	8	3	3	10	13	4	14	—
1956	47	3	1	6	13	10	2	9	—
1958	40	6	—	10	18	12	1	4	—
1959	41	7	1	1	13	11	1	10	—
1960	36	7	—	3	14	18	5	11	—
1960	40	7	3	3	11	8	5	13	1
1962	49	6	6	12	10	14	—	—	—
1967	47	4	3	7	6	14	1	10	—
1972	48	6	6	13	14	1	1	4	—
1973	26	7	—	2	8	6	34	13	—
1974	49	9	2	2	19	2	6	2	6
1974	46	9	2	2	21	4	1	10	5
1974	47	7	4	5	19	2	—	5	8
1975	48	9	3	4	18	2	—	4	9
1980	39	9	2	11	24	—	—	—	9
1980	40	12	4	6	23	2	—	—	12
1980	34	11	—	9	32	—	—	—	4
1980	49	11	—	5	18	1	—	—	13
1981	38	14	1	8	26	2	—	—	6
1981	45	13	2	5	22	1	1	—	—
1981	47	11	—	4	24	2	—	—	9
1982	40	13	5	11	21	1	1	4	3
1982	41	9	1	8	28	2	—	—	9
1982	45	9	3	7	22	—	—	6	1
1982	47	12	—	4	22	2	—	2	3
1983	41	13	3	10	23	1	—	2	5
1983	39	10	4	10	27	1	—	2	3
1984	29	9	4	12	19	1	—	3	10
1985	26	8	3	11	14	—	35	2	—

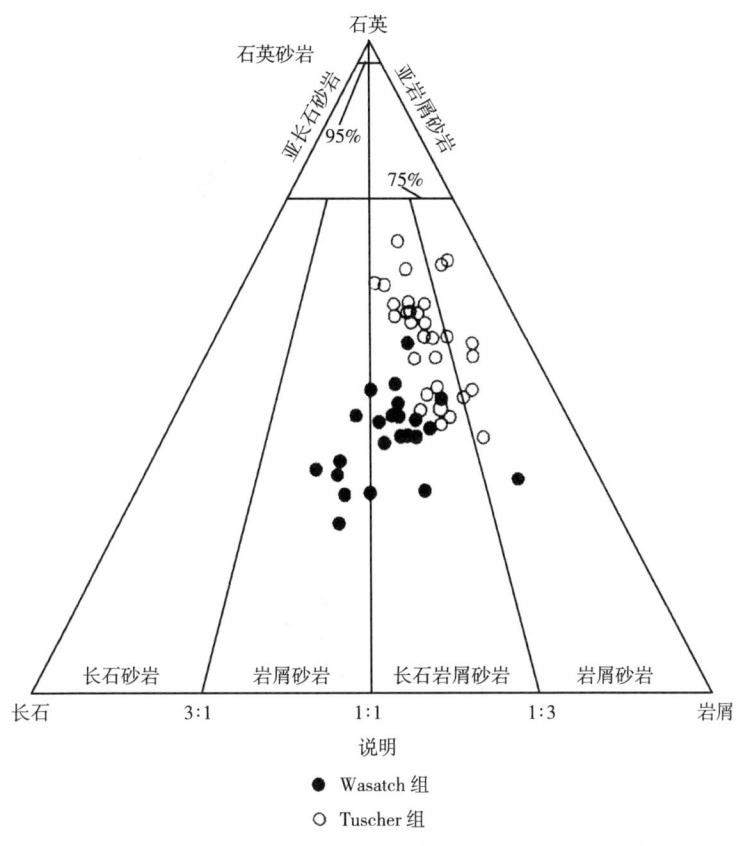

图 8　Tuscher 组和 Wasatch 组砂岩矿物组分的三元相图

3.1　石英

石英是主要骨架颗粒。Wasatch 组石英平均含量为 29%，Tuscher 组为 41%。石英颗粒为棱角状—滚圆状，但常见为次棱角状—次圆状。石英颗粒粒度主要为粉砂级—细砂级，但可见部分中粒—粗粒。单个颗粒一般为单晶，稍有波状或平行消光。部分颗粒含气液包裹体和小的矿物包裹体。颗粒间为点接触—缝合线接触，最常见为面接触—凸凹接触。部分碎屑颗粒具有受磨蚀的次生加大边，说明这些颗粒为再旋回颗粒。

3.2　长石

斜长石为 Wasatch 组和 Tuscher 组的重要组分，平均含量分别为 5% 和 9%；也可见钾长石，平均含量分别为 4% 和 2%。斜长石为新鲜或蚀变双晶和非双晶颗粒，在罕见的火山岩岩屑中为微晶和斑晶。钾长石颗粒多具双晶，通常体现物理风化和化学蚀变的影响。多数长石为不规则或棱角状碎片，被碳酸盐化学蚀变。在许多地区，碳酸盐交代长石和后期碳酸盐沿解理面溶解，使得仅残余原生颗粒的骨架。少数长石颗粒具有不规则分布的内部孔洞，反映发生层内溶解作用，说明不存在长石曾被碳酸盐交代的迹象。这些颗粒的核与环边成分不同，因此更易溶解。因为易碎的骨架颗粒不能承受长距离运移，所以必然发生原地长石溶解。

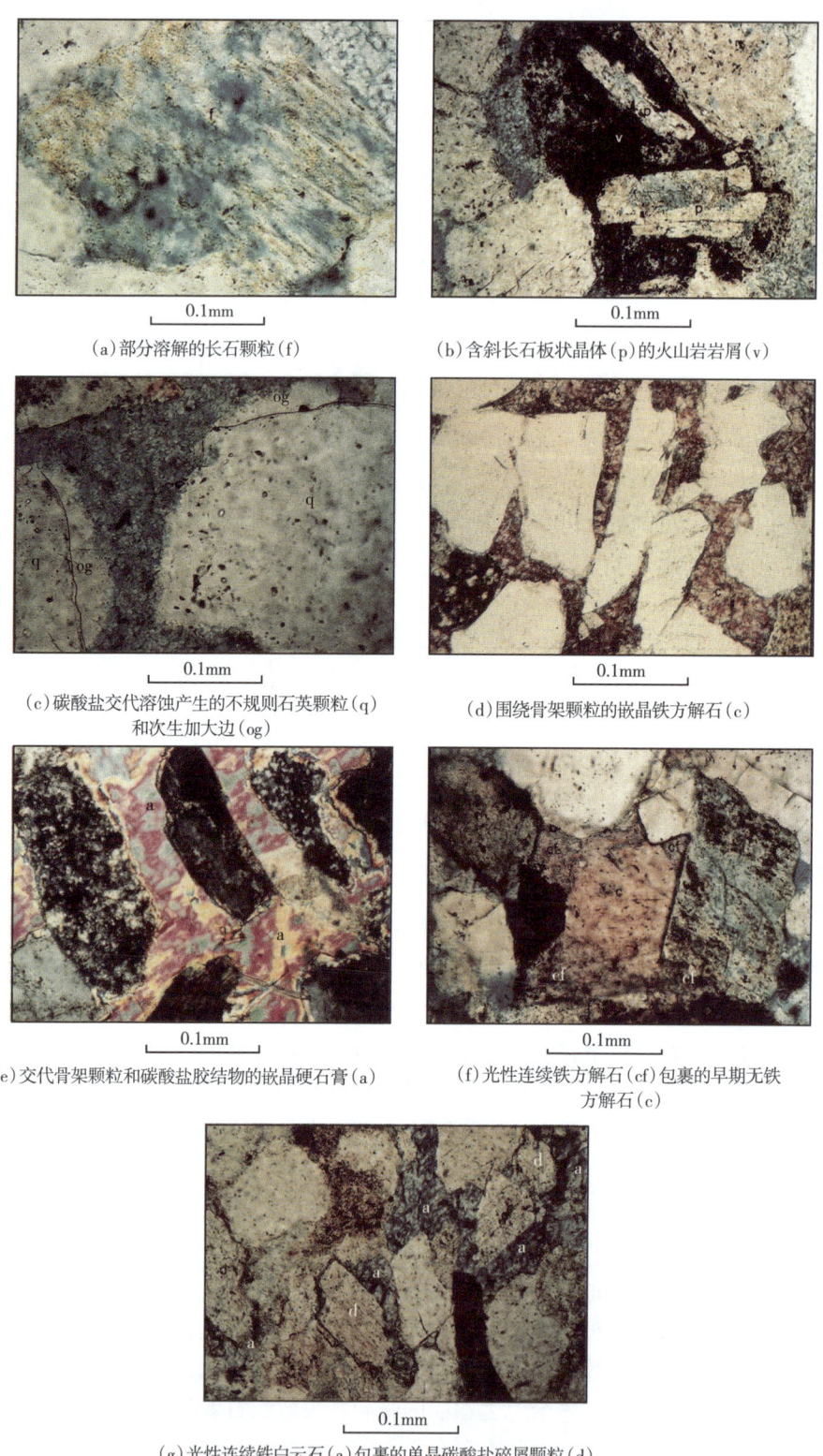

(a)部分溶解的长石颗粒(f)　　　　　　　　(b)含斜长石板状晶体(p)的火山岩岩屑(v)

(c)碳酸盐交代溶蚀产生的不规则石英颗粒(q)　　(d)围绕骨架颗粒的嵌晶铁方解石(c)
和次生加大边(og)

(e)交代骨架颗粒和碳酸盐胶结物的嵌晶硬石膏(a)　(f)光性连续铁方解石(cf)包裹的早期无铁
方解石(c)

(g)光性连续铁白云石(a)包裹的单晶碳酸盐碎屑颗粒(d)

图9　Tuscher组和Wasatch组砂岩的碎屑组分、矿物胶结和溶蚀特征

3.3 岩屑

不同成因的岩屑在古近系和白垩系取心砂岩的碎屑矿物组分中所占比例较大。Wasatch组和Tuscher组约含18%的岩屑。沉积泥岩、粉砂岩和泥质页岩岩屑最丰富。这些机械和化学不稳定颗粒常在相邻骨架颗粒间发生变形或反映溶解作用的影响。部分溶解且无碳酸盐交代迹象的岩屑可能原地溶解。其他类型的沉积岩屑包括砂粒级的部分磨蚀碳酸盐碎屑和具有他形共轴铁白云石环边的菱形单晶碎屑白云石颗粒。次圆状—滚圆状细粒燧石颗粒也极为丰富，平均占整个岩石组分的7%。一类燧石未风化（新鲜）且无包裹体；另一类燧石为棕色—黑色，偶尔被玉髓充填的裂缝切割。因为富含细粒燧石，部分酸性火山颗粒可能被误认为燧石。

一些砂岩中明显可见含斜长石微晶或板晶的细粒火山岩岩屑。也可识别出含石英和长石的火成岩颗粒、变质成因的多晶石英和少量未知成因的碎屑绿泥石颗粒。

3.4 基质矿物和副矿物

Wasatch组砂岩可见低丰度的蚀变黑云母和白云母（几个百分点）。Tuscher组岩石中这些矿物含量也不大。

多数砂岩的碎屑杂基与假杂基（变形的细粒沉积岩岩屑）很难区分。因此表1所示杂基含量仅为近似值。杂基含量均较低，Tuscher组平均为5%，Wasatch组平均为6%。掘穴生物可能引入了砂岩的部分杂基物质。

3.5 胶结物

自生胶结物在古近系和白垩系砂岩中占很大比例，包含少量石英、若干期次的碳酸盐和极少量硬石膏及重晶石。因为无单一砂层含有所有矿物相，这些胶结物可能部分受相控。

Wasatch组和Tuscher组砂岩中，少量自生硅质形成共轴石英次生加大。局部次生加大聚集形成原生孔隙的胶结物。无碎屑杂基或自生碳酸盐矿物的砂岩在埋藏早期，石英次生加大发育良好。少数颗粒次生加大具有发育良好的晶面，表明生长进入连通孔隙。但许多次生加大和颗粒边界被方解石交代，后期又被溶解，在颗粒和胶结物间留下不规则和港湾形接触面。

Wasatch组和Tuscher组砂岩可见复杂的碳酸盐矿物组合，以铁方解石为主，含少量无铁方解石、白云石及铁白云石。Wasatch组铁方解石较Tuscher组丰富，两层中可见含量几乎相同的少量白云石。

无铁方解石稀少，通常作为被光性连续铁方解石所包裹的残余颗粒和胶结物出现。胶结物碎屑呈聚片双晶。残余方解石与部分溶解长石颗粒和光性连续铁方解石相关联，反映了原有交代物和孔隙充填无铁方解石的溶解作用。

多数方解石为细晶—粗晶含铁方解石，部分—完全交代长石颗粒和岩屑。局部上，方解石是充填孔隙的胶结物。许多砂岩在被铁方解石胶结前，似乎已经历轻度—中度压实。铁方解石阻塞一般会导致孔隙不规则或完全破坏。在原生孔隙度和渗透率高的砂岩中，嵌晶铁方解石胶结通常较为普遍。封闭在胶结物中的棱角状石英和长石碎屑颗粒往往无蚀变且不受压实作用影响。但铁方解石确实围绕颗粒边缘，可能沿长石颗粒的解理面发育。铁方解石呈现不规则边界的砂岩中,交代方解石常被溶解。

无铁白云石是充填孔隙的他形胶结物,也是交代矿物。碎屑白云石和自生白云石复杂共生,仅占整个岩石的相当小比例,使得两种白云石之间和它们与其他矿物相的关系模糊。少量铁白云石以白云岩颗粒的光性连续他形环边形式存在。颗粒和胶结物的关系说明源区多数铁白云石沿白云岩岩屑边缘生长;部分交代骨架颗粒的少量铁白云石形成于成岩改造晚期。

Wasatch 组和 Tuscher 组局部可见自生硬石膏,罕见重晶石。两种矿物优先交代碳酸盐胶结物和骨架颗粒,如长石和石英。硫酸盐矿物和其他矿物胶结物的结构关系说明硬石膏和重晶石可能形成于埋藏相对晚期。

3.6 黏土矿物

Wasatch 组和 Tuscher 组砂岩可见不等量自生高岭石、伊利石、绿泥石和混层伊利石—蒙皂石。仅 Wasatch 组可见有序间层绿泥石—蒙皂石。图 10 给出了这些黏土矿物的典型实例。

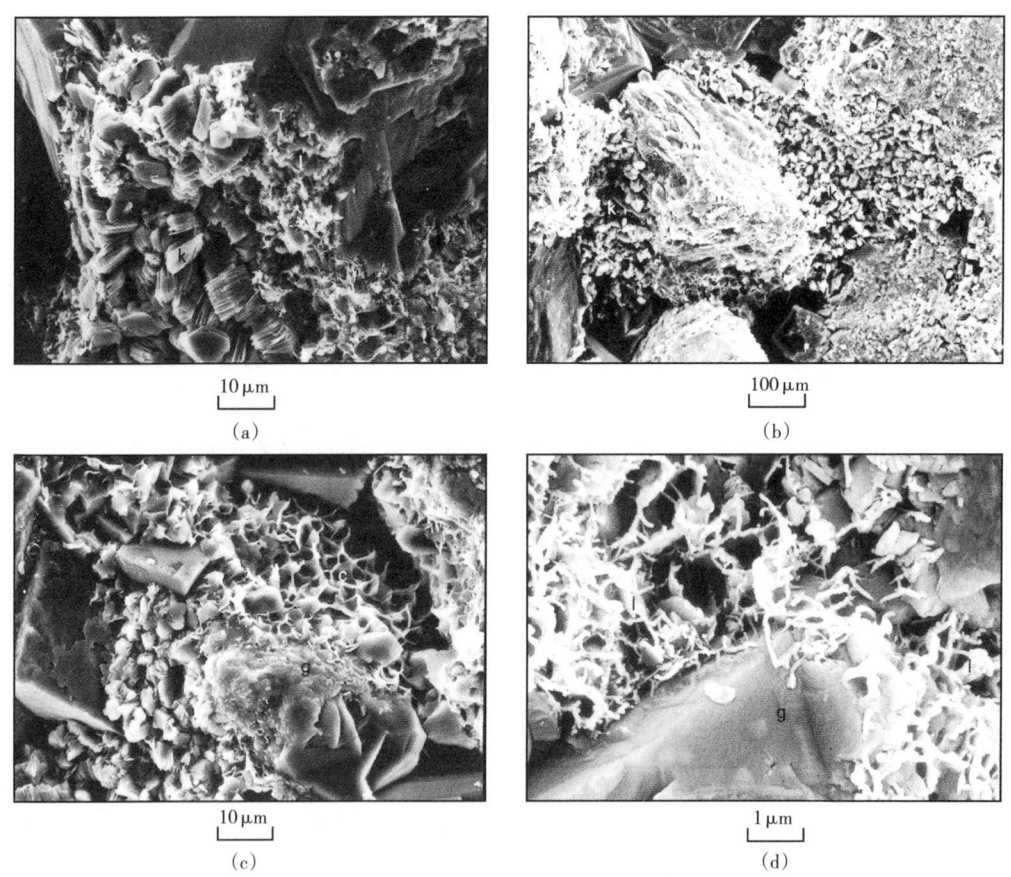

图 10 Tuscher 组和 Wasatch 组砂岩的自生黏土矿物

次生粒间孔中高岭石一般呈结晶良好的书页状,多数孔隙具有纤维状伊利石衬边。在一些砂岩中,高岭石完全堵塞孔隙;而在其他砂岩中,高岭石呈孤立片状,反映了骨架颗粒(如长石)的原地蚀变。绿泥石通常为骨架颗粒上和粒间孔内薄片,往往与伊利石有关。绿泥间蛭石形成垂直于颗粒面的连通薄片状网络。

4 成岩作用

单个自生矿物相之间的结构关系说明古近系和白垩系砂岩的成岩史复杂。类似于 Wasatch 组和 Tuscher 组的成岩序列包含：（1）少量硅质胶结；（2）普遍方解石沉淀和溶解；（3）局部重晶石和硬石膏胶结；（4）自生黏土矿物发育。

4.1 硅质胶结

最早期成岩改造是少量石英胶结。碎屑石英颗粒间少见缝合线接触，围绕部分碎屑颗粒形成自形的石英次生加大，说明多数硅质来源于地下水而不是颗粒接触面的压溶作用。早期方解石的沉淀可能阻止了相邻石英颗粒间的压溶作用。额外硅质可能来源于成岩早期经历压实的页岩互层和化学蚀变期的长石。

4.2 碳酸盐发育和地球化学特征

Wasatch 组和 Tuscher 组碳酸盐矿物成岩作用说明：在埋藏早期，化学组分不同的碳酸盐孔隙水和重碳酸盐孔隙水间歇运移经过白垩系和古近系岩石，产生多期次的碳酸盐沉淀和溶解。

无铁方解石是古近系和白垩系砂岩中最早形成的碳酸盐。尽管沉积后可能很快形成无铁方解石，因为溶解空隙内仅保留矿物残余，早期方解石的沉淀范围和形成的化学条件未知。在现今含有大量次生孔隙的砂岩中，原有无铁方解石可能是一种常见胶结物。

无铁方解石溶解后，粒间和粒内次生孔隙被铁方解石重新胶结。在含碎屑碳酸盐颗粒和残余无铁碳酸盐胶结物的砂岩中，自富碳酸盐溶液沉淀的铁方解石形成胶结物。无铁方解石残余被光性连续铁方解石所包围，表明通过碎屑碳酸盐颗粒和无铁方解石胶结物残余的成核化，铁方解石范围扩大。含碎屑碳酸盐颗粒或原有方解石胶结物痕迹的砂岩中，铁方解石分布特别广，含铁碳酸盐胶结物的丰度似乎部分受碳酸盐生长成核位点丰度控制。多数砂岩中，铁方解石包裹互相接触的骨架颗粒，说明铁方解石胶结前曾发生轻度—中度压实。而部分砂岩中，嵌晶铁方解石包围几乎无机械压实或化学蚀变迹象的骨架颗粒，说明部分铁方解石形成于强烈压实前的埋藏相对早期。早期铁方解石胶结明显保护未蚀变的次棱角状—棱角状骨架颗粒，使其免受化学活性孔隙流体的蚀变。

图 11 给出了 Tuscher 组和 Wasatch 组碳酸盐颗粒和胶结物的同位素组成（Pitman 等）。Tuscher 组方解石的 $\delta^{13}C$ 为 −8.1‰~−3.1‰；$\delta^{18}O$ 为 −14.2‰~−9.7‰。Wasatch 组方解石的 $\delta^{13}C$ 和 $\delta^{18}O$ 略轻，分别为 −10.6‰~−5.2‰ 和 −13.1‰~−9.4‰。

根据图 11 的交会图，古近系和白垩系砂岩中方解石的同位素组成具有明显线性趋势。Wasatch 组和 Tuscher 组间方解石成分的变化很大程度上反映碳来源的不同。Wasatch 组方解石的轻同位素碳（平均−7‰）得益于含大部分有机碳的流体。有证据表明影响 Wasatch 组碳酸盐成岩作用的流体可能来自 Green River 组湖相页岩（Pitman 等，待出版）。Tuscher 组方解石的重同位素碳（平均−3‰）局部来自溶解海相碳酸盐颗粒。由于 Wasatch 组方解石的 $\delta^{18}O$（平均−12‰）往往较埋藏深的 Tuscher 组方解石（平均−10‰）轻，温度明显不是影响方解石同位素组成的重要因素。

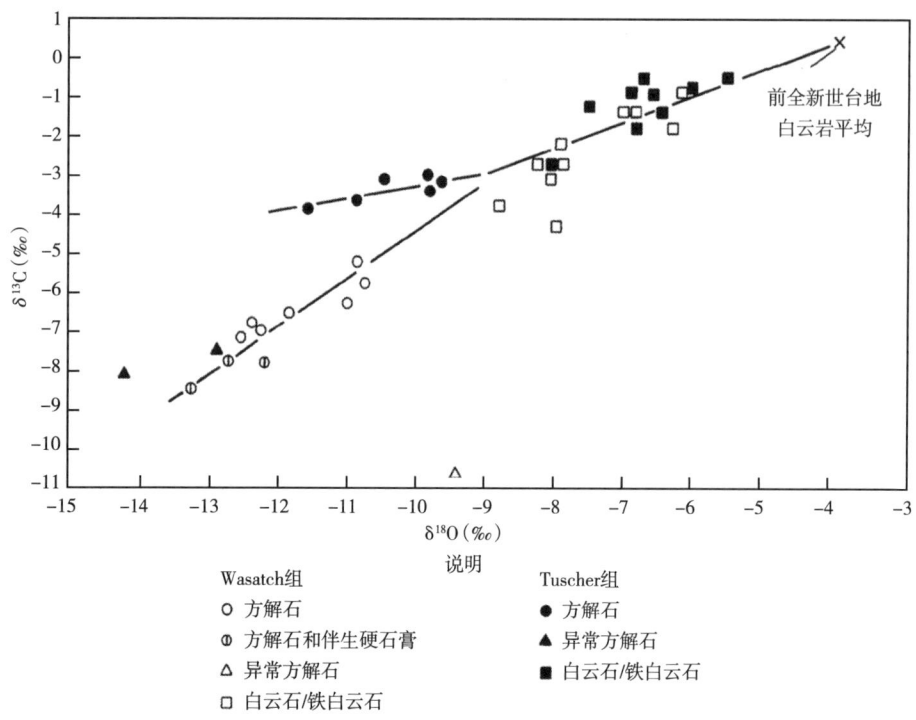

图 11 Tuscher 组和 Wasatch 组砂岩中碳酸盐颗粒和胶结物 $\delta^{13}C$ 和 $\delta^{18}O$ 交会图

两层中白云石—铁白云石组合的同位素组成相对稳定，$\delta^{13}C$ 为 $-4.2‰\sim-0.5‰$，$\delta^{18}O$ 为 $-8.8‰\sim-5.5‰$。根据 $\delta^{13}C$ 和 $\delta^{18}O$ 的趋势，外推平均海相白云石的近似同位素组成，结果如图 11 所示。Wasatch 组和 Tuscher 组白云石的同位素组成相似，这要归因于两层中白云石的碎屑组分相同。

古近系和白垩系砂岩的溶解特征说明成岩作用期发生多期碳酸盐浸出。陆上侵蚀期，可溶解方解石的酸性大气水渗入砂岩；此外，成岩过程中因烃类成熟生成酸性地层水。区域抬升期，地表水经多孔砂岩和初期裂缝流入地下。它们与化学成分不同的运移地层流体混合，可能形成有利于深层碳酸盐溶解的环境。有机质成熟期产生二氧化碳和有机酸，埋藏压实期排出页岩层间水，都可能对碳酸盐溶解有重要影响。

4.3 硫酸盐矿物

自生硬石膏和重晶石可能形成于成岩作用晚期，随后铁方解石沉淀。Wasatch 组硬石膏的原始硫同位素 $\delta^{34}S$ 平均为 $+30‰$（Pitman 等，待出版）。这与 Harrison 及 Thode（1958），Mauger（1972），Cole 及 Picard（1981），Smith（1983），Ander 及 Gerrild（未发表数据）所报道的始新统 Green River 组含干酪根岩石的有机硫和黄铁矿硫组成相似，说明 Green River 组富干酪根页岩排出的流体可能将部分硫运送至 Wasatch 组。

4.4 自生黏土矿物形成

自生伊利石、混层伊利石—蒙皂石、高岭石、绿泥石和绿泥间蛭石形成于成岩作用晚期。伊利石和绿泥石可能结晶形成于碳酸盐溶解后、高岭石沉淀前，因为这两种黏土矿物往往衬垫受高岭石充填的次生孔隙。不稳定沉积伊利石碎屑经受早成岩期的物理变化和化学变化，是形成自生伊利石和绿泥石的物质来源。火山颗粒和火山碎屑颗粒的含铁镁矿物与地层水和压实页岩夹层接触时，发生原地蚀变，可能是另一物质来源。绿泥间蛭石或为火山烃源岩区沉积物的蚀变产物，或形成于富镁成岩环境中。

高岭石形成于伊利石和绿泥石沉淀后，并逐步堵塞方解石溶解形成的次生孔隙。白垩系—古近系界面附近的岩石含有大量高岭石，说明在强侵蚀期从循环大气水中析出高岭石。高岭石沉淀时伴生的一些硅质也可能来源于黏土—页岩夹层或长石的退化蚀变。

5 孔隙

初始矿物组成、碳酸盐胶结和黏土矿物沉淀控制了古近系和白垩系砂岩孔隙度和渗透率的相对大小。Wasatch 组和 Tuscher 组的保存孔隙包含溶解的骨架颗粒（尤其是不稳定伊利石碎屑）和经碳酸盐孔隙充填、交代胶结物的淋滤作用形成的次生溶解空隙。Wasatch 组砂岩面孔率为 0~15%，Tuscher 组砂岩面孔率为 0~13%。

高孔砂岩一般粒度较粗，由少量碎屑杂基和部分—完全溶解的化学不稳定颗粒构成；而含大量杂基和稳定岩石碎屑的砂岩和粉砂岩往往孔隙度较低。较纯的欠压实砂岩最初有连通良好的原生孔隙网络，在埋藏初期允许活性流体运移。因碳酸盐胶结，沉积后砂岩孔隙度快速降低。早期碳酸盐胶结消灭了多数原生粒间孔隙，仅遗留以亚微粒级孔隙喉道连通的孤立孔隙。多期碳酸盐溶解导致孔隙度增加，但在成岩作用后期，次生孔隙又逐渐被自生伊利石和高岭石堵塞，使得孔隙度进一步降低。

Wasatch 组和 Tuscher 组的渗透性受自生黏土矿物发育影响极大。与自生黏土矿物组合有关的复杂微孔隙一般不连通，因而可能不允许流体或烃类运移。Keighin 和 Sampath（1980）认为由于上覆岩层压力，地下低渗岩石的有效渗透率降低高达 80%。

6 裂缝

岩心实验说明 Natural Buttes 气田 Tuscher 组白垩系岩石含有初期裂缝；Wasatch 组无裂缝显示。Tuscher 组裂缝一般具有规模小、闭合、呈发丝状的特点。页岩中裂缝最为发育，往往与层面平行或低角度相交。砂岩中少见裂缝。初期裂缝可能形成于区域抬升和剥蚀卸载期或埋藏时，是高孔隙流体压力的产物。

7 烃类

在 Uinta 盆地东部，天然气储集于受成岩改造（低渗透）的古近纪早期和晚白垩世透镜状砂岩的地层圈闭中。上白垩统 Mesaverde 群的多数天然气被认为在成岩作用时形成于与砂岩互层的碳质和煤质页岩中。Wasatch 组天然气的主要烃源岩层是与 Wasatch 组冲积层局部舌形交错的 Green River 组湖成页岩。尽管根据目前的地球化学研究，假设天然气原地成因似乎合理，但缺乏前期调查记录这些潜在烃源岩的化学特征。

采集的 14 个样品，2 个来自 Wasatch 组，10 个来自 Tuscher 组，2 个来自 Farrer 组，分析其总有机碳含量（TOC）和总可溶有机质含量（EOM），确定它们作为烃源岩的适用性和有机质成熟度。多数样品采集自 Natural Buttes 气田，有 2 个 Tuscher 组和 2 个 Farrer

组样品采集自 Southman Canyon 气田。通过以硅胶和氧化铝作吸附剂的梯度洗脱色谱法，将总可溶有机质划分为三个馏分：饱和烃，芳香烃和极性有机化合物，结果见表3。

表3 犹他州 Natural Buttes 气田和 Southman Canyon 气田 Tuscher 组、Farrer 组和 Wasatch 组潜在生油岩的地化指标

深度 (m)	总有机碳 TOC (%)	可抽提有 机质 EOM (ppm)	EOW TOC (mg/g)	饱和烃 SATS (mg/L)	芳香烃 AROMS (mg/L)	极性有机 化合物 (mg/L)	可抽提烃 SATS+ AROMS (mg/L)	可抽提烃/ TOC (mg/g)
Natural Buttes 气田 Wasatch 组								
1341	0.035	122	350	55	26	38	81	230
1355	0.090	201	223	113	28	52	141	160
Natural Buttes 气田 Tuscher 组								
1947	2.20	406	18	83	111	96	194	9
1954	2.16	561	26	129	177	181	306	14
1957	2.42	748	31	150	155	102	305	13
1966	1.03	255	22	75	57	56	132	13
1970	1.13	283	25	37	81	34	118	10
1976	1.11	199	18	32	65	33	97	9
1977	0.91	379	42	72	77	111	149	16
1978	0.78	239	31	74	76	56	150	19
Southman Canyon 气田 Tuscher 组								
1645	1.03	500	49	118	136	205	254	25
1652	5.96	2144	36	215	721	1012	936	16
Southman Canyon 气田 Farrer 组								
1800	0.99	2227	225	439	794	536	1233	125
1809	1.52	5213	285	3283	313	363	3596	236

根据 Dickey 和 Hunt（1972）的研究成果，以总有机碳含量0.5%作为碎屑岩形成有效烃源岩的下限。Wasatch 组岩石的总有机碳含量明显低于此值，平均为0.06%；Tuscher-Farrer 组岩石的有机碳含量均高于此值。由于总有机碳含量低（<0.1%），Wasatch 组杂色泥岩和黏土岩的生烃潜力一般较差。这些低值反映了一个多数有机质最终被破坏的氧化沉积环境。

Natural Buttes 气田内，Tuscher 组煤质和碳质页岩薄互层有机质较丰富，有机碳含量为0.78%~2.42%，可视为潜在烃源岩。但总可溶有机质含量/总有机碳含量和可抽提烃含量/总有机碳含量低，说明 Natural Buttes 气田取心岩石的生烃能力差。相反，Southman Canyon 气田同期地层生烃潜力较大，特别是深度1652m、1800m 和1809m（5415ft、5901ft 和5930ft）且总可溶有机质含量为2144~4337mg/L 的地层。深度1800m 和1809m（5901 和5930ft）样品的总可溶有机质含量/总有机碳含量和可抽提烃含量/总有机碳含量较大。色谱结果（表3）显示 Farrer 组深度1809m（5930ft）样品的 C_{15-}饱和烃含量异常高，有力地证明了它曾受运移烃类污染（83%的总可溶有机质由烃类构成）。

深度1800m（5901ft，Farrer组）样品的总可溶有机质含量/总有机碳含量和可抽提烃含量/总有机碳含量也较高，但似乎污染不严重，因为其饱和烃/芳香烃比值和色谱烃分布（姥鲛烷/植烷比率，nC_{17}/姥鲛烷比率，表4）与从其他样品的抽提烃类无差别。深度1652m（5415ft）（Tuscher组）样品的总可溶有机质/总有机碳含量或可抽提烃含量/总有机碳含量无异常，因而可能未被污染。

表4 犹他州Natural Buttes气田和Southman Canyon气田Tuscher组、Farrer组潜在生油岩的气相色谱和镜质组反射率数据

深度（m）	姥鲛烷/植烷比率	nC_{17}/姥鲛烷比率	镜质组反射率（%）
Natural Buttes气田 Tuscher组			
1947	5.9	0.5	—
1950	—	—	0.68
1954	7.0	0.4	—
1957	5.7	0.4	—
1962	—	—	0.82
1966	7.7	1.1	0.84
1970	5.6	0.7	—
1976	5.7	0.6	—
1977	6.5	0.7	—
1978	7.9	—	—
1981	—	—	0.78
Southman Canyon气田 Tuscher组			
1645	6.4	0.6	—
1652	5.1	0.4	—
Southman Canyon气田 Farrer组			
1800	5.2	0.7	—
1809	1.3	1.6	—

注：—表示不确定。

采用Rock-Eval热解方法分析这14个取心样品的碎片（Espitalie等，1977），结果简述于表5。

表5 犹他州Natural Buttes气田和Southman Canyon气田Tuscher组、Farrer组和Wasatch组潜在生油岩Rock-Eval热解数据

深度（m）	总有机碳含量TOC（%）	游离烃S_1（mg/g）	热解烃S_2（mg/g）	有机成因CO_2（mg/g）	生烃潜力S_1+S_2（mg/g）	产烃指数$S_1/(S_1+S_2)$	含氢指数S_2/TOC（mg/g）	含氧指数S_3/TOC（mg/g）	最高温度T_{max}（℃）
Natural Buttes气田 Wasatch组									
1341	0.035	0.049	>0.001	0.20	—	—	—	—	—
1355	0.090	0.092	>0.001	0.43	—	—	—	—	—

续表

深度 (m)	总有机碳 含量 TOC (%)	游离烃 S_1 (mg/g)	热解烃 S_2 (mg/g)	有机成因 CO_2 (mg/g)	生烃潜力 S_1+S_2 (mg/g)	产烃指数 $S_1/(S_1+S_2)$	含氢指数 S_2/TOC (mg/g)	含氧指数 S_3/TOC (mg/g)	最高温度 T_{max} (℃)
Natural Buttes 气田 Tuscher 组									
1947	2.20	0.282	4.08	0.26	4.36	0.06	185	12	446
1954	2.16	0.120	2.95	0.21	3.07	0.04	139	10	450
1957	2.42	0.292	4.36	0.36	4.67	0.06	181	15	444
1966	1.03	0.212	5.72	0.33	5.93	0.04	555	32	439
1970	1.13	0.085	0.76	0.25	0.85	0.10	67	22	448
1976	1.11	0.100	0.87	0.32	0.97	0.10	78	29	439
1977	0.91	0.050	0.56	0.30	0.61	0.08	61	34	459
1978	0.78	0.039	0.58	0.32	0.62	0.06	74	41	436
Southman Canyon 气田 Tuscher 组									
1645	1.03	0.144	0.55	0.24	0.69	0.21	53	23	455
1652	5.93	0.884	12.82	0.25	13.71	0.06	215	4	448
Southman Canyon 气田 Farrer 组									
1800	0.99	0.330	1.11	0.20	1.44	0.23	112	20	455
1809	1.52	1.292	1.43	0.17	2.72	0.48	94	11	456

注：—表示不确定；

S_1—250℃下释放的以游离或吸附烃形式存在于岩石中的有机质含量；

S_2—在热解温度（250~550℃）下从岩石中释放出的烃和类烃含量；

S_3—在热解温度（250~390℃）下释放出的 CO_2 含量；

S_1+S_2—原始生烃潜力加上残余生烃潜力，认为烃源岩的最小 fcr 值为 2mg/g；

含氢指数 S_2/TOC—烃含量与岩石总有机碳含量的比值；

含氧指数 S_3/TOC—CO_2 含量（S_3）与岩石总有机碳含量的比值；

产烃指数 $S_1/(S_1+S_2)$—成熟度指数的变形。就生烃而言，由不成熟变为成熟时取值 0.1；

T_{max}—热解过程中生烃最多的温度；先于热史测量。由不成熟变为成熟时取值 435℃。

S_1+S_2 接近 2~6mg/g（表 5）表示生烃潜力中等，大于 6mg/g 表示生烃潜力良好，小于 2mg/g 表示生烃潜力差（Tissot 和 Welte，1978）。根据上述分类方案，Natural Buttes 气田和 Southman Canyon 气田 Wasatch 组、Tuscher 组和 Farrer 组取心岩石的生烃潜力为差—中等。但 Southman Canyon 气田 Farrer 组的一个样品（深度 1652m；5415ft）表现出良好生烃潜力。这些解释总体上与根据抽提法确定的生烃潜力一致。

图 12 是氢指数及氧指数交会图。这些参数将热解烃（S_2）和 CO_2（S_3）数量与总有机碳相关联，反映干酪根类型（Espitalie 等，1977）。除一个例外（1966m；6445ft），Tuscher-Farrer 组碳质和煤质页岩的氢指数值表示沉积物主要含倾气有机质。尽管此类有机质占优势，但干酪根氢指数大于 150 的岩石也可能生成液态烃。

采用 Rock-Eval 法确定生烃指数，用以说明含 I 型或 II 型有机质岩石的有机质相对热成熟度（转化率）和是否存在运移烃。但对于含 III 型（含煤）有机质的岩石，如 Tuscher-Farrer 组岩石，生烃指数不能很好地度量热成熟度，因为有机碳馏分往往含少量游离烃和热解烃。Southman Canyon 气田 Farrer 组的一个样品（深度 1809m；5930ft）生烃指数高（0.48），S_1 高（1.3mg/g），说明这一层段内确实含有运移烃。其他岩石均无运移烃迹象。

Tuscher 组饱和烃的气相色谱通常呈现煤质页岩的特征（图13）。Natural Buttes 和 Southman Canyon 气田的所有样品（除深度 1966m 和 1809m；6445ft 和 5930ft 的样品外）表现出正烷烃 C_{24}—C_{34} 的弱奇碳优势（CPI❶=1.1~1.2），姥鲛烷/植烷比值高（5.1~7.9），nC_{17}/姥鲛烷比值低（0.4~0.7）（表4）。这些特点表征了来源于木本和草本植物且达到热成熟早期的有机质（Tissot 等提出的 III 型干酪根，1974）。Natural Buttes 气田 Tuscher 组深度 1966m（6445ft）的样品呈现煤质特征，但较之其他样品，正烷烃分布更广，氢指数更高。

根据 Brooks、Smith（1967，1969）和 Leythauser、Welte（1969）的研究，当岩石接近完全热成熟时，烃类的正烷烃主峰碳数减少，奇碳优势或消失或弱化。根据 Southman Canyon 气田深度 1809m（5930ft）样品

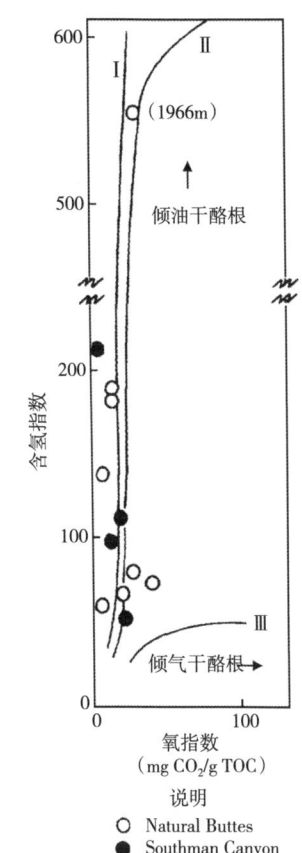

图 12　Tuscher-Farrer 组碳质和煤质页岩的氢指数和氧指数交会图

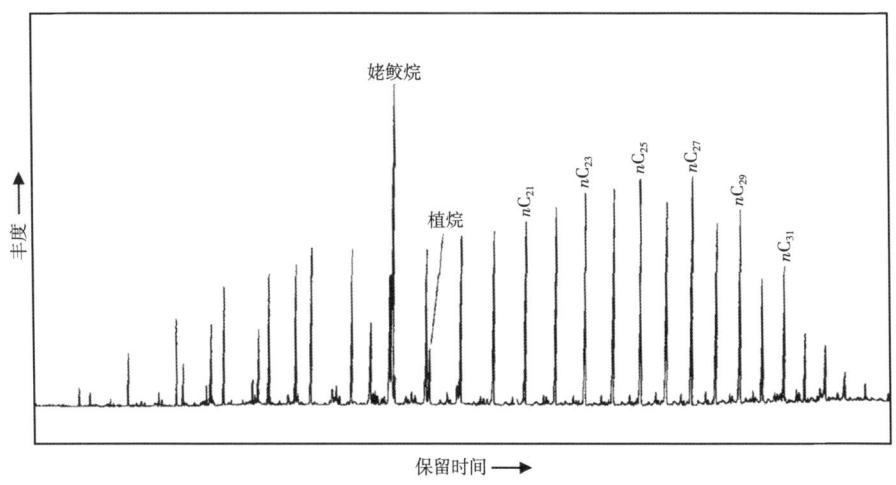

图 13　一个典型页岩样品的饱和烃气相色谱

---

❶　CPI=碳优势指标。

293

的饱和烃气相色谱，正烷烃多于支链和环状化合物，短链正烷烃多于长链正烷烃。这些特点说明这一样品的游离烃可能来源于盆地深部的热成熟烃源岩。

镜质组反射率（R_o）被用作烃源岩的成熟度指标，因而可能与生烃有关。在含煤质条带的 Natural Buttes 气田，对 Tuscher 组碳质页岩进行镜质组反射率测定（表4）。样品 R_o 为 0.68%~0.84%，R_o 为 0.68% 表明岩石达到生油、生气成熟阶段的早期（Tissot and Welte，1978）。无证据显示 Uinta 盆地东部曾发生晚期加热事件或热水经相对不发育的裂缝运移；因此较高反射率反映了蚀变镜质组或由较老岩石再沉积的煤质。T_{max} 尽管限定为一个独立的热史测量值，但可用于佐证其他热测量值，如 R_o。Natural Buttes 和 Southman Canyon 气田取心岩的 T_{max} 为 436（817）~459℃（858℉）（平均 448℃ 或 838℉；表5），与埋藏深度无明显关系。这些数值与指示中等热史的反射率数据相吻合。

一般认为当有机质达到相对较高的热化学成熟程度时（$R_o \geq 1.2\%$），木本植物和草本植物（Ⅲ型干酪根）才生成大量气（Tissot 等，1974；Juntgen 和 Klein，1975；Harwood，1977）。与这个被广泛接受的假设相反，Monnier（1981）指出白垩纪岩石的 Ⅲ 型干酪根是加拿大北部前缘盆地热成因气的来源，R_o 低至 0.55%（开始生液态烃之前），当 R_o 为 0.7% 时生成大量气。此外，Magoon 和 Claypool（1981）指出阿拉斯加北坡白垩系岩石的 Ⅲ 型有机质在 R_o 为 0.6% 时开始生湿气，R_o 为 0.78% 时达到显著水平。Natural Buttes 气田 Tuscher-Farrer 组赋存气，说明在演化方式上，与碳质、煤质岩互层有关的富腐殖有机质和 Monnier（1981）和 Magoon、Claypool（1981）所描述的白垩系岩石Ⅲ型干酪根类似。因此，Natural Buttes 气田上白垩统 Tuscher-Farrer 组和 Southman Canyon 气田同期地层的生气量可观，尽管就生成液态烃而言，其干酪根似乎仅为中等成熟。尚不确定Ⅲ型干酪根的哪种组分差异导致 Juntgen 和 Klein（1975）报道的石炭系煤的产物与北美地区白垩系含干酪根岩石的产物差异很大（Monnier，1981；Magoon 和 Claypool，1981）。但显然北美地区富有机质和煤质白垩系岩石中，在较预期更低的成熟阶段生成大量退化阶段成因气。

8 总结

犹他州 Uinta 盆地 Natural Buttes 气田内，自部分 Tuscher 组和 Wasatch 组上部舌状体采集低渗、海相古近系和白垩系砂岩心。对这些地层单元感兴趣是因为它们是大量天然气的储集岩。Tuscher 组含不连续砂岩、碳质页岩和煤透镜体，代表冲积辫状河平原沉积。Wasatch 组上部含细粒透镜状砂岩、泥质粉砂岩和杂色泥岩。这些岩层沿 Uinta 湖边缘沉积于辫状河平原下部环境。在盆地中部，薄而广泛的 Green River 组湖缘沉积物局部与 Wasatch 组冲积岩互层。在 Uinta 盆地的大部分地区，一个区域不整合分隔古近系和白垩系岩层；局部上，不整合代表约 15Ma 的沉积间断。

显著压实作用前，古近系和白垩系砂岩被自生碳酸盐成岩蚀变。无铁方解石是最早沉淀的碳酸盐；随后为铁方解石，是砂岩中可见的主要碳酸盐。铁方解石一般交代骨架颗粒并充填次生孔隙。局部上，铁方解石形成嵌晶胶结物，包裹无化学蚀变、无压实迹象的次圆状—滚圆状骨架颗粒。大量嵌晶方解石发育，表示原始孔隙度和渗透率高，引发中度—高度水—岩作用。水岩比率较低，低渗细粒砂岩中嵌晶方解石通常较少，因此矿物反应不完全。

Wasatch 组铁方解石的特点是含有可能来自始新统 Green River 组湖相页岩的轻同位素

碳（平均为-7‰）。与铁方解石有关的硬石膏 δ^{34}S（平均 30‰）与 Green River 组有机硫和黄铁矿硫的 δ^{34}S 有很好相关性。Tuscher 组方解石往往含有重同位素碳（平均为-3‰），局部来源于含溶解海相碳酸盐的沉积流体。

成岩作用晚期，颗粒间及颗粒内方解石溶解所形成孔隙中，发育自生伊利石、伊利石—蒙皂石、高岭石、绿泥石和绿泥间蛭石。多数黏土可能源自蚀变伊利石碎屑、火山碎屑颗粒以及压实作用期的页岩层。大量高岭石发育，反映了与白垩系—古近系不整合有关的强烈侵蚀作用。

天然气一般储集于低渗透、透镜状、受成岩改造砂岩的地层圈闭中。加拿大和美国阿拉斯加白垩系岩石中富腐殖有机质的研究（Monnier，1981；Magoon 和 Claypool，1981）表明：镜质组反射率最低达到 0.55% 时，开始生气；当镜质组反射率为 0.7% ~ 0.8% 时，达到显著生气。根据上述结论，Uinta 盆地东部 Tuscher-Farrer 组岩石可生成大量热成因气，尽管就生成液态烃而言，它们似乎仅为中等成熟。

致谢

感谢美国地质调查所 Bill Cashion 和 Lisa Pratt 对稿件的精心审查。感谢全球地化公司进行同位素分析，美国地质调查所 Mark Pawlewicz 测定镜质组反射率值。同时美国地质调查所的研究工作受到美国能源部支持。

参 考 文 献

[1] BROOKS, J. D., and J. W. SMITH, 1967, The diagenesis of plant lipids during the formation of coal, petroleum and natural gas I, Changes in the n-paraffin hydrocarbon: Geochimica et Cosmochimica Acta, v. 31, p. 2389-2397.

[2] BROOKS, J. D., and J. W. SMITH, 1969, The diagenesis of plant lipids during the formation of coal, petroleum and natural gas II, Coalification and the formation of oil and gas in Gippsland basin: Geochimica et Cosmochimica Acta, v. 33, p. 1183-1194.

[3] COLE, R. D., and M. D. PICARD, 1981, Sulfur-isotope variations in marginal-lacustrine rocks of the Green River Formation, Colorado and Utah: SEPM Special Publication, v. 31, p. 261-275.

[4] DICKEY, P. A., and J. M. HUNT, 1972, Geochemical and hydrogeologic methods of prospecting for stratigraphic traps: AAPG Memoir 16, p. 136-167.

[5] ESPITALIE, J., J. L. LAPORTE, M. MADEC, F. MARQUIS, P. LEPLAT, J. PAULET, and A. BOUTEFEN, 1977, Methode rapide de caracterisation de roches meres de leur potentiel petrolier et de leur degre devolution: Rev. Institut du Francais Petrolier, v. 32, p. 23-42.

[6] FISHER, D. J., 1936, The Book Cliffs coal field in Emery and Grand counties, Utah, and Garfield and Mesa counties, Colorado: USGS Bulletin B52, 104 p.

[7] FISHER, D. J., C. E. ERDMANN, and J. B. REESIDE, Jr., 1960, Cretaceous and Tertiary formations of the Book Cliffs, Carbon, Emery, and Grand counties, Utah, and Garfield and Mesa counties, Colorado: USGS Professional Paper 332, 80 p.

[8] FOLK, R. L., 1974, Petrology of sedimentary rocks: Austin, Hemphill's Publishing Co., 182 p.

[9] FOUCH, T. D., 1975, Lithofacies and related hydrocarbon accumulations in Tertiary strata of the western and central Uinta basin, Utah, in D. W. Bolyard, ed., Symposium on deep drilling frontiers in the central Rocky Mountains: Denver, Rocky Mountain Association of Geologists, p. 163-173.

[10] FOUCH, T. D., 1981, Chart showing distribution of rock types, lithologic groups, and depositional en-

vironments for some lower Tertiary and Upper Cretaceous rocks from outcrops at Willow Creek-Indian Canyon through the subsurface of the Duchesne and Altamont oil fields, southwest to north-central parts of the Uinta basin, Utah: USGS Oil and Gas Inv. Chart OC-81.

[11] FOUCH, T. D., and W. B. CASHION, 1979, Preliminary chart showing distribution of rock types, lithologic groups, and depositional environments for some lower Tertiary, Upper and Lower Cretaceous, and Upper and Middle Jurassic rocks in the subsurface between Altamont oil field and San Arroyo gas field, north-central to southeastern Uinta basin, Utah: USGS Open-File Report 79-365.

[12] FOUCH, T. D., T. F. LAWTON, D. J. NICHOLS, W. B. CASHION, and W. A. COBBAN, 1983, Patterns and timing of synorogenic sedimentation in Upper Cretaceous rocks of central and northeast Utah, in M. E. Reynolds and E. D. Dolly, eds., Mesozoic paleogeography of the west-central United States: Denver, Rocky Mountain Section of SEPM, p. 305-334.

[13] HARRISON, A. G., and H. G. THODE, 1958, Sulphur isotope abundances in hydrocarbons and source rocks of Uinta Basin, Utah: AAPG Bulletin, v. 42, p. 2642-2649.

[14] HARWOOD, R. J., 1977, Oil and gas generation by laboratory pyrolysis of kerogen: AAPG Bulletin, v. 61, p. 2082-2102.

[15] JUNTGEN, H., and J. KLEIN, 1975, Entstehung von Erdgas aus kohligen Sedimenten: Erdol und Kohle, Erdgas, Petrochem., v. 28, no. 2, p. 65-73.

[16] KEIGHIN, C. W., and T. D. FOUCH, I9B1, Depositional environments and diagenesis of some nonmarine Upper Cretaceous reservoir rocks, Uinta Basin, Utah, in F. G. Ethridge and R. M. Flores, eds., Recent and ancient nonmarine depositional environments: models for exploration: SEPM Special Publication 31, p. 109-125.

[17] KEIGHIN, C. W., and K. SAMPATH, 1980, Evaluation of pore geometry of some low-permeability sandstones, Uinta basin, Utah: Society of Petroleum Engineers 55th Annual Technical Conference, SPE Paper 9521, 6 p.

[18] LAWTON, T. F., 1983, Late Cretaceous fluvial systems and the age of foreland uplifts in central Utah, in J. D. Lowell and R. Gries, eds., Rocky Mountain foreland basins and uplifts: Denver, Rocky Mountain Association of Geologists, p. 181-199.

[19] LEYTHAEUSER, D., and D. H. WELTE, 1969, Relation between distribution of heavy n-paraffins and coalification in carboniferous coals from the Sarr District, Germany, P. A. Schenck and I. Havenaar, eds., Advances in organic geochemistry: Oxford, Pergamon Press, p. 429-440.

[20] MAGOON, L. B., and G. E. CLAYPOOL, 1981, Petroleum geochemistry of the north slope of Alaska: time and degree of thermal maturity, in M. Bjoron, ed., Advances in organic geochemistry: New York, John Wiley and Sons, p. 28-38.

[21] MAUGER, R. L., 1972, A sulfur isotope study of bituminous sands from the Uinta basin, Utah: 24th International Geology Congress Proceedings, Comptes Rendus, sec. 5, p. 19-27.

[22] MONNIER, F., T. G. POWELL, and L. R. SNOWDON, 1981, Qualitative and quantitative aspects of gas generation during maturation of sedimentary organic matter—examples from Canadian frontier basins, in M. Bjoron, ed., Advances in organic geochemistry: New York, John Wiley and Sons, p. 487-495.

[23] NICHOLS, D. J., S. R. JACOBSON, and R. H. TSCHUDY, 1982 [1983], Cretaceous palynomorph biozones for the central and northern Rocky Mountain region of the United States, in R. B. Powers, ed., Geologic studies of the Cordilleran thrust belt Volume II: Denver, Rocky Mountain Association of Geologists, p. 7212-733.

[24] PITMAN, J. K., T. D. FOUCH, and M. B. GOLDHABER, 1982, Depositional setting and diagenetic evolution of some Tertiary unconventional reservoir rocks, Uinta basin, Utah: AAPG Bulletin, v. 66, p.

1581-1596.

[25] Pitman, J. K., M. B. GOLDHABER, and T. D. FOUCH, in press, Mineralogy and geochemistry of carbonate mineral phases in diagenetically altered nonmarine sandstones near the Cretaceous-Tertiary boundary, Uinta basin, Utah: evidence for water/rock interaction: USGS Bulletin.

[26] RYDER, T. R., T. D. FOUCH, and J. H. ELISON, 1976, Early Tertiary sedimentation in the western Uinta Basin, Utah: GSA Bulletin, v. 87, p. 496-512.

[27] SMITH, J. W., 1983, Stratigraphic variation of sulfur isotopes in Colorado corehole No. 1: Golden, CO, Colorado School of Mines, 16th Oil Shale Symposium Proceedings, p. 176-188.

[28] STANLEY, K. O., and J. W. COLLINSON, 1979, Depositional history of the Paleocene-lower Eocene Flagstaff Limestone and coeval rocks, central Utah: AAPG Bulletin, v. 63, p. 311-323.

[29] TISSOT, B. P., B. DURAND, J. ESPITALIE, and A. COMBAZ, 1974, Influence of nature and diagenesis of organic matter in formation of petroleum: AAPG Bulletin, 58, p. 499-506.

[30] TISSOT, B. P., and D. H. WELTE, 1978, Petroleum formation and occurrence—a new approach to oil and gas exploration: New York, Springer-Verlag, 538 p.

[31] ZAWISKIE, J., D. CHAPMAN, and R. ALLEY, 1982, Depositional history of the Paleocene-Eocene Colton Formation, north central Utah: Utah Geological Association Publication, v. 10, p. 273-284.

怀俄明州、科罗拉多州和犹他州 Greater Green River 盆地低渗透气藏地质特征

Ben E. Law, Richard M. Pollastro, C. W. Keighin

摘要 位于怀俄明州、科罗拉多州和犹他州的 Greater Green River 盆地,在上白垩统和古近—新近系下段低渗透储层内蕴含着丰富天然气资源。大部分含气储层超压,埋藏深度 8000~11500ft(2440~3500m)。储层往往为非海相和边缘海相透镜状砂岩。地层原始气相渗透率一般小于 0.1mD,孔隙度为 3%~12%。骨架颗粒和胶结物溶解后,次生孔隙成为主要孔隙类型。气藏特点是存在上倾含水层和下倾含气层。超压含气储层顶界穿过构造和地层边界,与任何特定岩性单元都不相关。因天然气聚集速率远大于衰竭速率,故形成超压气藏。

根据参考井数据,盆地深部的这一系统相对封闭,极大制约了天然气从烃源岩互层长距离运移的能力。因此在这些非常规气藏中,油气生成、运移与构造和地层圈闭发育的时间关系不似常规气藏的那样重要。与天然气生成和赋存有关的重要因素是烃源岩(数量和质量)、有机质成熟度、热史、地层压力和孔隙度及渗透率变化。

1 简介

估算地层原始气相渗透率不超过 0.1mD、开采速度不超过某规定值的气藏被美国联邦能源管理委员会定义为低渗透(致密)气藏,通常称作"非常规气藏"。这些非常规气藏的低渗透率极大制约了天然气长距离运移的能力。因此,非常规气藏的地质因素,如油气生成、运移与构造和地层圈闭发育的时间关系不似常规气藏的那样重要。重要地质特征是烃源岩(数量和质量)、有机质成熟度、热史、矿物和孔隙度—渗透率分布及性质。Spencer(1983)讨论了落基山脉区致密气藏的其他特征。

本文表征 Greater Green River 盆地致密气藏的方法,已用于其他地区的详细研究中。选择有大量资料的单井或含多口井的小区域作为研究参考,以它们为参照物,与盆地其他资料相对不完整井进行对比。获取多数资料的主要井或区域有 Belco 公司 Merna-3-28 井(INEXCO-WASP),El Paso 天然气公司 Wagon Wheel-1 井,Pacific Creek 地区和 Amoco 公司 Tierney Unit-1 井(图1)。因此,本文论述受这些参考井观察结果影响较大,关注重点是本次研究认为最重要的地质因素。

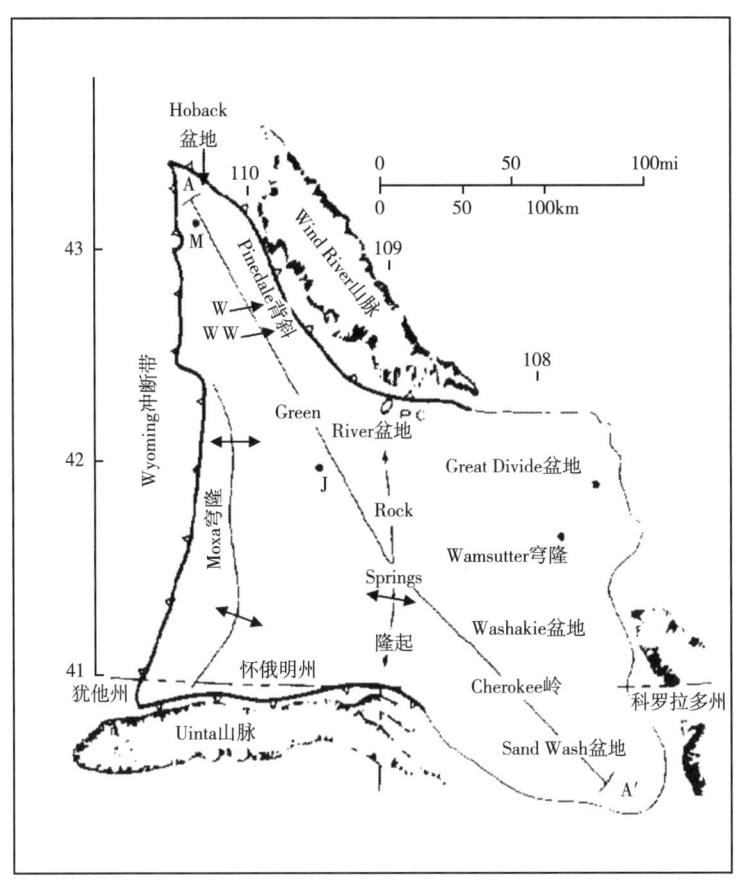

图1 Greater Green River 盆地和伴生主要构造位置图

图中显示了文中引用的主要参考井或参考区（M—Belco 公司 Merna-3-28 井；W—Wexpro 公司 Mesa 区-1 井；WW—El Paso 天然气公司 Wagon Wheel-1 井；PC—Pacific Creek 地区；J—Forest 石油公司 Jonah Gulch-1 井；T—Amoco 公司 Tierney-1 井）

2 构造

Greater Green River 盆地位于落基山前陆，总面积约 19700mi² （51000km²）（图1）。它由位于怀俄明州、科罗拉多州和犹他州的5个小盆地构成，分别是 Hoback 盆地、Green River 盆地、Great Divide 盆地、Washakie 盆地和 Sand Wash 盆地。盆地西接 Wyoming 冲断带，北邻 Wind River 冲断带，东面毗连 Rawlins 隆起和 Sierra Madre-Park Range 隆起，南面以 Axial 盆地隆起和 Uinta 山脉逆冲断层为界。

值得注意的是在本区已经开展了针对 Wind River 冲断带（Berg，1961，1962，1963，1981；Berg 和 Romberg，1966；Smithson 等，1978；Brewer 和 Turcotle，1980；Macleod，1981）、Rock Springs 隆起（Ritzma，1955；Roehler，1961）、Uinta 山脉北翼（Ritzma，1971）、Wyoming 冲断带和 Green River 盆地西部地区（Royce 等，1975）、Great Divide 盆地东北部 Lost Soldier 区（Reynolds，1976）和怀俄明州西南部区域构造线（Thomas，1971，1973）的构造勘查，以及逆掩沉积楔形体的含油气潜力研究（Gries，1981，1983）。

图 2 为综合构造图,展示了本区主要构造。多数构造为拉腊米(Laramide)变形的产物;但有证据显示部分构造在拉腊米变形前已经历构造变形。例如,Reynolds(1976)认为沿 Great Divide 东北缘 Lost Soldier 区有前—拉腊米构造演化的构造和地层证据。Wach(1977)也记录了沿 Moxa 弧曾发生前—拉腊米构造运动。

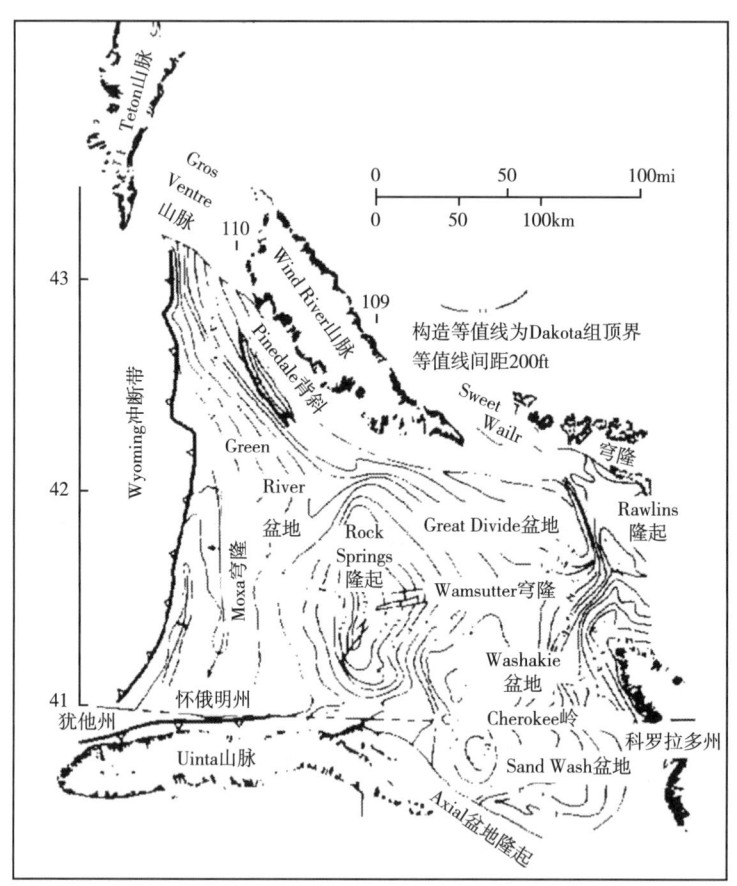

图 2 Greater Green River 盆地综合构造图(据 Skeeters 和 Hale,1972,有修改)

如 Reynolds(1976)和 Stearns 等(1975)所述,多数拉腊米构造经历反复构造生长。还有证据显示 Rocky Springs 隆起曾发生多次构造生长。Rocky Springs 隆起西翼的地层对比(Law 等,1979;Bader 等,1982;Markochick 等,1982)说明上白垩统 Mesaverde 群和古近—新近系 Fort Union 组厚度和相带变化较快。根据这些横剖面的地层和构造关系,推断围绕经历晚白垩世和古近纪准同期运动的 Rock Springs 隆起西翼发育隐伏断层。

本文认为盆地低渗气藏中构造与天然气成藏的关系不及后续讨论的其他因素重要。观测结果指出罕有证据证明油气长距离运移。因此,这些低渗气藏的构造发育与天然气生成、运移和成藏的时间关系不如高渗储层的重要。构造变形的重要作用是通过裂缝和断裂提高渗透率。

3 地层

Greater Green River 盆地发育厚度近 32000ft（9750m）的寒武系—古近—新近系沉积岩。本文研究主要针对上白垩统 Mesaverde 群—古近系 Fort Union 组及同期地层的厚层沉积。这一层段的地层命名参照 Rock Springs 区，具体如图 3 所示。针对盆地内这一层段的不同部分，已进行了若干地层研究，部分已公开发表的有 Hale（1950，1955，1961），Douglas 及 Blazzard（1961），Keith（1965），Weimer（1960，1961），Smith（1961），Reynolds（1966），Dorr 等（1977），Miller（1977），Bader 等（1983）和 Kitely（1983）的研究成果。地层对比见 Hoback 盆地东南部—Sand Wash 盆地剖面示意图（图 4）。Mesaverde 群上白垩统 Ericson 砂岩与老地层的接触关系，白垩系—古近—新近系的界面位置和 Green River 盆地北部古近—新近系下段未命名层段的识别与前人认识差异较大。

致密气储层、气源岩和气盖层的性质和分布很大程度取决于地层变化。但地层圈闭对致密气藏而言，似乎不如对常规气藏那么重要。在 Green River 盆地，气藏普遍发育且跨越地层和岩相边界。在 Great Divide 盆地、Washakie 盆地和 Sand Wash 盆地，地层圈闭的重要性增加，例如 Lewis 页岩和 Mesaverde 群的透镜状砂岩储层。

3.1 上白垩统岩石

Greater Green River 盆地 Mesaverde 群和较新的白垩系岩石由拉腊米造山运动时西部物源供给的向东进积硅质碎屑楔形体构成。在 Green River 盆地北部，最大厚度达 12500ft（3800m），包含砂岩、粉砂岩、页岩、泥岩、碳质页岩和煤互层。在本区北部和西部，除最

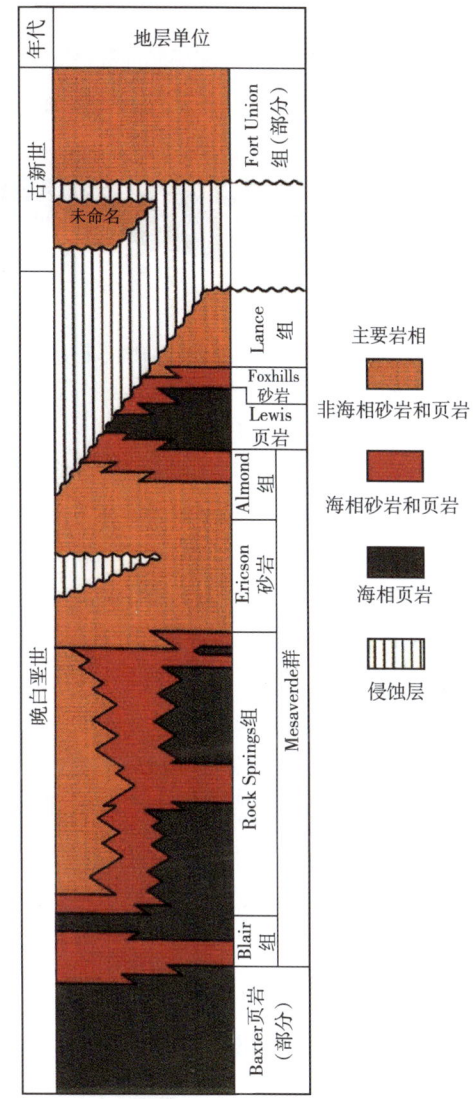

图 3 Rock Spring 地区上白垩统和古近—新近系下段岩石的地层综合柱状图

下段数百英尺外，整个层段为非海相且沉积于河控环境中。Sand Wash 盆地中再往东和东南，岩层渐变为上白垩统 Mancos 页岩的海相、边缘海相和河流相沉积（上部），Mesaverde 群 Iles-Williams Fork 组，Lewis 页岩、Fox Hills 砂岩和 Lance 组，并与之呈舌状交错（图 4）。在 Great Divide 盆地和 Washakie 盆地，相关岩石单元包含上白垩统 Steele 页岩（上部），Mesaverde 群 Haystack Mountains 组、Allen Ridge 组、Pine Ridge 砂岩及 Almond

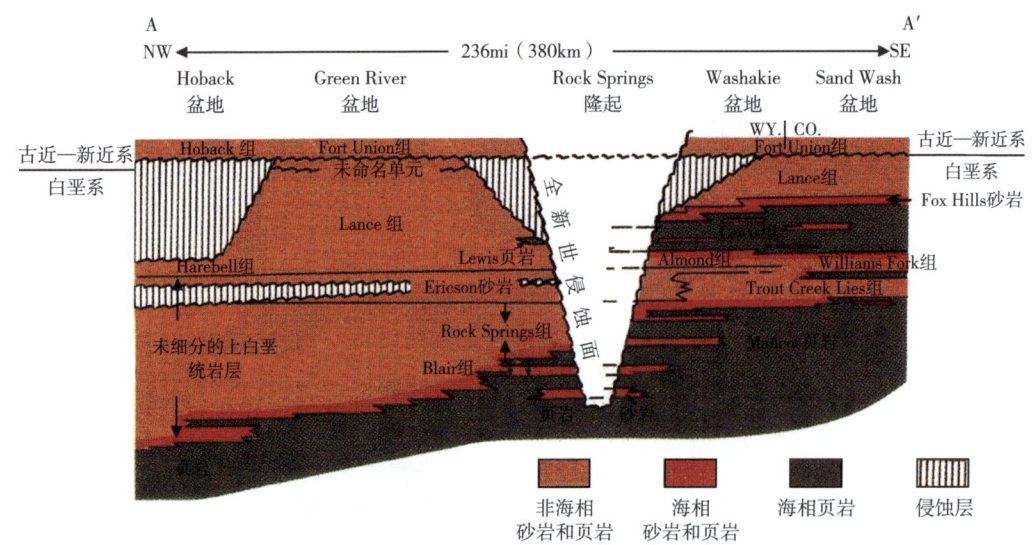

图 4 从 Hoback 盆地至 Sand Wash 盆地的剖面示意图
图中显示了上白垩统和古近—新近系下段岩石的地层对比和主要相带关系，剖面线位置如图 1 所示

组，Lewis 页岩、Fox Hills 砂岩及 Lance 组。这些硅质碎屑岩在 Green River 盆地北部属于中圣通期—晚马斯特里赫特期，在 Sand Wash 盆地东南部属于早—中坎潘期—晚马斯特里赫特期。

下部白垩系岩石沉积时，Greater Green River 盆地滨线方向为北东—南西向（McGookey 等，1972），物源区一般为西和北西向。但随着 Ericson 砂岩开始沉积，因西南方向发育其他源岩体和现今盆地形态开始发育，滨线方向变得不规则。根据交错层理资料，Ericson 砂岩沉积时沉积物搬运方向变化很大（Law 等，1983）。上白垩统 Almond 组、Lewis 页岩和 Fox Hills 砂岩的后期沉积样式（Weimer，1960，1961；McGookey 等，1972；As uith，1970，1974）显现出持续的滨线不规则趋势。Lewis 页岩上部和 Fox Hills 砂岩反映了本区白垩纪海道的最后一次回退。

上覆 Lance 组主要沉积于冲积平原环境。作为持续拉腊米变形和相邻前陆隆起的响应，内陆水系发育。晚白垩世内陆水系的最终发展趋势与犹他州 Uinta 盆地的已知趋势相似（Fouch 等，1983）。

3.2 古近—新近系岩石

讨论古近—新近系岩石仅限于古近—新近系下段岩层，因为 Greater Green River 盆地古近—新近系上段岩石一般储集性能较好且埋藏较浅。

Greater Green River 盆地古近—新近系底部的显著特点是发育一个区域不整合（Ritzma，1965；Roehler，1961；Dorr 等，1977；Winterfeld，1979；Beaumont，1979）。在本区大部分地区，最老地层单元为古新世 Fort Union 组或其同期地层。但在 Green River 盆地北部和 Great Divide 盆地地下，根据测井曲线对比和孢粉分析，识别出一个较老的古近—新近系未命名层段（Law，1979；Law 和 Nichols，1982）。这一地层单元横向分布未知，但已有测井数据显示它仅存在于 Green River 盆地和 Great Divide 盆地深部。由于 Fort Union 组底部削截，该层段未出露。

古近—新近系下段未命名层段最大厚度约 1600ft（500m），含有砾岩、砂岩、粉砂岩和泥岩互层。根据 Pinedale 区测井曲线和部分岩心资料，将沉积环境解释为河流环境。大部分砂岩层发育向上变细层序，为典型河流体系。

在盆地的大部分地区，上白垩统岩层不整合覆于古近—新近系下段未命名岩层之上，属于古新世 Fort Union 组及其同期地层。多数区域内该地层顶界不明确，划分依据是地层颜色由 Fort Union 组浅褐色为主变为上覆始新世 Wasatch 组的红色、白色和浅绿色组合；Fort Union 组砂岩比例较高；Fort Union 组煤和碳质岩比重相对较高。部分由于这些不同标准，地层视厚度变化较大。Beaumont（1979）指出 Sand Wash 盆地厚度为 820~4600ft（250~1400m），Winterfeld（1979）指出 Rock Springs 隆起东翼厚度为 1400~1800ft（430~550m）。本文无意确定 Fort Union 组的上接触面。

Fort Union 组由砾岩、砂岩、粉砂岩、泥岩、碳质泥岩、煤和灰岩互层构成，表示与冲积河漫滩环境有关的沉积特征。气层一般为透镜状、低产砂岩。

4 天然气开采

图 5 是 Greater Green River 盆地油气田分布图。图中还显示了美国联邦能源管理委员会为激励性天然气定价而指定的致密气地层单元和区块。截至 1981 年，这些油气田累计

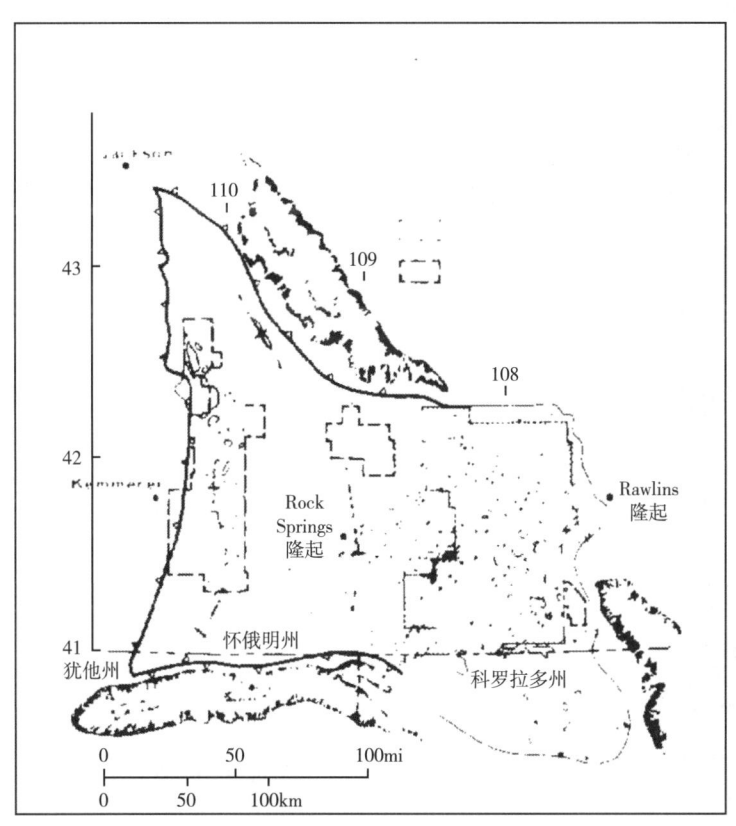

图 5 Greater Green River 盆地油气田分布

图中显示了划定的致密气层和气区，油气田轮廓来源于 VerPloeg 等（1980）和 Scanlon（1983）的研究成果

产气 $3.97×10^{12} ft^3$。Mesaverde 群和较新致密气层累计气产量估计为 $1.03×10^{12} ft^3$。McPeek (1981) 分析了 Great Divide 盆地和 Washakie 盆地的致密气藏，指出 Greater Green River 盆地中这部分气资源量达到 $18×10^{12} \sim 40×10^{12} ft^3$。

多数致密气藏产量来源于超压的 Mesaverde 群和较新储层。在 Greater Green River 盆地东部，目前大部分产量来自透镜状地层圈闭。在 Pinedale 气田和已停产的 Pacific Creek 气田，Mesaverde 群和 Lance 组的超压透镜状储层内气藏发育。尽管这些油气田位于构造内，但构造与气藏的关系仅是巧合。超压岩层普遍赋存天然气，这与天然气热成因和发育有效低渗阻挡层有关，具体讨论见下文。

5 矿物、岩石和成岩作用影响

根据 Green River 盆地北部井取心分析，已确定出若干矿物和岩石关系。迄今为止，最详尽的分析调查包含 El Paso 天然气公司 Wagon Wheel-1 井全岩及泥粒级部分的 X 射线衍射分析和岩心的扫描电镜、岩相分析。Wagon Wheel 井位于 Pinedale 背斜脊部（图1），是原计划实施核爆炸增产措施的井。预计此次试验中，从埋深 5000~18000ft（1525m~5485m）层段采集了长 10~120ft（3~37m）的多个取心段，总厚度近 900ft（275m）。Law（1979）的测井—地质剖面描述了取心段及其对应地质单元，如图6所示。其他参考岩心分别来自 Wexpro 公司 Mesa-1 井、Forest 石油公司 Jonah Gulch-1 井、Rainbow 资源公司 Pacific Creek Federal-1-3 井和 Amoco 公司 Tierney-1 井（图1）。但仅对这些井中较薄地层的有限样品实施岩相分析和 X 射线衍射分析。以下讨论将集中针对 Wagon Wheel 井岩心，并对比与其他井的异同。该井岩心的岩相分析结果与其他研究人员的报告一致（Borg, 1971; Butcher, 1971; Thomas, 1978; Lanham, 1980）。

5.1 矿物学和岩相学特征

Wagon Wheel 井的古近—新近系岩石主要是中—粗粒富长石砂岩，更准确地应归类为岩屑长石砂岩，包含大量变质岩、火成岩和沉积岩岩屑。这些砂岩含有通常

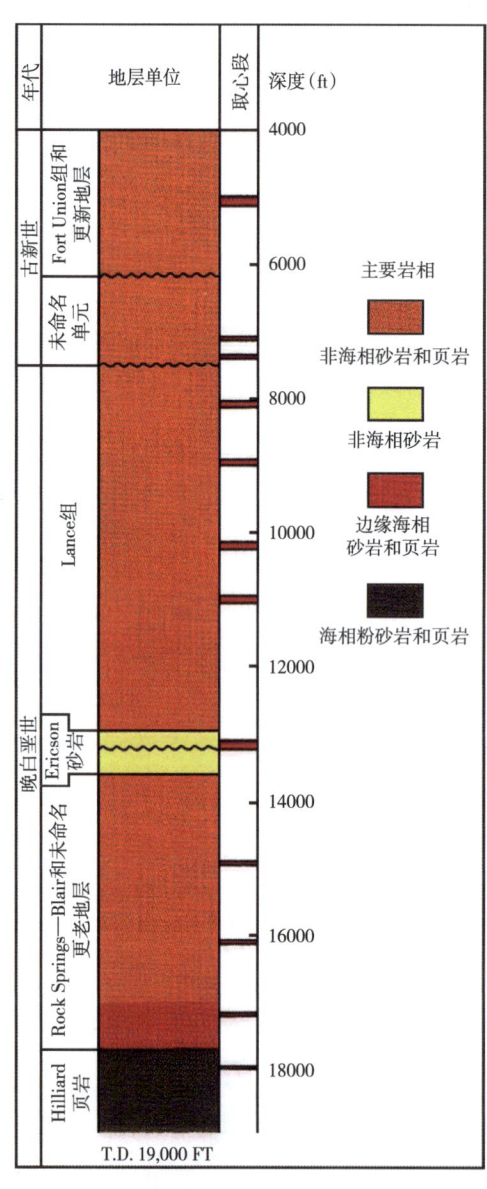

图6 El Paso 天然气公司 Wagon Wheel-1
井钻穿的地下层段
图中标注了主要岩相和取心段

交代长石的方解石或少量含铁碳酸盐胶结物,也可见适量碳酸盐碎屑颗粒(包括白云石)。黏土矿物,尤其绿泥石和高度可膨胀混层黏土,通常是地层单元的胶结物。这些地层单元的岩心部分含有较奇特的胶结物,如浊沸石或绿泥石—蒙皂石互层。

Wagon Wheel 井中,古近—新近系下方为厚 5500ft(1676m)的上白垩统 Lance 组(图6)。其特点是含有岩屑砂岩,夹粉砂岩和页岩,均为陆相成因。许多砂岩呈层状,含方解石和铁方解石胶结物。白云石通常为碎屑颗粒和部分交代非碳酸盐颗粒的小菱面体,几乎不作胶结物。页岩含碳,略含钙。Wexpro 公司 Mesa-1 井 Lance 组岩心中砂岩矿物成分岩相分析如图7所示。

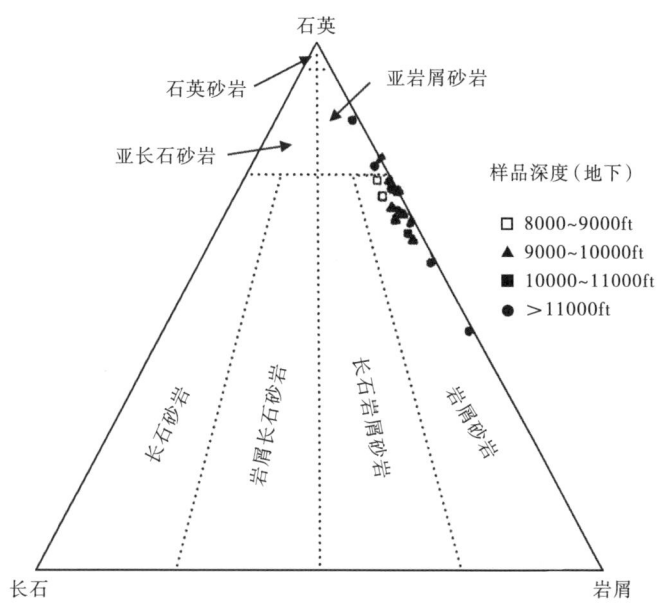

图7　Wexpro 公司 Mesa-1 井 Lance 组样品实际矿物成分三角图(Folk 分类法,1980)

Lance 组下方为 400ft(122m)厚的 Ericson 砂岩(图6)。Wagon Wheel 井中,Ericson 组上段的矿物和岩相特征与其他地层差异较大。Ericson 组上段与 Rocky Springs 区 Canyon Creek 组为同期地层,其特点是含有广泛石英次生加大的石英砂屑砂岩,根据 X 射线衍射分析石英质量分数大于 90%。Thomas(1978)也谈及 Wamsutter 弧地区 Ericson 和 Allen Ridge 组 64 个样品的平均组分是石英砂屑砂岩。但在局部地区,Ericson 组更偏岩屑砂岩。黏土粒级部分是通常衬垫孔隙和部分充填孔隙的自生微晶石英(直径通常 1μm 或更小),与自生成因的高岭石、绿泥石、分散伊利石和混层伊利石—蒙皂石黏土共存。除 Wagon Wheel 井 Ericson 组最下段外,X 射线衍射或岩相分析均未见碳酸盐。Pacific Creek 井和 Jonah Gulch 井的 Ericson 组样品中未见碳酸盐。但 Wagon Wheel 井 Ericson 组最下段以含部分碳酸盐和长石的富石英砂岩为特征。这一部分中,热液迪开石黏土充填裂缝,交代和胶结众多骨架颗粒。Ericson 组伴生页岩的主要矿物为石英和高岭石。对比相邻地层,Ericson 组孔隙度较高,为 3%~13%,平均为 7%。

Wagon Wheel 井 Ericson 组下方是 Rock Springs 组、Blair 组和未命名较老岩层(图6)。这些地层单元主要由陆相成因的砂岩、粉砂岩和页岩互层构成,向下渐变为海相岩石。伊利石是 Rock Springs 组下部及 Blair 组的下伏海相页岩中主要黏土矿物。Rock Springs 组下部和 Blair 组同期地层的砂岩为白云石胶结，偶见硬石膏和菱铁矿胶结。

Wagon Wheel 井最底部取心段埋深 17100~18000ft（5212~5486m），含有高伊利石含量的页岩（反映海洋影响）和略含长石的砂岩互层。砂岩含大量铁方解石胶结物，可见伊利石充填裂缝。碎屑颗粒和胶结物中也可见白云石。

5.2 矿物变化与岩性

Wagon Wheel 井岩心详细矿物分析最初着重于 Lance 组核爆炸增产改造段的样品。计划试验段为 9000~11000ft（2743~3353m）。通过 Lance 组这一部分内岩性互层的全岩和 <2μm 黏土矿物组分的半定量分析，识别出重要的砂岩/页岩矿物关系，简述见 Pollastro 和 Bader（1983），图 8 至图 10 展示了这些矿物关系。砂岩与页岩中黏土粒级分散绿泥石与分散伊利石的数量呈反比（图 8）。绿泥石在砂岩中较为丰富，主要是一种自生矿物，仅少量（<8%）为页岩固有矿物，作为一种次要矿物沉积于原生沉积物中。而大量分散伊利石作为碎屑矿物存在于页岩中；这一层段砂岩的伊利石含量则少得多（图 10）。全岩的绿泥石和伊利石比例与黏土粒级组分的相似。Wagon Wheel 井整个 Lance 组的绿泥石和伊利石关系不一致，该层上、下的样品不具此类明显关系。

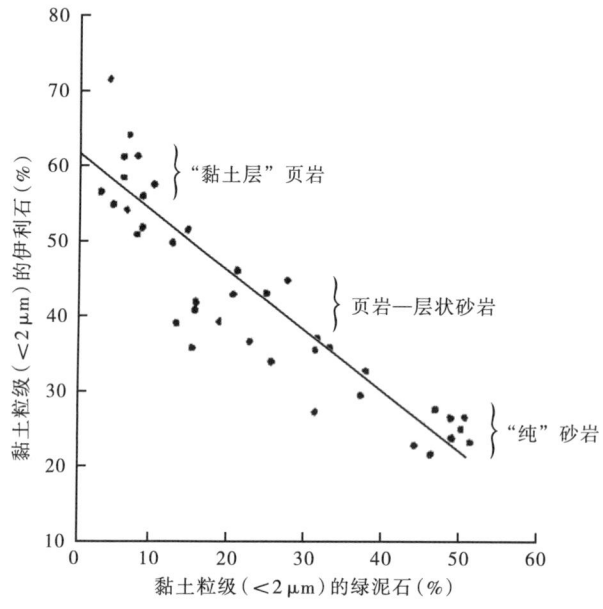

图 8　砂岩、页岩和混合岩性中泥粒级伊利石含量和绿泥石含量关系图
样品来自 El Paso 天然气公司 Wagon Wheel-1 井 Lance 组岩心，分析采用 X 射线衍射法

Wagon Wheel 井这部分砂岩中高岭石数量无法预测。高岭石为自生矿物，其形成取决于渗透率、孔隙度、孔隙水成分（因为它是孔隙充填物）和它通常所交代碳酸盐和长石的相对丰度及活性。但在 Lance 组页岩中，物源区可能是决定高岭石相对丰度的主要因素。

就低渗砂岩储层的测井曲线评价方法而言，砂岩和页岩矿物的基本差异尤为重要。例如，通常根据相邻页岩的测井响应外推砂岩的泥质含量因子。如本例两种岩性的矿物差异极大，只有辨识这些基本的矿物差异并在外推时进行校正，使用这一技术进行潜力储层测井评价才不会得出误导性信息。因此需单独描述每一储层，确保准确的生产和完井评价。

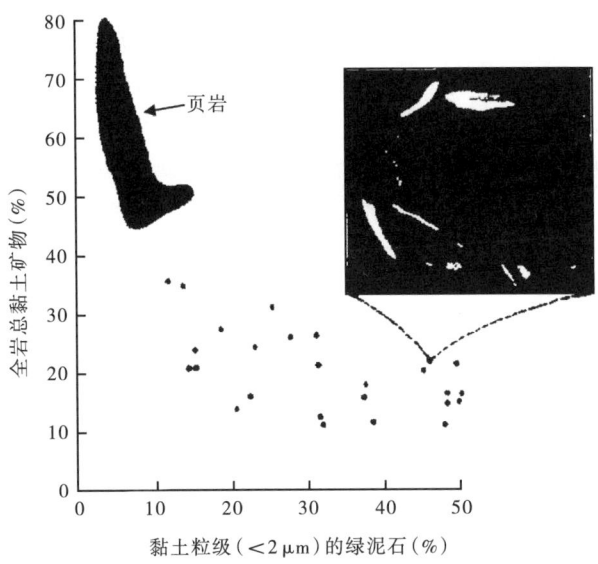

图 9　砂岩、页岩和混合岩性内黏土含量与泥粒级组分绿泥石含量关系图
样品来自 El Paso 天然气公司 Wagon Wheel-1 井 Lance 组岩心，分析采用 X 射线衍射法

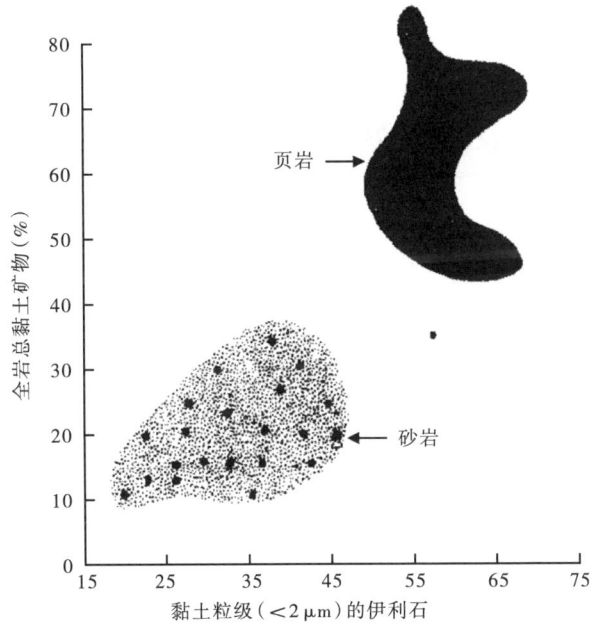

图 10　全岩中黏土含量与砂岩、页岩的泥粒级组分中伊利石含量关系图
样品来自 El Paso 天然气公司 Wagon Wheel-1 井 Lance 组岩心，分析采用 X 射线衍射法

5.3　源自黏土矿物反应的成岩作用和古地温

以砂岩和页岩内黏土矿物组合作为温度或成熟度指标，评价潜在烃源岩或储层的成岩反应程度。Weaver（1979）和 Hower（1981）广泛回顾了这类研究，给出了涉及的反应和参数。这些研究显示黏土矿物组合内最重要反应是蒙皂石经混层或间层伊利石—蒙皂石

（I/S）序列转化为伊利石。此外，约65%的伊利石层中，间层I/S内伊利石和蒙皂石层的重叠为无序间层—短程有序间层。对于白垩系和古近—新近系岩石，文献记录埋藏温度212℉（100℃）时发生蒙皂石向伊利石的转化（Perry和Hower，1970；Hower等，1976；Hoffman和Hower，1979；Weaver，1979）。

采用Reynolds和Hower（1970）的方法，根据Wagon Wheel井岩心180个砂岩和页岩样品中粒度<0.5μm和粒度<2μm组分确定I/S黏土组成。粒度<0.5μm组分的各岩性分析结果如图11所示。正如预期一样，粒度<2μm组分的成分趋势相似，但比之较细的活性组分，伊利石含量略低。

虽然岩心采集的深度范围较大，但Wagon Wheel井I/S中伊利石层含量随深度的增加有限。Wagon Wheel井中，埋深7100~7300ft（2164~2225m）范围内和目前Law（1979）

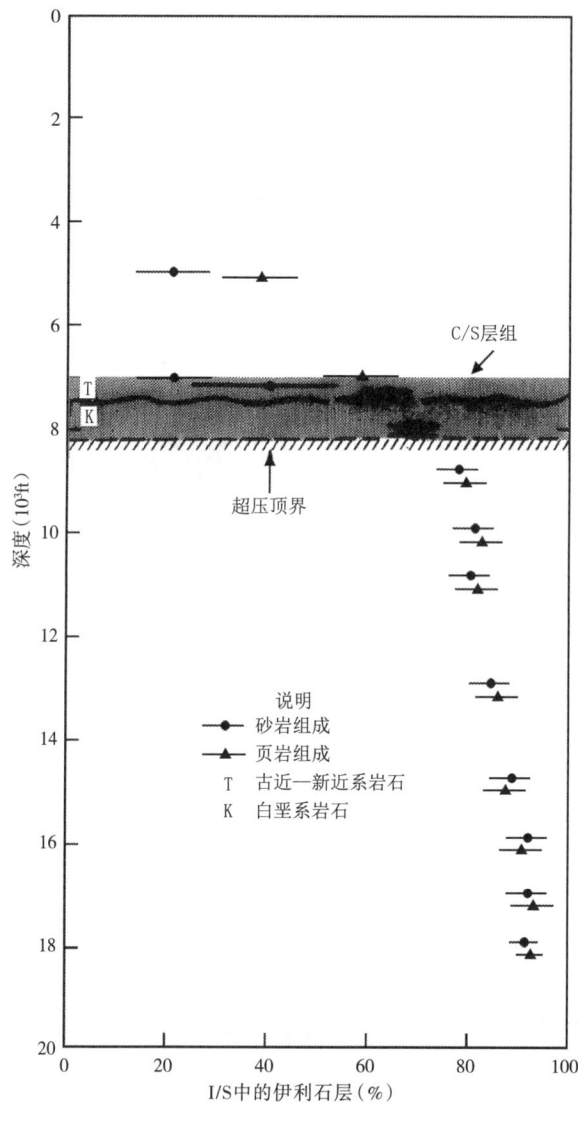

图11　砂岩和页岩内粒度小于0.5μm部分混层伊利石—蒙皂石（I/S）黏土的组成与深度关系图
样品来自El Paso天然气公司Wagon Wheel-1井岩心，涉及180个样品，C/S是规则间层绿泥石—蒙皂石

所定义白垩系—古近—新近系不整合的上方（图6）发生无序间层I/S黏土到短程有序I/S的转化。转化同时，间层绿泥石—蒙皂石（C/S）并存。整个层带内，C/S以部分—完全有序间层黏土矿物相形式存在。Wagon Wheel井岩心中这些间层黏土矿物相的赋存和组成，对热史、热解生气和异常高压有重要意义。这些特殊关系将在下文讨论。

从无序间层I/S转化为有序间层I/S和存在规则间层C/S，说明深度接近7500ft（2286m），白垩系—古近—新近系不整合附近岩石承受的最低温度为90~100℃。目前这一深度的地温约为150°F（66℃）。这一结论受镜质组反射率数据支持，将会在下文详细论述。

如图11所示，明显页岩中I/S黏土的伊利石含量较临近砂岩略高。这种差异是页岩与砂岩中I/S成因不同所造成。页岩含有不同来源和不同时代I/S黏土的混合物，黏土成分各不相同；部分黏土可能经历多次再沉积。而砂岩中这种较老碎屑黏土相对较少。通常，砂岩中大部分I/S黏土本质上为自生，其成分受沉淀时的岩石平衡条件和埋深最大时的晚成岩条件制约。

5.4 岩石物理性质

Dickinson和Gautier（1983）指出，Wagon Wheel井低渗透气层的孔隙度随深度增加而逐步降低。埋藏深度5000ft（1525m），孔隙度为3%~21%。大于此深度，孔隙度降低。根据有限的岩心分析资料，埋藏深度18000ft（5500m），孔隙度降低至3%（图12）。这些数据呈现出另一重要特点，即随深度增加，砂岩中与深度有关的成岩作用越来越多地制约孔隙度变化。Keelan（1971）和Quong、LaGuardia（1971）也给出了Wagon Wheel井样品的其他孔隙度和渗透率数据。这些学者论述了围压对孔隙度和渗透率的影响。根据Wagon Wheel井岩心的岩相分析，大部分孔隙似乎为次生孔隙。

Wexpro公司Mesa-1井白垩系砂岩中，埋深8600~11900ft（2621~3627m）间，孔隙度没有随深度增加而减小。局部上，因方解石或硅质胶结，孔隙度急剧降低（图13、图14）。不稳定岩屑的压实作用也会导致孔隙度降低。压汞毛细管实验和薄片及扫描电镜鉴定显示孔径变化极大。偶尔最大孔隙的最大直径达250μm（参见薄片）。但通常孔隙明显较小（5~10μm），因岩屑的淋滤作用形成或作为大量粒间自生黏土矿物内微孔隙出现（图15、图16）。

小孔径孔隙及其分布形成一个极曲

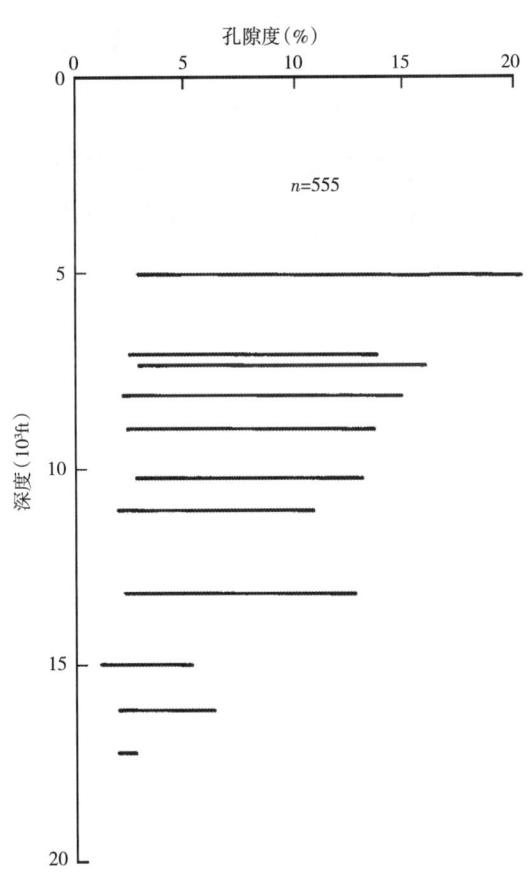

图12 El Paso天然气公司Wagon Wheel-1井孔隙度和深度关系图

折的网络。此外，小孔隙和孔隙喉道对围压变化敏感，储层渗透率因围压增加而急剧降低。

(a) 局部硅质胶结，单偏光。孔隙（P）相对开启，干净或具有粒间薄膜

(b) 石英颗粒的晶间性质，正交偏光

图 13　黏土矿物内微孔隙照片 1

样品来自 Forest 石油公司 Jonah Gulch-1 井，深度 10120ft（3085m）

图 14　大量方解石（C）紧密胶结的棱角状石英碎屑（Q）和岩屑（R），单偏光

样品来自美国 Hunter 公司 New Fork-4 井，深度 8260ft（2518m）

图 15　未充填（P）和高岭石充填（K）的孔隙，单偏光

样品来自 Forest 石油公司-1 井，深度 10169ft（3100m）

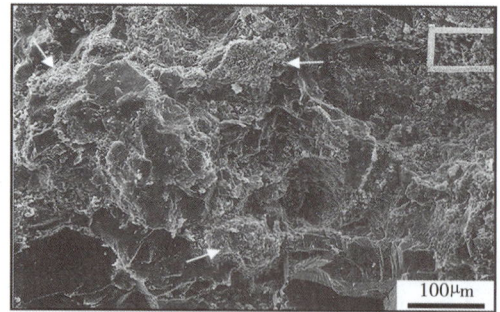 

(a) 主要由岩屑部分蚀变产生的大量粒间微孔隙（箭头）。方框区域显示于图16(6)

(b) 形成微孔隙的自生黏土

图 16　黏土矿物内微孔隙照片 2

样品来自 Wexpro 公司 Mesa-1 井，深度 8720ft（2658m）

6 气源岩

通常假设 Greater Green River 盆地气藏的最可能烃源岩是煤和碳质页岩、泥岩互层（Law 等，1979，1980，1984；McPeek，1981）。

Pacific Creek 地区和 Pinedale 地区取心作业时，从上白垩统 Mesaverde 群和 Lance 组采集富有机质页岩和泥岩的岩样，置于密封罐内，用于气体解吸实验。对这些样品进行脱气处理时，定期采集气体样品，分析其化学和同位素组成。在这些井的后期测试中，尝试采集和分析回收气体。图 17 是单井的分析气体同位素组成与深度关系图（$\delta^{13}C$ 为 $-42‰ \sim -31‰$）。就每口井的样品分析而言，解吸气和测试回收气的同位素组成相似。Law（1984）认为单井气体分析结果的相似性支持了 Law 等（1979，1980）和 McPeek（1981）的早期认识：碳质岩互层是气藏最有可能的气源岩。

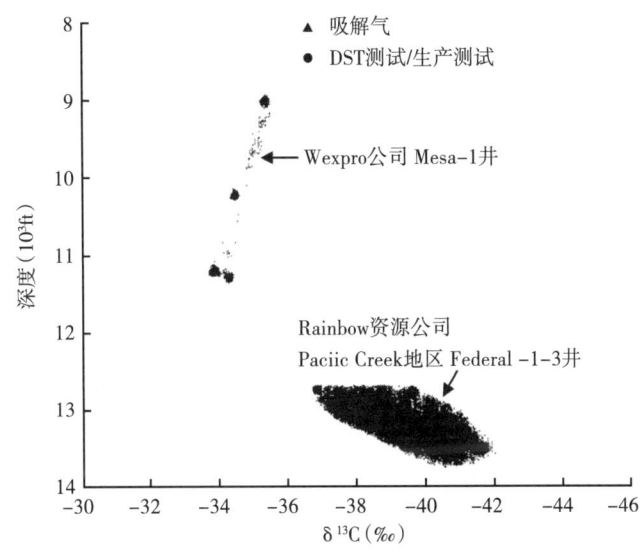

图 17 生产或中途测试所产生吸解气和回收气样品的甲烷 $\delta^{13}C$ 分析
样品来自 Wexpro 公司 Mesa-1 井和 Rainbow 资源公司 Pacific Creek Federal-1-3 井

从盆地内广泛分布的井中，采集 257 个上白垩统和古近—新近系含煤碳质页岩、粉砂岩样品，进行总有机碳含量分析。样品有机碳含量的质量分数为 0.04%~20.49%，平均质量分数为 2.04%（Law，1984）。图 18 和图 19 为 Belco 公司 Merna-3-28 井和 El Paso 天然气公司 Wagon Wheel-1 井样品的有机碳含量分布图。Pacific Creek 地区上白垩统和古近—新近系下段岩样的平均有机碳含量的质量分数为 1.38%（Law 等，1980），Amoco 公司 Tierney-1 井 Mesaverde 群样品的平均有机碳含量的质量分数为 2.78%（Markochick 等，1982）。就有机质丰度而言，这些样品为较好气源岩。

根据有机质视觉特征和 Robertson 研究（美国）公司部分样品的氢—碳比，有机质属于腐殖型，可能主要生气，少量生成或不生成液态烃（Law，1984）。腐殖型有机质与样品沉积环境以非海相为主相吻合。

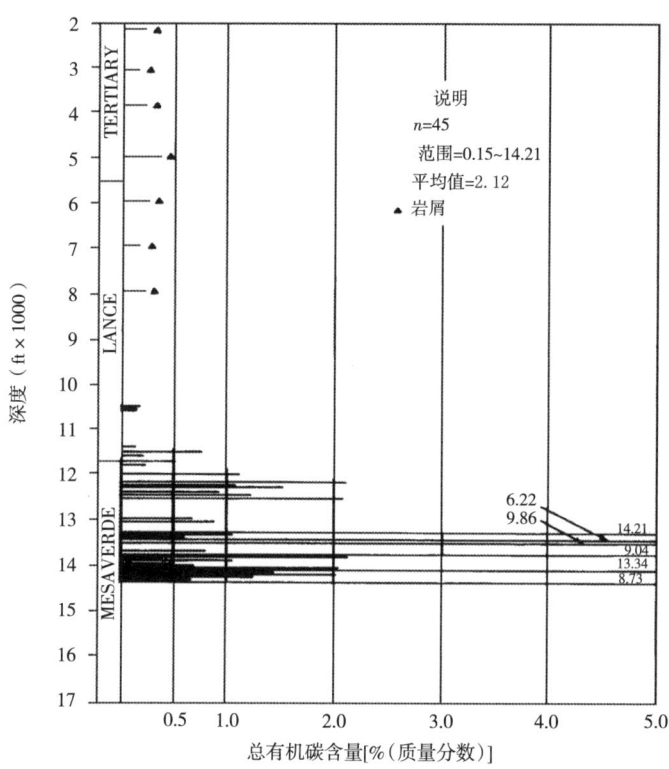

图 18 Belco 公司 Merna-3-28 井样品的总有机碳含量

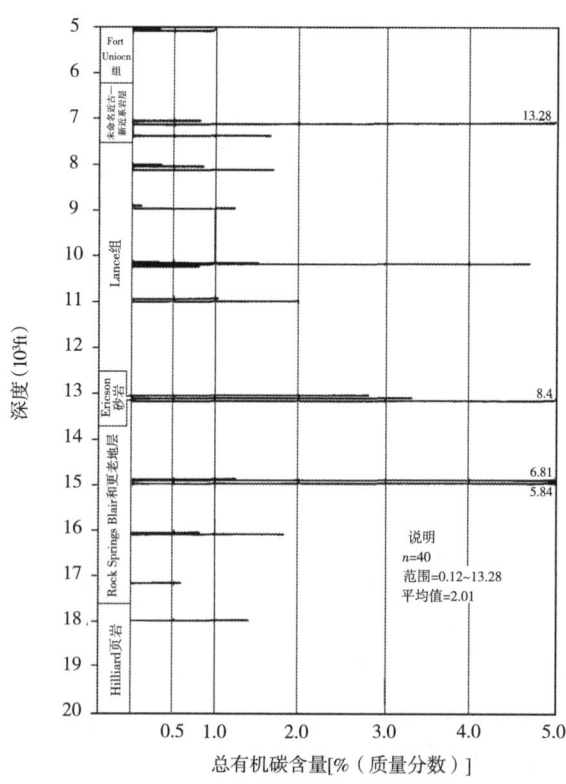

图 19 El Paso 天然气公司 Wagon Wheel-1 井样品的总有机碳含量

7 地层异常高压

图 20 展示了 Greater Green River 盆地上白垩统和古近—新近系超压岩石分布区。Rathbun（1968）在 Green River 盆地北部，Law 等（1979，1980）在 Pacific Creek 地区，McPeek（1981）在 Washakie 和 Great Divide 盆地，Spencer、Law（1981）及 Law（1984）在 Green River 盆地、Great Divide 盆地和 Washakie 盆地，Law、Spencer（1981）在 Green River 盆地北部，和 Spencer（1984）在 Pinedale 区均曾发现盆地超压岩石。Rathbun（1968）总结出构造作用是形成超压的原因。Law 等（1979，1980）和 McPeek（1981）将异常高压归因于煤和碳质岩互层生气。

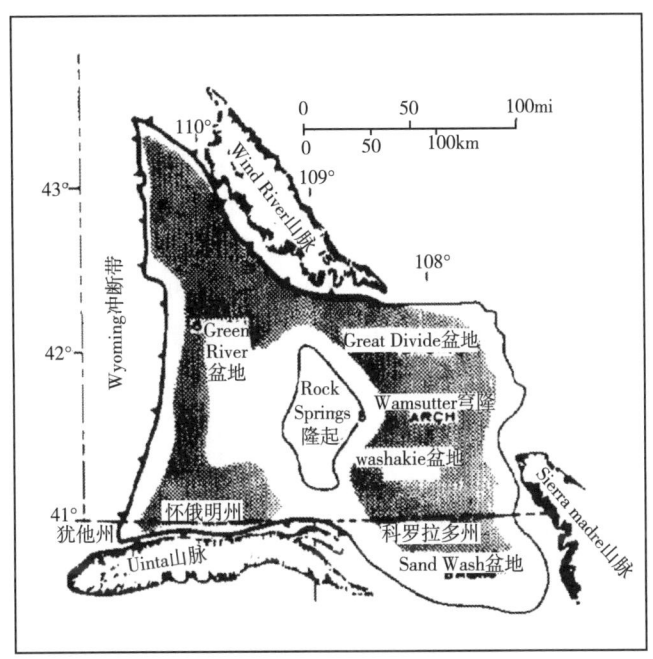

图 20　上白垩统和古近—新近系超压岩石的大致范围（点画线区域）（据 Spencer，1983，有修改）

检测超压低渗岩石很困难，采用的主要标准是钻井液密度和/或中途测试。但在无渗透带的情况下，对超压岩石采用低密度钻井液欠平衡钻井，多数情况中途测试时间过短，无法准确外推压力数据。

图 21 和图 22 是利用前述标准解释 Wagon Wheel 井和 Merna 井压力梯度的实例。Wagon Wheel 井超压顶界约为 8030ft（2450m），Merna 井约为 10500ft（3200m）。两口井的解释最大压力梯度分别为 0.80psi/ft 和 >0.90psi/ft。Pacific Creek 地区超压顶界约为 11600ft（3500m），最大压力梯度为 0.84psi/ft（Law 等，1979，1980）。在 Great Divide 盆地和 Washakie 盆地，超压梯度通常为 0.60psi/ft。McPeek（1981）报告称 Washakie 盆地的最大压力梯度为 0.83~0.86psi/ft。

含气层超压顶界与构造或地层无直接关系，通常跨越构造和地层边界。缺失作为隔层的分散地层或岩性单元。控制因素是热成熟度、渗透率和天然气聚集及衰竭的相对速率。

Law 和 Dickinson（1985）近期研究表明天然气聚集速率大于衰竭速率的后果是形成超

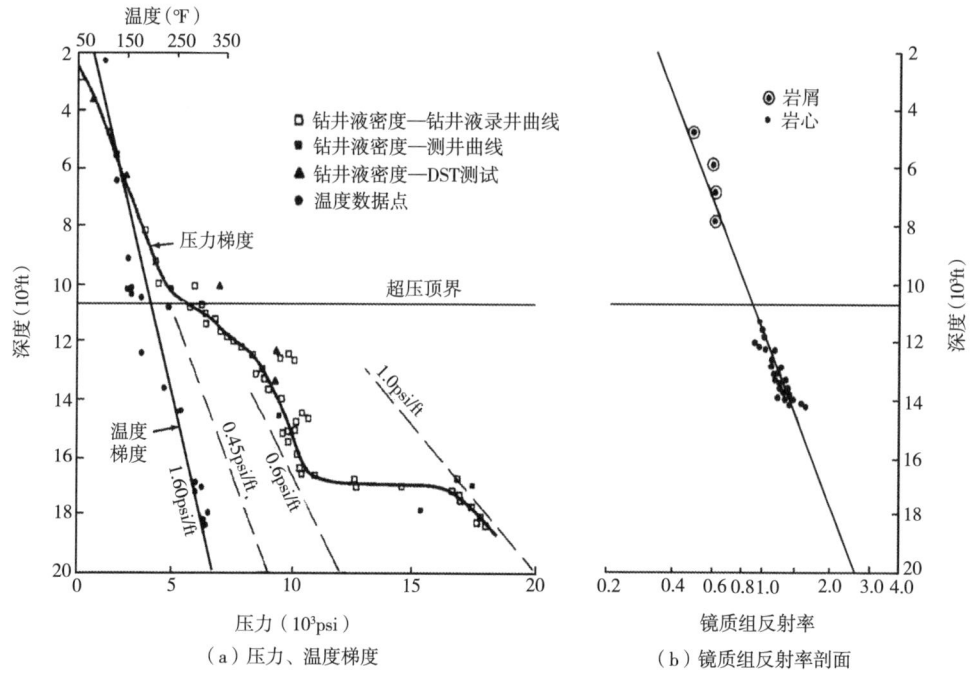

图 21 Belco 公司 Merna-3-28 井

温度数据来自 Belco 公司 Merna-3-28 井、Merna-1 和 Merna-2 井，所有井均位于同一乡镇。
C. W. Spencer 提供压力梯度解释结果，Robertson 研究公司（美国）进行镜质组反射率分析

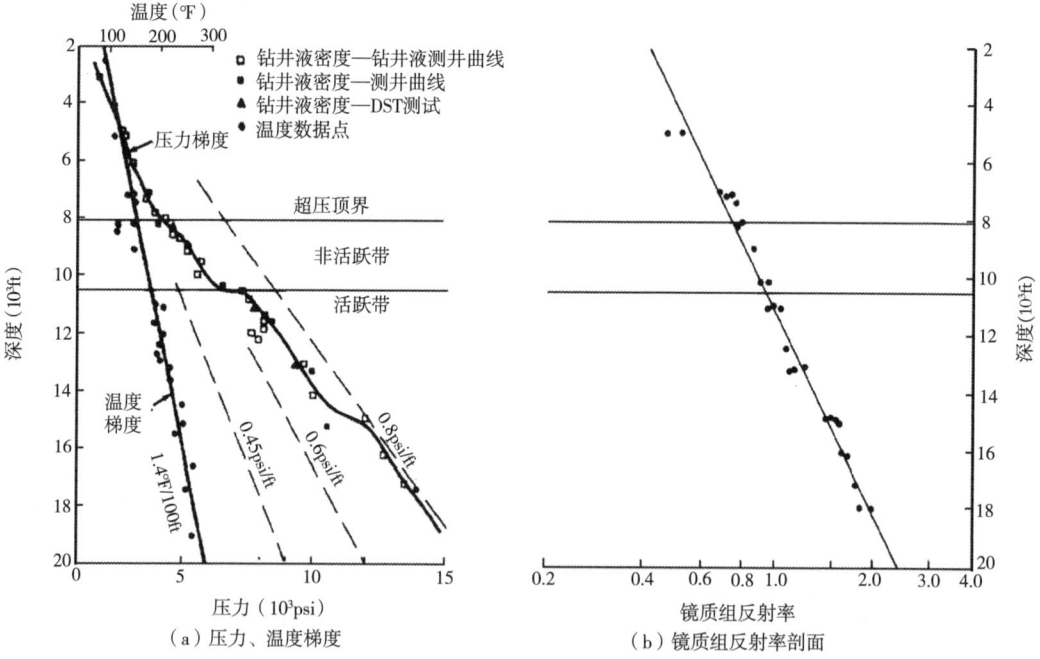

图 22 El Paso 天然气公司 Wagon Wheel-1 井

温度数据为 El Paso 天然气公司 Wagon Wheel-1 井和 Pinedale-5 井测井图头记录的井底温度。
C. W. Spencer 提供压力梯度解释结果，Robertson 研究公司（美国）进行镜质组反射率分析

压气藏。他们指出热解生气时，脱水加速，含水饱和度降至束缚水饱和度水平。剩余的束缚水不可动，产生相对封闭的水文系统，溶解物质向系统外运移受阻，渗透率和孔隙度无明显增加。因此，当渗透率和孔隙度增加过程毫无成效时，其他渗透率和孔隙度减小过程持续，形成天然气聚集速率超过衰竭速率的低渗岩层。

正如钻井液录井气显示所示，多数情况下气量明显增大与超压顶界相重合。图 23 展示了 Wagon Wheel 井的这种关系。Pacific Creek 地区也存在这种关系（Law 等，1979，1980），解释为标志开始生成大量热成因气。

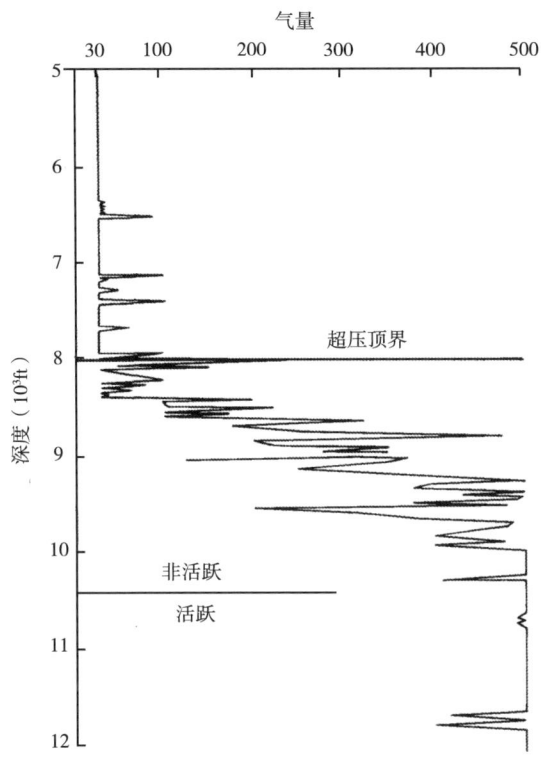

图 23　El Paso 天然气公司 Wagon Wheel-1 井中天然气赋存和超压顶界的关系

数据来源于钻井液录井

部分测井响应可能受超压影响。Rathbun（1968）指出 Green River 盆地北部存在与超压有关的电导率异常。Law 等（1979，1980）观察到自然电位曲线反向和超压相吻合。后续工作显示自然电位反向通常与全盆地超压有关。尽管负异常原因不确定，但有人指出可能是因为有机质和黏土脱水导致地层水淡化（Law 等，1979，1980）。Law 等（1983）已间接证实含煤带的地层流体较之相邻贫煤带微淡。

8　地温

有机质成熟度和后期天然气生成可能大多依赖于温度。根据盆地 Pacific Creek 地区（Law 等，1979，1980）和其他区域（Spencer 和 Law，1981；Law 和 Spencer，1981；Law，1984）的观测结果，开始生成极大量热成因气的温度为 190~200 °F（88~93 ℃）。在 Pacific Creek 地区，显著和稳定天然气赋存顶界（如钻井液录井曲线所示）对应于未校正井底温度180°F（82℃），标志热成因气的门限温度。低温条件也可能生成热成因气，但数量不大。这种解释假设：仅少量或无气体运移，该井存在热平衡条件——现今温度足够高，可产生观测到的有机质成熟度。

图24显示了未校正井底温度180°F（82℃）对应的深度。处于或接近此深度，预计生气。但因热不平衡条件或高渗透性引起气体运移，天然气可能赋存于较浅层。温度图的一个显著特点是等值线沿北东—南西向延伸。Law 和 Smith（1983）指出这可能是由于前寒武系基底的构造趋势和/或成矿带所致。

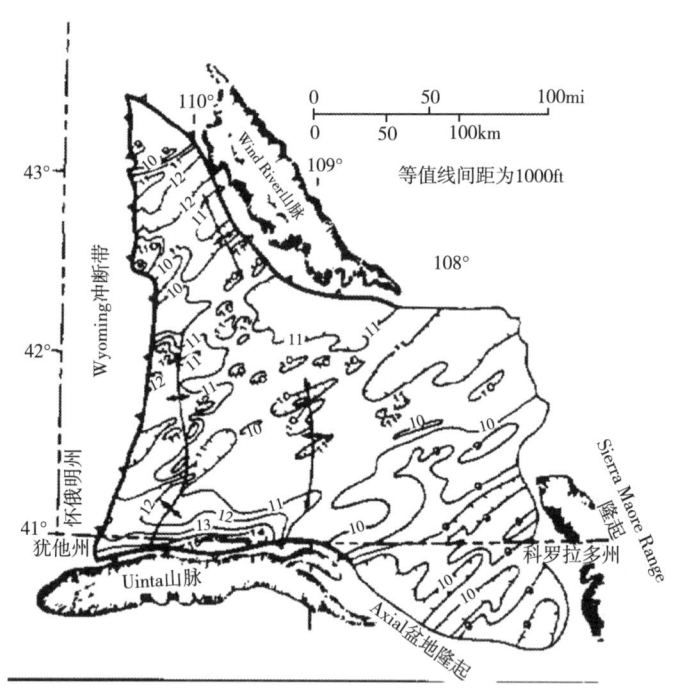

图24 Greater Green River 盆地未校正温度180°F（82℃）的对应深度
刻度线表示等降温线

相对于 Pacific Creek 地区的热平衡，Green River 盆地北部 Pinedale 地区 Wagon Wheel 井呈现热不平衡（图22）。稳定气体赋存和超压顶界对应温度为150°F（66℃），镜质组反射率为0.74［图22（b）］。热不平衡观测有三种独立技术。研究磷灰石裂变径迹年龄测定（Naeser，1984）、黏土矿物转化和流体包裹体（Pollastro 和 Barker，1984），发现 Wagon Wheel 井现今温度降低了68~122°F（20~50℃），冷却的最后阶段开始于4~2Ma 前。因而，现今地下温度不足以解释观测的有机质成熟度。

9　天然气生成和赋存

根据前文讨论的天然气赋存观察报告，本文识别出对低渗岩天然气勘探有重要指导作用的地质关系。Greater Green River 盆地致密气砂岩勘探中，最重要的地质变量是有机质数量及质量、有机质成熟度、地温和地层异常高压。构造和地层因素很重要，因为它们可能改变这些变量的有效性。

因为天然气明显无法从烃源岩长距离运移，低渗含气岩中构造和地层圈闭的作用削弱。透镜状低渗砂岩、粉砂岩和页岩互层是有效的气体阻挡层（Law 等，1979，1980；Spencer 和 Law，1981；Law 和 Spencer，1981）。在盆地深层超压区，多数储层呈透镜状，储层与露头和储层相互间在物理和水文上保持独立，从而造成气体和液体无法有效地长距离运移。气体运移距离极小的假设减少了变量个数，使得可用复杂性较低的地质模型研究天然气的生成和赋存。

图 25 展示了从 Merna 井东南，经 Wagon Wheel 井延伸至 Pacific Creek 地区的横剖面（Law，1984）。本文尝试沿剖面线将有机质丰度、有机质成熟度、地温和超压与天然气生成、赋存相关联。根据有机碳分析和测井解释结果，确定了沿这条横剖面线的有机质丰度。低、中和高有机质丰度的区别是相对的，例如含煤层段映射为高有机质丰度带。

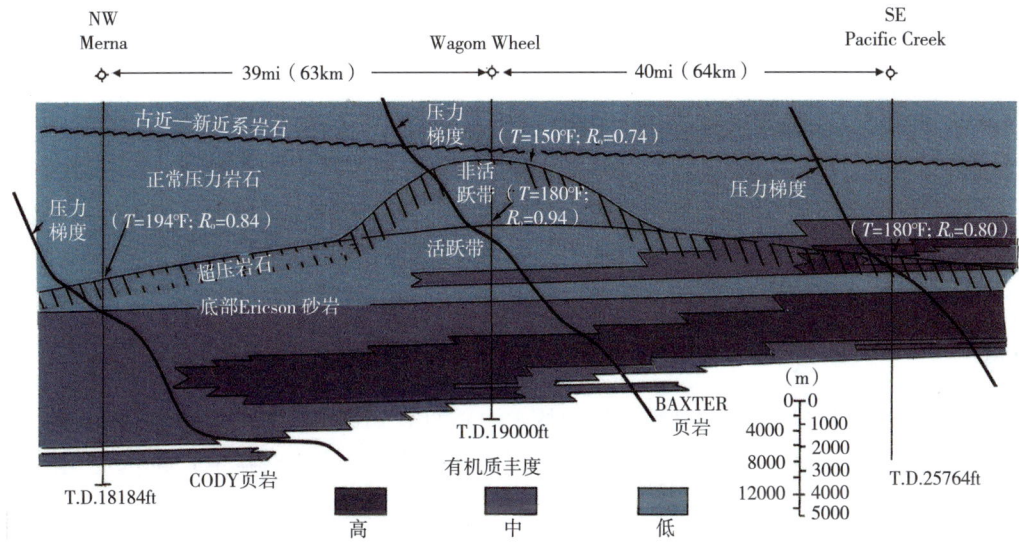

图 25 从 Merna 井东南经 Wagon Wheel 井延伸至 Pacific Creek 地区的横剖面

图中显示了有机质丰度、有机质成熟度、地温和压力梯度变化的明显关系，基准面为 Ericson 砂岩底界

根据 Law 等（1979，1980）的研究成果，姑且接受 Pacific Creek 地区是对比 Greater Green River 盆地其他区域的标定点。该区稳定气显示和超压的顶界存在于含煤（高有机质丰度）带内，镜质组反射率为 0.8，未校正地温为 180°F（82℃）。该区的有机质丰度、有机质成熟度和地温吻合度最佳。压力梯度大幅度并突然从正常压力增至异常高压可能反映这些情况。

Wagon Wheel 井中，稳定气显示（图 23）和超压的顶界存在于低有机质丰度带内，镜质组反射率为 0.74，未校正地温为 150°F（66℃）。超压幅度不大。埋深 10400ft（3170m）时，压力增加与未校正温度 180°F（82℃）吻合较好。埋深 15000ft（4570m）时，接近含煤（富有机质）带，压力再次增加。

因为前面谈及的有机质成熟度—温度不平衡，Wagon Wheel 井有机质丰度、有机质成熟度和生气温度的关系较为模糊。但压力梯度响应似乎反映了这些变量的影响。Law（1984）提出有机质成熟度—温度不平衡是与 Pinedale 背斜发育有关的构造改造作用产物。Pinedale 背斜发育前，有机质成熟度达到现今水平，因生气达到超压条件。背斜附近的抬升和侵蚀将超压岩石从有机质成熟度—温度平衡的较热地下环境移入较冷的不平衡环境。部分超压岩石有效地脱离活跃生气环境，进入较冷不活跃带。因此，Law（1984）将 Wagon Wheel 井超压细分为不活跃（残余）超压和活跃超压。不活跃部分深度为 8030~10400ft（2450~3170m），分别与超压顶界和 180°F（82°C）的对应深度一致。

在 Merna 井中，超压顶界深度为 10500ft（3200m），镜质组反射率为 0.84，温度约为 190°F（88°C）。该井泥浆录井数据不全，本次研究不能确定稳定气显示的顶界。超压顶界位于低有机质丰度带，压力梯度的响应较小。埋深 11500ft（3500m）时，压力梯度增加与有机碳含量增加相吻合（图 18）。因此，Merna 井超压幅度似乎对有机质丰度敏感。

图 25 展示了有机相、有机质成熟度、温度和超压与天然气生成和赋存的关系。含气层顶界跨越构造和地层边界，说明构造和地层作用减弱。在 Great Divide 盆地、Washakie 盆地和 Sand Wash 盆地进一步往东难以展现这些关系，构造和地层问题变得更为重要。

10　总结和结论

根据对 Greater Green River 盆地参考井的详尽研究，天然气生成和赋存的重要因素是烃源岩（有机质数量和质量）、有机质成熟度、热史、地层压力、矿物成分、孔隙度与渗透率的性质及分布。气藏的最可能气源岩是煤和碳质岩石互层。这些非常规气藏的低渗透性极大地制约了天然气长距离运移的能力。因而较之常规气藏、地质因素，如油气生成和运移与构造和地层圈闭发育的时间关系，对非常规气藏的重要性较低。

致谢

本次研究得到美国能源部摩根顿能源技术中心的资金支持（跨机构协议编号 DE-AI21-83MC20422），同时感谢多家石油勘探公司提供测井数据。本文获益于 Charles E. Barker、Warren W. Dickinson 和 Gordon L. Dolton 的评述，感谢美国地质调查所 Carol S. Holtgrewe 和 Tom Kostick 绘制图件。

参 考 文 献

[1] ASQUITH, D. O., 1970, Depositional topography and major marine environments, Late Cretaceous, Wyoming: AAPG Bulletin, v. 54, p. 1184-1224.

[2] ASQUITH, D. O., 1974, Sedimentary models, cycles, and deltas, Upper Cretaceous, Wyoming: AAPG Bulletin, v. 58, no. 11, p. 2274-2283.

[3] BADER, J. W., B. E. LAW, and C. W. SPENCER, 1982, Preliminary chart showing electric log correlation, section D-D^prime, of some Upper Cretaceous and Tertiary rocks, Green River basin, Wyoming: USGS Open-File Report 82-129, 2 sheets.

[4] BADER, J. W., J. R. GILL, W. A. COBBAN, and B. E. LAW, 1983, Biostratigraphic correlation chart of some Upper Cretaceous rocks from the Lost Soldier area, Wyoming to west of Craig, Colorado: USGS Miscellaneous Field Studies Map MF-1548.

[5] BEAUMONT, E. A., 1979, Depositional environments of Fort Union sediments (Tertiary, northwest Colorado) and their relation to coal: AAPG Bulletin, v. 63, p. 194-217.

[6] BERG, R. R., 1961, Laramide tectonics of the Wind River Mountains: Wyoming Geological Association, 16th Annual Field Conference Guidebook, p. 70-80.

[7] BERG, R. R., 1962, Mountain flank thrusting in Rocky Mountain foreland, Wyoming and Colorado: AAPG Bulletin, v. 46, p. 2019-2032.

[8] BERG, R. R., 1963, Laramide sediments along the Wind River thrust, Wyoming, in O. E. Childs and B. W. Beebe, eds., Backbone of the Americas: AAPG Memoir 2, p. 220-230.

[9] BERG, R. R., 1981, Review of thrusting in the Wyoming foreland, in D. W. Boyd and J. A. Lillegraven, eds., Rocky Mountain foreland basement tectonics, Special Issue: Cont. to Geology, University of Wyoming, v. 19, no. 2, p. 93-104.

[10] BERG, R. R., and F. E. ROMBERG, 1996, Gravity profile across the Wind River Mountains, Wyoming: GSA Bulletin, v. 77, p. 647-656.

[11] BORG, I. Y., 1971, Microscopic examination of undeformed and laboratory deformed Wagon Wheel rocks, in El Paso Natural Gas Co., Project Wagon Wheel—technical progress report, PNE-WW1, p. 187-202.

[12] BREWER, J. A., and D. L. TURCOTLE 1980, On the stress system that formed the Laramide, Wind River Mountains, Wyoming: Geophysical Research Letters, v. 7, no. 6, p. 449-452.

[13] BUTCHER, R. H., 1971, Model analysis of petrographic study, in El Paso Natural Gas Co., Project Wagon Wheel—technical progress report, PNE-WW1, p. 203-206.

[14] DICKINSON, W. W., and D. L. GAUTIER, 1983, Diagenesis of nonmarine rocks and gas entrapment in northern Green River basin, Wyoming (abs.): AAPG Bulletin, v. 67, p. 450.

[15] DORR, J. A., Jr., D. R. SPEARING, and J. R. STEIDTMANN, 1977, Deformation and deposition between a foreland uplift and an impinging thrust belt: Hoback basin, Wyoming: GSA Memoir 177, 82 p.

[16] DOUGLASS, W. B., Jr., and T. R. BLAZZARD, 1961, Facies relationships of the Blair, Rock Springs, and Ericson formations of the Rock Springs uplift and Washakie basin: Wyoming Geological Association Guidebook, 16th Annual Field Conference, p. 81-86.

[17] FOLK, R. L., 1980, Petrology of sedimentary rocks: Austin, Hemphill Publishing Co., 182 p.

[18] FOUCH, T. D., T. F. LAWTON, D. J. NICHOLS, W. B. CASHION, and W. A. COBBAN, 1983, Patterns and timing of synorogenic sedimentation in Upper Cretaceous rocks of central and northeast Utah, in M. W. Reynolds and E. D. Dolly, eds., Mesozoic paleogeography of the west-central United States: Rocky Mountain Section of SEPM, Rocky Mountain Paleogeography Symposium 2, p. 305-336.

[19] GAS RESEARCH INSTITUTE, 1981, Resource evaluation and production research on tight sands in the Pinedale unit, Sublette County, Wyoming: GRI 81/0049.

[20] GREIS, R., 1981, Oil and gas prospecting beneath the Precambrian of foreland thrust plates in the Rocky Mountains: Mountain Geologist, v. 18, no. 1, p. 1-18.

[21] GREIS, R., 1983, Oil and gas prospecting beneath Precambrian of foreland thrust plates in Rocky Mountains: AAPG Bulletin, v. 67, p. 1-28.

[22] HALE, L. A., 1950, Stratigraphy of the Upper Cretaceous Montana Group in the Rock Springs uplift, Sweetwater County, Wyoming: Wyoming Geological Association Guidebook, 5th Annual Field Conference, p. 49-58.

[23] HALE, L. A., 1955, Stratigraphy and facies relationships of the Montana Group in southcentral Wyoming, northeastern Utah, and northwestern Colorado: Wyoming Geological Association Guidebook, 10th Annual Field Conference, p. 89-94.

[24] HALE, L. A., 1961, Late Cretaceous (Montanan) stratigraphy, eastern Washakie basin, Carbon County, Wyoming: Wyoming Geological Association Guidebook, 16th Annual Field Conference, p. 129-137.

[25] HAUN, J. D., 1961, Stratigraphy of post-Mesaverde Cretaceous rocks, Sand Wash basin and vicinity,

Colorado and Wyoming: Wyoming Geological Association Guidebook, 16th Annual Field Conference, p. 116-124.

[26] HOFFMAN, J., and J. HOWER, 1979, Clay mineral assemblages as low metamorphic indicators: application to the thrust faulted disturbed belt of Montana, U.S.A., in P. A. Scholle and P. K. Schluger, eds., Aspects of diagenesis: SEPM Special Publication No. 26, p. 55-79.

[27] HOWER, J., 1981, Shale diagenesis, in F. J. Longstaffe, ed., Clays and the resource geologist: Short Course Handbook No. 7, Mineralogical Association of Canada, p. 60-80.

[28] HOWER, J., E. V. ESLINGER, M. E. HOWER, and E. A. PERRY, 1976, Mechanism of burial metamorphism of argillaceous sediment 1, mineralogical and chemical evidence: GSA Bulletin, v. 87, p. 725-737.

[29] HUNT, J. M., 1979, Petroleum geochemistry and geology: San Francisco, W. H. Freeman and Co., 617 p.

[30] KEELAN, D. K., 1971, Special core analysis study, in El Paso Natural Gas Co., Project Wagon Wheel—technical progress report, PNE-WW1, p. 127-152.

[31] KEITH, R. E., 1965, Rock Springs and Blair formations on and adjacent to the Rock Springs uplift, Sweetwater County, Wyoming: Wyoming Geological Association Guidebook, 19th Annual Field Conference, p. 43-53.

[32] KITELEY, L. W., 1983, Paleogeography and eustatic-tectonic model of late Campanian Cretaceous sedimentation, southwestern Wyoming and northwestern Colorado, in M. W. Reynolds and E. D. Dolly, eds., Mesozoic paleogeography of the west-central United States: Rocky Mountain Paleogeography Symposium 2, Rocky Mountain Section of SEPM, p. 273-303.

[33] LANHAM, R. E., 1980, Petrography and diagenesis of low-permeability sandstones of the lower Almond Formation, southwestern Wyoming: University of Colorado, unpublished Master's thesis, Dept. of Geological Sciences, 113 p.

[34] LAW, B. E., 1979, Section B-B^prime—subsurface and surface correlations of some Upper Cretaceous and Tertiary rocks, northern Green River basin, Wyoming: USGS Open-File Report 79-1689, 2 sheets.

[35] LAW, B. E., 1984, Relationships of source-rock, thermal maturity, and overpressuring to gas generation and occurrence in low-permeability Upper Cretaceous and lower Tertiary rocks, Greater Green River basin, Wyoming, Colorado, and Utah, in J. Woodward, F. F. Meissner, and J. L. Clayton, eds., Hydrocarbon source rocks of the greater Rocky Mountain region: Rocky Mountain Association of Geologists, p. 469-490.

[36] LAW, B. E., H. BUCUREL-WHITE, and J. W. BADER, 1983, Sedimentological aspects of stratigraphic correlations in the Upper Cretaceous Ericson Sandstone, Greater Green River basin, Wyoming, Colorado, and Utah: GSA Abstracts with Programs, v. 15, p. 333.

[37] LAW, B. E., and W. W. DICKINSON, 1985, Conceptual model for origin of abnormally pressured gas accumulations in low-permeability reservoirs: AAPG Bulletin, v. 69, no. 8, p. 1295-1304.

[38] LAW, B. E., and D. J. NICHOLS, 1982, Subsurface stratigraphic correlations of some Upper Cretaceous and lower Tertiary rocks, northern Green River basin, Wyoming, in Subsurface practices in geology and geophysics (abs.): University of Wyoming Department of Geology and Geophysics, p. 17.

[39] LAW, B. E., and C. R. SMITH, 1983, Subsurface temperature map showing depth to 180° Fahrenheit in the Greater Green River basin, Wyoming, Colorado, and Utah: USGS Miscellaneous Field Studies Map MF-1504.

[40] LAW, B. E., and C. W. SPENCER, 1981, Abnormally high-pressured, low-permeability, Upper Cretaceous and Tertiary gas reservoirs, northern Green River basin, Wyoming (abs.): AAPG Bulletin,

v. 65, no. 5, p. 948.

[41] LAW, B. E., and C. W. SPENCER, and N. H. BOSTICK, 1979, Preliminary results of organic maturation, temperature, and pressure studies in the Pacific Creek area, Sublette County, Wyoming in Proceedings of 5th DOE Symposium on Enhanced Oil and Gas Recovery and Improved Drilling Methods: Tulsa, Petroleum Publishing Co., v. 3, p. K2/1-2/13.

[42] LAW, B. E., and C. W. SPENCER, and N. H. BOSTICK, 1980, Evaluation of organic matter, subsurface temperature, and pressure with regard to gas generation in low-permeability Upper Cretaceous and lower Tertiary sandstones in Pacific Creek area, Sublette and Sweetwater counties, Wyoming: Mountain Geologist, v. 17, no. 2, p. 23-35.

[43] LAW, B. E., and C. W. SPENCER, and H. W. ROEHLER, 1979, Section A-A^prime—surface and subsurface correlations of some Upper Cretaceous and Tertiary rocks, Green River basin, Wyoming: USGS Open-File Report 79-357, 2 sheets.

[44] MACLEOD, M. K., 1981, The Pacific Creek anticline: buckling above a basement thrust fault, in D. W. Boyd and J. A. Lillegraven, eds., Rocky Mountain foreland basement tectonics, special issue: Cont. to Geology, University of Wyoming, v. 19, p. 143-160.

[45] MARKOCHICK, D. J., R. E. LANHAM, H. G. BUCUREL, and B. E. LAW, 1981, Summary chart of geological data from Amoco Tierney Unit 1 well, SW 1/4 SE 1/4 sec. 15, T20N, R94W, Sweetwater County, Wyoming: USGS Oil and Gas Investigations Chart OC-116.

[46] MARKOCHICK D. J., B. E. LAW and C. W. SPENCER, 1982, Section E-E^prime, preliminary subsurface correlations of some Cretaceous and Tertiary rocks from Moxa arch to Rock Springs uplift, Green River basin, Wyoming: USGS Open-File Report 82-455, 2 sheets.

[47] MASTERS, J. A., 1979, Deep basin gas trap, western Canada: AAPG Bulletin, v. 63, p. 152-181.

[48] MCGOOKEY, D. P., 1972, Cretaceous system, in W. W. Mallory, ed., Geologic atlas of the Rocky Mountain region: Rocky Mountain Association of Geologists, p. 190-228.

[49] MCPEEK, L. A., 1981, Eastern Green River basin: a developing giant gas supply from deep, overpressured Upper Cretaceous sandstones: AAPG Bulletin, v. 65, p. 1078-1098.

[50] MILLER, F. X., 1977, Biostratigraphic correlation of the Mesaverde Group in southwestern Wyoming and northwestern Colorado, in H. K. Neal, ed., Exploration frontiers of the central and southern Rockies: Rocky Mountain Association of Geologists, p. 117-137.

[51] NAESER, N. D., 1984, Fission-track ages from the Wagon Wheel no. 1 well, northern Green River basin, Wyoming: evidence for recent cooling, in B. E. Law, ed., Geological characteristics of low-permeability Upper Cretaceous and lower Tertiary rocks in the Pinedale anticline area, Sublette County, Wyoming: USGS Open-File Report 84-753, p. 66-77.

[52] PERRY, E., and J. HOWER, 1970, Burial diagenesis in Gulf Coast pelitic sediments: Clays and Clay Minerals, v. 18, p. 165-177.

[53] POLLASTRO, R. M., and J. W. BADER, 1983, Clay-mineral relationships in some low-permeability hydrocarbon reservoirs and their use as predictive resource tools (abs.): AAPG Bulletin, v. 67, p. 536.

[54] POLLASTRO, R. M., and C. E. BARKER, 1984, Geothermometry from clay minerals, vitrinite reflectance, and fluid inclusions—applications to the thermal and burial history of rocks cored from the Wagon Wheel no. 1 well, Green River basin, Wyoming, in B. E. Law, ed., Geological characteristics of low-permeability Upper Cretaceous and lower Tertiary rocks in the Pinedale anticline area, Sublette County, Wyoming: USGS Open-File Report 84-753, p. 78-94.

[55] QUONG, R., and V. J. LaGUARDIA, 1971, Permeability of gas reservoir specimens, in El Paso Natural Gas Co., Project Wagon Wheel technical progress report, PNE-WW1, p. 125-126.

[56] RATHBUN, F. C., 1968, Abnormal pressures and conductivity anomaly northern Green River basin, Wyoming: 43rd Annual Fall Meeting, Society of Petroleum Engineers, SPE paper 2205, p. 1-8.

[57] REYNOLDS, M. W., 1966, Stratigraphic relations of Upper Cretaceous rocks, Lamont-Bairoil area, south-central Wyoming, in Geological Survey Research, 1966: USGS Prof. Paper 550-B, p. B69-B76.

[58] REYNOLDS, M. W., 1976, Influence of recurrent Laramide structural growth on sedimentation and petroleum accumulation, Lost Soldier area, Wyoming: AAPG Bulletin, v. 60, p. 12-32.

[59] REYNOLDS, R. C., Jr., and J. HOWER, 1970, The nature of interlayering in mixed-layer illite-montmorillonite: Clays and Clay Minerals, v. 18, p. 25-36.

[60] RITZMA, H. R., 1955, Late Cretaceous and Early Cenozoic structural pattern, southern Rock Springs uplift, Wyoming: Wyoming Geological Association, 10th Annual Field Conference Guidebook, p. 135-137.

[61] RITZMA, H. R., 1965, Fossil zone at base of Paleocene rocks, southern Rock Springs uplift, Wyoming: Wyoming Geological Association, 19th Annual Field Conference Guidebook, p. 137-139.

[62] RITZMA, H. R., 1971, Faulting on the north flank of the Uinta Mountains, Utah and Colorado: Wyoming Geological Association, 23rd Annual Field Conference Guidebook, p. 145-150.

[63] ROEHLER, H. W., 1961, The late Cretaceous-Tertiary boundary in the Rock Springs uplift, Sweetwater County, Wyoming: Wyoming Geological Association, 16th Annual Field Conference Guidebook, p. 96-100.

[64] ROYCE, F., Jr., M. A. WARNER, and D. L. REESE, 1975, Thrust belt structural geometry and related stratigraphic problems Wyoming-Idaho-northern Utah, in D. W. Bolyard, ed., Symposium on deep drilling frontiers in central Rocky Mountains: Rocky Mountain Association of Geologists, p. 41-54.

[65] SCANLON, A. H., 1983, Oil and gas map of Colorado: Colorado Geological Survey, Map Series 22.

[66] SKEETERS, W. W., and L. A. HALE, 1972, Petroleum and natural gas, in W. W. Mallory, ed., Geologic atlas of the Rocky Mountain region: Rocky Mountain Association of Geologists, p. 262-286.

[67] SMITH, J. H., 1961, A summary of stratigraphy and paleontology, upper Colorado and Montanan groups, south-central Wyoming, northeastern Utah, and northwestern Colorado: Wyoming Geological Association, 16th Annual Field Conference Guidebook, p. 101-112.

[68] SMITHSON, S. B., J. BREWER, S. KAUFMAN, and J. OLIVER, 1978, Nature of the Wind River thrust Wyoming, from COCORP deep-reflection data and from gravity data: Geology, v. 6, p. 648-652.

[69] SPENCER, C. W., 1983, Geologic aspects of tight gas reservoirs in the Rocky Mountain region: Proceedings, SPE/DOE Symposium on Low-Permeability Gas Reservoirs, Society of Petroleum Engineers, p. 399-404.

[70] SPENCER, C. W., 1984, Overpressured tight gas reservoirs in the Pinedale anticline area, Sublette County, Wyoming, in B. E. Law, ed., Geological characteristics of low-permeability Upper Cretaceous and lower Tertiary rocks in the Pinedale anticline area, Sublette County, Wyoming: USGS Open-File Report 84-753, p. 51-59.

[71] SPENCER, C. W., and B. E. LAW, 1981, Overpressured, low-permeability gas reservoirs in Green River, Washakie, and Great Divide basins, southwestern Wyoming (abs.): AAPG Bulletin, v. 65, no. 3, p. 569.

[72] STEARNS, D. W., W. R. SACRISON, and R. C. HANSON, 1975, Structural history of southwestern Wyoming as evidenced from outcrop and seismic, in D. W. Bolyard, ed., Symposium on deep drilling frontiers in the central Rocky Mountains: Rocky Mountain Association of Geologists, p. 9-20.

[73] THOMAS, G. E., 1971, Continental plate tectonics, south-west Wyoming: Wyoming Geological Association, 23rd Annual Field Conference Guidebook, p. 103-123.

[74] THOMAS, G. E., 1973, Evanston lineament, Green River basin, Wyoming: Wyoming Geological Association, 25th Annual Field Conference Guidebook, p. 93-95.

[75] THOMAS, J. B., 1978, Diagenetic sequences in low-permeability argillaceous sandstone: Journal of the Geological Society of London, v. 135, p. 93-99.

[76] VERPLOEG, A. J., R. H. DEBRUIN, and D. R. LAGESON, 1980, Oil and gas map of Wyoming: Geological Survey of Wyoming, Map Series MS-6.

[77] WACH, P. H., 1977, The Moxa arch, an overthrust model: Wyoming Geological Association, 29th Annual Field Conference Guidebook, p. 651-664.

[78] WEAVER, C. E., 1979, Geothermal alteration of clay minerals and shales: diagenesis: Office of Nuclear Waste Isolation Tech. Report 21, 176 p.

[79] WEIMER, R. J., 1960, Upper Cretaceous stratigraphy, Rocky Mountain area: AAPG Bulletin, v. 44, p. 1-20.

[80] WEIMER, R. J., 1961, Uppermost Cretaceous rocks in central and southern Wyoming, and northwest Colorado: Wyoming Geological Association, 16th Annual Field Conference Guidebook, p. 17-28.

[81] WINTERFELD, G. F., 1979, Geology and mammalian paleontology of the Fort Union Formation eastern Rock Springs uplift, Sweetwater County, Wyoming: University of Wyoming, unpublished Master's thesis, 180 p.

怀俄明州西南 Frontier 组砂岩沉积相和储层特性

Thomas F. Moslow, Roderick W. Tillman

摘要 怀俄明州西南 Moxa 穹隆区的 Frontier 组下段是落基山区最高产气层之一。本文利用 Whiskey Butte 气田和 Moxa 气田 Frontier 组的岩心和测井曲线，进行沉积和地层分析。Frontier 组下段沉积物形成海滨平原和联合波控三角洲，在塞诺曼期进积至白垩纪内陆海道的西缘，共识别出 12 种沉积相。最常见岩层是含潜穴—交错层理的近滨海相（三角洲前缘、临滨和内陆棚）砂岩，假整合覆盖于含交错层理（活动）—软沉积物变形（废弃）的分流河道砂岩和砾岩之上。岩层上方一般为三角洲平原泥岩和粉砂质砂岩。

低渗透砂岩储集相非均质性强，包含决口扇、废弃和活动分流河道、临滨、前滨和内陆棚砂岩。在 Moxa 气田南部，已钻井射孔层段 80% 为分流河道相，而在北部仅为 50%。同一地层层位的河道砂体横向不连续，有多个低渗透阻挡层，偶尔叠置。上临滨和前滨砂岩向北、向东加厚，横向连续性好于河道相。上临滨和前滨相射孔段所占比例南部为 20%，北部增至 50%。Frontier 组砂岩下段含大致等量的走向方向临滨（三角洲前缘）砂体和倾向方向分流河道砂体。三角洲平原泥岩向北、向东减薄，是重要的岩性盖层。靠近 Moxa 穹隆轴区的分流河道砂岩气产量最高，但储集相厚度与净产量几乎无关。

1 简介

本文利用岩心、测井曲线和岩相数据，分析了怀俄明州西南 Moxa 穹隆区晚白垩世 Frontier 组的沉积相类型、展布和储层性质。本次研究的主要目的是确定投产储集相带的沉积特征和沉积环境，评价储层的均质性。

此次研究之前，分析 Moxa 穹隆区多数仅使用测井数据。在许多地区，区分砂岩沉积环境难度较大且略带主观性。使用岩心标定测井，能较详细地确定相带展布。本次研究致力于提供关于 Frontier 组储集相性质和可预测性的资料。

Moxa 穹隆区的多数井以正常孔隙度砂岩为产层；但当这些储量枯竭时，将开发额外的低渗气砂岩储层以维持产量。这类研究获得的资料对于未来制定 Moxa 穹隆区 Frontier 组现场钻探策略有重要意义。

2 地质环境和位置

怀俄明州西南 Moxa 穹隆区 Frontier 组下段（上白垩统下段）包含砂岩、粉砂岩、泥岩和砾岩，沉积于三角洲—近滨海相环境（Myers，1977；Winn 等，1984；和 Merewether 等，1984）。自塞诺曼期起，沉积物沿白垩纪内陆海道西缘向东进积（图1）。

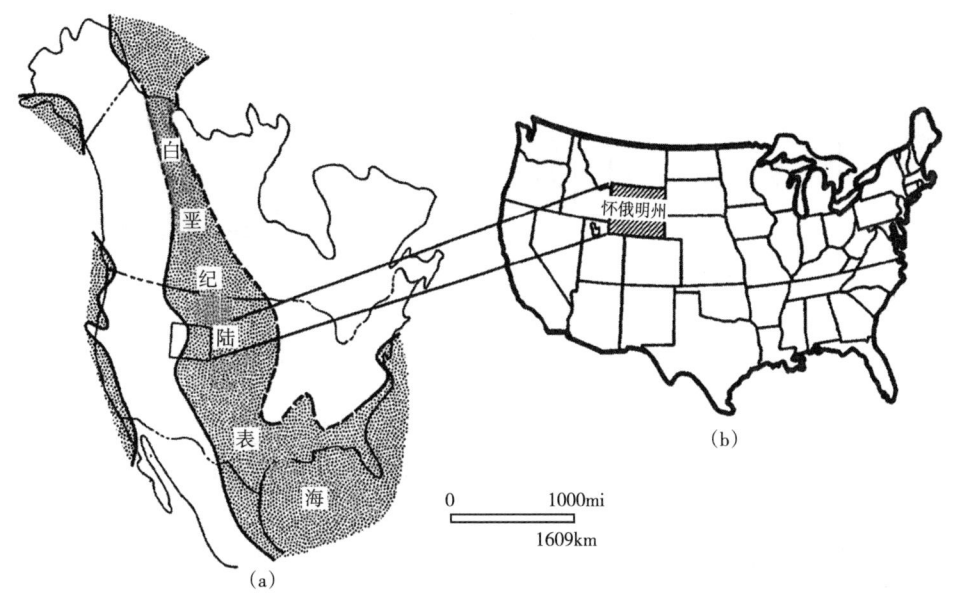

图 1 Frontier 组沉积时西部内陆白垩纪海道的古地理图（据 Gill 和 Cobban, 1973，有修改）
图中怀俄明州相对位置为沿海道中西部边缘（a）、美国大陆内（b）

怀俄明州西南的整个 Frontier 组包含由海侵海相页岩分隔和包围的两个砂岩层序或楔形层（Merewether, 1983）。Frontier 组下方为 Aspen 页岩，上方为 Hilliard 页岩（图 2）（Cobban 和 Reeside, 1952a；Myers, 1977）。该区两个 Frontier 砂岩楔形层一般称为第一（上段）和第二（下段）Frontier 层。McDonald（1973）、DeChadenedes（1975）、Wach（1977）、Myers（1977）和 Merewether 等（1984）早期曾分析了 Frontier 组的地层和区域沉积模式。

Moxa 穹隆位于怀俄明州西南 Green River 盆地西侧（图 3），是平行于掩冲带（Overthrust Belt）东缘的平缓褶皱基底隆起。穹隆从 Uinta 山脉北翼延伸至 Big Piney-La Barge 台地，长 120mi（Wach, 1977）。穹隆主褶皱发生于早白垩世中期（Stearns 等，1975；Thomaidis, 1973），有人指出前拉腊米（Laramide）Moxa 穹隆是第二 Frontier 组三角洲砂岩的高能沉积中心。Moxa 穹隆对 Frontier 滨线沉积和方向的影响仅是猜测。尽管穹隆不对称且东翼陡，但大部分为平缓隆起（McDonald, 1973；Wach, 1977）。在怀俄明州西南沿穹隆轴部，可见数个开采 Frontier 组或其他层的重要气田（图 3）。研究区生产井多数位于 Moxa 穹隆轴部或其附近。

根据研究目的，在 Lincoln 郡、Uinta 郡和 Sweetwater 郡从 Frontier 组下段采集了超过 510 ft（155.5m）岩心，进行沉积学描述。对 Moxa 穹隆区的 Whiskey Butte 气田（有时也称为 Whiskey Buttes 气田）[1] 和 Moxa 气田已钻井的 15 块岩心进行鉴定。取心井和其他已测井井位如图 4 所示。

---

[1] 编者注：准确油气田和联邦单位名称是 Whiskey Butte。但有运营商的测井资料和报告称其为 Whiskey Buttes。本文引用 Amoco 公司测井资料，命名为 Whiskey Buttes-XXX。

阶	西部内陆海道的标准参考剖面（Cobban和Reeside,1952）			本文（参照 Hale,1960）	
康尼亚克阶	COLORADO群	Niobrara组	Fort Hays灰岩段	Hilliard页岩	FRONTIER组
土伦阶		Carlile页岩	Sage Breaks页岩段	Dry Hollow段	
			Turner Sandy段		
			Blue Hill页岩段		
			Fairport Ch页岩段	Oyster Ridge砂岩段	
		Greenhorn灰岩	Pfeifer页岩段	Allan Hollow段	
			Jetmore白垩岩段		
塞诺曼阶			Hartland红岩段	Coalville段	
			Lincoln灰岩段		
			Belle Fourche 页岩段	Chalk Creek段（同期）	
阿尔布阶			Mowry页岩段	Aspen页岩段	

图 2 西部内陆海道中早白垩世 Frontier 组及同期岩层的对比
（据 Cobban 和 Reeside，1952b；Merewether 等，1984）

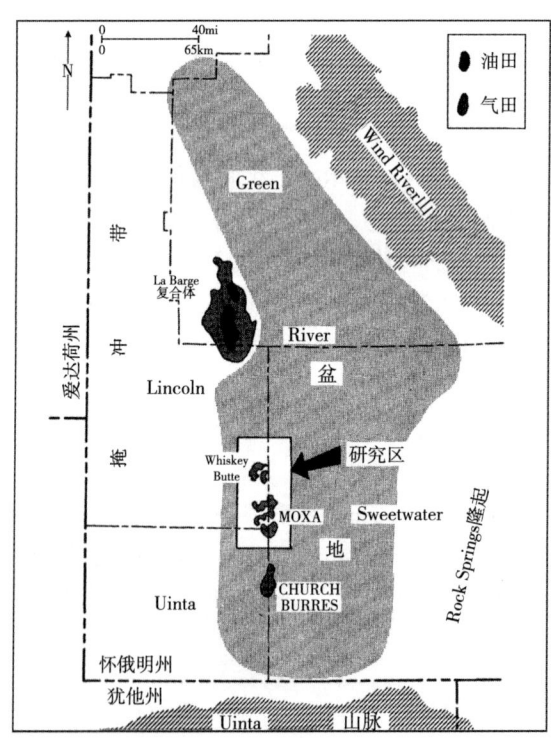

图 3 怀俄明州西南 Green River 盆地位置图

图中标示了油气产区，盆地几乎所有生产井沿南—北向 Moxa 穹隆分布或位于 La Barge 复杂区内

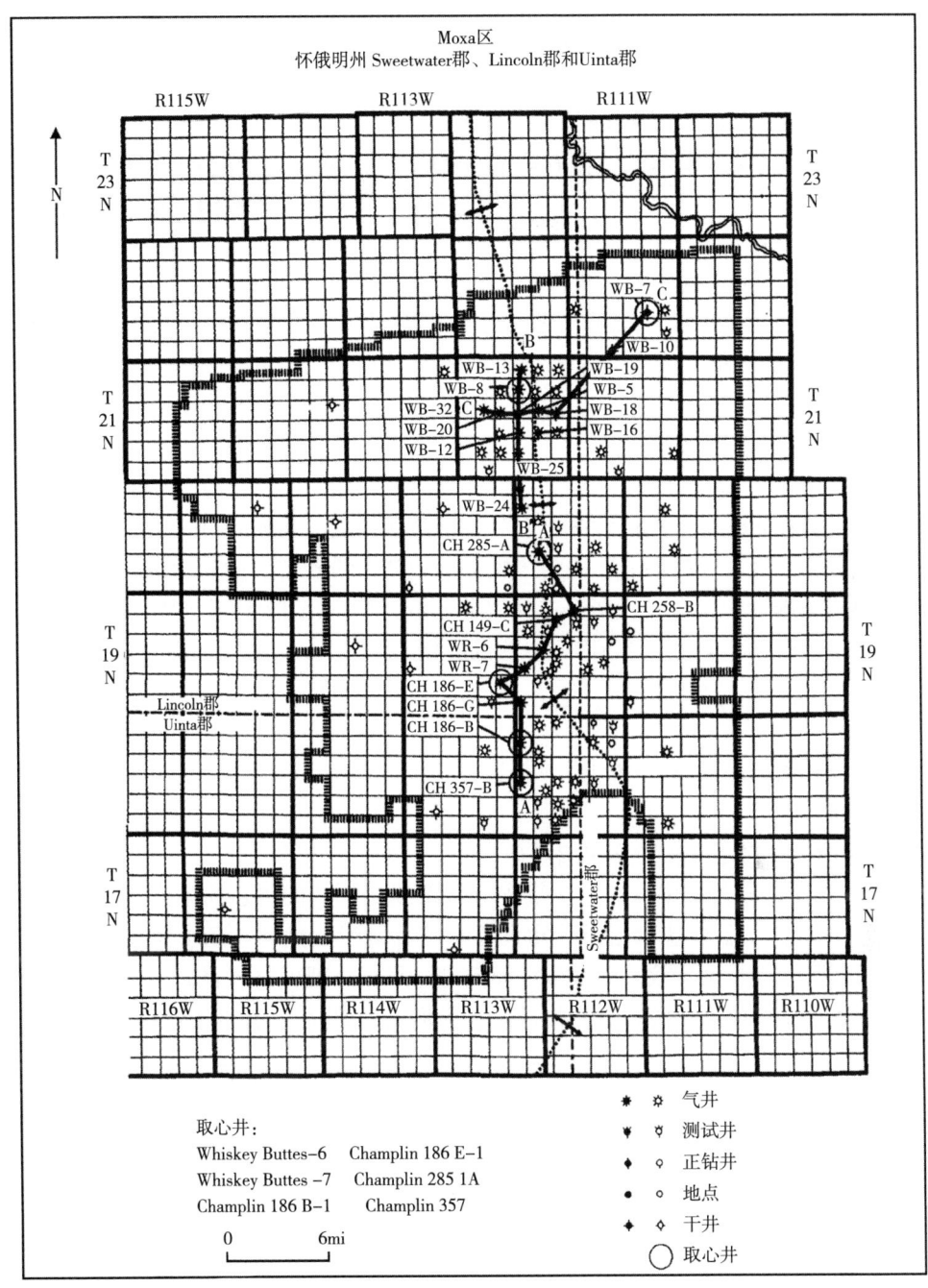

图 4 研究区示意图
图中标示了横剖面位置和研究井井位，列出的研究取心井以圆圈显示

3 油气开发史

整个怀俄明州 Frontier 组高产历史悠久。在该州西南部，石油和天然气产自 Green River 盆地西部的 Frontier 组砂岩上、下段。沿 Moxa 穹隆，主要来自 Dakota 组和 Frontier 组砂岩

的构造—地层圈闭产气（Wach，1977）。众多研究者认为 Frontier 组下段潜在气储量巨大（石油信息，1982）。Moxa 穹隆区 Frontier 组产气井的初期产量（IP）高达 $4.3\times10^6 ft^3$，一般平均为 $1.0\times10^6 \sim 2.0\times10^6 ft^3$（Myers，1977），偶尔产少量凝析油（初期产量 1~5bbl/d）。仅 Moxa 区北部 Big Piney-La Barge 复合体中 Frontier 组砂岩产油。

沿 Moxa 穹隆的主要勘探目标是第二（或下段）Frontier 层；Dakota 砂岩直到最近才开始成为主要勘探目标。Moxa 区 Frontier 组生产快速发展有两个关键因素：（1）更加重视联合太平洋带的测试租赁，（2）采用压裂技术成功改造井（Wach，1977）。其结果是 Moxa 区第二 Frontier 层发展成为一个"大面积"气田（石油信息，1982）。Frontier 组气产量来源于分流河道和三角洲前缘（临滨）砂岩相的压裂射孔。孔隙度平均为 4%~12%，渗透率通常小于 1.0mD。Moxa 区 Frontier 组被认为是致密气砂岩（平均渗透率小于 0.1mD）。

4 沉积相和沉积环境

Moxa 穹隆 Frontier 组下段包含沉积于波控三角洲环境的不同岩性。复合沉积层序以三角洲平原的泥岩、页岩及粉砂岩，假整合覆盖于内陆棚粉砂岩及砂岩、临滨及前滨砂岩的分流河道砂岩、砾岩为代表。根据岩心沉积学分析，识别出 12 种成因的沉积微相。Siemers 和 Tillman（1981）讨论了岩心描述中的沉积相。

4.1 三角洲平原亚相

三角洲平原沉积是相对较薄的横向不连续单元，覆盖 Frontier 组砂岩下段，有时形成油气岩性封闭。

4.1.1 草本沼泽—排水性差的木本沼泽微相

在 Frontier 组下段岩心中，这一相带含有块状或斑块状的再造粉砂质泥岩—粉砂质页岩（表1）。主要因为盐或淡水沼泽植物根系产生大量泥沙扰动，几乎所有物理沉积构造均被破坏，仅可见少量平行纹理和浪成波痕层理。平行纹理可以解释为由低能条件下细粒物质悬浮沉积产生，而低速流引起底形的迁移，形成了观察到的浪成波痕层理。

表1 三角洲平原亚相特征（据 Boyles 和 Scott，1981，有修改）

相带	岩性	层序特征	沉积构造	生物成因构造
沼泽/泥泽	粉砂质泥岩—粉砂质页岩	含碳物质形成下伏河道储集砂岩的地层封闭	改造为块状	常见根痕破坏，罕见潜穴
分流间湾	粉砂质泥岩—泥质粉砂岩	各种"混合"孢子组合；形成地层封闭	经改造为软沉积物变形	罕见根系斑块和潜穴
决口扇（近端）	细粒粉砂质砂岩（175μm）	向上变细薄层；侵蚀底面	浪成波痕层理（爬升波痕）；改造为块状	罕见潜穴
决口扇（远端）	粉砂质砂岩（150μm）—砂质粉砂岩	渐变底面	改造为软沉积物变形；小尺度流痕	潜穴—生物扰动

草本或木本沼泽相沉积物受根系斑块或掘穴作用强烈改造。通常，因沉积改造作用，这一相带似乎呈块状。仅识别出少量不同潜穴，尚难确定潜穴类型。沉积物中含 1%~

15%的含碳物质，为植物根系、再沉积植株和煤。

Frontier组下段岩心中沼泽相沉积物平均厚度接近7.5ft（2.4m）。这一地层单元或夹分流间湾的粉砂岩和页岩，或渐变覆于废弃的分流河道层序之上。

4.1.2 分流间湾微相

分流间湾微相为经改造、变形或块状粉砂质泥岩—泥质粉砂岩［图5（a）、图5（b）］。再沉积植物碎屑形式的含碳物质占这一相带沉积物近10%。少有保留物理沉积构造的痕迹。少量浪成波痕层理反映了低速流沉积。超过70%的取心沉积物经历改造作用或呈现块状层理。沉积物改造主要是波浪、水流活动和软沉积物变形作用的结果。根系斑块和掘穴作用对分流间湾沉积物改造的贡献不及对沼泽沉积物大。

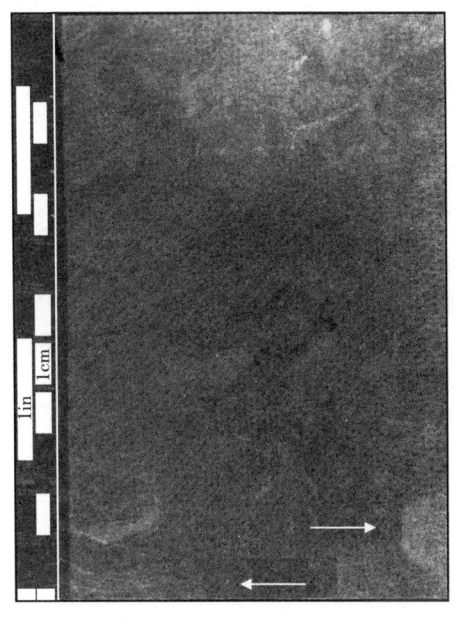 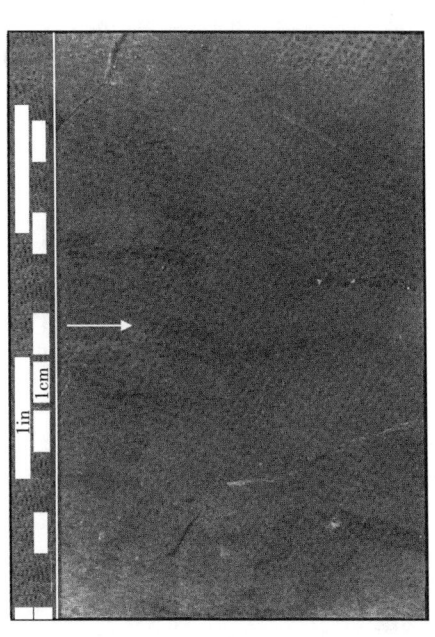

(a) 经改造—变形的粉砂质—砂质泥岩，含少量再沉积植物质和微量煤。因软沉积物变形形成靠近岩心底部的包卷层理（箭头）和大部分岩心的斑状外观（Champlin 186 E-1井，Unit 9，深度11284.6 ft）

(b) 经改造—变形的粉砂质泥岩，含微量再沉积植物质。软沉积物变形、潜穴和根痕破坏多数物理成因沉积构造。可见保留少量的波状层理和波痕纹理（Champlin 186 E-1井，Unit 5，深度11319.3 ft）

图5 分流间湾微相

现代分流间湾沉积的最重要特征之一是发育大量不同孢粉组合。密西西比河三角洲的分流间湾沉积中再沉积孢粉含量高，年代跨度从白垩纪至今（Coleman，1976）。分析Frontier组分流间湾相的取心样品，发现白垩纪孢粉体和孢粉组合的分布相似（Meyers，私人交流，1981）。Frontier组下段海湾相沉积含有陆相—近滨相（木质碎屑和真菌孢子）和海相（沟鞭藻和小孢子）环境的植物碎屑混合物。分流间湾微相的取心单元平均厚度7.2ft（2.2m），往往与决口扇和沼泽沉积互层。

4.1.3 决口扇微相

本次研究将沉积于分叉型（网状）河道内决口扇系统中的沉积物称为近端或远端决口扇沉积。靠近分流河道的决口扇沉积命名为近端扇，为细粒（平均175μm）粉砂质砂岩，通常发育交错—波痕层理，局部发育平面纹理和潜穴构造［图6（b）］。近端扇微相内可见波痕迁移（爬升波痕）痕迹，反映了携沙水体的快速沉积。通常层理或因波浪和水流沉积的改造作用而被破坏，或呈块状。近端决口扇沉积的潜穴数量变化极大（0~53%），反映了沉积速率变化。含碳物质含再沉积植物碎屑和煤，通常出现在层理面上。罕见生物扰动作用（潜穴体积超过75%），潜穴类型多样性低。

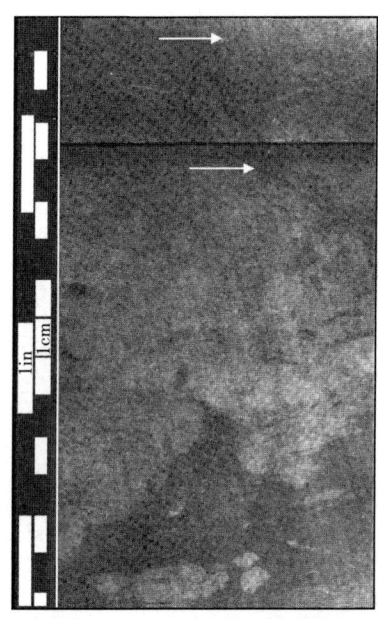 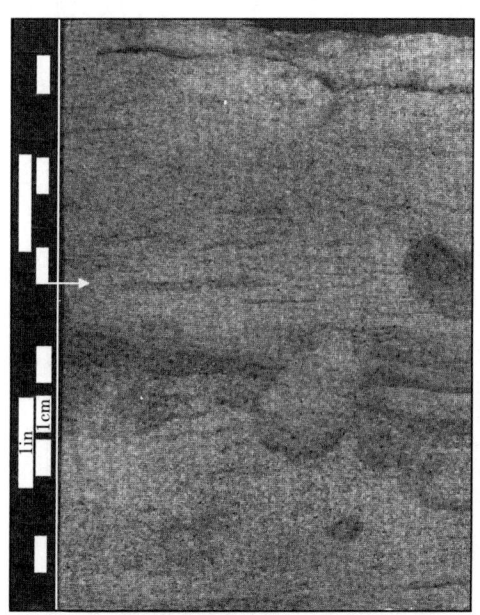

(a) 经改造—软沉积变形的砂质粉砂岩，沉积于远端决口扇。岩心图片上半部（箭头）可见根痕，为垂直至倾斜细毛发状突起。岩心底部可见若干分散的砂岩充填水平潜穴

(b) 含波纹、潜穴的粉砂质细砂岩，沉积于远端决口扇。这一单元多数发育水流产生的波纹；少量爬升波痕（箭头）指示沉积期高速率沉积。爬升波痕层段下方可见大型砂岩充填的倾斜潜穴（Whiskey Butte-7井，Unit 6, 深度11012 ft）

图 6　决口扇微相

近端扇微相与下伏沉积物呈截然接触，有时呈侵蚀接触，通常与分流间湾和远端扇的泥岩和粉砂岩互层。岩心中近端扇单元平均厚度 3ft（0.9m）。地层上，近端扇或决口水道沉积仅局限于 Frontier 组下段的上第三段或三角洲平原部分。尽管相对富含石英砂，但主要受成岩作用影响，近端扇微相储集潜力较差。

靠近决口扇系统分支河道边缘的沉积物被称为远端扇沉积。在 Frontier 组岩心中，远端扇沉积一般为经改造—变形的粉砂质—泥质细粒砂岩和砂质粉砂岩［图 6（a）］。砂岩部分的平均粒径为 140μm。几乎所有物理沉积构造均因遭受软沉积物变形、生物扰动、或波浪及水流的改造而被破坏。唯一保留的物理构造是小型浪成波痕层，反映低流态条件（低流速）下的沉积作用或悬浮沉积物的沉积作用。

一般而言，远端扇微相比近端同期地层粒度细，潜穴、生物扰动多。在取心的 Frontier 组上第三段内，远端扇微相一般与近端扇微相和分流间湾微相互层。岩心的远端扇沉积单元平均厚度为 3ft（0.9m）。

4.2　分流河道亚相

分流河道是三角洲体系的天然水道，它将沉积物从起源河流搬运至蓄水盆地或海洋

（Coleman 和 Gagliano，1965）。在三角洲平原下段，就曲流化和横向迁移而言，分流河道亚相相对稳定。但这些河道的季节性导致沉积无数孤立的河道充填物，Moxa 穹隆区 Frontier 组河道砂就属于此类。河道废弃前的主动砂体搬运产生下述复合河道充填层序：（1）粗粒砂岩—砾岩底部滞留沉积；（2）细粒—粗粒活动河道砂岩；（3）细粒砂岩—泥岩废弃河道充填沉积。到目前为止，分流河道砂岩是 Frontier 组沉积的最具潜力储层，因而详细研究这一相带。取心井内近 90% 的产层为分流河道亚相沉积。分流河道沉积的相带特征见表 2。

表 2　分流河道亚相特征（据 Boyles 和 Scott，1981，有修改）

相带	岩性	层序特征	沉积构造	生物成因构造
废弃河道	细粒—泥质砂岩（200μm）	全面覆盖向上变细河道层序；常见含碳物质和黏土撕裂屑；渐变底面	软沉积物变形，脱水特征，滑塌构造；改造作用；包卷和垂直层理	罕见潜穴
活动河道	细—中粒砂岩（300μm）	砂岩含量 90%，中砾砾岩 0~10%；包含数个叠置的向上变细层序；储集性最佳的相带	交错层理（槽状和平面），罕见改造和块状外观	罕见至缺乏潜穴
河床滞留沉积	中—粗粒含砾砂岩	常见页岩碎屑和岩屑；截然侵蚀底面	经改造至变形，反向递变	缺乏潜穴

4.2.1　分流河道底部滞留沉积

分流河道取心岩层的底部单元为砾状中粒—粗粒砂岩（表 2）。页岩撕裂屑、火成岩岩屑和变质岩岩屑占地层单元的 2%~15%［图 7（a）和图 7（b）］。这些沉积物的沉积构造受变形—破坏是波浪和/水流改造作用的强有力证据。现今高—低角度槽状交错层理是主要层理类型，槽内常见反向递变层和波痕。几乎所有这些沉积特征均反映高速流、底部冲刷和快速床沙搬运。这些作用代表分流河道的深层，尤其是洪水泛滥期。

4.2.2　活动分流河道砂岩

多数分流河道充填为含交错层理的细粒—中粒（平均 300μm）纯石英砂岩的向上变细层序。活动分流河道沉积单元平均砂岩含量 90%，中砾砾岩含量 0~10%。最常见沉积构造是低、中和高角度槽状交错层理［图 8（a）和图 8（b）］，槽内也可见少量低角度至近水平的平面交错层理和波痕［图 8（c）］。层理类型显示分流河道环境下高—低流态水流的主动砂体搬运和床沙形体迁移。几乎完全缺失生物成因的沉积构造，仅可见掘穴作用痕迹。

就沉积构造而言，活动河道微相的若干单个成因单元主要呈块状外形。块状河道砂岩岩心切片的 X 射线照片仅揭示了依稀的纹理或潜穴痕迹。在这一单元内，隐约可见罕有的低—中角度槽状交错层理。高速流的快速沉积有时是造成现代块状分流河道沉积的原因（Coleman 和 Prior，1980）。

分流河道内单个成因单元平均厚度 5ft（1.5m），厚度范围 0.5~11.5ft（0.15~3.5m）。每一单元的上、下大多呈截然接触和侵蚀接触。各单元被解释为代表一个单独的水流沉积事件，它们叠置形成总体向上变细的河道充填层序。Frontier 组观测岩心的河道

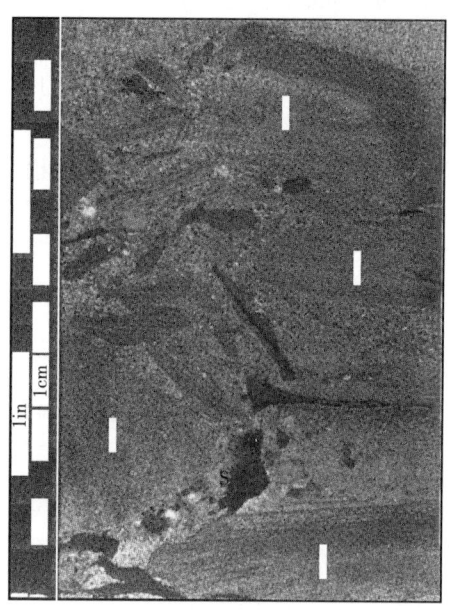

(a)分流河道层序底部的砾状、中粒—粗粒砂岩(平均粒径500μm)。页岩撕裂屑和火成岩、变质岩岩屑砾石约占滞留沉积的25%。冲刷进入下伏细砂岩的河道形成截然侵蚀接触(箭头)(Whiskey Butte-7井, Unit 3A, 深度11048.6 ft)

(b)底部砾岩含5%的棱角状黑色页岩碎屑(s)和70%的层状撕裂大碎屑(1)。剩余部分为含砾中粒砂岩(平均粒径350μm)

图7 分流河道底部滞留沉积

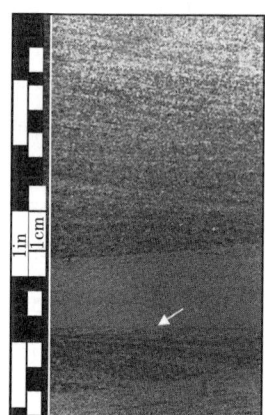
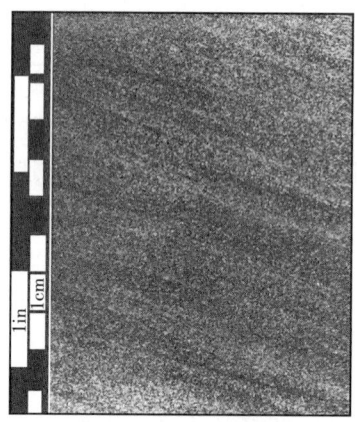

(a)沉积于活动分流河道环境、含槽状交错层理的中粒—粗粒砂岩(平均粒径425μm)。岩心三维视角下观测到沉积再作用面(箭头)和交错层系的双峰方向,说明搬运方向可能发生了变化(Whiskey Buttes-7井, Unit 3B, 深度11041.9 ft)

(b)含低—中角度槽状交错层理的分流河道砂岩。平均粒径为375μm(中粒砂)(Whiskey Buttes-6井, Unit11A, 深度11108.2 ft)

(c)含低角度槽状交错层理的中粒砂岩(平均粒径300μm)。多数层理面以波痕(槽上波痕)和页岩质含碳撕裂屑为标志(Champlin 285-1A井, Unit 6A, 11417.5 ft)

图8 分流河道亚相

层序平均厚度约40ft（12.2m）。多数情况下，河道充填层序侵蚀覆盖下部含潜穴和交错层理的陆棚或临滨粉砂质砂岩。活动分流河道微相与上覆废弃河道微相或三角洲平原亚相的粉砂岩和泥岩呈渐变关系。

4.2.3 废弃河道砂岩

在河道废弃期，分流河道内衰退流导致沉积细粒沉积物。随着流速减小（部分废弃），河道水体越来越停滞，最终充填分选差的富有机质细粒沉积物（Coleman，1976）。分流河道完全废弃后，被植被沼泥覆盖。

部分废弃分流河道微相为细粒（平均200μm）泥质—页岩质砂岩。这一相带的最重要特征是广泛但程度不同的沉积物改造［图9（a）和图9（b）］。超过60%的废弃河道沉积表现出软沉积物变形、脱水、滑塌或波浪及水流改造的痕迹。陡峭—垂直层理为滑塌产物，可能沿分流河道壁或凹岸分布。沉积中或沉积后不久，排水或排气和压实作用产生这一相带内包卷、近垂直和变形的层理。这类层理变形常见于分流河道废弃期（Donaldson等，1970；Kanes，1970）。未变形沉积构造含少量波状和透镜状层理，以及页岩质—粉砂质波痕纹理［图9（c）］。变形和未变形层理面上常见含碳物质。

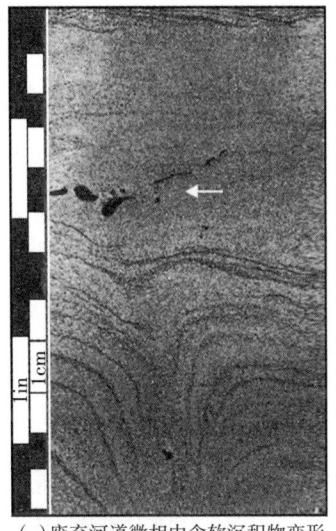 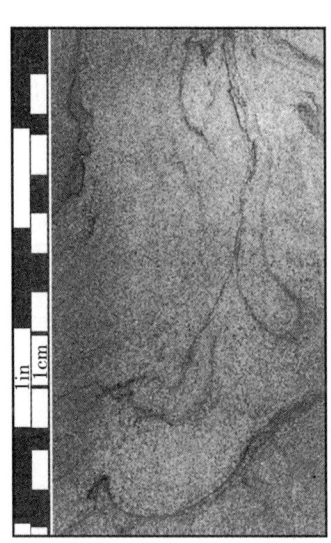 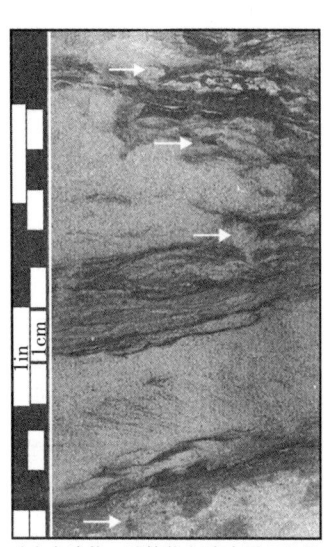

(a) 废弃河道微相中含软沉积物变形构造的细砂岩（粒径175μm）。岩心照片下半部所见变形是沉积物沉积时或沉积后不久排水或排气作用的产物。岩心照片上半部可见波痕层理。页岩碎屑（箭头）为撕裂碎屑，在变形前沉积于层理面上（Champlin 186 E-1井，Unit 3D，深度11352.4ft）

(b) 含软沉积物变形构造的细砂岩（粒径200μm）。因滑塌、排水或排气和/或压实作用发生软沉积物变形，在岩心段上产生垂直—包卷层理（Champlin 357-B井，Unit 6C，深度11650.3 ft）

(c) 含波状、透镜状和波痕层理的泥质—粉砂质细砂岩（粒径200μm）。可见少量软沉积物变形（大箭头）。在岩心段上半部可见少量单个水平潜穴（小箭头）（Whiskey Buttes-7井，Unit 4，深度11027.3 ft）

图9 部分废弃—废弃分流河道微相

废弃河道微相与下伏的活动分流河道微相和上覆沼泽微相几乎总是呈渐变关系。废弃河道沉积单元一般厚5ft（1.5m），构成三角洲平原沉积的部分不渗透性细粒地层封堵，覆盖于活动分流河道储集相之上。

4.3 近滨亚相

本次研究中,描述Frontier下段相带未用通常所说的"三角洲前缘亚环境",而是用与进积海滨平原或障壁岛滨线环境有关的术语定义Frontier组下段取心相带的沉积环境。倾向于障壁岛滨线或海滨平原环境而不是三角洲前缘环境的原因是Frontier组下段取心沉积物反映了海洋的沉积和改造作用,如波浪、顺岸流、潮汐和风暴(表3)。这与河控三角洲相反,后者采用另一种三角洲术语最合适。河控三角洲的横向同期分流河口坝和冲积堤比在研究区Frontier组观察到的更明显。研究的Frontier组岩心中,仅分流河道亚相反映射流的沉积作用。在类似本次研究解释的波控滨线环境中,射流被认为仅活跃于紧邻河道口的区域内(Balsley,1980;Boyles和Scott,1981)。

表3 近滨亚相(三角洲前缘)特征(据Boyles和Scott,1981,有修改)

相带	岩性	层序特征	沉积构造	生物成因构造
前滨	细—中粒砂岩(250μm)	上覆向上变粗的陆棚—临滨层序或下伏三角洲平原层序	交错层理(近水平至低角度平面);截断面;反向递变	罕见至缺乏潜穴
上临滨	细粒砂岩(150μm)	与前滨相互层;厚度变化大(3.8~38ft);储集潜力低	交错层理(低角度槽状);槽系对称,截断面	罕见潜穴(蛇形迹,星形迹)
下临滨	粉砂质砂岩—泥质粉砂岩	上、下为渐变接触	含潜穴粉砂岩和交错—波纹状砂岩的互层;罕见丘状交错层理	适量潜穴和生物扰动,含墙迹、蛇状迹
陆棚—临滨过渡	细粒砂岩(200μm)—粉砂质页岩和泥岩	岩性多样;罕见薄层状(厚度小于1ft)风暴沉积砂岩	层状改造至软沉积物变形;罕见波痕层理和水平纹理	常见潜穴和生物扰动
内陆棚	粉砂质细粒砂岩(200μm)	向上砂岩百分比增加;向上变粗层序的陆棚—临滨的底部	罕见浪成波痕层理,偶见水平层状砂岩薄单元(风暴沉积)	60%~80%含生物扰动;潜穴高度多样性(含螺旋潜迹,呈状迹和蛇状迹)

4.3.1 前滨(海滩)微相

前滨是滨线向海边缘两侧海岸带的潮间带部分,通常称为海滩或滩面。前滨沉积主要是发育近水平—低角度平面交错层理的细粒—中粒(平均250μm)砂岩[图10(a),图10(b)]。前滨单元平均厚度1.7~3.8ft(0.52~1.1m)。在垂直层序中,前滨微相与下伏上临滨沉积呈互层或渐变关系,上覆前积陆棚—临滨层序。在Frontier组岩层上部取心段,前滨微相侵蚀覆盖下方的三角洲平原泥岩,标志沿海海侵的开始(三角洲淹没)。

4.3.2 上临滨微相

临滨是前滨(海滩)的潮下延伸,从平均低水位开始,向海直至晴天浪基面(Swift,1976;Elliot,1978)。临滨的通常特征是沉积物向海逐渐变细。因此前滨和临滨的进积作用产生向上变粗的垂直层序。上临滨是受波浪作用控制的高能沉积环境,通常称为碎浪带。

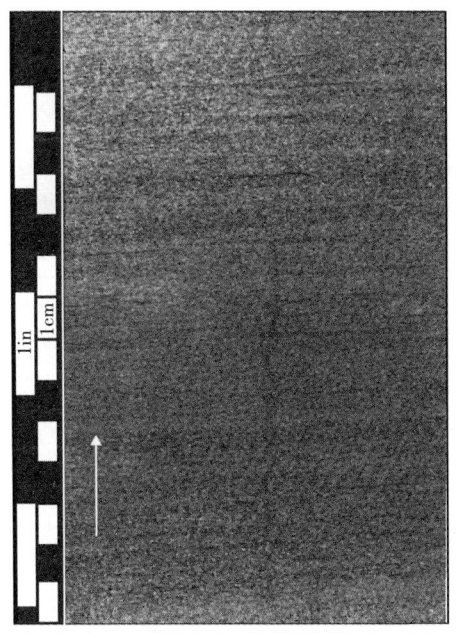 

(a) 含近水平—低角度平面交错层理的细粒—中粒（粒径250μm）砂岩。常见平面截断和反向递变，反映高流态的潮间沼泽沉积。反向递变纹层组（箭头）厚约1in(Champlin 357井, Unit 13, 深度11628.2ft)

(b) 含低—中角度平面交错层理的细粒砂岩（平均粒径150μm）。可见少量低起伏槽状交错层理。取心段顶部明显发育平面截断（箭头）。层理面的含碳物质和重矿物凸显了地层单元中的交错层理

图 10　前滨（海滩）微相

在 Frontier 组岩心中，上临滨为发育低角度槽状交错层理的细粒（平均 150μm）砂岩。槽集对称，低起伏，具有共同截断面（图 11）。可见少量波痕层理和波浪或水流的改造作用。层间罕有低角度平面交错层理和平行层状纹层组。可见微量潜穴（图 10）；仅识别出蛇形迹（Ophiomorpha）和星状迹（Asterosoma）两类潜穴。

上临滨沉积单元平均厚度21ft（6.4m），厚度范围 3.8~38.8ft（1.15~11.8m）。由于沉积期的快速沉积和/或相对快速沉没，这些地质单元较正常沉积厚度大。上临滨单元渐变为与前滨沉积互层，与下伏中—下临滨微相截然—突变接触。上临滨未完全剥蚀处，其与上覆分流河道亚相呈截然—侵蚀接触。

4.3.3　下临滨微相

下临滨沉积特征由波能、潮差和生物的相互作用确定。下临滨微相以含潜穴构造—交错层理和波状构造的粉砂质砂岩—页岩质粉砂岩交互层为特点（图12）。这类垂直层序常见于中波能条件占优势的现代临滨环境或处于交替低能与高能（即风暴）条件的区域。

下临滨微相 50%~60% 具有潜穴构造，30%~40% 发育生物扰动构造；可见中等—高多样性垂直和水平潜穴[图 12（a）和图 12（b）]。可识别潜穴类型为星状迹（Asterosoma）、墙迹（Teichichnus）和蛇形迹（Ophiomorpha）。主要物理成因沉积构造为不等量的波状、透镜状和压扁层理，以及少量低角度槽状交错层理。在 Whiskey Buttes-6 井取心段底部的一个中—下临滨单元内，可见丘状交错层理（HCS），"槽状"、平面—板状交错层和水平纹理。具有截然底接触的薄层与潜穴高度发育层段互层，存在丘状交错层理。截断低角度纹理的背斜状纹层为典型丘状交错层理[图 12（c）]。

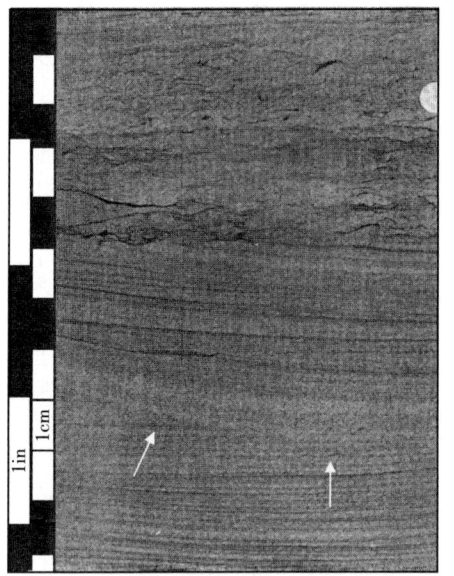
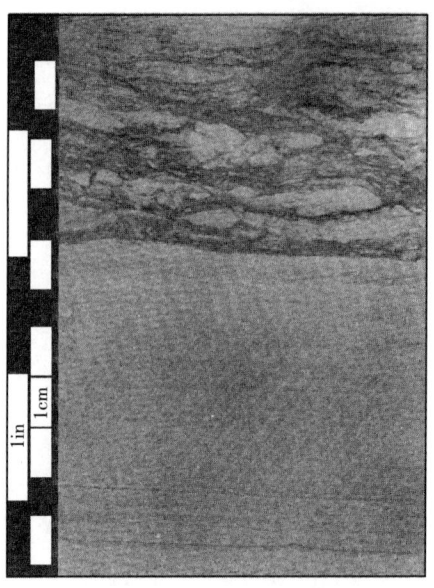

(a) 含低角度槽状交错层理的细粒砂岩（平均粒径150μm）。槽系不对称，起伏极低。常见截断面（箭头）。上半部展示了槽上波痕（Whiskey Buttes-6井，Unit 6, 深度11158.9 ft）

(b) 含低角度槽状交错层理—潜穴构造的细粒砂岩（平均粒径150μm）。交错层理段槽系起伏较低。因部分不确定时段缺少物理作用（波浪或水流），取心剖面上第三段广泛发育潜穴（Whiskey Buttes-6, Unit 6, 深度11166.3 ft）

图 11　上临滨微相

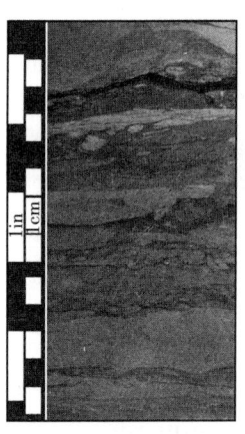
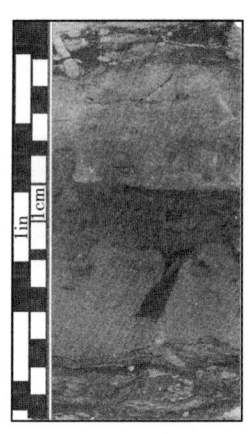
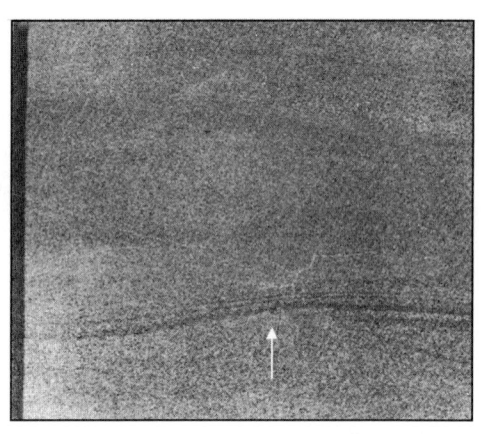

(a) 含潜穴、改造和波痕构造的互层状细粒砂岩和粉砂质页岩。含潜穴—生物扰动构造的粉砂质页岩和含波纹状—透镜状层理的粉砂质砂岩交互沉积，解释为反映低能—高能交替的下临滨环境沉积（Champlin 285-A井，Unit 1B, 深度11471.4 ft）

(b) 含潜穴—生物扰动和经部分改造的页岩质粉砂岩。此层段可见多种多样的水平和倾斜潜穴类型（9+）。由于广泛的掘穴作用，岩心的块状粉砂岩部分（颜色淡）缺少明显沉积构造。仅存的物理构造是少量波痕状、透镜状和波纹层（Champlin 285-A井，Unit 3D, 深度11423.9 ft）

(c) 含低角度丘状交错层理（HCS）的细粒粉砂质砂岩（平均粒径150μm）。取心层段下部丘状交错层理（箭头）最明显，有机质碎屑突显分层（Whiskey Buttes-6井，Unit 1, 深度11210.1ft）

图 12　下临滨微相

下临滨微相通常与上临滨、陆棚—临滨过渡带或内陆棚沉积互层，其上、下呈渐变接触。在观测到下临滨的岩心中，下临滨单元平均厚度5.5ft（1.7m），且常见于取心段底部。

4.3.4 陆棚—临滨过渡微相

在现代滨线环境中，陆棚—临滨过渡带标志从海岸—临滨砂过渡为滨外—陆棚粉砂和黏土（Reineck和Singh，1975）。Frontier组岩心的陆棚—临滨过渡微相为岩性多样化、含有潜穴和生物扰动—受改造的细砂岩（200μm）—粉砂质页岩和泥岩。这一相带平均45%含潜穴，25%含生物扰动。此相带的岩心中识别出螺旋潜迹（Zoophycos）、墙迹（Teichichnus）、管枝迹（Chondrites）和星状迹（Asterosoma）潜穴痕迹。可见不同数量的波浪或水流改造、软沉积物变形和块状层的证据。可见相对少量的物理成因沉积构造，其中最常见波痕、波纹、透镜状和压扁层理。陆棚—临滨过渡单元厚度为3.6~12.0ft（1.1~3.6m），几乎总是与下临滨微相和内陆棚微相互层。

4.3.5 内陆棚微相

内陆棚环境为晴天浪基面的向海侧区域。风暴浪基面向海侧也发生沉积，主要物理作用为掘穴和生物扰动。在Frontier组岩心中，内陆棚微相为含潜穴—生物扰动的粉砂质细粒砂岩（200μm）（图13）。在内陆棚沉积岩心中，含生物扰动的沉积占60%~80%。可见中等—高多样性的倾斜和水平潜穴类型。识别出螺旋潜迹（Zoophycos）、星状迹（Asterosoma）、蛇形迹（Ophiomorpha）和墙迹（Teichichnus）类潜穴。少量波痕和波纹层理是此

(a)含生物扰动的(＞75%潜穴)粉砂质—泥质细砂岩(平均粒径175μm)。少量波痕和波纹层理(箭头)是仅存的物理成因沉积构造。水平和倾斜潜穴类型多样化(13+)(Champlin 285 1-A井, Unit 2A,深度11467.7 ft)

(b)含生物扰动和潜穴构造的粉砂质—泥质细砂岩(平均粒径225μm)。可见少量波痕和波纹(Whiskey Buttes-6井, Unit 3,深度11187.8 ft)

图13 内陆棚微相

相带中唯一可见的物理成因沉积构造。生物扰动破坏了多数物理成因沉积构造，反映在低能（即静水）条件下晴天浪基面向海侧的沉积。

含生物扰动的内陆棚微相发育水平纹理细粒砂岩（225μm）的罕见薄层单元，被解释为与 Reineck 和 Singh（1975）描述类似的陆棚—风暴沉积。这些风暴沉积具有截然侵蚀底面，在整体向上变粗的陆棚—临滨序列中形成向上变细的薄层序（图14）。

图 14　水平层状细粒砂岩（粒径 225 μm）
上覆层状或块状粉砂岩。底部砂岩被解释为沉积于风暴浪或水流中。平行纹理（箭头）反映上段砂质粉砂岩的风暴后悬浮沉积。地层单元最上部的块状外形可能是由于静水条件下的强烈掘穴作用。上段粉砂岩和下段砂岩呈渐变接触，虽然此处岩心保存差而未见（Champlin 186 B-1 井，Units 2A 和 2B，深度 11575.7ft）

内陆棚微相或见于取心段底部，或在底部近与下临滨和陆棚—临滨过渡微相形成互层。正常沉积层序保存处，上、下为渐变接触。

5　沉积层序和沉积相关系

5.1　岩心沉积层序

在 Whiskey Buttes-6 井和 Champlin 357-B 井岩心中，Frontier 组沉积相的典型垂直层序（图15和图16）保存最好，从底到顶，包含近滨亚相、分流河道亚相和三角洲平原亚相。含潜穴—生物扰动的内陆棚沉积和含交错层理—潜穴的临滨和前滨沉积构成层序底部近滨亚相部分。

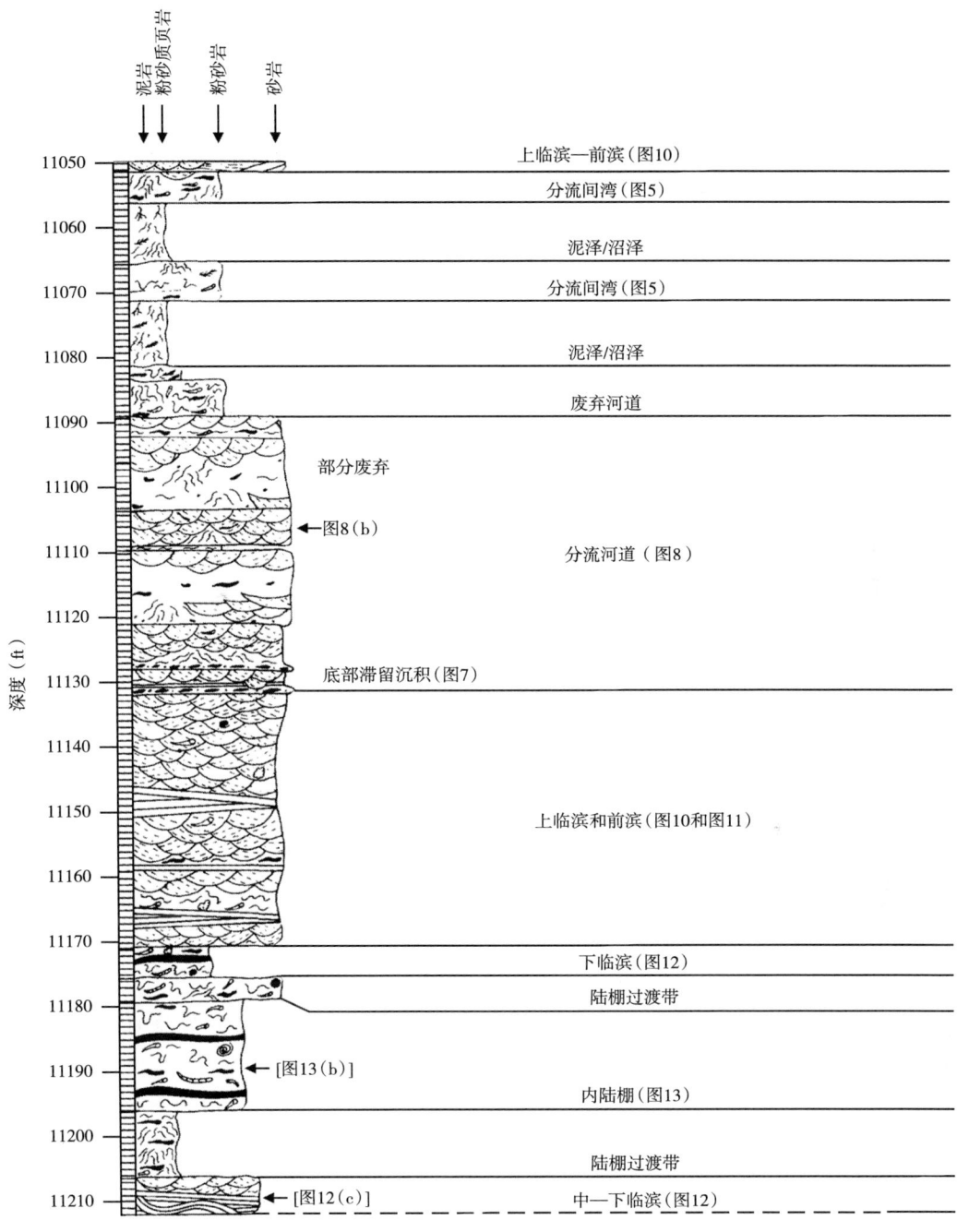

图 15 研究区最北部（Whiskey Buttes 油气田）Whiskey Buttes-6 井
（T21N，R112W，sec. 9）的取心岩层简图

图右侧为解释沉积相

分流河道砂岩覆盖在复合 Frontier 组层序中段的陆棚—临滨微相之上。在所有岩心中，分流河道亚相包含一系列叠置、厚度和粒径不等的向上变细层序。分流河道环境中冲刷和横向迁移产生侵蚀作用，剥蚀不定量的下伏陆棚—临滨沉积。废弃河道粉砂岩和细砂岩覆

339

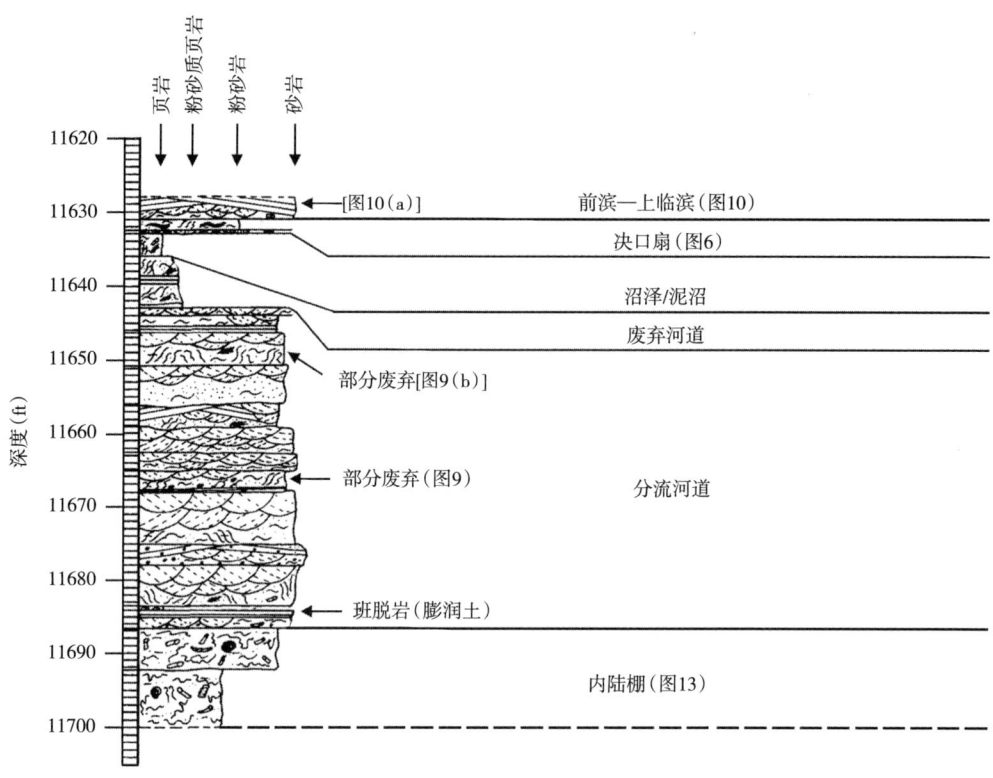

图 16 研究区最南部 Champlin 357-B 井（T18N，R112W，sec. 24）取心岩层简图
准确位置如图 4 所示，右侧为解释沉积相图

盖粗粒活动分流河道微相，其上方则为整体向上变细的河道层序。Champlin 357-B 井和 Whiskey Buttes-6 井岩心中，这些相带关系保存良好（图 15 和图 16）。Frontier 组复合层序的上第三段包含不渗透的含碳三角洲平原泥岩和粉砂质页岩。

5.2 岩心—测井对比

图 17 展示了岩心—测井的对比和解释结论。Whiskey Buttes-16 井分流河道亚相、临滨微相和三角洲平原亚相的测井曲线特征差异明显。对比相邻取心井，分流河道亚相和临滨微相的接触面深度确定为 11100ft（3384 m）。通常这两个相带的伽马曲线特征不同；但从测井曲线上看，很难确定临滨和分流河道的接触面。在岩心上，这一接触面相当突出和明显。值得注意的是，Whiskey Buttes-16 井（图 17）的整个产层段均位于分流河道亚相。

在 Whiskey Buttes-16 井中，对比沉积相与电测曲线、倾角测井曲线特征（图 17）。倾角测井曲线上，两组叠置的分流河道亚相呈现倾角向上减小的趋势。地层倾角仪显示河道层序底部的下段河道倾角为 17°，至层序顶部（11072ft；3376m）倾角变化为 4°。其他许多河道层序中也可见这种趋势（Schlumberger，1970；Selley，1979）。"蝌蚪"尾的倾斜说明河道层序的地层倾向为东—南东向。下伏临滨—内陆棚微相倾角呈现微弱的向上增加和向上减小趋势。海相倾角约为 10°，平均倾斜方位为南—南东向。

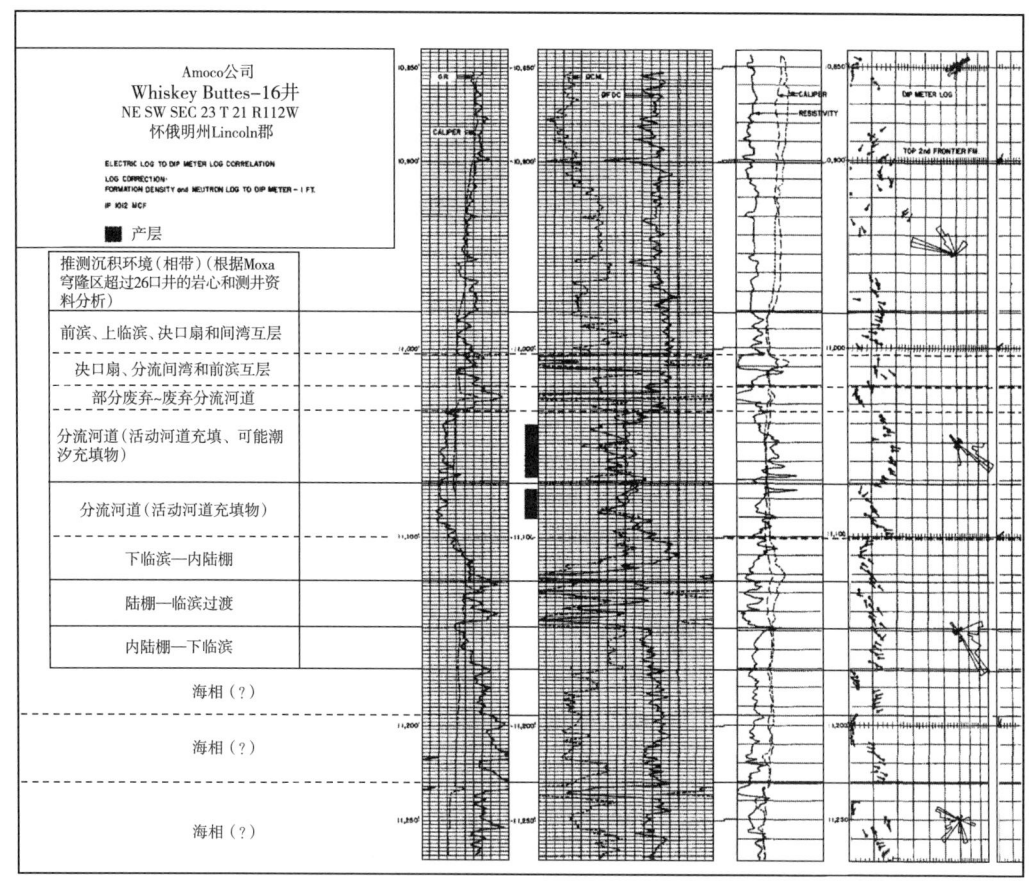

图 17　Whiskey Buttes-16 井电测井曲线、倾角测井曲线和测井相对比

5.3　地层横剖面

为了分析 Frontier 组区域相带关系和储层连续性、均质性，构建了数条横剖面。以 Frontier 组下段的顶部区域性稳定斑脱岩层作为三个横剖面的地层标志层。Moxa 区的两条北—南向横剖面大致平行于 Moxa 穹隆轴，沿 Frontier 组下段沉积走向展布。一条横剖面垂直于沉积走向（图 4）。

横剖面上不同井的岩心解释沉积相相互关联（图 18 和图 19）。地层剖面下半段展示了一系列横向连续的近滨亚相，包括内陆棚、陆棚—临滨过渡、下临滨、上临滨和前滨。这些单元呈互层状（图 19，Whiskey Buttes-6 井），仅偶尔横向指状交错。发育重复垂向叠加相序需要若干个沉积海退周期。相带保存完整处，深水相（内陆棚、陆棚—临滨过渡）向上渐变为浅水—潮间相（上临滨和前滨）。通常这些海退（变浅）层序最顶部被分流河道冲刷和侵蚀作用所剥蚀。

Frontier 组地层剖面下半段内，测井曲线可见近滨海退层序，岩心可见向上变粗的临滨进积序列，反映了有效滨线海退或相对海平面下降。下述一个或多个机制形成这些沉积单元：（1）海平面下降，（2）快速滨线和近滨沉积，盆地少量或无沉降，（3）盆地出露，随后滨线和临滨环境向海进积。

341

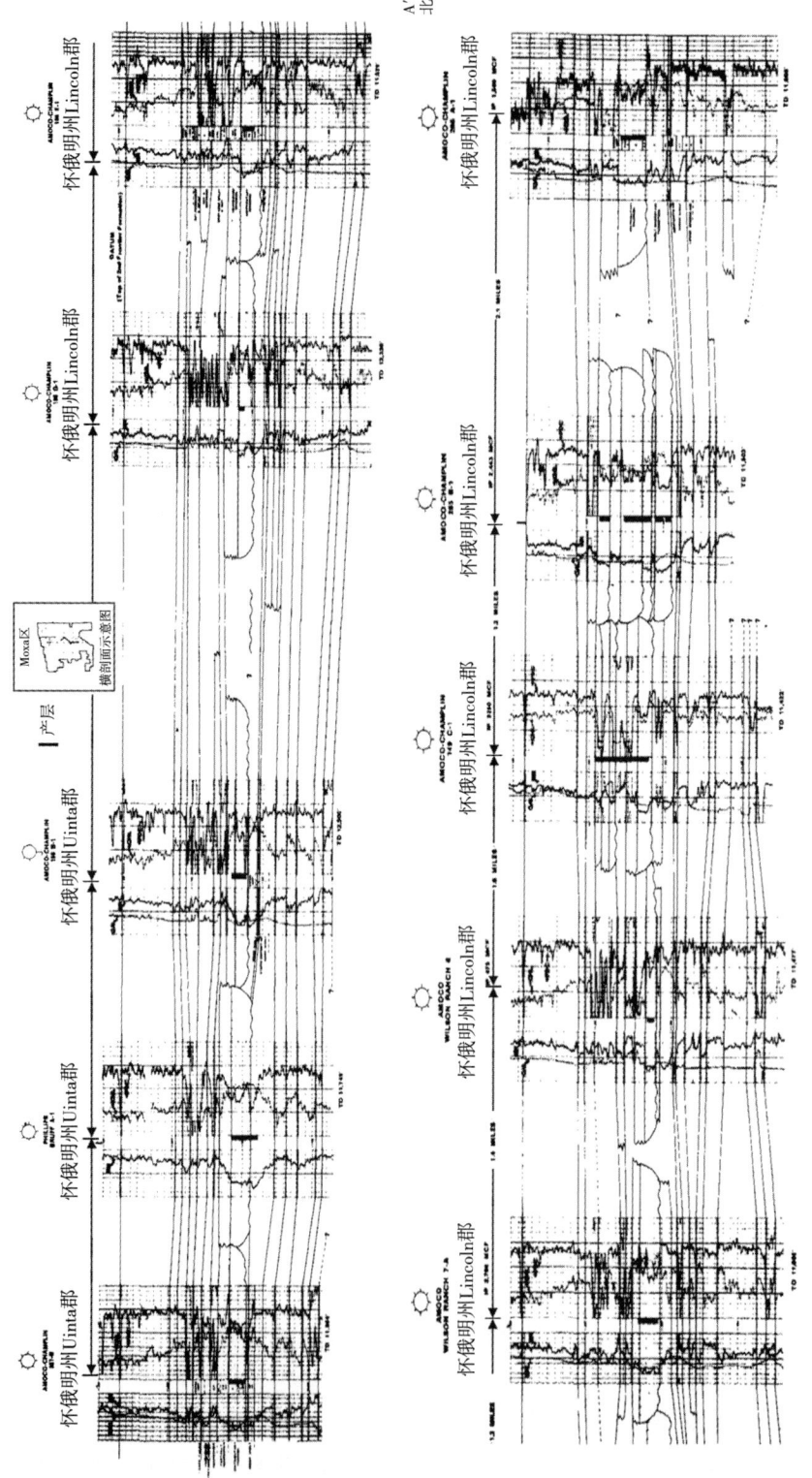

图 18 Moxa 穹隆区南部沿走向方向的北—南向横剖面 A—A' 观察取心井测井曲线中段的详细地层单元数
在剖面上识别出取心段,注意虽然分流河道似乎占据 1mi 或更大间距相邻井的同一层段,测井曲线
缺乏可对比特征说明河道不是横向连续储层。剖面位置见附图和附图 4

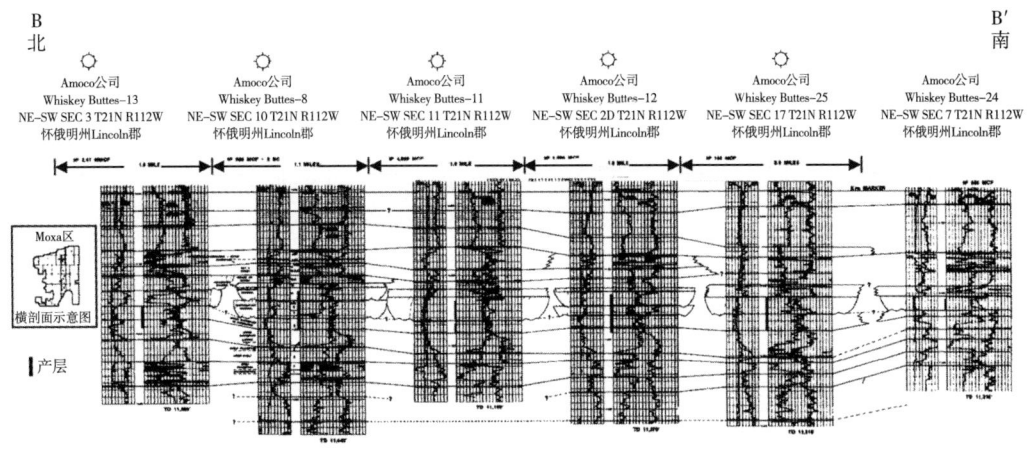

图 19 研究区北部（Whiskey Buttes 油气田）沿走向方向的北—南向横剖面 B—B′
剖面位置见附图和图 4

地层剖面中段受一系列与分流河道有关相带控制，包含活动、部分废弃和废弃河道单元。分流河道砂岩厚度变化较大（10~30ft），局部垂向叠加（图 18，Champlin 285-B 井、Champlin 149-C 井；图 19，Whiskey Buttes-6 和 Whiskeg Buttes-12 井）。这种垂向叠加是不同局部沉降影响或古地形控制河道界限和沉积的函数。横剖面显示每口井均可见分流河道砂体，发育层段一般相同，确被解释为横向不连续。尽管距离数英里的已钻井中分流河道砂体有限连通，本次研究推断河道是一系列单个孤立储层的沉积。河道层序呈薄层状、偶尔叠置，上方总是覆盖细粒的废弃河道充填沉积，反映沉积时横向迁移距离相对较短。即使河道长距离横向迁移，地下保存粗粒沉积物席状沉积的可能性也较小。

Moxa 穹隆区南部的南—北向横剖面上（图 18），90%或以上产层为分流河道亚相。而更往北的 Whiskey Buttes 区情况则不同，临滨和前滨微相至少占产层 30%~40%，分流河道亚相占 40%~50%。Whiskey Buttes 区的东—西（倾向）和北—南（走向）剖面展示了海相产层（图 19 和图 20）。在 Whiskey Buttes 区，一系列横向不连续的三角洲平原亚相覆于高产的分流河道亚相之上，包含草本沼泽、木本沼泽、分流间湾和决口扇（图 19 和图 20）。细粉砂岩、页岩和泥岩是下伏河道和临滨储集相的重要地层封堵。单个三角洲相一般呈互层状和指状交错或横向尖灭。Frontier 组地层剖面各处均被近滨亚相（前滨、临滨和陆棚）的横向连续海进层序所覆盖。三角洲平原整体淹没期，海进层序沉积。

研究区北部 Whiskey Buttes 油气田内构建了一条长 11mi 的倾向方向横剖面。在 Whiskey Buttes-5 井区，这条剖面穿过 Moxa 穹隆轴部。至西向东，近滨亚相（内陆棚、上和下临滨）明显加厚，分流河道亚相和三角洲平原亚相相应减薄。在横剖面下半部，陆棚和临滨微相再次被解释为横向连续，反映较均质储层。而在 Whiskey Buttes-5 井 和 Whiskey Buttes-19 井附近，分流河道砂岩的几何形状剧烈变化（图 20）。这些井以东，河道砂体较厚，垂向叠加，且发育于层段较高部位。这种突然相变本质上受沉积和构造控制。Moxa 穹隆轴位于 Whiskey Buttes-5 井和 Whiskey Buttes-19 井附近（图 4）。前人研究表明 Frontier 组下段沉积时 Moxa 穹隆处于活跃期，可能控制滨线位置和方向（Wach，1977；Winn 和 Smithwick，1980）。因此河道向东减薄可能反映过古滨线的突然沉积变化，从西部的下三角洲平原环境变为东部的临滨和陆棚环境。穿过穹隆轴，沉积坡度的变化和后期梯度的变化也说明了

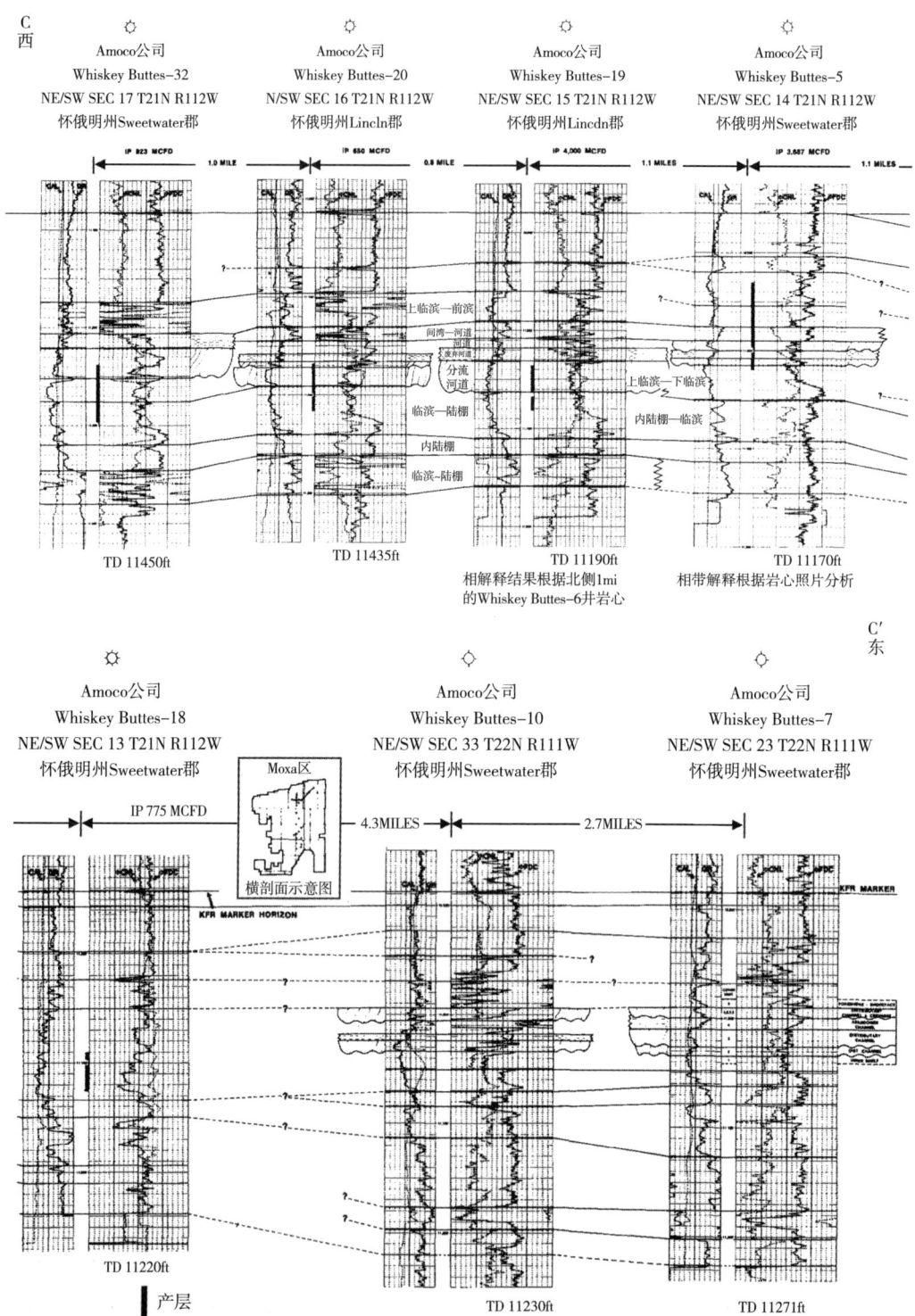

图 20 Moxa 穹隆研究区北部（Whiskey Buttes 油气田）沿倾向方向的横剖面 C—C'
注意从西至东穿过 Moxa 穹隆轴部（Whiskey Buttes-19 井和 Whiskey Buttes-5 井附近），
分流河道亚相突然减薄，前滨微相应加厚。剖面位置见附图和图 4

河道减薄和位于剖面上地层较高部位。

向东穿过穹隆轴，三角洲平原亚相的急剧减薄和尖灭似乎是天然气成藏的关键因素。根据 Whiskey Buttes 地区钻井岩心分析，穹隆轴东侧缺少产能至少部分因为缺失封堵下伏河道和临滨储集相的三角洲平原泥岩（海湾、沼泽和废弃河道相）。倾向横剖面东端（图20）的两口干井（Whiskey Buttes-10 井和 Whiskey Buttes-7 井）显示完全缺失三角洲平原沉积。

Whiskey Buttes 油气区最大初始产量（IP）似乎与靠近 Moxa 穹隆轴有关（Whiskey Buttes-10 井和 Whiskey Buttes-7 井）。Whiskey Buttes 油气区已钻井产层与相带的相关性也说明临滨微相和前滨微相产量较 Moxa 区其他位置高。

6 储层特性

6.1 储集相的物理特性

单个相带的全岩心分析测量汇总如图 21 至图 24 所示。分流河道亚相（活动河道、部分废弃河道和河床滞留沉积）的平均孔隙度比其他多数相带高 3%~4%，所有取心相带中，活动分流河道（9.8%）和河床滞留沉积（11.5%）平均孔隙度最高。近滨亚相（前滨、临滨和陆棚）的孔隙度相对低，为 4.3%（下临滨）~8.6%（内陆棚）。近端决口扇作为唯一具储集潜力的三角洲平原亚相，平均孔隙度为 7.2%。

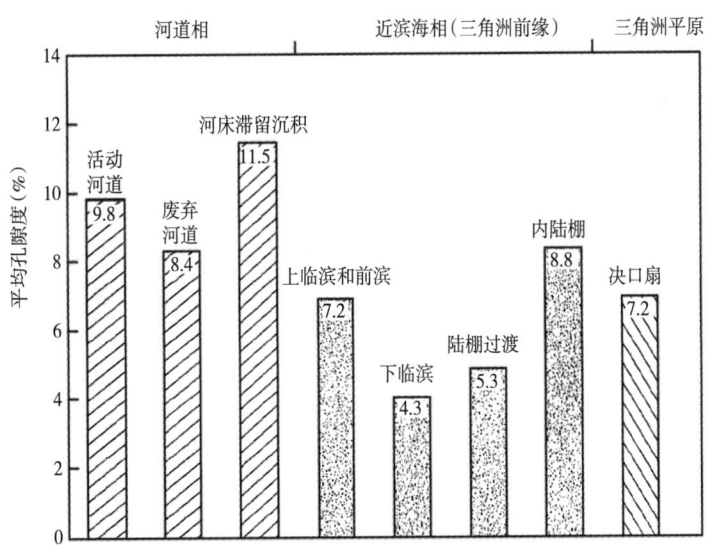

图 21　Moxa 穹隆区已钻井取心相带的平均孔隙度
孔隙度测量值来源于全直径岩心分析和岩心柱塞样

图 22 展示了各相带全岩心分析的平均空气渗透率。需要注意的是，考虑含气砂岩产能时，孔隙度和渗透率极低值也是可接受和可预期的。尽管 90% 的岩心平均渗透率值小于 0.1mD，但不同相带间渗透率值差异较大。在这类储层中，10% 的储层渗透率值变化较为显著。不同近滨亚相的渗透率各不相同，包含了有储集潜力相带的最高渗透率（下临滨为

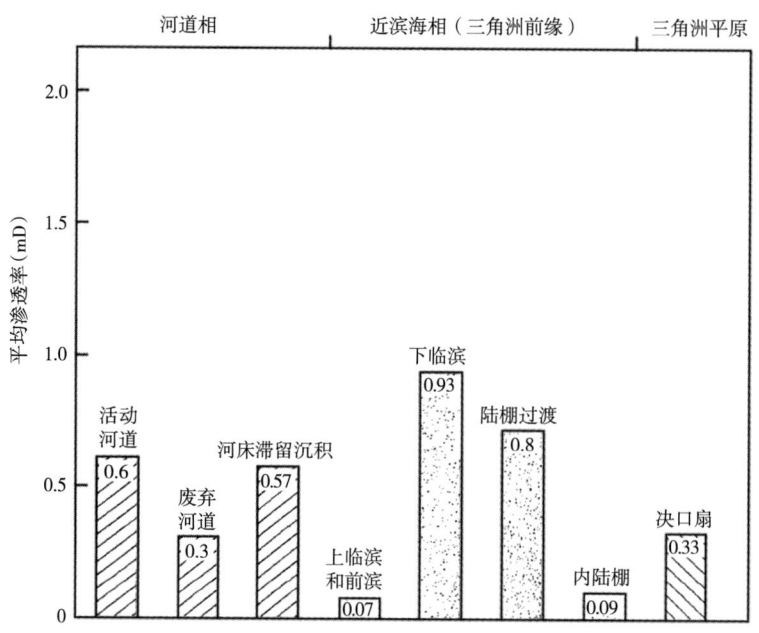

图 22　Moxa 穹隆区已钻井取心相带的平均渗透率

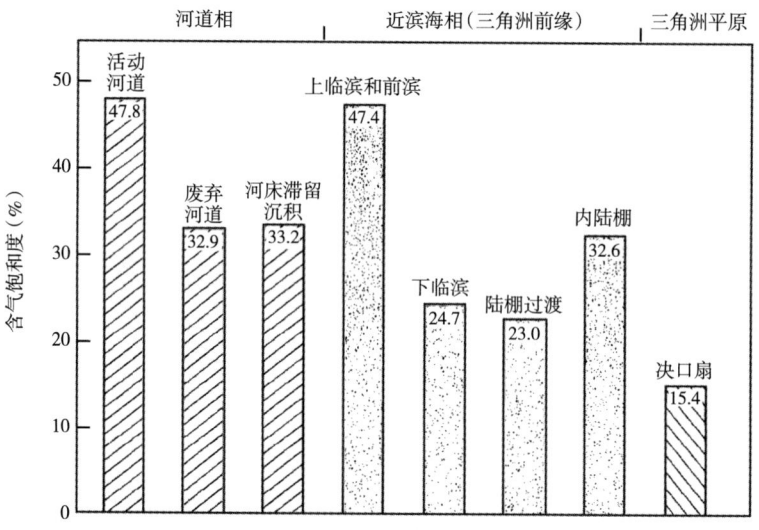

图 23　取心相带的含气饱和度

测量值计算公式为 100%减去流体饱和度（含油饱和度%+含水饱和度%）等于含气饱和度

0.39mD，陆棚过渡为 0.8mD）和最低渗透率（上临滨—前滨为 0.07mD，内陆棚为 0.09mD）。就渗透性而言，下临滨微相和陆棚过渡微相较河道亚相（活动和滞留）储层性质明显更好。一旦所有取心井一致存在这种较强烈的对比关系，则未来任何勘探开发策略都应对此予以充分考虑。根据 Wilson（1981，私人交流）岩石分析结果，上临滨—前滨微相的广泛方解石胶结、次生石英加大和内陆棚微相的大量碎屑黏土极大地降低了储层孔隙度和渗透率。尽管下临滨和陆棚过渡微相泥质含量高（10%～26%），但平均渗透率也相对较高（图 22）。Wilson 认为这些富泥质相带的渗透率测量值多数大于 0.05mD，原因是岩

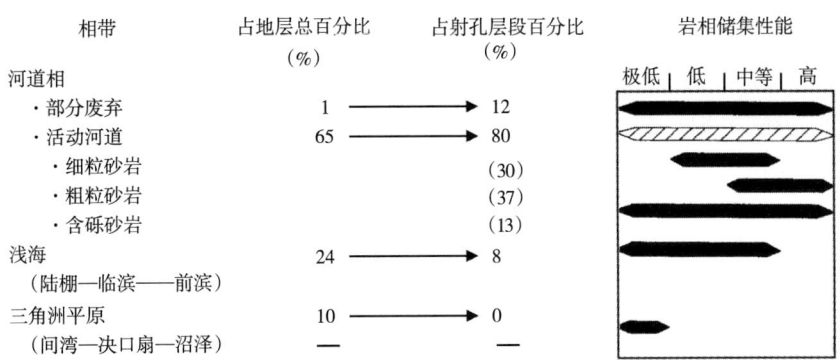

图24 本次研究6口取心井射孔段的沉积相和岩性分布（Wilson进行数据汇总，1981，私人交流）

横剖面使用31个测井曲线和岩心数据统计"地层总百分比"

心分析时岩样的绕流或人工致裂。即便上述"高"渗透率值正确，下临滨和陆棚过渡微相的低孔隙度（图21）和相应的低储气量（4.3%和5.3%）使其重要性大打折扣。

在分流河道亚相中，活动河道（0.6mD）和河床滞留沉积（0.57mD）的渗透性最好（图22），孔隙度也最高（9.8%和11.5%），因而视为最有利储集相带。

计算取心相带含气饱和度的公式是假设含气饱和度等于100%减去流体饱和度（原油%+地层水%）（图23）。活动分流河道微相和上临滨—前滨微相的含气饱和度最高，分别为47.8%和47.4%。因此Moxa穹隆区有两个最高产相带就不足为奇。除了决口扇微相（15.4%），所有其他相带的气饱和度（23.0%～33.2%）变化相对较小。整体而言，分流河道亚相较近滨亚相的平均气饱和度略高。

本文总结出在活动河道和上临滨—前滨微相中，具体岩石性质主要控制可采油气量，而不是含气或含油饱和度。

6.2 储集相分布

研究井（Moxa穹隆区31口井）的岩心和测井曲线分析揭示活动和底滞分流河道砂岩占射孔段（假定反映产层）的60%（表4）。上临滨和前滨微相占Moxa穹隆区所有研究井总产层的近三分之一。废弃分流河道微相占射孔段的5%。三角洲平原亚相（近端决口扇）和内陆棚微相仅占研究井总产层的1%。

表4 Moxa穹隆区研究井射孔段的储集相带分布

油气田	三角洲平原	废弃河道	分流河道	临滨和前滨	内陆棚
沿倾向剖面Whiskey Buttes气田（图20）	4%	3%	41%	52%	0
沿走向剖面Whiskey Buttes气田（图19）	0	0	55%	45%	0
沿走向剖面Moxa气田南部（图18）	0	14%	80%	3%	3%
总计（全区平均）	1%	5%	60%	33%	1%

注：数据来自Moxa穹隆区和Whiskey Buttes油气田的31个岩心和测井数据。

沉积相与射孔段的关系说明上临滨—前滨可能是重要的储集相带。尽管很难或不可能确定有多少射孔段是有效产层，但补偿中子孔隙度（ϕ_{CNL}）和地层密度（ϕ_{FDC}）曲线的镜像特征说明整个 Moxa 区的上临滨和前滨微相具有明显气显示（图 18 至图 20）。或许水力压裂处理能弥补这些海相地层单元的相对低孔隙度和渗透率。因此，上临滨和前滨砂岩是比岩石（Wilson，1981，私人交流；Winn 等，1984）和物理数据所反映更重要的储层。

需要注意的是，Moxa 区研究井组总体反映出产层相带分布从南到北变化明显（表 4）。在 Moxa 区南部（Moxa 气田），分流河道亚相占 Frontier 组下段产层的 90%，而近滨亚相（前滨、临滨和陆棚）仅占 6%。但在 Moxa 区北部（Whiskey Buttes 气田），海相和非海相储集相带分布相似，分流河道亚相平均占产层的 51%，上临滨—前滨微相占 48.5%。

Moxa 区从北至南储集相分布的差异有些令人费解。但至少存在两种解释：（1）从南到北，近滨亚相的砂岩数量和厚度整体增加，而分流河道砂岩相应减少；（2）全岩心和岩石分析说明 Moxa 区从南到北近滨亚相的渗透率增加。在 Whiskey Buttes 气田，近滨亚相的平均渗透率为 1.0mD，平均孔隙度为 7.0%；而在 Moxa 区南部，平均渗透率为 0.11mD，平均孔隙度为 6.6%。

6.3 储层性质

如前所述，活动分流河道微相占 Moxa 区所有研究取心井射孔段的近 60%。薄片分析显示含交错层理的中粒—粒状和中砾燧石砂屑岩（活动和底滞分流河道砂岩）储集潜力为低—极高。河道亚相的储集潜力变化主要取决于泥质含量，孔隙度为 2%~18%，测量渗透率为 0.5~7.7mD。粗粒活动河道砂岩占取心射孔段的大部分（37%），在所有岩相中储集潜力最好（图 24）。极细粒—中粒前滨和临滨砂岩的储集潜力为低—中等。这一相带被方解石广泛胶结，导致渗透率和孔隙度降低。但这类岩石的确代表了取心井近 8% 的产层，在 Whiskey Buttes 气田可能占产层的 50%。

7 储层几何形状和均质性

7.1 储层相变

本次研究绘制了地层横剖面（图 18 至图 20），反映出分流河道砂体间至少局部连通。但一般而言，河道砂岩被解释为一系列单个孤立储层。沉积期河道迁移足以形成近席状储集砂体的可能性非常小。河道活动的本质与这类地下保存背道而驰。Moxa 区 Frontier 组下段井的平均压差变化极大，也至少说明存在一定程度的储层非均质性（Graham，1982）。

上临滨和前滨储集相的大部分被分流河道的迁移和冲刷作用所剥蚀。因此，临滨和前滨微相横向上也是相对不均匀储层。尽管往 Moxa 穹隆轴部以东，临滨和前滨储集相加厚、横向连续性增加，但伴随有产量陡然降低。这一区域与气产量有关的关键因素是作为地层封堵的三角洲平原泥岩急剧减薄和尖灭。

7.2 低渗透隔层

Frontier 组下段其他可能的油气封堵层或低渗透隔层包含：（1）位于近滨亚相顶至上临滨微相内、覆盖陆棚和临滨砂岩相对厚层的广泛方解石胶结带，（2）分流河道层序底部

（河床底部滞留相）高碎屑黏土含量的砾状和中砾—粗粒砂岩。这些相带作为潜在封堵或低渗透隔层的相对重要性仅是推测；但上临滨和前滨单元的平均渗透率极低（<0.07mD），这些层带局部覆盖于孔隙性和渗透性下临滨、陆棚过渡和内陆棚砂岩之上。尽管测量渗透率极低，上临滨和前滨砂岩经水力压裂和偶尔酸化处理后，也是重要的产气层。因而在Moxa穹隆不同区域中，紧密胶结的前滨和临滨砂岩有可能充当低渗透隔层、地层封堵，或充当气储层。另一方面，分流河道冲刷剥蚀上临滨和前滨微相时，富黏土的底部河床滞留沉积可作低渗透隔层。

7.3 储层开采

Frontier组下段最高产气层是靠近Moxa穹隆轴部和Moxa区南部的分流河道砂岩。由于火山岩岩屑和自生黏土增加，河道中整体储层性质倾向于向北变差（Wilson，1981，私人交流）。与相对远离穹隆轴部井的厚射孔储集相带（Whiskey Buttes-18井和Whiskey Buttes-20井，图20）相比，Moxa穹隆轴部或附近井（Whiskey Buttes-5井）的薄射孔储集相带产量更高。因此，Moxa区Frontier组下段产量与沉积、成岩、地层和构造因素有关。根据详细的净砂岩等厚图和估算的十年储量，活动分流河道砂岩与前滨、临滨单元相连通井的Frontier组下段产量最高（Jack Stark，1982，私人交流）。一般而言，Moxa区，尤其在Whiskey Buttes油气田附近，临滨和前滨砂岩作为主要生产相带的潜力高于前期认识。

8 沉积模式

应用于Moxa区Frontier组下段的浪控三角洲模式与南得克萨斯San Miguel组的沉积模式（Weise，1980）相似（图25）。Frontier组下段沉积于相似的沉积环境中，三角洲进积

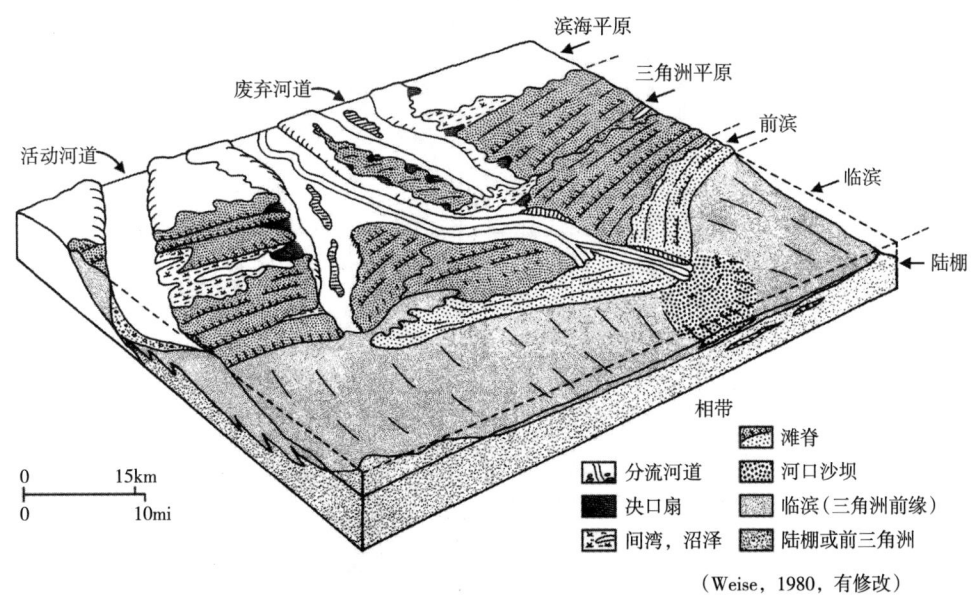

图25 反映San Miguel组浪控三角洲体系相带关系的Weise（1980）沉积模式
Moxa穹隆区Frontier组下段沉积环境与之相似

至白垩纪内陆海道西缘。来自西部的沉积物沿海岸平原河道和三角洲平原分流河道搬运，最终进入近滨海相环境。一旦进入海相环境，砂岩几乎立刻被波浪从分流河口搬运而出，沿海滨平原、障壁岛或沙嘴体系的海岸再沉积。因为波浪和顺岸流搬运沉积物，浪控环境中主要三角洲前缘（临滨）砂体沿走向方向（平行海岸）分布。相关三角洲平原环境中，主砂体的几何形状沿倾向方向展布；被充填分流河道大致垂直于滨线方向（图25）。河道的横向迁移导致近滨亚相沉积被严重侵蚀和改造。进积临滨视为主要近滨亚相。但研究井以东也可能发育临滨或陆棚沙坝层序。

9 讨论

9.1 古地理

Frontier组下段浪控三角洲朵体进积至最东界（图26）。这一解释基于本次研究、海相和河道相Frontier组砂岩等厚图、前人对Frontier组下段露头及测井资料的研究（DeChadenedes，1975；Myers，1977；Winn和Smithwick，1980；Winn等，1984）。根据河道砂岩的方向和厚度可推断沉积物源方向。沉积物从隆起带向西和沿河道和分流河道向东—南东搬运。解释Frontier组下段滨线的位置主要基于分流河道砂岩东界。

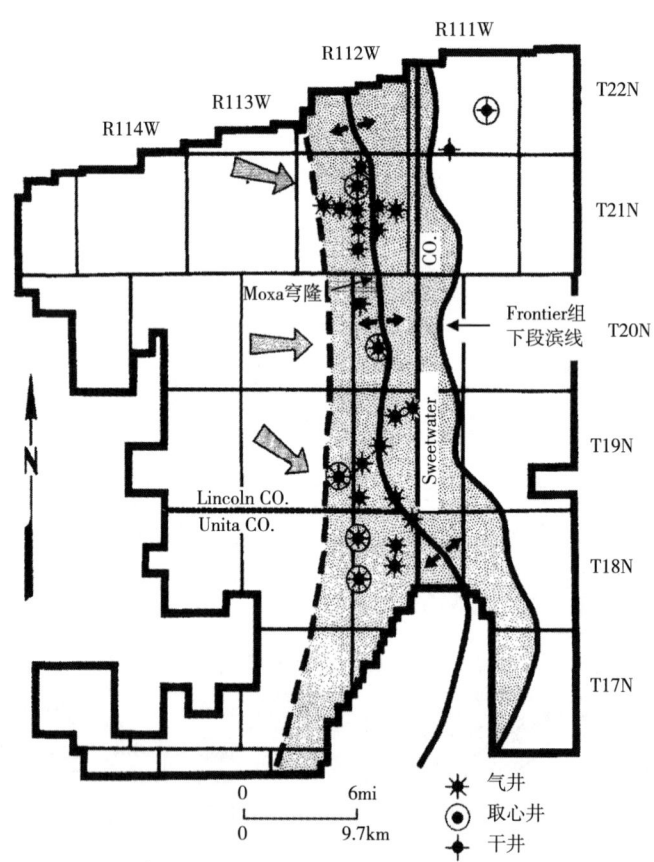

图26 Moxa穹隆区Frontier组下段滨线的推测最大进积位置
研究井靠近Moxa穹隆轴部。大箭头表示沉积物向东搬运。虚线表示高产Frontier砂岩下段的西界

Frontier 组滨线大致平行于 Moxa 穹隆（图 26）。Frontier 组下段沉积时 Moxa 穹隆的建设性及其对滨线方向、位置的影响程度未知。但本次研究指出穿过 Moxa 穹隆轴发生相变，说明沿穹隆的抬升至少影响 Frontier 组滨线沉积。如图 26 所示，推断的 Frontier 组滨线被视为标志高产 Frontier 组砂岩的东界。Moxa 穹隆西侧虚线解释为标志高产相带的西界。本区内，频繁的局部或区域滨线进积和海进，结合适当速率的沉积和沉降，保存了三角洲平原、分流河道和三角洲前缘相的相对厚层。

9.2 油藏模拟和增产技术

Moxa 区 Frontier 组下段产层应建模为非均质储层，因为主要储集相带内存在纵向和横向低渗透和流动隔层。分流河道储集相应视为一系列孤立或仅部分连通的砂体。河道砂体间或 360mi 钻井密度间的连通性大概最小。但上覆河道和下伏近滨海相储集相局部连通。近滨亚相横向较连续，但不能建模为席状砂岩。

近滨亚相储集相带中，水力压裂是连接足够渗透性和孔隙性的关键。前滨和临滨储层砂岩可能应实施其他完井技术（即酸化）。

研究区 Frontier 组下段新勘探工作的重点推荐区是 Moxa 穹隆轴以东，此处可见优质储集相带（即分流河道、前滨和上临滨）垂向叠加和交错。这一区带为 T18N，R111W 往北至 T20N，R111W 区域，恰好位于穹隆轴东侧和 Frontier 组下段砂岩向盆界线的西侧（图 26）。它是沉积期的主要滨线波动区，因此最可能富集滨线、临滨和分流河道砂岩。这些相带的气产量占 Moxa 区 Frontier 组气产量的 90%。

致谢

（1）路易斯安那州 Baton Rouge 市盆地研究所和路易斯安那州地质调查所。

（2）俄克拉荷马州 Tulsa 市咨询顾问。

感谢城市服务天然气公司的 Glen Graham 和 Jack Stark 在研究过程中给予的重要帮助和宝贵意见。Jack Stark 编制 Frontier 组下段河道和海相砂岩的等厚图，提供了关于相带趋势和形状的有价值信息。Amoco 生产公司的 Steven Townsend 提供了研究所需岩心。Willis Waldorf、Mark Furnas、Bruce Day 和 Michael Cox（城市服务公司）为本次研究拍摄岩心照片。

感谢 J. Michael Boyles 和 James M. Rine 在波控三角洲方面，W. James Ebanks, Jr. 和 Robert S. Tye 在储层均质性方面，Ken P. Helmold 和 Michael D. Wilson 在 Frontier 组成岩作用方面做出的有益探讨。感谢 Roger M. Slatt 和 Lyle F. Baie 对本文早期版本的审查。

本文中图件由城市服务研究所图形部制作。感谢城市服务石油和天然气公司允许发表本次研究成果。

参 考 文 献

[1] BALSLEY, J. K., 1980, Cretaceous wave-dominated delta systems: AAPG field trip guidebook, 163 p.

[2] BOYLES, J. M., and A. J. SCOTT, 1981, Depositional systems, Upper Cretaceous Mancos Shale and Mesaverde Group, northwestern Colorado: Field trip guidebook, Rocky Mountain Section of SEPM, Part I, p. 1-82.

[3] COBBAN, W. A., and J. B. REESIDE, JR., 1952a, Frontier Formation: Wyoming and adjacent areas: AAPG Bulletin, v. 36, p. 1913-1961.

[4] COBBAN, W. A., and J. B. REESIDE, JR., 1952b, Correlation of the Cretaceous Formations of the Western Interior of the United States: GSA Bulletin, v. 63, p. 1011-1044.

[5] COLEMAN, J. M., 1976, Deltas: processes of deposition, models for exploration: Champaign, Illinois, Continuing Education Publishing Inc., 102 p.

[6] COLEMAN, J. M., and S. M. GAGLIANO, 1965, Sedimentary structures: Mississippi River deltaic plain, in V. Middleton, ed., Primary sedimentary structures and their hydrodynamic interpretation: SEPM, Special Publication No. 12, p. 133-148.

[7] COLEMAN, J. M., and D. B. PRIOR, 1980, Deltaic sand bodies: AAPG Continuing Education Course Note Series No. 15, 171 p.

[8] DeCHADENENDES, J. F., 1975, Frontier deltas of the western Green River basin, Wyoming: in Symposium on deep drilling frontiers in the central Rocky Mountains: Rocky Mountain Association of Geologists p. 149-157.

[9] DONALDSON, A. C., R. H. MARTIN, and W. H. KANES, 1970, Holocene Guadalupe Delta of the Texas Gulf Coast, in Deltaic sedimentation: modern and ancient: SEPM, Special Publication No. 15, p. 107-137.

[10] ELLIOTT, T., 1978, Clastic shorelines, in H. B. Reading, ed., Sedimentary environments and facies: New York, Elsevier Publishing Co., p. 143-177.

[11] GILL, J. R., and W. A. COBBAN, 1973, Stratigraphy and geologic history of the Montana Group and equivalent rocks, Montana, Wyoming, and North and South Dakota: USGS Professional Paper 776, 37 p.

[12] KANES, W. H., 1970, Facies and development of the Colorado River Delta in Texas, in J. P. Morgan, ed., Deltaic sedimentation, modern and ancient: SEPM Special Publication No. 15, p. 78-106.

[13] McDONALD, R. E., 1973, Big Piney-La Barge producing complex-Sublette and Lincoln counties, Wyoming: Wyoming Geological Association 25th Annual Field Conference Guidebook, p. 57-77.

[14] MEREWETHER, E. A., 1983, The Frontier Formation and mid-Cretaceous orogeny in the foreland of southwestern Wyoming: Mountain Geologist, v. 20, no. 4, p. 121-138.

[15] MEREWETHER, E. A., P. D. BLACKMAN, and J. C. WEBB, 1984, The mid-Cretaceous Frontier Formation near the Moxa arch, southwestern Wyoming: USGS Professional Paper 1290, 29 p.

[16] MYERS, R. C., 1977, Stratigraphy of the Frontier Formation (Upper Cretaceous), Kemmerer area, Lincoln County, Wyoming: Wyoming Geologist Association 29th Annual Field Conference Guidebook: p. 271-311.

[17] PETROLEUM INFORMATION, 1982, Annual summary production report of oil and gas in Wyoming.

[18] REINECK, H. E., and I. B. SINGH, 1975, Depositional sedimentary environments: New York, Springer-Verlag, 439 p.

[19] SCHLUMBERGER, 1970, Fundamentals of dipmeter interpretation, 145 p.

[20] SELLEY, R. C., 1979, Dipmeter and log motifs in North Sea submarine-fan sands: AAPG Bulletin, v. 63, p. 905-917.

[21] SIEMERS, C. T., and R. W. TILLMAN, 1981, Recommendations for the proper handling of cores and sedimentological analysis of core sequences, in Deep Water Clastic Sediments, SEPM Core Workshop No. 2, p. 20-44.

[22] STEARNS, D. W., W. R., SACRISON, and R. C. HANSON, 1975, Structural history of southwestern Wyoming as evidenced from outcrop and seismic, in Deep drilling frontiers: Rocky Mountain Association of Geologists, p. 9-20.

[23] SWIFT, D. J. P., 1976, Coastal sedimentation, in D. J. Stanley and D. J. P. Swift, eds., Marine sediment transport and environmental management: New York, John Wiley and Sons, p. 225-310.

[24] THOMAIDIS, N. D., 1973, Chruch Buttes arch, Wyoming and Utah: in Wyoming Geological Association 25th Annual Field Conference Guidebook, p. 35-39.

[25] WACH, P. H., 1977, The Moxa arch, an overthrust model?, in Wyoming Geological Association 29th Annual Field Conference Guidebook, p. 651-664.

[26] WEISE, B. R., 1980, Wave-dominated delta systems of the Upper Cretaceous San Miguel Formation, Maverick basin, south Texas: Bureau of Economic Geology, University of Texas at Austin, 40 p.

[27] WINN, R. D., Jr., and M. E. SMITHWICK, 1980, Lower Frontier Formation, southwestern Wyoming—depositional controls on sandstone compositions and on diagenesis: in Wyoming Geological Association Guidebook 32nd Annual Field Conference, p. 137-153.

[28] WINN, R. D., Jr., S. A. STONECIPHER, and M. G. BISHOP, 1984, Sorting and wave abrasion: controls on compaction and diagenesis in Lower Frontier sandstones southwestern Wyoming: AAPG Bulletin, v. 68, no. 3, p. 268-284.